MICROBIOLOGIA INDUSTRIAL

ALIMENTOS

VOL. 2

BERNARDO DIAS RIBEIRO
KAREN SIGNORI PEREIRA
RODRIGO PIRES DO NASCIMENTO
MARIA ALICE ZARUR COELHO
(ORGANIZADORES)

MICROBIOLOGIA INDUSTRIAL

ALIMENTOS

VOL. 2

gen | LTC

ISBN: 978-85-352-8725-7
ISBN (versão digital): 978-85-352-8808-7

Copidesque: Vânia Coutinho Santiago
Revisão tipográfica: Hugo de Lima Corrêa
Editoração Eletrônica: Thomson Digital

Elsevier Editora Ltda.
Conhecimento sem Fronteiras

Rua da Assembleia, 100 – 6° andar
20011-904 – Centro – Rio de Janeiro – RJ

Rua Quintana, 753 – 8° andar
04569-011 – Brooklin – São Paulo – SP

Serviço de Atendimento ao Cliente
0800 026 53 40
atendimento1@elsevier.com

Consulte nosso catálogo completo, os últimos lançamentos e os serviços exclusivos no site www.elsevier.com.br.

Nota

Muito zelo e técnica foram empregados na edição desta obra. No entanto, podem ocorrer erros de digitação, impressão ou dúvida conceitual. Em qualquer das hipóteses, solicitamos a comunicação ao nosso serviço de Atendimento ao Cliente para que possamos esclarecer ou encaminhar a questão.

Para todos os efeitos legais, nem a editora, nem os autores, nem os editores, nem os tradutores, nem os revisores ou colaboradores, assumem qualquer responsabilidade por qualquer efeito danoso e/ou malefício a pessoas ou propriedades envolvendo responsabilidade, negligência etc. de produtos, ou advindos de qualquer uso ou emprego de quaisquer métodos, produtos, instruções ou ideias contidos no material aqui publicado.

A Editora

CIP-BRASIL. CATALOGAÇÃO NA PUBLICAÇÃO
SINDICATO NACIONAL DOS EDITORES DE LIVROS, RJ

M572
v. 2

Microbiologia industrial, vol 2 : alimentos / organização Ribeiro, Bernardo Dias ... [et al.]. - 1. ed. - Rio de Janeiro : Elsevier, 2018.
: il. ; 24 cm.

Inclui bibliografia e índice
ISBN 978-85-352-8725-7

1. Engenharia química. 2. Tecnologia de alimentos. 3. Microbiologia. I. Ribeiro, Bernardo Dias.

17-44816 CDD: 547.8
CDU: 66.095

Dedicatórias

A todos os alunos, professores e demais profissionais que dedicam sua vida a cultivar o micro para que os alimentos e bebidas estejam na nossa mesa todos os dias.

Os Organizadores

Bernardo Dias Ribeiro (Capítulo 1)
Mestre em Tecnologia dos Processos Químicos e Bioquímicos, Escola de Química, Universidade Federal do Rio de Janeiro
Doutor em Tecnologia dos Processos Químicos e Bioquímicos, Escola de Química, Universidade Federal do Rio de Janeiro
Professor Adjunto da Universidade Estadual do Rio de Janeiro

Karen Signori Pereira (Capítulos 1 e 2)
Doutora em Ciência dos Alimentos, UNICAMP
Professora Adjunta da UFRJ

Rodrigo Pires do Nascimento
Bacharel em Microbiologia
Mestre em Ciências (Microbiologia), Instituto de Microbiologia, Universidade Federal do Rio de Janeiro
Doutor em Ciências (Microbiologia), Instituto de Microbiologia, Universidade Federal do Rio de Janeiro
Professor Associado I da Universidade Federal do Rio de Janeiro

Maria Alice Zarur Coelho (Capítulos 2, 11 e 12)
Mestre em Tecnologia de Processos Bioquímicos pela Escola de Química da Universidade Federal do Rio de Janeiro
Doutora em Engenharia Química, COPPE, Universidade Federal do Rio de Janeiro
Professora Titular da Escola de Química, Universidade Federal do Rio de Janeiro

Os Autores

A

Ana Lúcia do Amaral Vendramini (Capítulo 9)
Mestre e Doutora em Bioquímica pelo Instituto de Química, Universidade Federal do Rio de Janeiro (UFRJ)
Professora Associada da Universidade Federal do Rio de Janeiro (UFRJ)

B

Beatriz M. Borelli (Capítulo 6)
Mestre e Doutora em Ciências Biológicas (Microbiologia), Universidade Federal de Minas Gerais

Bernardo Dias Ribeiro (Capítulo 1)
Mestre e Doutor em Tecnologia dos Processos Químicos e Bioquímicos, Escola de Química, Universidade Federal do Rio de Janeiro
Professor Adjunto da Universidade Federal do Rio de Janeiro

C

Carlos A. Rosa (Capítulo 6)
Mestre em Ciências Biológicas (Microbiologia), Universidade Federal de Minas Gerais
Doutor em Ciências (Microbiologia) pelo IMPPG-UFRJ
Professor Titular do Departamento de Microbiologia do Instituto de Ciências Biológicas (ICB) da UFMG

E

Eliana Flávia Camporese Sérvulo (Capítulo 8)
Mestre em Tecnologia dos Processos Químicos e Bioquímicos, Escola de Química, Universidade Federal do Rio de Janeiro
Doutora em Ciências (Microbiologia) pelo IMPPG-UFRJ
Professora Adjunta da Universidade Federal do Rio de Janeiro

F

Fátima C. O. Gomes (Capítulo 6)
Mestre e Doutora em Ciências Biológicas (Microbiologia), Universidade Federal de Minas Gerais
Professora Titular do Centro Federal de Educação Tecnológica de Minas Gerais

Felipe Valle do Nascimento (Capítulo 11)
Mestre em Tecnologia dos Processos Químicos e Bioquímicos, Escola de Química, Universidade Federal do Rio de Janeiro

Fernanda Badotti (Capítulo 6)
Mestre em Ciências de Alimentos, Universidade Federal de Santa Catarina
Doutora em Ciências Biológicas (Microbiologia), Universidade Federal de Minas Gerais
Professora do Centro Federal de Educação Tecnológica de Minas Gerais

Flavia Gabel Guimarães (Capítulo 9)
Mestre em Tecnologia dos Processos Químicos e Bioquímicos, Escola de Química, Universidade Federal do Rio de Janeiro

Flávio Luís Schmidt (Capítulo 2)
Mestre e Doutor em Ciência de Alimentos, Universidade Estadual de Campinas (UNICAMP)
Professor Doutor II da Faculdade de Engenharia de Alimentos da UNICAMP

G

Gabriela G. Montandon (Capítulo 6)
Mestre em Ciências Biológicas (Fisiologia e Farmacologia), UFMG
Doutora em Ciências Biológicas (Microbiologia), UFMG

J

João Batista de Almeida e Silva (Capítulo 4)
Mestre em Tecnologia de Alimentos, Universidade Federal de Viçosa (UFV)
Doutor em Tecnologia Bioquímica Farmacêutica, Universidade de São Paulo (USP)
Livre Docente em Tecnologia do Álcool pela Escola Superior de Agricultura Luiz de Queiroz (ESALQ), USP

L

Luana Vieira da Silva (Capítulos 11 e 12)
Mestre e Doutora em Tecnologia dos Processos Químicos e Bioquímicos, Escola de Química, Universidade Federal do Rio de Janeiro

M

Maria Alice Zarur Coelho (Capítulos 2, 11 e 12)
Mestre em Tecnologia de Processos Químicos e Bioquímicos pela Escola de Química da Universidade Federal do Rio de Janeiro
Doutora em Engenharia Química, COPPE, Universidade Federal do Rio de Janeiro
Professora Titular da Escola de Química, Universidade Federal do Rio de Janeiro

Maria Bernadete Medeiros (Capítulo 4)
Mestre e Doutora em Ciências (Microbiologia) pelo IMPPG-UFRJ
Professora da Escola de Engenharia de Lorena, USP

Marselle Marmo do Nascimento Silva (Capítulo 1)
Mestre em Ciência de Alimentos, Universidade Federal do Rio de Janeiro

Manuel Malfeito-Ferreira (Capítulo 5)
Departamento de Recursos Naturais, Ambiente e Território, Instituto Superior de Agronomia, Universidade de Lisboa, Portugal

P

Priscilla Filomena Fonseca Amaral (Capítulos 10, 11 e 12)
Mestre e Doutora em Tecnologia dos Processos Químicos e Bioquímicos, Escola de Química, Universidade Federal do Rio de Janeiro
Professora Adjunta da Escola de Química, Universidade Federal do Rio de Janeiro

R

Raquel Aizemberg (Capítulo 4)
Mestre em Alimentos e Nutrição pela Faculdade de Ciências Farmacêuticas, Universidade Estadual Paulista (UNESP), Araraquara
Doutora em Microbiologia Aplicada, Escola de Engenharia de Lorena, Universidade de São Paulo (USP)

Raquel Bedani (Capítulo 3)
Mestre e Doutora em Alimentos e Nutrição pela Faculdade de Ciências Farmacêuticas, Universidade Estadual Paulista (UNESP), Araraquara

S

Susana Marta Isay Saad (Capítulo 3)
Mestre e Doutora em Ciência dos Alimentos, Universidade de São Paulo (USP)
Professora Titular (Livre Docente) da USP

T

Tassiana Amélia de Oliveira e Silva (Capítulo 4)
Graduação em Ciências Biológicas pela Universidade de Taubaté

Tatiana Felix Ferreira (Capítulo 10)
Química pela Universidade Federal do Rio de Janeiro
Mestre e Doutora em Ciências pelo programa de Tecnologia em Processos Químicos e Bioquímicos da Universidade Federal do Rio de Janeiro
Professora Adjunta do Departamento de Processos Orgânicos da Escola de Química da Universidade Federal do Rio de Janeiro

Thiago Rocha dos Santos Mathias (Capítulo 8)
Mestre e Doutor em Tecnologia dos Processos Químicos e Bioquímicos, Escola de Química, Universidade Federal do Rio de Janeiro
Professor do Instituto Federal de Educação, Ciência e Tecnologia do Rio de Janeiro (IFRJ)

Prefácio

Os micro-organismos estão presentes na nossa alimentação desde sempre. Brindávamos aos deuses antigos com bebidas fermentadas, como vinho e cerveja, mas só anos mais tarde entendemos a função do mundo microbiano neste processo, e, porque não, controlá-lo. Nesse livro sobre os aspectos microbiológicos na produção de alimentos, o leitor precisará entender que nem todos os micro-organismos são benéficos na produção de alimentos, ou agem diretamente em nosso organismo como probióticos. Alguns, sem os devidos cuidados de boas práticas de higiene, podem causar algumas doenças.

Outra possibilidade do uso destes seres diminutos, além da produção de cerveja, vinho e outras bebidas fermentadas no caso de leveduras, será na conservação, quer dizer, através do uso do processo fermentativo que normalmente gera ácidos orgânicos, e se torna um ambiente propício para o desenvolvimento de bactérias lácticas, que são passíveis de consumo junto com alimentos como picles de pepino, azeitonas ou outros vegetais. Estas bactérias também cooperam na produção de iogurtes, queijos e pescados fermentados, e as acéticas são essenciais na produção de vinagre a partir de produtos alcoólicos.

Fungos também podem influenciar na produção de queijos, incrementando sabores e aromas no processo de maturação, ou até mesmo na produção de aditivos alimentares como edulcorantes e ácido cítrico, ou estando associados às bactérias em culturas mistas na produção de alimentos orientais. Além disso, todos eles podem ser alimentos por si sós vendidos formulados como extratos de levedo, ou como fermentos em padarias e mercados, ou como cogumelos em pratos saborosos ou mesmo como substituto proteico da carne.

Assim, neste livro, espero que um respeito possa ser gerado por esse mundo tão pequeno que nos ajuda com produtos tão interessantes a ter energia. Afinal, somos irmãos que compartilham o mesmo mundo.

Bernardo Dias Ribeiro

Apresentação

O livro intitulado Microbiologia Industrial: Alimentos tem como objetivo fornecer aos alunos das áreas afins fundamentos para a compreensão dos aspectos microbiológicos na produção de alimentos. Este livro vem dividido em 12 capítulos nos quais é possível encontrar uma primeira parte introdutória destacando a existência de micro-organismos benéficos e maléficos no processamento de alimentos, e que o processo de fermentação também pode ser utilizado como conservação além dos já tradicionais métodos físico-químicos.

Em um segundo momento, há capítulos focados na geração de produtos em que o próprio micro-organismo é o alimento, como biomassa em si, ou como probióticos, ou em que o mesmo é agente promotor como no caso da produção de bebidas fermentadas como cerveja, vinho, espumantes, cachaça, entre outras; de alimentos orientais, de fermentados vegetais lácteos, de derivados lácteos e de vinagre. Um foco diferente foram os capítulos finais em que os micro-organismos geraram aditivos alimentares como edulcorantes e ácido cítrico que posteriormente servirão a formulações alimentares.

Nesse projeto foram envolvidos cerca de 10 Instituições de Ensino Superior do Brasil e de Portugal e 24 autores com reconhecida competência nos assuntos abordados. Foi mais de um ano de muito trabalho e dedicação para que esse projeto se concretizasse. Desejamos a todos uma boa leitura e muito aprendizado!

Agradecimentos

Aos autores desse livro... que aceitaram o desafio de descortinar esse maravilhoso mundo aos futuros engenheiros, químicos, biólogos e demais aficionados em ciência.

Sumário

CAPÍTULO 4

CAPÍTULO 6

CAPÍTULO 7

Capítulo 1

Grupos microbianos de importância para a indústria de alimentos

Marselle Marmo do Nascimento Silva • Karen Signori Pereira • Bernardo Dias Ribeiro

CONCEITOS APRESENTADOS NESTE CAPÍTULO

Os micro-organismos podem ser classificados das mais diversas formas: quanto à morfologia, quanto à faixa de temperatura e pH na qual apresentam crescimento, quanto às suas vias metabólicas e também quanto ao que produzem. Este capítulo os apresenta divididos em dois grupos principais: os coadjuvantes na produção de alimentos e os indesejáveis, que são os deterioradores e os patogênicos. Quando se pensa em micro-organismos, sempre associamos com um legado negativo: decomposição, mau cheiro e doenças. Vários problemas são causados devido à contaminação microbiana, entretanto, nem todos os micro-organismos são prejudiciais para a indústria alimentícia. Diversos processos envolvendo-os são de grande interesse industrial. A produção de bebidas como cerveja, cachaça e vinho, de alimentos como queijo, iogurte, aliche e picles, ou, ainda, a de aditivos como ácidos orgânicos e edulcorantes demonstra o potencial positivo dos micro-organismos. Todos esses temas serão abordados neste segundo volume do livro *Microbiologia Industrial*, dedicado a alimentos.

1.1 INTRODUÇÃO

Micro-organismos são seres que precisam do auxílio de microscópios para serem vistos e incluem bactérias, fungos, vírus, protozoários e algumas espécies de algas. Em alimentos, as bactérias e os fungos são os grupos mais estudados, porém existem muitos protozoários importantes na veiculação de doenças de origem alimentar, que não serão o foco deste capítulo. Bactérias e fungos, incluindo as leveduras, que são fungos unicelulares, podem estar presentes nas matrizes alimentares como parte do produto em questão, sendo fermentadores. Por meio de seu metabolismo, esses micro-organismos transformam os alimentos de forma positiva e desejável ao consumo humano. Essas transformações surgiram nos alimentos naturalmente com o início da agricultura, resultando em pão, vinho, cerveja e queijo, e desde então o ser humano vem aperfeiçoando e criando novos alimentos a partir dos conhecimentos adquiridos sobre bactérias e fungos. Esses conceitos serão melhor explorados e exemplificados na seção 1.2.

É importante saber diferenciar micro-organismos deterioradores de patogênicos, pois mesmo que sejam todos indesejáveis, têm papéis muito distintos. Deterioradores são geralmente parte da própria microbiota natural do alimento, são, em sua maioria, inofensivos à saúde humana e necessariamente promovem alterações sensoriais no alimento, modificando cor, sabor, odor e/ou textura como resultado de sua atividade metabólica natural. Já os micro-organismos patogênicos representam risco à saúde humana e de outros animais, e contaminam os alimentos geralmente por meio de condições inadequadas de higiene durante o processo de produção.

Em se tratando de micro-organismos patogênicos, é importante ter alguns conceitos em mente de modo a melhor compreender qual alvo deve ser combatido através dos métodos de conservação. Infecções alimentares ocorrem através da ingestão desses micro-organismos em determinadas concentrações, que invadem o hospedeiro e desenvolvem-se causando doenças, como por exemplo a salmonelose. Já as intoxicações alimentares ocorrem através da ingestão de toxinas produzidas pelo micro-organismo, de modo que nem mesmo os tratamentos térmicos são capazes de tornar o alimento inócuo, já que algumas toxinas são termorresistentes. As intoxicações mais conhecidas são a estafilocócica e a botulínica. Já nas toxinfecções, o micro-organismo e sua toxina, que pode ou não ser produzida dentro do hospedeiro, causam as doenças, e o exemplo mais comum é o *Clostridium perfringens*. Esses conceitos serão melhor explorados na seção 1.3.

1.2 ASPECTOS POSITIVOS: CONSERVAÇÃO E FERMENTAÇÃO

Os micro-organismos estão envolvidos na história da alimentação humana antes mesmo de existirmos como espécie. A manipulação consciente dos micro-organismos demorou a acontecer (só depois que Louis Pasteur derrubou a teoria da geração espontânea), mas antes a humanidade sabia que com o procedimento certo o alimento ficava com uma característica melhor, como a produção de etanol, no caso de cerveja, vinho e outras bebidas, ou na produção de ácidos orgânicos, relacionados com a conservação de hortaliças, sementes, carnes e pescado e no preparo de queijos e iogurtes, favorecendo a produção de ésteres e outros metabólitos envolvidos no sabor e aroma dos produtos. E estes procedimentos foram adaptados pelos vários povos e se inserindo em suas culturas, fazendo dos processos fermentativos um recurso importante para o desenvolvimento da população.

Esses bioprodutos são excretados pelos micro-organismos como respostas metabólicas às condições ambientais encontradas. Na Figura 1.1, pode ser visto um esquema geral das vias metabólicas microbianas utilizando várias fontes de

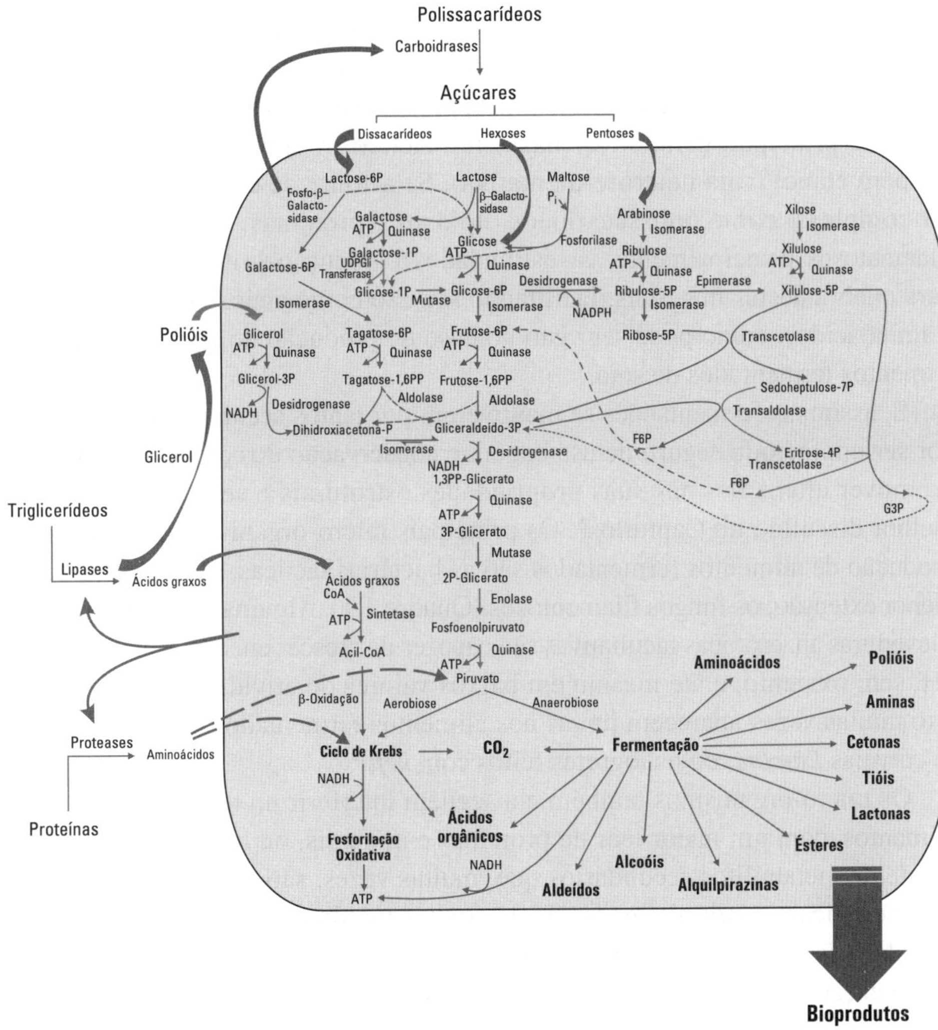

FIGURA 1.1 Esquema geral das vias metabólicas microbianas.

carbono, como glicose, arabinose, xilose, maltose, lactose, glicerol e ácidos graxos, e de nitrogênio (aminoácidos) possíveis de serem encontradas em alimentos, dentre elas a glicólise (via Embden-Meyerhof-Parnas), via das pentoses fosfato, entre outras.

É importante salientar que, conforme representado pela Figura 1.1, a denominação de "fermentação" na área de bioprocessos é, geralmente, utilizada como sinônimo de "atividade microbiana" sobre um determinado substrato, com geração de produtos; ainda que a rota metabólica utilizada pelos micro-organismos não seja efetivamente uma rota fermentativa, sendo, por exemplo, um processo respiratório (aeróbico ou não).

Muitos micro-organismos, como *Saccharomyces cerevisiae*, têm preferência por sacarose, rafinose, maltose e glicose como fontes de carbono, mas não é regra. Exemplos são algumas bactérias lácticas que fermentam lactose, ou até utilizando uma rota metabólica distinta para geração de energia quando a glicose é a fonte principal, gerando apenas ácido láctico (rota homofermentativa) ou também etanol (rota heterofermentativa). Se a fonte de carbono e nitrogênio for complexa, como polissacarídeos, lipídeos e proteínas, leveduras e fungos filamentosos, principalmente, são estimulados à produção de enzimas hidrolíticas para quebra destes materiais, facilitando seu uso como açúcares, ácidos graxos e aminoácidos, como pode ser visto no caso de produção de queijos, salames e alimentos fermentados de soja.

E, assim, as fermentações se mantiveram por tantos séculos, principalmente por ser um método seguro de estocagem e conservação dos alimentos, além de promover alterações nas suas propriedades estruturais e sensoriais, que será melhor discutido no Capítulo 2. Os principais micro-organismos utilizados na produção de alimentos fermentados são as bactérias lácticas, as leveduras e, em menor extensão, os fungos filamentosos (Quadro 1.1). Algumas bactérias lácticas e leveduras anaeróbicas facultativas são capazes de crescer em ambientes de baixo pH, sem oxigênio, e até mesmo em baixos valores de atividade de água, e por isso muitas vezes aparecem juntas nos alimentos fermentados, sendo exemplos as cervejas *Lambic*, ou os iogurtes feitos com *kefir*.

Os micro-organismos também conseguem interferir no teor nutricional dos alimentos, com um maior teor de proteínas e minerais, ou na redução da quantidade de metabólitos secundários que, muitas vezes, são correlacionados com características sensoriais indesejáveis como saponinas, compostos sulfurados e ácido fítico, ou até mesmo tóxicos como glicosídeos cianogênicos, como na fermentação da mandioca brava. A biotransformação de flavonoides e terpenoides durante a fermentação para produção de alimentos auxilia no desenvolvimento da cor, aroma e sabor destes, como no caso de bactérias lácticas e *Bifidobacterium*

QUADRO 1.1 Exemplos de micro-organismos responsáveis pela produção de alimentos

Micro-organismos		Alimentos fermentados
Bactérias	**Fungos**	
Streptococcus thermophilus, Lactobacillus delbrueckii, Lactococcus lactis, Leuconostoc mesenteroides	*Geotrichum candidum*	Iogurte, Coalhada, Viili (iogurte finlandês)
Lactobacillus kefiranofaciens, Lb. kefir	*Kluyveromyces marxianus*	*Kefir*
Lactobacillus acidophilus, Lb. casei, Lb. fermentum, Bifidobacterium longum, B. Bifidum	-	Probióticos
Streptococcus thermophilus, Lb. delbrueckii, Lb. helveticus, Lactococcus lactis, Propionibacterium freudenreichii, Leuconostoc mesenteroides, Leuconostoc lactis, Brevibacterium linens	*Penicillium roquefortii, P. camembertii,*	Queijos
Lb. plantarum, Lb. sakei, Lb. curvatus, Pediococcus pentosaceus, Pediococcus acidilactici, Staphylococcus carnosus, S. xylosus,	*Thamnidium elegans, Debaryomyces hansenii, Penicillium nalgiovense, P. camembertii, P. chrysogenum*	Derivados cárneos (salame, linguiça, salsicha e outros embutidos)
Leuconostoc mesenteroides, Lb. plantarum, Lb. brevis, Pediococcus pentosaceus	-	Picles, azeitonas e outros vegetais
Lactobacillus sanfranciscensis	*Saccharomyces cerevisiae, Candida humilis, Kazachstania exigua*	Pães
Oenococcus oeni, Pediococcus damnosus	*S. cerevisiae, S. pastorianus, Brettanomyces bruxellensis, Hanseniaspora uvarum, Pichia fermentans*	Cerveja, *Lambic*, vinho e outras bebidas
Acetobacter aceti, A. pasteurianus, Gluconacetobacter europaeus, G. hansenii, G. Xylinus	-	Vinagre
Tetragenococcus halophilus, Lactobacillus delbrueckii, Bacillus subtilis	*Aspergillus oryzae, A. sojae, Zygosaccharomyces rouxii, Candida versatilis, Rhizopus oligosporus, Neurospora intermedia*	Alimentos orientais (molho shoyu, missô, natto e tempeh, entre outros)
Lb. plantarum, Lb. reuteri, Lb. lactis, Tetragenococcus halophilus, T. muriaticus, Pediococcus pentosaceus	*Blastobotrys chiropterorum, Starmerella bombicola*	Molhos de peixe

animalis que atuam hidrolisando os glicosídeos fenólicos em isoflavona durante a fermentação de soja, ou *Lactobacillus plantarum* agindo sobre a oleuropeína das azeitonas através de beta-glucosidase e esterase.

1.3 ASPECTOS NEGATIVOS: DETERIORAÇÃO E DOENÇAS DE ORIGEM ALIMENTAR

O relato de problemas de origem microbiana em alimentos, seja pela deterioração, seja pela veiculação de agentes etiológicos de enfermidades (a serem abordados no Capítulo 3) é bastante antigo, ainda que, no princípio, a associação dos eventos aos micro-organismos não pudesse ser feita. Com relação à deterioração de origem microbiana em alimentos, é preciso ressaltar que nem sempre certa atividade metabólica de um determinado micro-organismo será classificada como deterioração. Dependendo do substrato em que tal atividade ocorra, pode ser caracterizada como desejável. Por exemplo, a produção de diacetil por bactérias lácticas, bastante desejável em diversos produtos lácteos, é caracterizada como deterioração em bebidas como cervejas e sucos de frutas. O mesmo pode ser citado em relação às bactérias acéticas, altamente desejáveis na produção de fermentados acéticos como o vinagre, conhecidamente deterioradoras na indústria de vinhos e, também, de bebidas do tipo refrigerantes ou refrescos devido à produção de ácido acético e acetaldeído.

Assim, a deterioração microbiana de um alimento pode ser definida como a atividade de micro-organismos sobre a matriz alimentícia, resultando na formação de compostos (de cor, cheiro, gosto etc.) e alterações sensoriais (de textura, viscosidade etc.) indesejáveis ao consumidor. Os diferentes tipos de matrizes alimentícias possuem um perfil de deterioração por diferentes grupos microbianos, como resultado de características como atividade de água, pH, temperatura de armazenamento, potencial de oxirredução etc., que favorecem e/ou inibem micro-organismos específicos.

Genericamente, alimentos com pH próximo à neutralidade e atividade de água elevada tendem a sofrer deterioração bacteriana. É o caso de carnes, pescados, hortaliças, leites e ovos. Já os alimentos com pH mais baixo e atividade de água reduzida são frequentemente deteriorados por fungos filamentosos e leveduras. Bactérias do grupo coliformes (gêneros *Enterobacter*, *Escherichia* etc.), quando presentes em altas quantidades em queijo tipo frescal, podem ser responsáveis pela formação de olhaduras, não características desse tipo de alimento. Essas olhaduras são resultado da atividade fermentativa dessas bactérias com produção de gases como gás carbônico e hidrogênio.

O esverdeamento em produtos cárneos embutidos, fermentados ou não, pode ser atribuído ao metabolismo de bactérias lácticas, algumas espécies do gênero

Lactobacillus, com liberação de peróxido de hidrogênio que reage com a mioglobina, formando coleglobina; ou, ainda, pela liberação de sulfito de hidrogênio, que reage com a mioglobina, formando sulfomioglobina. Bactérias do gênero *Pseudomonas* são, talvez, as mais frequentemente lembradas quando o assunto é deterioração de alimentos. O gênero não possui espécies com importância na produção de alimentos fermentados, sendo classicamente reconhecido como deteriorador de alimentos. Quanto aos alimentos passíveis de sofrerem deterioração por *Pseudomonas* spp., podem ser citados os mais variados: leite cru, frutas e hortaliças frescas, carne refrigerada etc. Uma característica importante de *Pseudomonas* spp. é a capacidade de crescerem sob temperaturas de refrigeração, sendo diversas espécies psicrotróficas: *P. fluorescens, P. fragi, P. putida* etc.

Existem micro-organismos deterioradores bastante específicos quanto ao tipo de produto que afeta. É o caso das chamadas leveduras resistentes a conservantes (PRY – Preservative Resistant Yeast). E a principal espécie deste grupo de deterioradores é a *Zygosaccharomyces bailii*. Entre os mecanismos aventados para a resistência aos conservantes comumente utilizados na indústria de alimentos (ácidos fracos como benzoico, sórbico, propiônico etc.) estão a descarboxilação de ácido ascórbico e o bombeamento dos ácidos para o ambiente externo (ao citoplasma da célula). Bebidas como refrigerantes e refrescos com adição de conservantes são os principais produtos envolvidos na deterioração por este tipo de micro-organismo.

Os alimentos termicamente processados sofrerão, classicamente, deterioração por bactérias esporuladas mesófilas ou termófilas, conforme apresentação no Quadro 1.2. Atualmente, sabe-se, também, da importância de fungos filamentosos termorresistentes (ascósporos destes fungos apresentam resistência a tratamentos térmicos do tipo pasteurização) na deterioração de produtos como sucos de frutas. Apesar de frequentemente envolvidos em problemas com alimentos que sofreram tratamento térmico, a *Clostridium esterthеticum* e a *C. gasigenes* são bactérias anaeróbias estritas psicrófilas envolvidas na deterioração de carne embalada a vácuo e refrigeradas. Há intensa produção de gases, gás carbônico e hidrogênio, e estufamento da embalagem – conhecido como "blown pack".

Com relação à quantidade de micro-organismos necessários para deterioração de alimentos, sabe-se que a quantidade inicial suficiente para dar início ao processo é diversa e depende do tipo de micro-organismo e das características do alimento. Entretanto, há consenso na literatura de que contagens microbianas a partir de aproximadamente 10^7 UFC/g ou mL de produto produzem metabólitos e/ou alteram a matriz de modo a tornar perceptível a deterioração.

É importante salientar que muitas enzimas microbianas, como proteases e lipases, podem possuir estabilidade térmica ainda que o micro-organismo produtor

QUADRO 1.2 Exemplos de deteriorações causadas por bactérias esporuladas em alimentos tratados termicamente

Bactéria	Característica da embalagem /lata	Tipo de alimento	Deterioração	Alterações no alimento
Bacillus thermoacidurans	Sem estufamento	Produtos ácidos (por exemplo, derivados de tomate)	*Flat sour*	Leve mudança de pH, produção de ácido, sem produção de gás
Geobacillus stearothermophilus[1]	Sem estufamento	Alimentos de baixa acidez	*Flat sour*	Abaixamento do pH que pode ser acompanhado de odor anormal
Desulfotomaculum nigrificans[1]	Estufada ou não	Alimentos de baixa acidez	Deterioração negra	Enegrecimento com odor de ovo podre, produção de sulfito de hidrogênio
Clostridium putrefaciens *C. sporogenes*	Estufada	Alimentos de origem proteica, ácidos ou de baixa acidez	Proteólise	Presença de gás e odor de "putrefação"
C. perfringens	Estufada	Alimentos ricos em carboidratos, proteínas, de baixa acidez	Deterioração turbulenta do leite	Fermentação de açúcares com grande produção de gás
C. thermosacharo-lyticum[1]	Estufada	Alimentos ácidos ou de baixa acidez	Deterioração T.A.* hidrólise de sacarose	Presença de gás e aspecto de fermentado
Alicyclobacillus acidoterrestris[1]	Sem estufamento	Alimentos ácidos ($pH < 3,8$), especialmente suco de laranja concentrado	Aroma de remédio ou desinfetante	Produção de guaiacol

[1]Micro-organismos termófilos;
*Termófilo Anaeróbio = T.A.

seja termolábil. Deste modo, mesmo que um tratamento térmico seja aplicado, eliminando os micro-organismos sensíveis ao calor, as enzimas microbianas podem ser responsáveis pela deterioração do produto ao longo de seu prazo de validade. A seguir, encontram-se alguns grupos de alimentos e os principais deterioradores e patogênicos associados a eles.

1.3.1 Leite e derivados

No leite, a carga microbiana inicial influencia diretamente na qualidade do produto final e está relacionada com as condições higiênicas da produção. É importante que o leite cru seja refrigerado o quanto antes, para evitar a multiplicação de aeróbios mesófilos, como espécies dos gêneros *Lactobacillus*, *Streptococcus*, *Lactococcus* e algumas enterobactérias, capazes de fermentar a lactose em ácido lático, precipitando a caseína e comprometendo a sua utilização na produção de manteiga, queijos, leite em pó e doce de leite (APHA, 2001). No entanto, a refrigeração torna o ambiente propício para micro-organismos psicrotróficos, que se multiplicam em temperaturas em torno de 4 °C. Esses grupos de micro-organismos, tanto os mesófilos quanto os psicrotróficos, já estavam presentes no leite em virtude de contaminações ambientais provenientes do solo, do úbere e de equipamentos de ordenha mal higienizados, porém apenas se multiplicam nas condições ambientais favoráveis ao seu metabolismo (Santana *et al.*, 2001).

Bactérias psicrotróficas são os micro-organismos mais importantes quando se trata de deterioração do leite, sendo os gêneros *Pseudomonas*, *Micrococcus* e *Bacillus* os mais relatados (Cousin, 1982; Stoeckel *et al.*, 2016). *Staphylococcus aureus*, *Listeria monocytogenes*, *Mycobacterium tuberculosis* e *Brucella abortus* são alguns exemplos de micro-organismos patogênicos relatados no leite (Meyer-Broseta *et al.*, 2003; Oliver *et al.*, 2005; Luchansky *et al.*, 2017). Os *Staphylococcus* spp., por exemplo, provêm de animais com mastite, e a toxina que produzem não se torna inativa pela pasteurização; a ingestão das toxinas estafilocócicas pode causar intoxicação alimentar, com diarreia e vômito (Danielsson-Tham, 2013). O tratamento para mastites com antibióticos pode afetar a qualidade sensorial do leite e de seus derivados, além de inibir o crescimento de bactérias lácticas, importantes na fabricação de iogurtes. Por isso é comum descartar o leite por alguns dias depois do fim do tratamento com esses medicamentos (Trombete *et al.*, 2014).

As análises microbiológicas no leite (após tratamento térmico) e seus derivados são as estabelecidas pela resolução RDC 12, de 2 de janeiro de 2001, e inclui coliformes termotolerantes (que são capazes de resistir às temperaturas dos tratamentos térmicos), *Salmonella* spp., *Listeria monocytogenes*, estafilococos coagulase positiva (estirpes virulentas) e *Bacillus cereus*, dependendo do produto (Brasil, 2001). Essas análises são muito importantes para garantir que os produtos consumidos não causem doenças de origem alimentar, e são previstas pela Agência Nacional de Vigilância Sanitária (ANVISA) para uma grande gama de produtos. É importante lembrar que o Ministério da Agricultura, Pecuária e Abastecimento (MAPA) é o órgão responsável pelo registro dos produtos de origem animal (como leite, ovos, carnes e mel) e possui suas próprias diretrizes que definem o padrão dos alimentos, tanto microbiológico quanto físico-químico. A ANVISA é responsável pela fiscalização de todos os produtos, de origem animal ou vegetal, verificando a conformidade com a legislação brasileira.

1.3.2 Ovos e produtos à base de ovos

Os ovos apresentam barreiras físicas a micro-organismos deterioradores: a cutícula, a casca de cálcio e a membrana da casca. Porém, durante seu envelhecimento, essas barreiras tornam-se mais vulneráveis e permeáveis à entrada de fungos e bactérias, e o mesmo acontece em ovos com cascas com microrrachaduras, que muitas vezes são imperceptíveis a olho nu. Terra e fezes de animais são os primeiros contaminantes físicos dos ovos, e são responsáveis pela contaminação microbiológica, com destaque para as *Pseudomonas* spp. e as enterobactérias, capazes de causar alterações na coloração da gema, que é o alvo principal dos micro-organismos devido à sua alta concentração de nutrientes (Shebuski e Freier, 2009; Chaemsanit *et al.*, 2015).

A bactéria patogênica mais comum nessa matriz alimentar é a *Salmonella enteritidis*, que se aloja na gema do ovo via transmissão transovariana em galinhas (Howard *et al.*, 2005). Contaminação por patógenos como *Escherichia coli*, *Staphylococcus aureus* e por outras espécies de *Salmonella* também é significativa na casca dos ovos (Chaemsanit *et al.*, 2015). A contaminação de ovos por fungos não é comumente relatada, porém gêneros como *Fusarium* spp., *Penicillium* spp., *Aspergillus* spp. e *Rhodotorula* spp. já foram isolados da casca de ovos (Baeza, 1934; Nowaczewski *et al.*, 2011). Embora não existam muitas pesquisas envolvendo ovos de outras aves, acredita-se que os contaminantes pertencem aos mesmos gêneros que os dos ovos de galinhas (Shebuski e Freier, 2009). O Quadro 1.3 apresenta as principais bactérias associadas à degradação de ovos e a coloração da gema decorrente da presença de cada micro-organismo.

O produto conhecido como ovo líquido, que pode conter gema, clara ou ambas, é muito usado em preparações, porque é pasteurizado (60 °C por 3,5 min), assegurando uma carga microbiana baixíssima e aumentando a vida útil dos produtos que irá incorporar. Ovos em pó são geralmente produzidos por meio da técnica de

QUADRO 1.3 Bactérias associadas a vários tipos de degradação de ovos

Bactéria deterioradora	Cor da deterioração na gema
Proteus spp.	Preta
Aeromonas liquefaciens	Preta
Serratia marcescens	Vermelha
Enterobacter spp.	Creme
Pseudomonas maltophilia	Verde
Pseudomonas fluorescens	Rosa
Flavobacterium cytophaga	Amarela
Outras *Enterobacter* e *Alcaligenes* spp.	Sem cor

Fonte: Shebuski e Freier (2009).

spray drying (secagem por aspersão) e também são amplamente usados, gema, clara ou ambas, em preparações industriais, pois sua atividade de água reduzida inibe o crescimento de deterioradores. Ovos líquidos e ovos em pó precisam ser acondicionados e manipulados adequadamente, para que não ocorram contaminações externas. Por exemplo, na reidratação dos ovos em pó, a água deve ser ideal para o consumo, e o produto não deve ser acondicionado por longos períodos após seu contato com água (Shebuski e Freier, 2009). A legislação brasileira determina, para ovos e derivados, análises para *Salmonella* spp., coliformes termotolerantes e estafilococos coagulase positiva (Brasil, 2001).

1.3.3 Carnes e produtos cárneos

As fontes de contaminação em produtos cárneos são a própria microbiota do animal, que pode entrar em contato com a carne durante a sangria e a evisceração, a microbiota do solo, que pode se fixar no couro ou penas do animal que não foi adequadamente higienizado, e as microbiotas de outras fontes como equipamentos e ambiente mal higienizados, água não tratada e operadores com condições inadequadas de higiene. Os contaminantes mais comuns em bovinos, suínos e aves são as enterobactérias, que habitam o trato gastrointestinal do próprio animal (Nørrung e Buncic, 2008). No caso de produtos processados, a maior manipulação aumenta as chances de contaminações externas.

Dentre os gêneros responsáveis por deterioração em produtos cárneos, os principais são *Pseudomonas* spp., *Leoconostoc* spp., *Lactobacillus* spp. e *Brochothrix thermosphacta*, os quais se proliferam em cárneos acondicionados em condições de aerobiose. Em embalagens a vácuo e com pouca permeabilidade ao oxigênio, a deterioração ocorre predominantemente por bactérias lácticas (Borch *et al.*, 1996). Os principais efeitos oriundos da deterioração são sabor e odor desagradáveis, mudanças na coloração e formação de gás. Em temperaturas de estocagem mais baixas, a probabilidade de crescimento de patógenos, como as enterobactérias, é reduzida. O Quadro 1.4 mostra os principais micro-organismos responsáveis por doenças de origem alimentar veiculadas a cárneos.

QUADRO 1.4 Principais patógenos em carnes e produtos cárneos

Micro-organismo	Modo de ação	Efeitos no ser humano
Campylobacter spp.	Infecção alimentar	Campilobacteriose causa diarreia com sangue, febre, náuseas e dor abdominal
Escherichia coli verocitotoxigênica	Intoxicação alimentar	Diarreia com sangue e cólicas abdominais severas
Salmonella spp.	Infecção alimentar	Salmonelose é usualmente caracterizada por febre, diarreia, dor abdominal e náusea
Staphylococcus aureus	Intoxicação alimentar	Aparecimento súbito de vômitos, diarreia aquosa e dores abdominais
Clostridium botulinum	Intoxicação alimentar	Sintomas gastrointestinais e, em casos graves, insuficiência respiratória e paralisia muscular
Clostridium perfringens	Toxinfecção alimentar	Dores abdominais agudas, diarreias com náuseas, febre, e, em casos raros, vômitos
Yersinia enterocolitica	Infecção alimentar	Febre, dores abdominais e diarreia
Listeria monocytogenes	Infecção alimentar	Listeriose é caracterizada por febre, dor muscular, náusea, diarreia e, em casos mais graves, confusão mental e convulsões

Fonte: Nørrung e Buncic (2008).

Resfriamento, congelamento, irradiação, desidratação, defumação e cura são alguns dos métodos de conservação usados tanto em carnes quanto em produtos como embutidos, patês e hambúrgueres, responsáveis por prolongar a vida útil do produto através da inibição do crescimento de micro-organismos por diferentes mecanismos de ação (Feitosa, 1999). Para carnes e produtos cárneos, de bovinos, suínos e aves, a ANVISA determina as análises para coliformes termotolerantes,

Salmonella spp., *Escherichia coli*, estafilococos coagulase positiva e *Clostridium* sulfito redutor (Brasil, 2001). Mesmo que a legislação não preconize a análise de todos os possíveis micro-organismos, o que seria inviável, as bactérias analisadas servem como indicadores da qualidade do produto.

1.3.4 Frutas e vegetais

Os micro-organismos encontrados em frutas e vegetais são predominantemente os presentes no solo. Os principais deterioradores das verduras pertencem aos gêneros *Pseudomonas* spp. e *Erwinia* spp., com menor frequência de *Bacillus* spp. e *Clostridium* spp., e causam alterações como sabor e odor desagradáveis e aspecto molhado. Assim como ocorre em outras matrizes alimentares, os fungos filamentosos e as leveduras não são os principais deterioradores das hortaliças, porque no pH dessas matrizes as bactérias têm vantagem por ter o crescimento mais acelerado. Já nas frutas, que geralmente têm pH mais ácido, os fungos e as leveduras competem com menor gama de bactérias, pois somente acidófilas se desenvolvem bem nesse ambiente, e então passam a ser deterioradores importantes (Barth *et al*., 2009).

Pelo alto conteúdo de carboidratos, principalmente açúcares, as frutas são comumente fermentadas pelas leveduras, o que pode ser desejável em alguns produtos, como o vinho e a cidra, por exemplo. Os fungos mais comuns em frutas pertencem aos gêneros *Penicillium* spp., *Geotrichum* spp., *Fusarium* spp., *Mucor* spp., *Phtyophthora* spp. e *Rhizopus* spp. (Tournas *et al*., 2006; Barth *et al*., 2009).

Em frutas e vegetais prontos para consumo, acondicionados em embalagens com baixa permeabilidade ao oxigênio, é possível o crescimento de *Clostridium botulinum*, patógeno responsável pelo botulismo, como melhor explicado na sessão 1.3.3. Para frutas, produtos de frutas e hortaliças, a legislação brasileira preconiza análises para coliformes termotolerantes e *Salmonella* spp. Em produtos à base de frutas como purês e doces, inclui-se a análise de bolores e leveduras. Para hortaliças, também se analisa a presença de estafilococos coagulase positiva, que podem se multiplicar melhor em matrizes com pH em torno da neutralidade (Brasil, 2001).

1.3.5 Bebidas

Existem diversos tipos de bebidas diferentes, mas que se dividem em dois grupos principais: as alcoólicas e as não alcoólicas. A presença ou ausência de álcool torna o ambiente propício para gêneros de micro-organismos distintos, e inibe a presença de outros. Como visto na seção 1.2, as bebidas alcoólicas são produtos oriundos da atividade metabólica de micro-organismos, e após as transformações que fazem na matriz alimentar, como a redução do pH, o meio se torna mais seletivo e competitivo para o crescimento de outros micro-organismos, sejam deterioradores ou patogênicos.

As principais bactérias deterioradoras de cervejas são acidófilas pertencentes aos gêneros *Lactobacillus* spp., *Pediococcus* spp., *Acetobacter* spp., *Gluconobacter* spp., e alguns membros da família das enterobactérias como *Escherichia* spp., *Aerobacter* spp., *Klebsiella* spp. e *Citrobacter* spp. (Silva, 2005). *Brettanomyces* spp., *Candida* spp., *Pichia* spp. e algumas espécies de *Saccharomyces* são consideradas leveduras selvagens quando se trata de produção de cervejas, visto que não são a *Saccharomyces cerevisiae*, espécie mais utilizada na fabricação dessa bebida, por conferir odor e sabor extremamente apreciados.

Em vinhos, os gêneros *Lactobacillus* spp., *Pediococcus* spp. e *Acetobacter* spp. também causam problemas sensoriais com a produção de compostos voláteis indesejáveis. Com correta higienização durante a vinificação e a maturação, essas bactérias deterioradoras, que fazem parte da microflora natural das uvas, podem ser evitadas (Bartowsky, 2009).

As bebidas não alcoólicas se dividem em água (com gás, sem gás e saborizada), carbonatados, sucos, néctares, refrescos, concentrados, cafés e chás prontos para o consumo e bebidas energéticas. A contaminação desse tipo de bebidas ocorre geralmente durante o processo de produção, e envolve principalmente a higienização adequada das matérias-primas e a limpeza dos equipamentos e dos materiais de embalagem (Kregiel, 2005; Lawlor *et al.*, 2009). Os principais micro-organismos deterioradores das bebidas não alcoólicas e os defeitos que geram nessas matrizes encontram-se listados no Quadro 1.5.

Os patógenos *Escherichia coli*, *Salmonella* spp. e *Yersinia enterocolitica* são contaminantes em bebidas não alcoólicas e resultam de condições de higiene inadequadas (Parish, 1998). O Quadro 1.4 apresenta melhor esses patógenos e seus efeitos no ser humano. Para sucos, refrescos, refrigerantes e outras bebidas não alcoólicas, a ANVISA determina somente análises para coliformes totais, termotolerantes e *Salmonella* spp., visto que assim é possível determinar se há presença de patógenos, garantindo que não haja a vinculação de doenças de origem alimentar (Brasil, 2001).

QUESTÕES

1. Cite alguns alimentos fermentados e os micro-organismos responsáveis.
2. Cite as diferenças entre micro-organismos deterioradores e patogênicos.

QUADRO 1.5 Exemplos de alterações de qualidade em bebidas não alcoólicas associadas aos micro-organismos deterioradores

Grupo	Gêneros	Defeitos visuais	Odores
Leveduras	*Aureobasidium* sp. *Candida* spp. *Clavispora* sp. *Cryptococcus* spp. *Debaryomyces* spp. *Dekkera* spp. *Galactomyces* sp. *Issatchenkia* sp. *Kluyveromyces* spp. *Metschnikowia* spp. *Pichia* spp. *Rhodotorula* sp. *Saccharomyces* spp. *Schizosaccharomyces* sp. *Zygosaccharomyces* spp.	Formação de vapores, embalagem estufada, formação de película na superfície	Levedura, aldeído, vinagre, notas de abacaxi
Bactérias lácticas	*Lactobacillus* spp. *Leuconostoc* sp. *Weissella* sp.	Turbidez, perda de CO_2, viscosidade	Queijo, azedo, maçã verde
Bactérias acéticas	*Acetobacter* sp. *Gluconobacter* sp. *Gluconacetobacter* sp. *Asaia* spp.	Formação de vapores, formação de película na superfície, viscosidade	Azedo, vinagre
Alicyclobacillus spp.		Sem defeitos	Antisséptico, defumado
Fungos	*Aspergillus* spp. *Byssochlamys* sp. *Cladosporium* sp. *Fusarium* sp. *Eupenicillium* sp. *Mucor* spp. *Neosartorya* sp. *Paecilomyces* spp. *Penicillium* sp. *Rhizopus* sp. *Talaromyces* sp.	Tapetes de micelas, descoloração e embalagem estufada	Mofado, rançoso

Fonte: Adaptado de Kregiel (2005).

3. Explique a diferença entre infecção, intoxicação e toxinfecção.

4. Pesquise sobre os principais métodos de conservação (resfriamento, congelamento, cura, defumação, adição de conservantes químicos etc.) e analise de que modo eles influenciam na redução do crescimento de micro-organismos.

REFERÊNCIAS

Adams, M.R., Moss, M.O., 2008. Food microbiology, 3rd ed. RSC, Cambridge, UK.

APHA – American Public Health Association, 2001. Compendium of methods for the microbiological examination of foods, 4th ed. APHA, Washington.

Baeza, M., 1934. Fungi in eggs. Annales de parasitologie humaine et comparee, 12: 543-50.

Barth, M., Hankinson, T.R., Zhuang, H., Breidt, F., 2009. Microbiological Spoilage of Fruits and Vegetables. Compendium of the microbiological spoilage of foods and beverages. Springer, Nova York, p. 135-83.

Bartowsky, E.J., 2009. Bacterial spoilage of wine and approaches to minimize it. Letters in applied microbiology, 48 (2): 149-56.

Borch, E., Kant-Muermans, M.L., Blixt, Y., 1996. Bacterial spoilage of meat and cured meat products. International Journal of Food Microbiology, 33 (1): 103-20.

Bourdichon, F., et al. 2012. Food fermentations: microorganisms with technological beneficial use. International Journal of Food Microbiology, 154: 87-97.

Brasil. ANVISA – Agência Nacional de Vigilância Sanitária. 2001. Resolução RDC nº 12, de 2 de janeiro de 2001. Regulamento técnico sobre os padrões microbiológicos para alimentos. Brasília: Diário Oficial da União, 2 de janeiro de 2001.

Cao, H., Chen, X., Jassbi, A.R., Xiao, J., 2015. Microbial biotransformation of bioactive flavonoids. Biotechnology Advances, 33: 214-23.

Caplice, E., Fitzgerald, G.F., 1999. Food fermentations: role of microorganisms in food production and preservation. International Journal of Food Microbiology, 50: 131-49.

Chaemsanit, S., Akbar, A., Anal, A.K., 2015. Isolation of total aerobic and pathogenic bacteria from table eggs and its contents. Food and Applied Bioscience Journal, 3 (1): 1-9.

Cohen, G.N., 2014. Microbial biochemistry, 3rd ed. Springer, Dordrecht, Holanda.

Cousin, M.A., 1982. Presence and activity of psychotropic microorganisms in milk and dairy products: a review. Journal of Food Protection, 45 (2): 172-207.

Danielsson-Tham, M.L., 2013. Staphylococcal food poisoning. Food Associated Pathogens, p. 250.

Doyle, M.P., 2009. Compendium of the microbiological spoilage of foods and beverages. Springer, Nova York, 367 p.

Feitosa, T., 1999. Contaminação, conservação e alteração da carne. Embrapa Agroindústria, 24 p.

Flores, M., Toldrá, F., 2011. Microbial enzymatic activities for improved fermented meats. Trends in Food Science & Technology, 22: 81-90.

Forsythe, S.J., 2013. Microbiologia da segurança dos alimentos, 2nd ed. Artmed, Porto Alegre, 602 p.

Hassani, A., Procopio, S., Becker, T., 2016. Influence of malting and lactic acid fermentation on functional bioactive components in cereal-based raw materials: a review paper. International Journal of Food Science and Technology, 51: 14-22.

Howard, Z.R., Moore, R.W., Zabala-Diaz, I.B., Landres, K.L., Byrd, J.A., Kubena, L.F., Nisbet, D.J., Birkhold, S.G., Ricke, S.C., 2005. Ovarian laying hen follicular maturation and in-vitro *salmonella* internalization. Veterinary Microbiology, 108: 95-100.

Hugenholtz, J., 2013. Traditional biotechnology for new foods and beverages. Current Opinion in Biotechnology, 24: 155-9.

Hui, Y.H., 2012. Handbook of animal-based fermented food and beverage technology, 2nd ed. CRC Press, Boca Raton, USA.

Hutkins, R.W., 2006. Microbiology and technology of fermented foods. Blackwell Publishing, Ames, USA.

Jay, J.M., Loessner, M.J., Golden, D.A., 2005. Modern food microbiology, 7th ed. Springer, Nova York, 790 p.

Lawlor, K.A., Schuman, J.D., Simpson, P.G., Taormina, P.J., 2009. Microbiological spoilage of fruits and vegetables. Compendium of the microbiological spoilage of foods and beverages. Springer, Nova York, p. 245-84.

Luchansky, J.B., Chen, Y., Porto-Fett, A.C., Pouillot, R., Shoyer, B.A., Johnson-Derycke, R., Eblen, D.R., Hoelzer, K., Van Doren, J.M., Catlin, M., 2017. Survey for *Listeria monocytogenes* in and on ready-to-eat foods from retail establishments in the United States (2010 through 2013): Assessing potential changes of pathogen prevalence and levels in a decade. Journal of Food Protection, 80 (6): 903-21.

Meyer-Broseta, S., Diot, A., Bastian, S., Riviere, J., Cerf, O., 2003. Estimation of low bacterial concentration: *Listeria monocytogenes* in raw milk. International Journal of Food Microbiology, 80 (1): 1-15.

Nørrung, B., Buncic, S., 2008. Microbial safety of meat in the European Union. Meat Science, 78 (1): 14-24.

Nowaczewski, S., Stuper, K., Szablewski, T., Kontecka, H., 2011. Microscopic fungi in eggs of ring-necked pheasants kept in aviaries. Poultry Science, 90 (11): 2467-70.

Oliver, S.P., Jayarao, B.M., Almeida, R.A., 2005. Foodborne pathogens in milk and the dairy farm environment: food safety and public health implications. Foodbourne Pathogens & Disease, 2 (2): 115-29.

Parish, M.E., 1998. Coliforms, *Escherichia coli* and *Salmonella* serovars associated with a citrus-processing facility in a salmonellosis Outbreak. Journal of Food Protection, 61 (3): 280-4.

Pastore, G.M., Bicas, J.L., Maróstica, Jr., M.R., 2013. Biotecnologia de alimentosv. 12Atheneu, São Paulo.

Rodríguez, H., 2009. Food phenolics and lactic acid bacteria. International Journal of Food Microbiology, 132: 79-90.

Santana, E.D., Beloti, V., Barros, M.D.A.F., Moraes, L.B., Gusmão, V.V., Pereira, M.S., 2001. Contaminação do leite em diferentes pontos do processo de produção: I. Microrganismos aeróbios mesófilos e psicrotróficos. Semina: Ciências Agrárias, 22 (2): 145-54.

Shebuski, J.R., Freier, T.A., 2009. Microbiological spoilage of eggs and egg products. Compendium of the microbiological spoilage of foods and beverages. Springer, Nova York, p. 121-34.

Silva, J.B.A., 2005. Cerveja. Tecnologia de bebidas. Edgar Blücher, p. 347-80.

Smid, E.J., Lacroix, C., 2013. Microbe – Microbe interactions in mixed culture food fermentations. Current Opinion in Biotechnology, 24: 148-54.

Spitaels, F., et al. 2015. The microbial diversity of an industrially produced lambic beer shares members of a traditionally produced one and reveals a core microbiota for lambic beer fermentation. Food Microbiology, 49, 23, 32.

Stoeckel, M., Lidolt, M., Achberger, V., Glück, C., Krewinkel, M., Stressler, T., Hinrichs, J., 2016. Growth of *Pseudomonas weihenstephanensis*, *Pseudomonas proteolytica* and *Pseudomonas sp.* in raw milk: impact of residual heat-stable enzyme activity on stability of UHT milk during shelf-life. International Dairy Journal, 59: 20-8.

Stratford, M., Plumridge, A., Archer, D.B., 2017. Decarboxylation of sorbic acid by spoilage yeasts is associated with the pad1 gene. Applied and Environmental Microbiology, 73 (20): 6534-42.

Styger, G., Prior, B., Bauer, F.F., 2011. Wine flavor and aroma. Journal of Industrial Microbiology and Biotechnology, 38: 1145-59.

Tournas, V.H., Heeres, J., Burgess, L., 2006. Moulds and yeasts in fruit salads and fruit juices. Food Microbiology, 23: 684-8.

Trombete, F.M., Dos Santos, R.R., Souza, A.L., 2014. Antibiotic residues in brazilian milk: a review of studies published in recent years. Revista Chilena de Nutrición, 41 (2).

Capítulo 2

Conservação de alimentos

Flávio Luís Schmidt • Karen Signori Pereira • Maria Alice Zarur Coelho

2.1 INTRODUÇÃO

São inúmeras as formas de preservação dos alimentos e suas combinações. Em geral, o processo é relativamente complexo e envolve, na maioria das vezes, mais de um mecanismo de conservação. Grande parte dos autores explica a conservação dos alimentos com base nos fatores intrínsecos e extrínsecos. Os fatores intrínsecos mais comumente abordados e avaliados na prática de fabricação de alimentos são o pH e a Atividade de água (Aw). Em relação aos fatores extrínsecos, os mais relevantes são a temperatura e a umidade relativa do ar (UR). Ambos os fatores serão discutidos, bem como suas inter-relações e o efeito sobre micro-organismos em geral.

2.2 FATORES INTRÍNSECOS

Quando se pensa em fatores intrínsecos de um alimento, deve-se levar em conta que essas propriedades acompanham o produto desde a matéria-prima até o produto final, podendo ser alterada ou não, ao longo do processamento. Portanto, devemos considerar tais fatores, e sua importância, em dois momentos distintos. Num primeiro momento, caracterizar os fatores intrínsecos relacionados com a matéria-prima alimentar e, baseando-se neles, com sua capacidade de contaminação e/ou deterioração. Outro ponto importante é a caracterização de tais parâmetros no produto final, o que envolve, também, sua conservação e seu modo de preparo. Isto porque podem existir alterações relevantes das matérias-primas quando comparadas ao produto final ao qual se destinam.

É importante saber identificar as ordens de grandeza de pH, Aw e OR do alimento e, a partir daí, inferir sobre os grupos microbianos potencialmente presentes nesses alimentos, propondo, deste modo, formas de controle.

2.2.1 O efeito do pH na conservação dos alimentos

O pH indica a concentração de íons hidrogênio no produto, e é expresso da seguinte forma:

$$pH = -\log[H^+] \tag{2.1}$$

Isso indica que quanto maior a concentração de íons hidrogênio, menor é o valor do pH. O pH tem papel fundamental no controle do crescimento microbiano e, dependendo da faixa de pH, alguns micro-organismos crescem e outros não. As principais influências do pH sobre a atividade microbiana devem-se à interferência na atividade enzimática e no transporte celular de nutrientes.

Os alimentos podem ser classificados, basicamente, como de baixa acidez, quando o pH é maior que 4,5; e ácidos, quando pH é inferior a 4,5. O valor-limite de 4,5 (a legislação americana estipula esse limite em 4,6) é uma referência aos esporos de *Clostridium botulinum* que não conseguem germinar e, consequentemente, produzir toxina quando o pH é igual ou inferior a 4,7.

Alimentos de baixa acidez também podem ser acidificados por algum processo adequado. A diferença básica entre os alimentos ácidos e os acidificados está no conceito de que os primeiros possuem uma acidez natural (como a maioria das frutas), enquanto os alimentos acidificados são aqueles de baixa acidez (como a maioria das hortaliças e produtos de origem animal), nos quais ácido foi adicionado ou são resultados da atividade microbiana (natural ou induzida), a fim alcançar um pH inferior a 4,5.

Quanto mais próximo da neutralidade, maior a possibilidade do desenvolvimento de bactérias, incluindo a maior parte daquelas nocivas aos seres humanos, importantes para a saúde pública. Valores mais baixos de pH impedem o crescimento da maioria das bactérias, o que acaba favorecendo a maior parte dos fungos filamentosos e leveduras. Assim, alimentos com pH inferior a 4,5 permitem o crescimento de apenas alguns grupos específicos de bactérias, como as bactérias lácticas (importantes na fabricação de diversos alimentos fermentados); bactérias acéticas (importantes na fabricação de vinagre); bactérias do gênero *Alyciclobacillus* (importantes deterioradores de sucos industrializados, especialmente cítricos e concentrados); algumas espécies de *Bacillus* e *Clostridium* ácido tolerantes (típicos deteriorantes de produtos de tomate); e boa parte dos fungos filamentosos e leveduras. Entretanto, é importante salientar que valores baixos de pH não são suficientes para inibição da atividade microbiana, ainda que não haja crescimento. Isto é de extrema relevância para diversos patógenos que apesar de não crescerem em matrizes com pH baixo podem, entretanto, sobreviver e causar doenças (por exemplo, *Salmonella* em suco de laranja não pasteurizado).

Existe uma diferença fundamental entre pH e acidez do produto. Enquanto o primeiro indica a concentração de íons hidrogênio, a acidez indica a concentração de ácido presente no alimento. Esta última é normalmente expressa em porcentagem do ácido predominante na matriz, em geral o ácido cítrico para a maioria das frutas (porém, ácido tartárico para uva, ácido málico para maçãs), o ácido acético para o vinagre, o ácido láctico para produtos fermentados de leite etc. A concentração de ácidos e a concentração de íons hidrogênio está relacionada com a dissociação deste ácido em meio aquoso. Ácidos fortes se dissociam de forma mais eficiente quando comparados aos ácidos fracos. A maioria dos ácidos orgânicos é considerada de fraca dissociação, portanto, são ácidos fracos, porém, facilmente reconhecidos de modo sensorial em virtude da sua concentração, elevada nos alimentos.

2.2.2 O efeito da atividade de água na conservação dos alimentos

A Aw, da mesma forma que o pH, também possui alguns valores de referência. Para Aw inferior a 0,85 não se considera relevante o crescimento de nenhum micro-organismo patogênico, sendo este o limite de crescimento e formação de toxinas por *Staphylococcus aureus*. Entretanto, diversos micro-organismos patogênicos podem sobreviver e manter-se viáveis em atividades de água consideradas baixas (por exemplo, *Salmonella* em amendoim e pimenta do reino; *Escherichia coli* patogênica em farinha de trigo). Valores inferiores a 0,93 limitam o crescimento de *C. botulinum*. A maior parte das matérias-primas alimentícias, tanto de origem animal quanto vegetal possuem elevada Aw, não sendo este parâmetro muitas vezes limitante ao crescimento microbiano. A maioria das bactérias está melhor adaptada a um ambiente com Aw superior a 0,95; enquanto muitos fungos filamentosos e leveduras podem se desenvolver em Aw mais baixa, sendo o valor de 0,65 considerado limite para o crescimento da maioria dos micro-organismos.

O controle do crescimento microbiano pela diminuição da Aw pode ser feito pela remoção da água por secagem (por exemplo, frutas desidratadas), evaporação (por exemplo, leite evaporado), concentração (por exemplo, suco de laranja concentrado), adição de solutos (por exemplo, carnes salgadas, frutas cristalizadas) ou a combinação de fatores (por exemplo, geleias, leite condensado).

Nas hortaliças, por exemplo, o ajuste da Aw como forma de conservação (nesse caso, sua diminuição) altera drasticamente aspectos morfológicos e sensoriais do produto.

O Quadro 2.1 apresenta uma série de matérias-primas e alimentos, seus respectivos valores de pH e Aw, e os grupos de micro-organismos contaminantes mais comuns.

QUADRO 2.1 Matérias-primas, alimentos e grupos contaminantes mais comuns

Produto	pH	Aw	Bactérias	Fungos filamentosos e leveduras
Hortaliças	> 4,5	> 0,95	X	
Frutas	> 4,5	> 0,95	X	
Frutas	< 4,5	> 0,95		X
Grãos	> 4,5	< 0,85		X
Carnes em geral	> 4,5	> 0,95	X	
Requeijão	> 4,5			
Ervilhas em conserva	> 4,5	> 0,95	X	
Bacalhau salgado	> 4,5	< 0,85		X
Iogurte	< 4,5	> 0,95		X

Uma forma bastante elegante de agrupar os conceitos de pH e Aw na conservação de alimentos é através da Figura 2.1 que apresenta a relação entre esses dois fatores, delimitando nos valores de Aw = 0,85, Aw = 0,65 e pH = 4,5 as regiões dos alimentos ácidos, alimentos de baixa acidez, alimentos desidratados e de umidade intermediária. A linha do pH foi interrompida em 7,0 pois não consumimos alimentos alcalinos nem manipulamos matérias-primas com essas características (o ovo talvez seja o alimento mais alcalino que o ser humano consome, com pH chegando a 7,2).

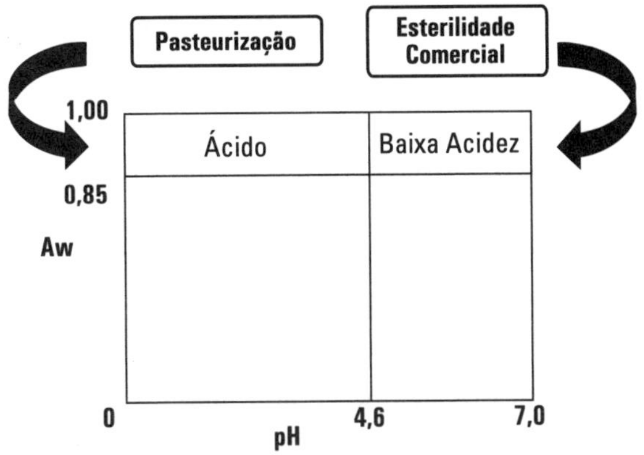

FIGURA 2.1 **Classificação dos alimentos e matérias-primas pela Aw e pH, e "intensidade" do tratamento térmico aplicado.**

2.3 FATORES EXTRÍNSECOS

Os fatores extrínsecos estão ligados ao ambiente da matéria-prima, do processamento do alimento ou de seu armazenamento. Envolvem diretamente características das embalagens, como permeabilidade a gases e ao vapor d'água, as quais levarão a alterações microbiológicas, bioquímicas e químicas nos alimentos.

2.3.1 O efeito da temperatura na conservação dos alimentos

A temperatura tem efeito direto na velocidade relativa das reações, ocorram elas nas matérias-primas ou nos produtos processados. Em geral, diminuindo-se a temperatura, diminuem-se também suas alterações. Por isso a geladeira funciona como um "retardador" de deterioração dos alimentos e aqueles depositados nos congeladores possuem uma validade comercial/ durabilidade ainda maior.

A taxa de reação (deterioração, durabilidade, oxidação de vitaminas etc.) de um alimento pode ser descrita pela equação de *Ahrrenius*:

$$\text{Log } K = \log K_o - (1/E_a)(1/T) \qquad (2.2)$$

Em que:
K é a velocidade de reação
K_o é uma constante
E_a é a energia de ativação
T é a temperatura

2.3.2 O efeito da umidade relativa na conservação dos alimentos

Para embalagens herméticas, ou seja, aqueles sistemas em que o produto no interior da embalagem não troca nenhuma massa com o ambiente externo, o efeito da UR é praticamente desprezível. Isso ocorre nos vidros com tampas metálicas, nas latas com folha de flandres, *pouches* aluminizados, embalagens multicartonadas (TetraPak®, SIG Combibloc®). Nestes casos, em condições normais de distribuição, não são esperadas trocas gasosas ou perdas de produto ou vapor d'água pela embalagem. Porém, existem diversos produtos embalados em sistemas que "respiram" e podem mudar drasticamente ao longo do seu prazo de validade.

Frutas desidratadas, por exemplo, são comumente acondicionadas em embalagens plásticas e, num ambiente de elevada UR, podem se equilibrar com o ambiente absorvendo água. Biscoitos crocantes podem ficar murchos da mesma forma. E vegetais folhosos mal acondicionados dentro de uma geladeira podem ficar desidratados e murchos em pouco tempo.

2.4 CONSERVAÇÃO DE ALIMENTOS PELA APLICAÇÃO DE CALOR

O tratamento térmico é um dos métodos mais importantes no processamento de alimentos, não somente devido aos efeitos desejáveis na qualidade sensorial (muitos alimentos são consumidos na forma cozida) como também devido ao efeito preservativo exercido no alimento, pela destruição de atividade enzimática e microbiológica, insetos e parasitas. Outras vantagens do processamento pelo calor são:

- Destruição de componentes antinutricionais (por exemplo, o inibidor de tripsina encontrado em legumes).
- Melhoramento na disponibilidade de alguns nutrientes (aumento da digestibilidade de proteína, gelatinização de amidos e liberação de niacina).
- Controle relativamente simples das condições de processo.

A utilização de calor ou aplicação de altas temperaturas no processamento de alimentos é baseada nos seguintes objetivos:

- Destruição dos micro-organismos deterioradores de alimentos e causadores de toxinfecção alimentar, bem como das toxinas produzidas por estes.
- Inativação das enzimas que levam a reações de escurecimento, oxidação ou hidrólise, alterando a qualidade do produto final.

O efeito preservativo do processamento térmico é devido à desnaturação das proteínas, destruindo a atividade enzimática e, consequentemente, o metabolismo microbiano. A taxa de destruição é uma reação de primeira ordem; quando o alimento é aquecido a uma temperatura alta o suficiente para destruir os micro-organismos contaminantes, a mesma percentagem morre em um dado intervalo de tempo.

Sendo ***D*** o tempo de destruição térmica (Figura 2.2), ou seja, o tempo necessário para destruir 90% dos micro-organismos (reduzir seu número por um fator de 10), observa-se que este valor é função de cada micro-organismo.

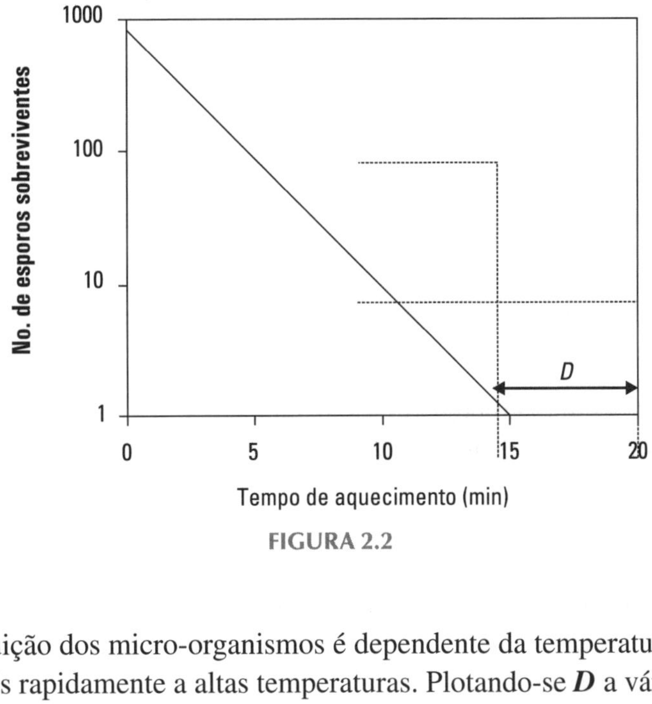

FIGURA 2.2

A destruição dos micro-organismos é dependente da temperatura; as células morrem mais rapidamente a altas temperaturas. Plotando-se ***D*** a várias temperaturas (Figura 2.3), encontra-se a curva de tempo de morte térmica, sendo ***Z*** o delta em °C requeridos para reduzir o número de ***D*** de um fator de10.

Os valores de ***D*** e ***Z*** caracterizam a resistência térmica de uma enzima, micro-organismo ou componente de um alimento. Inúmeros fatores determinam a resistência térmica dos micro-organismos, a saber:

1. Tipo de micro-organismos: diferentes espécies mostram grande variação em sua resistência térmica. Esporos são mais resistentes que células vegetativas.
2. Condições de incubação durante crescimento das células ou formação de esporos:

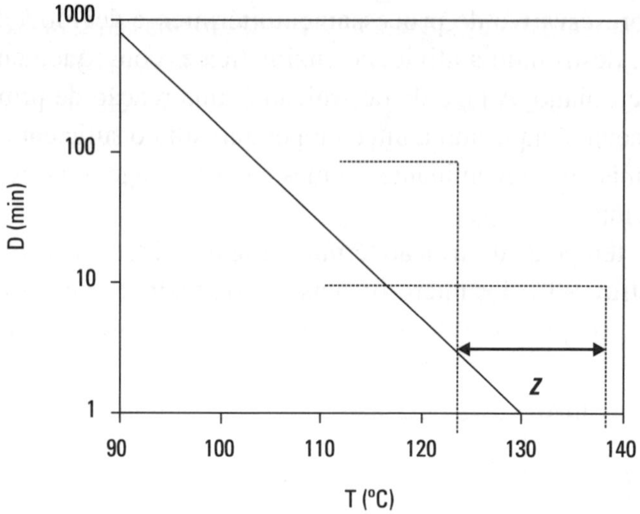

FIGURA 2.3

a. temperatura – esporos produzidos a altas temperaturas são mais resistentes que os produzidos a baixas temperaturas;

b. idade da cultura – o estágio de crescimento das células vegetativas afeta sua resistência;

c. meio de cultura empregado – sais minerais e ácidos graxos influenciam a resistência térmica dos esporos.

3. Condições durante tratamento térmico

a. pH do alimento – bactérias patogênicas e deteriorantes são mais resistentes ao calor em pHs próximos da neutralidade; leveduras e fungos toleram condições mais ácidas, porém são menos resistentes ao calor que os esporos bacterianos;

b. atividade da água influencia a resistência térmica de células vegetativas; calor úmido é mais efetivo que o seco para a destruição dos esporos;

c. composição do alimento – proteínas, gorduras e altas concentrações de sacarose aumentam a resistência térmica dos micro-organismos; a baixa concentração de NaCl usada na maioria dos alimentos não exerce efeito significante; o estado físico do alimento, particularmente a presença de coloides, afeta a resistência térmica das células vegetativas;

d. meio de crescimento e condições de incubação, usados nos estudos sobre resistência ao calor, afetam o número de sobreviventes observados.

4. O conhecimento da resistência térmica de enzimas e/ou micro-organismos encontrados em um alimento específico é usado para calcular as condições necessárias para a sua destruição. Na prática, a enzima ou micro-organismo mais resistente é usada como base para o cálculo das condições de processo.

A natureza e a intensidade do tratamento térmico aplicado são função de:

- pH, flora microbiana e carga microbiana inicial;
- características organolépticas do alimento quanto a textura, maciez, cor etc.;
- preservação de nutrientes e minimização de alteração de *flavour*, cor e sabor.

2.4.1 Transferência de calor por vapor ou água

2.4.1.1 Branqueamento

O branqueamento é utilizado para **destruir a atividade enzimática de vegetais e algumas frutas**, antes de outros processos. Assim, **não é um processo único, mas um pré- tratamento que normalmente acontece entre a preparação da matéria-prima e outras operações**. O branqueamento também pode ser combinado com o descascamento ou com a limpeza do alimento, a fim de minimizar custos com o consumo de energia, espaço e equipamentos.

Alguns vegetais (cebola, pimenta verde) não necessitam de branqueamento para evitar atividade enzimática durante a estocagem, mas a maioria dos vegetais sofre considerável deterioração se o branqueamento é omitido ou se o processo é subdimensionado. Para que se atinja a inativação enzimática adequada, o alimento é rapidamente aquecido a uma temperatura predeterminada, permanecendo assim por um tempo preestabelecido e sendo resfriado rapidamente à temperatura ambiente. Os fatores que influenciam o tipo de branqueamento são:

- tipo de fruta ou vegetal
- tamanho dos pedaços
- temperatura do branqueamento
- método de aquecimento

Os métodos de branqueamento comercialmente mais empregados referem-se a manter durante certo tempo o alimento em uma atmosfera de vapor saturado ou submergido em um banho de água quente (70-100°C). Ambos os tipos de instalações são simples e baratos. Nos últimos anos, tem-se introduzido importantes melhorias nas instalações com o objetivo de reduzir o consumo energético e a perda de componentes solúveis.

Vantagens e desvantagens dos diversos tipos de branqueadores convencionais

Instalação	Vantagens	Desvantagens
Branqueadores a vapor	Menor perda de componentes hidrossolúveis. Menor quantidade de efluentes que os branqueadores por água quente, especialmente quando usam sistemas de resfriamento por ar em lugar de água. Facilidade de limpar e esterilizar.	Menor capacidade limpadora (requer também sistemas de lavagem). Branqueamento desigual. Perdas de peso. Pior eficiência energética que os branqueadores por água quente.
Branqueadores por água quente	Maior eficácia energética que os branqueadores a vapor.	Perdas muito elevadas em compostos hidrossolúveis: vitaminas minerais e carboidratos. Gastos mais elevados por um maior consumo de água e por maior volume de efluente diluído. Risco de contaminação por bactérias termofílicas.

2.4.1.2 Pasteurização

Pasteurização é um processo relativamente brando de tratamento térmico, usualmente abaixo de 100ºC, usado para aumentar a vida de prateleira de alimentos por alguns dias (leite) ou vários meses (sucos de frutas). A pasteurização preserva pela inativação de enzimas e destruição de micro-organismos termossensíveis (bactérias não esporuladas, leveduras e fungos) e causa mudanças mínimas nas características sensoriais e no valor nutritivo dos alimentos. A severidade do tratamento térmico e a resultante extensão da vida de prateleira são determinadas pelo pH do alimento. Em alimentos pouco ácidos ($pH > 4,5$), o principal objetivo é a destruição de bactérias patogênicas; para alimentos com $pH < 4,5$, o objetivo é a destruição de micro-organismos e inativação de enzimas.

O calor sensível requerido para aumentar a temperatura de um líquido durante a pasteurização é:

$$Q = m\,c\,(T_A - T_B)$$

Em que:
Q (W) = taxa de troca térmica
m ($Kg.s^{-1}$) = vazão mássica
c (KJ/Kg °C) = calor específico
A extensão do tratamento térmico é determinada pelo valor ***D*** dos micro-organismos ou enzimas mais resistentes ao calor.

- Pasteurização de alimentos empacotados:

Vidro → água quente para reduzir o risco de choque térmico

ΔT_{max} entre vidro e água: 20 °C para aquecimento

10 °C para resfriamento

Metal ou plástico → misturas de ar e vapor ou água quente

pouco risco de choque térmico

Nos dois casos, o alimento é resfriado a ≅ 40 °C para evaporar a água de superfície e minimizar corrosão externa

Os **pasteurizadores a água quente** podem operar em batelada ou de forma contínua. O equipamento em batelada mais simples consiste de um banho de água no qual grupos de alimentos embalados são aquecidos até uma temperatura preestabelecida e deixados por certo tempo. Água fria é bombeada para resfriar o produto. A versão contínua consiste de um corredor estreito e comprido, equipado com correia transportadora que conduz as embalagens através dos estágios de aquecimento e resfriamento. Um segundo projeto consiste em um túnel dividido em zonas de preaquecimento, pasteurização e resfriamento. Jatos de água atomizada aquecem o alimento à medida que eles passam através de cada zona, aumentando gradativamente a temperatura até que a pasteurização seja alcançada. A principal vantagem consiste em recuperar a energia e a quantidade de água consumida pela recirculação entre as zonas de preaquecimento e resfriamento.

Os **tunéis a vapor** apresentam um aquecimento mais rápido e menores tempos de residência. A temperatura na zona de aquecimento é gradualmente aumentada, reduzindo-se a quantidade de ar na mistura ar-vapor. O resfriamento se passa por jatos de água ou por imersão em banhos de água.

- Pasteurização de alimentos não embalados:

A pasteurização em larga escala de líquidos de baixa viscosidade (leite, produtos lácteos, sucos de frutas, cerveja, vinho) emprega equipamentos contínuos, geralmente trocadores de calor a placas, que consistem em uma série de placas de aço inoxidável verticais formando canais paralelos nos quais o alimento líquido e o fluido de aquecimento (água quente ou vapor) são bombeados através de canais alternados, geralmente em contracorrente. Os pratos são ondulados para induzir turbulência em líquidos, fato este que, juntamente com a alta velocidade induzida pelo bombeamento, reduz a espessura da camada-limite, o que permite altos coeficientes de troca térmica (Q é diretamente proporcional à área superficial). A capacidade do equipamento varia de acordo com o tamanho e o número de placas (≅ 80.000 L/h).

Os trocadores de calor apresentam as seguintes vantagens sobre o processamento do produto embalado:

1. tratamento térmico mais uniforme
2. equipamentos mais simples e custos de manutenção mais baixos
3. menores espaços e custos de operação
4. maior flexibilidade para produtos diferentes
5. maior controle sobre as condições de operação

O **sistema UHT** baseia-se na utilização de temperaturas mais elevadas e tempos de tratamento mais curtos, sendo possível, se o alimento for esterilizado antes do envase, que ele seja conduzido de forma estéril em recipientes também estéreis. Este sistema é empregado em uma grande variedade de alimentos (leite, sucos de frutas, iogurte, vinho, condimentos para saladas, ovos e sorvetes) e também para alimentos que contenham pequenas partículas em suspensão (queijo cottage, alimentos para bebês, produtos derivados de tomate, frutas e verduras, sopas e sobremesas à base de arroz). Os alimentos esterilizados em sistema UHT podem, por sua qualidade, comparar-se aos irradiados ou refrigerados. A eficiência de esterilização neste sistema independe do tamanho do recipiente, permitindo o uso de embalagens de 1 litro, por exemplo.

Ao contrário do que ocorre nos sistemas de esterilização do produto envasado, nos quais a maior parte do efeito letal só será produzida ao final da fase de aquecimento e começo da fase de resfriamento, nos processos UHT, nos quais o alimento alcança rapidamente a temperatura de tratamento, a maior parte do efeito letal se produz a esta temperatura. Como os tempos de aquecimento e resfriamento são muito curtos, o tempo de esterilização de um determinado tratamento é calculado multiplicando-se o efeito letal a dada temperatura pelo tempo que o alimento nela permanece.

2.4.1.3 Tindalização

Certos tipos de materiais não podem ser submetidos a temperaturas elevadas, como no caso da esterilização; meios de cultura contendo hidratos de carbono — como sacarose — não podem ser esterilizados dessa forma. Nesses casos, recorre-se ao processo de tindalização, que consiste no aquecimento do material a temperaturas relativamente baixas (70-100ºC) durante 1 hora, em 3 dias consecutivos. No primeiro aquecimento, morrem as formas vegetativas. Com o resfriamento do material, germinam os esporos porventura existentes, passando a formas vegetativas que serão destruídas pelo aquecimento subsequente e, assim, até a esterilização total. É óbvio que tal processo só funciona quando o meio em suspensão é nutriente, capaz de promover a germinação dos esporos.

2.4.1.4 Esterilização

Esterilização é a operação unitária na qual o alimento é aquecido a uma temperatura suficientemente alta, por um tempo suficiente para destruir a atividade enzimática e microbiana. Como resultado, os alimentos esterilizados possuem vida de prateleira acima de seis meses. O tratamento térmico severo em esterilização de alimentos envasados produz mudanças substanciais na qualidade sensorial e nutricional. Os desenvolvimentos em tecnologia de processos visam reduzir os danos aos componentes nutricionais e sensoriais, diminuindo o tempo de processamento de produtos envasados ou processando o alimento antes da embalagem (processamento asséptico).

- Esterilização de alimentos embalados

O tempo requerido para esterilizar um alimento é influenciado pela resistência térmica do micro-organismo ou enzima, condições de retorta, pH do alimento, tamanho do recipiente e estado físico do alimento.

Resistência Térmica dos Micro-organismos → em pH > 4,5, *Clostridium botulinum* é o agente mais perigoso e sua destruição é o requerimento mínimo para esterilização; em pH 4,5 – 3,7, outros micro-organismos (leveduras e fungos) ou enzimas termicamente resistentes são usadas para estabelecer tempo e temperatura; em pH < 3,7, a inativação das enzimas é a principal razão de processamento, sendo as condições térmicas menos severas (pasteurização).

Taxa de Penetração de Calor → tem como fatores importantes:

1. tipo do produto: a baixa condutividade térmica do produto é a maior limitação à troca de calor por condução. Alimentos particulados ou líquidos, nos quais são estabelecidas correntes naturais de convecção, aquecem mais rápido que alimentos sólidos;
2. tamanho do recipiente: a penetração de calor até o centro é mais rápida em recipientes pequenos do que em grandes;
3. agitação do recipiente: aumenta as correntes de convecção natural e, portanto, aumenta a taxa de penetração de calor em alimentos viscosos ou semissólidos;
4. temperatura da retorta: grandes diferenças de temperatura entre o alimento e o fluido de aquecimento causam uma penetração mais rápida;
5. forma do recipiente: recipientes altos promovem mais correntes de convecção;
6. tipo de recipiente: penetração de calor é mais rápida através do metal do que através de vidro ou plástico.

2.4.1.5 Evaporação

É a remoção parcial da água de alimentos líquidos, por ebulição. A separação é conseguida devido à diferença de volatilidade entre a água e os solutos. As principais funções da evaporação são:

- usada para pré-concentrar alimentos (sucos de frutas, leite, café) antes da secagem, congelamento ou esterilização para reduzir peso e volume. Este procedimento economiza energia nas operações subsequentes e reduz custos de estocagem, transporte e distribuição;
- aumenta o conteúdo de sólidos de um produto (geleias) e preserva pela redução da atividade da água;
- conveniência para o consumidor (bebidas de frutas para diluição, sopas, pastas de alho e tomate) e para o fabricante (pectina líquida, concentrados de frutas para uso em sorvete ou confeitaria);
- evaporação muda o *flavour* e/ou cor dos alimentos (xaropes caramelizados para uso em confeitaria).

2.4.1.6 Extrusão

Extrusão é um processo que combina diversas operações unitárias, incluindo mistura, cozimento, amassamento, corte, moldagem e enformagem. Um extrusor consiste em uma rosca na qual o alimento é comprimido e trabalhado para formar uma massa semissólida. Esta é forçada através de uma abertura na descarga da rosca. Se o alimento é aquecido, o processo é conhecido como extrusão a quente. A extrusão é um exemplo de processo com aumento de tamanho do produto.

O principal objetivo da extrusão é aumentar a variedade dos alimentos na dieta, pela produção de uma série de produtos com diferentes formas, texturas, cores e sabores, a partir de ingredientes básicos. A extrusão a quente é um processo de esterilização que reduz a contaminação microbiana e inativa enzimas. Entretanto, o principal método de preservação de ambos os métodos, extrusão a quente ou a frio, é pela baixa atividade da água do produto. A extrusão está ganhando popularidade pelas seguintes razões:

- versatilidade
- redução de custos
- altas taxas de produção e processo automatizado
- não há produção de efluentes

2.4.2 Transferência de calor por ar quente (desidratação)

2.4.2.1 Secadores de leito fixo (camada grossa)

São construídos na forma cilíndrica ou retangular, com uma base perfurada. O ar quente, injetado pela base, passa através da camada de alimento (leito) em baixa velocidade (0,5 $m^3/s.m^2$ área). Geralmente são usados para polimento (3-6% umidade) após secagem inicial em outros equipamentos.

Vantagens: grande capacidade, custo baixo de operação, pequeno investimento inicial

Desvantagens: o alimento deve ser suficientemente rígido para suportar a compressão na base e para possibilitar uma estrutura porosa que permita a passagem do ar.

2.4.2.2 Secadores de cabine

Câmaras isoladas nas quais se colocam bandejas com o produto a secar. Em secadores maiores, as bandejas são colocadas sobre vagonetes. A movimentação dos tabuleiros é aconselhada em certo intervalo de tempo. Usam-se camadas finas de alimentos (2-6 cm). O ar quente circula a uma velocidade entre 0,5-5 $m^3/s.m^2$ área. Dutos e chicanas direcionam o ar para promover uniformidade de secagem. Usados em pequena escala ou em escala-piloto.

Vantagem: baixo custo de operação e manutenção.

2.4.2.3 Túnel de secagem

Os alimentos dispostos em camadas finas são secos em bandejas dispostas em vagões que se movem através de um túnel isolado. Um túnel típico possui 20 metros de comprimento, 12 a 15 vagões e uma capacidade total de 5000 kg de alimento. Esta capacidade de secar grandes quantidades de alimentos em um tempo relativamente curto (5-16 horas) faz com que este equipamento seja largamente empregado. A operação poderá ser feita em contracorrente ou por fluxos paralelos. Usado na secagem de frutas, hortaliças e massas alimentícias.

2.4.2.4 Leito fluidizado

Esteiras de metal com base perfurada contém um leito de alimento de 15 cm de profundidade. Ar quente é soprado através do leito causando suspensão e agitação vigorosa. O ar age como agente de secagem e de fluidização.

Vantagens: equipamentos compactos; bom controle das condições de secagem; eficiência térmica elevada; altas taxas de secagem; em batelada, os produtos são misturados pela fluidização, gerando tratamento uniforme.

Desvantagens: limitado a pequenas partículas capazes de serem fluidizadas sem excessivo dano mecânico (pêras, vegetais, grãos, pós extrusados).

2.4.2.5 Secadores de correia transportadora

Os alimentos são secos em correias transportadoras contínuas perfuradas (20 m de comprimento e 3 m de largura), em camadas de 5-15 cm. Inicialmente, o ar segue no sentido de baixo para cima, sendo o sentido posteriormente revertido. O alimento segue para leitos com maior profundidade (15-25 cm ou 250-900 cm no caso de secadores de 3 estágios). Isto melhora a uniformidade da secagem e economiza espaço. Os alimentos são secos até 10-15% de umidade relativa e transferidos para secadores de leito fixo para polimento do produto.

2.4.2.6 Fornos secadores

Constituem-se de construções de dois pisos, usadas em alguns países para a secagem de malte, lúpulo, maçã, batata. Na parte superior coloca-se o produto a desidratar. O ar quente obtido no primeiro piso (forno ou estufa) passa pelo produto por convecção natural ou forçado por um ventilador.

Vantagens: grande capacidade; de fácil construção; baixo custo de manutenção.

Desvantagens: controle limitado; tempo de secagem longo; necessidade de agitação do material; carga e descarga manuais.

2.4.2.7 *Spray-driers*

Uma fina dispersão de um produto pré-concentrado é atomizada para formar gotas (10-200 μm de diâmetro) e dispersa em uma corrente de ar aquecido a 150-300ºC em uma câmara larga de secagem. A alimentação é controlada para produzir uma temperatura de 90-100ºC no ar de saída. O tempo de secagem é relativamente curto, e a rápida evaporação da água permite manter baixa a temperatura das partículas de maneira que a alta temperatura do ar de secagem não afete demasiadamente o produto.

A atomização completa é necessária para o sucesso da secagem, podendo-se usar atomizadores do tipo:

- atomizador centrífugo (disco ranhurado girando a alta velocidade)
- atomizador de bico (bombas de alta pressão)
- atomizador de bico de dois fluidos (ou comprimido)

A operação está baseada em quatro fases:

1. atomização do fluido
2. contato do líquido com ar quente
3. evaporação da água
4. separação do produto em pó do ar de secagem

Variáveis importantes no controle das características do pó final podem ser assim resumidas:

Líquido atomizado → teor de sólidos, número e tamanho de partículas e viscosidade;

Atomizador → tipo e mecanismo de funcionamento;

Ar de secagem → velocidade, temperatura do ar de entrada e de saída.

Vantagens: secagem rápida; produção contínua em larga escala; baixo custo operacional; manutenção e operação simples.

Desvantagens: altos custos de investimento; alto gasto de energia; perda de voláteis.

2.4.3 Transferência de calor por superfície aquecida (tambores rotativos)

Tambores rotativos de aço (D = 0,5 a 1,5 m), medindo 2 a 5 m de comprimento, aquecidos internamente pelo uso de vapor (120-170°C) e usados na desidratação de produtos especiais, principalmente aqueles com alto teor de amido (flocos de batata, cereais pré-cozidos, sopas desidratadas, purês de frutas). É o processo antigo de fabricação de leite em pó.

Uma fina camada do alimento é espalhada uniformemente na superfície externa do tambor. Antes deste completar uma volta (20 s-3 min), o alimento é raspado.

Vantagens: altas taxas de secagem; alta eficiência energética; próprio para pastas nas quais as partículas são muito grandes para uso do *spary-drier.*

Desvantagens: alto custo de capital; danos térmicos em alimentos sensíveis.

2.4.4 Transferência de calor por óleo quente (fritura)

É uma operação unitária usada para alterar as qualidades comestíveis do alimento. Uma segunda consideração é o efeito preservativo que resulta da destruição térmica de micro-organismos e enzimas e uma redução da atividade da água na superfície do alimento. A vida de prateleira do alimento frito é determinada pelo conteúdo de umidade após a fritura.

2.5 CONSERVAÇÃO DE ALIMENTOS POR MÉTODOS QUÍMICOS

2.5.1 Aditivos alimentares

Como um todo, os aditivos alimentares não são adicionados aos alimentos com o único objetivo de lhes aumentar a vida útil. Apenas alguns dos tipos destinam-se à conservação. Essencialmente, apenas os **conservantes** (aditivos alimentares de ação antimicrobiana) e os **antioxidantes** (aditivos alimentares destinados à conservação das gorduras presentes).

2.5.2 Defumação

Processo antigo de conservação de produtos cárneos, a defumação se baseia na ação de compostos antissépticos que se desprendem da queima de madeiras resinosas ricas em compostos fenólicos. A fumaça inibe o crescimento microbiano, retarda a oxidação das gorduras e fornece aromas às carnes. Em parte, a ação bactericida da fumaça deve-se ao seu conteúdo em aldeído fórmico.

A fumaça consta de uma fase líquida dispersa, constituída de partículas de fumaça, e de uma fase gasosa dispersante. A deposição de partículas de fumaça apenas contribui para o processo de defumação, sendo muito mais importante a absorção de vapor d'água da superfície e da água intersticial do produto. A fase gasosa contém ácidos, fenóis, carbonilados, álcool e hidrocarbonetos policíclicos. Entre os principais componentes podem ser mencionados os ácidos fórmico, acético, butírico, caprílico e vanílico; dimetoxifenol, metilglioxal, furfural, metanol, etanol, octanol, acteladeído, diacetil, acetona, dentre outros 200 componentes.

Em virtude do fato de terem sido detectados compostos cancerígenos na fumaça, como o 3, 4 – benzopireno e 1, 2, 5, 6 – fenantraceno, provenientes da combustão da lignina em temperatura superior a 250 °C, tem-se procurado produzir fumaças sem estas substâncias. Tradicionalmente, realiza-se a defumação sem controle, queimando-se a madeira ou o cavaco (serragem) debaixo da carne. Em sistemas mais modernos, a fumaça é conduzida por tubulações especiais aos fumeiros. No gerador de fricção, os pedaços de madeira são pressionados sobre um disco giratório. A deposição eletrostática da fumaça é outra variante do processo.

O tempo de permanência no fumeiro, bem como a temperatura máxima a ser atingida, depende do produto. Linguiças permanecem 3 a 4 horas, até atingirem 65-70°C internamente. Mortadela permanece 9 a 13 horas, até atingir 70-80°C internamente. O presunto (tender) permanece mais tempo, 10 a 12 horas. No fumeiro, além da entrada de fumaça, há entrada de vapor para aquecimento. Alguns países praticam a defumação a frio, que utiliza temperaturas mais baixas.

Atualmente, os industriais têm utilizado a "fumaça líquida" para acelerar o processo. Ela pode ser totalmente sintética ou obtida da redestilação ou frações de condensados da combustão da madeira.

Certamente, a defumação, ao mesmo tempo que é um processo conservador, proporciona alterações desejáveis nas características organolépticas dos produtos.

2.5.3 Abaixamento de pH

Um grupo significativo de alimentos industrializados tem sua conservação garantida ou auxiliada pelo abaixamento do pH. A grande maioria dos micro-organismos que se constituem em contaminantes potenciais dos alimentos prefere o pH próximo da neutralidade; em particular, os patogênicos mais comuns não proliferam adequadamente em sistemas ácidos. O abaixamento do pH como meio de preservação pode aparecer de várias formas:

Adição de ácidos – em geral, ácidos orgânicos: geleias, conservas;

Auxiliar de esterilização – auxílio à perfeita esterilização através de esquemas de tempos e temperaturas compatíveis com a textura do produto (conservas e compotas vegetais alteráveis por temperaturas e tempos comumente usados para esterilização de vidros e enlatados são tratadas em condições mais débeis após a acidificação, obtendo-se os mesmos índices de abaixamento de contagem microbiana).

2.5.4 Fermentação

As mudanças provocadas por micro-organismos a partir do metabolismo de carboidratos podem ser utilizadas para conservação de alimentos, dada a produção de ácidos (abaixamento do pH) ou formação de álcoois. Portanto, as principais fermentações industriais são a láctica, acética e alcoólica. As fases iniciais de fermentações alcoólicas e homolácticas seguem a via glicolítica, enquanto que as fermentações heterolácticas seguem o ciclo das hexoses-monofosfato.

Na maior parte das fermentações são empregadas misturas complexas de micro-organismos ou populações microbianas que atuam sucessivamente provocando mudanças no pH, potencial redox e disponibilidade de substratos.

2.5.4.1 Fermentações láticas

A sequência pela qual as bactérias láticas intervêm na fermentação é determinada principalmente pela sua tolerância ao pH. Assim, por exemplo, no leite, quando a concentração de ácido lático alcança 0,7-1% é inibido o crescimento de *Streptococcus liquefaciens*, *Streptococcus lactis* e *Streptococcus cremoris*, aparecendo então outras espécies que suportam melhor o pH, como, por exemplo, *Lactobacillus casei* (1,5-2% ácido) e *Lactobacillus bulgaricus* (2,5-3%). De forma semelhante, na fermentação de produtos vegetais, *Lactobacillus* tem maior poder acidificante que *Streptococcus*.

Em alguns tipos de fermentação, em especial as de produtos pouco ácidos (leite e carne), com o objetivo de se reduzir o tempo de fermentação e inibir o crescimento de micro-organismos patogênicos, adiciona-se certa quantidade de agentes externos. Em outros tipos, a flora natural do produto é suficiente para provocar um rápido decréscimo no pH que evite o crescimento de micro-organismos não desejáveis.

Produtos de carne e derivados de pescado: Os enlatados fermentados (salame, por exemplo) são elaborados a partir de uma mistura de carnes finamente picadas, uma mistura de especiarias, sais (nitrito sódico/nitrato) e açúcar. A mistura é acondicionada em diversos recipientes nos quais ocorre a fermentação. Posteriormente, são pasteurizados a 65-68°C durante 4-8 horas, sendo seguidamente secos e acondicionados a 4-7°C.

A conservação destes produtos se deve à ação antimicrobiana das misturas de nitrito e especiarias e, em menor grau, do sal; ao ácido lático produzido durante a fermentação (0,8 a 1,2%); ao tratamento térmico; à redução da atividade de água produzida pelo sal; e à baixa temperatura de acondicionamento.

Verduras: Os pepinos, as azeitonas e outros vegetais são submergidos em uma salmoura para inibir o crescimento de bactérias causadoras de putrefação. Para fermentação destes produtos, o ar é eliminado tapando-se a superfície do recipiente. Durante a fermentação em condições anaeróbias se produz o crescimento excessivo de distintas bactérias láticas que provocam uma concentração final de 1% de ácido lático. A fermentação é conduzida em tanques que recebem uma salmoura de 10%, mantida de 4 a 6 semanas. A seguir, a concentração de sal é gradativamente aumentada e mantida a 15%.

Os pepinos em salmoura sofrem uma fermentação lática natural que se inicia com lentidão, estando no auge após 3 ou 4 dias. A evolução dos gases é uma das primeiras manifestações visuais de fermentação e, com a atividade microbiana, outras indicações se fazem notar, como a turvação e a efervescência da salmoura. As mudanças químicas que ocorrem nos pepinos são típicas de uma fermentação mista. Bactérias, leveduras e, às vezes, fungos filamentosos são responsáveis pela conversão das substâncias fermentáveis presentes nos pepinos em gases, ácidos voláteis e não voláteis e traços de outros produtos finais.

A fermentação pode ser dividida em três fases, de acordo com o tipo predominante da população microbiana. Na primeira fase, é grande a população de bactérias e leveduras que se encontra distribuída no meio. A duração desse período é de 3 ou, no máximo, 7 dias, durante os quais o número de bactérias láticas cresce rapidamente, decrescendo as indesejáveis. Observa-se um acréscimo da acidez e diminuição correspondente do pH da salmoura. É a fase mais importante e crítica do processo, porquanto os micro-organismos indesejáveis, em condições adequadas, podem multiplicar-se e assim prejudicar a qualidade do produto.

Na segunda fase (intermediária) predominam os gêneros *Leuconostoc* e *Lactobacillus*, estando as leveduras presentes em número insignificante. A acidez total cresce e o pH decresce. A duração do tempo é variável, verificando-se um predomínio de *Leuconostoc*. Na terceira fase (final), com o acréscimo da acidez, haverá predomínio do gênero *Lactobacillus*, terminando o processo quando a acidez total atingir 0,5 a 1% em ácido lático.

Após a fermentação, os vegetais recebem alguns tratamentos, entre os quais várias lavagens, e, a seguir, são usados para preparo dos picles específicos:

Picles azedo – recebe vinagre com 4 a 5% de acidez.

Picles doce – recebe vinagre doce, isto é, vinagre com uma quantidade determinada de açúcar.

Picles fermentados com aromatizantes – preparados em salmoura diluída com endro (espécie vegetal) e outras plantas aromatizantes.

Produtos lácteos: Existe uma grande variedade de produtos lácteos fermentados (iogurte, queijo etc.), em que a diferença de sabor se deve à velocidade de produção e à concentração de ácido lático, aldeídos voláteis, cetonas, ácidos orgânicos e diacetil. Este último composto, que advém da fermentação do citrato do leite, é responsável pelo aroma de manteiga dos produtos lácteos. As modificações na textura devem-se à produção do ácido lático a partir da lactose, que provoca uma diminuição da carga elétrica das micelas de caseína, as quais coagulam ao alcançar seu ponto isoelétrico, formando flocos característicos. A conservação destes alimentos é obtida mediante refrigeração, por adicidificação (iogurte) ou por queda na atividade da água (queijo).

Iogurte – A mistura de leite desnatado e leite desidratado é aquecida a 82-93ºC durante 30 a 60 minutos para destruir micro-organismos contaminantes e desestabilizar a caseína K. A seguir, se inocula um cultivo misto. A rápida proliferação inicial de *S. thermophilus*, que dá lugar a uma produção de diacetil, ácido lático, acético e fórmico, sucede a proliferação de *L. bulgaricus*. Este micro-organismo, apesar de ter um crescimento mais lento, possui uma pequena atividade proteásica que libera ao meio peptídeos provenientes da hidrólise de proteínas lácteas. Estes peptídeos estimulam o crescimento de *S. thermophilus*. A acidificação do meio freia o crescimento destes micro-organismos e facilita o de *L. bulgaricus*, que leva à produção de acetaldeído. Este, juntamente com o diacetil, é responsável pelo aroma característico deste produto.

Queijo – No mundo são elaborados mais de 700 tipos de queijo para os quais se empregam diversos tipos de fermentação, prensagem e maturação. A maioria dos queijos é maturada durante semanas ou meses, mas na obtenção do queijo Cottage, a fermentação é encerrada imediatamente depois da precipitação da caseína, e os flocos produzidos são recolhidos, arrastando com eles parte do soro. Já no método tradicional de obtenção do queijo Cheddar, o leite, ao qual adiciona-se *S. lactis*, fermenta durante 30 minutos, ao fim dos quais é adicionado o coalho. A seguir, se incuba durante 1,5-2 horas até que a coalhada adquira suficiente grau de firmeza, momento no qual se corta em cubos de pequeno tamanho. Posteriormente, é novamente cortada e dessorada várias vezes, sendo finalmente triturada, salgada e submetida à pressão para eliminar o ar e o soro que contém. Finalmente é maturada sob refrigeração durante vários meses.

2.5.4.2 Fermentações ácido-alcoólicas

Cacau e café: As sementes destes vegetais contêm um material mucilaginoso que as rodeia e que é eliminado por fermentação, com o objetivo de acelerar sua secagem e melhorar seu aspecto e suas características organolépticas, que são os que determinam o valor do produto. A conservação é melhorada através da secagem e as características organolépticas por meio da torragem. Nas primeiras fases da fermentação, intervêm diversas leveduras como *S. ellipsoideus*, *S. apiculata*, *Hansenula*, *Kloeckera*, *Debaromyces*, *Schizozac-charomyces* e *Candida*, que transformam os açúcares em álcool. Durante esta fase do processo, a temperatura aumenta. A seguir, em condições anaeróbicas, começam a predominar as bactérias láticas que provocam acidificação e um novo aumento de temperatura. A eliminação de parte da polpa durante esta fase permite que o ar penetre na massa do produto em fermentação. O etanol é oxidado a ácido acético por bactérias, o que provoca um novo aumento de temperatura (que pode chegar a ultrapassar 50°C), o qual aniquila a população de leveduras. Posteriormente, o produto é seco e torrado, com o objetivo de favorecer o desenvolvimento do *bouquet* e do aroma que são característicos destes grãos.

2.6 EXEMPLOS DE APLICAÇÃO DE MÉTODOS DE CONSERVAÇÃO

Como poderá ser visto nos processos na sequência descritos, a conservação dos alimentos está baseada nos fatores intrínsecos e extrínsecos abordados. Na prática, quanto mais fatores são incluídos, menor a sua intensidade, já indicando a base da conservação por métodos combinados. Outro ponto importante é observar que quando apenas um fator é utilizado no controle do produto, mais intenso ele será. É o caso da esterilização comercial de alimentos de baixa acidez, do congelamento, da secagem e da salga quando utilizados isoladamente. Nesses casos, em geral, o pH e a Aw das matérias-primas são adequados para o crescimento dos micro-organismos, e utilizando apenas o controle de um único parâmetro isoladamente, o efeito acaba sendo intenso.

2.6.1 Vegetais de baixa acidez

No milho verde em conserva, temos uma matéria-prima de baixa acidez, com pH próximo a 6,0, e elevada atividade de água (> 0,95). Do ponto de vista de ingredientes, independentemente da embalagem utilizada, temos milho verde e uma salmoura constituída de água, sal e açúcar. A concentração de sal é em torno de 2% e a concentração de açúcar entre 0 e 3%. As finalidades da salmoura são transmitir calor ao produto durante o processo térmico e, a partir de sua constituição, diminuir os efeitos de perda de soluto do milho por diferença de pressão osmótica; além de melhorar o produto sensorialmente. O alvo do processo será esporos de *C. botulinum*, sendo indicada a esterilização comercial do alimento numa embalagem hermética, se o intuito for mantê-lo à temperatura ambiente após o processamento.

O processo funciona, pois o milho verde precisa de cozimento para melhorar sua textura e o processo de esterilização comercial, mesmo severo (entre 121 e 128 °C por 10 a 30 minutos, dependendo da embalagem), garante a segurança microbiológica do produto sem destruir a maioria de seus constituintes nutritivos. Do ponto de vista técnico, o milho verde poderia ser pasteurizado numa embalagem hermética com salmoura acidificada. Isso levaria a um processo mais simples, sem a necessidade de autoclaves, porém o tempo de cozimento teria que ser aumentado, além do sabor ácido não ser o esperado para o produto.

2.6.2 Vegetais acidificados

O exemplo mais ilustre é o palmito em conserva. A matéria-prima é de baixa acidez (pH ~ 6,0) e de elevada atividade de água (> 0,95). O produto é processado em salmoura acidificada, contendo, além do sal e açúcar tradicionais, alguma adição de ácido ascórbico ou isoascórbico (como antioxidante, impedindo ou retardando reações de oxidação) e ácido cítrico em quantidade suficiente para que no equilíbrio o pH do produto seja inferior a 4,5. Nesta faixa de pH, o produto pode ser pasteurizado, e o sucesso do processo reside no fato de que o tratamento térmico inativa todos os micro-organismos que podem crescer em pH inferior a 4,5, enquanto o pH impede o crescimento microbiológico de formas resistentes ao tratamento térmico. Da mesma forma como no exemplo anterior, do ponto de vista técnico, o palmito poderia ser processado em seu pH natural, numa salmoura contendo apenas sal e açúcar, porém nesse caso seria necessário um processo de esterilização comercial, pois o alimento seria de baixa acidez. Nestas condições, o palmito seria superprocessado e sua textura ficaria muito mole. A opção de acidificação permite um processo mais brando (pasteurização), garantindo uma melhor apresentação do produto.

2.6.3 Secagem de hortaliças

A secagem é uma operação relativamente complexa, que envolve aspectos de transferência de calor e de massa. Ela pode ocorrer de diversas formas, como secagem em badejas com ar forçado, secagem em *spray dryer* ou atomizador, secagem em tambores e liofilização, destacando apenas os processos mais convencionais de secagem. Sob o ponto de vista tecnológico, a secagem visa diminuir a quantidade de água disponível e, consequentemente, sua Aw. Dependendo do tipo de processo empregado, este pode transformar radicalmente o produto. No caso da secagem em bandejas, um dos métodos mais tradicionais de secagem de produtos particulados (frutas, hortaliças ou seus pedaços), o produto encolhe, colapsa, distorce, proporcionalmente à intensidade do processo e dependendo de suas características estruturais (por exemplo, tomate seco comparado ao produto *in natura*).

Porém, independentemente do tipo de processo, do ponto de vista microbiológico é importante realçar que a operação de secagem não tem função ou responsabilidade na diminuição da carga de micro-organismos. Na verdade, um produto mal higienizado, mal preparado, altamente contaminado, resultará num produto seco contaminado. Mesmo que ocorram alterações microbiológicas, injúrias e até morte de micro-organismos no processo, essas alterações são difíceis de prever, de forma que as operações preliminares, como limpeza, sanitização, seleção e eventualmente branqueamento, devem ser cumpridas com rigor. O mesmo vale para produtos desidratados em atomizador, secadores de tambor ou liofilizador.

As curvas de secagem obedecem a padrões relacionados com as propriedades psicrométricas, ou seja, temperaturas de bulbo seco e úmido do ar, bem como sua umidade relativa de equilíbrio. A princípio, o produto seca, no máximo, até as condições de equilíbrio da umidade relativa do ar de secagem e, desta forma, alcançará também valores de Aw correspondentes a este valor. A Figura 2.4 apresenta uma curva típica de secagem, indicando que, nos primeiros estágios de secagem, a temperatura do produto se aproxima da temperatura de bulbo úmido do ar. Esta temperatura pode ser bem inferior à temperatura de bulbo seco e, dependendo do produto, do nível de contaminação inicial e dos parâmetros de

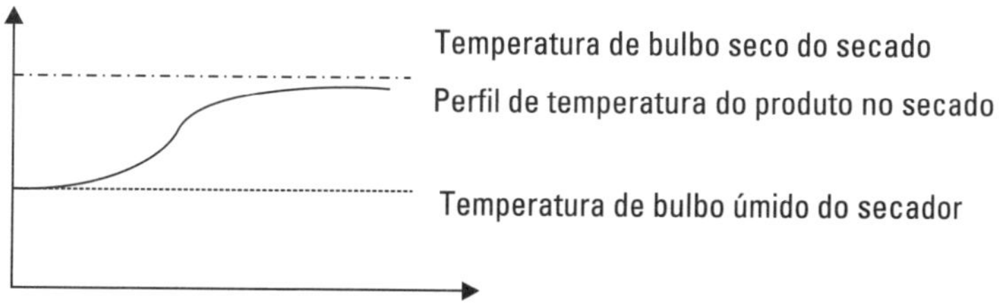

FIGURA 2.4 Curva típica de secagem de um produto alimentício em secador de bandeja com ar forçado.

secagem (velocidade do ar, umidade relativa, geometria do produto, temperaturas envolvidas etc.), neste período pode ocorrer o desenvolvimento de micro-organismos presentes, pelo menos até que a Aw passe a controlar o produto.

Nos processos de secagem ocorre a monitorização da umidade do produto, porém, como já foi discutido anteriormente, o crescimento microbiológico é regido pela Aw. Desta forma, a melhor representação de um produto desidratado é através de sua isoterma de adsorção ou dessorção. Esta curva mostra a relação da umidade do produto, geralmente expressa em base seca, pela sua correspondente Aw. Do ponto de vista do processador, o processo é controlado pela umidade, porém, conhecendo-se a Aw, a umidade é controlada em níveis seguros.

Especial atenção deve ser dada aos alimentos de umidade intermediária, pois quando expostos a ambientes úmidos, com alta umidade relativa, podem adquirir água e transformarem-se em alimentos potencialmente mais perigosos.

REFERÊNCIAS

Forsythe, S.J., 2013. Microbiologia da segurança dos alimentos, 2ª ed. Artmed, Porto Alegre, 602 p.

Jay, J.M., 2005. Microbiologia de alimentos, 6ª ed. Artmed, Porto Alegre, 711 p.

Jay, J.M., Loessner, M.J., Golden, D.A., 2005. Modern food microbiology, 7th ed. Springer, Nova York, 790 p.

Doyle, M.P., 2009. Compendium of the microbiological spoilage of foods and beverages. Springer, Nova York, 367 p.

Leistner, L., 2000. Basic aspects of food preservation by hurdle technology. International Journal of Food Microbiology, 55 (1–3): 181-6.

Leistner, L., Gorris, L.G.M., 1995. Food preservation by hurdle technology. Trends Food Science and Technology, 6 (1): 41-6.

Capítulo 3

Probióticos, prebióticos e simbióticos

Raquel Bedani • Susana Marta Isay Saad

CONCEITOS APRESENTADOS NESTE CAPÍTULO

Com base na importância da microbiota intestinal como alvo da intervenção com probióticos e prebióticos e da demanda crescente de mercado por esses componentes bioativos, este capítulo apresentará os conceitos internacionalmente aceitos de probióticos, prebióticos e simbióticos, bem como alguns aspectos que podem influenciar a funcionalidade desses componentes bioativos durante o desenvolvimento e na produção em escala industrial de alimentos probióticos e/ou prebióticos, em particular de alimentos fermentados.

3.1 INTRODUÇÃO

A aplicação de técnicas de sequenciamento de última geração, em conjunto com a metabolômica, e o aumento dos conhecimentos sobre a fisiologia e o comportamento bioquímico do ser humano, entre outros fatores, têm possibilitado a associação crescente entre o perfil da microbiota de um indivíduo e a sua saúde, principalmente no que diz respeito especificamente à microbiota intestinal. O perfil típico da microbiota intestinal de um indivíduo adulto é atribuído a fatores como o seu material genético, o seu nascimento (tipo de parto) e a alimentação como lactente (leite materno ou fórmula), o ambiente em que ele vive, sua idade, seus hábitos de alimentação e de atividade física, a ingestão de antibióticos e de outros medicamentos, entre outros. É aparentemente composto de um núcleo comum de micro-organismos, associado a um grupo comensal específico mantido por cada indivíduo ao longo de períodos prolongados (Derrien e Van Hylckama Vlieg, 2015). Nesse sentido, a microbiota intestinal se apresenta como um alvo importante na intervenção com probióticos e prebióticos, na forma de suplementos ou ingredientes alimentares, com o objetivo específico de influenciar e restaurar a composição da comunidade microbiana, bem como a sua capacidade funcional (Rauch e Lynch, 2012).

Vários estudos sugerem que a suplementação da dieta com probióticos e/ou prebióticos pode melhorar o perfil da microbiota intestinal e, consequentemente, a saúde do hospedeiro, conduzindo a uma redução do risco de doenças relacionadas tanto com o trato gastrintestinal (TGI) (infecções intestinais, câncer de cólon, doenças inflamatórias intestinais e síndrome do intestino irritável) quanto com outros locais (infecção do trato respiratório, doenças cardiovasculares, osteoporose, infecções do trato urogenital, doenças infecciosas da cavidade oral e alergia atópica). A microbiota humana chega a conter cem vezes mais genes do que o próprio hospedeiro, e novos alvos terapêuticos tendem a surgir com o melhor entendimento de como essa microbiota interage com a fisiologia do hospedeiro (Marchesi *et al.*, 2015). Nesse sentido, a criação de novos alimentos e bebidas contendo culturas probióticas e ingredientes prebióticos vem sendo estimulada, resultando em um aumento do leque de opções para a produção industrial de alimentos funcionais com esses ingredientes.

O mercado mundial de alimentos e bebidas funcionais cresceu de US$ 33 bilhões em 2000 para US$ 176,7 bilhões em 2013, o que corresponde a 5% de todo o mercado global de alimentos (Granato *et al.*, 2010; Tripathi e Giri, 2014). Especificamente com relação aos alimentos funcionais probióticos, o mercado global totalizou US$ 27,9 bilhões em 2011, e estima-se que se alcance US$ 44,9 bilhões em 2018. Para 2015, estimou-se que o mercado mundial de probióticos iria atingir US$ 31,1 bilhões e cerca de 90% seriam provenientes do mercado de alimentos e bebidas funcionais (Olivo, 2014). Com relação aos produtos prebióticos, a demanda foi de US$ 2,3 bilhões em 2012, e está previsto que esse valor chegue a US$ 4,5 bilhões em 2018. A Europa é líder mundial de faturamento de prebióticos e domina a demanda por esses produtos (Transparency Market Research, 2013).

Com base no exposto, torna-se cada vez maior o interesse por alternativas que possam modular beneficamente a microbiota intestinal, melhorando a saúde do indivíduo e, consequentemente, reduzindo o risco do desenvolvimento de doenças ao longo da vida. O consumo de micro-organismos probióticos e ingredientes prebióticos tem representado uma alternativa promissora no que se refere a influenciar beneficamente a composição e/ou a atividade metabólica da microbiota intestinal, além de ser considerado um nicho de mercado lucrativo e em expansão.

3.2 PROBIÓTICOS

3.2.1 Seleção de cepas probióticas para posterior aplicação em alimentos fermentados

A literatura científica sobre probióticos se inicia com o pesquisador russo Ilya Metchnikoff, em 1907 (Vasiljevic e Shah, 2008), cuja hipótese estava baseada no fato de que a ingestão de bactérias produtoras de ácido lático, presentes em leites fermentados, poderia apresentar efeitos benéficos à saúde humana e aumentar a longevidade. Ao longo dos anos, diversas definições de probióticos já foram propostas, entretanto, em um relatório de consenso publicado em 2014, a definição de probiótico, originalmente apresentada pela FAO/WHO em 2001, foi mantida com correções mínimas. Nesse relatório os probióticos são definidos como "micro-organismos vivos que, quando administrados em quantidades adequadas, conferem benefícios à saúde do hospedeiro" (Hill *et al.*, 2014).

Diversos tipos de bactérias podem ser consideradas probióticas. No entanto, os grupos de micro-organismos mais documentados quanto ao seu potencial probiótico são as bactérias ácido-láticas (BAL) ou, simplesmente, bactérias láticas, e as bifidobactérias (Daliri e Lee, 2015). As BAL são descritas como micro-organismos Gram-positivos, desprovidos de citocromos e que se multiplicam melhor em condições anaeróbias, embora sejam aerotolerantes. Adicionalmente, são micro-organismos fastidiosos, ácido-tolerantes e estritamente fermentativos, produzindo ácido lático como produto principal (Stiles e Holzapfel, 1997; Vasiljevic e Shah, 2008).

A maioria das bactérias láticas potencialmente probióticas pertence ao filo *Firmicutes*, um grupo bastante diverso de bactérias com baixo conteúdo G + C (guanina + citosina) em seu genoma e que inclui os gêneros *Aerococcus*, *Enterococcus*, *Lactobacillus*, *Lactococcus*, *Leuconostoc*, *Oenococcus*, *Pediococcus*, *Streptococcus*, *Carnobacterium*, *Tetragenococcus*, *Vagococcus* e *Weissella* (Stolaki *et al.*, 2012). O gênero *Bifidobacterium* é considerado por muitos pesquisadores membro do grupo das BAL, uma vez que compartilha algumas características típicas deste grupo como a produção de ácido lático, e alguns nichos ecológicos em comum, tais como o TGI. No entanto, esse gênero pertence ao filo *Actinobacteria*, um grupo de bactérias que apresenta um elevado conteúdo G + C no seu genoma e um modo de fermentação de açúcares distinto se comparado às BAL pertencentes ao filo *Firmicutes* (Stolaki *et al.*, 2012).

As bifidobactérias são micro-organismos anaeróbios, Gram-positivos, não formadores de esporos, sem motilidade e catalase-negativa, com uma via metabólica que permite que esses micro-organismos produzam ácido acético e ácido lático na proporção molar de 3:2 e, devido à sua natureza fastidiosa, o isolamento e a multiplicação dessas bactérias em laboratório pode apresentar dificuldades (Vasiljevic e Shah, 2008).

Em linhas gerais, os membros das BAL podem ser subdivididos em dois grupos com base no metabolismo de carboidratos: 1. Homofermentativos – fazem parte desse grupo espécies dos gêneros *Lactococcus*, *Pediococcus*, *Enterococcus*, *Streptococcus* e alguns lactobacilos que utilizam a via Embden-Meyerhof-Parnas (glicolítica) para transformar a fonte de carbono em ácido lático; 2. Heterofermentativos – bactérias que produzem quantidades equimolares de lactato, gás carbônico, etanol ou acetato a partir da glicose por meio da via da fosfoacetolase. Membros desse grupo incluem espécies dos gêneros *Leuconostoc*, *Weissella* e alguns lactobacilos (por exemplo, *Lactobacillus brevis* e *Lactobacillus fermentum*) (Vasiljevic e Shah, 2008). Espécies do gênero *Enterococcus* são frequentemente encontradas em fermentações tradicionais e podem ser incluídas como componentes de culturas *starter*. No entanto, a sua utilização em fermentações láticas ainda é controversa, uma vez que algumas espécies desse gênero são patógenos oportunistas em humanos, associadas com infecções hospitalares e do trato urinário (Franz *et al.*, 1999; Vasiljevic e Shah, 2008).

Entre os gêneros bacterianos mencionados previamente, os mais utilizados como probióticos em humanos são *Lactobacillus* spp. e *Bifidobacterium* spp. Dentre as espécies mais utilizadas, destacam-se diferentes cepas de *Lactobacillus acidophilus*, *Lactobacillus casei*, *Lactobacillus crispatus*, *Lactobacillus delbrueckii* subsp. *bulgaricus*, *Lactobacillus fermentum*, *Lactobacillus gasseri*, *Lactobacillus johnsonii*, *Lactobacillus paracasei*, *Lactobacillus plantarum*, *Lactobacillus reuteri*, *Lactobacillus rhamnosus*, *Lactobacillus helveticus*, *Lactobacillus lactis*, *Bifidobacterium adolescentis*, *Bifidobacterium animalis*, *Bifidobacterium bifidum*, *Bifidobacterium breve*, *Bifidobacterium infantis*, *Bifidobacterium lactis*, *Bifidobacterium longum*, *Bifidobacterium laterosporus*, *Bifidobacterium essensis* (Shah, 2007). Além de bactérias, a levedura *Saccharomyces boulardii* tem sido utilizada por várias décadas em virtude das suas propriedades probióticas (Butel *et al.*, 2014).

Em linhas gerais, os lactobacilos probióticos são mais robustos do que as bifidobactérias probióticas (Tamime *et al.*, 2005). Encontrados naturalmente em alimentos fermentados tradicionais, os lactobacilos são mais resistentes a baixos valores de pH e apresentam adaptação ao leite e a outros substratos. Por esse motivo, várias espécies de *Lactobacillus* spp. são mais adequadas do ponto de vista tecnológico para aplicação em alimentos se comparadas a espécies de *Bifidobacterium* spp. (Tripathi e Giri, 2014).

Apesar de haver uma longa história de consumo seguro dos lactobacilos e bifidobactérias em alimentos tradicionais, as cepas probióticas apenas podem ser utilizadas se cumprirem certos critérios relacionados com aspectos tecnológicos, funcionais e de segurança (Reid, 2005; Vankerckhoven *et al.*, 2008; Gregoret *et al.*, 2013). Um dos testes de segurança mais importantes recomendados para cepas probióticas é a determinação de padrões de resistência a antibióticos (FAO/WHO, 2002). A transferência dessa resistência a outras bactérias endógenas é indesejável e deve ser prevenida (Vasiljevic e Shah, 2008). Entre os critérios tecnológicos, a viabilidade da cepa probiótica e a manutenção de suas características desejáveis durante processamento e estocagem do produto são aspectos importantes para assegurarem efeitos benéficos potenciais ao consumidor. Adicionalmente, ensaios clínicos são sugeridos pela FAO/WHO para demonstrar os efeitos benéficos dos probióticos na melhoria significativa da saúde. Esses ensaios incluem avaliações da capacidade de modulação do sistema imune pelos probióticos, assim como prevenir infecções entéricas ou outros tipos de patologias associadas, ou não, ao TGI (Gregoret *et al.*, 2013). Os efeitos benéficos, documentados na literatura científica, advindos do consumo de probióticos estão relacionados com redução de colesterol sérico, síntese de vitaminas do complexo B, alívio dos sintomas de intolerância à lactose, prevenção e/ou tratamento de infecções intestinais, câncer de cólon, doenças inflamatórias intestinais, osteoporose, infecções do trato urogenital, doenças infecciosas da cavidade oral, alergia atópica e infecções gástricas (Shah, 2007; Ooi e Liong, 2010; Butel *et al.*, 2014).

Em linhas gerais, os critérios que precisam ser seguidos pelas cepas probióticas incluem: 1. apesar de certos probióticos comercialmente disponíveis não serem de origem humana, acredita-se que se um probiótico é isolado do TGI de humanos, ele é seguro para o consumo humano e pode ser mais efetivo dentro do ecossistema intestinal; 2. as culturas probióticas devem ser reconhecidamente seguras (*status* GRAS – *Generally Recognized As Safe*) para o consumo humano através de evidências científicas ou de experiências baseadas em história de consumo por um número significativo de indivíduos. As bactérias dos gêneros *Bifidobacterium* spp. e *Lactobacillus* spp. apresentam uma longa história de consumo seguro sem exibirem efeitos prejudiciais à saúde; 3. a preparação dos probióticos em larga escala deve ser possível, sendo de extrema importância que esses micro-organismos estejam viáveis e ativos no veículo de liberação escolhido; 4. os probióticos devem ser resistentes aos sucos gástricos e intestinais, uma vez que o pH baixo é um dos mecanismos de defesa do hospedeiro contra micro-organismos ingeridos, incluindo os probióticos; 5. os probióticos devem aderir às células intestinais humanas e às mucinas intestinais, o que melhora a sua persistência e multiplicação no intestino, podendo favorecer a exclusão competitiva de patógenos potenciais da superfície da mucosa; 6. os probióticos devem produzir compostos antimicrobianos ativos contra patógenos intestinais para a restauração da composição da microbiota saudável; 7. os probióticos devem ser seguros quando ingeridos pelo consumo de alimentos e durante o seu uso clínico, mesmo em indivíduos imunocomprometidos; 8. os probióticos devem ter a sua eficácia e segurança comprovadas através da realização de ensaios clínicos, randomizados e controlados por placebo (Tanncock, 1998; Dunne *et al.*, 2001; Kolida e Gibson, 2011).

A dose adequada de micro-organismos probióticos necessária para que efeitos clínicos benéficos sejam observados ainda não está bem estabelecida. Em linhas gerais, essa dose pode variar em função da cepa e do produto. Evidências sugerem que a dose depende do tipo de cepa probiótica, do tipo de efeito benéfico desejado pela administração do probiótico (diferentes efeitos podem requerer diferentes cepas e quantidades de probióticos) e até mesmo em função do tipo de matriz alimentícia ao qual o micro-organismo é incorporado (Forssten *et al.*, 2011). Naturalmente, a quantidade total não pode ser baixa, uma vez que o objetivo é influenciar a composição da microbiota do hospedeiro (Aureli *et al.*, 2011).

Adicionalmente, um ponto importante que deve ser destacado refere-se ao fato de que é impossível extrapolar resultados obtidos com determinada cepa probiótica para outras cepas ou mesmo extrapolar efeitos benéficos de uma cepa em uma determinada área da saúde para outros benefícios (Rijkers *et al.*, 2010). Sendo assim, as cepas probióticas devem ser selecionadas com base em seus efeitos atribuídos, desejáveis para o produto específico ou para a população consumidora do alimento. As cepas aplicadas à produção em escala industrial e de processamento devem ser bem caracterizadas e apropriadas para cada alimento específico, devendo preservar a sua viabilidade durante a vida de prateleira do produto (Saad *et al.*, 2011).

Os micro-organismos probióticos, por definição, devem estar vivos no momento de sua administração. No entanto, dados sobre a viabilidade dos micro-organismos probióticos nas diferentes partes do intestino humano ainda são escassos. Por outro lado, muitas cepas utilizadas como probióticas têm a capacidade de sobreviver transitoriamente no intestino humano e podem ser recuperadas viáveis nas fezes (Rijkers *et al.*, 2010). Sabe-se que alguns efeitos dos micro-organismos probióticos podem estar ligados a sua atividade metabólica (Rijkers *et al.*, 2010; Goossens *et al.*, 2013). No entanto, evidências sugerem que outros efeitos podem não requerer necessariamente a multiplicação da cepa *in situ*, uma vez que eles podem ser mediados, por exemplo, pelo DNA bacteriano ou componentes da parede celular (Rijkers *et al.*, 2010).

De acordo com Gregoret *et al.* (2013), um dos primeiros aspectos que deve ser considerado refere-se ao fato de não haver ferramentas analíticas eficazes para se determinar a fonte ambiental de uma cepa após seu isolamento inicial. O isolamento a partir do TGI de indivíduos saudáveis é frequentemente considerado para o uso de probióticos em humanos (FAO/WHO, 2002; Reid, 2005; Gregoret *et al.*, 2013). No entanto, a seleção de cepas a partir de fontes apropriadas depende da população-alvo, por exemplo, neonatos, crianças, gestantes e idosos, cuja microbiota intestinal pode diferir da encontrada em adultos saudáveis (O'Toole e Claesson, 2010; Gregoret *et al.*, 2013). Após o isolamento, o próximo passo é a identificação do gênero e da espécie utilizando metodologias aceitas internacionalmente como o sequenciamento da região do DNA que codifica o gene 16S rRNA (Reid, 2005; Vankerckhoven *et al.*, 2008; Gregoret *et al.*, 2013).

Embora os mecanismos de ação dos probióticos ainda não sejam totalmente conhecidos em nível molecular, esses micro-organismos podem atuar de diversas maneiras, a saber: 1. no interior do lúmen intestinal pela interação direta com o complexo ecossistema da microbiota intestinal. Os micro-organismos probióticos também podem apresentar um efeito metabólico direto no intestino através de atividades enzimáticas; 2. pela interação com a mucosa intestinal e epitélio, incluindo efeitos de barreira, processos digestivos, sistema imune das mucosas e sistema nervoso entérico; 3. através de sinais para o hospedeiro, além do intestino para o fígado, sistema imune sistêmico e outros órgãos potenciais, como cérebro (Rijkers *et al.*, 2010). É importante ressaltar que a maioria desses efeitos tem sido verificada em modelos animais ou ensaios *in vitro*. No entanto, a demonstração direta dos efeitos das cepas probióticas sobre biomarcadores relevantes ainda é limitada em humanos.

As formas mais comuns de apresentação dos probióticos são os produtos lácteos, como iogurtes, leites fermentados e queijos (Saad *et al.*, 2011). No entanto, culturas probióticas podem ser utilizadas na produção de alimentos de origem não láctea como bebidas à base de frutas, produtos fermentados de soja, carnes fermentadas, entre outros (Hui, 2012; Bedani *et al.*, 2013). Adicionalmente, existem no mercado suplementos dietéticos na forma de cápsulas, tabletes e sachês contendo culturas bacterianas liofilizadas (Hui, 2012; Tripathi e Giri, 2014). Embora cada cepa seja única, há alguns aspectos que são essenciais quando se seleciona um micro-organismo probiótico no tocante à estabilidade genética, à sobrevivência e às propriedades tecnológicas de uma cepa. Componentes adequados, matrizes alimentícias e processos de produção precisam ser adequadamente selecionados, uma vez que as matrizes podem afetar a viabilidade da cepa no produto e no intestino. É importante destacar que a sobrevivência dos micro-organismos probióticos no produto durante toda a sua vida de prateleira é considerada uma exigência para que os efeitos benéficos dessas cepas possam ser verificados (Forssten *et al.* 2011).

Em alimentos, a quantidade e a qualidade das cepas probióticas depende de diversos fatores, como ingredientes, cultura *starter* empregada em conjunto com as culturas probióticas, condições de processamento, incluindo a forma de adição das culturas (diretamente ou após uma pré-fermentação ou pré-incubação da cultura), temperaturas empregadas nas diversas fases do processamento, condições de aeração, entre outros. Parâmetros pós-processamento, como as condições de embalagem, estocagem e transporte do produto final também influenciam na sobrevivência e atividade das cepas probióticas empregadas. (Tripathi e Giri, 2014)

3.3 ASPECTOS ENVOLVIDOS NA PRODUÇÃO DE MICRO-ORGANISMOS PROBIÓTICOS EM GRANDE ESCALA

Cepas de origem intestinal são normalmente sensíveis ao oxigênio, e para se multiplicarem necessitam de um meio de cultivo rico e específico. Nesse sentido, embora algumas cepas isoladas se multipliquem adequadamente em escala laboratorial, elas podem apresentar problemas quando em escala industrial (Forssten *et al.*, 2011). Portanto, além de apresentarem efeitos benéficos documentados, as cepas probióticas selecionadas devem ser adequadas para a produção em larga escala industrial, com capacidade de sobreviver e manter sua funcionalidade durante a produção e estocagem como culturas congeladas ou desidratadas. Elas devem sobreviver ao longo das operações de processamento do alimento, e também no produto alimentício final em que forem incorporadas (Tripathi e Giri, 2014). Adicionalmente, uma cepa probiótica precisa satisfazer as necessidades dos consumidores como, por exemplo, apresentar boas características sensoriais e não alterar a textura e o *flavor* do produto (Forssten *et al.*, 2011). Evidências indicam que a presença de culturas probióticas pode afetar adversamente a qualidade e as propriedades sensoriais de alimentos (Tripathi e Giri, 2014).

O processo de produção de cepas probióticas consiste em várias etapas, iniciando-se com a fermentação. No processo fermentativo, ingredientes adequados são selecionados com base no produto final. De modo complementar, as condições de crescimento para a cepa probiótica devem ser otimizadas no que diz respeito à tensão de oxigênio, ao pH e à temperatura (Kiviharju *et al.*, 2004). Durante o processo fermentativo, o pH é reduzido e diferentes produtos metabólicos podem ser produzidos, tais como ácido acético, ácido lático e bacteriocinas. Após a fermentação, uma grande quantidade de biomassa é produzida e precisa ser concentrada. O método tradicional de concentração pode envolver a centrifugação e, mais recentemente, o método de filtração por membrana. É importante destacar que esses métodos devem ser cuidadosamente selecionados para que não haja qualquer impacto negativo sobre o micro-organismo (Forssten *et al.*, 2011).

Após a concentração da biomassa, as células precisam ser conservadas. De forma industrial, a tecnologia de conservação bacteriana está baseada na preservação da integridade das membranas biológicas e proteínas associadas por meio do processo de secagem, com o objetivo de maximizar a recuperação celular após a reidratação. Crioprotetores podem ser utilizados para estabilizar a integridade da membrana e minimizar os efeitos prejudiciais causados durante as etapas de congelamento e secagem. O material estabilizado pode ser congelado e encaminhado à liofilização. Ao longo desse processo é importante que se minimize a formação de cristais para que o material possa ser desidratado. Durante a liofilização, a água em estado sólido é removida por sublimação sob condições de vácuo e temperaturas iniciais baixas. A liofilização é uma etapa que deve ser cuidadosamente otimizada, uma vez que a umidade residual, juntamente com os estabilizantes empregados, pode apresentar um impacto substancial na vida de prateleira do produto. Após o processo de moagem do material produzido, dando origem a um produto com tamanho de partículas adequado, a biomassa estará pronta para o processo de mistura e embalagem. O material da embalagem deve ser cuidadosamente selecionado para que uma boa vida de prateleira seja assegurada, minimizando, por exemplo, a transferência de oxigênio e umidade para o produto final (Forssten *et al.*, 2011).

3.4 INCORPORANDO MICRO-ORGANISMOS PROBIÓTICOS EM ALIMENTOS FERMENTADOS

A demanda por alimentos probióticos vem crescendo rapidamente em razão do aumento da consciência dos consumidores a respeito do impacto dos alimentos sobre a saúde (Tripathi e Giri, 2014). De modo geral, o desenvolvimento de alimentos com doses adequadas de micro-organismos probióticos é um desafio, em virtude dos diversos fatores durante o processamento e a estocagem que podem afetar a viabilidade desses micro-organismos (Figura 3.1). Nas últimas décadas, inúmeros esforços têm sido feitos para se melhorar a viabilidade das cepas probióticas em diferentes produtos alimentícios, desde a sua produção até o seu consumo (Tripathi e Giri, 2014).

Com relação aos efeitos dos produtos probióticos à saúde, a maioria dos estudos descreve claramente os micro-organismos testados. No entanto, poucos

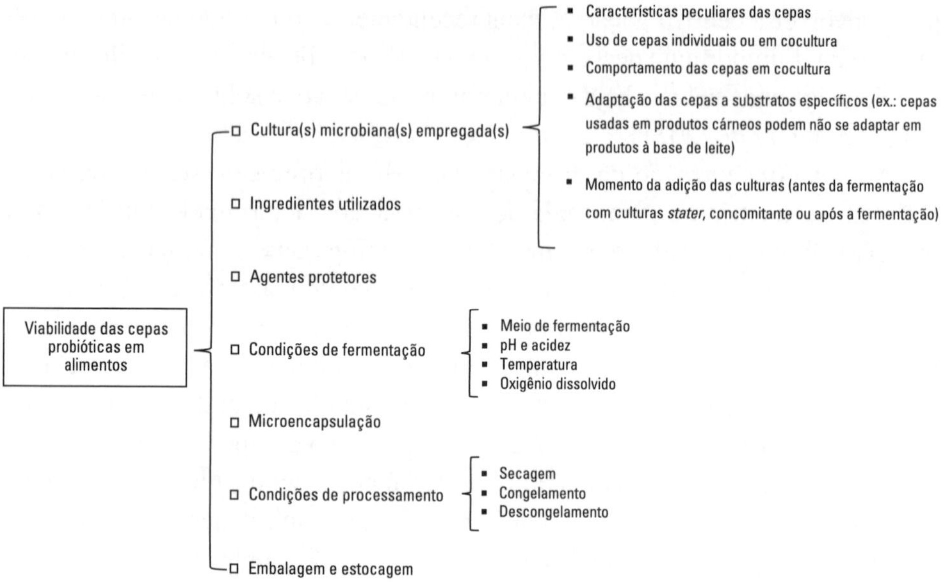

FIGURA 3.1 Fatores que podem afetar a viabilidade dos micro-organismos probióticos incorporados em matrizes alimentícias. Adaptado de Tripathi e Giri (2014).

relatam a composição da matriz alimentícia ou mesmo as condições de processamento do produto, cujo impacto não tem sido muito estudado em ensaios clínicos. Isso pode interferir na eficácia dos micro-oganismos probióticos em termos de viabilidade, estabilidade e quantidade de biocompostos ativos responsáveis pelo efeito à saúde estudado (Rijekers *et al.*, 2010).

Ao adicionar cepas probióticas em alimentos fermentados, é importante considerar que alguns fatores podem influenciar a sobrevivência e a atividade delas no trato gastrintestinal dos consumidores. Dentre esses fatores destacam-se: 1. o estado fisiológico dos micro-organismos adicionados (fase de crescimento logarítmica ou estacionária); 2. a concentração de micro-organismo no momento do consumo, uma vez que estudos sugerem que alguns produtos comerciais não apresentam populações adequadas de micro-organismos probióticos viáveis durante toda a vida de prateleira do produto (Schillinger, 1999; Rivera-Spinoza e Gallardo-Navarro, 2010); 3. condições físicas de estocagem do produto; 4. composição química do produto no qual as cepas probióticas são adicionadas. Valores de pH, atividade de água, conteúdo de carbono, nitrogênio, minerais e oxigênio podem afetar o desempenho desses micro-organismos em muitos alimentos e, particularmente, em alimentos fermentados; 5. a possibilidade de interação entre cepas probióticas e culturas *starter* (Rivera-Spinoza e Gallardo-Navarro, 2010).

Um aspecto que merece destaque na incorporação de micro-organismos probióticos em alimentos refere-se aos ingredientes utilizados na formulação da matriz alimentícia. Esses ingredientes podem desempenhar uma ação protetora, neutra ou prejudicial sobre a estabilidade de cepas probióticas em alimentos (Mattila-Sandholm *et al.*, 2002). A formulação do produto alimentício de tal modo que favoreça a sobrevivência dos micro-organismos probióticos também tem sido utilizada como uma alternativa de propiciar mais proteção a essas cepas (Forssten *et al.*, 2011). Nesse sentido, a compatibilidade de cepas probióticas com os diferentes ingredientes utilizados apresenta um papel significativo na sobrevivência dessas cepas (Tripathi e Giri, 2014). De acordo com Vinderola *et al.* (2002), aditivos geralmente utilizados na indústria de laticínios como açúcares (sacarose e lactose), edulcorantes (aspartame e acessulfame), sais (NaCl e KCl), compostos de aroma (diacetil, acetaldeído e acetoína), flavorizantes e agentes de cor naturais e artificiais, nisina, natamicina e lisozima podem influenciar a multiplicação e a viabilidade de cepas probióticas utilizadas em alimentos fermentados. Por outro lado, diferentes promotores de crescimento como glicose, vitaminas, minerais, caseína, hidrolisados de proteína do soro, extrato de levedura e antioxidantes podem ser usados em produtos de origem láctea para aumentar a taxa de multiplicação de espécies probióticas (lactobacilos e bifidobactérias), uma vez que essas espécies apresentam uma multiplicação limitada em leite (Koberkandi *et al.*, 2011; Tripathi e Giri, 2014). Esses nutrientes têm mostrado efeitos positivos sobre a sobrevivência de micro-organismos probióticos durante a estocagem (Mohammadi *et al.*, 2011; Tripathi e Giri, 2014). De maneira adicional, compostos de origem proteica como concentrado proteico de soro e hidrolisado ácido de caseína podem promover a multiplicação de micro-organismos probióticos pelo fornecimento de nutrição celular, pela redução do potencial redox do meio e pelo aumento da capacidade tamponante do meio, resultando em uma menor diminuição do pH (Dave e Shah, 1998; Tripathi e Giri, 2014).

Um dos mais importantes veículos para micro-organismos probióticos é o leite fermentado. No entanto, o desenvolvimento desse produto probiótico é um grande desafio, uma vez que o leite não é um meio adequado para a multiplicação de cepas probióticas (Vinderola *et al.*, 2000, Lucas *et al.*, 2004; Ostlie *et al.*, 2005). Apesar de ser um meio rico do ponto de vista nutricional, o leite como meio de cultivo para as bactérias probióticas resulta em sua multiplicação lenta, em virtude, principalmente, da ausência de atividade proteolítica (Klaver *et al.*, 1993; Oliveira e Damin, 2003). A incorporação de micronutrientes, como peptídeos e aminoácidos, e de outros fatores de crescimento pode ser necessária para reduzir o tempo de fermentação e propiciar viabilidade às bactérias probióticas (Oliveira *et al.*, 2002).

É importante ressaltar que a sobrevivência de bactérias diante de diferentes fatores prejudiciais durante o processamento e o desenvolvimento do produto é espécie/cepa específica (Tamime *et al.*, 2005; Tripathi e Giri, 2014).

Em linhas gerais, os micro-organismos probióticos devem sobreviver a diferentes processos de produção, em diferentes níveis de atividade de água, pH, conteúdo de oxigênio e temperatura. Culturas *starter* usadas na produção de alimentos fermentados também podem influenciar a estabilidade da cepa probiótica e, consequentemente, as suas propriedades funcionais. Assim, as características e a viabilidade dos micro-organismos probióticos devem ser mantidas ao longo de todo o processo de produção e estocagem do alimento (Bezkorovainy, 2001; Tuomola *et al.*, 2001; Forssten *et al.*, 2011).

Em contrapartida, de acordo com Saarela *et al.* (2006) e Vinderola *et al.* (2011), apenas os dados de viabilidade da cepa probiótica durante a estocagem do produto não fornecem uma previsão satisfatória da funcionalidade da cepa ante as condições adversas (por exemplo, sobrevivência ao estresse gastrintestinal), uma vez que mudanças na funcionalidade da célula podem ocorrer sem que seja verificada uma alteração significativa na população de micro-organismos probióticos dos alimentos. Nesse contexto, Bedani *et al.* (2014) observaram que a adição de polpas de frutas (goiaba e manga) em um produto fermentado à base de soja, similar ao iogurte, não alterou a viabilidade das cepas probióticas utilizadas (*B. animalis* BB-12 e *L. acidophilus* LA-5). No entanto, a incorporação desses ingredientes levou a uma redução significativa da sobrevivência dessas cepas diante das condições gastrintestinais simuladas *in vitro*.

A tolerância às condições ácidas é uma característica importante tanto para a sobrevivência das cepas potencialmente probióticas à passagem pelo trato gastrintestinal quanto para a sobrevivência em alimentos fermentados (Lee e Salminen, 1995; Stanton *et al.*, 2013). A avaliação da resistência dos micro-organismos probióticos no produto final perante as condições gastrintestinais simuladas pode auxiliar na seleção de matrizes alimentícias mais adequadas, contribuindo para a sobrevivência da cepa probiótica e para sua eficácia no trato gastrintestinal (Buriti *et al.*, 2010; Bedani *et al.*, 2014). Estudos sugerem que a sobrevivência ao estresse gastrintestinal é uma característica cepa-dependente (Donkor *et al.*, 2006; Forssten *et al.*, 2011; Bedani *et al.*, 2014). Nessa linha, Madureira *et al.* (2005) verificaram que *B. animalis* BB-12 e Bo e *Lactobacillus brevis* LMG 6906 apresentaram uma sobrevivência maior às condições gastrintestinais simuladas quando incorporados em queijo se comparados a *Lactobacillus acidophilus* LAC-1 e Ki, *Lactobacillus paracasei* LCS-1 e *B. animalis* BLC-1, sugerindo que essa característica depende da cepa bacteriana empregada.

A toxicidade ao oxigênio é considerada um fator significativo que influencia a viabilidade e a funcionalidade dos micro-organismos probióticos em alimentos, particularmente cepas de *Bifidobacterium* spp. (Champagne *et al.*, 2005). A exposição ao oxigênio é extremamente prejudicial aos lactobacilos e bifidobactérias, uma vez que são culturas microaerofílicas e anaeróbias estritas, respectivamente (Talwalkar e Kailasapathy, 2004a). Em linhas gerais, o efeito deletério do oxigênio para cepas probióticas pode se apresentar de duas formas. A primeira refere-se a sua toxicidade direta às células. Certas culturas probióticas são muito sensíveis ao oxigênio e morrem em sua presença, devido, provavelmente, ao acúmulo de metabólitos oxigenados tóxicos como ânion superóxido, radical hidroxila e peróxido de hidrogênio. Ao contrário, as bactérias aeróbias podem reduzir completamente o oxigênio à água, o sistema de remoção de oxigênio nas bactérias probióticas é reduzido ou ausente, gerando um acúmulo de metabólitos oxigenados tóxicos, o que pode levar à morte celular (Talwalkar e Kalasapathy, 2004a; Champagne *et al.*, 2005; Valsiljevic e Shah, 2008). O segundo modo pelo qual o oxigênio pode afetar a estabilidade dos micro-organismos probióticos é indireto. Quando o oxigênio está presente no meio, algumas culturas *starter*, particularmente *Lactobacillus delbrueckii* subsp. *bulgaricus*, podem excretar peróxido de hidrogênio. Estudos indicam que esse metabólito pode apresentar um efeito negativo sobre *L. acidophilus* em iogurtes (Dave e Shah, 1997; Champagne e Gardner, 2005). Adicionalmente, uma inibição sinérgica de algumas cepas de bifidobactérias foi verificada pela presença de ácido e peróxido de hidrogênio, sugerindo que os micro-organismos probióticos podem ser afetados pelo H_2O_2 produzido por outras culturas presentes no meio de cultivo (Champagne *et al.*, 2005).

O oxigênio pode ser facilmente dissolvido em leite. Portanto, a viabilidade de micro-organismos probióticos em alimentos fermentados de origem láctea pode ser influenciada pelo conteúdo de oxigênio no produto, bem como pela permeação de oxigênio através da embalagem (Stanton *et al.*, 2003). Dave e Shah (1997) verificaram que a sobrevivência de *L. acidophilus* em iogurte foi diretamente afetada pelo conteúdo de oxigênio dissolvido no meio, sendo maior em iogurtes acondicionados em embalagens plásticas do que em vidro. Portanto, na seleção de sistemas de embalagem para o acondicionamento de alimentos probióticos é indispensável que se conheça as características das culturas microbianas utilizadas, bem como as variáveis do processamento e as condições de estocagem e distribuição do produto (Faria *et al.*, 2011).

As estratégias que têm sido estudadas para proteger as bactérias dos efeitos deletérios do oxigênio incluem: uso de cepas altamente consumidoras de oxigênio; uso de ácido ascórbico como sequestrador de oxigênio em iogurtes; uso de cisteína como um agente redutor do potencial redox; microencapsulação; uso de um material de embalagem menos permeável ao oxigênio; adaptação de cepas ao estresse oxidativo; incorporação de micronutrientes, tais como peptídeos e aminoácidos (Dave e Shah, 1997; Hsiao *et al.*, 2004; Talwalkar e Kailasapathy, 2004b; Bolduc *et al.*, 2006; Güler-Akın e Akın, 2007; Martin *et al.*, 2015).

Por sua vez, as estratégias para o desenvolvimento de novos produtos funcionais fermentados incluem as seguintes etapas: 1. a formulação do produto, incluindo a redução de ingredientes prejudiciais à saúde (como sal, nitrito e gordura saturada) e a presença dos ingredientes funcionais comuns (como probióticos, inulina e fibras) e de ingredientes funcionais inovadores (como fitoquímicos, luteína e culturas *starter* funcionais); 2. os ajustes do processo, com a geração de compostos funcionais (como peptídeos bioativos e antioxidantes) e a remoção de compostos indesejáveis (como estaquiose, sacarose e lactose), em alimentos tradicionais e étnicos (como kefir, kimchi e sufu), alimentos fermentados predominantes (como iogurtes, queijos e azeitonas) e produtos fermentados novos (como resíduos de camarão fermentado); 3. a avaliação dos produtos, através de testes sensoriais e verificação das questões legais e, frequentemente, de modelos *in vitro*; algumas vezes por meio de modelos animais; e, raramente, estudos com humanos, sendo a maioria destes para probióticos (Leroy e De Vuyst, 2014).

A microencapsulação de bactérias probióticas é um processo que envolve a aplicação de uma camada de material polimérico para proteger os micro-organismos probióticos sensíveis dos fatores deletérios do ambiente externo, possibilitando a sua liberação sob condições específicas (Ding e Shah, 2009). A microencapsulação tem se mostrado um dos métodos mais eficientes para a manutenção da viabilidade celular, uma vez que ela protege os micro-organismos probióticos durante o processamento e a estocagem do alimento (altas temperaturas, baixo pH, pressão osmótica elevada, concentrações elevadas de oxigênio e baixas de nutrientes), bem como as condições gastrintestinais. Dentre os materiais usados para encapsular células probióticas destacam-se: alginato, quitosana, amido, κ-carragena, ftalato de acetato celulose, gelatina, proteínas do leite e gorduras (Burgain *et al.*, 2011). Alguns compostos prebióticos como inulina, fruto-oligossacarídeos, lactulose e rafinose também têm sido empregados como agentes encapsulantes (Martin *et al.*, 2015). Nessa linha, Castro-Cislaghi *et al.* (2012) verificaram que o soro de leite é um agente encapsulante promissor para a manutenção da viabilidade de *B. animalis* BB-12 em sobremesas lácteas probióticas.

Krasaekoopt e Watcharapoka (2014) verificaram que a adição de galacto-oligossacarídeos durante a microencapsulação de *L. acidophilus* LA-5 e *L. casei* LC 01 em *beads* de alginato cobertos com quitosana promoveu uma maior proteção das cepas probióticas, bem como aumentou a sua sobrevivência aos sucos gástrico e entérico artificiais. Adicionalmente, a viabilidade das cepas probióticas microencapsuladas com GOS (1,5%) incorporadas em iogurte e suco de laranja foi maior, quando comparada à viabilidade desses micro-organismos microencapsulados sem GOS, durante quatro semanas de estocagem a 4 °C.

3.5 PREBIÓTICOS

O termo prebiótico é definido como "Substrato que é seletivamente utilizado pelos micro-organismos do hospedeiro conferindo benefício à saúde do hospedeiro" (Gibson *et al.*, 2017). Nesse contexto, os prebióticos podem causar mudanças específicas na população de grupos bacterianos no ecossistema intestinal e direcionar o fluxo de carbono de carboidratos (substratos) para produtos metabólicos finais, como os ácidos orgânicos. Acredita-se que o acúmulo desses ácidos no intestino possa melhorar a saúde local e sistêmica (Rastall e Gibson, 2015). Os principais ácidos orgânicos resultantes da fermentação de ingredientes prebióticos são os ácidos graxos de cadeia curta acetato, propionato e butirato. O acetato é usado como fonte de ATP no tecido muscular; o propionato pode regular a síntese de colesterol hepático e o butirato é um combustível importante para a função dos colonócitos (Gibson *et al.*, 2010; Rastall e Gibson, 2015). Portanto, em termos gerais, a fermentação sacarolítica microbiana no intestino pode trazer efeitos benéficos para a saúde humana (Roberfroid *et al.*, 2010; Rastall e Gibson, 2015).

A produção de ácidos orgânicos, principalmente acetato e lactato, como produtos finais do metabolismo de carboidratos por parte das BAL e bifidobactérias está associada ao efeito inibitório dessas bactérias contra bactérias Gram-negativas e inibindo, também, a sua capacidade de invasão nas células intestinais (Makras e Vuyst, 2006; Tabasco *et al.*, 2014).

O impacto do consumo de prebióticos tem sido avaliado frente a diferentes doenças. Nos últimos anos, a maioria dos estudos científicos tem sido direcionada para os efeitos dos prebióticos sobre a obesidade e a inflamação (Rastall e Gibson, 2015). Alguns efeitos benéficos dos prebióticos incluem: diminuição do pH e de substâncias putrefativas no intestino, modulação da microbiota intestinal, com consequente melhora nos quadros de diarreias associadas ao uso de antibióticos, e redução das concentrações sanguíneas de triglicérides e colesterol (Lomax e Calder, 2009; Ooi e Liong, 2010; Yasmin *et al.*, 2015).

Para que um ingrediente dietético seja caracterizado como prebiótico, alguns critérios devem ser seguidos: 1. a fermentabilidade deve ser demonstrada em experimentos *in vitro* que simulem, por exemplo, as condições fisiológicas encontradas no TGI. Substratos promissores devem ser avaliados em estudos clínicos, randomizados e controlados por placebo, no sentido de comprovar os resultados alcançados nos estudos *in vitro*; 2. a principal característica de um prebiótico é ser um substrato seletivo para uma ou mais bactérias comensais benéficas do TGI, que são estimuladas a se multiplicarem e/ou a se manterem metabolicamente ativas. Consequentemente, a microbiota colônica do hospedeiro será alterada para uma composição considerada mais saudável. A fim de se confirmar a seletividade de um prebiótico, é de extrema importância o monitoramento das mudanças da microbiota fecal durante a suplementação com prebiótico através da realização de estudos *in vitro* e *in vivo* (Gibson *et al.*, 2004; Kolida e Gibson, 2011).

Apesar de ambos os critérios serem essenciais, a seletividade é o mais importante e o mais difícil de ser alcançado (Gibson *et al.*, 2004; Kolida e Gibson, 2011), além de constituir um atributo-chave que separa os prebióticos de outras fibras dietéticas (Rastall, 2010).

Embora a característica de ser um ingrediente não digerível tenha sido excluída da definição mais recente de prebiótico, para que possa haver um efeito no local-alvo, o prebiótico não deve ser digerível por enzimas humanas ou ser apenas parcialmente digerível para atingir, em quantidades adequadas, porções mais distantes do TGI (Kolida e Gibson, 2011). Os principais prebióticos identificados são os carboidratos não digeríveis que incluem os fruto-oligossacarídeos (FOS), a inulina, os galactossacarídeos (GOS) e a lactulose. Outros carboidratos não digeríveis têm sido estudados quanto ao seu potencial prebiótico como, por exemplo, os oligossacarídeos da soja (SOS), isomalto-oligossacarídeos (IMO), xilo-oligossacarídeos (XOS), polidextrose e glucanos (GIOS) (Roberfroid, 2007; Gibson *et al.*, 2010). No entanto, a maior parte dos dados da literatura científica sobre efeitos prebióticos está relacionada com a inulina, FOS e GOS (Al-Sheraji *et al.*, 2013; Rastall e Gibson, 2015).

Diversos estudos científicos têm avaliado o potencial do amido resistente (amido rico em amilose) de atuar como um ingrediente prebiótico (Gibson *et al.*, 2010). Nessa linha, Crittenden *et al.* (2001) verificaram que várias cepas de bifidobactérias, incluindo *B. adolescentis*, *B. bifidum*, *B. breve*, *B. infantis*, *B. lactis* e *B. longum*, foram capazes de hidrolisar o amido resistente. No entanto, estudos que comprovam o potencial prebiótico desse tipo de amido ainda são limitados e controversos, uma vez que a maioria é realizada utilizando modelos animais (Topping e Clifton, 2001; Shah, 2007; Figueroa-González *et al.*, 2011). Com base nos dados disponíveis, as bactérias colônicas humanas podem fermentar o amido resistente a ácidos graxos de cadeia curta, principalmente acetato, propionato e butirato (Topping e Clifton, 2001). No entanto, estudos em humanos são necessários para a avaliação do potencial do amido resistente como um composto prebiótico, particularmente com relação a sua capacidade de estimular seletivamente micro-organismos benéficos.

Os compostos prebióticos podem ser encontrados naturalmente no alho-poró, aspargo, chicória, alcachofra de Jerusalém, alho, cebola, trigo, banana, aveia, soja, bem como no leite humano (Roberfroid *et al.*, 2010). Alguns prebióticos são extraídos de fontes vegetais; no entanto, a maioria é sintetizada comercialmente, utilizando métodos enzimáticos ou químicos (Crittenden e Playne, 2009). Em linhas gerais, os oligossacarídeos prebióticos podem ser produzidos de três maneiras distintas: extração a partir de fontes vegetais; síntese microbiana/enzimática; hidrólise enzimática de polissacarídeos (Figueroa-González *et al.*, 2011; Al-Sheraji *et al.*, 2013). No entanto, uma fonte promissora de novos ingredientes prebióticos que tem recebido destaque nos últimos anos é a biomassa de resíduos gerados do processamento agrícola e de alimentos. Além da utilização de enzimas para gerar oligossacarídeos de polissacarídeos vegetais, recentemente, tem havido um grande interesse em se empregar processos de auto-hidrólise, que são baseados no tratamento do material contendo os polissacarídeos à temperatura e pressão elevada (Rivas *et al.*, 2012; Ho *et al.*, 2014; Rastall e Gibson, 2015).

Para garantir um efeito contínuo, assim como os probióticos, os prebióticos devem ser consumidos diariamente. No entanto, ainda não há um consenso a respeito da dose diária necessária para que os efeitos benéficos decorrentes do consumo de compostos prebióticos sejam observados. Alterações favoráveis na microbiota intestinal foram observadas com doses de 4 a 20 g/dia de inulina e/ou FOS (Gibson *et al.*, 2010; Rastall, 2010). A dose diária de prebióticos (inulina e FOS) por porção de alimento recomendada pela legislação brasileira é de no mínimo 2,5 g (ANVISA, 2016).

Palframan *et al.* (2003), com o objetivo de criar uma ferramenta quantitativa para se comparar o efeito de compostos prebióticos sobre o desenvolvimento de bactérias probióticas, propuseram uma equação na qual um "Índice Prebiótico" (IP) foi introduzido. O valor de PI está baseado na estimulação seletiva de bactérias probióticas (bifidobactérias e lactobacilos) sobre outros micro-organismos (bacteroides e clostrídios) devido à adição de um componente prebiótico de acordo com a seguinte equação: IP = (Bifidobactérias/Total) – (Bacteróides/Total) + (Lactobacilos/Total) – (Clostrídios/Total). Essa equação assume que o aumento na população de bifidobactérias e de lactobacilos seria benéfico, enquanto o aumento na população de bacteroides e clostrídios seria prejudicial. Todavia, essa equação apresenta alguns inconvenientes: 1) a quantidade de compostos prebióticos consumida não é considerada e, portanto, uma análise comparativa entre os diferentes compostos prebióticos é restrita apenas para estudos que avaliam uma quantidade similar desses compostos; 2) o IP definido nessa equação é útil apenas para experimentos *in vitro* nos quais a concentração total de probióticos e patógenos é conhecida. Em se tratando de experimentos *in vivo*, a população bacteriana total, bem como a quantidade de compostos prebióticos no hospedeiro, é desconhecida (Figueroa-González *et al.*, 2011). Nesse sentido, o aumento da população de micro-organismos probióticos decorrente do consumo de prebióticos é apenas inferido através da concentração desses micro-organismos nas fezes (Roberfroid, 2007; Figueroa-González *et al.*, 2011).

Em contrapartida, Roberfroid (2007) propôs um novo IP para experimentos *in vivo* baseados na geração de novas bactérias probióticas por grama de composto prebiótico ingerido: $IP = [(UFC/g_{fezes})_{final} - (UFC/g_{fezes})_{início}]/\text{dose de prebióticos}$, onde UFC indica as unidades formadoras de colônia e a dose de prebióticos se refere à quantidade (g) de prebióticos ingerida por dia pelo hospedeiro.

A estrutura molecular dos prebióticos é importante para determinar os efeitos fisiológicos e quais espécies de micro-organismos serão capazes de utilizá-los como fonte de carbono e de energia no intestino. No entanto, apesar da diversidade de pesos moleculares, composições de açúcares e ligações estruturais dentro da gama de ingredientes prebióticos, as bifidobactérias são os micro-organismos mais envolvidos nessa resposta. Os mecanismos pelos quais os prebióticos promovem a proliferação específica de populações de bifidobactérias na microbiota intestinal ainda não estão esclarecidos; contudo, diversas hipóteses podem ser citadas: 1. as bifidobactérias podem utilizar uma ampla variedade de oligossacarídeos e carboidratos complexos como fontes de carbono e energia; 2. na presença de vários oligossacarídeos não digeríveis, as bifidobactérias exibem taxas de multiplicação superiores àquelas observadas em bactérias putrefativas ou potencialmente patogênicas no intestino; 3. apesar de outros gêneros de bactérias (lactobacilos, bacteroides e eubactérias) se multiplicarem *in vitro* utilizando os prebióticos, as bifidobactérias parecem se multiplicar mais eficientemente. As bifidobactérias são tolerantes aos ácidos graxos de cadeia curta e à acidificação do ambiente intestinal. As bifidobactérias geralmente não hidrolisam extracelularmente os oligossacarídeos não digeríveis, uma vez que possuem permeases que internalizam esses substratos antes de hidrolisá-los e metabolizá-los, minimizando, assim, a liberação de açúcares simples que poderiam ser consumidos por outras bactérias intestinais (Crittenden e Playne, 2009).

Vale destacar que nem todas as bactérias probióticas usadas como ingredientes alimentícios podem metabolizar FOS (Shene *et al.*, 2005; Tabasco *et al.*, 2014). Estudos sugerem que diversas cepas de lactobacilos e bifidobactérias podem fermentar frutanos do tipo inulina (Barrangou *et al.*, 2006; Goh *et al.*, 2006; Van der Meulen *et al.*, 2006; Tabasco *et al.*, 2014). Janer *et al.* (2005) verificaram que a cepa probiótica *Bifidobacterium animalis* BB-12 foi capaz de utilizar oligossacarídeos menores a partir de uma mistura de FOS, fazendo uso de uma β-frutofuranosidase citoplasmática. Similarmente, *L. acidophilus* pode hidrolizar FOS por meio de uma hidrólise intracelular. Por outro lado, a frutosidase de *L. casei* está associada à parede celular (Goh *et al.*, 2007). Outras enzimas importantes relacionadas com a hidrólise de carboidratos descritas em bifidobactérias são as α-galactosidases (α-galactosil-oligossacarídeos como rafinose e estaquiose), as α-glicosidases (oligossacarídeos derivados do amido e outros α-glicosídeos) e as β-galactosidases (lactose e substratos derivados da lactose) (Van der Broek *et al.*, 2008; Tabasco *et al.*, 2014).

Com relação à incorporação de ingredientes prebióticos em alimentos, é importante ressaltar que eles não devem afetar negativamente as propriedades sensoriais do produto e devem ser estáveis durante o processamento do mesmo. Este último aspecto inclui suportar temperaturas elevadas, baixo pH (ou uma combinação dos dois fatores) e condições que favoreçam reações de Maillard (Charalampopoulos e Rastall, 2011). Há inúmeros estudos na literatura científica que tratam da estabilidade de ingredientes prebióticos, em particular sobre inulina, FOS e GOS.

Além dos efeitos sobre as características sensoriais do produto, um outro aspecto tecnológico importante dos prebióticos é o seu efeito sobre as propriedades físico-químicas. A inulina, por exemplo, é utilizada pela indústria alimentícia como substituto de gordura e modificador de textura do alimento (Villegas e Costell, 2007; Charalampopoulos e Rastall, 2011). Esse composto prebiótico apresenta uma solubilidade moderada em água (aproximadamente 10% solúvel em temperatura ambiente), sabor neutro e levemente doce, permitindo que ele seja utilizado como substituto de gordura em alimentos de origem láctea com baixo teor de gordura, incluindo leites fermentados, iogurtes, sobremesas lácteas, queijos e sorvetes (González-Tomás *et al.*, 2009; Charalampopoulos e Rastall, 2011). Por outro lado, o FOS é muito mais solúvel que a inulina (até 85% solúvel a temperatura ambiente), mais doce e apresenta propriedades tecnológicas semelhantes aos xaropes de sacarose e glicose e, portanto, são utilizados pela indústria de alimentos como substitutos de açúcar em produtos lácteos (Charalampopoulos e Rastall, 2011).

3.6 SIMBIÓTICOS

A combinação de micro-organismos probióticos e ingredientes prebióticos em um único produto dá origem ao que chamamos de simbiótico. O estudo dos simbióticos tem sido considerado uma área muito promissora para o desenvolvimento de novos alimentos funcionais (Figueroa-González *et al.*, 2011). Os simbióticos têm sido estudados como uma alternativa de se melhorar a viabilidade de micro-organismos probióticos e potencializar os efeitos benéficos individuais atribuídos aos probióticos e prebióticos.

Uma adaptação prévia do probiótico ao substrato prebiótico, realizada no produto simbiótico, no qual ambos os ingredientes encontram-se associados, pode favorecer a interação entre o probiótico e o prebiótico *in vivo*. Essa adaptação prévia pode ser competitivamente vantajosa para o probiótico, quando ambos são consumidos concomitantemente em um mesmo produto. Esse efeito simbiótico pode, ainda, ser direcionado às porções distintas do TGI, ou seja, o intestino delgado e o intestino grosso. O consumo da combinação apropriada de certos probióticos com prebióticos específicos pode resultar no incremento do potencial benéfico de cada um (Holzapfel e Schillinger, 2002; Puupponen-Pimiä *et al.*, 2002; Mattila-Sandholm *et al.*, 2002; Bielecka *et al.*, 2002).

Nesse contexto, destacam-se dois tipos de abordagens em relação aos simbióticos: 1. *complementar*, em que o probiótico é escolhido com base nos efeitos benéficos desejados sobre o hospedeiro, e o prebiótico é selecionado de forma independente, com o objetivo de aumentar seletivamente as concentrações de componentes benéficos da microbiota intestinal. Os prebióticos podem, de maneira indireta, favorecer a multiplicação e a atividade dos probióticos, mas esse não é o seu objetivo principal; 2. *sinérgica*, em que o probiótico também é selecionado com base em seus efeitos benéficos atribuídos ao hospedeiro. Entretanto, o prebiótico é escolhido especificamente para estimular a multiplicação e a atividade do micro-organismo probiótico selecionado. Nesse caso, o prebiótico é selecionado por ter mais afinidade com o probiótico e por melhorar a sobrevivência e a multiplicação desse micro-organismo no hospedeiro. Nesse tipo de abordagem, os prebióticos podem aumentar as populações de micro-organismos benéficos da microbiota intestinal, entretanto, o alvo primário é o probiótico ingerido (Kolida e Gibson, 2011).

Ambas as abordagens podem estar, direta ou indiretamente, em conformidade com a definição de simbiótico. No entanto, segundo Kolida e Gibson (2011), a abordagem sinérgica seria a mais relevante.

O conceito de simbióticos oferece um potencial para o aumento da eficácia dessa classe de alimentos funcionais, uma vez que explora as vantagens que uma combinação de prebióticos e probióticos pode conferir, não apenas à saúde, mas também à estabilidade do produto durante o período de armazenamento (Sanders e Marco, 2010; Kolida e Gibson, 2011). No entanto, são necessários mais estudos, particularmente *in vivo*, para que haja uma comprovação do potencial benéfico dos simbióticos em comparação aos seus componentes separadamente (probióticos e prebióticos) (Rastall, 2010).

3.7 CONSIDERAÇÕES FINAIS

A área de probióticos e prebióticos vem crescendo nos últimos anos, estimulada pelo progresso na compreensão do papel da microbiota intestinal na saúde do hospedeiro. É importante ressaltar que os efeitos benéficos provenientes do consumo de probióticos, assim como os mecanismos de ação envolvidos, são considerados cepa-específicos. Adicionalmente, esses efeitos benéficos podem ser aumentados se houver uma seleção apropriada dos micro-organismos probióticos e dos ingredientes prebióticos. Nesse sentido, tem havido um aumento do interesse dos cientistas pela pesquisa de formulações simbióticas. A seleção de cepas probióticas deve ser direcionada aos efeitos desejáveis apresentados pelos micro-organismos de interesse, comprovados através da realização de testes *in vitro* e *in vivo*, isoladamente e quando incorporados ao alimento. Assim, as cepas probióticas utilizadas para o processamento e a produção em larga escala industrial devem ser caracterizadas adequadamente e mostrar-se apropriadas para cada tipo de produto no qual serão veiculadas, exibindo, portanto, elevada viabilidade durante todo o período de armazenamento. Em linhas gerais, os compostos prebióticos são estáveis em condições não muito extremas de temperatura e pH, e podem ser utilizados em vários produtos ácidos, tais como leites fermentados e sucos de frutas pasteurizados. Neste capítulo foram destacados alguns desafios encontrados durante o desenvolvimento de alimentos fermentados contendo micro-organismos probióticos viáveis e compostos prebióticos.

REVISÃO DOS CONCEITOS APRESENTADOS

Os micro-organismos probióticos e ingredientes prebióticos têm sido amplamente utilizados em produtos alimentícios com o objetivo de conferir efeitos benéficos à saúde do consumidor. Esses compostos bioativos podem atuar modulando beneficamente a composição e/ou a atividade metabólica da microbiota intestinal do hospedeiro, conduzindo a uma redução do risco de doenças relacionadas com o TGI e com outros sítios-alvo. As cepas probióticas utilizadas para o processamento e a produção em larga escala industrial devem ser caracterizadas adequadamente e mostrarem-se apropriadas para cada tipo de produto no qual serão veiculadas, exibindo elevada viabilidade durante todo o período de armazenamento. Os principais alimentos nos quais esses compostos bioativos são adicionados incluem os produtos lácteos, particularmente, iogurtes, leites fermentados e queijos. Diversos fatores podem influenciar a viabilidade e a funcionalidade dos micro-organismos probióticos durante o processamento e a estocagem de alimentos fermentados funcionais, a saber: cultura(s) microbiana(s) empregada(s), ingredientes utilizados, agentes protetores, condições de fermentação, microencapsulação, condições de processamento, embalagem e estocagem. É importante ressaltar que, além dos efeitos atribuídos à saúde, a sobrevivência dos micro-organismos probióticos diante de diferentes fatores prejudiciais durante o processamento e o desenvolvimento do produto é espécie/cepa específica. A combinação de micro-organismos probióticos e ingredientes prebióticos em um único produto resulta em um produto simbiótico. Os simbióticos têm sido estudados como uma alternativa de se melhorar a viabilidade de micro-organismos probióticos e potencializar os efeitos benéficos individuais atribuídos aos probióticos e prebióticos.

QUESTÕES

1. O que são probióticos, prebióticos e simbióticos?
2. Os prebióticos podem ser considerados fibras? Quais os principais ingredientes que podem ser empregados como prebióticos nos alimentos funcionais?
3. Quais os principais gêneros bacterianos empregados em alimentos funcionais probióticos? Explique.
4. Com que frequência e em que dose os prebióticos devem ser ingeridos?
5. Quais os principais critérios para a escolha de probióticos para a fabricação de um produto alimentício?
6. Quais os principais aspectos envolvidos na produção de micro-organismos probióticos em escala industrial?
7. Explique como o processamento e a estocagem de produtos alimentícios podem influenciar a viabilidade e a funcionalidade dos micro-organismos probióticos incorporados a essas matrizes.
8. A definição de simbióticos considera dois enfoques distintos. Explique qual a diferença principal entre as duas abordagens.

REFERÊNCIAS

Al-Sheraji, S.H., Ismail, A., Manap, M.Y., Mustafa, S., Yusof, R.M., Hassan, F.A., 2013. Prebiotics as functional foods: a review. Journal of Functional Foods, 5: 1542-53.

ANVISA – Agência Nacional de Vigilância Sanitária. 2016. Alimentos com alegações de propriedades funcionais e ou de saúde. Atualizado em dezembro, 2016. Disponível em: http://portal.anvisa.gov.br/alimentos/alegacoes. Acesso em: 16 janeiro 2017.

Aureli, P., Capurso, L., Castellazzi, A.M., Clerici, M., Giovannini, M., Morelli, L., Poli, A., Pregliasco, F., Salvini, F., Zuccotti, G.V., 2011. Probiotics and health: an evidence-based review. Pharmacological Research, 63 (5): 366-76.

Barrangou, R., Azcarate-Peril, M.A., Duong, T., Conners, S., Kelly, R.M., Klaenhammer, T.R., 2006. Global analysis of carbohydrate utilization by *Lactobacillus acidophilus* using cDNA microarrays. Proceedings of the National Academy of Sciences of the United States of America, 103 (10): 3816-21.

Bedani, R., Rossi, E.A., Saad, S.M.I., 2013. Impact of inulin and okara on *Lactobacillus acidophilus* La-5 and *Bifidobacterium animalis* Bb-12 viability in a fermented soy product and probiotic survival under *in vitro* simulated gastrointestinal conditions. Food Microbiology, 34: 382-9.

Bedani, R., Vieira, A.D.S., Rossi, E.A., Saad, S.M.I., 2014. Tropical fruit pulps decreased probiotic survival to *in vitro* gastrointestinal stress in synbotic soy yoghurt wit okara during storage. LWT – Food Science and Technology, 55: 436-43.

Bezkorovainy, A., 2001. Probiotics: determinants of survival and growth in the gut. American Journal of Clinical Nutrition, 73, p. 399S-405S.

Bielecka, M., Biedrzycka, E., Majkowska, A., 2002. Selection of probiotics and prebiotics for synbiotics and confirmation of their *in vivo* effectiveness. Food Research International, 35 (2-3): 125-31.

Bolduc, M.P., Raymond, Y., Fustier, P., Champagne, C.P., Vuillemard, J.C., 2006. Sensitivity of bifidobacteria to oxygen and redox potential in non-fermented pasteurized milk. International Dairy Journal, 16: 1038-48.

Burgain, J.J., Gaiani, C.C., Linder, M.R., Scher, J.J., 2011. Encapsulation of probiotic living cells: from laboratory scale to industrial applications. Journal of Food Engineering, 104 (4): 467-83.

Buriti, F.C.A., Castro, I.A., Saad, S.M.I., 2010. Viability of *Lactobacillus acidophilus* in synbiotic guava mousses and its survival under *in vitro* simulated gastrointestinal conditions. International Journal of Food Microbiology, 137: 121-9.

Butel, M.J., 2014. Probiotics, gut microbiota and health. Médicine et Maladies Infectieuses, 44 (1): 1-8.

Castro-Cislaghi, F.P., Silva, C.R.E., Fritzen-Freire, C.B., Lorenz, J.G., Sant'Anna, E.S., 2012. *Bifidobacterium* Bb-12 microencapsulated by spray drying with whey: Survival under simulated gastrointestinal conditions, tolerance to NaCl, and viability during storage. Journal of Food Engineering, 113: 186-93.

Champagne, C.P., Gardner, N.J., 2005. Challenges in the addition of probiotic cultures to foods. Critical Reviews in Food Science and Nutrition, 45: 61-84.

Champagne, C.P., Gardner, N.J., Roy, D., 2005. Challenges in the addition of probiotic cultures to foods. Critical Reviews in Food Science and Nutrition, 45: 61-84.

Charalampopoulos, D., Rastall, R.A., 2011. Prebiotics in foods. Current Opinion in Biotechnology, 23: 1-5.

Crittenden, R.G., Morris, L.F., Harvey, M.L., Tran, L.R., Mirchell, H.L., Playne, M.J., 2001. Selection of a *Bifidobacterium* strain to complement resistant starch in a synbiotic yoghurt. Journal of Applied Microbiology, 90 (2): 268-78.

Crittenden, R., Playne, M., 2009. Prebiotics. In: Lee, Y.K., Salminen, S. (eds.), Handbook of probiotics and prebiotics. 2nd ed. John Wiley & Sons, Hoboken, p. 535-81.

Daliri, E.B.M., Lee, B.H., 2015. New perspectives on probiotics in health and disease. Food Science and Human Wellness, 4 (2): 56-65.

Dave, R.I., Shah, N.P., 1998. Ingredient supplementation effects on viability of probiotic bacteria in yoghurt. Journal of Dairy Science, 81: 2804-16.

Dave, R.I., Shah, N.P., 1997. Viability of yoghurt and probiotic bacteria in yoghurts made from commercial starter cultures. International Dairy Journal, 7: 31-41.

Derrien, M., Van Hylckama Vlieg, J.E.T., 2015. Fate, activity, and impact of ingested bacteria within the human gut microbiota. Trends in Microbiology, 23 (6): 354-66.

Ding, W.K., Shah, N.P., 2009. An improved method of microencapsulation of probiotic bacteria for their stability in acid and bile conditions during storage. Journal of Dairy Science, 74: M53-61.

Donkor, O.N., Henriksson, A., Vasiljevic, T., Shah, N.P., 2006. Effect of acidification on the activity of probiotics in yoghurt during cold storage. International Dairy Journal, 16: 1181-9.

Dunne, C., O'Mahony, L., Murphy, L., Thornton, G., Morrissey, D., O'Halloran, S., Feeney, M., Flynn, S., Fitzgerald, G., Daly, C., Kiely, B., O'Sullivan, G.C., Shanahan, F., Collins, J.K., 2001. *In vitro* selection criteria for probiotic bacteria of human origin: correlation with *in vivo* findings. American Journal of Clinical Nutrition, 73 (suppl. 2): 386-92.

Faria, J.A.F., Walter, E.H.M., Cruz, A.G., 2011. Sistemas de embalagem para alimentos probióticos e prebióticos. In: Saad, S.M.I., Cruz, A.G., Faria, J.A.F. (eds.), Probióticos e prebióticos em alimentos: fundamentos e aplicações, tecnológicas. 1ª ed. Varela, São Paulo, p. 163-93, 2011.

Figueroa-González, I., Quijano, G., Ramírez, G., Cruz-Guerrero, A., 2011. Probiotics and prebiotics – perspectives and challenges. Journal of the Science of Food and Agriculture, 91 (8): 1341-8.

Food and Agriculture Organization of the United Nations; World Health Organization (FAO/WHO). 2001. Evaluation of health and nutritional properties of probiotics in food including powder milk with live lactic acid bacteria. Córdoba, 2001. 34p. Disponível em: <ftp://ftp.fao.org/es/esn/food/probioreport_en.pdf>. Acesso em: 3 fev. 2005. [Report of a Joint FAO/WHO Expert Consultation].

Forssten, S., Sindelar, C.W., Ouwehand, A.C., 2011. Probiotics from industrial perspective. Anaerobe, 17: 410-3.

Franz, C.M.A.P., Holzapfel, W.H., Styles, M.E., 1999. Enterococci at the crossroads of food safety? International Journal of Food Microbiology, 47: 1-24.

Gibson, G.R., Hutckins, R., Sanders, M.E., Prescott, S.L., Reimer, R.A., Salminen, S.J., Scott, K., Stanton, C., Swanson, K.S., Cani, P.D., Verbeke, K., Reid, G. The International Scientific Association for Probiotics and Prebiotics (ISAPP) consensus statement on the definition and scope of prebiotics. Nature Reviews Gastroenterology & Hepathology, 14: 491-502.

Gibson, G.R., Probert, H.M., Van Loo, J.A.E., Rastall, R.A., Roberfroid, M.B., 2004. Dietary modulation of the human colonic microbiota: updating the concept of prebiotics. Nutrition Research Reviews, 17 (2): 259-75.

Gibson, G.R., Scott, K.P., Rastall, R.A., Tuohy, K.M., Hotchkiss, A., Dubert-Ferrandon, A., Gareau, M., Murphy, E.F., Saulnier, D., Loh, G., MacFarlane, S., Delzenne, N., Ringel, Y., Kozianowski, G., Dickmann, R., Lenoir-Wijnkoop, I., Walker, C., Buddington, R., 2010. Dietary prebiotics: current status and new definition. Food Science and Technology Bulletin: Functional Foods, 7 (1): 1-19.

Goh, Y.J., Zhang, C., Benson, A.K., Schlegel, V., Lee, J.H., Hutkins, R.W., 2006. Identification of a putative operon involved in fructooligosaccharide utilization by *Lactobacillus paracasei*. Applied and Environmental Microbiology, 72 (12): 7518-30.

Goh, Y.J., Lee, J.H., Hutkins, R.W., 2007. Functional analysis of the frutooligosaccharide utilization operon in *Lactobacillus paracasei* 1195. Applied and Environmental Microbiology, 73 (18): 5716-24.

González-Tomás, L., Bayarri, S., Costell, E., 2009. Inulin-enriched dairy desserts: physicochemical and sensory aspects. Journal of Dairy Science, 92: 4188-99.

Goossens, D., Jonkers, D., Russel, M., Stobberingh, E., Van Den Bogaard, A., Stockbrugger, R., 2003. The effect of *Lactobacillus plantarum* 299v on the bacterial composition and metabolic activity in faeces of healthy volunteers: a placebo-controlled study on the onset and duration of effects. Alimentary Pharmacolology & Therapeutics, 18: 495-505.

Granato, D., Branco, G.F., Cruz, A.G., Faria, J.A., Nazzaro, F., 2010. Functional foods and nondairy probiotic food development: trends, concepts and products. Comprehensive Reviews in Food Science and Food Safety, 9: 292-302.

Gregoret, V., Perezlindo, M.J., Vinderola, G., Reinheimer, J., Binetti, A., 2013. A comprehensive approach to determine the probiotic potential of human-derived *Lactobacillus* for industrial use. Food Microbiology, 34: 19-28.

Ho, A.L., Carvalheiro, F., Duarte, L.C., Roseiro, L.B., Charalampopoulos, D., Rastall, R.A., 2014. Production and purification of xylooligosaccharides from oil palm empty fruit bunch fiber by a non-isothermal process. Bioresource Technology, 152: 526-9.

Hill, C., Guarner, F., Reid, G., Gibson, G.R., Merenstein, D.J., Pot, B., Morelli, L., Canani, R.B., Flint, H.J., Salminen, S., Calder, P.C., Sanders, M.E., 2014. The International Scientific Association for Probiotics and Prebiotics consensus statement on the scope and appropriate use of the term probiotic. Nature Reviews Gastroenterology & Hepathology, 11 (8): 506-14.

Holzapfel, W.H., Schillinger, U., 2002. Introduction to pre- and probiotics. Food Research International, 35 (2-3): 109-16.

Hsiao, H.C., Lian, W.C., Chou, C.C., 2004. Effect of packaging conditions and temperature on viability of microencapsulated bifidobacteria during storage. Journal of the Science of Food and Agriculture, 84: 134-9.

Hui, Y.H., 2012. Probiotics: an overview. In: Hui, Y.H., Evranuz, E.O. (eds.), Handbook of animal-based fermented food and beverage technology. 2ª ed. CRC Press, Boca Raton, p. 741, 2012.

Kiviharju, K., Leisola, M., Von Weymarn, N., 2004. Light sensivity of *Bifidobacterium longum* in bioreactor cultivations. Biotechnology Letters, 26: 539-42.

Klaver, F.A.M., Kingman, F., Weerkamp, A.H., 1993. Growth and survival of bifidobacteria in milk. Netherland Milk and Dairy Journal, 47: 151-64.

Koberkandi, H., Mortazavian, A.M., Iravani, S., 2011. Technology and stability of probiotic in fermented milks. In: Shah, N., Cruz, A.G., Faria, J.A.F. (eds.), Probiotic and prebiotic foods: technology, stability and benefits to the human health. Nova Science Publishers, Nova York, p. 131-69.

Kolida, S., Gibson, G.R., 2011. Synbiotic in health and disease. Annual Review of Food Science and Technology, 2: 373-93.

Krasaekoopt, W., Watcharapoka, S., 2014. Effect of addition of inulin and galactooligosaccharide on the survival of microencapsulated probiotics in alginate beads coated with chitosan in simulated digestive system, yogurt and fruit juice. LWT – Food Science and Technology, 57: 761-6.

Janer, C., Arigoni, F., Lee, B.H., Peláez, C., Requena, T., 2005. Enzimatic ability of *Bifidobacterium animalis* subsp. *lactis* to hydrolyze milk proteins: identification and characterization of endopeptidase. Applied and Environmental Microbiology, 71 (12): 8460-5.

Lee, Y.K., Salminen, S., 1995. The coming of age of probiotics. Trends in Food Science & Technology, 6: 241-5.

Leroy, F., De Vuyst, L., 2014. Fermented food in the context of a healthy diet: how to produce novel functional foods? Current Opinion in Clinical Nutrition & Metabolism Care, 17 (6): 574-81.

Lomax, L.R., Calder, P.C., 2009. Prebiotics, immune function, infection and inflammation: a review of the evidence. British Journal of Nutrition, 101: 633-58.

Lucas, A., Sodini, I., Monnet, C., Jolivet, P., Corrieu, G., 2004. Probiotic cell counts and acidification in fermented milks supplemented with milk protein hydrolysates. International Dairy Journal, 14: 47-53.

Madureira, A.R., Pereira, C.L., Truszkowska, K., Gomes, A.M., Pintado, M.E., Malcata, F.X., 2005. Survival of probiotic bacteria a whey cheese vector submitted to environmental conditions prevailing in the gastrointestinal tract. International Dairy Journal, 15: 921-7.

Makras, L., De Vuyst, L., 2006. The *in vitro* inhibition of Gram-negative pathogenic bacteria by bifidobacteria is caused by the production of organic acids. International Dairy Journal, 16 (9): 1049-57.

Marchesi, J.R., Adams, D.H., Fava, F., Hermes, G.D.A., Hirschfield, G.M., Hold, G., Quraishi, M.N., Kinross, J., Smidt, H., Tuohy, K.M., Thomas, L.V., Zoetendal, E.G., Hart, A., 2015. The gut microbiota and host health: a new clinical frontier. Gut, 0: 1-10, doi: 10.1136/gutjnl-2015-309990.

Martín, M.J., Lara-Villoslada, F., Ruiz, M.A., Morales, M.E., 2015. Microencapsulation of bacteria: a review of different technologies and their impact on the probiotic effects. Innovative Food Science & Emerging Technologies, 27: 15-25.

Mattila-Sandholm, T., Myllarinen, P.M., Crittenden, R., Mogensen, G., Fonden, R., Saarela, M., 2002. Technological challenges for future probiotic foods. International Dairy Journal, 12: 173-82.

Mohammadi, R., Mortazavian, A.M., Khosrokhavar, R., Cuz, A.G., 2011. Probiotic ice cream: viability of probiotic bacteria and sensory properties. Annals of Microbiology, 61: 411-24.

Oliveira, M.N., Sivieri, K., Alegro, J.H.A., Saad, S.M.I., 2002. Aspectos tecnológicos de alimentos funcionais contendo probióticos. Revista Brasileira de Ciências Farmacêuticas, 38 (1): 1-21.

Olivo, L. 2014. Flourishing flora: probiotics and prebiotics market update, 2014. Disponível em: http://www.nutraceuticalsworld.com/issues/2014-04/view_features/flourishing-flora-probiotics-prebiotics-market-update/. Acesso em: 20 nov. 2014.

Ooi, L.G., Liong, M.T., 2010. Cholesterol-lowering effects of probiotics and prebiotics: a review of *in vivo* and *in vitro* findings. International Journal of Molecular Sciences, 11 (6): 2499-522.

Ostlie, H.M., Helland, M.H., Narvhus, J.A., 2003. Growth and metabolism of selected strains of probiotic bacteria in milk. International Journal of Food Microbiology, 87: 17-27.

O'Toole, P.W.; Claesson, M.J. Gut microbiota: changes throughout the lifespan from infancy to elderly. International Dairy Journal, v. 20, p. 281-289.

Palframan, R., Gibson, G.R., Rastall, R.A., 2003. Development of a quantitative tool for the comparison of the prebiotic effect of dietary oligosaccharides. Letters in Applied Microbiology, 37: 282-4.

Puupponen-Pimiä, R., Aura, A.M., Oksman-Caldentey, K.M., Myllärinen, P., Saarela, M., Mattila-Sanholm, T., Poutanen, K., 2002. Development of functional ingredients for gut health. Trends in Food Science and Technology, 13 (1): 3-11.

Rastall, R.A., 2010. Functional oligosaccharides: application and manufacture. Annual Review of Food Science and Technology, 1: 305-39.

Rastall, R.A., Gibson, G.R., 2015. Recent developments in prebiotics to selectively impact beneficial microbes and promote intestinal health. Current Opinion in Biotechnology, 32: 42-6.

Rauch, M., Lynch, S.V., 2012. The potential for probiotic manipulation of the gastrointestinal microbiome. Current Opinion in Biotechnology, 23 (2): 192-201.

Reid, G., 2005. The importance of guidelines in the development and application of probiotics. Current Pharmaceutical Design, 11: 11-6.

Rijkers, G.T., Bengmark, S., Enck, P., Haller, D., Herz, U., Kalliomaki, M., Kudo, S., Lenoir-Wijnkoop, I., Mercenier, A., Myllyluoma, E., Rabot, S., Rafter, J., Szajewska, H., Watzl, B., Wells, J., Wolvers, D., Antoine, J.M., 2010. Guidance for substantiating the evidence for beneficial effects of probiotics: current status and recommendations for future research. The Journal of Nutrition, 140 (3), p. 671S-6S.

Rivas, S., Gullón, B., Gullón, P., Alonso, J.L., Parajó, J.C., 2012. Manufacture and properties of bifidogenic saccharides derived from wood mannan. Journal of Agricultural and Food Chemistry, 60: 4296-305.

Rivera-Espinoza, Y., Gallardo-Navarro, Y., 2010. Non-dairy probiotics products. Food Microbiology, 27: 1-11.

Roberfroid, M., Gibson, G.R., Hoyles, L., McCartney, A.L., Rastall, R., Rowland, I., Wolvers, D., Watzl, B., Szajewska, H., Stahl, B., Guarner, F., Respondek, F., Whelan, K., Coxam, V., Davicco, M., Léotoing, L., Wittrant, Y., Delzenne, N., Cani, P., Neyrinck, A., Meheust, A., 2010. Prebiotic effects: metabolic and health benefits. British Journal of Nutrition, 104: S1-S63.

Roberfroid, M., 2007. Prebiotic: the concept revisited. Journal of Nutrition, 137 (3): 830-7.

Saad, S.M.I., Komatsu, T.R., Granato, D., Branco, G.F., Buriti, F.C.A., 2011. Probióticos e prebióticos em alimentos: aspectos tecnológicos, legislação e segurança no uso. In: Saad, S.M.I., Cruz, A.G., Faria, J.A.F. (eds.), Probióticos e prebióticos em alimentos: fundamentos e aplicações tecnológicas. Varela, São Paulo, p. 23-49.

Saarela, M., Virkajärvi, I., Alakomi, H.L., Sigvart-Mattila, P., Mättö, J., 2006. Stability and functionality of freeze-dried probiotic *Bifidobacterium* cells during storage in juice and milk. International Dairy Journal, 16: 1477-82.

Sanders, M.E., Marco, M.L., 2010. Food formats for effective delivery of probiotics. Annual Review of Food Science and Technology, 1: 65-85.

Schillinger, U., 1999. Isolation and identification of lactobacilli from novel-type probiotic and mild yoghurts and their stability during refrigerated storage. International Journal of Food Microbiology, 47: 79-87.

Shah, N.P., 2007. Functional cultures and health benefits. International Dairy Journal, 17: 1262-77.

Shene, C., Mardones, M., Zamora, P., Bravo, S., 2005. Kinetics of *Bifidobacterium longum* ATCC 15707: effect of the dilution rate and carbon source. Applied Microbiology and Biotechnology, 67 (5): 623-30.

Stanton, C., Desmond, C., Coakley, M., Collins, J.K., Fitzgerald, G., Ross, R.P., 2003. Challenges facing development of probiotic-containing functional foods. In: Farnworth, E. (ed.), Handbook of fermented functional foods. CRC Press, Boca Raton, p. 27-58.

Stiles, M.E., Holzapfel, W.H., 1997. Lactic acid bacteria of foods and their current taxonomy. International Journal of Food Microbiology, 36: 1-29.

Stolaki, M., De Vos, W., Kleerebezem, M., Zoetendal, E., 2012. Lactic acid bacteria in the gut. In: Lahtinen, S., Ouwehand, A.C., Salminen, S., von Wright, A. (eds.), Lactic acid bacteria: microbiological and functional aspects. CRC, Boca Raton, p. 385-401.

Tabasco, R., Palencia, P.F., Fontecha, J., Peláez, C., Requena, T., 2014. Competition mechanisms of lactic acid bacteria and bifidobacteria: fermentative metabolism and colonization. LWT- Food Science and Technology, 55: 680-4.

Talwalkar, A., Kailasapathy, K., 2004a. A review of oxygen toxicity in probiotic yoghurts: influence on the survival of probiotic bacteria and protective techniques. Comprehensive Reviews in Food Science and Food Safety, 3: 117-24.

Talwalkar, A., Kailasapathy, K., 2004b. The role of oxygen in the viability of probiotic bacteria with reference to *L. acidophilus* and *Bifidobacterium* spp. Current Issues in Intestinal Microbiology, 5: 1-8.

Tamime, A.Y., Saarela, M., Sondergaard, A.K., Mistry, V.V., Shah, N.P., 2005. Production and maintenance of viability of probiotic microorganisms in dairy products. In: Tamime, A.Y. (ed.), Probiotic dairy products. Blackwell Publishing Ltd, London, p. 39-72.

Tannock, G.W., 1998. Studies on the intestinal microflora: a prerequisite for the development of probiotics. International Dairy Journal, 8 (5-6): 527-33.

Topping, D.L., Clifton, P.M., 2001. Short-chain fatty acids and human colonic function: roles of resistant starch and nonstarch polysaccharides. Physiological Reviews, 81 (3): 1031-64.

Transparency Market Research. 2013. Disponível em: http://www.tmrblog.com/2013/02/prebiotic-ingredients-market-is.html. Acesso em: 20 nov. 2014.

Tripathi, M.K., Giri, S.K., 2014. Probiotic functional foods: survival of probiotics during processing and storage. Journal of Functional Foods, 9: 225-41.

Tuomola, E., Crittenden, R., Playne, M., Isolauri, E., Salminen, S., 2001. Quality assurance criteria for probiotic bacteria. American Journal of Clinical Nutrition, 73, p. 393S-8S.

Yasmin, A., Butt, M.S., Afzaal, M., Van Baak, M., Nadeem, M.T., Shahid, M.Z., 2015. Prebiotics, gut microbiota and metabolic risks: unveiling the relationship. Journal of Functional Foods, 17: 189-201.

Van Der Broek, L.A.M., Hinz, S.W., Beldman, G., Vincken, J.P., Voragen, A.G.J., 2008. Bifidobacterium carbohydrases – their role in breakdown and synthesis of (potential) prebiotics. Molecular Nutrition and Food Research, 52 (1): 146-63.

Van Der Meulen, R., Makras, L., Verbrugghe, K., Adriany, T., De Vuyst, L., 2006. In vitro kinetic analysis of oligofructose consumptiom by *Bacteroides* and *Bifidobacterium* spp. indicates different degradation mechanisms. Applied and Envrionmental Microbiology, 72 (2): 1006-12.

Vankerckhoven, V., Huys, G., Vancanneyt, M., Vael, C., Klare, I., Romond, M.B., Entenza, J., Moreillon, P., Wind, R., Knol, J., Wiertz, E., Pot, B., Vaughan, E., Kahlmeter, G., Goossens, H., 2008. Biosafety assessment of probiotics used human consumption: recommendations from the EU-PROSAFE project. Trends in Food Science and Technology, 19: 102-14.

Vasiljevic, T., Shah, N.P., 2008. Probiotics – from Metchnikoff to bioactives. International Dairy Journal, 18: 714-28.

Villegas, B., Costell, E., 2007. Flow behaviour of inulin-milk beverages: influence of inulin average chain length and of milk fat content. International Dairy Journal, 17: 776-81.

Vinderola, G., Céspedes, M., Mateolli, D., Cárdenas, P., Lescano, M., Aimaretti, N., Reinheimer, J., 2011. Changes in gastric resistance of *Lactobacillus casei* in flavoured commercial fermented milks during refrigerated storage. International Journal Dairy Technology, 64: 269-75.

Vinderola, C.G., Costa, G.A., Regenhardt, S., Reinheimer, J.A., 2002. Influence of compounds associated with fermented dairy products on the growth of lactic acid starter and probiotic bacteria. International Dairy Journal, 12: 579-89.

Vinderola, C.G., Gueimonde, M., Delgado, T., Reinheimer, J.A., Reye-Gavilán, C.G., 2000. Characteristics of carbonated fermented milk and survival of probiotic bacteria. International Dairy Journal, 10: 213-20.

Capítulo 4

Produção de cerveja

Maria Bernadete Medeiros • Raquel Aizemberg • Tassiana Amélia de Oliveira Silva • João Batista de Almeida e Silva

CONCEITOS APRESENTADOS NESTE CAPÍTULO

Este capítulo aborda assuntos relacionados com a produção de cerveja, sobre a sua origem, composição alcoólica e os países que mais produzem cerveja no mundo. São relatadas, detalhadamente, as principais matérias-primas utilizadas no processo cervejeiro, tais como a água, o malte, lúpulo, adjuntos e leveduras, e os principais micro-organismos contaminantes da cerveja. No capítulo são descritas também as principais operações do processo cervejeiro, como a malteação, preparação do mosto, fervura do mosto, fermentação, maturação e o acabamento da bebida, como filtração, carbonatação, pasteurização e envasamento. São mostradas, ainda, as principais unidades utilizadas para o mosto e para a cerveja, conceituando o significado de Atenuação, Atenuação Aparente, Atenuação Real, Densidade, Gravidade Específica, Extrato Original, Extrato Real, Extrato Aparente. Finalmente, são apresentados alguns exercícios como, por exemplo, preparar um mosto cervejeiro, e equações para estimar a composição do mosto e da cerveja.

4.1 INTRODUÇÃO

A cerveja surgiu no ano 7000 a.C., na região da Mesopotâmia, território da Suméria, e seu desenvolvimento ocorreu na cidade da Babilônia, sendo considerada um subproduto da cevada. Na Idade Média, a elaboração da cerveja nos mosteiros tornou-se uma arte, e o produto era mercadoria nobre no comércio, no pagamento de impostos, e nessa época foi introduzido o lúpulo como insumo. A Reinheitsgebot, conhecida como a *Lei da Pureza da Cerveja*, foi promulgada pelo Duque Gilherme IV da Baviera, em 1516, e instituiu que a cerveja devia ser produzida apenas com água, malte de cevada e lúpulo. Na época, ainda não se conhecia a atividade da levedura. Na Babilônia, em 1770, em virtude da importância socioeconômica da cerveja, o código de Hamurabi proclamou pena de morte para quem diluísse o produto. Atualmente, por definição, a cerveja é uma bebida carbonatada, de teor alcoólico de 3 a 8% (v/v), obtida por meio da fermentação alcoólica e pela ação da levedura no mosto cervejeiro, preparado com malte de cevada, lúpulo e água de boa qualidade, e é permitido o uso de outras matérias-primas. A produção nacional de cerveja subiu de 8,2 bilhões de litros, registrados em 2003, para 13,4 bilhões de litros, em 2013, e alcançou 14,1 bilhões de litros em 2014 — volume que mantém o Brasil em terceiro lugar dentre os maiores produtores de cerveja do mundo, atrás apenas dos Estados Unidos e da China. A cerveja é a bebida predileta dos brasileiros em momentos de comemorações, alcançando 64% da preferência nacional. A seguir, serão apresentadas as matérias-primas utilizadas no processo cervejeiro e suas características, assim como o detalhamento do processamento da cerveja, e como determinar os principais parâmetros do processo.

4.2 MATÉRIAS-PRIMAS

4.2.1 Água

A água é um dos principais fatores a ser levado em consideração na produção de cervejas, pois proporciona condições indispensáveis a todas as reações químicas e bioquímicas formadoras da bebida. É a principal matéria-prima em termos de quantidade, visto que 92 a 95% do peso da cerveja é constituído de água. A água utilizada na indústria cervejeira, de captações municipais ou próprias, é aquela adequada à alimentação humana, podendo ser ajustada nas fábricas devido às diversas exigências da mosturação (com pH na faixa em que as enzimas do malte atuam para a transformação do amido em açúcares fermentáveis; promovem a extração das moléculas amargas e aromáticas do lúpulo, bem como uma boa coagulação do material mucilaginoso conhecido como *trub*, durante a fervura), filtrações, fermentação (permite uma fermentação asséptica) e acondicionamento (desenvolve cor e *flavor* característicos do tipo de cerveja a ser fabricada).

Dessa forma, a água usada na cervejaria deve ser insípida e inodora, para não interferir na qualidade da cerveja, e conter íons dissolvidos — entre eles, os mais relevantes para fins cervejeiros são o cálcio (Ca^{2+}), o magnésio (Mg^{2+}) e o bicarbonato (HCO^{3-}). O cálcio e o magnésio representam dureza, e o bicarbonato, alcalinidade. Na natureza, toda água contém sais dissolvidos em quantidades e qualidades de modo diferenciado, de acordo com a região. Se a quantidade for elevada, a água passa a ter um sabor conforme os sais dissolvidos. Além dos íons, as águas naturais podem possuir matérias orgânicas e compostos gasosos que, além do sabor, transmitam odor. Portanto, a qualidade e a quantidade dos sais dissolvidos e dos compostos orgânicos encontrados na água influenciam nos processos químicos e enzimáticos que ocorrem durante a fermentação e, consequentemente, na qualidade da cerveja produzida. A disponibilidade de fonte de água adequada para a produção de cerveja é fundamental para a boa qualidade do produto. Os famosos polos cervejeiros, como Pilsen, Dublin, Burton-upon-Trent, Dortmund e Munique, possuem águas locais de extrema qualidade.

A cerveja Pilsen tem água bem leve, com cálcio, magnésio e sulfato inferior a 10 mg/L, e bicarbonato superior a 10-20 mg/L. Entretanto, na Burton-upon-Trent, a água possui dureza elevada, com 250-300 mg/L de cálcio e bicarbonato, mais de 600 mg/L de sulfato e 60-70 mg/L de magnésio. Em Munique, a água possui 70-80 mg/L de cálcio, 10-20 mg/L de sulfato e 150 mg/L de bicarbonato. A dureza da água é um fator determinante do "corpo" e da cor da cerveja. Observa-se que cervejas mais fortes e escuras são obtidas a partir de água rica em sais (água dura), ao passo que cervejas mais claras resultam da utilização de água com um teor de sais reduzido (água mole). No entanto, quando a água não for de boa qualidade natural e não apresentar composição química adequada, poderá ser tratada por diversos processos, visando purificá-la, e, se necessário, poderão ser feitas algumas modificações nos níveis de íons inorgânicos. O tratamento da água pode ser tão simples como a adição de ácido para neutralizar a alcalinidade para o nível adequado, ou ferver a água dura, para precipitar o bicarbonato em carbonato de cálcio.

Os grandes centros cervejeiros da Europa foram desenvolvidos em regiões onde a água disponível era apropriada para a produção de tipos específicos de cerveja. Atualmente, a tecnologia de tratamento de águas evoluiu de tal forma que, teoricamente, é possível adequar a composição de qualquer água às características desejadas devido a técnicas como a deionização e a osmose reversa. É dito teoricamente porque o custo de alterar a composição salina da água normalmente é muito alto, motivo pelo qual as cervejarias ainda hoje consideram a qualidade da água disponível um fator determinante para a localização de suas fábricas. A osmose reversa é um tratamento moderno, em que a água é forçada a alta pressão através de uma membrana. A água pura passa pela membrana, mas os íons dissolvidos não. No Brasil, a maioria das regiões dispõe de águas suaves e adequadas à produção de cervejas do tipo *Lager*, denominação genérica do tipo de cerveja clara e suave produzida no país.

4.2.2 Malte

Para a produção da cerveja, o grão de cevada é germinado para originar a segunda matéria-prima mais importante do processo cervejeiro, que se designou denominar malte. O malte é rico em enzimas, que irão hidrolisar o amido da cevada em componentes essenciais para o mosto cervejeiro, produto essencial na produção da cerveja (Figura 4.1).

FIGURA 4.1 Malte de cevada.

A cevada é uma gramínea do gênero *Hordeum*, e sua cultura é realizada em climas temperados. No Brasil é produzida em algumas partes do Rio Grande do Sul durante o inverno, e na América do Sul, a Argentina é a grande produtora. Na cevada, os grãos na espiga podem estar alinhados em duas ou seis fileiras, porém essa diferença não é apenas morfológica (Figura 4.2). A cevada de seis fileiras, quando comparada com a de duas, apresenta menor teor de amido, maior riqueza

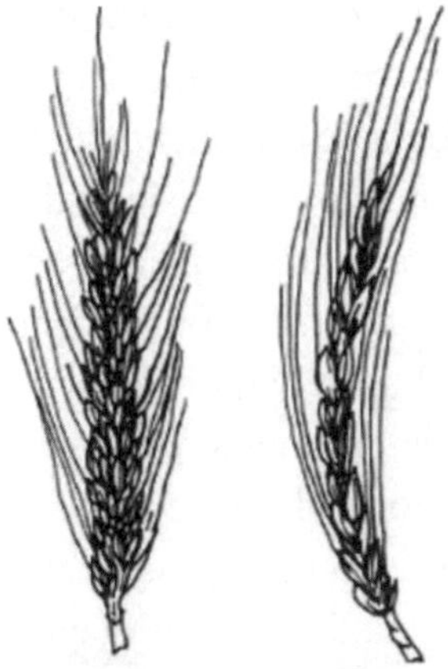

FIGURA 4.2 Cevada de duas e seis fileiras (Peixoto *et al.*, 2002).

proteica ou, especificamente, enzimática. Seus grãos são menos uniformes e possuem mais cascas. Assim, a cevada de seis fileiras deve apresentar alguma dificuldade na produção do malte e na moagem dos grãos na cervejaria, e menor rendimento na mosturação, mas, por outro lado, facilita a filtração do mosto e aceita maior proporção de adjunto na formulação da cerveja. Os Estados Unidos usam preferencialmente o malte de cevada de seis fileiras, tanto em cervejaria como nas destilarias de uísque, enquanto a de duas fileiras é utilizada na produção de cerveja europeia. No Brasil, a cevada cervejeira produzida nos estados do Sul é a de duas fileiras. Os grãos de cevada estão protegidos por uma película de celulose que é preservada na maltagem do cereal devido à ausência de celulases no processo. A película denominada de casca é mais abundante em cevada de seis fileiras.

As enzimas amilases e peptidases ativadas na maltagem da cevada têm ação catalítica no amido e proteínas com a produção de açúcares e aminoácidos, respectivamente. Esses monômeros serão utilizados como substratos pelas leveduras na fase da fermentação. As moléculas de amilose e amilopeptina encontradas nos grãos de cevada são hidrolisadas por α-amilase, que hidrolisa de maneira aleatória as ligações glicosídicas α-1,4 não terminais dos polímeros. Os produtos dessa hidrólise são compostos por glicose, maltose e maltotriose considerados açúcares fermentescíveis, e por maltotetraose, maltopentaose, maltohexaose, maltoheptaose, maltooctaose, e outras dextrinas, carboidratos não fermetescíveis pela levedura.

4.2.3 Lúpulo

O lúpulo (*Humuluslupulus L.*) tem sido muito usado na fabricação de cerveja, uma vez que é um conservante natural, e inicialmente sua utilização era para preservá-la, sendo considerado, junto com a água, o malte e a levedura, um dos ingredientes essenciais. Hoje, sabe-se que o lúpulo confere uma das principais características de qualidade da cerveja, isto é, sabor e aroma, espuma, cor e estabilidade do produto final. O lúpulo pertence à família *Cannabinaceae*, que é típica de regiões frias. É uma planta dioica e a linhagem produz flores femininas ou masculinas. É uma planta com característica de trepadeira, e suas flores têm coloração verde e apresentam-se sob a forma de cone (Figura 4.3). As flores femininas formam cachos com um pedúnculo, e as folhas são comprometidas com a formação de brácteas e bractéolas. O seu conjunto forma uma bolsa de coloração amarela, na qual são depositados os grânulos de lupulina que contêm as resinas.

Entre as resinas amargas do lúpulo, estão os α-ácidos e β-ácidos. Os α-ácidos conferem amargor à bebida, enquanto os β-ácidos conferem aroma, e por isso diferentes lúpulos, com diferentes composições de α e de β-ácidos, são utilizados na produção da cerveja. Os α-ácidos possuem propriedades de amargor na taxa

FIGURA 4.3 Flores femininas em forma de cones.

de 100%, entretanto são insolúveis. Na etapa de fervura na produção da cerveja ocorre a isomerização dos α-ácidos em iso-α-ácidos, como o isohumulona, que é um composto solúvel e que contribui para a estabilidade do sabor e da espuma da bebida. O nível de amargor da cerveja é medido em unidade internacional, a IBU (International Bitterness Units), que representa a concentração de iso-α--ácido em mg/L. Dependendo do estilo e da marca da cerveja, a concentração total de iso-α-ácido na cerveja varia normalmente entre 10 e 100 mg/L. Além de contribuir para o amargor, os iso-α-ácidos são importantes para a estabilidade e aderência da espuma, e também atuam como um eficaz conservador devido às propriedades antibacterianas. Os iso-α-ácidos acrescentam as propriedades de aroma e amargor e ainda possuem propriedades antissépticas, assim como os compostos dos β-ácidos. Eles são bacteriostáticos para as bactérias da família *Lactobaccillacea.* Entretanto, são inócuos para bactérias Gram negativas e para as leveduras. Essas propriedades podem ser exploradas para o controle bacteriano do processo por adição de extratos de α-ácidos e β-ácidos do lúpulo. O lúpulo pode ser comercializado na forma de flores secas, *in natura*, *pellets* ou em extratos, podendo tradicionalmente ser classificado como lúpulos aromáticos e de amargor, conforme suas características predominantes.

4.2.4 Adjuntos

Os adjuntos podem ser definidos como carboidratos não maltados de composição apropriada e propriedades que beneficamente complementam ou suplementam o malte de cevada, ou, ainda, como fontes não maltadas de açúcares fermentescíveis, como usualmente são considerados. Os adjuntos cereais mais comuns são o milho, o arroz e o trigo, mas também podem ser utilizados o sorgo, a aveia e o triticale, os quais são adicionados na fase de preparação do mosto cervejeiro, utilizando-se das enzimas contidas no próprio malte para hidrolisar o amido existente em açúcares fermentescíveis.

As enzimas desdobram o amido contido no próprio malte e podem ainda hidrolisar o correspondente a 50% do peso de malte, em forma de adjunto amiláceo acrescentado; acima deste limite, é necessária a adição de enzimas suplementares. Quando da utilização de adjuntos na forma de açúcares (cristalizados ou xaropes), há vantagens sobre os cereais, como baixos teores de proteínas, que não precisam de pré-tratamento (sacarificação), e menores volumes de armazenamento devido à sua maior concentração.

Entretanto, altas concentrações de glicose podem causar efeito de inibição, denominado fermentação lenta ou fermentação por arraste. No entanto, com o avanço da tecnologia de processos enzimáticos, foi possível obter xaropes de maltose derivados do milho contendo determinados perfis de carboidratos, como o xarope com alto teor de maltose, ou ainda a maltose de cereais na forma cristalina. Estes novos produtos permitiram a introdução de adjuntos sem alterar o perfil de carboidratos do mosto e, consequentemente, evitarem mais dificuldades na sala de preparação de mosto, na fermentação e na maturação.

Em análises sensoriais realizadas na cerveja produzida utilizando o xarope com alto teor de maltose não foram verificadas diferenças significativas em relação a outros produtos obtidos em processos tradicionais. Outros cereais não convencionais como o arroz preto brasileiro, o milho preto do Peru, a quinoa e o sorgo estão sendo investigados para serem utilizados como adjunto e também como aromatizantes naturais à bebida, proporcionando características organolépticas especiais na cerveja. Fontes de carboidratos de origem vegetal como a mandioca e a batata já foram utilizadas como adjunto no processo de obtenção de cerveja. A banana, a beterraba, a pupunha, o pinhão, o permeado de leite, a laranja e o caldo de cana estão sendo pesquisados como possíveis substitutos de parte do malte de cevada e também como aromatizantes da bebida. Algumas cervejarias e também microcervejarias já têm utilizado o limão, a cereja, o morango, o abacaxi, o kiwi, a maçã, o chocolate e até mesmo a rosa como aromatizantes da cerveja.

4.3 LEVEDURA

No processo cervejeiro, as leveduras são consideradas insumo. Quanto a sua taxonomia, são fungos unicelulares, e as de interesse industrial são classificadas como ascomicetos. A mais utilizada na produção de cerveja é a espécie *Saccharomyces cerevisiae*. As leveduras do gênero *Saccharomyces* reproduzem-se de forma sexuada e assexuada. Quando se trabalha com meio de cultura relativamente rico em nutrientes, como nas fermentações industriais, a reprodução é realizada por processo assexuado, isto é, a multiplicação das leveduras ocorre por brotamento ou gemulação, do qual resultam células filhas, inicialmente menores que a célula-mãe. O processo sexuado pode ocorrer quando as condições do meio de cultivo se tornam extremamente desfavoráveis ao seu desenvolvimento. A reprodução sexuada se faz pela formação de ascósporos, isto é, esporos contidos no interior de um asco. Sua morfologia é muito variável, predominando as esféricas, ovais e alongadas. As células de leveduras apresentam diâmetro de 1 a 5 µm e comprimento de 5 a 30 µm. Sob o enfoque industrial, e sem nenhum suporte científico, as leveduras podem ser classificadas segundo seu desempenho nas fermentações em: linhagens verdadeiras, falsas, de processo, selvagens como também de alta e de baixa fermentação.

Com relação as suas características morfológicas, as leveduras cervejeiras são divididas em dois grupos distintos: as de alta e de baixa fermentação. As leveduras de alta fermentação são as linhagens de *S. cerevisiae*, das coleções de culturas de laboratório. As leveduras são usadas para a produção de cerveja do tipo *Ale*, sob condições de temperaturas na escala de 20 a 25°C. As leveduras denominadas de baixa fermentação foram classificadas como *Saccharomyces carlsbergensis*, em seguida reclassificadas como *Saccharomyces pastorianus*. Essas leveduras são usadas para a produção de cerveja do tipo *Lager*, sob condições de temperaturas de fermentação de 7 a 15°C. As diferenças entre as duas linhagens de leveduras utilizadas na produção de cervejas estão mostradas na Tabela 4.1. A taxonomia das linhagens de levedura *Lager* foi um processo dinâmico, com várias alterações

TABELA 4.1 Diferenças entre as linhagens de leveduras do tipo *Lager* e do tipo *Ale*

Características	Linhagem *Lager*	Linhagem *Ale*
Tipo de fermentação	baixa	alta
Floculação	boa	baixa eficiência
Temperatura de fermentação	inferior a 15 °C	acima de 15 °C
Máxima temperatura de crescimento	32-34 °C	38-40 °C
Utilização de maltotriose	total	parcial
Utilização de melibiose	total	ausente
Volatilização de compostos sulfurosos	positivo	parcial
Transporte de frutose	simporte de próton	difusão facilitada
Esporulação da célula	ausente	presente de 1-10%

ao longo dos anos. Inicialmente, elas foram incluídas como uma parte do táxon *S. cerevisiae*, mas depois foram reclassificadas como uma parte do grupo de *S. pastorianus*. Hoje, é considerada uma espécie híbrida poliploide de *S. cerevisiae* e outras espécies intimamente relacionadas com o gênero *Saccharomyces*.

Taxonomistas de leveduras passaram a classificar todas as cepas empregadas na produção de cerveja como *Saccharomyces cerevisiae*, referindo-se às leveduras simplesmente como *S. cerevisiae* tipo *Ale* ou tipo *Lager*. Embora a literatura científica progressivamente se refira às leveduras como *S. cerevisiae* tipo *Ale* e *S. cerevisiae* tipo *Lager*, deve-se ressaltar algumas distinções bioquímicas entre esses dois tipos de leveduras, que podem consolidar diferenças entre elas. As cepas de *S. uvarum* (*carlsbergensis*) tipo *Lager* possuem os genes MEL, que induz a sintese de α–galactosidase (melibiase) extracelular, que contribui para a assimilação do dissacarídeo melibiose (glicose-galactose). Porém as cepas de *S. cerevisiae* tipo *Ale* não possuem os genes MEL, o que impossibilita a utilização da melibiose. Além disso, as cepas *Ale* podem crescer a 37 °C, enquanto as cepas *Lager* não apresentam crescimento celular em temperatura superior a 34 °C. Tradicionalmente, a cerveja *Lager* é produzida por leveduras de baixa fermentação, com temperatura na faixa de 7-15 °C, as quais floculam no final da fermentação primária com 7 a 10 dias, e as celulas são coletadas na base do fermentador. As leveduras de alta fermentação, usadas para a produção das cervejas *Ale*, fermentam com temperaturas entre 18 e 22 °C. No final da fermentação, entre 3 e 5 dias, as células adsorvidas nas bolhas de CO_2 são carregadas até a superfície do mosto, onde são coletadas. As diferenças entre as cervejas *Lager* e *Ale*, têm como base as leveduras de fundo ou de superfície do fermentador.

O crescimento de uma população de leveduras pode ser dividido em quatro fases: lag ou adaptação, log ou exponencial, estacionária e declínio ou morte. A fase lag ou adaptação começa quando as células de leveduras são inoculadas no meio de cultura, ocorrendo um ajuste às condições físicas de cultivo e aos nutrientes disponíveis. Acontece um período de latência, porém existe intensa atividade metabólica. À medida que a levedura torna-se adaptada ao meio, sintetiza componentes celulares (enzimas), e só então começa a metabolizar os nutrientes do meio e a multiplicar-se. A duração e o padrão desta fase são influenciados pela linhagem da levedura, pela idade das células antes da inoculação e pela composição, tanto do meio no qual a levedura vinha sendo cultivada quanto do novo meio em que foi inoculada. A fase log ou exponencial de crescimento tem início logo após a fase de adaptação, ocasião em que se inicia um aumento exponencial do número de células (2^0 - 2^1 - 2^2 - 2^3 - 2^4 - 2^5 -...- 2^n). Esta é uma fase de intensa multiplicação, e perdura enquanto não houver limitação de nutrientes ou acúmulo de metabólitos. O tempo que as leveduras levam para se duplicarem denomina-se tempo de geração, e este é mais ou menos constante para cada cultura. A quantidade de inóculo não influencia o tempo de geração durante a fase exponencial, entretanto, pequeno volume de inóculo prolonga a fase de multiplicação, enquanto o inverso também é verdadeiro. Portanto, a proporção relativa entre a quantidade de açúcar e de levedura no meio de fermentação determina a duração dessa fase. Na fase estacionária, ocorre uma diminuição na velocidade de crescimento, na qual o número de células permanece constante por um tempo considerável (ocorre equilíbrio entre a taxa de multiplicação e de morte da população). Sua duração é variável, dependendo da linhagem de levedura e das condições ambientais. Eventualmente, o número de células que morrem excede o número de células novas e, então, a cultura entra na fase de declínio. Para as leveduras, morte significa a perda irreversível da capacidade de reproduzir-se. A rapidez com que as células morrem ou sobrevivem por mais tempo é ditada pela composição do meio (esgotamento de nutrientes, acúmulo de metabólitos) e pelas condições físicas e químicas do meio (pH, temperatura). Por vezes, devido à autólise das células, as sobreviventes podem se multiplicar, prolongando esta fase. Por fim, muitas delas que sobrevivem nessa fase entram em um estágio diferente de seu ciclo vital podendo formar ascósporos.

O metabolismo das leveduras é uma ordenada sequência de reações bioquímicas catalisadas por sistemas enzimáticos. O metabolismo nas leveduras é resultante de dois processos fundamentais: o catabolismo ou desassimilação e o anabolismo ou assimilação. No catabolismo, o micro-organismo promove a degradação do substrato (açúcares), enquanto no anabolismo, sintetiza o material celular. As vias catabólicas na levedura alcoólica compreendem a respiração e a fermentação. A respiração (Equação 4.1) é um processo biológico, através do qual o açúcar ($C_6H_{12}O_6$) é completamente oxidado em CO_2 e H_2O, produzindo como saldo energético 38 moléculas de ATP. Dada a sua elevada eficiência energética, o processo respiratório é particularmente útil na multiplicação celular, devendo ser utilizado quando se deseja multiplicar a levedura no início do processo.

$$C_6H_{12}O_6 + 6\,O_2 \rightarrow 6\,CO_2 + 6\,H_2O \qquad (4.1)$$

A fermentação alcoólica (Equação 4.2) é constituída de reações em que o açúcar é parcialmente oxidado para formar etanol e CO_2, resultando em duas moléculas de ATP. Portanto, esse processo não é eficaz para a multiplicação celular, mas essencial para a síntese de etanol, na produção de bebidas alcoólicas.

$$C_6H_{12}O6 \rightarrow 2\,C_2H_5OH + 2\,CO_2 \qquad (4.2)$$

Na fermentação, as condições ambientais determinam o catabolismo da levedura alcoólica. Este é influenciado por dois efeitos: o Pasteur e o Crabtree. No primeiro, observa-se a tendência da levedura respirar em meios aeróbios, enquanto no segundo, constata-se que a levedura pode fermentar mesmo na presença de oxigênio. Sabe-se que a glicose e a frutose (ou qualquer carboidrato que forneça um destes açúcares por hidrólise), em concentração elevada, reprimem a respiração da levedura alcoólica. Portanto, a respiração apenas é possível na presença de oxigênio e baixa concentração de açúcar. Em meios anaeróbios ou em meios aeróbios, mas com elevada concentração de açúcar, as células de levedura alcoólica deverão fermentar, preferencialmente. As células de levedura apresentam necessidades nutricionais durante o processo de fermentação alcoólica, influenciando diretamente na multiplicação e no crescimento celular, e também na eficiência da transformação de açúcar em álcool. Durante a fermentação, há progressivas mudanças nas taxas de produção de etanol.

Na fase *lag*, em que a levedura se adapta ao meio, não ocorre produção de etanol. Logo, a taxa de produção de etanol atinge o máximo. Logo após, o crescimento de levedura cessa, e a taxa de produção de etanol declina. Supõe-se que as causas do declínio nas taxas da produção de etanol são uma consequência de uma combinação de esgotamento de nutrientes e efeitos tóxicos do etanol. As leveduras são organismos heterotróficos capazes de utilizar uma ampla variedade de nutrientes para crescer e gerar energia. Esses organismos são capazes de realizar uma absorção seletiva, ou seja, assimilam nutrientes do mosto, que estão presentes em uma complexa mistura de componentes. A utilização de nutrientes, principalmente os de relevância para a fermentação alcoólica, acontecem em sistemas específicos, como assimilação de carboidratos e compostos nitrogenados, sendo que as células de levedura tendem a usar primeiro os nutrientes que são mais facilmente assimiláveis, como os monossacarídeos, e, posteriormente, os dissacarídeos e os oligossacarídeos.

O açúcar que se encontra no mosto é utilizado pela levedura para a produção de etanol, CO_2, massa celular, ácidos succínico e acético, glicerol, álcoois superiores, ésteres, aldeídos, entre outros produtos. O extrato do mosto é composto de carboidratos fermentáveis, proteínas, dextrinas e cinzas, sendo que em torno de 80% é fermentável. Os açúcares podem ser classificados, de acordo com a sua fermentabilidade, em: (1) monossacarídeos que são fermentados diretamente pela levedura (frutose e glicose); (2) açúcares que são hidrolisados por hidrolases em açúcares diretamente fermentáveis (sacarose, maltose, maltotriose); e (3) açúcares que não são hidrolisados pela levedura (não são fermentáveis, como as dextrinas e polissacarídeos). Os mostos obtidos somente a partir de malte, além de dextrinas, contêm como principal fonte de carbono os seguintes açúcares: glicose, maltose e maltrotriose. Em situação normal, leveduras cervejeiras são capazes de utilizar glicose, frutose, maltose e maltotriose, nesta sequência, embora algum grau de sobreposição aconteça, sendo que as dextrinas somente são utilizadas por

Saccharomyces diastaticus. Durante a fermentação do mosto cervejeiro, ocorrem diferentes assimilações de açúcares, sendo que a sacarose é utilizada inicialmente e a sua hidrólise provoca um aumento transitório na concentração de frutose. A frutose e a glicose são assimiladas concomitantemente, desaparecendo no mosto após aproximadamente 24 horas. A assimilação de glicose é seguida por absorção de maltose, o principal açúcar presente no mosto; já a maltotriose é utilizada após toda a assimilação de maltose.

As dextrinas não são utilizadas pelas leveduras, mas contribuem para o "corpo" da cerveja. As leveduras cervejeiras podem utilizar uma ampla variedade de carboidratos; no entanto, existe alguma variabilidade entre as linhagens existentes. As linhagens *Ale* de *Saccharomyces cerevisiae* são capazes de fermentar a glicose, sacarose, frutose, maltose, galactose, rafinose, maltotriose e, ocasionalmente, a trealose. Já as linhagens *Lager* de *S. cerevisiae* são distinguidas pela capacidade de fermentar também o dissacarídeo melibiose. Os açúcares fermentáveis contribuem diretamente para a doçura da cerveja, enquanto os carboidratos maiores podem contribuir para o corpo ou a sensação na boca. Os componentes nitrogenados presentes no mosto são muito diversos. Uma distribuição aproximada, por exemplo, de uma cerveja *Lager* pode conter 20% de proteínas, 30-40% de polipeptídeos, 30-40% de aminoácidos e 10% de nucleotídeos. Sendo que a fração de aminoácidos é a mais importante para o desempenho da fermentação e de uma cerveja de boa qualidade. A principal fonte de nitrogênio existente no mosto para a síntese de proteínas, ácidos nucleicos e outros componentes nitrogenados é a variedade de aminoácidos formados a partir da hidrólise das proteínas do malte ocorrida durante o processo de mosturação. O mosto obtido a partir desse processo contém 19 tipos de aminoácidos, os quais, em condições fermentativas, são consumidos pelas leveduras de uma maneira ordenada, sendo diferentes aminoácidos assimilados em vários estágios do ciclo fermentativo. A assimilação de aminoácidos por leveduras presentes no mosto ocorre por atuação das permeases. As permeases podem ser específicas para um determinado aminoácido, ou permeases não específicas para aminoácidos gerais (GAP), com ampla atividade de substratos.

O nitrogênio é considerado um elemento essencial para a multiplicação e crescimento das células de leveduras. Este nutriente entra como constituinte de vários componentes das leveduras, como os aminoácidos, as proteínas, as enzimas, as pirimidinas, as purinas, os pigmentos da cadeia respiratórios (citocromos), as lecitinas, as vitaminas e a cefalina. O oxigênio fornecido na aeração do mosto antes da inoculação das células é assimilado pela levedura em poucas horas e utilizado para produzir ácidos carboxílicos insaturados e esteróis que são essenciais para a síntese da membrana celular e, consequentemente, para o crescimento da célula. Este fenômeno ficaria restrito na ausência deste oxigênio inicial, causando fermentação anormal e mudanças nas características sensoriais da cerveja. No entanto, somente no início do processo fermentativo o oxigênio é benéfico; em qualquer outra etapa do processo promove instabilidade da produção etanol.

As células *S. cerevisiae* armazenam duas classes de carboidratos como o glicogênio e a trealose. O glicogênio é uma reserva de energia, que pode ser utilizada durante os períodos de inanição da célula. Enquanto a trealose, desempenha uma função semelhante à do glicogênio, embora tenha outra função de proteção da célula para suportar estresse. O glicogênio tem duas funções vitais, sendo que durante a fase aeróbica da fermentação é uma fonte de carbono e energia para a síntese de esteróis e ácidos graxos insaturados. Em seguida, é fornecedor de energia; ele proporciona energia para funções celulares durante a fase estacionária de fermentação. Quando a levedura é inoculada em mosto aeróbio, há uma imediata mobilização de glicogênio, e isto é acompanhado por síntese de esterol. A fase subsequente, de rápida fermentação e crescimento celular, está associada ao acúmulo de glicogênio. As concentrações máximas de glicogênio são alcançadas para o fim da fermentação primária, depois do ponto em que o crescimento da levedura cessou. Na fase estacionária, quando a fermentação primária se completa, os níveis de glicogênio declinam lentamente. O acúmulo da trealose ocorre no final da fase estacionária, em que o glicogênio é fonte prontamente utilizável de carbono para manutenção de energia. Uma proporção desse carbono, complementada com açúcares exógenos, é utilizada para a síntese de trealose, que fornece proteção para as células durante a fase estacionária.

4.4 CONTAMINANTES DA CERVEJA

A cerveja tem sido reconhecida como uma bebida sob o aspecto microbiológico estável, que é atribuído à presença de etanol (0,5-10% p/p), compostos amargos do lúpulo (17-55 ppm de iso-α-ácidos), elevado teor de CO_2 (cerca de 0,5% p/v), pH baixo (3,8-4,7) e concentração reduzida de oxigênio (geralmente inferior a 0,3 mg/L). No entanto, o mosto é diferente da cerveja É composto de nutrientes distintos, tem pH entre 5,3-5,5 e contém oxigênio. Portanto, é um meio ideal de crescimento para diferentes micro-organismos. Logo, os micro-organismos indesejados podem provocar a deterioração do mosto durante a malteação e nas operações dos processos cervejeiros. Isso influencia de modo negativo a qualidade da cerveja, com consequências prejudiciais financeiras para a indústria cervejeira. A cerveja é um meio pobre, porque os nutrientes estão parcialmente esgotados devido à fermentação das leveduras. Porém, apesar destas características bastante hostis, alguns micro-organismos são capazes de crescer na cerveja. Entre os micro-organismos de deterioração de cerveja, destacam-se quatro gêneros

Lactobacillus, *Pediococcus*, *Pectinatus* e *Megasphaera*. Essas bactérias são consideradas prejudiciais para a bebida em termos de incidentes de deterioração e efeitos negativos sobre o perfil do sabor das cervejas.

A cerveja pode conter contaminantes microbianos originários, a partir de uma variedade de fontes. Contaminantes primários provêm das matérias-primas e dos recipientes, e contaminantes secundários são introduzidos na cerveja durante o engarrafamento, o armazenamento ou o preenchimento de barris. Cerca de metade dos problemas microbiológicos documentados pode ser atribuída a contaminações secundárias, porém, as consequências das contaminações primárias podem ser mais catastróficas, com a perda potencial da partida da bebida. Bactérias são agentes danificadores comuns da cerveja, e são comumente divididas nas categorias Gram-positivas e Gram-negativas. As bactérias Gram-positivas, que trazem os maiores problemas para a cerveja, são as láticas, pertencentes aos gêneros *Lactobacillus e Pediococcus*, sendo que pelo menos 10 espécies de lactobacilos podem causar danos a esse produto. As bactérias láticas são micro-organismos Gram-positivos, e geralmente são classificados como micro-organismos GRAS, e usados em uma grande variedade de alimentos fermentados, tais como iogurtes e picles. No entanto, na indústria de produção de cerveja, esses micro-organismos são os principais responsáveis por 60-90% da deterioração da cerveja, pois essas bactérias apresentam resistência aos ácidos amargos do lúpulo. As bactérias láticas são comumente encontradas na cerveja por sua tolerância à acidez e por serem microaerófilas. O desenvolvimento de *Lactobacillus* está sempre associado à queda no pH da cerveja e à formação de turbidez; a presença das células é facilmente visível ao microscópio. Os lactobacilos cervejeiros são heterofermentativos e homofermentativos, produzindo ácido lático e acético, dióxido de carbono, etanol e glicerol como produtos finais, com algumas espécies também produzindo diacetil. A presença de *Pediococcus* é identificada de duas maneiras: ao microscópio, visualizando-se os cocos organizados em "tétrade", e por detecção do flavor referente ao diacetil. Os pediococos são homofermentativos, e foram identificadas seis espécies. Entretanto, a espécie predominante na cerveja é *Pediococcus damnosus*, e sua infecção é caracterizada pela produção de ácido lático e diacetil.

Entre as bactérias Gram-negativas, que causam danos à cerveja, incluem-se as bactérias acéticas dos gêneros *Acetobacter* e *Gluconobacter*. Como também gêneros da família Enterobacteriaceas como *Escherichia*, *Aerobacter*, *Klebsiella*, *Citrobacter* e *Obesumbacterium*. Incluindo ainda *Zymomonas*, *Pectinatus* e *Megasphaera*. A microbiota da cevada pode ter também um impacto negativo sobre a qualidade do mosto. São consideradas as condições de campo, como a colheita e a pós-colheita.

Quanto aos fungos filamentosos, as espécies dos gêneros *Alternaria*, *Cladosporium*, *Epicoccum* e *Fusarium* são contaminantes. *Fusarium* é um dos gêneros de fitopatógenos mais frequentes, causando perdas na produção do grão e comprometendo a qualidade dos grãos. Os fungos das espécies *Aspergillus* e *Penicillium* podem crescer durante o armazenamento da cevada e produzir micotoxinas como as aflatoxinas. Levedura selvagem é qualquer levedura diferente daquela de cultivo utilizada na elaboração de cerveja, e pode ser considerada um contaminante. Linhagens selvagens podem ter origem em diferentes fontes. Estudos com 120 leveduras selvagens, isoladas da cerveja, do processo de propagação e de garrafas vazias, demonstram que, além de várias espécies de *Saccharomyces*, foram encontradas espécies dos gêneros *Brettanomyces*, *Candida*, *Debaromyces*, *Zygosaccharomyces Hansenula*, *Kloeckera*, *Pichia*, *Rhodotorula*, *Torulaspora*. Os efeitos potencializados por contaminação de levedura selvagem variam de acordo com cada contaminante. Caso o contaminante seja outra levedura cervejeira, os principais problemas estão relacionados com a velocidade de fermentação, a atenuação final do mosto, a floculação e o paladar do produto final. Se o contaminante é uma espécie não cervejeira, e que pode competir com a levedura do processo por constituintes do mosto, possivelmente podem ocorrer problemas de produção de substâncias *off flavor* semelhantes àqueles produzidos por bactérias.

4.5 PROCESSO CERVEJEIRO

O processo tradicional de produção de cerveja pode ser dividido em oito operações essenciais: moagem do malte; mosturação ou tratamento enzimático do mosto; filtração do mosto; fervura do mosto; tratamento do mosto (remoção do precipitado, resfriamento e aeração); fermentação; maturação; e clarificação. A Figura 4.4 mostra um esquema genérico dos principais processos de produção de cerveja em função da levedura utilizada.

4.5.1 Malteação

O processo de malteação é constituído de três etapas: maceração, germinação e secagem. Na maceração, a cevada é colocada em tanques cilíndricos para ser macerada com água, na temperatura entre 5 e 18 °C, sendo trocada no período de 6-8 horas. O oxigênio necessário à respiração do embrião da cevada é fornecido através da injeção de ar nos tanques. O processo termina em dois dias, quando a cevada atinge 42-48% de umidade, e nesse ponto há o aparecimento da radícula. Na última etapa, o processo de germinação é interrompido pela secagem dos grãos de malte. O ar de secagem, quente e seco, passa através do leito de malte em fluxo ascendente ou descendente. O processo de secagem ocorre em três etapas distintas.

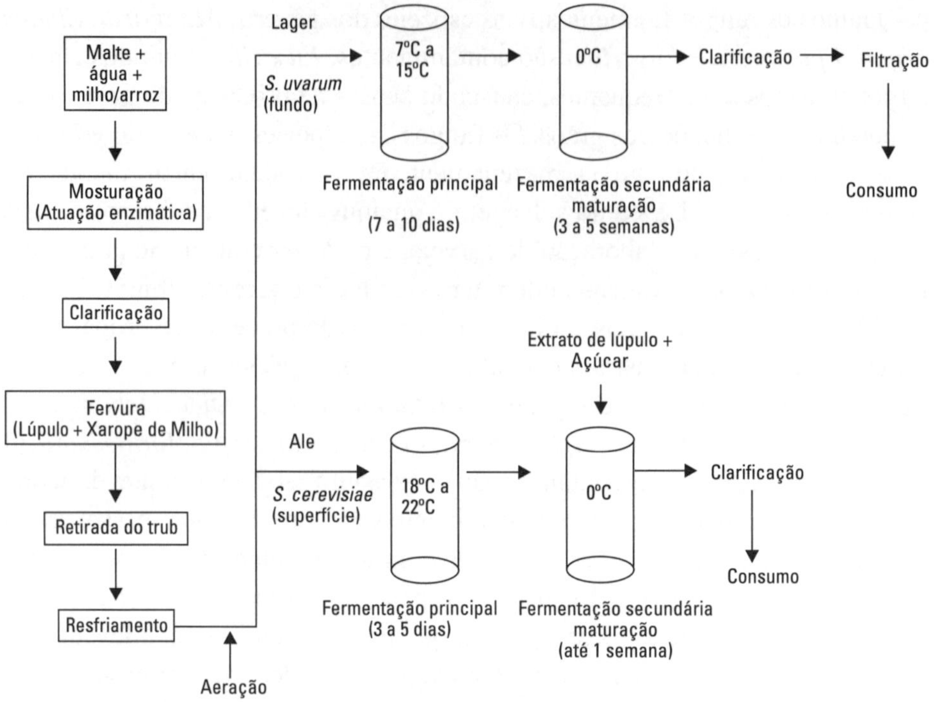

FIGURA 4.4 **Processamento dos dois principais tipos de cervejas.**
Fonte: Russel (1994).

Na primeira, o ar fica na temperatura de 49-60 °C e há a remoção da água livre. Em seguida, aumenta-se a temperatura do ar até 71 °C, e o malte atinge 12% de umidade. Na última etapa, a temperatura do ar passa a ser 88 °C, e a umidade final é de 4-5%. A secagem tem grande importância na conservação do malte, porque, eliminando-se a umidade, diminui-se o risco de crescimento de fungos, e o malte fica mais leve, o que favorece a estocagem.

4.5.2 Preparação do mosto

O malte é pesado em balanças apropriadas e enviado para a moagem. Nessa operação, o grão deve ter a sua casca rasgada na direção longitudinal, para deixar exposto o endosperma amiláceo. Este deve ser triturado, para facilitar a ação das enzimas durante a operação de mosturação. A moagem do malte pode ser conduzida em moinho de rolos em duas etapas, sendo regulados a uma distância de 0,6 e 0,1 mm na primeira e na segunda etapas, respectivamente. Essas etapas são relevantes no processo, porque têm influência direta sobre a rapidez das transformações físico-químicas, no rendimento e na qualidade do produto final. Existem dois tipos básicos de moagem: a moagem com rolos e a moagem em moinhos do tipo martelo. A diferença básica é que na moagem com rolos a casca é preservada, enquanto a moagem em moinhos do tipo martelo reduz o malte praticamente a pó. Essa diferença exerce influência no tipo de filtração. Na mosturação ou brassagem, as matérias-primas cervejeiras (água, malte, lúpulo e adjunto) vão ser transformadas em mosto. A mostura consiste em adicionar água ao malte moído, submetendo-o a diferentes temperaturas por períodos de tempo determinados. Como resultado, obtém-se uma solução adocicada, denominada mosto, que ainda contém bagaço de malte.

A mosturação tem como objetivo solubilizar as substâncias do malte diretamente solúveis em água e, com o auxílio das enzimas, solubilizar as substâncias insolúveis, promovendo a gomificação e posterior hidrólise do amido a açúcares fermentescíveis. As enzimas catalisam as reações químicas, aumentando a velocidade da reação, e diminuindo a energia necessária. A atividade da enzima está relacionada com a temperatura e com o pH do meio. O malte moído é misturado com a água quente, em um tanque denominado mosturador ou tina de mosturação. Nessa operação, são ativadas várias enzimas proteolíticas com atividade catalítica na faixa de temperatura de 52-54 °C. Em seguida, a temperatura é elevada para 65 °C. Essa é a temperatura ótima para a atividade das amilases. Para a filtração do mosto, a temperatura deve ser elevada para 73-76 °C. No final da mosturação, o índice da sacarificação do amido é verificado por um teste com solução de iodo 0,02 N. Confirmada a hidrólise do amido, pela ausência da coloração roxo-azulada, característica da reação do iodo com o amido, em temperatura ambiente, a solução é aquecida até 76 °C, com o objetivo de inativar as enzimas do mosto. No final da mosturação, o mosto deve ser separado da parte sólida insolúvel da massa. Para isso, a filtração é realizada em duas etapas: na primeira, a fração líquida atravessa o leito filtrante, dando origem ao mosto primário e, na segunda, o resíduo sólido é lavado com água. A camada filtrante é lavada com certa quantidade de água, denominada água secundária, a 75 °C, com o objetivo de aumentar a extração de açúcar e, como consequência, elevar o rendimento do processo. A Figura 4.5 mostra o perfil de mosturação de um processo de preparação do mosto.

4.5.3 Fervura do mosto

O objetivo da fervura do mosto é proporcionar estabilidade biológica, bioquímica e coloidal ao mosto. Durante a fervura, a flora microbiana, que resistiu ao processo de mosturação e filtragem, é eliminada. O pH ácido (menor que 5,5) e as substâncias extraídas do lúpulo durante essa fase contribuem para o saneamento do mosto. Com o acréscimo do lúpulo, o mosto filtrado é submetido à fervura, visando a inativação das enzimas, ação bactericida do mosto, coagulação das proteínas,

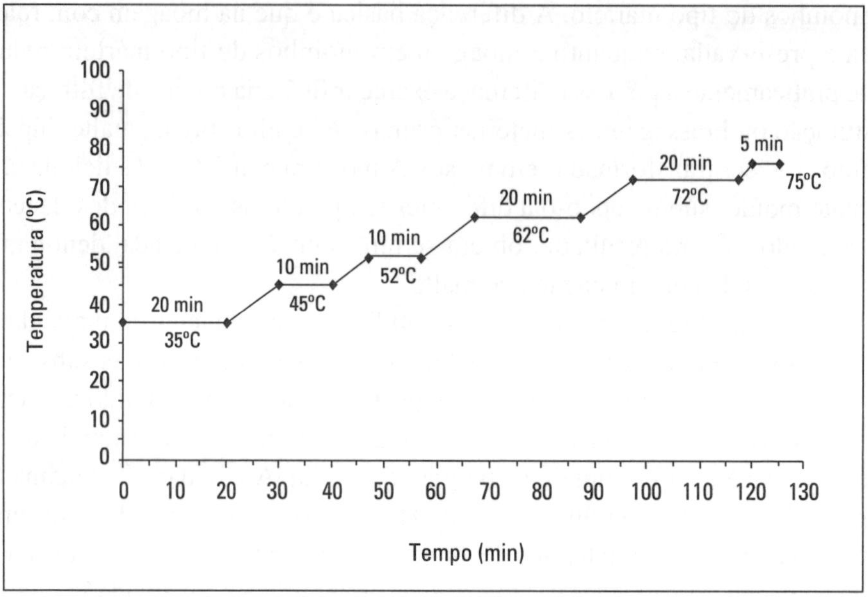

FIGURA 4.5 **Variação da temperatura em função do tempo durante o processo de mosturação.**
Fonte: Tschope (2001).

extração de compostos amargos e aromáticos do lúpulo, formação de substâncias constituintes do aroma e sabor, evaporação de água excedente e de componentes aromáticos indesejáveis ao produto final. A alfa-amilase, que após a mosturação e filtragem poderia apresentar alguma atividade, é então inativada. As proteínas e os taninos são coagulados e eliminados do mosto na forma de *trub*, um resíduo mucilaginoso semelhante ao lodo. O desenvolvimento de cor é relacionado com a intensidade da fervura. A cor está ligada à caramelização de açúcares, à formação de melanoidinas e à oxidação de taninos.

Uma porção das proteínas contidas no mosto aglutina-se durante a fervura, formando o denominado *trub*. Uma boa separação do *trub* é importante para que a cerveja tenha estabilidade no brilho e apresente um sabor mais suave. Terminada a fervura, o *trub* e o bagaço do lúpulo são separados normalmente em tanques de decantação, conhecidos como *whirlpool*, que é uma espécie de redemoinho do líquido. Em seguida, o mosto clarificado segue para o resfriamento. Nesse processo, o *whirlpool* utiliza a força centrípeta para fazer o *trub* acumular no centro do tanque, para depois ser descartado. O resfriamento do mosto tem por objetivo reduzir a temperatura de 100 °C para uma adequada à inoculação da levedura. As temperaturas são de 15 a 22 °C na fermentação alta e de 7 a 15 °C na baixa fermentação. O resfriamento deve ser realizado o mais rápido possível, para evitar a formação de aromas indesejáveis e problemas de contaminação.

4.5.4 Fermentação

A fermentação alcoólica é o metabolismo de carboidratos com a produção de etanol, CO_2 e de energia para as funções vitais da célula da levedura. Todos os carboidratos fermentescíveis, principalmente a glicose, a maltose e a maltotriose, são metabolizados pela levedura e produzem etanol. Também diferentes subprodutos são sintetizados durante a fermentação e são assimilados pela levedura e contribuem para a produção de diferentes compostos. Esses produtos e subprodutos possuem uma importante função no aroma, no paladar e nas características finais da cerveja pronta.

Portanto, procura-se administrar a fermentação de modo a favorecer a produção e a manutenção dos sabores e aromas desejáveis, e a eliminação dos indesejáveis. Os fatores mais importantes que contribuem para esses objetivos são: a temperatura de fermentação, o tempo do processo, a contrapressão das operações, a escolha adequada da linhagem da levedura e a quantidade de células utilizada na fermentação. Para a produção de cerveja, a fermentação tem início com a inoculação da levedura no mosto resfriado. No início da fermentação, a concentração de açúcares é elevada. Os principais açúcares fermentescíveis do mosto são a glicose, a maltose e a maltotriose. Outros nutrientes necessários, e que são encontrados no mosto, são os aminoácidos e alguns sais minerais. Durante a fermentação, há um deslocamento do pH de 5,2 para 3,8, que é favorável para a fisiologia da levedura. Na fermentação, a maior ou menor concentração de etanol na mistura final depende, principalmente, da concentração de açúcares fermentescíveis no mosto. Durante o processo de fermentação, o diacetil exerce uma função importante na formação e eliminação de aromas. Uma concentração elevada desse composto produz um aroma de manteiga rançosa. No final da fermentação, o diacetil é assimilado pela levedura. O diacetil em alta concentração não é desejado na cerveja. A produção de diacetil pode ser proveniente da baixa hidrólise das proteínas. As proteínas não fornecem os compostos nitrogenados necessários ao crescimento das leveduras.

A Figura 4.6, mostra o perfil das curvas de consumo de substrato, a produção de etanol e de CO_2, a suspensão de células de leveduras e a variação do pH, em função do tempo de fermentação dia a dia. Observa-se que a gravidade específica diminui a cada dia de fermentação, aproximando-se de valores mínimos e constantes a partir do quinto dia de fermentação. Isto significa dizer que a concentração de substrato não atingirá o valor zero, em virtude da presença de açúcares não fermentescíveis existentes no mosto cervejeiro. O crescimento celular e a formação de CO_2 têm o ponto máximo em aproximadamente dois dias de fermentação, período em que ocorre a fase exponencial do crescimento

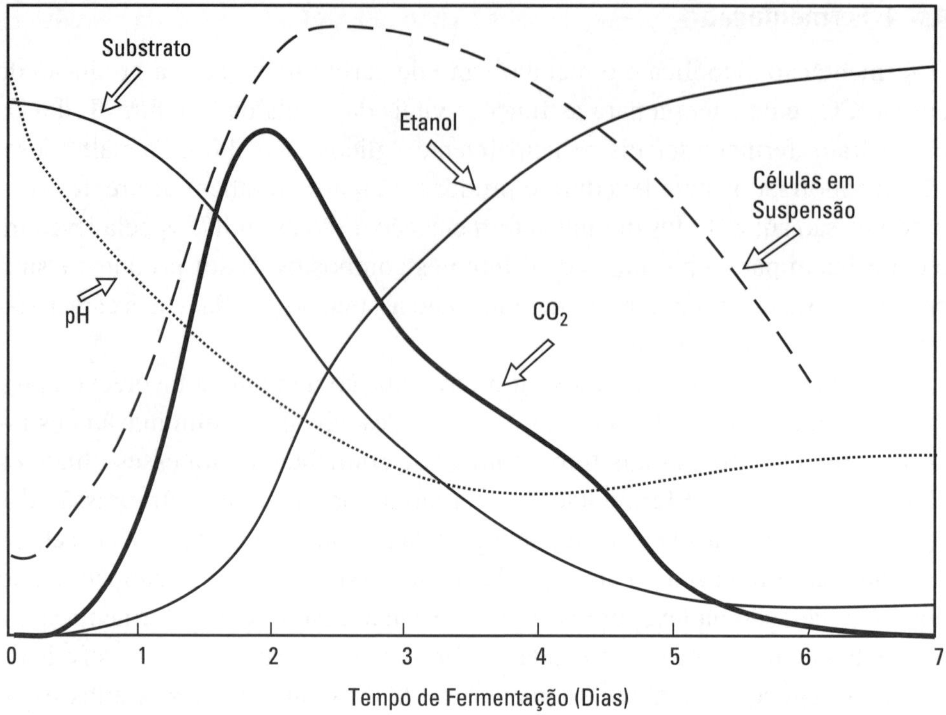

FIGURA 4.6 **Perfil de variação do pH e dos principais componentes do mosto e da cerveja durante a fermentação.**

celular. Em seguida, estes fatores tendem a diminuir, pelo fato de a fermentação acontecer mais lentamente. A formação de etanol inicia-se durante a fase de crescimento exponencial do micro-organismo e segue subindo gradativamente, até que todo o substrato fermentescível acaba. O pH tende a baixar ao longo da fermentação em consequência da presença de metabólitos formados no decorrer do processo de fermentação.

4.5.5 Maturação

A maturação é um repouso da cerveja em baixas temperaturas, na faixa de 0 a 3 °C, para favorecer a precipitação das células de leveduras e das proteínas. Ela diminui a turbidez e, como consequência, obtém a clarificação da cerveja. Nesse processo, o odor e o sabor da bebida são apurados por meio do aumento dos teores de ésteres e da redução dos compostos diacetil, acetaldeído e ácido sulfídrico. No início da maturação, os açúcares foram metabolizados e transformados em álcool etílico, CO_2, glicerol, ácido acético, álcoois superiores e ésteres. O período de maturação pode durar de 2 a 4 semanas, e tem como objetivos: 1. iniciar a clarificação da cerveja mediante a remoção, por sedimentação, das células de levedura, de material amorfo e de componentes que causam turbidez a frio na bebida; 2. saturar a cerveja com gás carbônico, através da fermentação secundária; 3. melhorar o odor e o sabor da bebida, por meio da redução da concentração de diacetil, acetaldeído e ácido sulfídrico, bem como o aumento do teor de éster; 4. manter a cerveja no estado reduzido, evitando que ocorram oxidações que comprometam o sensorial da bebida. Durante o período de maturação, são formados ésteres responsáveis pelo aroma e sabor que caracterizam o tipo da cerveja. Entre os ésteres, predominam o acetato de etila e o acetato de amila. É nessa etapa que ocorre a carbonatação natural da bebida, provocada pela contrapressão exercida no próprio tanque de maturação pelo gás carbônico formado na fermentação do extrato residual.

4.5.6 Acabamento da cerveja

Após a maturação, a cerveja pode passar por processos de filtração (para remoção de leveduras, partículas coloidais e outras substâncias insolúveis); carbonatação (na hipótese de, no final da maturação, a cerveja apresentar carbonatação natural e inferior à desejada); envase (engarrafamento ou enlatamento); e pasteurização (para aumentar o tempo de vida de prateleira, a cerveja é submetida a um aquecimento de 60 °C, seguida de resfriamento).

4.5.6.1 Filtração da cerveja

A filtração para clarificação da cerveja é um processo realizado em várias etapas, com o objetivo de remover o material em suspensão, cujos tamanhos de partículas variam de 0,5 a 4μm, e as leveduras residuais que podem provocar turbidez na cerveja. A filtração da cerveja pode ser realizada em duas ou mais etapas, dependendo das características das operações nas adegas. A filtração principal ou primária remove a maior parte das leveduras e o material em suspensão, enquanto a filtração secundária produz uma cerveja límpida e brilhante. A adição de agentes estabilizantes é normalmente realizada antes da filtração principal, o que permite sua maior remoção nos filtros primários, nos quais quase sempre são utilizados auxiliares filtrantes em forma de pó. Na segunda etapa, denominada filtração final ou de polimento, são removidos quaisquer outros sólidos em suspensão resultantes da maturação a baixas temperaturas e outros adsorventes adicionados para estabilizar a cerveja. Na filtração de polimento podem ser utilizados dois filtros independentes. Além disso, após o primeiro filtro, filtros de segurança (geralmente de membranas) podem ser usados como proteção contra qualquer falha dos filtros precedentes.

4.5.6.2 Carbonatação da cerveja

O dióxido de carbono (CO_2) é um constituinte muito importante da cerveja, responsável pela efervescência e a sensação de acidez deixada na boca, devido às suas propriedades de gás ácido. Por essa razão, sua concentração na cerveja deve ser cuidadosamente controlada, de forma a assegurar que os consumidores possam beber um produto de qualidade. A solubilidade do dióxido de carbono na cerveja é geralmente medida em volume de CO_2 por volume de cerveja, em condições normais de temperatura e pressão. Isso significa que um volume de CO_2 é igual a 0,196% CO_2 em peso ou 0,4 kg CO_2/hL. A maioria das cervejas prontas para consumo contém entre dois e três volumes de CO_2, enquanto o produto obtido após a fermentação principal e secundária contém no máximo 1,2 a 1,7 volumes desse gás. Desta forma, o CO_2 deve ser adicionado à cerveja na etapa anterior ao engarrafamento, chamada carbonatação. A carbonatação pode ser realizada pela injeção de CO_2 em linha ou em tanque. Na carbonatação em linha, considerado o procedimento mais simples e comumente utilizado nas cervejarias, o CO_2 desidratado é injetado no líquido através de uma placa porosa de aço inoxidável, durante a transferência da cerveja do filtro até os tanques de armazenamento pressurizados. Esses tanques, conhecidos também como tanques de pressão, mantêm uma elevada contrapressão (12 a 15 psi) durante o seu enchimento, permitindo a retenção do CO_2 na cerveja e minimizando a formação de espuma. Na carbonatação em tanque, o CO_2 é injetado através de um ou mais difusores porosos ("pedras" de carbonatação) fabricados em cerâmica ou aço inoxidável, localizados no fundo do tanque. Esses difusores de carbonatação produzem pequenas bolhas e facilitam a dissolução do dióxido de carbono na cerveja. Embora menos eficiente e mais difícil para controlar, esta técnica possibilita a remoção de oxigênio e de compostos voláteis indesejáveis quando o tanque é aberto para a atmosfera durante o começo do processo de carbonatação. Após a "lavagem" desses gases, o recipiente deve ser fechado, para permitir o aumento da pressão e a dissolução do CO_2 na cerveja. Dada a necessidade de uso do CO_2 na carbonatação e em outras etapas do processo, algumas cervejarias recuperam o excesso de CO_2 produzido durante a fermentação. Neste caso, após ser coletado, o gás passa por depuradores com água e purificadores com carvão ativado, para logo ser liquefeito. Posteriormente, o CO_2 é secado em secadores de alumina e armazenado em estado líquido até o momento da sua utilização, quando é restabelecido seu estado gasoso em evaporador. Em várias cervejarias, as perdas e o volume requerido no processo podem exceder a quantidade de CO_2 recuperada, sendo indispensável, portanto, a compra deste gás a partir de empresas especializadas.

4.5.7 Envase

O envase é a operação de engarrafamento, enlatamento ou embarrilamento do produto, e é a etapa mais dispendiosa em uma cervejaria em termos de matérias-primas e de mão de obra. Esta operação é executada em um equipamento denominado enchedora, no caso de garrafas e latas, ou em máquinas de embarrilamento, quando se trata de barris.

4.5.7.1 Envase em garrafas ou latas

As garrafas que entram na sala de engarrafamento são primeiramente lavadas e, no caso das garrafas retornáveis (ou seja, que tenham sido utilizadas previamente com cerveja), é realizada uma limpeza mais profunda por dentro e por fora com detergentes cáusticos quentes e enxaguamento completo com água. Na operação de enchimento, a cerveja filtrada, proveniente dos tanques de pressão, é primeiramente transferida para outro tanque de recepção localizado dentro da enchedora. As enchedoras de garrafas são máquinas baseadas no princípio de carrossel rotatório. As garrafas são transportadas em esteiras e, sequencialmente, posicionadas sob as cabeças de enchimento livres, cada uma das quais contendo um tubo de enchimento. Após a aplicação de um selo hermético e a retirada do ar mediante um sistema de vácuo, dá-se início à etapa de enchimento. No começo desta etapa, é aplicada uma contrapressão com dióxido de carbono antes que o líquido desça por gravidade desde o tanque de recepção da enchedora até as garrafas. A enchedora é ajustada automaticamente para que o volume desejado de cerveja seja introduzido em cada embalagem. A garrafa cheia é liberada da cabeça de enchimento com o alívio da pressão interna. Durante o transporte para a tampadora, é necessário eliminar o ar do espaço vazio (*headspace*) das garrafas, para evitar a subsequente oxidação da cerveja. Esse processo é atualmente realizado pelo jateamento com água. Água esterilizada em alta pressão é jateada sobre cada garrafa aberta. Apenas alguns poucos µm de água entram na garrafa, causando uma intensa formação de espuma que ascende pelo gargalo e expele o oxigênio, prevenindo sua entrada posterior. Após o arrolhamento, as garrafas são transportadas até o pasteurizador de túnel (quando a cerveja é pasteurizada após o enchimento, pois quando é utilizada a filtração estéril, tanto a enchedora quanto a tampadora encontram-se em uma sala estéril). Finalmente, as garrafas encontram-se prontas para etiquetagem, empacotamento e armazenagem. O enchimento de latas com cerveja é muito similar ao enchimento de garrafas não retornáveis. As latas podem ser de alumínio ou de aço inoxidável, e apresentam um verniz interno para proteger a cerveja da superfície metálica, e vice-versa. Antes de serem enchidas, as latas são invertidas e lavadas com água, para remover a poeira proveniente do seu transporte desde o fabricante até a cervejaria. Após o enchimento, a tampa é encaixada na lata basicamente pela dobragem de ambas as peças de metal, o que permite formar uma costura estável, impedindo a passagem tanto de cerveja quanto de gás.

4.5.7.2 Embarrilamento

No Brasil, a cerveja sem pasteurizar é denominada de chope, e é envasada em barris. Os barris são recipientes de 10, 25, 30, 50 ou 100 litros de volume, normalmente fabricados em alumínio, aço inoxidável ou madeira, com um tubo central que permite seu enchimento, esvaziamento e limpeza. Na cervejaria, eles são lavados externamente, e em seguida transferidos para um equipamento que realiza a lavagem interna, a esterilização e o enchimento. A lavagem envolve a aspersão de água a 70 °C, aproximadamente, em alta pressão, em toda a superfície interna do recipiente. Após cerca de 10 s, o barril passa para a etapa de aquecimento com vapor, em que a temperatura é mantida a 105 °C durante 30 s. Posteriormente, o barril é posicionado sob a cabeça de enchimento, na qual uma breve purga com dióxido de carbono, para a retirada do ar, precede a introdução de cerveja, que é realizada em poucos minutos. O barril cheio é pesado, para assegurar que contém a quantidade necessária de cerveja, e, então, armazenado.

4.5.8 Pasteurização

A cerveja é uma bebida que apresenta características desfavoráveis para o desenvolvimento de vários micro-organismos, sendo reconhecida como um produto de considerável estabilidade microbiológica. Porém algumas espécies de micro-organismos são capazes de se multiplicar nesta bebida, conferindo características indesejáveis, tais como turbidez e mudanças sensoriais, as quais prejudicam a qualidade do produto final. Por este motivo, a maioria das cervejas é tratada, antes ou durante o engarrafamento, para eliminar qualquer levedura cervejeira residual, leveduras selvagens ou bactérias contaminantes. A completa eliminação destes micro-organismos da cerveja pode ser feita mediante tratamentos de pasteurização ou filtração estéril. A pasteurização consiste na destruição dos micro-organismos presentes em soluções aquosas, pela ação do calor. Na prática, a pasteurização da cerveja pode ser dividida em duas categorias: pasteurização *flash* e pasteurização em túnel. A pasteurização flash é realizada antes do engarrafamento da cerveja, e constitui portanto uma alternativa à filtração estéril. Esta técnica é aplicada comumente ao produto a ser disposto em barris. Entre as suas principais vantagens, destacam-se os menores custos de instalação e a necessidade de um menor espaço da planta, em comparação à pasteurização em túnel. A pasteurização em túnel, por outro lado, aplicada à cerveja, após enchimento em garrafas e latas, é a forma mais segura de garantir até seis meses de vida de prateleira do produto nesses tipos de embalagens. Esta técnica baseia-se na aplicação de uma temperatura menor do que a utilizada na pasteurização *flash*, durante um período de tempo maior (até 1 hora), devido ao tempo necessário para elevar, estabilizar e diminuir a temperatura do líquido no interior da embalagem.

4.6 UNIDADES

Os principais componentes das cervejas são resumidos em três classes principais de biomoléculas: açúcares, proteínas e lipídios. Todos são provenientes principalmente dos grãos do malte, que proporcionam a obtenção de um mosto nutritivo completo de nutrientes necessários para o crescimento da levedura, como também, proporcionam a bebida características relacionadas aos sabores e aromas característicos. As substâncias identificadas no mosto cervejeiro têm uma composição próxima aos valores apresentado na Tabela 2. Os açúcares glicose, frutose, sacarose, maltose e maltotriose, totalizam entre 72 e 80% dos açúcares fermentescíveis e, são fermentados totalmente pela levedura durante o processo.

TABELA 4.2 Composição de carboidratos presentes no mosto de malte

Carboidrato	Percentual
Maltotriose	15-20
Maltose	50-60
Glicose	10-15
Sacarose	1- 2
Frutose	1-2
Dextrina	20-30

Fonte: Hornsey (1999).

Devido a uma composição complexa, é muito difícil ter uma medida perfeita do mosto perfeita de todos os seus componentes. Tanto para a determinação do que foi extraído dos grãos de cereais, quanto do que permaneceu no meio depois da fermentação, devido a presença do álcool, por possuir densidade inferior ao da água. A dificuldade deve-se ao fato de não haver uma maneira de medir exatamente as quantidades de materiais dissolvidos, se não for pela evaporação do mosto fermentado até que seja obtido a quantidade de extrato seco do malte, e então medir o peso seco da amostra. Uma das alternativas foi estimar a Gravidade

Específica, que é a relação entre a Massa Específica de uma solução medida a uma determinada temperatura e a Massa Específica da água medida a 4°C. Mas mesmo assim, o que está sendo determinado são os materiais dissolvidos, que não são somente açúcares fermentescíveis e não fermentescíveis, mas também, os teores de proteínas, cujas as proporções dependem das condições de mosturação. Em 1843, Carl Joseph Napoleon Balling encontrou uma maneira de contornar este problema. Ele percebeu que a porcentagem de extrato do mosto aumentava com a porcentagem em peso dos materiais dissolvidos, quase que na mesma proporção, quando se comparada com uma solução aquosa de sacarose. Isto resultou em uma boa aproximação para se conhecer a composição do mosto e também da cerveja obtida. Balling fez uma correlação entre a Gravidade Específica das amostras de cerveja e da porcentagem de extrato do mosto, medidas a 17,5°C, que corresponde a quantidade massa de açúcar por 100 gramas de solução e denominou esta medida como grau Balling (° B).

4.6.1 Grau Balling

Carl Joseph Napoleão Balling, nasceu na Alemanha, mas viveu na Boêmia, República Tcheca. Foi professor pesquisador do Instituto Politécnico de Praga, onde desenvolveu estudos minuciosos sobre o processo cervejeiro, desde a composição do mosto até a cerveja obtida. Balling embasou sua teoria na seguinte hipótese: uma cerveja acabada tem aproximadamente de 88 a 92% de água, 2,5 a 4% de álcool e de 5 a 8% de extrato seco. Com seus estudos práticos, chegou na seguinte equação de balanço de massa do processo cervejeiro

$$2{,}0665g(\text{Extrato}) = 1{,}000g(\text{alcool}) + 0{,}9565g(CO_2) + 0{,}11g(\text{levedura}) \quad (4.3)$$

Ou seja, o valor do coeficiente de conversão de Extrato Fermentescível em Álcool ($Y_{p/s}$) de 0,4839g/g, é conhecido como fator de Balling.

A soma em peso de gás carbônico e de leveduras (0,9565g + 0,11g), resultam em 1,0665g. Este valor deveria ser excluído completamente da cerveja acabada para então realizar os devidos procedimentos analíticos. De acordo com equação de Balling (4.3), 1 grama de álcool é formado a partir de 2,0665g de extrato. Portanto, para obter 100g de cerveja, seriam necessários (*A*g*2,0665g + ERg)g *100 de extrato original no mosto. O fator Ag, se determina destilando o ácool de uma quantidade conhecida de cerveja. Completa-se o destilado com água, em peso, até a quantidade original da amostra. Daí obtém-se a massa específica da mistura. Determina-se então a Massa Específica da amostra. Esta massa, divida pela Massa Específica da água a 4°C resulta na unidade Gravidade Específica da amostra. Uma tabela foi montada mostrando a correspondência entre a Gravidade Específica e o conteúdo alcoólico da cerveja em %(v/v), em (p/p) e em %(p/v) (Tabela 4A1).

O fator ER é o conteúdo de extrato residual presente na cerveja, unidade conhecida como Extrato Real, expresso em grama de extrato por 100g de cerveja. Este valor se determina pela evaporação de um volume conhecido de cerveja até chegar a metade de seu peso. Em seguida completa com água até atingir o peso original da amostra. Determina-se então a densidade de extrato da amostra. A Tabela 4A2, mostra os Coeficientes de Laboratório, as Densidades Real, e as concentrações de extratos do mosto cervejeiro. A fórmula de Balling representada pela Equação 4.4, mais tarde utilizada por Plato, resultou de vários ensaios realizados de uma forma muito cuidadosa e com mostos de diferentes composições. Porém, vale ressaltar que os conhecimentos da química e dos processos fermentativos da época eram incompletos comparados aos dias de hoje, além de ser impossível supor que Balling teria usado leveduras selecionadas. Porém, mesmo assim a teoria de Balling é aplicada há mais de 170 anos, nos processos cervejeiros e é utilizada em mais de 100 países até hoje.

4.6.2 Grau Plato

Por volta de 1900, o alemão Fritz Plato repetiu as experiências desenvolvidas por Balling e por questões mais práticas realizou os experimentos a 20ºC, surgindo então a unidade de grau Plato, cujo 1°P corresponde a uma solução que contém 1g de sacarose em 100 gramas de solução a 20ºC.

$$\%P = \frac{(A * 2{,}0665 + ER)}{100 + A * 1{,}0665} * 100 \qquad (4.4)$$

Onde, P é a concentração em Grau Plato do mosto; A é a porcentagem de álcool da cerveja em (m/m) expressa em %(p/p); e ER, corresponde ao Extrato Real da cerveja, em g/100g de cerveja.

O numerador da equação, representa a quantidade de Extrato fermentescível, mais a quantidade de Extrato não fermentescível para obter 100g de cerveja;

O denominador, representa a quantidade de mosto necessário para obter 100 gramas de cerveja.

Em 1951, Goldiner e Klemann, faz uma correção dos dados obtidos por Plato, calculando o que chamaram de Densidade Real a 20ºC/4ºC com a Equação 4.5.

$$\text{Densidade } 20° / 4° = \text{Coeficiente } 20° / 20° * (0{,}99823 - 0{,}00121) + 0{,}00121 \qquad (4.5)$$

Onde o valor 0,99823 corresponde ao peso específico da água a 20°/4°, de acordo com Kohlrausch. Quando medido a 20°/20° o valor encontrado para o chamado Coeficiente de Laboratório, é igual a 1, para a água pura, e consequentemente a densidade de extrato do mosto é igual a zero, por não conter sólido solúvel, ou açúcar. O valor 0,00121 corresponde a densidade média do ar, que influenciaria na determinação precisa da densidade do mosto. Para evitar fazer a subtração deste valor para as determinações feitas a 20°/20°, Goldiner e Klemann, introduziu na Tabela construída por Plato os valores correspondentes a densidades de extratos 20°/4° utilizando a equação 4.5

A tabela de Goldiner e Klemann, também conhecida como Tabela V.L.B. (Versuchs-und Lehranstalt für Brauerei in Berlin), foi adotada para análise pela E.B.C (Eropean Brewery Convention).

4.6.3 Extrato Original

O Extrato Original, é a concentração extrato inicial do mosto expresso em Grau Plato, que corresponde aos teores de carboidratos como glicose, maltose e maltotriose, sacarose, frutose e outras fontes de carboidrato não fermentescíveis, como as dextrinas, normalmente presentes no mosto cervejeiro. É uma medida importante no processo cervejeiro, porque irá determinar as características da bebida, quanto ao teor alcoólico e de extrato residual.

4.6.4 Extrato Aparente

A densidade da cerveja pode ser medida por hidrômetros ou densímetros. No entanto, os hidrômetros são calibrados para medir o teor de açúcares em uma solução aquosa. Durante o processo fermentativo o teor de açúcar do mosto vai se transformando em álcool e CO_2, o que distorce a leitura mostrada no hidrômetro porque o álcool tem densidade menor que a da água. Portanto, o que de fato foi medido pelo hidrômetro foi o teor de Extrato Aparente da cerveja expressa em grau Plato.

4.6.5 Extrato Real

O Extrato Real é o teor de extrato residual na cerveja acabada. Ou seja, são açúcares não fermentescíveis considerado como dextrinas. Uma fórmula empírica, proposta por Balling mostra que conhecendo o teor de álcool da cerveja, é possível calcular o teor de Extrato Real pela Equação 4.6.

$$\mathrm{ER} = \mathrm{EA} + 0,46 * A \tag{4.6}$$

Ou ainda pela fórmula:

$$ER = (0,1808 * EO + 0,8192 * EA) \quad (4.7)$$

Onde, EA é a concentração de Extrato Aparente da cerveja

4.6.6 Gravidade Específica

No Brasil, o quociente entre a massa e o volume de uma substância é conhecido como Massa Específica. Já Densidade definida como a relação entre massas específicas de duas substâncias, sendo uma delas tomada como padrão (a água a 4 °C é geralmente utilizada como referência), sendo assim, Gravidade Específica é uma grandeza adimensional.

4.6.6.1 Relação entre Extrato Original e Gravidade Específica

Existe uma relação entre as concentrações de extrato em grau Plato e Gravidade Específica (GE), de acordo com as equações 4.8, 4.9, 4.10, 4.11 e 4.12.

A Gravidade Específica, multiplicada pelo o Extrato Original, transforma a unidade de Grau Plato, expressa em gramas por 100 gramas, para gramas por 100 mL, ou Kg/hL, medida tradicionalmente utilizada pelas cervejarias.

$$GE = (1 + 0,004) * EO \quad (4.8)$$

4.6.6.2 Relação entre Extratos e Gravidade Específica

A quantidade de Extrato pode ser estimada ainda, pela Fórmula Empírica proposta por:

$$E = -668,962 + 1.262,45GE - 776,43GE^2 + 182,94GE^3 \quad (4.9)$$

Assim como a Gravidade Específica, pode ser estimada pela Fórmula Empírica proposta por:

$$GE = 1,00001 + 0,0038661\,E + 1,3488 \times 10^{-5} E^2 + 4,3074 \times 10^{-8} E^3 \quad (4.10)$$

4.6.6.3 Relação entre Grau Plato e Gravidade Específica

Jen De Clerck, propôs em 1957, propôs uma outra equação empírica que correlaciona Grau Plato com Gravidade Específica e grau Plato, medido a 20ºC.

$$1°P = (-463,37) + (668,72 * GE) - (205,35 * GE^2) \quad (4.11)$$

Estas equações são precisas em relação aos dados obtidos por Fritz Plato em intervalos compreendidos entre 0 a 33ºP, que corresponde as Gravidades Específicas medidas entre 1,000 e 1,144. A fórmula pode ser simplificada de acordo com a equação 4.12:

Na Tabela 4A2, o valor de 30ºP, corresponde a uma Gravidade Específica de 1,12698.

$$E = 1000 * \left(\frac{GE - 1}{4} \right) \quad (4.12)$$

De acordo, com a Equação 4.10, conhecendo a Gravidade Específica, pode se estimar o valor correspondente a grau Plato

$$E = 1000 * \left(\frac{1,12698 - 1}{4} \right) = 31,745°P$$

4.6.7 Pontos de Gravidade

Por outro lado, uma Gravidade Específica de 1,12698, corresponde a 126,98 Pontos de Gravidade. Portanto, Pontos de Gravidade dividido por 4, corresponde também a concentração em Grau Plato.

$$E = \left(\frac{126,98}{4} \right) = 31,745°P \quad (4.13)$$

4.6.8 Atenuação

A atenuação mede o quanto de açúcar foi convertido em álcool durante a fermentação. Atenuação significa diluição, denominação utilizada quando esta diluição é obtida pela conversão de extratos do mosto cervejeiro em CO_2 e etanol, provocando a diminuição do peso e da Gravidade Específica do mosto fermentado. Além disso, uma pequena quantidade de extrato é utilizada pela levedura para sua manutenção.

4.6.8.1 Atenuação Aparente

A diferença entre o Extrato Original do mosto e o Extrato Aparente da Cerveja, dividido pelo Extrato Original, fornece a Atenuação Aparente da fermentação em qualquer instante da coleta da amostra. A Atenuação Aparente pode se estimada pela Equação 4.14.

$$AA = \left(\frac{EO - EA}{EO} \right) * 100 \quad (4.14)$$

4.6.8.2 Atenuação Real

Da mesma forma, a diferença entre o Extrato Original do mosto e o Extrato Real da Cerveja, dividido pelo Extrato Original, fornece a Atenuação Real da fermentação em qualquer instante da coleta da amostra. Porém, para estimar o Extrato Real, deve ser medido o Extrato Aparente, e utilizar a Equação 4.5 ou 4.6. A Atenuação Real pode se estimada pela Equação 4.15

$$AR = \left(\frac{EO - ER}{EO} \right) * 100 \quad (4.15)$$

A Atenuação Aparente é aproximadamente 1,24 vezes o valor da Atenuação Real.

$$AA = 1,24 * AR \quad (4.16)$$

4.6.9 Teor Alcoólico

A estimativa do teor de álcool em%(v/v) ou em %(p/p) na cerveja pode ser estimado pelas Equações, 4.17 e 4.18, 4.19, 4.20 e 4.21.

$$A(v / v) = \frac{EO - EA}{2,048 - 0,0126 * EO} \quad (4.17)$$

Fórmula de David Miller (1988)

$$A(v / v) = \frac{GE_{Mosto} - GE_{Cerveja}}{0,75} \quad (4.18)$$

$$A(p / p) = \frac{A(v / v) * 0,79}{GE_{Cerveja}} \quad (4.19)$$

Se a Gravidade Específica da Cerveja não for conhecida, a concentração alcoólica pode ser estimada pela fórmula:

$$A(p / p) = A(v / v) * 0,78 \quad (4.20)$$

Fórmula de George Fix (1992), foi proposta com base nas observações de Balling:

$$A(p / p) = \frac{EO_{Mosto} - ER}{2,0665 - 0,010665 * {}^{\circ}EO} \quad (4.21)$$

4.6.10 Calorias

A quantidade de calorias da cerveja depende da quantidade de carboidratos e de álcool oriundo do mosto, e pode ser estimada pelo conhecimento da Gravidade Específica antes e depois da fermentação.

$$\mathrm{Cal}/(12\mathrm{oz}) = [6{,}9 * (A(p/p) + 4 * (ER - 0{,}1)] * \mathrm{GE} * 3{,}55 \quad (4.22)$$

O primeiro termo entre colchetes representa a contribuição de calorias devida a concentração de etanol da cerveja. O segundo termo é a contribuição de calorias oriunda da composição dos carboidratos, devido a concentração de Extrato Real. A constante empírica de valor "0,1", deve-se a concentração de cinzas contabilizada como extrato. Juntos estes termos, fornecem a quantidade de calorias por 100g de cerveja. Isto é facilmente convertido em calorias por 100 mL de cerveja, pela Gravidade Específica final da cerveja, ($g_{cerveja}/mL_{cerveja}$). Por sua vez, 10 mL de cerveja é convertido para 12 onças líquida, pelo fator 3,55, em 100 mL por 12 onças de cerveja.

4.6.11 IBU (International Better Units)

O lúpulo é uma matéria-prima importante para proporcionar aroma e amargor na cerveja. A unidade internacional de amargor é expressa em IBU, onde 1 IBU, corresponde a 1ppm de dosagem de lúpulo, ou 1mg de isso-α-ácido por L de mosto. Algumas decisões devem ser tomadas antes de se adquirir o lúpulo, tais como: que propriedade se deseja do lúpulo, como amargor, sabor, aroma; que porcentagem de alfa e beta ácido contém; que intensidade de amargor (IBU), é desejado para a cerveja; por último calcular a quantidade de lúpulo a ser utilizado para alcançar o amargor desejado.

$$\mathrm{kg\ Lúpulo} = \frac{\mathrm{IBU} * V(\mathrm{hL})}{\%\mathrm{Y}_{\mathrm{utilização}} * \%\alpha_{\mathrm{ácido}}} \quad (4.23)$$

4.6.12 Células/mL

A concentração de levedura necessária para o inóculo, é uma variável importante para o início do processo fermentativo. Isto poderá definir o tempo mais ou menos adequado da fase lag, e também de todo o processo fermentativo. Um número ideal, de iniciar a fermentação é uma concentração de levedura de 10^7 células/mL de meio.

$$\mathrm{V} = \frac{C_{\mathrm{Desejada}} * Q_{\mathrm{Média}}}{C_{\mathrm{Pédecuba}} * N_{\mathrm{CélulasViáveis}}} \quad (4.24)$$

4.6.13 %CO_2 (m/m)

A carbonatação da cerveja é feita com o próprio CO_2 formado durante a fermentação da bebida. Após passar por um processo de lavagem, compressão, secagem em sílica e alumínio e desodorização com carvão ativo, liquefação e vaporização, o CO_2 é injetado na bebida. A carbonatação da cerveja, pode ser feita de duas maneiras: em linha; ou no tanque. Na carbonatação em linha o CO_2 é injetado durante a passagem da bebida pela tubulação. A carbonatação no tanque, o CO_2 é injetado através de um difusor, localizado no fundo do tanque. Uma alternativa à carbonatação em linha, é injetar o CO_2 no fundo da garrafa, antes do enchimento. As cervejas, devem possuir em torno de 0,55gCO_2 por 100g de cerveja, o que equivale a um teor de 2,5 a 2,8v/v. Algumas cervejas são fermentação na garrafa, dando carbonatação natural. Elas são engarrafadas com uma população de levedura viável em suspensão. Se não houver extrato residual fermentescível, açúcar pode ser adicionado açúcar, e a fermentação resultante produzirá CO_2 que permanece na solução e proporciona uma carbonatação natural na cerveja.

4.6.14 Valor Sigma

A espuma ou creme tem como função proteger naturalmente a cerveja, dentro da tulipa, contra a perda de gás carbônico. A qualidade estabilidade da espuma depende da composição da cerveja. Este método mede a cerveja formada a partir de uma quantidade de espuma, em tempo pré-determinado. Consiste no cálculo da vida média de uma bolha de espuma, a partir da determinação do tempo de queda de certa quantidade de espuma, do respectivo volume de cerveja formado, e do volume de espuma restante. Para determinar o valor de Sigma, deve-se estabilizar a temperatura da cerveja nas garrafas a 24 ± 1 °C; rinsar o funil de espuma com água destilada; prender o funil a uma altura adequada; apoiar a garrafa na beira do funil e orientar o fluxo da cerveja para o centro do funil; verter lentamente até que a espuma alcance a marca dos 800 mL e cobrir o funil com vidro relógio; abrir a torneira do funil e deixar a cerveja escoar para um Becker até que uma pequena porção de espuma seja transvazada; aguardar 200 segundos e escoar a cerveja formada para uma proveta graduada de 100 mL em 25 a 30 segundos; fechar a torneira e parar o cronômetro; anotar o tempo total em segundos e o volume "b" de cerveja escoada; lavar o funil com 2mL de álcool etílico 96°GL; escoar para uma proveta de 25 mL durante 1 minuto e anotar o volume "c";

$$\sum \frac{t}{2{,}303 * \log \frac{b+c}{C}} \tag{4.25}$$

Onde:

t = Tempo de rebatimento da espuma (entre 225 a 230 segundos) b = Volume de cerveja obtida pelo rebatimento da espuma no tempo t e c = Volume de cerveja obtida a partir da espuma residual no tempo t.

4.6.15 EBC (EUROPEAN BREWERY CONVENTION)

4.6.15.1 Coloração

A coloração é uma característica muito importante da cerveja. Para o consumidor, o produto deve apresentar-se límpido e brilhante e sendo sua avaliação subjetiva, faz-se necessário estabelecer padrões de qualidade que satisfaçam tais expectativas. A unidade de medida da coloração é EBC, escala de cores que se baseia na mistura de diferentes proporções de vermelho e amarelo. O método EBC, é feito diluindo se a amostra de cerveja e feita a leitura em espectrofotômetro a 430 nm. A cor em unidades EBC é obtida pela equação:

$$\mathrm{EBC} = \mathrm{A} * f \tag{4.26}$$

Onde, A a absorbância lida e f o fator de diluição da amostra.

4.6.15.2 Turvação

A pasteurização impede a turvação biológica, porem pode ocorrer três tipos de turvação na bebida, denominadas de turvação de oxalato de cálcio, quando o nível de CaC_2O_4 é superior a 20mg/L; turvação de carboidrato, que depende das diferentes matérias primas utilizadas na preparação do mosto, condições de sacarificação e uso de enzimas; e turvação metálica provocadas por metais como ferro, cobre e estanho ocasionada pela presença de polipeptídeos. Outra turvação pode ser causada pela formação de complexos proteínas-polifenóis, que tendem a reagir lentamente durante o processo de estocagem. Turvação acima de 2,0 EBC, são visíveis aos olhos do consumidor.

4.6.16 Unidade de Pasteurização

O tratamento térmico da cerveja é representado pelo termo "unidades de pasteurização". Uma unidade de pasteurização (UP) é definida como a destruição biológica obtida pela exposição da cerveja durante 1 minuto à 60 °C (Figura 4.8). Tratamentos térmicos com 5-6 UP podem ser utilizados quando as concentrações de microrganismos contaminantes no produto são inferiores a 100 células/mL. Porém, a pasteurização da cerveja é normalmente realizada com 15-30 UP, podendo ser ainda empregados tratamentos com níveis mais elevados, como por exemplo no caso de cervejas com baixo conteúdo de álcool, as quais são mais propensas à contaminação.

A unidade de pasteurização (UP) é definida como o aquecimento a 60°C, por 1 minuto. A condição pode ser obtida pela fórmula:

$$\mathrm{UP} = \mathrm{tempo} * 1{,}393^{(\mathrm{Temp}-60)} \tag{4.27}$$

A unidade de pasteurização, também pode ser obtida pelo Diagrama apresentado na Figura 4.7.

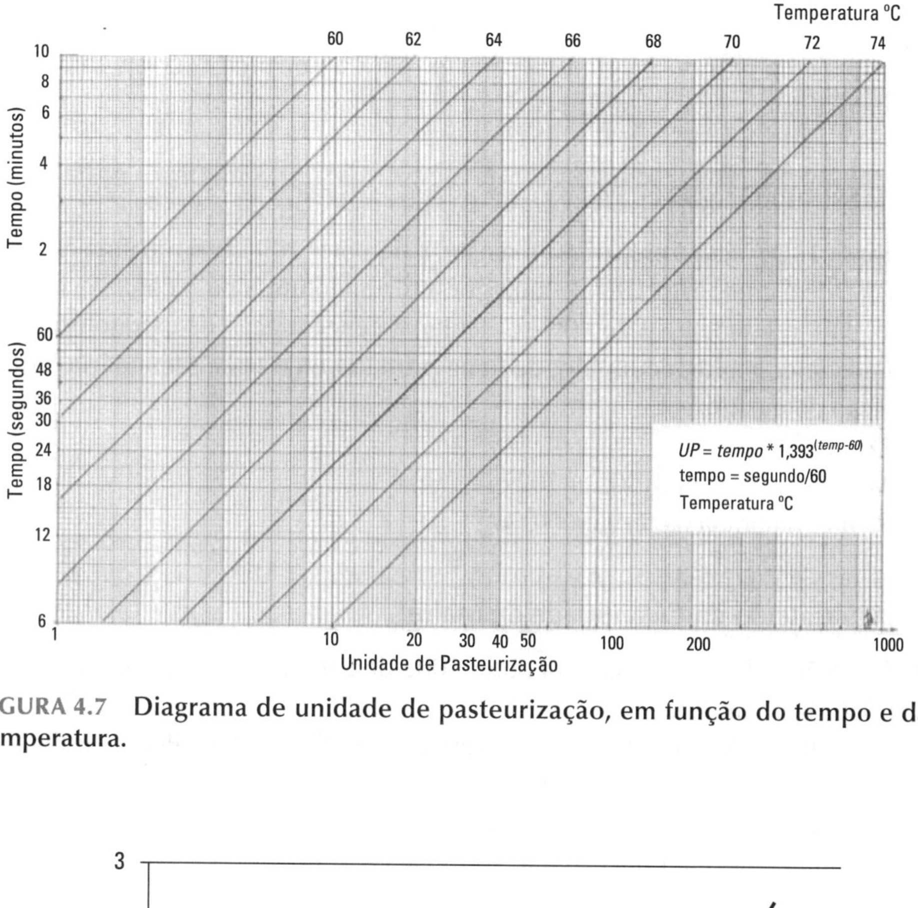

FIGURA 4.7 Diagrama de unidade de pasteurização, em função do tempo e da temperatura.

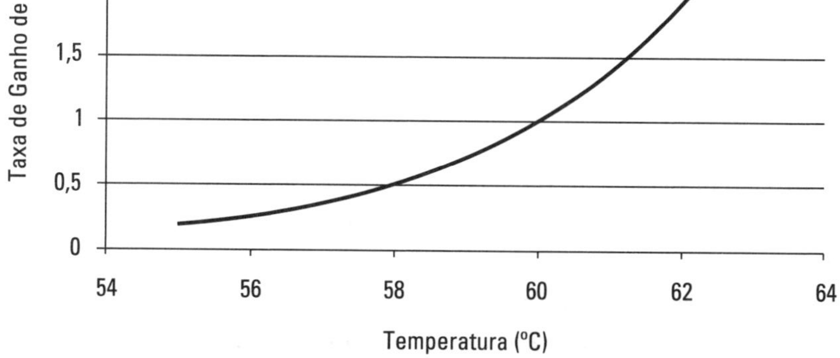

FIGURA 4.8 Unidades de pasteurização em função da temperatura

4.7 FORMULAÇÃO DO MOSTO

A primeira hipótese, a ser proposta para a produção de uma cerveja é: que tipo de cerveja se quer produzir?; qual o teor de alcoólico? Qual a concentração de extrato residual estimada? Diante, destas informações, pode se calcular a quantidade de extrato original do mosto, para obter uma cerveja com estas características.

4.7.1 Extrato Original

Exemplo 1. Deseja-se preparar um mosto, para obter 100 Litros de uma cerveja, com 5% de álcool, e 15 IBU de amargor, utilizando um lúpulo com 5% de alfa ácido, cujo rendimento é de 40%. Calcular, a concentração de extrato original, quantidade de malte, de lúpulo, de água primária e de água secundária para a obtenção do mosto.

Dados:
Volume de cerveja: 100L = 102kg
Água evaporada na fervura: 10%/h

4.7.1.1 Cálculo da Quantidade de Malte

Da Equação 4.4 de Balling, para obter 100g de cerveja, necessita-se de (100 + A*1,0665)g de mosto.

Da Tabela 4A1, mostra que uma cerveja com 5%(v/v) de álcool equivale a uma concentração de 3,98%(p/p).

Portanto, seriam necessários (102 + 3,98*1,0665) = 106,24kg de mosto.

Do numerador da Equação 4.4, vem que (A*2,0665+ER). Portanto, seriam necessários (3,98*2,0665) = 8,22g de açúcares fermentescíveis para obter esta quantidade de álcool na cerveja. Porém, sabe-se que na mosturação o amido do malte irá fornecer açúcares fermestescíveis e não fermentecísveis. O rendimento da conversão de amido em açúcares depende das condições de mosturação e do tipo de malte. O malte tipo Pilsen, a eficiência conversão varia em torno de 65 e 75%. Portanto, esta quantidade requerida de açúcar deve ser dividido pela eficiência de conversão. Supondo uma eficiência de 65%, resultaria em 100g mosto com 12,64g de açúcar, ou seja, um mosto com 12,64ºP.

Pela Tabela 42A, um mosto com esta concentração tem uma densidade de 1,04915.

Por questões práticas, operacional transforma-se Kg de Extrato por 100kg de mosto em kg de Extrato por 100L ou hL de mosto: EO*GE = 12,64*1,04915 = 13,26kg de Extrato/hL de mosto.

Portanto, 3,98*2,0665 = 8,22 kg de Extrato seriam de açúcares fermentescíveis, como glicose, maltose e maltotriose que seriam convertidos em 3,98%(p/p) de álcool, e 4,46kg de Extrato seriam de maltotetraose, maltopentaose, maltohexaose, maltoheptaose, maltooctaose, e outras dextrinas, que não são fermentescíveis, mas que estão presentes na bebida e são essenciais para o corpo da cerveja.

O cálculo efetuado leva-se em conta, somente a quantidade de Extrato que devia estar presente no moto. Considerando que o malte, tem aproximadamente 5% de umidade, 80% de amido e o restante é casca, então o cálculo seria da quantidade de malte seria de:

$$\frac{12{,}64}{0{,}95*0{,}80} = 16{,}63\text{kg de Malte/hL de mosto.}$$

4.7.1.2 Estimativa da Quantidade de Água

O cálculo do volume de água primária utilizada no início da mosturação foi de 4:1 de água: malte ou seja para 16,63 kg de malte, seriam necessários 66,52 kg de água. O malte tem cerca de 5% de umidade, 16,63kg de malte, terá 0,832kg de água.

4.7.1.3 Estimativa da Concentração de Extrato no Mosto Primário

$$\text{EP} = \frac{\text{Extrato}_{\text{Mosturação}} * 100}{\text{Extrato}_{\text{Mosturação}} + \text{Água}_{\text{Adicionada}} + \text{Água}_{\text{Malte}}}$$

$$\text{EP} = \frac{12{,}64}{12{,}64\ \text{Extrato} + 66{,}52 + 0{,}832} = 15{,}80°\text{P}$$

4.7.1.4 Estimativa da Concentração do Volume de Água Secundária

$$V_f = \frac{\text{EP}_i * V_i}{\text{EO}_f}$$

$$V_f = \frac{1{,}06220_i * 66{,}52_i}{1{,}04915} = 67{,}35\ \text{Litros de Água}$$

Este volume de água é necessário para fazer a correção de extrato para chegar na concentração de Extrato Original. Porém deve ser levado em consideração no cálculo do volume de água secundária, a quantidade de água que ficou retida no bagaço durante a filtração com água primária por 80% do peso de bagaço. A estimativa da quantidade de água secundária deve-se levar em conta a quantidade de água retida no bagaço, a água evaporada durante a fervura do mosto, o volume de água perdida pela retirada do trub, água retida no fundo falso da tina de filtração. O bagaço de malte, retém cerca de 80% de umidade, composto de água e dos açúcares resíduais impregnados no bagaço. Considerando esta proporção, estima-se que nos 16,52kg de bagaço podem estar retidos 13,22kg de água e 2,09kg de açúcares. A quantidade de água secundária para extração dos açúcares retidos no malte, e correção do volume, é estimada em 92,65 litros. Alguns autores, recomendam uma relação, entre água primária e água secundária entre 1:1.4 e 1:1,5, respectivamente.

$$\text{Água}_{\text{secundária}} = \text{Água}_{\text{estimada}} + \text{Água}_{\text{retidabagaço}} + \text{Água}_{\text{retidafundo}} + \text{Água}_{\text{trub}}$$

$$\text{Água Secundária} = 67{,}35 + 13{,}3 + 10{,}42 + 0 + 2 = 92{,}65 \text{ LÁgua}$$

4.7.2 Lúpulo

O lúpulo é uma matéria-prima importante para proporcionar aroma e amargo da cerveja. A unidade internacional de amargor é expressa em IBU (Internacional Better Units). 1 IBU, corresponde a mg de iso-α-ácido por L de mosto, e pode ser calculada pela Equação 4.23.

Supondo que o rendimento “Y” é de aproximadamente de 50%, uma porcentagem de α-ácido do lúpulo em peletes de 5% para preparar 1hL de cerveja com 15 IBU, necessita-se de:

$$\text{kg}_{\text{Lupulo}} = \frac{\text{IBU} * V(\text{hL})}{\%Y\%\alpha - \text{ácido}} = \frac{15*1}{50*5} = 0{,}060\text{kg} = 60g$$

4.7.3 Fervedura do Mosto

Após a adição do lúpulo, o mosto deve ser fervido por aproximadamente 60 minutos, para a extração dos componentes de amargor e de aroma do lúpulo, esterilização do meio e correção do teor de Extrato Original do mosto. Após a fervura, o mosto é resfriado na temperatura de fermentação, que vai depender do tipo de cerveja, se é lager (7 a 15°C) ou ale (16 a 22°C).

4.7.4 Levedura

A concentração quantidade de levedura necessária para o inóculo, é uma variável importante para o início do processo fermentativo. Isto poderá definir o tempo mais ou menos adequado da fase lag, e também de todo o processo fermentativo. Um número ideal, de iniciar a fermentação é uma concentração de levedura de 10^7 células/mL de meio.

$$V = \frac{C_{\text{Desejada}} * Q_{\text{Média}}}{C_{\text{Pédecuba}} * N_{\text{CélulasViáveis}}}$$

$$\text{Exemplo: } V = \frac{10^7 * 100L}{10^8 * 0,95} = 10,5L_{\text{inóculo}}$$

4.7.5 Fermentação

Após o resfriamento do mosto e feita a adição da levedura na concentração e temperatura adequadas ao mosto para o início da fermentação. Terminada a fermentação primária, que visa principalmente a produção de etanol e gás carbônico, a temperatura de fermentação deve ser abaixada para menos de 4°C, para o início da fermentação secundária ou maturação, que visa adequar as condições para o ajuste da bebida.

4.7.6 Carbonatação

Como já dito anteriormente, a carbonatação da cerveja é feita com o próprio CO_2, gerado durante a fermentação da bebida. Muitas vezes, os fermentadores artesanais, não dispões de dispositivos para armazenamento do CO_2 produzido. Uma das alternativas e realizar a fermentação final das cervejas na garrafa, dando carbonatação natural. Elas são engarrafadas com uma população de levedura viável em suspensão. Se não houver extrato residual fermentescível, pode ser adicionado açúcar, e a fermentação resultante produzirá CO_2 que permanece na solução e proporciona uma carbonatação natural na cerveja.

4.7.7 Pasteurização

As cervejas artesanais, na maioria dos casos não são pasteurizadas, mas caso deseja realizar a pasteurização basta aquecer a bebida a 60°C, por 1 minuto. Outras condições de pasteurização podem ser obtidas pela Equação 4.27.

REVISÃO DOS CONCEITOS APRESENTADOS

A cerveja é uma das bebidas mais antiga do mundo, tendo surgido na Mesopotâmia há 7.000 anos a.C. Se estendeu para a Ásia, África e Europa tendo chegado no Brasil trazida pelos holandeses, no século XVI. As primeiras grandes indústrias cervejeiras do país surgiram no século XIX (Cervejaria Brama no Rio de Janeiro e Cervejaria Antártica em São Paulo). Hoje o Brasil é o terceiro maior produtor de cerveja no mundo. A cerveja é uma bebida natural, constituída de 88 a 92% de água, 2,5 a 4% de álcool, e de 5 a 8% de extrato. As matérias-primas utilizadas no processo cervejeiro são: água, malte de cevada, lúpulo e adjuntos que pela ação das leveduras transformam as fontes de carboidratos em etanol e CO_2. Seu processamento pode ser resumido em três grandes fases, cozimento (mosturação e fervura do mosto); fermentação (fermentação primária e maturação); e acabamento (filtração, carbonatação, pasteurização e envase).

EXERCÍCIOS

1. Estimar a Atenuação Aparente e Atenuação Real, de uma cerveja obtida com um mosto com densidade inicial de 1,05000 e densidade final de 1,01800, medidos a 20_0C. Da Tabela 4A2, a densidade medida a 20_0C (coeficiente de laboratório) o valor 1,05000 e 1,01800, correspondem à $12{,}39_0$P e $4{,}58_0$P, respectivamente. Da Equação 4.414, vem:

$AA = 1 - \frac{EA}{EO} = 1 - \frac{4{,}58}{12{:}39} = 0{,}6303 = 63{,}03\%$. As concentrações de extratos em grau Plato, pode ser estimada pelas Equações 4.11 e 4.9 oP = (–463,37) + (668,72*1,018000) – 205,35*(1,01888)2 = 4,58oP – 668,962 + 1.262,45(1,05000) – 776,43(1,05000)2 + 182,94(1,05000)3 = 12,37oP.

Da Equação 4.16, vem:

$$AR = \frac{AA}{1{,}24}$$

Portanto, a Atenuação Real da fermentação é:

$AR = \frac{63{,}03}{1{,}24} = 50{,}83$, ou seja, mas realmente o que foi transformado de extratos em álcool e CO_2, foi 50,83%.

2. Estimar o teor de álcool da cerveja e o extrato real produzida, de acordo com as informações do exercício anterior:

Da equação 4.17, vem

$A(v/v) = \frac{12{,}39 - 4{,}58}{2{,}048 - 0{,}0126 * 12{,}39} = 4{,}13\%(v/v)$. O Extrato Real poderia ser estimado pela Equação 4.7. ER = 0,1808*12,39 + 0,8192*4,58 = 5,99oP. O teor alcoólico, em peso, pode ser estimado pela Equação 4.21; A%(p/p) = (12,39 – 5,99)/(2,0665 – 0,010665*12,39) = 3,30%(p/p).

Pode ser estimada ainda a quantidade de calorias da cerveja pela Equação 4.22

$$Cal/(12oz) = [6{,}9 * 3{,}30 + 4 * (5{,}99 - 0{,}1)] * 1{,}01800 * 3{,}55 = 167{,}43Cal$$

Isto é equivalente a 167,43 calorias para cada 355mL de cerveja, ou seja, por cada lata de cerveja.

QUESTÕES

1. Descreva sobre as matérias-primas utilizadas na produção de cerveja. Por que são utilizadas e em que contribuí para a bebida?

2. Como preparar um mosto cervejeiro, para obter 1000 Litros de cerveja com 8%(v/v) de álcool? Quanto de lúpulo seria utilizado para a cerveja produzida ter 24 IBU?

3. No ano de 2014, o Brasil produziu 14 bilhões de Litros de cerveja. Considerando que, em média, as cervejas produzidas eram puro malte e do tipo Pilsen e continham 4%(v/v) de álcool e 16 IBU. Estimar a quantidade de malte e lúpulo utilizado, o volume de CO_2 gerado, assim como o volume total de mosto preparado. (Supor que 75% do açúcar do mosto sejam fermentescíveis, e que o malte tenha 20% de casca, e $Y_{X/S} = 0,48$). Supondo ainda que cada 1kg de malte usado, gera 1,25 Kg de bagaço de malte com 80% de umidade. Determinar quanto foi gerado de bagaço no ano de 2014.

4. Utilizar os mesmos dados do exercício anterior, utilizando agora como adjunto de malte, 45% de quirera de arroz. Supondo, que o rendimento do arroz sem casca gera 70% de açúcar fermentescíveis. Repetir todos os cálculos propostos no exercício e também quanto se economizou de malte. Supondo que a tonelada de malte tipo Pilsen, custa US$ 500,00. Determinar a economia obtida em porcentagem, tomando por base apenas a substituição do malte por quirera, e que esta custa R$ 300,00 a tonelada.

APÊNDICE

Ver Tabelas nas páginas seguintes.

TABELA 4A1 Gravidades Específicas e equivalências de concentrações alcoólicas da cerveja, expressas em percentagem %(v/v), %(p/p) e %(p/v), medidas a 20°C

Gravidade Específica 20°/20°C	%(v/v) mL em 100mL	%(p/p) g em 100g	%(p/v) g em 100mL	Gravidade Específica 20°/20°C	%(v/v) mL em 100mL	%(p/p) g em 100g	%(p/v) g em 100mL	Gravidade Específica 20°/20°C	%(v/v) mL em 100mL	%(p/p) g em 100g	%(p/v) g em 100mL	Gravidade Específica 20°/20°C	%(v/v) mL em 100mL	%(p/p) g em 100g	%(p/v) g em 100mL
1,00000	0,00	0,00	0,00	0,99952	0,32	0,26	0,26	0,99904	0,64	0,50	0,50	0,99860	0,96	0,76	0,76
0,99997	0,02	0,02	0,02	0,99949	0,34	0,27	0,27	0,99901	0,66	0,52	0,52	0,99857	0,98	0,77	0,77
0,99994	0,04	0,03	0,03	0,99945	0,36	0,29	0,29	0,99997	0,68	0,53	0,53	0,99851	1,00	0,79	0,79
0,99991	0,06	0,05	0,05	0,99942	0,38	0,30	0,30	0,99898	0,70	0,55	0,55	0,99848	1,02	0,81	0,81
0,99988	0,08	0,06	0,06	0,99939	0,40	0,32	0,32	0,99895	0,72	0,57	0,57	0,99845	1,04	0,82	0,82
0,99985	0,10	0,08	0,08	0,99936	0,42	0,34	0,34	0,99892	0,74	0,58	0,58	0,99842	1,06	0,84	0,84
0,99982	0,12	0,10	0,10	0,99933	0,44	0,35	0,35	0,99889	0,76	0,60	0,60	0,99839	1,08	0,85	0,85
0,99979	0,14	0,11	0,11	0,99930	0,46	0,37	0,37	0,99886	0,78	0,61	0,61	0,99836	1,10	0,87	0,87
0,99976	0,16	0,13	0,13	0,99927	0,48	0,38	0,38	0,99883	0,80	0,63	0,63	0,99833	1,12	0,89	0,89
0,99973	0,18	0,14	0,14	0,99924	0,50	0,40	0,40	0,99880	0,82	0,65	0,65	0,99830	1,14	0,90	0,90
0,99970	0,20	0,16	0,16	0,99921	0,52	0,41	0,41	0,99877	0,84	0,66	0,66	0,99827	1,16	0,92	0,92
0,99967	0,22	0,18	0,18	0,99918	0,54	0,43	0,43	0,99874	0,86	0,68	0,68	0,99824	1,18	0,93	0,93
0,99964	0,24	0,19	0,19	0,99916	0,56	0,44	0,44	0,99872	0,88	0,69	0,69	0,99821	1,20	0,95	0,95
0,99961	0,26	0,21	0,21	0,99913	0,58	0,46	0,46	0,99869	0,90	0,71	0,71	0,99818	1,22	0,97	0,97
0,99958	0,28	0,22	0,22	0,99910	0,60	0,47	0,47	0,99866	0,92	0,73	0,73	0,99815	1,24	0,98	0,98
0,99955	0,30	0,24	0,24	0,99907	0,62	0,49	0,49	0,99863	0,94	0,74	0,74	0,99813	1,26	1,00	1,00

0,99810	1,28	1,01	1,01	0,99748	1,70	1,35	1,34	0,99686	2,12	1,69	1,68	0,99626	2,54	2,01	2,00
0,99807	1,30	1,03	1,03	0,99745	1,72	1,37	1,36	0,99683	2,14	1,70	1,69	0,99624	2,56	2,03	2,02
0,99804	1,32	1,05	1,05	0,99742	1,74	1,38	1,37	0,99681	2,16	1,72	1,71	0,99621	2,58	2,04	2,03
0,99801	1,34	1,06	1,06	0,99739	1,76	1,40	1,39	0,99678	2,18	1,73	1,72	0,99618	2,60	2,06	2,05
0,99798	1,36	1,08	1,08	0,99736	1,78	1,41	1,40	0,99675	2,20	1,75	1,74	0,99615	2,62	2,08	2,07
0,99795	1,38	1,09	1,09	0,99733	1,80	1,43	1,42	0,99672	2,22	1,76	1,75	0,99612	2,64	2,09	2,08
0,99792	1,40	1,11	1,11	0,99730	1,82	1,45	1,44	0,99669	2,24	1,78	1,77	0,99609	2,66	2,11	2,10
0,99789	1,42	1,13	1,13	0,99727	1,84	1,46	1,45	0,99667	2,26	1,79	1,78	0,99606	2,68	2,12	2,11
0,99786	1,44	1,14	1,14	0,99725	1,86	1,48	1,47	0,99664	2,28	1,81	1,80	0,99603	2,70	2,14	2,13
0,99783	1,46	1,16	1,16	0,99722	1,88	1,49	1,48	0,99661	2,30	1,82	1,81	0,99600	2,72	2,16	2,15
0,99780	1,48	1,17	1,17	0,99719	1,90	1,51	1,50	0,99658	2,32	1,84	1,83	0,99597	2,74	2,17	2,16
0,99777	1,50	1,19	1,19	0,99716	1,92	1,53	1,52	0,99655	2,34	1,85	1,84	0,99595	2,76	2,19	2,18
0,99774	1,52	1,21	1,20	0,99713	1,94	1,54	1,53	0,99652	2,36	1,87	1,86	0,99592	2,78	2,20	2,19
0,99771	1,54	1,22	1,22	0,99710	1,96	1,56	1,55	0,99649	2,38	1,88	1,87	0,99589	2,80	2,22	2,21
0,99769	1,56	1,24	1,23	0,99707	1,98	1,57	1,56	0,99646	2,40	1,90	1,89	0,99586	2,82	2,24	2,23
0,99766	1,58	1,25	1,25	0,99704	2,00	1,59	1,58	0,99643	2,42	1,92	1,91	0,99583	2,84	2,25	2,24
0,99763	1,60	1,27	1,26	0,99701	2,02	1,61	1,60	0,99640	2,44	1,93	1,92	0,99580	2,86	2,27	2,26
0,99760	1,62	1,29	1,28	0,99698	2,04	1,62	1,61	0,99638	2,46	1,95	1,94	0,99577	2,88	2,28	2,27
0,99757	1,64	1,30	1,29	0,99695	2,06	1,64	1,63	0,99635	2,48	1,96	1,95	0,99574	2,90	2,30	2,29
0,99754	1,66	1,32	1,31	0,99692	2,08	1,65	1,64	0,99632	2,50	1,98	1,97	0,99571	2,92	2,32	2,31
0,99751	1,68	1,33	1,32	0,99689	2,10	1,67	1,66	0,99629	2,52	2,00	1,99	0,99568	2,94	2,33	2,32

(Continua)

TABELA 4A1 Gravidades Específicas e equivalências de concentrações alcoólicas da cerveja, expressas em percentagem %(v/v), %(p/p) e %(p/v), medidas a 20°C *(Cont.)*

Gravidade Específica 20°/20°C	%(v/v) mL em 100mL	%(p/p) g em 100g	%(p/v) g em 100mL	Gravidade Específica 20°/20°C	%(v/v) mL em 100mL	%(p/p) g em 100g	%(p/v) g em 100mL	Gravidade Específica 20°/20°C	%(v/v) mL em 100mL	%(p/p) g em 100g	%(p/v) g em 100mL	Gravidade Específica 20°/20°C	%(v/v) mL em 100mL	%(p/p) g em 100g	%(p/v) g em 100mL
0,99566	2,96	2,35	2,34	0,99520	3,28	2,60	2,59	0,99475	3,60	2,86	2,84	0,99430	3,92	3,12	3,10
0,99563	2,98	2,36	2,35	0,99517	3,30	2,62	2,60	0,99472	3,62	2,88	2,86	0,99427	3,94	3,13	3,11
0,99560	3,00	2,38	2,37	0,99514	3,32	2,64	2,62	0,99469	3,64	2,89	2,87	0,99425	3,96	3,15	3,13
0,99557	3,02	2,40	2,39	0,99511	3,34	2,65	2,63	0,99467	3,66	2,91	2,89	0,99422	3,98	3,16	3,14
0,99554	3,04	2,41	2,40	0,99509	3,36	2,67	2,65	0,99464	3,68	2,92	2,90	0,99419	4,00	3,18	3,16
0,99552	3,06	2,43	2,42	0,99506	3,38	2,68	2,66	0,99461	3,70	2,94	2,92	0,99416	4,02	3,20	3,18
0,99549	3,08	2,44	2,43	0,99503	3,40	2,70	2,68	0,99458	3,72	2,96	2,94	0,99413	4,04	3,21	3,19
0,99546	3,10	2,46	2,45	0,99500	3,42	2,72	2,70	0,99455	3,74	2,97	2,95	0,99411	4,06	3,23	3,21
0,99543	3,12	2,48	2,47	0,99497	3,44	2,73	2,71	0,99453	3,76	2,99	2,97	0,99408	4,08	3,24	3,22
0,99540	3,14	2,49	2,48	0,99495	3,46	2,75	2,73	0,99450	3,78	3,00	2,98	0,99405	4,10	3,26	3,24
0,99537	3,16	2,51	2,50	0,99492	3,48	2,76	2,74	0,99447	3,80	3,02	3,00	0,99402	4,12	3,28	3,26
0,99534	3,18	2,52	2,51	0,99489	3,50	2,78	2,76	0,99444	3,82	3,04	3,03	0,99399	4,14	3,29	3,27
0,99531	3,20	2,54	2,53	0,99486	3,52	2,80	2,78	0,99441	3,84	3,05	3,03	0,99397	4,16	3,31	3,29
0,99528	3,22	2,56	2,54	0,99483	3,54	2,81	2,79	0,99439	3,86	3,07	3,05	0,99394	4,18	3,32	3,30
0,99525	3,24	2,57	2,56	0,99481	3,56	2,83	2,81	0,99436	3,88	3,08	3,06	0,99391	4,20	3,34	3,32
0,99523	3,26	2,59	2,57	0,99478	3,58	2,84	2,82	0,99433	3,90	3,10	3,08	0,99388	4,22	3,36	3,33

0,99385	4,24	3,37	3,35	0,99328	4,66	3,71	3,68	0,99271	5,08	4,04	4,01	0,99215	5,50	4,38	4,34
0,99383	4,26	4,39	3,36	0,99325	4,68	3,72	3,69	0,99268	5,10	4,06	4,03	0,99212	5,52	4,40	4,36
0,99380	4,28	3,40	3,38	0,99322	4,70	3,74	3,71	0,99265	5,12	4,08	4,04	0,99209	5,54	4,41	4,37
0,99377	4,30	3,42	3,39	0,99319	4,72	3,76	3,73	0,99263	5,14	4,09	4,06	0,99207	5,56	4,43	4,39
0,99374	4,32	3,44	3,41	0,99316	4,74	3,77	3,74	0,99260	5,16	4,11	4,07	0,99204	5,58	4,44	4,42
0,99371	4,34	3,45	3,42	0,99314	4,76	3,79	3,76	0,99258	5,18	4,12	4,08	0,99201	5,60	4,46	4,44
0,99369	4,36	3,47	3,44	0,99311	4,78	3,80	3,77	0,99255	5,20	4,14	4,10	0,99198	5,62	4,48	4,45
0,99366	4,38	3,48	3,45	0,99308	4,80	3,82	3,79	0,99252	5,22	4,16	4,12	0,99196	5,64	4,49	4,47
0,99363	4,40	3,50	3,47	0,99305	4,82	3,84	3,81	0,99249	5,24	4,17	4,13	0,99193	5,66	4,51	4,48
0,99360	4,42	3,52	3,49	0,99303	4,84	3,85	3,82	0,99247	5,26	4,19	4,15	0,99191	5,68	4,52	4,50
0,99357	4,44	3,53	3,50	0,99300	4,86	3,87	3,84	0,99244	5,28	4,20	4,16	0,99188	5,70	4,54	4,52
0,99355	4,46	3,55	3,52	0,99298	4,88	3,88	3,85	0,99241	5,30	4,22	4,18	0,99185	5,72	4,56	4,53
0,99352	4,48	3,56	3,53	0,99295	4,90	3,90	3,87	0,99238	5,32	4,24	4,20	0,99182	5,74	4,57	4,55
0,99349	4,50	3,58	3,55	0,99292	4,92	3,92	3,89	0,99236	5,34	4,25	4,21	0,99180	5,76	4,59	4,56
0,99346	4,52	3,60	3,57	0,99289	4,94	3,93	3,90	0,99233	5,36	4,27	4,23	0,99177	5,78	4,60	4,58
0,99344	4,54	3,61	3,58	0,99287	4,96	3,95	3,92	0,99231	5,38	4,28	4,24	0,99174	5,80	4,62	4,60
0,99341	4,56	3,63	3,60	0,99284	4,98	3,96	3,93	0,99228	5,40	4,30	4,26	0,99171	5,82	4,64	4,61
0,99339	4,58	3,64	3,61	0,99281	5,00	3,98	3,95	0,99225	5,42	4,32	4,28	0,99169	5,84	4,65	4,63
0,99336	4,60	3,66	3,63	0,99278	5,02	4,00	3,97	0,99223	5,44	4,33	4,29	0,99166	5,86	4,67	4,64
0,99333	4,62	3,68	3,65	0,99276	5,04	4,01	3,98	0,99220	5,46	4,35	4,31	0,99164	5,88	4,68	4,66
0,99330	4,64	3,69	3,66	0,99273	5,06	4,03	4,00	0,99218	5,48	4,36	4,32	0,99161	5,90	4,70	4,69

(Continua)

TABELA 4A1 Gravidades Específicas e equivalências de concentrações alcoólicas da cerveja, expressas em percentagem %(v/v), %(p/p) e %(p/v), medidas a 20°C *(Cont.)*

Gravidade Específica 20°/20°C	%(v/v) mL em 100mL	%(p/p) g em 100g	%(p/v) g em 100mL	Gravidade Específica 20°/20°C	%(v/v) mL em 100mL	%(p/p) g em 100g	%(p/v) g em 100mL	Gravidade Específica 20°/20°C	%(v/v) mL em 100mL	%(p/p) g em 100g	%(p/v) g em 100mL	Gravidade Específica 20°/20°C	%(v/v) mL em 100mL	%(p/p) g em 100g	%(p/v) g em 100mL
0,99158	5,92	4,72	4,69	0,99117	6,24	4,98	4,94	0,99075	6,56	5,24	5,18	0,99035	6,88	5,49	5,43
0,99156	5,94	4,73	4,71	0,99114	6,26	5,00	4,95	0,99073	6,58	5,25	5,19	0,99032	6,90	5,51	5,45
0,99153	5,96	4,75	4,72	0,99112	6,28	5,01	4,97	0,99070	6,60	5,27	5,21	0,99030	6,92	5,53	5,47
0,99151	5,98	4,76	4,74	0,99109	6,30	5,03	4,99	0,99067	6,62	5,29	5,23	0,99027	6,94	5,54	5,48
0,99148	6,00	4,78	4,76	0,99106	6,32	5,05	5,00	0,99065	6,64	5,30	5,24	0,99025	6,96	5,56	5,50
0,99145	6,02	4,80	4,77	0,99104	6,34	5,06	5,02	0,99062	6,66	5,32	5,26	0,99022	6,98	5,57	5,51
0,99143	6,04	4,82	4,79	0,99101	6,36	5,08	5,02	0,99060	6,68	5,33	5,27	0,99020	7,00	5,59	5,53
0,99140	6,06	4,83	4,80	0,99099	6,38	5,09	5,03	0,99057	6,70	5,35	5,29	0,99017	7,02	5,61	5,54
0,99138	6,08	4,85	4,82	0,99096	6,40	5,11	5,05	0,99055	6,72	5,37	5,31	0,99015	7,04	5,62	5,56
0,99135	6,10	4,87	4,83	0,99093	6,42	5,13	5,07	0,99052	6,74	5,38	5,32	0,99012	7,06	5,64	5,57
0,99132	6,12	4,89	4,85	0,99091	6,44	5,14	5,08	0,99050	6,76	5,40	5,34	0,99010	7,08	5,65	5,59
0,99130	6,14	4,90	4,86	0,99088	6,46	5,16	5,10	0,99047	6,78	5,41	5,35	0,99007	7,10	5,67	5,60
0,99127	6,16	4,92	4,88	0,99086	6,48	5,17	5,11	0,99045	6,80	5,43	5,37	0,99004	7,12	5,69	5,62
0,99125	6,18	4,93	4,89	0,99083	6,50	5,19	5,13	0,99042	6,82	5,45	5,39	0,99002	7,14	5,70	5,63
0,99122	6,20	4,95	4,91	0,99080	6,52	5,21	5,15	0,99040	6,84	5,46	5,40	0,98999	7,16	5,72	5,65
0,99119	6,22	4,97	4,92	0,99078	6,54	5,22	5,16	0,99037	6,86	5,48	5,42	0,98997	7,18	5,73	5,66

0,98994	7,20	5,75	5,68	0,98941	7,62	6,09	6,02	0,98888	8,04	6,43	6,35	0,98838	8,46	6,77	6,68
0,98991	7,22	5,77	5,70	0,98939	7,64	6,10	6,03	0,98886	8,06	6,45	6,36	0,98835	8,48	6,78	6,69
0,98989	7,24	5,78	5,71	0,98936	7,66	6,12	6,05	0,98883	8,08	6,46	6,38	0,98833	8,50	6,80	6,71
0,98986	7,26	5,80	5,73	0,98934	7,68	6,13	6,06	0,98881	8,10	6,48	6,39	0,98830	8,52	6,82	6,73
0,98984	7,28	5,81	5,74	0,98931	7,70	6,15	6,08	0,98879	8,12	6,50	6,41	0,98828	8,54	6,83	6,74
0,98981	7,30	5,83	5,76	0,98929	7,72	6,17	6,10	0,98876	8,14	6,51	6,42	0,98825	8,56	6,85	6,76
0,98979	7,32	5,85	5,78	0,98926	7,74	6,19	6,11	0,98874	8,16	6,53	6,44	0,98823	8,58	6,86	6,77
0,98976	7,34	5,86	5,79	0,98924	7,76	6,20	6,13	0,98871	8,18	6,54	6,45	0,98820	8,60	6,88	6,79
0,98974	7,36	5,88	5,81	0,98921	7,78	6,22	6,14	0,98869	8,20	6,56	6,47	0,98817	8,62	6,90	6,81
0,98971	7,38	5,89	5,82	0,98919	7,80	6,24	6,16	0,98867	8,22	6,58	6,49	0,98815	8,64	6,91	6,82
0,98969	7,40	5,91	5,84	0,98916	7,82	6,26	6,18	0,98864	8,24	6,59	6,50	0,98812	8,66	6,93	6,84
0,98966	7,42	5,93	5,86	0,98914	7,84	6,27	6,19	0,98862	8,26	6,61	6,52	0,98810	8,68	6,94	6,85
0,98964	7,44	5,94	5,87	0,98911	7,86	6,29	6,21	0,98859	8,28	6,62	6,53	0,98807	8,70	6,96	6,87
0,98961	7,46	5,96	5,89	0,98909	7,88	6,30	6,22	0,98857	8,30	6,64	6,55	0,98804	8,72	6,98	6,89
0,98959	7,48	5,97	5,90	0,98906	7,90	6,32	6,24	0,98855	8,32	6,66	6,57	0,98802	8,74	6,99	6,90
0,98956	7,50	5,99	5,92	0,98903	7,92	6,34	6,26	0,98852	8,34	6,67	6,58	0,98799	8,76	7,01	6,92
0,98954	7,52	6,01	5,94	0,98901	7,94	6,35	6,27	0,98850	8,36	6,69	6,60	0,98797	8,78	7,02	6,93
0,98951	7,54	6,02	5,95	0,98898	7,96	6,37	6,29	0,98847	8,38	6,70	6,61	0,98794	8,80	7,04	6,95
0,98949	7,56	6,04	5,97	0,98896	7,98	6,38	6,30	0,98845	8,40	6,72	6,63	0,98792	8,82	7,06	6,97
0,98946	7,58	6,05	5,98	0,98893	8,00	6,40	6,32	0,98843	8,42	6,74	6,65	0,98789	8,84	7,07	6,98
0,98944	7,60	6,07	6,00	0,98891	8,02	6,42	6,33	0,98840	8,44	6,75	6,66	0,98787	8,86	7,09	7,00

(Continua)

TABELA 4A1 Gravidades Específicas e equivalências de concentrações alcoólicas da cerveja, expressas em percentagem %(v/v), %(p/p) e %(p/v), medidas a 20ºC *(Cont.)*

Gravidade Específica 20º/20ºC	%(v/v) mL em 100mL	%(p/p) g em 100g	%(p/v) g em 100mL	Gravidade Específica 20º/20ºC	%(v/v) mL em 100mL	%(p/p) g em 100g	%(p/v) g em 100mL	Gravidade Específica 20º/20ºC	%(v/v) mL em 100mL	%(p/p) g em 100g	%(p/v) g em 100mL	Gravidade Específica 20º/20ºC	%(v/v) mL em 100mL	%(p/p) g em 100g	%(p/v) g em 100mL
0,98784	8,88	7,10	7,01	0,98746	9,20	7,37	7,26	0,98708	9,52	7,63	7,52	0,98669	9,84	7,88	7,76
0,98782	8,90	7,12	7,03	0,98744	9,22	7,39	7,28	0,98705	9,54	7,64	7,53	0,98667	9,86	7,90	7,78
0,98780	8,92	7,14	7,04	0,98741	9,24	7,40	7,29	0,98703	9,56	7,66	7,55	0,98664	9,88	7,91	7,79
0,98777	8,94	7,15	7,06	0,98739	9,26	7,42	7,31	0,98700	9,58	7,67	7,56	0,98662	9,90	7,93	7,81
0,98775	8,96	7,17	7,07	0,98736	9,28	7,43	7,32	0,98698	9,60	7,69	7,58	0,98660	9,92	7,95	7,83
0,98772	8,98	7,18	7,09	0,98734	9,30	7,45	7,34	0,98696	9,62	7,71	7,60	0,98657	9,94	7,97	7,84
0,98770	9,00	7,20	7,10	0,98732	9,32	7,47	7,36	0,98693	9,64	7,72	7,61	0,98655	9,96	7,98	7,86
0,98768	9,02	7,22	7,12	0,98729	9,34	7,48	7,37	0,98691	9,66	7,74	7,63	0,98652	9,98	8,00	7,87
0,98765	9,04	7,24	7,13	0,98727	9,36	7,50	7,39	0,98688	9,68	7,75	7,64	0,98650	10,00	8,02	7,89
0,98763	9,06	7,25	7,15	0,98724	9,38	7,58	7,40	0,98686	9,70	7,77	7,66	0,98637	10,10	8,10	7,97
0,98760	9,08	7,27	7,16	0,98722	9,40	7,53	7,42	0,98684	9,72	7,79	7,67	0,98626	10,20	8,18	8,05
0,98758	9,10	7,29	7,18	0,98720	9,42	7,55	7,44	0,98681	9,74	7,80	7,69	0,98614	10,30	8,26	8,13
0,98756	9,12	7,31	7,20	0,98717	9,44	7,56	7,45	0,98679	9,76	7,82	7,70	0,98602	10,40	8,34	8,21
0,98753	9,14	7,32	7,21	0,98715	9,46	7,58	7,47	0,98676	9,78	7,83	7,72	0,98590	10,50	8,42	8,29
0,98751	9,16	7,34	7,23	0,98712	9,48	7,59	7,48	0,98674	9,80	7,85	7,73	0,98578	10,60	8,50	8,37
0,98748	9,18	7,35	7,24	0,98710	9,50	7,61	7,50	0,98672	9,82	7,87	7,75	0,98566	10,70	8,58	8,45

0,98554	10,80	8,66	8,52	0,98424	11,90	9,56	9,39	0,98296	13,00	10,46	10,26	0,98171	14,10	11,36	11,13
0,98542	10,90	8,75	8,60	0,98412	12,00	9,64	9,47	0,98285	13,10	10,54	10,34	0,98159	14,20	11,44	11,21
0,98530	11,00	8,83	8,68	0,98400	12,10	9,72	9,55	0,98274	13,20	10,62	10,42	0,98148	14,30	11,52	11,29
0,98518	11,10	8,91	8,76	0,98388	12,20	9,80	9,63	0,98263	13,30	10,70	10,50	0,98137	14,40	11,60	11,37
0,98506	11,20	8,99	8,84	0,98377	12,30	9,89	9,71	0,98251	13,40	10,78	10,58	0,98126	14,50	11,68	11,44
0,98494	11,30	9,07	8,92	0,98365	12,40	9,97	9,79	0,98239	13,50	10,86	10,66	0,98115	14,60	11,77	11,52
0,98482	11,40	9,15	9,00	0,98354	12,50	10,05	9,87	0,98227	13,60	10,95	10,74	0,98103	14,70	11,85	11,60
0,98470	11,50	9,23	9,08	0,98342	12,60	10,13	9,95	0,98216	13,70	11,03	10,81	0,98092	14,80	11,93	11,68
0,98459	11,60	9,32	9,16	0,98330	12,70	10,21	10,01	0,98204	13,80	11,11	10,89	0,98081	14,90	12,01	11,76
0,98447	11,70	9,40	9,24	0,98318	12,80	10,29	10,10	0,98193	13,90	11,19	10,97				
0,98435	11,80	9,48	9,31	0,98307	12,90	10,38	10,18	0,98182	14,00	11,28	11,05				

TABELA 4A2 Coeficiente de Laboratório, Densidade Real e concentrações de extratos do mosto cervejeiro em graus Plato ºP (g/100g) e peso/volume (g/100mL)

Coeficiente Laboratório 20/20ºC	Extrato (ºP) g/100g	Densidade Real 20/4ºC	Extrato (p/v) g /100mL	Coeficiente Laboratório 20/20ºC	Extrato (ºP) g/100g	Densidade Real 20/4ºC	Extrato (p/v) g /100mL	Coeficiente Laboratório 20/20ºC	Extrato (ºP) g/100g	Densidade Real 20/4ºC	Extrato (p/v) g /100mL
1,00000	0,00	0,99823	0,00	1,00067	0,17	0,99890	0,17	1,00132	0,34	0,99955	0,34
1,00004	0,01	0,99827	0,01	1,00070	0,18	0,99893	0,18	1,00136	0,35	0,99959	0,35
1,00008	0,02	0,99831	0,02	1,00074	0,19	0,99897	0,19	1,00140	0,36	0,99963	0,36
1,00012	0,03	0,99835	0,03	1,00078	0,20	0,99901	0,20	1,00144	0,37	0,99967	0,37
1,00016	0,04	0,99839	0,04	1,00082	0,21	0,99905	0,21	1,00148	0,38	0,99971	0,38
1,00020	0,05	0,99843	0,05	1,00086	0,22	0,99909	0,22	1,00152	0,39	0,99975	0,39
1,00024	0,06	0,99847	0,06	1,00089	0,23	0,99912	0,23	1,00156	0,40	0,99979	0,40
1,00028	0,07	0,99851	0,07	1,00093	0,24	0,99916	0,24	1,00160	0,41	0,99983	0,41
1,00031	0,08	0,99854	0,08	1,00097	0,25	0,99920	0,25	1,00164	0,42	0,99987	0,42
1,00035	0,09	0,99858	0,09	1,00101	0,26	0,99924	0,26	1,00167	0,43	0,99990	0,43
1,00039	0,10	0,99862	0,10	1,00105	0,27	0,99928	0,27	1,00172	0,44	0,99994	0,44
1,00043	0,11	0,99866	0,11	1,00109	0,28	0,99932	0,28	1,00176	0,45	0,99998	0,45
1,00047	0,12	0,99870	0,12	1,00113	0,29	0,99936	0,29	1,00180	0,46	1,00002	0,46
1,00051	0,13	0,99874	0,13	1,00117	0,30	0,99940	0,30	1,00184	0,47	1,00006	0,47
1,00055	0,14	0,99878	0,14	1,00121	0,31	0,99944	0,31	1,00187	0,48	1,00009	0,48
1,00059	0,15	0,99882	0,15	1,00125	0,32	0,99948	0,32	1,00191	0,49	1,00013	0,49
1,00063	0,16	0,99886	0,16	1,00128	0,33	0,99951	0,33	1,00195	0,50	1,00017	0,50

1,00199	0,51	1,00021	0,51	1,00281	0,72	1,00103	0,72	1,00363	0,93	1,00185	0,93
1,00203	0,52	1,00025	0,52	1,00285	0,73	1,00107	0,73	1,00367	0,94	1,00189	0,94
1,00207	0,53	1,00029	0,53	1,00289	0,74	1,00111	0,74	1,00371	0,95	1,00193	0,95
1,00211	0,54	1,00033	0,54	1,00293	0,75	1,00115	0,75	1,00375	0,96	1,00197	0,96
1,00215	0,55	1,00037	0,55	1,00297	0,76	1,00119	0,76	1,00379	0,97	1,00201	0,97
1,00219	0,56	1,00041	0,56	1,00301	0,77	1,00123	0,77	1,00382	0,98	1,00204	0,98
1,00223	0,57	1,00045	0,57	1,00304	0,78	1,00126	0,78	1,00386	0,99	1,00208	0,99
1,00226	0,58	1,00048	0,58	1,00308	0,79	1,00130	0,79	1,00390	1,00	1,00212	1,00
1,00230	0,59	1,00052	0,59	1,00312	0,80	1,00134	0,80	1,00394	1,01	1,00216	1,01
1,00234	0,60	1,00056	0,60	1,00316	0,81	1,00138	0,81	1,00398	1,02	1,00220	1,02
1,00238	0,61	1,00060	0,61	1,00320	0,82	1,00142	0,82	1,00401	1,03	1,00223	1,03
1,00242	0,62	1,00064	0,62	1,00324	0,83	1,00146	0,83	1,00405	1,04	1,00227	1,04
1,00246	0,63	1,00068	0,63	1,00328	0,84	1,00150	0,84	1,00409	1,05	1,00231	1,05
1,00250	0,64	1,00072	0,64	1,00332	0,85	1,00154	0,85	1,00413	1,06	1,00235	1,06
1,00254	0,65	1,00076	0,65	1,00336	0,86	1,00158	0,86	1,00417	1,07	1,00239	1,07
1,00258	0,66	1,00080	0,66	1,00340	0,87	1,00162	0,87	1,00421	1,08	1,00243	1,08
1,00262	0,67	1,00084	0,67	1,00343	0,88	1,00165	0,88	1,00425	1,09	1,00247	1,09
1,00265	0,68	1,00087	0,68	1,00347	0,89	1,00169	0,89	1,00429	1,10	1,00251	1,10
1,00269	0,69	1,00091	0,69	1,00351	0,90	1,00173	0,90	1,00433	1,11	1,00255	1,11
1,00273	0,70	1,00095	0,70	1,00355	0,91	1,00177	0,91	1,00437	1,12	1,00259	1,12
1,00277	0,71	1,00099	0,71	1,00359	0,92	1,00181	0,92	1,00440	1,13	1,00262	1,13

(Continua)

TABELA 4A2 Coeficiente de Laboratório, Densidade Real e concentrações de extratos do mosto cervejeiro em graus Plato ºP (g/100g) e peso/volume (g/100mL) *(Cont.)*

Coeficiente Laboratório 20/20ºC	Extrato (ºP) g/100g	Densidade Real 20/4ºC	Extrato (p/v) g /100mL	Coeficiente Laboratório 20/20ºC	Extrato (ºP) g/100g	Densidade Real 20/4ºC	Extrato (p/v) g /100mL	Coeficiente Laboratório 20/20ºC	Extrato (ºP) g/100g	Densidade Real 20/4ºC	Extrato (p/v) g /100mL
1,00444	1,14	1,00266	1,14	1,00512	1,31	1,00333	1,31	1,00577	1,48	1,00398	1,49
1,00448	1,15	1,00270	1,15	1,00516	1,32	1,00337	1,32	1,00581	1,49	1,00402	1,50
1,00452	1,16	1,00274	1,16	1,00519	1,33	1,00340	1,33	1,00585	1,50	1,00406	1,51
1,00456	1,17	1,00278	1,17	1,00523	1,34	1,00344	1,34	1,00589	1,51	1,00410	1,52
1,00460	1,18	1,00282	1,18	1,00527	1,35	1,00348	1,35	1,00593	1,52	1,00414	1,53
1,00464	1,19	1,00286	1,19	1,00531	1,36	1,00352	1,36	1,00597	1,53	1,00418	1,54
1,00468	1,20	1,00290	1,20	1,00535	1,37	1,00356	1,37	1,00601	1,54	1,00422	1,55
1,00472	1,21	1,00294	1,21	1,00539	1,38	1,00360	1,38	1,00605	1,55	1,00426	1,56
1,00476	1,22	1,00298	1,22	1,00543	1,39	1,00364	1,40	1,00609	1,56	1,00430	1,57
1,00479	1,23	1,00301	1,23	1,00547	1,40	1,00368	1,41	1,00613	1,57	1,00434	1,58
1,00483	1,24	1,00305	1,24	1,00551	1,41	1,00372	1,42	1,00616	1,58	1,00437	1,59
1,00487	1,25	1,00309	1,25	1,00555	1,42	1,00376	1,43	1,00620	1,59	1,00441	1,60
1,00491	1,26	1,00313	1,26	1,00558	1,43	1,00379	1,44	1,00624	1,60	1,00445	1,61
1,00495	1,27	1,00317	1,27	1,00562	1,44	1,00383	1,45	1,00628	1,61	1,00449	1,62
1,00499	1,28	1,00321	1,28	1,00566	1,45	1,00387	1,46	1,00632	1,62	1,00453	1,63
1,00503	1,29	1,00325	1,29	1,00570	1,46	1,00391	1,47	1,00636	1,63	1,00457	1,64
1,00508	1,30	1,00329	1,30	1,00574	1,47	1,00395	1,48	1,00640	1,64	1,00461	1,65

1,00644	1,65	1,00465	1,66	1,00726	1,86	1,00547	1,87	1,00808	2,07	1,00629	2,08
1,00648	1,66	1,00469	1,67	1,00730	1,87	1,00551	1,88	1,00812	2,08	1,00633	2,09
1,00652	1,67	1,00473	1,68	1,00733	1,88	1,00554	1,89	1,00816	2,09	1,00637	2,10
1,00655	1,68	1,00476	1,69	1,00737	1,89	1,00558	1,90	1,00820	2,10	1,00641	2,11
1,00659	1,69	1,00480	1,70	1,00741	1,90	1,00562	1,91	1,00824	2,11	1,00645	2,12
1,00663	1,70	1,00484	1,71	1,00745	1,91	1,00566	1,92	1,00828	2,12	1,00649	2,13
1,00667	1,71	1,00488	1,72	1,00749	1,92	1,00570	1,93	1,00831	2,13	1,00652	2,14
1,00671	1,72	1,00492	1,73	1,00753	1,93	1,00574	1,94	1,00835	2,14	1,00656	2,15
1,00675	1,73	1,00496	1,74	1,00757	1,94	1,00578	1,95	1,00840	2,15	1,00660	2,16
1,00679	1,74	1,00500	1,75	1,00761	1,95	1,00582	1,96	1,00844	2,16	1,00664	2,17
1,00683	1,75	1,00504	1,76	1,00765	1,96	1,00586	1,97	1,00848	2,17	1,00668	2,18
1,00687	1,76	1,00508	1,77	1,00769	1,97	1,00590	1,98	1,00852	2,18	1,00672	2,19
1,00691	1,77	1,00512	1,78	1,00773	1,98	1,00594	1,99	1,00856	2,19	1,00676	2,20
1,00694	1,78	1,00515	1,79	1,00777	1,99	1,00598	2,00	1,00860	2,20	1,00680	2,21
1,00698	1,79	1,00519	1,80	1,00781	2,00	1,00602	2,01	1,00864	2,21	1,00684	2,23
1,00702	1,80	1,00523	1,81	1,00785	2,01	1,00606	2,02	1,00868	2,22	1,00688	2,24
1,00706	1,81	1,00527	1,82	1,00789	2,02	1,00610	2,03	1,00871	2,23	1,00691	2,25
1,00710	1,82	1,00531	1,83	1,00792	2,03	1,00613	2,04	1,00875	2,24	1,00695	2,26
1,00714	1,83	1,00535	1,84	1,00796	2,04	1,00617	2,05	1,00879	2,25	1,00699	2,27
1,00718	1,84	1,00539	1,85	1,00800	2,05	1,00621	2,06	1,00883	2,26	1,00703	2,28
1,00722	1,85	1,00543	1,86	1,00804	2,06	1,00625	2,07	1,00887	2,27	1,00707	2,29

(Continua)

TABELA 4A2 Coeficiente de Laboratório, Densidade Real e concentrações de extratos do mosto cervejeiro em graus Plato ºP (g/100g) e peso/volume (g/100mL) *(Cont.)*

Coeficiente Laboratório 20/20ºC	Extrato (ºP) g/100g	Densidade Real 20/4ºC	Extrato (p/v) g /100mL	Coeficiente Laboratório 20/20ºC	Extrato (ºP) g/100g	Densidade Real 20/4ºC	Extrato (p/v) g /100mL	Coeficiente Laboratório 20/20ºC	Extrato (ºP) g/100g	Densidade Real 20/4ºC	Extrato (p/v) g /100mL
1,00891	2,28	1,00711	2,30	1,00958	2,45	1,00778	2,47	1,01024	2,62	1,00844	2,64
1,00895	2,29	1,00715	2,31	1,00962	2,46	1,00782	2,48	1,01028	2,63	1,00848	2,65
1,00899	2,30	1,00719	2,32	1,00966	2,47	1,00786	2,49	1,01032	2,64	1,00852	2,66
1,00903	2,31	1,00723	2,33	1,00969	2,48	1,00789	2,50	1,01036	2,65	1,00856	2,67
1,00907	2,32	1,00727	2,34	1,00973	2,49	1,00793	2,51	1,01040	2,66	1,00860	2,68
1,00910	2,33	1,00730	2,35	1,00977	2,50	1,00797	2,52	1,01044	2,67	1,00864	2,69
1,00914	2,34	1,00734	2,36	1,00981	2,51	1,00801	2,53	1,01048	2,68	1,00868	2,70
1,00918	2,35	1,00738	2,37	1,00985	2,52	1,00805	2,54	1,01052	2,69	1,00872	2,71
1,00922	2,36	1,00742	2,38	1,00989	2,53	1,00809	2,55	1,01056	2,70	1,00876	2,72
1,00926	2,37	1,00746	2,39	1,00993	2,54	1,00813	2,56	1,01060	2,71	1,00880	2,73
1,00930	2,38	1,00750	2,40	1,00997	2,55	1,00817	2,57	1,01064	2,72	1,00884	2,74
1,00934	2,39	1,00754	2,41	1,01001	2,56	1,00821	2,58	1,01067	2,73	1,00887	2,75
1,00938	2,40	1,00758	2,42	1,01005	2,57	1,00825	2,59	1,01071	2,74	1,00891	2,76
1,00942	2,41	1,00762	2,43	1,01008	2,58	1,00828	2,60	1,01075	2,75	1,00895	2,77
1,00946	2,42	1,00766	2,44	1,01012	2,59	1,00832	2,61	1,01079	2,76	1,00899	2,78
1,00950	2,43	1,00770	2,45	1,01016	2,60	1,00836	2,62	1,01083	2,77	1,00903	2,80
1,00954	2,44	1,00774	2,46	1,01020	2,61	1,00840	2,63	1,01087	2,78	1,00907	2,81

1,01091	2,79	1,00911	2,82	1,01173	3,00	1,00993	3,03	1,01257	3,21	1,01076	3,24
1,01095	2,80	1,00915	2,83	1,01178	3,01	1,00997	3,04	1,01261	3,22	1,01080	3,25
1,01099	2,81	1,00919	2,84	1,01182	3,02	1,01001	3,05	1,01265	3,23	1,01084	3,27
1,01103	2,82	1,00923	2,85	1,01186	3,03	1,01005	3,06	1,01269	3,24	1,01088	3,28
1,01106	2,83	1,00926	2,86	1,01190	3,04	1,01009	3,07	1,01273	3,25	1,01092	2,29
1,01110	2,84	1,00930	2,87	1,01194	3,05	1,01013	3,08	1,01277	3,26	1,01096	3,30
1,01114	2,85	1,00934	2,88	1,01198	3,06	1,01017	3,09	1,01281	3,27	1,01100	3,31
1,01118	2,86	1,00938	2,89	1,01202	3,07	1,01021	3,10	1,01285	3,28	1,01104	3,32
1,01122	2,87	1,00942	2,90	1,01206	3,08	1,01025	3,11	1,01289	2,29	1,01108	3,33
1,01126	2,88	1,00946	2,91	1,01210	3,09	1,01029	3,12	1,01293	3,30	1,01112	3,34
1,01130	2,89	1,00950	2,92	1,01214	3,10	1,01033	3,13	1,01297	3,31	1,01116	3,35
1,01134	2,90	1,00954	2,93	1,01218	3,11	1,01037	3,14	1,01301	3,32	1,01120	3,36
1,01138	2,91	1,00958	2,94	1,01222	3,12	1,01041	3,15	1,01304	3,33	1,01123	3,37
1,01142	2,92	1,00962	2,95	1,01225	3,13	1,01044	3,16	1,01308	3,34	1,01127	3,38
1,01146	2,93	1,00966	2,96	1,01229	3,14	1,01048	3,17	1,01312	3,35	1,01131	3,39
1,01150	2,94	1,00970	2,97	1,01233	3,15	1,01052	3,18	1,01316	3,36	1,01135	3,40
1,01154	2,95	1,00974	2,98	1,01237	3,16	1,01056	3,19	1,01320	3,37	1,01139	3,41
1,01158	2,96	1,00978	2,99	1,01241	3,17	1,01060	3,20	1,01324	3,38	1,01143	3,42
1,01162	2,97	1,00982	3,00	1,01245	3,18	1,01064	3,21	1,01328	3,39	1,01147	3,43
1,01165	2,98	1,00985	3,01	1,01249	3,19	1,01068	3,22	1,01332	3,40	1,01151	3,44
1,01169	2,99	1,00989	3,02	1,01253	3,20	1,01072	3,23	1,01336	3,41	1,01155	3,45

(Continua)

TABELA 4A2 Coeficiente de Laboratório, Densidade Real e concentrações de extratos do mosto cervejeiro em graus Plato ºP (g/100g) e peso/volume (g/100mL) *(Cont.)*

Coeficiente Laboratório 20/20ºC	Extrato (ºP) g/100g	Densidade Real 20/4ºC	Extrato (p/v) g /100mL	Coeficiente Laboratório 20/20ºC	Extrato (ºP) g/100g	Densidade Real 20/4ºC	Extrato (p/v) g /100mL	Coeficiente Laboratório 20/20ºC	Extrato (ºP) g/100g	Densidade Real 20/4ºC	Extrato (p/v) g /100mL
1,01340	3,42	1,01159	3,46	1,01407	3,59	1,01226	3,63	1,01474	3,76	1,01293	3,81
1,01344	3,43	1,01163	3,47	1,01411	3,60	1,01230	3,64	1,01478	3,77	1,01297	3,82
1,01348	3,44	1,01167	3,48	1,01415	3,61	1,01234	3,65	1,01482	3,78	1,01301	3,83
1,01352	3,45	1,01171	3,49	1,01419	3,62	1,01238	3,66	1,01486	3,79	1,01305	3,84
1,01356	3,46	1,01175	3,50	1,01423	3,63	1,01242	3,68	1,01490	3,80	1,01309	3,85
1,01360	3,47	1,01179	3,51	1,01427	3,64	1,01246	3,69	1,01494	3,81	1,01313	3,86
1,01363	3,48	1,01182	3,52	1,01431	3,65	1,01250	3,70	1,01498	3,82	1,01317	3,87
1,01367	3,49	1,01186	3,53	1,01435	3,66	1,01254	3,71	1,01502	3,83	1,01321	3,88
1,01371	3,50	1,01190	3,54	1,01439	3,67	1,01258	3,72	1,01506	3,84	1,01325	3,89
1,01375	3,51	1,01194	3,55	1,01442	3,68	1,01261	3,73	1,01510	3,85	1,01329	3,90
1,01379	3,52	1,01198	3,56	1,01446	3,69	1,01265	3,74	1,01515	3,86	1,01333	3,91
1,01383	3,53	1,01202	3,57	1,01450	3,70	1,01269	3,75	1,01519	3,87	1,01337	3,92
1,01387	3,54	1,01206	3,58	1,01454	3,71	1,01273	3,76	1,01523	3,88	1,01341	3,93
1,01391	3,55	1,01210	3,59	1,01458	3,72	1,01277	3,77	1,01527	3,89	1,01345	3,94
1,01395	3,56	1,01214	3,60	1,01462	3,73	1,01281	3,78	1,01531	3,90	1,01349	3,95
1,01399	3,57	1,01218	3,61	1,01466	3,74	1,01285	3,79	1,01535	3,91	1,01353	3,96
1,01403	3,58	1,01222	3,62	1,01470	3,75	1,01289	3,80	1,01539	3,92	1,01357	3,97

1,01542	3,93	1,01360	3,98	1,01626	4,14	1,01444	4,20	1,01709	4,35	1,01527	4,42
1,01546	3,94	1,01364	3,99	1,01630	4,15	1,01448	4,21	1,01713	4,36	1,01531	4,43
1,01550	3,95	1,01368	4,00	1,01634	4,16	1,01452	4,22	1,01717	4,37	1,01535	4,44
1,01554	3,96	1,01372	4,01	1,01638	4,17	1,01456	4,23	1,01721	4,38	1,01539	4,45
1,01558	3,97	1,01376	4,02	1,01641	4,18	1,01459	4,24	1,01725	4,39	1,01543	4,46
1,01562	3,98	1,01380	4,03	1,01645	4,19	1,01463	4,25	1,01729	4,40	1,01547	4,47
1,01566	3,99	1,01340	4,05	1,01649	4,20	1,01467	4,26	1,01733	4.41	1,01551	4,48
1,01570	4,00	1,01388	4,06	1,01653	4,21	1,01471	4,27	1,01737	4,42	1,01555	4,49
1,01574	4,01	1,01392	4,07	1,01657	4,22	1,01475	4,28	1,01741	4,43	1,01559	4,50
1,01578	4,02	1,01396	4,08	1,01661	4,23	1,01479	4,29	1,01745	4,44	1,01563	4,51
1,01582	4,03	1,01400	4,09	1,01665	4,24	1,01483	4,30	1,01749	4,45	1,01567	4,52
1,01586	4,04	1,01404	4,10	1,01669	4,25	1,01487	4,31	1,01753	4,46	1,01571	4,53
1,01590	4,05	1,01408	4,11	1,01673	4,26	1,01491	4,32	1,01757	4,47	1,01575	4,54
1,01594	4,06	1,01412	4,12	1,01677	4,27	1,01495	4,33	1,01760	4,48	1,01578	4,55
1,01598	4,07	1,01416	4,13	1,01681	4,28	1,01499	4,34	1,01764	4,49	1,01582	4,56
1,01602	4,08	1,01420	4,14	1,01685	4,29	1,01503	4,35	1,01768	4,50	1,01586	4,57
1,01606	4,09	1,01424	4,15	1,01689	4,30	1,01507	4,36	1,01772	4,51	1,01590	4,58
1,01610	4,10	1,01428	4,16	1,01693	4,31	1,01511	4,38	1,01776	4,52	1,01594	4,59
1,01614	4,11	1,01432	4,17	1,01697	4,32	1,01515	4,39	1,01780	4,53	1,01598	4,60
1,01618	4,12	1,01436	4,18	1,01701	4,33	1,01519	4,40	1,01784	4,54	1,01602	4,61
1,01622	4,13	1,01440	4,19	1,01705	4,34	1,01523	4,41	1,01788	4,55	1,01606	4,62

(Continua)

TABELA 4A2 Coeficiente de Laboratório, Densidade Real e concentrações de extratos do mosto cervejeiro em graus Plato ºP (g/100g) e peso/volume (g/100mL) *(Cont.)*

Coeficiente Laboratório 20/20ºC	Extrato (ºP) g/100g	Densidade Real 20/4ºC	Extrato (p/v) g /100mL	Coeficiente Laboratório 20/20ºC	Extrato (ºP) g/100g	Densidade Real 20/4ºC	Extrato (p/v) g /100mL	Coeficiente Laboratório 20/20ºC	Extrato (ºP) g/100g	Densidade Real 20/4ºC	Extrato (p/v) g /100mL
1,01792	4,56	1,01610	4,63	1,01861	4,73	1,01678	4,81	1,01929	4,90	1,01746	4,99
1,01796	4,57	1,01614	4,64	1,01865	4,74	1,01682	4,82	1,01933	4,91	1,01750	5,00
1,01800	4,58	1,01618	4,65	1,01869	4,75	1,01686	4,83	1,01937	4,92	1,01754	5,01
1,01804	4,59	1,01622	4,66	1,01873	4,76	1,01690	4,84	1,01941	4,93	1,01758	5,02
1,01808	4,60	1,01626	4,67	1,01877	4,77	1,01694	4,85	1,01945	4,94	1,01762	5,03
1,01812	4,61	1,01630	4,69	1,01881	4,78	1,01698	4,86	1,01949	4,95	1,01766	5,04
1,01816	4,62	1,01634	4,70	1,01885	4,79	1,01702	4,87	1,01953	4,96	1,01770	5,05
1,01820	4,63	1,01638	4,71	1,01889	4,80	1,01706	4,88	1,01957	4,97	1,01774	5,06
1,01824	4,64	1,01642	4,72	1,01893	4,81	1,01710	4,89	1,01960	4,98	1,01777	5,07
1,01828	4,65	1,01646	4,73	1,01897	4,82	1,01714	4,90	1,01964	4,99	1,01781	5,08
1,01832	4,66	1,01650	4,74	1,01901	4,83	1,01718	4,91	1,01968	5,00	1,01785	5,09
1,01836	4,67	1,01654	4,75	1,01905	4,84	1,01722	4,92	1,01972	5,01	1,01789	5,10
1,01840	4,68	1,01658	4,76	1,01909	4,85	1,01726	4,93	1,01976	5,02	1,01793	5,11
1,01844	4,69	1,01662	4,77	1,01913	4,86	1,01730	4,94	1,01980	5,03	1,01797	5,12
1,01849	4,70	1,01666	4,78	1,01917	4,87	1,01734	4,95	1,01984	5,04	1,01801	5,13
1,01853	4,71	1,01670	4,79	1,01921	4,88	1,01738	4,96	1,01988	5,05	1,01805	5,14
1,01857	4,72	1,01674	4,80	1,01925	4,89	1,01742	4,98	1,01992	5,06	1,01809	5,15

1,01996	5,07	1,01813	5,16	1,02080	5,28	1,01897	5,38	1,02164	5,49	1,01981	5,60
1,02000	5,08	1,01817	5,17	1,02084	5,29	1,01901	5,39	1,02168	5,50	1,01985	5,61
1,02004	5,09	1,01821	5,18	1,02088	5,30	1,01905	5,40	1,02172	5,51	1,01989	5,62
1,02008	5,10	1,01825	5,19	1,02092	5,31	1,01909	5.41	1,02176	5,52	1,01993	5,63
1,02012	5,11	1,01829	5,20	1,02096	5,32	1,01913	5,42	1,02180	5,53	1,01997	5,64
1,02016	5,12	1,01833	5,21	1,02100	5,33	1,01917	5,43	1,02185	5,54	1,02001	5,65
1,02020	5,13	1,01837	5,22	1,02104	5,34	1,01921	5,44	1,02189	5,55	1,02005	5,66
1,02024	5,14	1,01841	5,23	1,02108	5,35	1,01925	5,45	1,02193	5,56	1,02009	5,67
1,02028	5,15	1,01845	5,25	1,02112	5,36	1,01929	5,46	1,02197	5,57	1,02013	5,68
1,02032	5,16	1,01849	5,26	1,02116	5,37	1,01933	5,47	1,02201	5,58	1,02017	5,69
1,02036	5,17	1,01853	5,27	1,02120	5,38	1,01937	5,48	1,02205	5,59	1,02021	5,70
1,02040	5,18	1,01857	5,28	1,02124	5,39	1,01941	5,49	1,02209	5,60	1,02025	5,71
1,02044	5,19	1,01861	5,29	1,02128	5,40	1,01945	5,51	1,02213	5,61	1,02029	5,72
1,02048	5,20	1,01865	5,30	1,02132	5.41	1,01949	5,52	1,02217	5,62	1,02033	5,73
1,02052	5,21	1,01869	5,31	1,02136	5,42	1,01953	5,53	1,02221	5,63	1,02037	5,74
1,02056	5,22	1,01873	5,32	1,02140	5,43	1,01957	5,54	1,02225	5,64	1,02041	5,76
1,02060	5,23	1,01877	5,33	1,02144	5,44	1,01961	5,55	1,02229	5,65	1,02045	5,77
1,02064	5,24	1,01881	5,34	1,02148	5,45	1,01965	5,56	1,02233	5,66	1,02049	5,78
1,02068	5,25	1,01885	5,35	1,02152	5,46	1,01969	5,57	1,02237	5,67	1,02053	5,79
1,02072	5,26	1,01889	5,36	1,02156	5,47	1,01973	5,58	1,02241	5,68	1,02057	5,80
1,02076	5,27	1,01893	5,37	1,02160	5,48	1,01977	5,59	1,02245	5,69	1,02061	5,81

(Continua)

TABELA 4A2 Coeficiente de Laboratório, Densidade Real e concentrações de extratos do mosto cervejeiro em graus Plato ºP (g/100g) e peso/volume (g/100mL) *(Cont.)*

Coeficiente Laboratório 20/20ºC	Extrato (ºP) g/100g	Densidade Real 20/4ºC	Extrato (p/v) g /100mL	Coeficiente Laboratório 20/20ºC	Extrato (ºP) g/100g	Densidade Real 20/4ºC	Extrato (p/v) g /100mL	Coeficiente Laboratório 20/20ºC	Extrato (ºP) g/100g	Densidade Real 20/4ºC	Extrato (p/v) g /100mL
1,02249	5,70	1,02065	5,82	1,02317	5,87	1,02133	6,00	1,02386	6,04	1,02202	6,17
1,02253	5,71	1,02069	5,83	1,02321	5,88	1,02137	6,01	1,02390	6,05	1,02206	6,18
1,02257	5,72	1,02073	5,84	1,02325	5,89	1,02141	6,02	1,02394	6,06	1,02210	6,19
1,02261	5,73	1,02077	5,85	1,02329	5,90	1,02145	6,03	1,02398	6,07	1,02214	6,20
1,02265	5,74	1,02081	5,86	1,02333	5,91	1,02149	6,04	1,02402	6,08	1,02218	6,21
1,02269	5,75	1,02085	5,87	1,02337	5,92	1,02153	6,05	1,02406	6,09	1,02222	6,23
1,02273	5,76	1,02089	5,88	1,02341	5,93	1,02157	6,06	1,02410	6,10	1,02226	6,24
1,02277	5,77	1,02093	5,89	1,02345	5,94	1,02161	6,07	1,02414	6,11	1,02230	6,25
1,02281	5,78	1,02097	5,90	1,02349	5,95	1,02165	6,08	1,02418	6,12	1,02234	6,26
1,02285	5,79	1,02101	5,91	1,02353	5,96	1,02169	6,09	1,02422	6,13	1,02238	6,27
1,02289	5,80	1,02105	5,92	1,02357	5,97	1,02173	6,10	1,02426	6,14	1,02242	6,28
1,02293	5,81	1,02109	5,93	1,02362	5,98	1,02178	6,11	1,02430	6,15	1,02246	6,29
1,02297	5,82	1,02113	5,94	1,02366	5,99	1,02182	6,12	1,02434	6,16	1,02250	6,30
1,02301	5,83	1,02117	5,95	1,02370	6,00	1,02186	6,13	1,02438	6,17	1,02254	6,31
1,02305	5,84	1,02121	5,96	1,02374	6,01	1,02190	6,14	1,02442	6,18	1,02258	6,32
1,02309	5,85	1,02125	5,97	1,02378	6,02	1,02194	6,15	1,02446	6,19	1,02262	6,33
1,02313	5,86	1,02129	5,98	1,02382	6,03	1,02198	6,16	1,02450	6,20	1,02266	6,34

1,02454	6,21	1,02270	6,35	1,02539	6,42	1,02354	6,57	1,02624	6,63	1,02439	6,79
1,02458	6,22	1,02274	6,36	1,02544	6,43	1,02359	6,58	1,02628	6,64	1,02443	6,80
1,02462	6,23	1,02278	6,37	1,02548	6,44	1,02363	6,59	1,02632	6,65	1,02447	6,81
1,02466	6,24	1,02282	6,38	1,02552	6,45	1,02367	6,60	1,02636	6,66	1,02451	6,82
1,02470	6,25	1,02286	6,39	1,02556	6,46	1,02371	6,61	1,02640	6,67	1,02455	6,83
1,02474	6,26	1,02290	6,40	1,02560	6,47	1,02375	6,62	1,02644	6,68	1,02459	6,84
1,02478	6,27	1,02294	6,41	1,02564	6,48	1,02379	6,63	1,02648	6,69	1,02463	6,85
1,02482	6,28	1,02298	6,42	1,02568	6,49	1,02383	6,64	1,02652	6,70	1,02467	6,87
1,02486	6,29	1,02302	6,43	1,02572	6,50	1,02387	6,66	1,02656	6,71	1,02471	6,88
1,02490	6,30	1,02306	6,45	1,02576	6,51	1,02391	6,67	1,02660	6,72	1,02475	6,89
1,02494	6,31	1,02310	6,46	1,02580	6,52	1,02395	6,68	1,02665	6,73	1,02480	6,90
1,02498	6,32	1,02314	6,47	1,02584	6,53	1,02399	6,69	1,02669	6,74	1,02484	6,91
1,02502	6,33	1,02318	6,48	1,02588	6,54	1,02403	6,70	1,02673	6,75	1,02488	6,92
1,02506	6,34	1,02322	6,49	1,02592	6,55	1,02407	6,71	1,02677	6,76	1,02492	6,93
1,02510	6,35	1,02326	6,50	1,02596	6,56	1,02411	6,72	1,02681	6,77	1,02496	6,94
1,02514	6,36	1,02330	6,51	1,02600	6,57	1,02415	6,73	1,02685	6,78	1,02500	6,95
1,02519	6,37	1,02334	6,52	1,02604	6,58	1,02419	6,74	1,02689	6,79	1,02504	6,96
1,02523	6,38	1,02338	6,53	1,02608	6,59	1,02423	6,75	1,02693	6,80	1,02508	6,97
1,02527	6,39	1,02342	6,54	1,02612	6,60	1,02427	6,76	1,02697	6,81	1,02512	6,98
1,02531	6,40	1,02346	6,55	1,02616	6,61	1,02431	6,77	1,02701	6,82	1,02516	6,99
1,02535	6,41	1,02350	6,56	1,02620	6,62	1,02435	6,78	1,02705	6,83	1,02520	7,00

(Continua)

TABELA 4A2 Coeficiente de Laboratório, Densidade Real e concentrações de extratos do mosto cervejeiro em graus Plato ºP (g/100g) e peso/volume (g/100mL) *(Cont.)*

Coeficiente Laboratório 20/20ºC	Extrato (ºP) g/100g	Densidade Real 20/4ºC	Extrato (p/v) g /100mL	Coeficiente Laboratório 20/20ºC	Extrato (ºP) g/100g	Densidade Real 20/4ºC	Extrato (p/v) g /100mL	Coeficiente Laboratório 20/20ºC	Extrato (ºP) g/100g	Densidade Real 20/4ºC	Extrato (p/v) g /100mL
1,02709	6,84	1,02524	7,01	1,02778	7,01	1,02593	7,19	1,02846	7,18	1,02661	7,37
1,02713	6,85	1,02528	7,02	1,02782	7,02	1,02597	7,20	1,02850	7,19	1,02665	7,38
1,02717	6,86	1,02532	7,03	1,02786	7,03	1,02601	7,21	1,02855	7,20	1,02669	7,39
1,02721	6,87	1,02536	7,04	1,02790	7,04	1,02605	7,22	1,02859	7,21	1,02673	7,40
1,02725	6,88	1,02540	7,05	1,02794	7,05	1,02609	7,23	1,02863	7,22	1,02677	7,41
1,02729	6,89	1,02544	7,07	1,02798	7,06	1,02613	7,24	1,02868	7,23	1,02682	7,42
1,02733	6,90	1,02548	7,08	1,02802	7,07	1,02617	7,26	1,02872	7,24	1,02686	7,43
1,02737	6,91	1,02552	7,09	1,02806	7,08	1,02621	7,27	1,02876	7,25	1,02690	7,45
1,02741	6,92	1,02556	7,10	1,02810	7,09	1,02625	7,28	1,02880	7,26	1,02694	7,46
1,02745	6,93	1,02560	7,11	1,02814	7,10	1,02629	7,29	1,02884	7,27	1,02698	7,47
1,02749	6,94	1,02564	7,12	1,02818	7,11	1,02633	7,30	1,02888	7,28	1,02702	7,48
1,02753	6,95	1,02568	7,13	1,02822	7,12	1,02637	7,31	1,02892	7,29	1,02706	7,49
1,02757	6,96	1,02572	7,14	1,02826	7,13	1,02641	7,32	1,02896	7,30	1,02710	7,50
1,02761	6,97	1,02576	7,15	1,02830	7,14	1,02645	7,33	1,02900	7,31	1,02714	7,51
1,02766	6,98	1,02581	7,16	1,02834	7,15	1,02649	7,34	1,02904	7,32	1,02718	7,52
1,02770	6,99	1,02585	7,17	1,02838	7,16	1,02653	7,35	1,02908	7,33	1,02722	7,53
1,02774	7,00	1,02589	7,18	1,02842	7,17	1,02657	7,36	1,02912	7,34	1,02726	7,54

1,02916	7,35	1,02730	7,55	1,03001	7,56	1,02815	7,77	1,03087	7,77	1,02901	8,00
1,02920	7,36	1,02734	7,56	1,03005	7,57	1,02819	7,78	1,03091	7,78	1,02905	8,01
1,02924	7,37	1,02738	7,57	1,03010	7,58	1,02824	7,79	1,03095	7,79	1,02909	8,02
1,02928	7,38	1,02742	7,58	1,03014	7,59	1,02828	7,80	1,03099	7,80	1,02913	8,03
1,02932	7,39	1,02746	7,59	1,00318	7,60	1,02832	7,82	1,03103	7,81	1,02917	8,04
1,02936	7,40	1,02750	7,60	1,03022	7,61	1,02836	7,83	1,03107	7,82	1,02921	8,05
1,02940	7,41	1,02754	7,61	1,03026	7,62	1,02840	7,84	1,03111	7,83	1,02925	8,06
1,02944	7,42	1,02758	7,62	1,03030	7,63	1,02844	7,85	1,03115	7,84	1,02929	8,07
1,02949	7,43	1,02763	7,64	1,03034	7,64	1,02848	7,86	1,03119	7,85	1,02933	8,08
1,02953	7,44	1,02767	7,65	1,03038	7,65	1,02852	7,87	1,03123	7,86	1,02937	8,09
1,02957	7,45	1,02771	7,66	1,03042	7,66	1,02856	7,88	1,03127	7,87	1,02941	8,10
1,02961	7,46	1,02775	7,67	1,03046	7,67	1,02860	7,89	1,03132	7,88	1,02946	8,11
1,02965	7,47	1,02779	7,68	1,03050	7,68	1,02864	7,90	1,03136	7,89	1,02950	8,12
1,02969	7,48	1,02783	7,69	1,03054	7,69	1,02868	7,91	1,03140	7,90	1,02954	8,13
1,02973	7,49	1,02787	7,70	1,03058	7,70	1,02872	7,92	1,03144	7,91	1,02958	8,14
1,02977	7,50	1,02791	7,71	1,03062	7,71	1,02876	7,93	1,03148	7,92	1,02962	8,15
1,02981	7,51	1,02795	7,72	1,03066	7,72	1,02880	7,94	1,03152	7,93	1,02966	8,17
1,02985	7,52	1,02799	7,73	1,03071	7,73	1,02885	7,95	1,03156	7,94	1,02970	8,18
1,02983	7,53	1,02803	7,74	1,03075	7,74	1,02889	7,96	1,03160	7,95	1,02974	8,19
1,02993	7,54	1,02807	7,75	1,03079	7,75	1,02893	7,97	1,03164	7,96	1,02978	8,20
1,02997	7,55	1,02811	7,76	1,03083	7,76	1,02897	7,98	1,03168	7,97	1,02982	8,21

(Continua)

TABELA 4A2 Coeficiente de Laboratório, Densidade Real e concentrações de extratos do mosto cervejeiro em graus Plato ºP (g/100g) e peso/volume (g/100mL) *(Cont.)*

Coeficiente Laboratório 20/20ºC	Extrato (ºP) g/100g	Densidade Real 20/4ºC	Extrato (p/v) g /100mL	Coeficiente Laboratório 20/20ºC	Extrato (ºP) g/100g	Densidade Real 20/4ºC	Extrato (p/v) g /100mL	Coeficiente Laboratório 20/20ºC	Extrato (ºP) g/100g	Densidade Real 20/4ºC	Extrato (p/v) g /100mL
1,03172	7,98	1,02986	8,22	1,03242	8,15	1,03055	8,40	1,03312	8,32	1,03125	8,58
1,03176	7,99	1,02990	8,23	1,03246	8,16	1,03059	8,41	1,03316	8,33	1,03129	8,59
1,03180	8,00	1,02994	8,24	1,03250	8,17	1,03063	8,42	1,03320	8,34	1,03133	8,60
1,03184	8,01	1,02998	8,25	1,03255	8,18	1,03068	8,43	1,03324	8,35	1,03137	8,61
1,03189	8,02	1,03002	8,26	1,03259	8,19	1,03072	8,44	1,03328	8,36	1,03141	8,62
1,03194	8,03	1,03007	8,27	1,03263	8,20	1,03076	8,45	1,03332	8,37	1,03145	8,63
1,03198	8,04	1,03011	8,28	1,03267	8,21	1,03080	8,46	1,03336	8,38	1,03149	8,64
1,03202	8,05	1,03015	8,29	1,03271	8,22	1,03084	8,47	1,03340	8,39	1,03153	8,65
1,03206	8,06	1,00319	8,30	1,03275	8,23	1,03088	8,48	1,03344	8,40	1,03157	8,67
1,03210	8,07	1,03023	8,31	1,03279	8,24	1,03092	8,49	1,03348	8,41	1,03161	8,68
1,03214	8,08	1,03027	8,32	1,03283	8,25	1,03096	8,51	1,03352	8,42	1,03165	8,69
1,03218	8,09	1,03031	8,34	1,03287	8,26	1,03100	8,52	1,03357	8,43	1,03170	8,70
1,03222	8,10	1,03035	8,35	1,03291	8,27	1,03104	8,53	1,03361	8,44	1,03174	8,71
1,03226	8,11	1,03039	8,36	1,03296	8,28	1,03109	8,54	1,03365	8,45	1,03178	8,72
1,03230	8,12	1,03043	8,37	1,03300	8,29	1,03113	8,55	1,03369	8,46	1,03182	8,73
1,03234	8,13	1,03047	8,38	1,03304	8,30	1,03117	8,56	1,03373	8,47	1,03186	8,74
1,03238	8,14	1,03051	8,39	1,03308	8,31	1,03121	8,57	1,03377	8,48	1,03190	8,75

1,03381	8,49	1,03194	8,76	1,03467	8,70	1,03280	8,99	1,03554	8,91	1,03366	9,21
1,03385	8,50	1,03198	8,77	1,03471	8,71	1,03284	9,00	1,03558	8,92	1,03370	9,22
1,03389	8,51	1,03202	8,78	1,03475	8,72	1,03288	9,01	1,03562	8,93	1,03374	9,23
1,03393	8,52	1,03206	8,79	1,03479	8,73	1,03292	9,02	1,03566	8,94	1,03378	9,24
1,03398	8,53	1,03211	8,80	1,03483	8,74	1,03296	9,03	1,03570	8,95	1,03382	9,25
1,03402	8,54	1,03215	8,81	1,03487	8,75	1,03300	9,04	1,03574	8,96	1,03386	9,26
1,03406	8,55	1,03219	8,83	1,03491	8,76	1,03304	9,05	1,03578	8,97	1,03390	9,27
1,03410	8,56	1,03223	8,84	1,03495	8,77	1,03308	9,06	1,03583	8,98	1,03395	9,28
1,03414	8,57	1,03227	8,85	1,03500	8,78	1,03313	9,07	1,03587	8,99	1,03399	9,30
1,03418	8,58	1,03231	8,86	1,03504	8,79	1,03317	9,08	1,03591	9,00	1,03403	9,31
1,03422	8,59	1,03235	8,87	1,03508	8,80	1,03321	9,09	1,03595	9,01	1,03407	9,32
1,03426	8,60	1,03239	8,88	1,03512	8,81	1,03325	9,10	1,03599	9,02	1,03411	9,33
1,03430	8,61	1,03243	8,89	1,03516	8,82	1,03329	9,11	1,03603	9,03	1,03415	9,34
1,03434	8,62	1,03247	8,90	1,03520	8,83	1,03333	9,12	1,03607	9,04	1,03419	9,35
1,03439	8,63	1,03252	8,91	1,03525	8,84	1,03337	9,13	1,03611	9,05	1,03423	9,36
1,03443	8,64	1,03256	8,92	1,03529	8,85	1,03341	9,15	1,03615	9,06	1,03427	9,37
1,03447	8,65	1,03260	8,93	1,03533	8,86	1,03345	9,16	1,03619	9,07	1,03431	9,38
1,03451	8,66	1,03264	8,94	1,03537	8,87	1,03349	9,17	1,03624	9,08	1,03436	9,39
1,03455	8,67	1,03268	8,95	1,03542	8,88	1,03354	9,18	1,03628	9,09	1,03440	9,40
1,03459	8,68	1,03272	8,96	1,03546	8,89	1,03358	9,19	1,03632	9,10	1,03444	9,41
1,03463	8,69	1,03276	8,97	1,03550	8,90	1,03362	9,20	1,03636	9,11	1,03448	9,42

(Continua)

TABELA 4A2 Coeficiente de Laboratório, Densidade Real e concentrações de extratos do mosto cervejeiro em graus Plato ºP (g/100g) e peso/volume (g/100mL) *(Cont.)*

Coeficiente Laboratório 20/20ºC	Extrato (ºP) g/100g	Densidade Real 20/4ºC	Extrato (p/v) g /100mL	Coeficiente Laboratório 20/20ºC	Extrato (ºP) g/100g	Densidade Real 20/4ºC	Extrato (p/v) g /100mL	Coeficiente Laboratório 20/20ºC	Extrato (ºP) g/100g	Densidade Real 20/4ºC	Extrato (p/v) g /100mL
1,03640	9,12	1,03552	9,43	1,03710	9,29	1,03522	9,62	1,03780	9,46	1,03592	9,80
1,03644	9,13	1,03456	9,45	1,03714	9,30	1,03526	9,63	1,03784	9,47	1,03596	9,81
1,03648	9,14	1,03460	9,46	1,03718	9,31	1,03530	9,64	1,03788	9,48	1,03600	9,82
1,03652	9,15	1,03464	9,47	1,03722	9,32	1,03534	9,65	1,03792	9,49	1,03604	9,83
1,03656	9,16	1,03468	9,48	1,03727	9,33	1,03539	9,66	1,03796	9,50	1,03608	9,84
1,03660	9,17	1,03472	9,49	1,03731	9,34	1,03543	9,67	1,03800	9,51	1,03612	9,85
1,03665	9,18	1,03477	9,50	1,03735	9,35	1,03547	9,68	1,03804	9,52	1,03616	9,86
1,03669	9,19	1,03481	9,51	1,03739	9,36	1,03551	9,69	1,03809	9,53	1,03621	9,88
1,03673	9,20	1,03485	9,52	1,03743	9,37	1,03555	9,70	1,03813	9,54	1,03625	9,89
1,03677	9,21	1,03489	9,53	1,03747	9,38	1,03559	9,71	1,03817	9,55	1,03629	9,90
1,03681	9,22	1,03493	9,54	1,03751	9,39	1,03563	9,72	1,03821	9,56	1,03633	9,91
1,03686	9,23	1,03498	9,55	1,03755	9,40	1,03567	9,74	1,03825	9,57	1,03637	9,92
1,03690	9,24	1,03502	9,56	1,03759	9,41	1,03571	9,75	1,03829	9,58	1,03641	9,93
1,03694	9,25	1,03506	9,57	1,03763	9,42	1,03575	9,76	1,03833	9,59	1,03645	9,94
1,03698	9,26	1,03510	9,59	1,03768	9,43	1,03580	9,77	1,03837	9,60	1,03649	9,95
1,03702	9,27	1,03514	9,60	1,03772	9,44	1,03584	9,78	1,03841	9,61	1,03653	9,96
1,03706	9,28	1,03518	9,61	1,03776	9,45	1,03588	9,79	1,03845	9,62	1,03657	9,97

1,03850	9,63	1,03662	9,98	1,03937	9,84	1,03748	10,21	1,04024	10,05	1,03835	10,44
1,03854	9,64	1,03666	9,99	1,03941	9,85	1,03752	10,22	1,04028	10,06	1,03839	10,45
1,03858	9,65	1,03670	10,00	1,03945	9,86	1,03756	10,23	1,04032	10,07	1,03843	10,46
1,03863	9,66	1,03674	10,01	1,03949	9,87	1,03760	10,24	1,04037	10,08	1,03848	10,47
1,03867	9,67	1,03678	10,03	1,03954	9,88	1,03765	10,25	1,04041	10,09	1,03852	10,48
1,03872	9,68	1,03683	10,04	1,03958	9,89	1,03769	10,26	1,04045	10,10	1,03856	10,49
1,03876	9,69	1,03687	10,05	1,03962	9,90	1,03773	10,27	1,04049	10,11	1,03860	10,50
1,03880	9,70	1,03691	10,06	1,03966	9,91	1,03777	10,28	1,04053	10,12	1,03864	10,51
1,03884	9,71	1,03695	10,07	1,03970	9,92	1,03781	10,30	1,04057	10,13	1,03868	10,52
1,03888	9,72	1,03699	10,08	1,03975	9,93	1,03786	10,31	1,04061	10,14	1,03872	10,53
1,03892	9,73	1,03703	10,09	1,03979	9,94	1,03790	10,32	1,04065	10,15	1,03876	10,54
1,03896	9,74	1,03707	10,10	1,03983	9,95	1,03794	10,33	1,04069	10,16	1,03880	10,55
1,03900	9,75	1,03711	10,11	1,03987	9,96	1,03798	10,34	1,04073	10,17	1,03884	10,57
1,03904	9,76	1,03715	10,12	1,03991	9,97	1,03802	10,35	1,04078	10,18	1,03889	10,58
1,03908	9,77	1,03719	10,13	1,03995	9,98	1,03806	10,36	1,04082	10,19	1,03893	10,59
1,03913	9,78	1,03724	10,14	1,03999	9,99	1,03810	10,37	1,04086	10,20	1,03897	10,60
1,03917	9,79	1,03728	10,15	1,04003	10,00	1,03814	10,38	1,04090	10,21	1,03901	10,61
1,03921	9,80	1,03732	10,17	1,04007	10,01	1,03818	10,39	1,04094	10,22	1,03905	10,62
1,03925	9,81	1,03736	10,18	1,04011	10,02	1,03822	10,40	1,04099	10,23	1,03910	10,63
1,03929	9,82	1,03740	10,19	1,04016	10,03	1,03827	10,41	1,04103	10,24	1,03914	10,64
1,03933	9,83	1,03744	10,20	1,04020	10,04	1,03831	10,42	1,04107	10,25	1,03918	10,65

(Continua)

TABELA 4A2 Coeficiente de Laboratório, Densidade Real e concentrações de extratos do mosto cervejeiro em graus Plato °P (g/100g) e peso/volume (g/100mL) *(Cont.)*

Coeficiente Laboratório 20/20°C	Extrato (°P) g/100g	Densidade Real 20/4°C	Extrato (p/v) g /100mL	Coeficiente Laboratório 20/20°C	Extrato (°P) g/100g	Densidade Real 20/4°C	Extrato (p/v) g /100mL	Coeficiente Laboratório 20/20°C	Extrato (°P) g/100g	Densidade Real 20/4°C	Extrato (p/v) g /100mL
1,04111	10,26	1,03922	10,66	1,04181	10,43	1,03992	10,85	1,04253	10,60	1,04063	11,03
1,04115	10,27	1,03926	10,67	1,04185	10,44	1,03996	10,86	1,04257	10,61	1,04067	11,04
1,04119	10,28	1,03930	10,68	1,04189	10,45	1,04000	10,87	1,04261	10,62	1,04071	11,05
1,04123	10,29	1,03934	10,69	1,04193	10,46	1,04004	10,88	1,04265	10,63	1,04075	11,06
1,04127	10,30	1,03938	10,71	1,04198	10,47	1,04008	10,89	1,04269	10,64	1,04079	11,07
1,04131	10,31	1,03942	10,72	1,04203	10,48	1,04013	10,90	1,04273	10,65	1,04083	11,08
1,04135	10,32	1,03946	10,73	1,04207	10,49	1,04017	10,91	1,04277	10,66	1,04087	11,10
1,04140	10,33	1,03951	10,74	1,04211	10,50	1,04021	10,92	1,04281	10,67	1,04091	11,11
1,04144	10,34	1,03955	10,75	1,04215	10,51	1,04025	10,93	1,04286	10,68	1,04096	11,12
1,04148	10,35	1,03959	10,76	1,04219	10,52	1,04029	10,94	1,04290	10,69	1,04100	11,13
1,04152	10,36	1,03963	10,77	1,04224	10,53	1,04034	10,95	1,04294	10,70	1,04104	11,14
1,04156	10,37	1,03967	10,78	1,04228	10,54	1,04038	10,97	1,04298	10,71	1,04108	11,15
1,04161	10,38	1,03972	10,79	1,04232	10,55	1,04042	10,98	1,04302	10,72	1,04112	11,16
1,04165	10,39	1,03976	10,80	1,04236	10,56	1,04046	10,99	1,04307	10,73	1,04117	11,17
1,04169	10,40	1,03980	10,81	1,04240	10,57	1,04050	11,00	1,04311	10,74	1,04121	11,18
1,04173	10,41	1,03984	10,82	1,04245	10,58	1,04055	11,01	1,04315	10,75	1,04125	11,19
1,04177	10,42	1,03988	10,84	1,04249	10,59	1,04059	11,02	1,04319	10,76	1,04129	11,20

1,04323	10,77	1,04133	11,22	1,04411	10,98	1,04221	11,44	1,04498	11,19	1,04308	11,67
1,04328	10,78	1,04138	11,23	1,04415	10,99	1,04225	11,45	1,04502	11,20	1,04312	11,68
1,04332	10,79	1,04142	11,24	1,04419	11,00	1,04229	11,47	1,04506	11,21	1,04316	11,69
1,04336	10,80	1,04146	11,25	1,04423	11,01	1,04233	11,48	1,04510	11,22	1,04320	11,70
1,04340	10,81	1,04150	11,26	1,04427	11,02	1,04237	11,49	1,04515	11,23	1,04325	11,72
1,04344	10,82	1,04154	11,27	1,04432	11,03	1,04242	11,50	1,04519	11,24	1,04329	11,73
1,04348	10,83	1,04158	11,28	1,04436	11,04	1,04246	11,51	1,04523	11,25	1,04333	11,74
1,04352	10,84	1,04162	11,29	1,04440	11,05	1,04250	11,52	1,04527	11,26	1,04337	11,75
1,04356	10,85	1,04166	11,30	1,04444	11,06	1,04254	11,53	1,04532	11,27	1,04341	11,76
1,04360	10,86	1,04170	11,31	1,04448	11,07	1,04258	11,54	1,04537	11,28	1,04346	11,77
1,04364	10,87	1,04174	11,32	1,04452	11,08	1,04262	11,55	1,04541	11,29	1,04350	11,78
1,04369	10,88	1,04179	11,33	1,04456	11,09	1,04266	11,56	1,04545	11,30	1,04354	11,79
1,04373	10,89	1,04183	11,35	1,04460	11,10	1,04270	11,57	1,04549	11,31	1,04358	11,80
1,04377	10,90	1,04187	11,36	1,04464	11,11	1,04274	11,58	1,04553	11,32	1,04362	11,81
1,04381	10,91	1,04191	11,37	1,04468	11,12	1,04278	11,60	1,04558	11,33	1,04367	11,82
1,04385	10,92	1,04195	11,38	1,04473	11,13	1,04283	11,61	1,04562	11,34	1,04371	11,84
1,04390	10,93	1,04200	11,39	1,04477	11,14	1,04287	11,62	1,04566	11,35	1,04375	11,85
1,04394	10,94	1,04204	11,40	1,04481	11,15	1,04291	11,63	1,04570	11,36	1,04379	11,86
1,04398	10,95	1,04208	11,41	1,04485	11,16	1,04295	11,64	1,04574	11,37	1,04383	11,87
1,04402	10,96	1,04212	11,42	1,04489	11,17	1,04299	11,65	1,04578	11,38	1,04387	11,88
1,04406	10,97	1,04216	11,43	1,04494	11,18	1,04304	11,66	1,04582	11,39	1,04391	11,89

(Continua)

TABELA 4A2 Coeficiente de Laboratório, Densidade Real e concentrações de extratos do mosto cervejeiro em graus Plato ºP (g/100g) e peso/volume (g/100mL) *(Cont.)*

Coeficiente Laboratório 20/20ºC	Extrato (ºP) g/100g	Densidade Real 20/4ºC	Extrato (p/v) g /100mL	Coeficiente Laboratório 20/20ºC	Extrato (ºP) g/100g	Densidade Real 20/4ºC	Extrato (p/v) g /100mL	Coeficiente Laboratório 20/20ºC	Extrato (ºP) g/100g	Densidade Real 20/4ºC	Extrato (p/v) g /100mL
1,04586	11,40	1,04395	11,90	1,04657	11,57	1,04466	12,09	1,04729	11,74	1,04538	12,27
1,04590	11,41	1,04399	11,91	1,04662	11,58	1,04461	12,10	1,04733	11,75	1,04542	12,28
1,04594	11,42	1,04403	11,92	1,04666	11,59	1,04475	12,11	1,04737	11,76	1,04546	12,29
1,04599	11,43	1,04408	11,93	1,04670	11,60	1,04479	12,12	1,04741	11,77	1,04550	12,31
1,04603	11,44	1,04412	11,94	1,04674	11,61	1,04483	12,13	1,04746	11,78	1,04555	12,32
1,04607	11,45	1,04416	11,96	1,04678	11,62	1,04487	12,14	1,04750	11,79	1,04559	12,33
1,04611	11,46	1,04420	11,97	1,04683	11,63	1,04492	12,15	1,04754	11,80	1,04563	12,34
1,04615	11,47	1,04424	11,98	1,04687	11,64	1,04496	12,16	1,04758	11,81	1,04567	12,35
1,04620	11,48	1,04429	11,99	1,04691	11,65	1,04500	12,17	1,04762	11,82	1,04571	12,36
1,04624	11,49	1,04433	12,00	1,04695	11,66	1,04504	12,19	1,04766	11,83	1,04575	12,37
1,04628	11,50	1,04437	12,01	1,04699	11,67	1,04508	12,20	1,04770	11,84	1,04579	12,38
1,04632	11,51	1,04441	12,02	1,04704	11,68	1,04513	12,21	1,04774	11,85	1,04583	12,39
1,04636	11,52	1,04445	12,03	1,04708	11,69	1,04517	12,22	1,04778	11,86	1,04587	12,40
1,04641	11,53	1,04450	12,04	1,04712	11,70	1,04521	12,23	1,04782	11,87	1,04591	12,41
1,04645	11,54	1,04454	12,05	1,04716	11,71	1,04525	12,24	1,04787	11,88	1,04596	12,43
1,04649	11,55	1,04458	12,06	1,04720	11,72	1,04529	12,25	1,04791	11,89	1,04600	12,44
1,04653	11,56	1,04462	12,08	1,04725	11,73	1,04534	12,26	1,04795	11,90	1,04604	12,45

1,04799	11,91	1,04608	12,46	1,04888	12,12	1,04696	12,69	1,04977	12,33	1,04785	12,92
1,04803	11,92	1,04612	12,47	1,04893	12,13	1,04701	12,70	1,04981	12,34	1,04789	12,93
1,04808	11,93	1,04617	12,48	1,04897	12,14	1,04705	12,71	1,04985	12,35	1,04793	12,94
1,04812	11,94	1,04621	12,49	1,04901	12,15	1,04709	12,72	1,04989	12,36	1,04797	12,95
1,04816	11,95	1,04625	12,50	1,04905	12,16	1,04713	12,73	1,04993	12,37	1,04801	12,96
1,04820	11,96	1,04629	12,51	1,04909	12,17	1,04717	12,74	1,04998	12,38	1,04806	12,97
1,04824	11,97	1,04633	12,52	1,04914	12,18	1,04722	12,76	1,05002	12,39	1,04810	12,99
1,04829	11,98	1,04638	12,54	1,04918	12,19	1,04726	12,77	1,05006	12,40	1,04814	13,00
1,04833	11,99	1,04642	12,55	1,04922	12,20	1,04730	12,78	1,05010	12,41	1,04818	13,01
1,04837	12,00	1,04646	12,56	1,04926	12,21	1,04734	12,79	1,05014	12,42	1,04822	13,02
1,04841	12,01	1,04650	12,57	1,04930	12,22	1,04738	12,80	1,05019	12,43	1,04827	13,03
1,04845	12,02	1,04654	12,58	1,04935	12,23	1,04743	12,81	1,05023	12,44	1,04831	13,04
1,04850	12,03	1,04659	12,59	1,04939	12,24	1,04747	12,82	1,05027	12,45	1,04835	13,05
1,04854	12,04	1,04663	12,60	1,04943	12,25	1,04751	12,83	1,05031	12,46	1,04839	13,06
1,04858	12,05	1,04667	12,61	1,04947	12,26	1,04755	12,84	1,05035	12,47	1,04843	13,07
1,04862	12,06	1,04671	12,62	1,04951	12,27	1,04759	12,85	1,05040	12,48	1,04848	13,09
1,04867	12,07	1,04675	12,63	1,04956	12,28	1,04764	12,87	1,05044	12,49	1,04852	13,10
1,04872	12,08	1,04680	12,65	1,04960	12,29	1,04768	12,88	1,05048	12,50	1,04856	13,11
1,04876	12,09	1,04684	12,66	1,04964	12,30	1,04772	12,89	1,05052	12,51	1,04860	13,12
1,04880	12,10	1,04688	12,67	1,04968	12,31	1,04776	12,90	1,05056	12,52	1,04864	13,13
1,04884	12,11	1,04692	12,68	1,04972	12,32	1,04780	12,91	1,05061	12,53	1,04869	13,14

(Continua)

TABELA 4A2 Coeficiente de Laboratório, Densidade Real e concentrações de extratos do mosto cervejeiro em graus Plato °P (g/100g) e peso/volume (g/100mL) *(Cont.)*

Coeficiente Laboratório 20/20°C	Extrato (°P) g/100g	Densidade Real 20/4°C	Extrato (p/v) g /100mL	Coeficiente Laboratório 20/20°C	Extrato (°P) g/100g	Densidade Real 20/4°C	Extrato (p/v) g /100mL	Coeficiente Laboratório 20/20°C	Extrato (°P) g/100g	Densidade Real 20/4°C	Extrato (p/v) g /100mL
1,05065	12,54	1,04873	13,15	1,05136	12,71	1,04944	13,34	1,05209	12,88	1,05016	13,53
1,05069	12,55	1,04877	13,16	1,05140	12,72	1,04948	13,35	1,05213	12,89	1,05020	13,54
1,05073	12,56	1,04881	13,17	1,05145	12,73	1,04953	13,36	1,05217	12,90	1,05024	13,55
1,05077	12,57	1,04885	13,18	1,05149	12,74	1,04957	13,37	1,05221	12,91	1,05028	13,56
1,05082	12,58	1,04890	13,20	1,05153	12,75	1,04961	13,38	1,05225	12,92	1,05032	13,57
1,05086	12,59	1,04894	13,21	1,05157	12,76	1,04965	13,39	1,05230	12,93	1,05037	13,58
1,05090	12,60	1,04898	13,22	1,05161	12,77	1,04969	13,40	1,05234	12,94	1,05041	13,59
1,05094	12,61	1,04902	13,23	1,05166	12,78	1,04974	13,42	1,05238	12,95	1,05045	13,60
1,05098	12,62	1,04906	13,24	1,05170	12,79	1,04978	13,43	1,05242	12,96	1,05049	13,61
1,05103	12,63	1,04911	13,25	1,05174	12,80	1,04982	13,44	1,05247	12,97	1,05054	13,63
1,05107	12,64	1,04915	13,26	1,05178	12,81	1,04986	13,45	1,05251	12,98	1,05058	13,64
1,05111	12,65	1,04919	13,27	1,05182	12,82	1,04990	13,46	1,05256	12,99	1,05063	13,65
1,05115	12,66	1,04923	13,28	1,05187	12,83	1,04995	13,47	1,05260	13,00	1,05067	13,66
1,05119	12,67	1,04927	13,29	1,05191	12,84	1,04999	13,48	1,05264	13,01	1,05071	13,67
1,05124	12,68	1,04932	13,31	1,05195	12,85	1,05003	13,49	1,05268	13,02	1,05075	13,68
1,05128	12,69	1,04936	13,32	1,05199	12,86	1,05007	13,50	1,05273	13,03	1,05080	13,69
1,05132	12,70	1,04940	13,33	1,05204	12,87	1,05011	13,51	1,05277	13,04	1,05084	13,70

1,05281	13,05	1,05088	13,71	1,05369	13,26	1,05176	13,95	1,05458	13,47	1,05265	14,18
1,05285	13,06	1,05092	13,73	1,05373	13,27	1,05180	13,96	1,05463	13,48	1,05270	14,19
1,05289	13,07	1,05096	13,74	1,05378	13,28	1,05185	13,97	1,05467	13,49	1,05274	14,20
1,05294	13,08	1,05101	13,75	1,05382	13,29	1,05189	13,98	1,05471	13,50	1,05278	14,21
1,05298	13,09	1,05105	13,76	1,05386	13,30	1,05193	13,99	1,05475	13,51	1,05282	14,22
1,05302	13,10	1,05109	13,77	1,05390	13,31	1,05197	14,00	1,05479	13,52	1,05286	14,23
1,05306	13,11	1,05113	13,78	1,05394	13,32	1,05201	14,01	1,05484	13,53	1,05291	14,25
1,05310	13,12	1,05117	13,79	1,05399	13,33	1,05206	14,02	1,05488	13,54	1,05295	14,26
1,05315	13,13	1,05122	13,80	1,05403	13,34	1,05210	14,04	1,05492	13,55	1,05299	14,27
1,05319	13,14	1,05126	13,81	1,05407	13,35	1,05214	14,05	1,05496	13,56	1,05303	14,28
1,05323	13,15	1,05130	13,82	1,05411	13,36	1,05218	14,06	1,05500	13,57	1,05307	14,29
1,05327	13,16	1,05134	13,84	1,05416	13,37	1,05223	14,07	1,05505	13,58	1,05312	14,30
1,05331	13,17	1,05138	13,85	1,05420	13,38	1,05227	14,08	1,05509	13,59	1,05316	14,31
1,05336	13,18	1,05143	13,86	1,05425	13,39	1,05232	14,09	1,05513	13,60	1,05320	14,32
1,05340	13,19	1,05147	13,87	1,05429	13,40	1,05236	14,10	1,05517	13,61	1,05324	14,33
1,05344	13,20	1,05151	13,88	1,05433	13,41	1,05240	14,11	1,05522	13,62	1,05328	14,35
1,05348	13,21	1,05155	13,89	1,05437	13,42	1,05244	14,12	1,05526	13,63	1,05333	14,36
1,05352	13,22	1,05159	13,90	1,05442	13,43	1,05249	14,13	1,05530	13,64	1,05337	14,37
1,05357	13,23	1,05164	13,91	1,05446	13,44	1,05253	14,15	1,05534	13,65	1,05341	14,38
1,05391	13,24	1,05168	13,92	1,05450	13,45	1,05257	14,16	1,05539	13,66	1,05345	14,39
1,05365	13,25	1,05172	13,94	1,05454	13,46	1,05261	14,17	1,05544	13,67	1,05350	14,40

(Continua)

TABELA 4A2 Coeficiente de Laboratório, Densidade Real e concentrações de extratos do mosto cervejeiro em graus Plato ºP (g/100g) e peso/volume (g/100mL) *(Cont.)*

Coeficiente Laboratório 20/20ºC	Extrato (ºP) g/100g	Densidade Real 20/4ºC	Extrato (p/v) g /100mL	Coeficiente Laboratório 20/20ºC	Extrato (ºP) g/100g	Densidade Real 20/4ºC	Extrato (p/v) g /100mL	Coeficiente Laboratório 20/20ºC	Extrato (ºP) g/100g	Densidade Real 20/4ºC	Extrato (p/v) g /100mL
1,05548	13,68	1,05354	14,41	1,05620	13,85	1,05426	14,60	1,05692	14,02	1,05498	14,79
1,05553	13,69	1,05359	14,42	1,05624	13,86	1,05430	14,61	1,05697	14,03	1,05503	14,80
1,05557	13,70	1,05363	14,43	1,05629	13,87	1,05435	14,62	1,05701	14,04	1,05507	14,81
1,05561	13,71	1,05367	14,45	1,05633	13,88	1,05439	14,63	1,05705	14,05	1,05511	14,82
1,05565	13,72	1,05371	14,46	1,05638	13,89	1,05444	14,65	1,05709	14,06	1,05515	14,84
1,05570	13,73	1,05376	14,47	1,05642	13,90	1,05448	14,66	1,05714	14,07	1,05520	14,85
1,05574	13,74	1,05380	14,48	1,05646	13,91	1,05452	14,67	1,05718	14,08	1,05524	14,86
1,05578	13,75	1,05384	14,49	1,05650	13,92	1,05456	14,68	1,05723	14,09	1,05529	14,87
1,05582	13,76	1,05388	14,50	1,05655	13,93	1,05461	14,69	1,05727	14,10	1,05533	14,88
1,05586	13,77	1,05392	14,51	1,05659	13,94	1,05465	14,70	1,05731	14,11	1,05537	14,89
1,05591	13,78	1,05397	14,52	1,05663	13,95	1,05469	14,71	1,05735	14,12	1,05541	14,90
1,05595	13,79	1,05401	14,53	1,05667	13,96	1,05473	14,72	1,05740	14,13	1,05546	14,91
1,05599	13,80	1,05405	14,55	1,05671	13,97	1,05477	14,74	1,05744	14,14	1,05550	14,92
1,05603	13,81	1,05409	14,56	1,05676	13,98	1,05482	14,75	1,05748	14,15	1,05554	14,94
1,05607	13,82	1,05413	14,57	1,05680	13,99	1,05486	14,76	1,05752	14,16	1,05558	14,95
1,05612	13,83	1,05418	14,58	1,05684	14,00	1,05490	14,77	1,05756	14,17	1,05562	14,96
1,05616	13,84	1,05422	14,59	1,05688	14,01	1,05494	14,78	1,05761	14,18	1,05567	14,97

1,05765	14,19	1,05571	14,98	1,05854	14,40	1,05660	15,22	1,05945	14,61	1,05750	15,45
1,05769	14,20	1,05575	14,99	1,05858	14,41	1,05664	15,23	1,05949	14,62	1,05754	15,46
1,05773	14,21	1,05579	15,00	1,05863	14,42	1,05669	15,24	1,05954	14,63	1,05759	15,47
1,05777	14,22	1,05583	15,01	1,05867	14,43	1,05673	15,25	1,05958	14,64	1,05763	15,48
1,05782	14,23	1,05588	15,03	1,05872	14,44	1,05678	15,26	1,05962	14,65	1,05767	15,49
1,05786	14,24	1,05592	15,04	1,05877	14,45	1,05682	15,27	1,05966	14,66	1,05771	15,51
1,05790	14,25	1,05596	15,05	1,05881	14,46	1,05686	15,28	1,05970	14,67	1,05775	15,52
1,05794	14,26	1,05600	15,06	1,05885	14,47	1,05690	15,29	1,05975	14,68	1,05780	15,53
1,05799	14,27	1,05605	15,07	1,05890	14,48	1,05695	15,30	1,05979	14,69	1,05784	15,54
1,05803	14,28	1,05609	15,08	1,05894	14,49	1,05699	15,32	1,05983	14,70	1,05788	15,55
1,05808	14,29	1,05614	15,09	1,05898	14,50	1,05703	15,33	1,05987	14,71	1,05792	15,16
1,05812	14,30	1,05618	15,10	1,05902	14,51	1,05707	15,34	1,05992	14,72	1,05797	15,57
1,05816	14,31	1,05622	15,11	1,05906	14,52	1,05711	15,35	1,05996	14,73	1,05801	15,58
1,05820	14,32	1,05626	15,13	1,05911	14,53	1,05716	15,36	1,06001	14,74	1,05806	15,60
1,05825	14,33	1,05631	15,14	1,05915	14,54	1,05720	15,37	1,06005	14,75	1,05810	15,61
1,05829	14,34	1,05635	15,15	1,05919	14,55	1,05724	15,38	1,06009	14,76	1,05814	15,62
1,05833	14,35	1,05639	15,16	1,05923	14,56	1,05728	15,39	1,06013	14,77	1,05818	15,63
1,05837	14,36	1,05643	15,17	1,05928	14,57	1,05733	15,41	1,06018	14,78	1,05823	15,64
1,05841	14,37	1,05647	15,18	1,05932	14,58	1,05737	15,42	1,06022	14,79	1,05827	15,65
1,05846	14,38	1,05652	15,19	1,05937	14,59	1,05742	15,43	1,06026	14,80	1,05831	15,66
1,05850	14,39	1,05656	15,20	1,05941	14,60	1,05746	15,44	1,06030	14,81	1,05835	15,67

(Continua)

TABELA 4A2 Coeficiente de Laboratório, Densidade Real e concentrações de extratos do mosto cervejeiro em graus Plato °P (g/100g) e peso/volume (g/100mL) *(Cont.)*

Coeficiente Laboratório 20/20°C	Extrato (°P) g/100g	Densidade Real 20/4°C	Extrato (p/v) g /100mL	Coeficiente Laboratório 20/20°C	Extrato (°P) g/100g	Densidade Real 20/4°C	Extrato (p/v) g /100mL	Coeficiente Laboratório 20/20°C	Extrato (°P) g/100g	Densidade Real 20/4°C	Extrato (p/v) g /100mL
1,06034	14,82	1,05839	15,69	1,06108	14,99	1,05913	15,88	1,06180	15,16	1,05985	16,07
1,06039	14,83	1,05844	15,70	1,06112	15,00	1,05917	15,89	1,06184	15,17	1,05989	16,08
1,06043	14,84	1,05848	15,71	1,06116	15,01	1,05921	15,90	1,06189	15,18	1,05994	16,09
1,06047	14,85	1,05852	15,72	1,06120	15,02	1,05925	15,91	1,06193	15,19	1,05998	16,10
1,06051	14,86	1,05856	15,73	1,06125	15,03	1,05930	15,92	1,06197	15,20	1,06002	16,11
1,06056	14,87	1,05861	15,74	1,06129	15,04	1,05934	15,93	1,06201	15,21	1,06006	16,12
1,06060	14,88	1,05865	15,75	1,06133	15,05	1,05938	15,94	1,06206	15,22	1,06011	16,13
1,06065	14,89	1,05870	15,76	1,06137	15,06	1,05942	15,95	1,06211	15,23	1,06015	16,15
1,06069	14,90	1,05874	15,78	1,06141	15,07	1,05946	15,97	1,06216	15,24	1,06020	16,16
1,06073	14,91	1,05878	15,79	1,06146	15,08	1,05951	15,98	1,06220	15,25	1,06024	16,17
1,06077	14,92	1,05882	15,80	1,06150	15,09	1,05955	15,99	1,06224	15,26	1,06028	16,18
1,06082	14,93	1,05887	15,81	1,06154	15,10	1,05959	16,00	1,06228	15,27	1,06032	16,19
1,06086	14,94	1,05891	15,82	1,06158	15,11	1,05963	16,01	1,06233	15,28	1,06037	16,20
1,06090	14,95	1,05895	15,83	1,06163	15,12	1,05968	16,02	1,06237	15,29	1,06041	16,21
1,06094	14,96	1,05899	15,84	1,06167	15,13	1,05972	16,03	1,06241	15,30	1,06045	16,22
1,06099	14,97	1,05904	15,85	1,06172	15,14	1,05977	16,04	1,06245	15,31	1,06049	16,24
1,06103	14,98	1,05908	15,87	1,06176	15,15	1,05981	16,06	1,06250	15,32	1,06054	16,25

1,06254	15,33	1,06058	16,26	1,06344	15,54	1,06148	16,50	1,06434	15,75	1,06238	16,73
1,06259	15,34	1,06063	16,27	1,06348	15,55	1,06152	16,51	1,06438	15,76	1,06242	16,74
1,06263	15,35	1,06067	16,28	1,06352	15,16	1,06156	16,52	1,06443	15,77	1,06247	16,76
1,06267	15,36	1,06071	16,29	1,06357	15,57	1,06161	16,53	1,06447	15,78	1,06251	16,77
1,06271	15,37	1,06075	16,30	1,06361	15,58	1,06165	16,54	1,06452	15,79	1,06256	16,78
1,06276	15,38	1,06080	16,32	1,06366	15,59	1,06170	16,55	1,06456	15,80	1,06260	16,79
1,06280	15,39	1,06084	16,33	1,06370	15,60	1,06174	16,56	1,06460	15,81	1,06264	16,80
1,06284	15,40	1,06088	16,34	1,06374	15,61	1,06178	16,57	1,06464	15,82	1,06268	16,81
1,06288	15,41	1,06092	16,35	1,06378	15,62	1,06182	16,59	1,06469	15,83	1,06273	16,82
1,06292	15,42	1,06096	16,36	1,06383	15,63	1,06187	16,60	1,06473	15,84	1,06277	16,83
1,06297	15,43	1,06101	16,37	1,06387	15,64	1,06191	16,61	1,06477	15,85	1,06281	16,85
1,06301	15,44	1,06105	16,38	1,06391	15,65	1,06195	16,62	1,06481	15,86	1,06285	16,86
1,06305	15,45	1,06109	16,39	1,06395	15,66	1,06199	16,63	1,06486	15,87	1,06290	16,87
1,06309	15,46	1,06113	16,41	1,06400	15,67	1,06204	16,64	1,06490	15,88	1,06294	16,88
1,06314	15,47	1,06118	16,42	1,06404	15,68	1,06208	16,65	1,06495	15,89	1,06299	16,89
1,06318	15,48	1,06122	16,43	1,06409	15,69	1,06213	16,66	1,06499	15,90	1,06303	16,90
1,06323	15,49	1,06127	16,44	1,06413	15,70	1,06217	16,68	1,06503	15,91	1,06307	16,91
1,06327	15,50	1,06131	16,45	1,06417	15,71	1,06221	16,69	1,06507	15,92	1,06311	16,92
1,06331	15,51	1,06135	16,46	1,06421	15,72	1,06225	16,70	1,06512	15,93	1,06316	16,94
1,06335	15,52	1,06139	16,47	1,06426	15,73	1,06230	16,71	1,06516	15,94	1,06320	16,95
1,06340	15,53	1,06144	16,48	1,06430	15,74	1,06234	16,72	1,06520	15,95	1,06324	16,96

(Continua)

TABELA 4A2 Coeficiente de Laboratório, Densidade Real e concentrações de extratos do mosto cervejeiro em graus Plato ºP (g/100g) e peso/volume (g/100mL) *(Cont.)*

Coeficiente Laboratório 20/20ºC	Extrato (ºP) g/100g	Densidade Real 20/4ºC	Extrato (p/v) g /100mL	Coeficiente Laboratório 20/20ºC	Extrato (ºP) g/100g	Densidade Real 20/4ºC	Extrato (p/v) g /100mL	Coeficiente Laboratório 20/20ºC	Extrato (ºP) g/100g	Densidade Real 20/4ºC	Extrato (p/v) g /100mL
1,06524	15,96	1,06328	16,97	1,06599	16,13	1,06402	17,16	1,06673	16,30	1,06476	17,36
1,06529	15,97	1,06333	16,98	1,06604	16,14	1,06407	17,17	1,06677	16,31	1,06480	17,37
1,06533	15,98	1,06337	16,99	1,06608	16,15	1,06411	17,19	1,06681	16,32	1,06484	17,38
1,06538	15,99	1,06342	17,00	1,06612	16,16	1,06415	17,20	1,06686	16,33	1,06489	17,39
1,06542	16,00	1,06346	17,02	1,06616	16,17	1,06419	17,21	1,06690	16,34	1,06493	17,40
1,06547	16,01	1,06350	17,03	1,06621	16,18	1,06424	17,22	1,06694	16,35	1,06497	17,41
1,06552	16,02	1,06355	17,04	1,06625	16,19	1,06428	17,23	1,06698	16,36	1,06501	17,42
1,06556	16,03	1,06359	17,05	1,06629	16,20	1,06432	17,24	1,06703	16,37	1,06506	17,44
1,06561	16,04	1,06364	17,06	1,06633	16,21	1,06436	17,25	1,06707	16,38	1,06510	17,45
1,06565	16,05	1,06368	17,07	1,06638	16,22	1,06441	17,26	1,06712	16,39	1,06515	17,46
1,06569	16,06	1,06372	17,08	1,06642	16,23	1,06445	17,28	1,06716	16,40	1,06519	17,47
1,06573	16,07	1,06376	17,09	1,06647	16,24	1,06450	17,29	1,06720	16,41	1,06523	17,48
1,06578	16,08	1,06381	17,11	1,06651	16,25	1,06454	17,30	1,06724	16,42	1,06527	17,49
1,06582	16,09	1,06385	17,12	1,06655	16,26	1,06458	17,31	1,06729	16,43	1,06532	17,50
1,06586	16,10	1,06389	17,13	1,06660	16,27	1,06463	17,32	1,06733	16,44	1,06536	17,51
1,06590	16,11	1,06393	17,14	1,06664	16,28	1,06467	17,33	1,06737	16,45	1,06540	17,53
1,06595	16,12	1,06398	17,15	1,06669	16,29	1,06472	17,34	1,06741	16,46	1,06544	17,54

1,06746	16,47	1,06549	17,55	1,06837	16,68	1,06640	17,79	1,06930	16,89	1,06732	18,03
1,06750	16,48	1,06553	17,56	1,06842	16,69	1,06645	17,80	1,06934	16,90	1,06736	18,04
1,06755	16,49	1,06558	17,57	1,06846	16,70	1,06649	17,81	1,06938	16,91	1,06740	18,05
1,06759	16,50	1,06562	17,58	1,06850	16,71	1,06653	17,82	1,06942	16,92	1,06744	18,06
1,06763	16,51	1,06566	17,59	1,06854	16,72	1,06657	17,83	1,06947	16,93	1,06749	18,07
1,06768	16,52	1,06571	17,61	1,06859	16,73	1,06662	17,84	1,06951	16,94	1,06753	18,08
1,06772	16,53	1,06575	17,62	1,06863	16,74	1,06666	17,86	1,06955	16,95	1,06757	18,10
1,06777	16,54	1,06580	17,63	1,06867	16,75	1,06670	17,87	1,06959	16,96	1,06761	18,11
1,06781	16,55	1,06584	17,64	1,06871	16,76	1,06674	17,88	1,06964	16,97	1,06766	18,12
1,06785	16,56	1,06588	17,65	1,06876	16,77	1,06679	17,89	1,06968	16,98	1,06770	18,13
1,06789	16,57	1,06592	17,66	1,06881	16,78	1,06683	17,90	1,06973	16,99	1,06775	18,14
1,06794	16,58	1,06597	17,67	1,06886	16,79	1,06688	17,91	1,06977	17,00	1,06779	18,15
1,06798	16,59	1,06601	17,69	1,06890	16,80	1,06692	17,92	1,06981	17,01	1,06783	18,16
1,06802	16,60	1,06605	17,70	1,06894	16,81	1,06696	17,94	1,06986	17,02	1,06788	18,18
1,06806	16,61	1,06609	17,71	1,06899	16,82	1,06701	17,95	1,06990	17,03	1,06792	18,19
1,06811	16,62	1,06614	17,72	1,06903	16,83	1,06705	17,96	1,06995	17,04	1,06797	18,20
1,06815	16,63	1,06618	17,73	1,06908	16,84	1,06710	17,97	1,06999	17,05	1,06801	18,21
1,06820	16,64	1,06623	17,74	1,06912	16,85	1,06714	17,98	1,07003	17,06	1,06805	18,22
1,06824	16,65	1,06627	17,75	1,06916	16,86	1,06718	17,99	1,07007	17,07	1,06809	18,23
1,06828	16,66	1,06631	17,76	1,06921	16,87	1,06723	18,00	1,07012	17,08	1,06814	18,24
1,06833	16,67	1,06636	17,78	1,06925	16,88	1,06727	18,02	1,07016	17,09	1,06818	18,26

(Continua)

TABELA 4A2 Coeficiente de Laboratório, Densidade Real e concentrações de extratos do mosto cervejeiro em graus Plato ºP (g/100g) e peso/volume (g/100mL) *(Cont.)*

Coeficiente Laboratório 20/20ºC	Extrato (ºP) g/100g	Densidade Real 20/4ºC	Extrato (p/v) g /100mL	Coeficiente Laboratório 20/20ºC	Extrato (ºP) g/100g	Densidade Real 20/4ºC	Extrato (p/v) g /100mL	Coeficiente Laboratório 20/20ºC	Extrato (ºP) g/100g	Densidade Real 20/4ºC	Extrato (p/v) g /100mL
1,07020	17,10	1,06822	18,27	1,07094	17,27	1,06896	18,46	1,07169	17,44	1,06971	18,66
1,07024	17,11	1,06826	18,28	1,07099	17,28	1,06901	18,47	1,07173	17,45	1,06975	18,67
1,07029	17,12	1,06831	18,29	1,07103	17,29	1,06905	18,48	1,07177	17,46	1,06979	18,68
1,07033	17,13	1,06835	18,30	1,07107	17,30	1,06909	18,50	1,07181	17,47	1,06983	18,69
1,07038	17,14	1,06840	18,31	1,07111	17,31	1,06913	18,51	1,07186	17,48	1,06988	18,70
1,07042	17,15	1,06844	18,32	1,07116	17,32	1,06918	18,52	1,07190	17,49	1,06992	18,71
1,07046	17,16	1,06848	18,34	1,07120	17,33	1,06922	18,53	1,07194	17,50	1,06996	18,72
1,07051	17,17	1,06853	18,35	1,07125	17,34	1,06927	18,54	1,07198	17,51	1,07000	18,74
1,07055	17,18	1,06857	18,36	1,07129	17,35	1,06931	18,55	1,07203	17,52	1,07005	18,75
1,07060	17,19	1,06862	18,37	1,07133	17,36	1,06935	18,56	1,07207	17,53	1,07009	18,76
1,07064	17,20	1,06866	18,38	1,07138	17,37	1,06940	18,58	1,07212	17,54	1,07014	18,77
1,07068	17,21	1,06870	18,39	1,07142	17,38	1,06944	18,59	1,07217	17,55	1,07018	18,78
1,07073	17,22	1,06875	18,40	1,07147	17,39	1,06949	18,60	1,07221	17,56	1,07022	18,79
1,07077	17,23	1,06879	18,42	1,07151	17,40	1,06953	18,61	1,07226	17,57	1,07027	18,80
1,07082	17,24	1,06884	18,43	1,07155	17,41	1,06957	18,62	1,07230	17,58	1,07031	18,82
1,07086	17,25	1,06888	18,44	1,07160	17,42	1,06962	18,63	1,07235	17,59	1,07036	18,83
1,07090	17,26	1,06892	18,45	1,07164	17,43	1,06966	18,64	1,07239	17,60	1,07040	18,84

1,07243	17,61	1,07044	18,85	1,07335	17,82	1,07136	19,09	1,07427	18,03	1,07228	19,33
1,07248	17,62	1,07049	18,86	1,07339	17,83	1,07140	19,10	1,07432	18,04	1,07233	19,34
1,07252	17,63	1,07053	18,87	1,07344	17,84	1,07145	19,11	1,07436	18,05	1,07237	19,36
1,07257	17,64	1,07058	18,89	1,07348	17,85	1,07149	19,13	1,07440	18,06	1,07241	19,37
1,07261	17,65	1,07062	18,90	1,07352	17,86	1,07153	19,14	1,07445	18,07	1,07246	19,38
1,07265	17,66	1,07066	18,91	1,07357	17,87	1,07158	19,15	1,07449	18,08	1,07250	19,39
1,07270	17,67	1,07071	18,92	1,07361	17,88	1,07162	19,16	1,07454	18,09	1,07255	19,40
1,07274	17,68	1,07075	18,93	1,07366	17,89	1,07167	19,17	1,07458	18,10	1,07259	19,41
1,07219	17,69	1,07080	18,94	1,07370	17,90	1,07171	19,18	1,07462	18,11	1,07263	19,43
1,07283	17,70	1,07084	18,95	1,07374	17,91	1,07175	19,20	1,07466	18,12	1,07267	19,44
1,07287	17,71	1,07088	18,97	1,07379	17,92	1,07180	19,21	1,07471	18,13	1,07272	19,45
1,07291	17,72	1,07092	18,98	1,07383	17,93	1,07184	19,22	1,07475	18,14	1,07276	19,46
1,07296	17,73	1,07097	18,99	1,07388	17,94	1,07189	19,23	1,07419	18,15	1,07280	19,47
1,07300	17,74	1,07101	19,00	1,07392	17,95	1,07193	19,24	1,07483	18,16	1,07284	19,48
1,07304	17,75	1,07105	19,01	1,07396	17,96	1,07197	19,25	1,07488	18,17	1,07289	19,49
1,07308	17,76	1,07109	19,02	1,07401	17,97	1,07202	19,26	1,07492	18,18	1,07293	19,51
1,07313	17,77	1,07114	19,03	1,07405	17,98	1,07206	19,28	1,07497	18,19	1,07298	19,52
1,07317	17,78	1,07118	19,05	1,07410	17,99	1,07211	19,29	1,07501	18,20	1,07302	19,53
1,07322	17,79	1,07123	19,06	1,07414	18,00	1,07215	19,30	1,07505	18,21	1,07306	19,54
1,07326	17,80	1,07127	19,07	1,07418	18,01	1,07219	19,31	1,07510	18,22	1,07311	19,55
1,07330	17,81	1,07131	19,08	1,07423	18,02	1,07224	19,32	1,07514	18,23	1,07315	19,56

(Continua)

TABELA 4A2 Coeficiente de Laboratório, Densidade Real e concentrações de extratos do mosto cervejeiro em graus Plato ºP (g/100g) e peso/volume (g/100mL) *(Cont.)*

Coeficiente Laboratório 20/20ºC	Extrato (ºP) g/100g	Densidade Real 20/4ºC	Extrato (p/v) g /100mL	Coeficiente Laboratório 20/20ºC	Extrato (ºP) g/100g	Densidade Real 20/4ºC	Extrato (p/v) g /100mL	Coeficiente Laboratório 20/20ºC	Extrato (ºP) g/100g	Densidade Real 20/4ºC	Extrato (p/v) g /100mL
1,07519	18,24	1,07320	19,58	1,07594	18,41	1,07394	19,77	1,07669	18,58	1,07469	19,97
1,07523	18,25	1,07324	19,59	1,07599	18,42	1,07399	19,78	1,07674	18,59	1,07474	19,98
1,07527	18,26	1,07328	19,60	1,07603	18,43	1,07403	19,79	1,07678	18,60	1,07418	19,99
1,07532	18,27	1,07333	19,61	1,07608	18,44	1,07408	19,81	1,07682	18,61	1,07482	20,00
1,07536	18,28	1,07337	19,62	1,07612	18,45	1,07412	19,82	1,07687	18,62	1,07487	20,01
1,07541	18,29	1,07342	19,63	1,07616	18,46	1,07416	19,83	1,07691	18,63	1,07491	20,03
1,07545	18,30	1,07346	19,64	1,07621	18,47	1,07421	19,84	1,07696	18,64	1,07496	20,04
1,07549	18,31	1,07350	19,66	1,07625	18,48	1,07425	19,85	1,07700	18,65	1,07500	20,05
1,07555	18,32	1,07355	19,67	1,07630	18,49	1,07430	19,86	1,07704	18,66	1,07504	20,06
1,07559	18,33	1,07359	19,68	1,07634	18,50	1,07434	19,88	1,07708	18,67	1,07509	20,07
1,07564	18,34	1,07364	19,69	1,07638	18,51	1,07438	19,89	1,07713	18,68	1,07513	20,08
1,07568	18,35	1,07368	19,70	1,07643	18,52	1,07443	19,90	1,07718	18,69	1,07518	20,10
1,07572	18,36	1,07372	19,71	1,07647	18,53	1,07447	19,91	1,07722	18,70	1,07522	20,11
1,07577	18,37	1,07377	19,73	1,07652	18,54	1,07452	19,92	1,07726	18,71	1,07526	20,12
1,07581	18,38	1,07381	19,74	1,07656	18,55	1,07456	19,93	1,07731	18,72	1,07531	20,13
1,07586	18,39	1,07386	19,75	1,07660	18,56	1,07460	19,94	1,07735	18,73	1,07535	20,14
1,07590	18,40	1,07390	19,76	1,07665	18,57	1,07465	19,95	1,07740	18,74	1,07540	20,15

1,07744	18,75	1,07544	20,16	1,07836	18,96	1,07636	20,41	1,07930	19,17	1,07729	20,65
1,07748	18,76	1,07548	20,18	1,07841	18,97	1,07641	20,42	1,07934	19,18	1,07733	20,66
1,07753	18,77	1,07553	20,19	1,07845	18,98	1,07645	20,43	1,07939	19,19	1,07738	20,67
1,07757	18,78	1,07557	20,20	1,07850	18,99	1,07650	20,44	1,07943	19,20	1,07742	20,69
1,07762	18,79	1,07562	20,21	1,07854	19,00	1,07654	20,45	1,07947	19,21	1,07746	20,70
1,07766	18,80	1,07566	20,22	1,07858	19,01	1,07658	20,47	1,07952	19,22	1,07751	20,71
1,07770	18,81	1,07570	20,23	1,07863	19,02	1,07663	20,48	1,07956	19,23	1,07755	20,72
1,07775	18,82	1,07575	20,25	1,07867	19,03	1,07667	20,49	1,07961	19,24	1,07760	20,73
1,07779	18,83	1,07579	20,26	1,07872	19,04	1,07672	20,50	1,07965	19,25	1,07764	20,74
1,07784	18,84	1,07584	20,27	1,07876	19,05	1,07676	20,51	1,07969	19,26	1,07768	20,76
1,07788	18,85	1,07588	20,28	1,07880	19,06	1,07680	20,52	1,07974	19,27	1,07773	20,77
1,07792	18,86	1,07592	20,29	1,07886	19,07	1,07685	20,54	1,07978	19,28	1,07777	20,78
1,07797	18,87	1,07597	20,30	1,07890	19,08	1,07689	20,55	1,07983	19,29	1,07782	20,79
1,07801	18,88	1,07601	20,32	1,07895	19,09	1,07694	20,56	1,07987	19,30	1,07786	20,80
1,07806	18,89	1,07606	20,33	1,07899	19,10	1,07698	20,57	1,07991	19,31	1,07790	20,81
1,07810	18,90	1,07610	20,34	1,07903	19,11	1,07702	20,58	1,07996	19,32	1,07795	20,83
1,07814	18,91	1,07614	20,35	1,07908	19,12	1,07707	20,59	1,08000	19,33	1,07799	20,84
1,07819	18,92	1,07619	20,36	1,07912	19,13	1,07711	20,61	1,08005	19,34	1,07804	20,85
1,07823	18,93	1,07623	20,37	1,07917	19,14	1,07716	20,62	1,08009	19,35	1,07808	20,86
1,07828	18,94	1,07628	20,38	1,07921	19,15	1,07720	20,63	1,08013	19,36	1,07812	20,87
1,07832	18,95	1,07632	20,40	1,07925	19,16	1,07724	20,64	1,08018	19,37	1,07817	20,88

(Continua)

TABELA 4A2 Coeficiente de Laboratório, Densidade Real e concentrações de extratos do mosto cervejeiro em graus Plato ºP (g/100g) e peso/volume (g/100mL) *(Cont.)*

Coeficiente Laboratório 20/20ºC	Extrato (ºP) g/100g	Densidade Real 20/4ºC	Extrato (p/v) g /100mL	Coeficiente Laboratório 20/20ºC	Extrato (ºP) g/100g	Densidade Real 20/4ºC	Extrato (p/v) g /100mL	Coeficiente Laboratório 20/20ºC	Extrato (ºP) g/100g	Densidade Real 20/4ºC	Extrato (p/v) g /100mL
1,08022	19,38	1,07821	20,90	1,08098	19,55	1,07897	21,09	1,08173	19,72	1,07972	21,29
1,08027	19,39	1,07826	20,91	1,08102	19,56	1,07901	21,11	1,08177	19,73	1,07976	21,30
1,08031	19,40	1,07830	20,92	1,08107	19,57	1,07906	21,12	1,08182	19,74	1,07981	21,32
1,08035	19,41	1,07834	20,93	1,08111	19,58	1,07910	21,13	1,08186	19,75	1,07985	21,33
1,08040	19,42	1,07839	20,94	1,08116	19,59	1,07915	21,14	1,08190	19,76	1,07989	21,34
1,08044	19,43	1,07843	20,95	1,08120	19,60	1,07919	21,15	1,08195	19,77	1,07994	21,35
1,08049	19,44	1,07848	20,97	1,08124	19,61	1,07923	21,16	1,08199	19,78	1,07998	21,36
1,08053	19,45	1,07852	20,98	1,08129	19,62	1,07928	21,18	1,08204	19,79	1,08003	21,37
1,08057	19,46	1,07856	20,99	1,08133	19,63	1,07932	21,19	1,08208	19,80	1,08007	21,39
1,08062	19,47	1,07861	21,00	1,08138	19,64	1,07937	21,20	1,08212	19,81	1,08011	21,40
1,08066	19,48	1,07865	21,01	1,08142	19,65	1,07941	21,21	1,08217	19,82	1,08016	21,41
1,08071	19,49	1,07870	21,02	1,08146	19,66	1,07945	21,22	1,08222	19,83	1,08020	21,42
1,08075	19,50	1,07874	21,04	1,08151	19,67	1,07950	21,23	1,08227	19,84	1,08025	21,43
1,08080	19,51	1,07879	21,05	1,08155	19,68	1,07954	21,25	1,08231	19,85	1,08029	21,44
1,08084	19,52	1,07883	21,06	1,08160	19,69	1,07959	21,26	1,08236	19,86	1,08034	21,46
1,08089	19,53	1,07888	21,07	1,08164	19,70	1,07963	21,27	1,08240	19,87	1,08038	21,47
1,08093	19,54	1,07892	21,08	1,08168	19,71	1,07967	21,28	1,08245	19,88	1,08043	21,48

1,08249	19,89	1,08047	21,49	1,08342	20,10	1,08140	21,74	1,08435	20,31	1,08233	21,98
1,08254	19,90	1,08052	21,50	1,08347	20,11	1,08145	21,75	1,08440	20,32	1,08238	21,99
1,08258	19,91	1,08056	21,51	1,08351	20,12	1,08149	21,76	1,08444	20,33	1,08242	22,01
1,08263	19,92	1,08061	21,53	1,08356	20,13	1,08154	21,77	1,08449	20,34	1,08247	22,02
1,08267	19,93	1,08065	21,54	1,08360	20,14	1,08158	21,78	1,08453	20,35	1,08251	22,03
1,08272	19,94	1,08070	21,55	1,08365	20,15	1,08163	21,79	1,08458	20,36	1,08256	22,04
1,08276	19,95	1,08074	21,56	1,08369	20,16	1,08167	21,81	1,08462	20,37	1,08260	22,05
1,08280	19,96	1,08078	21,57	1,08374	20,17	1,08172	21,82	1,08467	20,38	1,08265	22,06
1,08285	19,97	1,08083	21,58	1,08378	20,18	1,08176	21,83	1,08472	20,39	1,08269	22,08
1,08289	19,98	1,08087	21,60	1,08383	20,19	1,08181	21,84	1,08476	20,40	1,08274	22,09
1,08294	19,99	1,08092	21,61	1,08387	20,20	1,08185	21,85	1,08480	20,41	1,08278	22,10
1,08298	20,00	1,08096	21,62	1,08391	20,21	1,08189	21,86	1,08485	20,42	1,08283	22,11
1,08302	20,01	1,08100	21,63	1,08396	20,22	1,08194	21,88	1,08489	20,43	1,08287	22,12
1,08307	20,02	1,08105	21,64	1,08400	20,23	1,08198	21,89	1,08494	20,44	1,08292	22,13
1,08311	20,03	1,08109	21,65	1,08405	20,24	1,08203	21,90	1,08498	20,45	1,08296	22,15
1,08316	20,04	1,08114	21,67	1,08409	20,25	1,08207	21,91	1,08502	20,46	1,08300	22,16
1,08320	20,05	1,08118	21,68	1,08413	20,26	1,08211	21,92	1,08507	20,47	1,08305	22,17
1,08324	20,06	1,08122	21,69	1,08418	20,27	1,08216	21,94	1,08511	20,48	1,08309	22,18
1,08329	20,07	1,08127	21,70	1,08422	20,28	1,08220	21,95	1,08516	20,49	1,08314	22,19
1,08333	20,08	1,08131	21,71	1,08427	20,29	1,08225	21,96	1,08520	20,50	1,08318	22,21
1,08338	20,09	1,08136	21,72	1,08431	20,30	1,08229	21,97	1,08525	20,51	1,08323	22,22

(Continua)

TABELA 4A2 Coeficiente de Laboratório, Densidade Real e concentrações de extratos do mosto cervejeiro em graus Plato ºP (g/100g) e peso/volume (g/100mL) *(Cont.)*

Coeficiente Laboratório 20/20ºC	Extrato (ºP) g/100g	Densidade Real 20/4ºC	Extrato (p/v) g /100mL	Coeficiente Laboratório 20/20ºC	Extrato (ºP) g/100g	Densidade Real 20/4ºC	Extrato (p/v) g /100mL	Coeficiente Laboratório 20/20ºC	Extrato (ºP) g/100g	Densidade Real 20/4ºC	Extrato (p/v) g /100mL
1,08529	20,52	1,08327	22,23	1,08606	20,69	1,08403	22,43	1,08682	20,86	1,08479	22,63
1,08534	20,53	1,08332	22,24	1,08610	20,70	1,08407	22,44	1,08686	20,87	1,08483	22,64
1,08538	20,54	1,08336	22,25	1,08615	20,71	1,08412	22,45	1,08691	20,88	1,08488	22,65
1,08543	20,55	1,08341	22,26	1,08619	20,72	1,08416	22,46	1,08695	20,89	1,08492	22,66
1,08547	20,56	1,08345	22,28	1,08624	20,73	1,08421	22,48	1,08700	20,90	1,08497	22,68
1,08552	20,57	1,08350	22,29	1,08628	20,74	1,08425	22,49	1,08704	20,91	1,08501	22,69
1,08556	20,58	1,08354	22,30	1,08633	20,75	1,08430	22,50	1,08709	20,92	1,08506	22,70
1,08562	20,59	1,08359	22,31	1,08637	20,76	1,08434	22,51	1,08713	20,93	1,08510	22,71
1,08566	20,60	1,08363	22,32	1,08642	20,77	1,08439	22,52	1,08718	20,94	1,08515	22,72
1,08570	20,61	1,08367	22,33	1,08646	20,78	1,08443	22,53	1,08722	20,95	1,08519	22,73
1,08575	20,62	1,08372	22,35	1,08651	20,79	1,08448	22,55	1,08726	20,96	1,08523	22,75
1,08579	20,63	1,08376	22,36	1,08655	20,80	1,08452	22,56	1,08731	20,97	1,08528	22,76
1,08584	20,64	1,08381	22,37	1,08659	20,81	1,08456	22,57	1,08735	20,98	1,08532	22,77
1,08588	20,65	1,08385	22,38	1,08664	20,82	1,08461	22,58	1,08740	20,99	1,08537	22,78
1,08592	20,66	1,08389	22,39	1,08668	20,83	1,08465	22,59	1,08744	21,00	1,08541	22,79
1,08597	20,67	1,08394	22,41	1,08673	20,84	1,08470	22,61	1,08749	21,01	1,08546	22,81
1,08601	20,68	1,08398	22,42	1,08677	20,85	1,08474	22,62	1,08753	21,02	1,08550	22,82

1,08758	21,03	1,08555	22,83	1,08852	21,24	1,08649	23,08	1,08947	21,45	1,08743	23,33
1,08762	21,04	1,08559	22,84	1,08856	21,25	1,08653	23,09	1,08951	21,46	1,08747	23,34
1,08767	21,05	1,08564	22,85	1,08861	21,26	1,08658	23,10	1,08956	21,47	1,08752	23,35
1,08771	21,06	1,08568	22,86	1,08865	21,27	1,08662	23,11	1,08960	21,48	1,08756	23,36
1,08776	21,07	1,08573	22,88	1,08870	21,28	1,08667	23,12	1,08965	21,49	1,08761	23,37
1,08780	21,08	1,08577	22,89	1,08874	21,29	1,08671	23,14	1,08969	21,50	1,08765	23,38
1,08785	21,09	1,08582	22,90	1,08879	21,30	1,08676	23,15	1,08974	21,51	1,08770	23,40
1,08789	21,10	1,08586	22,91	1,08883	21,31	1,08680	23,16	1,08978	21,52	1,08774	23,41
1,08794	21,11	1,08591	22,92	1,08888	21,32	1,08685	23,17	1,08983	21,53	1,08779	23,42
1,08798	21,12	1,08595	22,94	1,08893	21,33	1,08689	23,18	1,08987	21,54	1,08783	23,43
1,08803	21,13	1,08600	22,95	1,08898	21,34	1,08694	23,20	1,08992	21,55	1,08788	23,44
1,08807	21,14	1,08604	22,96	1,08902	21,35	1,08698	23,21	1,08996	21,56	1,08792	23,46
1,08812	21,15	1,08609	22,97	1,08907	21,36	1,08703	23,22	1,09001	21,57	1,08797	23,47
1,08818	21,16	1,08613	22,98	1,08911	21,37	1,08707	23,23	1,09005	21,58	1,08801	23,48
1,08821	21,17	1,08618	22,99	1,08916	21,38	1,08712	23,24	1,09010	21,59	1,08806	23,49
1,08825	21,18	1,08622	23,01	1,08920	21,39	1,08716	23,25	1,09014	21,60	1,08810	23,50
1,08830	21,19	1,08627	23,02	1,08925	21,40	1,08721	23,27	1,09019	21,61	1,08815	23,51
1,08834	21,20	1,08631	23,03	1,08929	21,41	1,08725	23,28	1,09023	21,62	1,08819	23,53
1,08838	21,21	1,08635	23,04	1,08934	21,42	1,08730	23,29	1,09028	21,63	1,08824	23,54
1,08843	21,22	1,08640	23,05	1,08938	21,43	1,08734	23,30	1,09032	21,64	1,08828	23,55
1,08847	21,23	1,08644	23,07	1,08943	21,44	1,08739	23,31	1,09037	21,65	1,08833	23,56

(Continua)

TABELA 4A2 Coeficiente de Laboratório, Densidade Real e concentrações de extratos do mosto cervejeiro em graus Plato ºP (g/100g) e peso/volume (g/100mL) *(Cont.)*

Coeficiente Laboratório 20/20ºC	Extrato (ºP) g/100g	Densidade Real 20/4ºC	Extrato (p/v) g /100mL	Coeficiente Laboratório 20/20ºC	Extrato (ºP) g/100g	Densidade Real 20/4ºC	Extrato (p/v) g /100mL	Coeficiente Laboratório 20/20ºC	Extrato (ºP) g/100g	Densidade Real 20/4ºC	Extrato (p/v) g /100mL
1,09041	21,66	1,08837	23,57	1,09118	21,83	1,08914	23,78	1,09194	22,00	1,08990	23,98
1,09046	21,67	1,08842	23,59	1,09122	21,84	1,08918	23,79	1,09199	22,01	1,08995	23,99
1,09050	21,68	1,08846	23,60	1,09127	21,85	1,08923	23,80	1,09203	22,02	1,08999	24,00
1,09055	21,69	1,08851	23,61	1,09131	21,86	1,08927	23,81	1,09208	22,03	1,09004	24,01
1,09059	21,70	1,08855	23,62	1,09136	21,87	1,08932	23,82	1,09212	22,04	1,09008	24,03
1,09064	21,71	1,08860	23,63	1,09140	21,88	1,08936	23,84	1,09217	22,05	1,09013	24,04
1,09068	21,72	1,08864	23,65	1,09145	21,89	1,08941	23,85	1,09221	22,06	1,09017	24,05
1,09073	21,73	1,08869	23,66	1,09149	21,90	1,08945	23,86	1,09226	22,07	1,09022	24,06
1,09077	21,74	1,08873	23,67	1,09154	21,91	1,08950	23,87	1,09231	22,08	1,09026	24,07
1,09082	21,75	1,08878	23,68	1,09158	21,92	1,08954	23,88	1,09236	22,09	1,09031	24,08
1,09086	21,76	1,08882	23,69	1,09163	21,93	1,08959	23,89	1,09240	22,10	1,09035	24,10
1,09091	21,77	1,08887	23,70	1,09167	21,94	1,08963	23,91	1,09245	22,11	1,09040	24,11
1,09095	21,78	1,08891	23,72	1,09172	21,95	1,08968	23,92	1,09249	22,12	1,09044	24,12
1,09100	21,79	1,08896	23,73	1,09176	21,96	1,08972	23,93	1,09254	22,13	1,09049	24,13
1,09104	21,80	1,08900	23,74	1,09181	21,97	1,08977	23,94	1,09258	22,14	1,09053	24,14
1,09109	21,81	1,08905	23,75	1,09185	21,98	1,08981	23,95	1,09263	22,15	1,09058	24,16
1,09113	21,82	1,08909	23,76	1,09190	21,99	1,08986	23,97	1,09267	22,16	1,09062	24,17

1,09272	22,17	1,09067	24,18	1,09366	22,38	1,09161	24,43	1,09461	22,59	1,09256	24,68
1,09276	22,18	1,09071	24,19	1,09371	22,39	1,09166	24,44	1,09466	22,60	1,09261	24,69
1,09281	22,19	1,09076	24,20	1,09375	22,40	1,09170	24,45	1,09471	22,61	1,09266	24,71
1,09285	22,20	1,09080	24,22	1,09380	22,41	1,09175	24,47	1,09475	22,62	1,09270	24,74
1,09290	22,21	1,09085	24,23	1,09384	22,42	1,09179	24,48	1,09480	22,63	1,09275	24,73
1,09294	22,22	1,09089	24,24	1,09389	22,43	1,09184	24,49	1,09484	22,64	1,09279	24,74
1,09299	22,23	1,09094	24,25	1,09393	22,44	1,09188	24,50	1,09488	22,65	1,09283	24,75
1,09303	22,24	1,09098	24,26	1,09398	22,45	1,09193	24,51	1,09493	22,66	1,09288	24,76
1,09308	22,25	1,09103	24,28	1,09403	22,46	1,09198	24,53	1,09498	22,67	1,09293	24,78
1,09312	22,26	1,09107	24,29	1,09407	22,47	1,09202	24,54	1,09502	22,68	1,09297	24,79
1,09317	22,27	1,09112	24,30	1,09412	22,48	1,09207	24,55	1,09507	22,69	1,09302	24,80
1,09321	22,28	1,09116	24,31	1,09416	22,49	1,09211	24,56	1,09511	22,70	1,09306	24,81
1,09326	22,29	1,09121	24,32	1,09421	22,50	1,09216	24,57	1,09516	22,71	1,09311	24,82
1,09330	22,30	1,09125	24,33	1,09425	22,51	1,09220	24,59	1,09520	22,72	1,09315	24,84
1,09335	22,31	1,09130	24,35	1,09430	22,52	1,09225	24,60	1,09525	22,73	1,09320	24,85
1,09339	22,32	1,09134	24,36	1,09434	22,53	1,09229	24,61	1,09529	22,74	1,09324	24,86
1,09344	22,33	1,09139	24,37	1,09439	22,54	1,09234	24,62	1,09534	22,75	1,09329	24,87
1,09348	22,34	1,09143	24,38	1,09443	22,55	1,09238	24,63	1,09538	22,76	1,09333	24,88
1,09353	22,35	1,09148	24,39	1,09448	22,56	1,09243	24,65	1,09543	22,77	1,09338	24,90
1,09357	22,36	1,09152	24,41	1,09452	22,57	1,09247	24,66	1,09547	22,78	1,09342	24,91
1,09362	22,37	1,09157	24,42	1,09457	22,58	1,09252	24,67	1,09552	22,79	1,09347	24,92

(Continua)

TABELA 4A2 Coeficiente de Laboratório, Densidade Real e concentrações de extratos do mosto cervejeiro em graus Plato ºP (g/100g) e peso/volume (g/100mL) *(Cont.)*

Coeficiente Laboratório 20/20ºC	Extrato (ºP) g/100g	Densidade Real 20/4ºC	Extrato (p/v) g /100mL	Coeficiente Laboratório 20/20ºC	Extrato (ºP) g/100g	Densidade Real 20/4ºC	Extrato (p/v) g /100mL	Coeficiente Laboratório 20/20ºC	Extrato (ºP) g/100g	Densidade Real 20/4ºC	Extrato (p/v) g /100mL
1,09556	22,80	1,09351	24,93	1,09634	22,97	1,09428	25,14	1,09711	23,14	1,09505	25,34
1,09561	22,81	1,09356	24,94	1,09639	22,98	1,09433	25,15	1,09716	23,15	1,09510	25,35
1,09566	22,82	1,09360	24,96	1,09643	22,99	1,09437	25,16	1,09721	23,16	1,09515	25,36
1,09571	22,83	1,09365	24,97	1,09648	23,00	1,09442	25,17	1,09725	23,17	1,09519	25,38
1,09575	22,84	1,09369	24,98	1,09653	23,01	1,09447	25,18	1,09730	23,18	1,09524	25,39
1,09580	22,85	1,09374	24,99	1,09657	23,02	1,09451	25,20	1,09734	23,19	1,09528	25,40
1,09585	22,86	1,09379	25,00	1,09662	23,03	1,09456	25,21	1,09739	23,20	1,09533	25,41
1,09589	22,87	1,09383	25,02	1,09666	23,04	1,09460	25,22	1,09744	23,21	1,09538	25,42
1,09594	22,88	1,09388	25,03	1,09671	23,05	1,09465	25,23	1,09748	23,22	1,09542	25,44
1,09598	22,89	1,09392	25,04	1,09675	23,06	1,09469	25,24	1,09753	23,23	1,09547	25,45
1,09603	22,90	1,09397	25,05	1,09680	23,07	1,09474	25,26	1,09757	23,24	1,09551	25,46
1,09607	22,91	1,09401	25,06	1,09684	23,08	1,09478	25,27	1,09762	23,25	1,09556	25,47
1,09612	22,92	1,09406	25,08	1,09689	23,09	1,09483	25,28	1,09766	23,26	1,09560	25,48
1,09616	22,93	1,09410	25,09	1,09693	23,10	1,09487	25,29	1,09771	23,27	1,09565	25,50
1,09621	22,94	1,09415	25,10	1,09698	23,11	1,09492	25,30	1,09775	23,28	1,09569	25,51
1,09625	22,95	1,09419	25,11	1,09702	23,12	1,09496	25,32	1,09780	23,29	1,09574	25,52
1,09630	22,96	1,09424	25,12	1,09707	23,13	1,09501	25,33	1,09784	23,30	1,09578	25,53

1,09789	23,31	1,09583	25,54	1,09884	23,52	1,09678	25,80	1,09981	23,73	1,09774	26,05
1,09793	23,32	1,09587	25,56	1,09889	23,53	1,09683	25,81	1,09986	23,74	1,09778	26,06
1,09798	23,33	1,09592	25,57	1,09893	23,54	1,09687	25,82	1,09990	23,75	1,09783	26,07
1,09802	23,34	1,09596	25,58	1,09898	23,55	1,09692	25,83	1,09995	23,76	1,09788	26,09
1,09807	23,35	1,09601	25,59	1,09904	23,56	1,09697	25,84	1,09999	23,77	1,09792	26,10
1,09812	23,36	1,09606	25,60	1,09908	23,57	1,09701	25,86	1,10004	23,78	1,09797	26,11
1,09816	23,37	1,09610	25,62	1,09913	23,58	1,09706	25,87	1,10008	23,79	1,09801	26,12
1,09821	23,38	1,09615	25,63	1,09917	23,59	1,09710	25,88	1,10013	23,80	1,09806	26,13
1,09825	23,39	1,09619	25,64	1,09922	23,60	1,09715	25,89	1,10018	23,81	1,09811	26,15
1,09830	23,40	1,09624	25,65	1,09927	23,61	1,09720	25,90	1,10022	23,82	1,09815	26,16
1,09834	23,41	1,09628	25,66	1,09931	23,62	1,09724	25,92	1,10027	23,83	1,09820	26,17
1,09839	23,42	1,09633	25,68	1,09936	23,63	1,09729	25,93	1,10031	23,84	1,09824	26,18
1,09843	23,43	1,09637	25,69	1,09940	23,64	1,09733	25,94	1,10036	23,85	1,09829	26,19
1,09848	23,44	1,09642	25,70	1,09945	23,65	1,09738	25,95	1,10040	23,86	1,09833	26,21
1,09852	23,45	1,09646	25,71	1,09949	23,66	1,09742	25,96	1,10045	23,87	1,09838	26,22
1,09857	23,46	1,09651	25,72	1,09954	23,67	1,09747	25,98	1,10049	23,88	1,09842	26,23
1,09861	23,47	1,09655	25,74	1,09958	23,68	1,09751	25,99	1,10054	23,89	1,09847	26,24
1,09866	23,48	1,09660	25,75	1,09963	23,69	1,09756	26,00	1,10058	23,90	1,09851	26,25
1,09870	23,49	1,09664	25,76	1,09967	23,70	1,09760	26,01	1,10063	23,91	1,09856	26,27
1,09875	23,50	1,09669	25,77	1,09972	23,71	1,09765	26,03	1,10067	23,92	1,09860	26,28
1,09880	23,51	1,09674	25,78	1,09976	23,72	1,09769	26,04	1,10072	23,93	1,09865	26,29

(Continua)

TABELA 4A2 Coeficiente de Laboratório, Densidade Real e concentrações de extratos do mosto cervejeiro em graus Plato ºP (g/100g) e peso/volume (g/100mL) *(Cont.)*

Coeficiente Laboratório 20/20ºC	Extrato (ºP) g/100g	Densidade Real 20/4ºC	Extrato (p/v) g /100mL	Coeficiente Laboratório 20/20ºC	Extrato (ºP) g/100g	Densidade Real 20/4ºC	Extrato (p/v) g /100mL	Coeficiente Laboratório 20/20ºC	Extrato (ºP) g/100g	Densidade Real 20/4ºC	Extrato (p/v) g /100mL
1,10076	23,94	1,09869	26,30	1,10155	24,11	1,09948	26,51	1,10232	24,28	1,10025	26,71
1,10081	23,95	1,09874	26,31	1,10159	24,12	1,09952	26,52	1,10238	24,29	1,10030	26,73
1,10086	23,96	1,09879	26,33	1,10164	24,13	1,09957	26,53	1,10242	24,30	1,10034	26,74
1,10090	23,97	1,09883	26,34	1,10168	24,14	1,09961	26,54	1,10247	24,31	1,10039	26,75
1,10095	23,98	1,09888	26,35	1,10173	24,15	1,09966	26,56	1,10251	24,32	1,10043	26,76
1,10099	23,99	1,09892	26,36	1,10178	24,16	1,09971	26,57	1,10256	24,33	1,10048	26,77
1,10104	24,00	1,09897	26,38	1,10182	24,17	1,09975	26,58	1,10260	24,34	1,10052	26,79
1,10109	24,01	1,09902	26,39	1,10187	24,18	1,09980	26,59	1,10265	24,35	1,10057	26,80
1,10113	24,02	1,09906	26,40	1,10191	24,19	1,09984	26,61	1,10270	24,36	1,10062	26,81
1,10118	24,03	1,09911	26,41	1,10196	24,20	1,09989	26,62	1,10274	24,37	1,10066	26,82
1,10122	24,04	1,09915	26,42	1,10201	24,21	1,09994	26,63	1,10279	24,38	1,10071	26,84
1,10127	24,05	1,09920	26,44	1,10205	24,22	1,09998	26,64	1,10283	24,39	1,10075	26,85
1,10132	24,06	1,09925	26,45	1,10210	24,23	1,10003	26,65	1,10288	24,40	1,10080	26,86
1,10136	24,07	1,09929	26,46	1,10214	24,24	1,10007	26,67	1,10293	24,41	1,10085	26,87
1,10141	24,08	1,09934	26,47	1,10219	24,25	1,10012	26,68	1,10297	24,42	1,10089	26,88
1,10145	24,09	1,09938	26,48	1,10223	24,26	1,10016	26,69	1,10302	24,43	1,10094	26,90
1,10150	24,10	1,09943	26,50	1,10228	24,27	1,10021	26,70	1,10306	24,44	1,10098	26,91

1,10311	24,45	1,10103	26,92	1,10408	24,66	1,10200	27,18	1,10504	24,87	1,10296	27,43
1,10316	24,46	1,10108	26,93	1,10412	24,67	1,10204	27,19	1,10509	24,88	1,10301	27,44
1,10320	24,47	1,10112	26,94	1,10417	24,68	1,10209	27,20	1,10513	24,89	1,10305	27,45
1,10325	24,48	1,10117	26,96	1,10421	24,69	1,10213	27,21	1,10518	24,90	1,10310	27,47
1,10329	24,49	1,10121	26,97	1,10426	24,70	1,10218	27,22	1,10523	24,91	1,10315	24,48
1,10334	24,50	1,10126	26,98	1,10431	24,71	1,10223	27,24	1,10527	24,92	1,10319	27,49
1,10339	24,51	1,10131	26,99	1,10435	24,72	1,10227	27,25	1,10532	24,93	1,10324	27,50
1,10343	24,52	1,10135	27,01	1,10440	24,73	1,10232	27,26	1,10536	24,94	1,10328	27,52
1,10348	24,53	1,10140	27,02	1,10444	24,74	1,10236	27,27	1,10541	24,95	1,10333	27,53
1,10352	24,54	1,10144	27,03	1,10449	24,75	1,10241	27,28	1,10546	24,96	1,10338	27,54
1,10357	24,55	1,10149	27,04	1,10453	24,76	1,10246	27,30	1,10550	24,97	1,10342	27,55
1,10362	24,56	1,10154	27,05	1,10458	24,77	1,10250	27,31	1,10555	24,98	1,10347	27,56
1,10366	24,57	1,10158	27,07	1,10463	24,78	1,10255	27,32	1,10559	24,99	1,10351	27,58
1,10371	24,58	1,10163	27,08	1,10467	24,79	1,10259	27,33	1,10564	25,00	1,10356	27,59
1,10375	24,59	1,10167	27,09	1,10472	24,80	1,10264	27,35	1,10569	25,01	1,10361	27,60
1,10380	24,60	1,10172	27,10	1,10477	24,81	1,10269	27,36	1,10574	25,02	1,10365	27,61
1,10385	24,61	1,10177	27,11	1,10481	24,82	1,10273	27,37	1,10579	25,03	1,10370	27,63
1,10389	24,62	1,10181	27,13	1,10486	24,83	1,10278	27,38	1,10583	25,04	1,10374	27,64
1,10394	24,63	1,10186	27,14	1,10490	24,84	1,10282	27,39	1,10588	25,05	1,10379	27,65
1,10398	24,64	1,10190	27,15	1,10495	24,85	1,10287	27,41	1,10593	25,06	1,10384	27,66
1,10403	24,65	1,10195	27,16	1,10500	24,86	1,10292	27,42	1,10597	25,07	1,10388	27,67

(Continua)

TABELA 4A2 Coeficiente de Laboratório, Densidade Real e concentrações de extratos do mosto cervejeiro em graus Plato ºP (g/100g) e peso/volume (g/100mL) *(Cont.)*

Coeficiente Laboratório 20/20ºC	Extrato (ºP) g/100g	Densidade Real 20/4ºC	Extrato (p/v) g /100mL	Coeficiente Laboratório 20/20ºC	Extrato (ºP) g/100g	Densidade Real 20/4ºC	Extrato (p/v) g /100mL	Coeficiente Laboratório 20/20ºC	Extrato (ºP) g/100g	Densidade Real 20/4ºC	Extrato (p/v) g /100mL
1,10602	25,08	1,10393	27,69	1,10680	25,25	1,10471	27,89	1,10758	25,42	1,10549	28,10
1,10606	25,09	1,10397	27,70	1,10685	25,26	1,10476	27,91	1,10763	25,43	1,10554	28,11
1,10611	25,10	1,10402	27,71	1,10689	25,27	1,10480	27,92	1,10767	25,44	1,10558	28,13
1,10616	25,11	1,10407	27,72	1,10694	25,28	1,10485	27,93	1,10772	25,45	1,10563	28,14
1,10620	25,12	1,10411	27,74	1,10698	25,29	1,10489	27,94	1,10777	25,46	1,10568	28,15
1,10625	25,13	1,10416	27,75	1,10037	25,30	1,10494	27,95	1,10781	25,47	1,10572	28,16
1,10629	25,14	1,10420	27,76	1,10708	25,31	1,10499	27,97	1,10786	25,48	1,10577	28,18
1,10634	25,15	1,10425	27,77	1,10712	25,32	1,10503	27,98	1,10790	25,49	1,10581	28,19
1,10639	25,16	1,10430	27,78	1,10717	25,33	1,10508	27,99	1,10795	25,50	1,10586	28,20
1,10643	25,17	1,10434	27,80	1,10721	25,34	1,10512	28,00	1,10800	25,51	1,10591	28,21
1,10648	25,18	1,10439	27,81	1,10726	25,35	1,10517	28,02	1,10804	25,52	1,10595	28,22
1,10652	25,19	1,10443	27,82	1,10731	25,36	1,10522	28,03	1,10809	25,53	1,10600	28,24
1,10657	25,20	1,10448	27,83	1,10735	25,37	1,10526	28,04	1,10813	25,54	1,10604	28,25
1,10662	25,21	1,10453	27,85	1,10740	25,38	1,10531	28,05	1,10818	25,55	1,10609	28,26
1,10666	25,22	1,10457	27,86	1,10744	25,39	1,10535	28,06	1,10823	25,56	1,10614	28,27
1,10671	25,23	1,10462	27,87	1,10749	25,40	1,10540	28,08	1,10827	25,57	1,10618	28,29
1,10675	25,24	1,10466	27,88	1,10754	25,41	1,10545	28,09	1,10832	25,58	1,10623	28,30

1,10836	25,59	1,10627	28,31	1,10935	25,80	1,10725	28,57	1,11033	26,01	1,10823	28,83
1,10841	25,60	1,10632	28,32	1,10940	25,81	1,10730	28,58	1,11037	26,02	1,10827	28,84
1,10846	25,61	1,10637	28,33	1,10944	25,82	1,10734	28,59	1,11042	26,03	1,10832	28,85
1,10851	25,62	1,10642	28,35	1,10949	25,83	1,10739	28,60	1,11046	26,04	1,10836	28,86
1,10855	25,63	1,10646	28,36	1,10953	25,84	1,10743	28,62	1,11051	26,05	1,10841	28,87
1,10860	25,64	1,10651	28,37	1,10958	25,85	1,10748	28,63	1,11056	26,06	1,10846	28,89
1,10865	25,65	1,10656	28,38	1,10963	25,86	1,10753	28,64	1,11060	26,07	1,10850	28,90
1,10870	25,66	1,10661	28,40	1,10967	25,87	1,10757	28,65	1,11065	26,08	1,10855	28,91
1,10874	25,67	1,10665	28,41	1,10972	25,88	1,10762	28,67	1,11069	26,09	1,10859	28,92
1,10879	25,68	1,10670	28,42	1,10976	25,89	1,10766	28,68	1,11074	26,10	1,10864	28,94
1,10883	25,69	1,10674	28,43	1,10981	25,90	1,10771	28,69	1,11079	26,11	1,10869	28,95
1,10888	25,70	1,10679	28,44	1,10986	25,91	1,10776	28,70	1,11083	26,12	1,10873	28,96
1,10893	25,71	1,10684	28,46	1,10990	25,92	1,10780	28,71	1,11088	26,13	1,10878	28,97
1,10897	25,72	1,10688	28,47	1,10995	25,93	1,10785	28,73	1,11092	26,14	1,10882	28,98
1,10902	25,73	1,10693	28,48	1,10999	25,94	1,10789	28,74	1,11097	26,15	1,10887	29,00
1,10907	25,74	1,10697	28,49	1,11004	25,95	1,10794	28,75	1,11102	26,16	1,10832	29,01
1,10912	25,75	1,10702	28,51	1,11009	25,96	1,10799	28,76	1,11106	26,17	1,10896	29,02
1,10917	25,76	1,10707	28,52	1,11014	25,97	1,10804	28,78	1,11111	26,18	1,10901	29,03
1,10921	25,77	1,10711	28,53	1,11018	25,98	1,10808	28,79	1,11115	26,19	1,10905	29,05
1,10926	25,78	1,10716	28,54	1,11023	25,99	1,10813	28,80	1,11120	26,20	1,10910	29,06
1,10930	25,79	1,10720	28,55	1,11028	26,00	1,10818	28,81	1,11125	26,21	1,10915	29,07

(Continua)

TABELA 4A2 Coeficiente de Laboratório, Densidade Real e concentrações de extratos do mosto cervejeiro em graus Plato ºP (g/100g) e peso/volume (g/100mL) *(Cont.)*

Coeficiente Laboratório 20/20ºC	Extrato (ºP) g/100g	Densidade Real 20/4ºC	Extrato (p/v) g /100mL	Coeficiente Laboratório 20/20ºC	Extrato (ºP) g/100g	Densidade Real 20/4ºC	Extrato (p/v) g /100mL	Coeficiente Laboratório 20/20ºC	Extrato (ºP) g/100g	Densidade Real 20/4ºC	Extrato (p/v) g /100mL
1,11130	26,22	1,10920	29,08	1,11208	26,39	1,10998	29,29	1,11289	26,56	1,11078	29,50
1,11134	26,23	1,10924	29,10	1,11213	26,40	1,11003	29,30	1,11293	26,57	1,11082	29,51
1,11139	26,24	1,10929	29,11	1,11218	26,41	1,11008	29,32	1,11298	26,58	1,11087	29,53
1,11144	26,25	1,10934	29,12	1,11223	26,42	1,11013	29,33	1,11302	26,59	1,11091	29,54
1,11149	26,26	1,10939	29,13	1,11227	26,43	1,11017	29,34	1,11307	26,60	1,11096	29,55
1,11153	26,27	1,10943	29,14	1,11232	26,44	1,11022	29,35	1,11312	26,61	1,11101	29,56
1,11158	26,28	1,10948	29,16	1,11237	26,45	1,11027	29,37	1,11317	26,62	1,11106	29,58
1,11162	26,29	1,10952	29,17	1,11243	26,46	1,11032	29,38	1,11321	26,63	1,11110	29,59
1,11167	26,30	1,10957	29,18	1,11247	26,47	1,11036	29,39	1,11326	26,64	1,11115	29,60
1,11172	26,31	1,10962	29,19	1,11252	26,48	1,11041	29,40	1,11331	26,65	1,11120	29,61
1,11176	26,32	1,10966	29,21	1,11256	26,49	1,11045	29,42	1,11336	26,66	1,11125	29,63
1,11181	26,33	1,10971	29,22	1,11261	26,50	1,11050	29,43	1,11340	26,67	1,11129	29,64
1,11185	26,34	1,10975	29,23	1,11266	26,51	1,11055	29,44	1,11345	26,68	1,11134	29,65
1,11190	26,35	1,10980	29,24	1,11270	26,52	1,11059	29,45	1,11349	26,69	1,11138	29,66
1,11195	26,36	1,10985	29,26	1,11275	26,53	1,11064	29,47	1,11354	26,70	1,11143	29,68
1,11199	26,37	1,10989	29,27	1,11279	26,54	1,11068	29,48	1,11359	26,71	1,11148	29,69
1,11204	26,38	1,10994	29,28	1,11284	26,55	1,11073	29,49	1,11363	26,72	1,11152	29,70

1,11368	26,73	1,11157	29,71	1,11465	26,94	1,11254	29,97	1,11564	27,15	1,11353	30,23
1,11372	26,74	1,11161	29,72	1,11470	26,95	1,11259	29,98	1,11569	27,16	1,11358	30,24
1,11377	26,75	1,11166	29,74	1,11475	26,96	1,11264	30,00	1,11573	27,17	1,11362	30,26
1,11382	26,76	1,11171	29,75	1,11480	26,97	1,11269	30,01	1,11579	27,18	1,11367	30,27
1,11387	26,77	1,11176	29,76	1,11484	26,98	1,11273	30,02	1,11583	27,19	1,11371	30,28
1,11391	26,78	1,11180	29,77	1,11489	26,99	1,11278	30,03	1,11588	27,20	1,11376	30,29
1,11396	26,79	1,11185	29,79	1,11494	27,00	1,11283	30,05	1,11593	27,21	1,11381	30,31
1,11401	26,80	1,11190	29,80	1,11499	27,01	1,11288	30,06	1,11598	27,22	1,11389	30,32
1,11406	26,81	1,11195	29,81	1,11503	27,02	1,11292	30,07	1,11602	27,23	1,11390	30,33
1,11410	26,82	1,11199	29,82	1,11508	27,03	1,11297	30,08	1,11607	27,24	1,11395	30,34
1,11415	26,83	1,11204	29,84	1,11512	27,04	1,11301	30,10	1,11612	27,25	1,11400	30,36
1,11419	26,84	1,11208	29,85	1,11517	27,05	1,11306	30,11	1,11617	27,26	1,11405	30,37
1,11424	26,85	1,11213	29,86	1,11522	27,06	1,11311	30,12	1,11621	27,27	1,11409	30,38
1,11429	26,86	1,11218	29,87	1,11527	27,07	1,11316	30,13	1,11626	27,28	1,11414	30,39
1,11433	26,87	1,11222	29,89	1,11531	27,08	1,11320	30,15	1,11630	27,29	1,11418	30,41
1,11438	26,88	1,11227	29,90	1,11536	27,09	1,11325	30,16	1,11635	27,30	1,11423	30,42
1,11442	26,89	1,11231	29,91	1,11541	27,10	1,11330	30,17	1,11640	27,31	1,11428	30,43
1,11447	26,90	1,11236	29,92	1,11546	27,11	1,11335	30,18	1,11644	27,32	1,11432	30,44
1,11452	26,91	1,11241	29,93	1,11550	27,12	1,11339	30,20	1,11649	27,33	1,11437	30,46
1,11456	26,92	1,11245	29,95	1,11555	27,13	1,11344	30,21	1,11653	27,34	1,11441	30,47
1,11461	26,93	1,11250	29,96	1,11559	27,14	1,11348	30,22	1,11658	27,35	1,11446	30,48

(Continua)

TABELA 4A2 Coeficiente de Laboratório, Densidade Real e concentrações de extratos do mosto cervejeiro em graus Plato ºP (g/100g) e peso/volume (g/100mL) *(Cont.)*

Coeficiente Laboratório 20/20ºC	Extrato (ºP) g/100g	Densidade Real 20/4ºC	Extrato (p/v) g /100mL	Coeficiente Laboratório 20/20ºC	Extrato (ºP) g/100g	Densidade Real 20/4ºC	Extrato (p/v) g /100mL	Coeficiente Laboratório 20/20ºC	Extrato (ºP) g/100g	Densidade Real 20/4ºC	Extrato (p/v) g /100mL
1,11663	27,36	1,11451	30,49	1,11743	27,53	1,11531	30,70	1,11822	27,70	1,11610	30,92
1,11668	27,37	1,11456	30,51	1,11747	27,54	1,11535	30,72	1,11827	27,71	1,11615	30,93
1,11672	27,38	1,11460	30,52	1,11752	27,55	1,11540	30,73	1,11832	27,72	1,11620	30,94
1,11677	27,39	1,11465	30,53	1,11757	27,56	1,11545	30,74	1,11836	27,73	1,11624	30,95
1,11682	27,40	1,11470	30,54	1,11762	27,57	1,11550	30,75	1,11841	27,74	1,11629	30,97
1,11687	27,41	1,11475	30,56	1,11766	27,58	1,11554	30,77	1,11846	27,75	1,11634	30,98
1,11691	27,42	1,11479	30,57	1,11771	27,59	1,11559	30,78	1,11851	27,76	1,11639	30,99
1,11696	27,43	1,11484	30,58	1,11776	27,60	1,11564	30,79	1,11855	27,77	1,11643	31,00
1,11700	27,44	1,11488	30,59	1,11781	27,61	1,11569	30,80	1,11860	27,78	1,11648	31,02
1,11705	27,45	1,11493	30,60	1,11785	27,62	1,11573	30,82	1,11864	27,79	1,11652	31,03
1,11710	27,46	1,11498	30,62	1,11790	27,63	1,11578	30,83	1,11869	27,80	1,11657	31,04
1,11715	27,47	1,11503	30,63	1,11794	27,64	1,11582	30,84	1,11874	27,81	1,11662	31,05
1,11719	24,48	1,11507	30,64	1,11799	27,65	1,11587	30,85	1,11879	27,82	1,11667	31,07
1,11724	27,49	1,11512	30,65	1,11804	27,66	1,11592	30,87	1,11883	27,83	1,11671	31,08
1,11729	27,50	1,11517	30,67	1,11808	27,67	1,11597	30,88	1,11888	27,84	1,11676	31,09
1,11734	27,51	1,11522	30,68	1,11813	27,68	1,11601	30,89	1,11893	27,85	1,11681	31,10
1,11738	27,52	1,11526	30,69	1,11817	27,69	1,11605	30,90	1,11898	27,86	1,11686	31,12

1,11902	27,87	1,11690	31,13	1,12002	28,08	1,11789	31,39	1,12100	28,29	1,11887	31,65
1,11907	27,88	1,11695	31,14	1,12006	28,09	1,11793	31,40	1,12051	28,30	1,11892	31,67
1,11911	27,89	1,11699	31,15	1,12011	28,10	1,11798	31,42	1,12110	28,31	1,11897	31,68
1,11917	27,90	1,11704	31,17	1,12016	28,11	1,11803	31,43	1,12115	28,32	1,11902	31,69
1,11922	27,91	1,11709	31,18	1,12021	28,12	1,11808	31,44	1,12119	28,33	1,11906	31,70
1,11927	27,92	1,11714	31,19	1,12025	28,13	1,11812	31,45	1,12124	28,34	1,11911	31,72
1,11931	27,93	1,11718	31,20	1,12030	28,14	1,11817	31,47	1,12129	28,35	1,11916	31,73
1,11936	27,94	1,11723	31,22	1,12035	28,15	1,11822	31,48	1,12134	28,36	1,11921	31,74
1,11941	27,95	1,11728	31,23	1,12040	28,16	1,11827	31,49	1,12139	28,37	1,11926	31,75
1,11946	27,96	1,11733	31,24	1,12044	28,17	1,11831	31,50	1,12143	28,38	1,11930	31,77
1,11950	27,97	1,11737	31,25	1,12049	28,18	1,11836	31,52	1,12148	28,39	1,11935	31,78
1,11955	27,98	1,11742	31,27	1,12053	28,19	1,11840	31,53	1,12153	28,40	1,11940	31,79
1,11959	27,99	1,11746	31,28	1,12058	28,20	1,11845	31,54	1,12158	28,41	1,12945	31,80
1,11964	28,00	1,11751	31,29	1,12063	28,21	1,11850	31,55	1,12162	28,42	1,12949	31,82
1,11969	28,01	1,11756	31,30	1,12068	28,22	1,11855	31,57	1,12167	28,43	1,12954	31,83
1,11974	28,02	1,11761	31,32	1,12072	28,23	1,11859	31,58	1,12171	28,44	1,12958	31,84
1,11978	28,03	1,11765	31,33	1,12077	28,24	1,11864	31,59	1,12176	28,45	1,12963	31,85
1,11983	28,04	1,11770	31,34	1,12082	28,25	1,11869	31,60	1,12181	28,46	1,12968	31,87
1,11988	28,05	1,11775	31,35	1,12087	28,26	1,11874	31,62	1,12186	28,47	1,12973	31,88
1,11993	28,06	1,11780	31,37	1,12091	28,27	1,11878	31,63	1,12190	28,48	1,12977	31,89
1,11997	28,07	1,11784	31,38	1,12096	28,28	1,11883	31,64	1,12195	28,49	1,12982	31,90

(Continua)

TABELA 4A2 Coeficiente de Laboratório, Densidade Real e concentrações de extratos do mosto cervejeiro em graus Plato °P (g/100g) e peso/volume (g/100mL) *(Cont.)*

Coeficiente Laboratório 20/20°C	Extrato (°P) g/100g	Densidade Real 20/4°C	Extrato (p/v) g /100mL	Coeficiente Laboratório 20/20°C	Extrato (°P) g/100g	Densidade Real 20/4°C	Extrato (p/v) g /100mL	Coeficiente Laboratório 20/20°C	Extrato (°P) g/100g	Densidade Real 20/4°C	Extrato (p/v) g /100mL
1,12200	28,50	1,12987	31,92	1,12281	28,67	1,12067	32,13	1,12361	28,84	1,12147	32,34
1,12205	28,51	1,12992	31,93	1,12286	28,68	1,12072	32,14	1,12366	28,85	1,12152	32,36
1,12209	28,52	1,12996	31,94	1,12290	28,69	1,12076	32,15	1,12371	28,86	1,12157	32,37
1,12214	28,53	1,12001	31,95	1,12295	28,70	1,12081	32,17	1,12376	28,87	1,12162	32,38
1,12218	28,54	1,12005	31,97	1,12300	28,71	1,12086	32,18	1,12380	28,88	1,12166	32,39
1,12223	28,55	1,12010	31,98	1,12305	28,72	1,12091	32,19	1,12385	28,89	1,12171	32,41
1,12228	28,56	1,12015	31,99	1,12309	28,73	1,12095	32,20	1,12390	28,90	1,12176	32,42
1,12233	28,57	1,12020	32,00	1,12314	28,74	1,12100	32,22	1,12395	28,91	1,12181	32,43
1,12237	28,58	1,12024	32,02	1,12319	28,75	1,12105	32,23	1,12399	28,92	1,12185	32,44
1,12242	28,59	1,12029	32,03	1,12324	28,76	1,12110	32,24	1,12402	28,93	1,12190	32,46
1,12247	28,60	1,12034	32,04	1,12328	28,77	1,12114	32,26	1,12408	28,94	1,12194	32,47
1,12253	28,61	1,12039	32,05	1,12333	28,78	1,12119	32,27	1,12413	28,95	1,12199	32,48
1,12258	28,62	1,12044	32,07	1,12337	28,79	1,12123	32,28	1,12418	28,96	1,12204	32,49
1,12262	28,63	1,12048	32,08	1,12342	28,80	1,12128	32,29	1,12423	28,97	1,12209	32,51
1,12267	28,64	1,12053	32,09	1,12347	28,81	1,12133	32,31	1,12427	28,98	1,12213	32,52
1,12272	28,65	1,12058	32,10	1,12352	28,82	1,12138	32,32	1,12432	28,99	1,12218	32,53
1,12277	28,66	1,12063	32,12	1,12356	28,83	1,12142	32,33	1,12437	29,00	1,12223	32,54

1,12442	29,01	1,12228	32,56	1,12542	29,22	1,12328	32,82	1,12642	29,43	1,12427	33,09
1,12447	29,02	1,12233	32,57	1,12546	29,23	1,12332	32,83	1,12647	29,44	1,12432	33,10
1,12451	29,03	1,12237	32,58	1,12551	29,24	1,12337	32,85	1,12652	29,45	1,12437	33,11
1,12456	29,04	1,12242	32,60	1,12556	29,25	1,12342	32,86	1,12657	29,46	1,12442	33,13
1,12461	29,05	1,12247	32,61	1,12561	29,26	1,12347	32,87	1,12661	29,47	1,12446	33,14
1,12466	29,06	1,12252	32,62	1,12565	29,27	1,12351	32,89	1,12666	29,48	1,12451	33,15
1,12471	29,07	1,12257	32,63	1,12570	29,28	1,12356	32,90	1,12670	29,49	1,12455	33,16
1,12475	29,08	1,12261	32,65	1,12574	29,29	1,12360	32,91	1,12675	29,50	1,12460	33,18
1,12480	29,09	1,12266	32,66	1,12579	29,30	1,12365	32,92	1,12680	29,51	1,12465	33,19
1,12485	29,10	1,12271	32,67	1,12585	29,31	1,12370	32,94	1,12685	29,52	1,12470	33,20
1,12490	29,11	1,12276	32,68	1,12590	29,32	1,12375	32,95	1,12689	29,53	1,12474	33,21
1,12494	29,12	1,12280	32,70	1,12594	29,33	1,12379	32,96	1,12694	29,54	1,12479	33,23
1,12499	29,13	1,12285	32,71	1,12599	29,34	1,12384	32,97	1,12699	29,55	1,12484	33,24
1,12503	29,14	1,12289	32,72	1,12604	29,35	1,12389	32,99	1,12704	29,56	1,12489	33,25
1,12508	29,15	1,12294	32,73	1,12609	29,36	1,12394	33,00	1,12709	29,57	1,12494	33,26
1,12513	29,16	1,12299	32,75	1,12614	29,37	1,12399	33,01	1,12713	29,58	1,12498	33,28
1,12518	29,17	1,12304	32,76	1,12618	29,38	1,12403	33,02	1,12718	29,59	1,12503	33,29
1,12522	29,18	1,12308	32,77	1,12623	29,39	1,12408	33,04	1,12723	29,60	1,12508	33,30
1,12527	29,19	1,12313	32,78	1,12628	29,40	1,12413	33,05	1,12728	29,61	1,12513	33,32
1,12532	29,20	1,12318	32,80	1,12633	29,41	1,12418	33,06	1,12733	29,62	1,12518	33,33
1,12537	29,21	1,12323	32,81	1,12638	29,42	1,12423	33,07	1,12737	29,63	1,12522	33,34

(Continua)

TABELA 4A2 Coeficiente de Laboratório, Densidade Real e concentrações de extratos do mosto cervejeiro em graus Plato ºP (g/100g) e peso/volume (g/100mL) *(Cont.)*

Coeficiente Laboratório 20/20ºC	Extrato (ºP) g/100g	Densidade Real 20/4ºC	Extrato (p/v) g /100mL	Coeficiente Laboratório 20/20ºC	Extrato (ºP) g/100g	Densidade Real 20/4ºC	Extrato (p/v) g /100mL	Coeficiente Laboratório 20/20ºC	Extrato (ºP) g/100g	Densidade Real 20/4ºC	Extrato (p/v) g /100mL
1,12742	29,64	1,12527	33,35	1,12804	29,77	1,12589	33,52	1,12866	29,90	1,12651	33,68
1,12747	29,65	1,12532	33,37	1,12808	29,78	1,12593	33,53	1,12871	29,91	1,12656	33,70
1,12752	29,66	1,12537	33,38	1,12813	29,79	1,12598	33,54	1,12876	29,92	1,12661	33,71
1,12757	29,67	1,12542	33,39	1,12818	29,80	1,12603	33,56	1,12880	29,93	1,12665	33,72
1,12761	29,68	1,12546	33,40	1,12823	29,81	1,12608	33,57	1,12885	29,94	1,12670	33,73
1,12766	29,69	1,12551	33,42	1,12828	29,82	1,12613	33,58	1,12890	29,95	1,12675	33,75
1,12771	29,70	1,12556	33,43	1,12832	29,83	1,12617	33,59	1,12895	29,96	1,12680	33,76
1,12776	29,71	1,12561	33,44	1,12837	29,84	1,12622	33,61	1,12899	29,97	1,12684	33,77
1,12780	29,72	1,12565	33,45	1,12842	29,85	1,12627	33,62	1,12904	29,98	1,12689	33,78
1,12785	29,73	1,12570	33,47	1,12847	29,86	1,12632	33,63	1,12908	29,99	1,12693	33,80
1,12789	29,74	1,12574	33,48	1,12852	29,87	1,12637	33,64	1,12913	30,00	1,12698	33,81
1,12794	29,75	1,12579	33,49	1,12856	29,88	1,12641	33,66				
1,12799	29,76	1,12584	33,50	1,12861	29,89	1,12646	33,67				

Fonte: Goldiner; Klemann, 1951.

REFERÊNCIAS

Aizemberg, R., 2015. Emprego do caldo de cana e do melado como adjunto de malte de cevada na produção de cervejas. 272f. Tese (Doutorado em Ciências – Microbiologia Aplicada). Escola de Engenharia de Lorena, Universidade de São Paulo (USP), Lorena, SP.

Aquarone, E., Borzani, W., Schmidell, W., Lima, U.A., 2001. Biotecnologia industrial. Vol. 4. Edgard Blücher, São Paulo, p. 91-143.

Balling, C.J.N. Die Gärungschemie. Prague, 1845

Braga, V.S., 2006. A influência da temperatura na condução de dois processos fermentativos para produção de cachaça. 2006. 90f. Dissertação (Mestrado em Ciência e Tecnologia de Alimentos). Escola Superior de Agricultura "Luiz de Queiroz", Universidade de São Paulo (USP), Piracicaba, SP.

Briggs, D.E., Boulton, C.A., Brookes, P.A., Stevens, A.R., 2004. Brewing: science and practice. USA. Woodhead Publishing Limited and CRC Press LLC, p. 85-201.

Boulton, C., Quain, D., 2006. Brewing yeast and fermentation. Blackwell Science, Oxdord.

Carvalho, G.B.M., 2009. Obtenção de cerveja usando banana como adjunto e aromatizante. 163f. Tese (Doutorado em Biotecnologia Industrial – Conversão de Biomassa). Escola de Engenharia de Lorena, Universidade de São Paulo (USP), Lorena, SP, 2009.

Carvalho, G.B.M., Silva, D.P., Teixeira, J.A., Silva, J.B.A., 2009. Cerveja a partir de banana como adjunto do malte. In: Venturini Filho, G.W. (ed.), Ciência e Tecnologia de Bebidas. Edgar Blücher, São Paulo.

Castro, O.M., 2014. Obtenção de cerveja superconcentrada com a utilização de xarope de milho como adjunto de malte. 2014. 144f. Dissertação (Mestrado em Ciências – Conversão de Biomassa). Escola de Engenharia de Lorena, Universidade de São Paulo (USP), Lorena, SP.

Cruz, J.M.M., 2007. Produção de cerveja. In: Fonseca, M.M., Teixeira, J.A. (eds.), Reactores biológicos: fundamentos e aplicações. Lidel, Lisboa/Porto, p. 277-305.

Dequim, S., 2001. The potential of genetic engineering for improving brewing, wine-making and baking yeasts. Applied Microbiology and Biotechnology, 56: 577-88.

Dimas, N.D., 2010. Análise química da cerveja 2M em termos dos teores de Ca, Cu, Fe, K, Mg, Na, e Zn e verificação da contribuição dos teores destes elementos a partir da água e do malte. 2010. 45f. Trabalho de Licenciatura, Faculdade de Ciências, Departamento de Química, Maputo.

Dragone, G., Silva, T.A.O, Almeida e Silva, J.B., 2016. Cerveja. In: Venturini Filho, W.G. (ed.), Bebidas alcoólicas: Ciência e Tecnologia. Série Bebida, Vol 1. 2a.Ed. Edgard Blücher, São Paulo, p. 51-84.

Duarte, L.G.R., 2015. Avaliação do emprego do café torrado como aromatizante na produção de cervejas. 115f. 2015. Dissertação (Mestrado em Ciências – Microbiologia Aplicada). Escola de Engenharia de Lorena, Universidade de São Paulo (USP), Lorena, SP.

Esslinger, H.M., Narziss, L., 2009. Beer. Ullmann' sencyclopedia of industrial chemistry. Freiberg, Sachsen.

Fontana, D.H.G., 2009. Elaboração de um modelo para o controle do processo de pasteurização em cerveja envasada (in-package). 2009. 109f. Dissertação (Mestrado em Engenharia Mecânica). Escola de Engenharia da Universidade Federal do Rio Grande do Sul, Porto Alegre.

Hansen, A., 1978. Microbiologia de las fermentaciones industriales. Acribia, Zaragoza, p. 310-13.

Hansen, J.; Kielland-Brandt, M. 1997. In : Zimmerman, F.K., Entian, K.D., (eds.). Yeast sugar metabolism, biochemistry, genetics, biotechnology and applications. Nova York: Technomic Publishing, p. 527-59.

Hansen, J., Kielland-Brandt, M., De Winde, J.H., 2003. Topics in current genetics. Vol. 2. Springer-Verlag, Berlin Heidelberg, p. 143-64.

Hendges, D.H., 2015. Produção de cervejas com teor reduzido de etanol, contendo quinoa malteada como adjunto. 95f. Tese (Doutorado em Biotecnologia Industrial – Microbiologia Aplicada). Escola de Engenharia de Lorena, Universidade de São Paulo (USP), Lorena, SP.

Hornsey, I.S., 1999. Brewing. Royal Society Chemistry.

Jaskula, B., Goiris, K., De Rouck, G., Aerts, G., De Cooman, L., 2007. Enhanced quantitative extraction and HPLC determination of hop and beer bitter acids. Journal of the Institute of Brewing, 113 (4): 381-90.

Jaskula, B., Kafarski, P., Aerts, G., De Cooman, L., 2008. A kinetic study on the isomerization of hop α-acids. Journal of Agricultural and Food Chemistry, 56: 6408-15.

Jaskula-Goiris, B., Aerts, G., Cooman, L.D., 2010. Hop α-acids isomerisation and utilisation: an experimental review. Cerevisia, 35: 57-70.

Kodama, Y.; Kielland-Brandt, M.C.; Hansen, J. 2005. In : Sunnerhagen, P., Piškur, J., (eds.). Comparative genomics. Berlim Heidelberg: Springer-Verlag, p. 145-64.

Kreisz, S., 2009. Malting. In: Eβlinger, H.M. (ed.), Handbookofbrewing. Wiley-VCH, Weinheim, Germany, p. 147-64.

Kristiansen, A.G. 2007. The Scandinavian School of Brewing.

Kunze, W., 1996. Technology of brewing and malting. VLB, Berlim, 726 p.

Mattos, R., 2004. Vida de prateleira de cervejas – estabilidade microbiológica: Parte III. Engarrafador Moderno (127): 30-4.

Morado, R., 2009. Larousse da cerveja. Larousse, São Paulo, SP, p. 20-338.

Nielsen, H., Kristiansen, A.G., Lassen, K.M.K., Erikstrom, C., 2007. Balling's formula-scrutiny of a brewing doma. The Scandinavian School of Brewing.

Nogueira, L.C., Silva, F., Ferreira, I.M.P.L.V.O., Trugo, L.C., 2005. Separation and quantification of beer carbohydrates by high-performance liquid chromatography with evaporative light scattering detection. Journal of Chromatography A, 1065: 207-10.

Lewis, M.J., 2004, 5. ed Beer and brewing, KIRK Othmer Encyclopedia of Chemical Technologyv. 3John Wiley & Sons, Hoboken, NJ, p. 561-89.

Oetterer, M., Regitano-D'Arce, M.A.B., Spoto, M.H.F., 2006. Fundamentos de ciência e tecnologia de alimentos. Manole, Barueri, SP, p. 51-98.

Reinold, M.R., 1997. Manual prático de cervejaria. Aden, São Paulo, 214 p.

Ribeiro, F.J., Lopes, J.J.C., Ferrari, S.E., 1987. Complementação de nitrogênio de forma contínua no processo de fermentação alcoólica. Brasil Açucareiro, 105 (1): 26-30.

Russel, I., 1994. Yeast. In: Hardwick, W.A. (ed.), Hand book of brewing. Marcel Dekker, Nova York, p. 169-86, cap. 10.

Seidl, C., 2003. O catecismo da cerveja. Senac Editora, São Paulo, 385 p.

Silva, D.P., 2005. Produção e avaliação sensorial de cerveja obtida a partir de mostos com elevadas concentrações de açúcares. 2005. 177f. Tese (Doutorado em Biotecnologia Industrial). Departamento de Biotecnologia, Escola de Engenharia de Lorena.

Suzuki, K., Iijima, K., Sakamoto, K., Sami, M., Yamashita, H., 2006. A review of hop resistance in beer spoilage lactic acid bacteria. Journal of the Institute of Brewing, 112: 173-91.

Suzuki, K., 2011. 125th Anniversary review: microbiological instability of beer caused by spoilage bacteria. The Institute of Brewing & Distilling, 117 (2.).

Tschope, E.C., 2001. Microcervejarias e cervejarias. A história, a arte e a tecnologia. Arden, São Paulo, 223f.

Varnam, A.H., Sutherland, J.P., 1997. Bebidas: tecnología, química y microbiología. EditoraA-cribia, Espanha, cap. 7, p. 307-375.

Vaughan, A., O'Sullivan, T., Sinderen, D.V., 2005. Enhancing the microbiological stability of malt and beer: a review. Journal of the Institute of Brewing, 111 (4): 355-71.

Venturini Filho, W.G., Cereda, M.P., 2001. Cerveja. Almeida Lima, U., Aquarone, E., Borzani, W., Schmidell, W. (eds.), Biotecnologia Industrial, v. 4, Edgar Blücher, São Paulo, p. 91-144, 2001.

White, J.B., 1954. Yeast technology. Chapman & Hall, Londres, 431 p.

Wyler, P., 2013. Influência da madeira de carvalho na qualidade da cerveja. 2013. 92 f. Dissertação (Mestrado em Ciência e Tecnologia de Alimentos). Universidade de São Paulo, Piracicaba, SP.

Capítulo 5

Aspectos microbiológicos na produção de vinhos e espumantes

Manuel Malfeito-Ferreira

CONCEITOS APRESENTADOS NESTE CAPÍTULO

O vinho é uma bebida fermentada devida à actividade de várias espécies microbianas. A principal espécie é a levedura *Saccharomyces cerevisiae,* responsável pela fermentação do mosto de uva. As bactérias lácticas assumem um papel de relevo na conversão do ácido málico em ácido láctico, desejável em alguns tipos de vinho. Existem, no entanto, outras espécies responsáveis pela deterioração dos vinhos, como as leveduras *Zygosaccharomyces bailii* e *Dekkera bruxellensis,* e bactérias acéticas. Os bolores, ainda que sem capacidade de se multiplicarem nos vinhos, são responsáveis pela podridão das uvas, afectando indirectamente a sua qualidade. S. cerevisiae é, também, o agente da segunda fermentação necessária à produção de espumantes. O controle das contaminações microbianas durante o processo de produção é essencial para a manutenção da qualidade dos vinhos. As alterações podem ocorrer durante o estágio de vinhos pela produção de compostos indesejáveis como o ácido acético e os fenóis voláteis. Estes últimos metabolitos dão origem ao defeito conhecido como "suor de cavalo", considerado o mais importante problema de estabilidade em vinhos tintos e devidos a *D. bruxellensis*. A aplicação de diversas técnicas de conservação e de procedimentos de higiene rigorosa permite assegurar uma adequada evolução dos vinhos desde a sua produção até ao momento de consumo.

5.1 INTRODUÇÃO

A disponibilização dos açúcares simples acumulados nos frutos faz com que estes sejam rapidamente fermentados pelos micro-organismos existentes na natureza, com a consequente produção de álcool. A respiração desse álcool por outros micro-organismos conduz ao aparecimento de ácido acético, pelo que a fermentação espontânea de qualquer fruto acaba por dar origem a um vinagre. A produção de vinho é, simplesmente, um processo que o homem encontrou para controlar a alteração glicolítica dos frutos de forma a evitar a sua transformação em vinagre. Desta forma, conseguiu obter uma bebida agradável, inebriante, segura e, até, com propriedades curativas, que lhe conferiram rapidamente o *status* de bebida sagrada, controlada pelas elites, e a preferida em ocasiões de celebração. Com origem na Mesopotâmia, há cerca de 8.000 anos, o vinho encontra-se, assim, na base da civilização ocidental, e terá contribuído para a sedentarização dos povos, juntamente com outros produtos fermentados como o pão e a cerveja.

Embora desde a Pré-história se saiba ser suficiente esmagar as uvas para que o mosto se transforme em vinho, só com os estudos de Louis Pasteur, no fim do século XIX, foi possível compreender o intrigante processo da fermentação vinária e reconhecer o papel essencial das leveduras e de outros micro-organismos na sua produção. Desde então, a evolução do conhecimento tem sido extraordinária, sem que, no entanto, ainda existam muitos aspectos não esclarecidos e outros sujeitos a grande controvérsia. O que não está sujeito a discussão é que sem boas uvas não se faz bom vinho, pelo que o estado sanitário das uvas é o principal fator a ter em conta na qualidade dos vinhos. De fato, só depois de garantida a sanidade das uvas é razoável pensar em aprimorar a qualidade dos vinhos através das mais variadas opções técnicas. Assim, a abordagem do processo de produção de vinhos apresentada neste capítulo traduz uma perspectiva minimalista, em que a intervenção humana deve ser reduzida ao essencial, para não estragar o que a natureza nos deu através da atividade dos micróbios. Desta forma, o vinho continuará a ser, como nenhuma outra bebida, a expressão das uvas de um determinado local, de uma cultura, e permanecerá como símbolo maior da civilização humana.

5.2 DIVERSIDADE E SIGNIFICADO TECNOLÓGICO DOS MICRÓBIOS DAS VINHAS E DOS VINHOS

A produção de vinho é devida a uma espécie de levedura, a *Saccharomyces cerevisiae*, que fermenta os açúcares da uva (glucose e frutose) em etanol. As suas características fisiológicas determinam que seja o micróbio mais bem adaptado para concretizar esta conversão sem que, no entanto, exista uma enorme diversidade de outros micro-organismos associados às uvas e ao vinho, com diferentes graus de influência na sua qualidade. Na Tabela 5.1 são apresentados os micro-organismos das uvas e dos vinhos de acordo com as suas características metabólicas e fisiológicas, bem como o papel que assumem, direta ou indiretamente, na qualidade dos vinhos.

TABELA 5.1 Principais espécies de micro-organismos isolados de ambientes da vinha e da adega agrupados em função do seu metabolismo e significado tecnológico

Grupo	Metabolismo	Gêneros e espécies relevantes	Significado tecnológico	Fontes principais
Fungos filamentosos	Invasores Parasitas obrigatórios	*Plamospara viticola*	Míldio	Videira
		Erysiphe necator	Oídio	Videira
		Guignardia bidwelli	*Black rot*	Videira
		Elsinoë ampelina	Antracnose	Videira
		Pseudopezicula tracheiphila	*Rotbrenner*	Videira
	Oportunistas Saprófitas	*Botrytis cinerea*	Podridão cinzenta Podridão nobre	Ubíquos
		Aspergillus alliaceus, A. carbonarius, A. niger, A. ochraceus	Podridão pelo *Aspergillus* Produtores de ocratoxina A	Ubíquos
		Penicillium expansum	Fungo verde Produtor de patulina	Ubíquos
		Cladosporium herbarum	*Cladosporium rot*	Ubíquos
		Colletotrichum acutatum	*Ripe rot*	Ubíquos
		Greeneria uvicola	*Bitter rot*	Ubíquos
		Coniella petrakii	*White rot*	Ubíquos
		Alternaria alternata	*Alternaria rot*	Ubíquos
		Trichothecium roseum	*Pink rot*, produtor de tricoteceno	Ubíquos
Bactérias				
Adventícias	Variável	*Acinetobacter* spp., *Bacillus* spp., *Curtobacterium* spp., *Enterobacter* spp., *Enterococcus* spp., *Pseudomonas* spp., *Serratia* spp., *Staphylococcus* spp.	Contaminantes inócuos	Ubíquos
Acéticas	Oportunistas Aeróbias obrigatórias	*Gluconobacter* spp., *Acetobacter* spp., *Gluconoacetobacter* spp.	Podridão ácida Alteração de vinhos Produção de vinagre	Uva, vinho, insetos, adega
Lácticas	Oportunistas Anaeróbias ou semi-anaeróbias	*Oenoccocus oeni*, *Lactobacillus* spp., *Pediococcus* spp., *Weissella* spp.	Fermentação maloláctica Alteração de vinhos	Uvas, vinho, adega

(Continua)

TABELA 5.1 Principais espécies de micro-organismos isolados de ambientes da vinha e da adega agrupados em função do seu metabolismo e significado tecnológico *(Cont.)*

Grupo	Metabolismo	Gêneros e espécies relevantes	Significado tecnológico	Fontes principais
Leveduras				
Basidiomicetas	Aeróbias obrigatórias Oligotróficos	*Filobasidium* spp., *Cryptococcus* spp., *Rhodotorula* spp. (levedura rosa)	Inócuos	Solo, cascas, folhas, uvas
Ascomicetas	Aeróbias obrigatórias Oportunistas Oligotróficas	*Aureobasidium pullulans* (levedura preta)	Inócuo	Solo, cascas, folhas, uvas
	Aeróbias ou fermentativas fracas Oportunistas Copiotróficas	*Hanseniaspora uvarum/Kloeckera apiculata* (leveduras apiculadas)	Contaminação e alteração de vinhos	Solo, insetos, uvas, mostos, vinhos, adega
	Aeróbias ou fermentativas fracas Oportunistas Copiotróficas	*Candida stellata, C. zemplinina, C. steatolytica/Zygoascus hellenicus, Debaryomyces hanseni, Lachancea thermotolerans, L. fermentati Metschnikowia pulcherrima, Pichia anómala, P. guilliermondii* (leveduras de véu)	Contaminação e alteração de vinhos	Solo, insetos, uvas, mostos, vinhos, adega
	Fermentativas Oportunistas Copiotróficas	*Dekkera/Brettanomyces bruxellensis, Torulaspora delbrueckii, Schizosaccharomyces pombe, Saccharomycodes ludwigii, Zygosaccharomyces bailii, Z. bisporus, Z. rouxi*	Alteração de vinhos	Uvas, mostos, vinhos
		Saccharomyces cerevisiae, S. bayanus, S. paradoxus, S. pastorianus	Fermentação de vinhos e espumantes Alteração de vinhos	Uvas, mostos, vinhos

FUNGOS FILAMENTOSOS

Durante o ciclo vegetativo da videira, os primeiros agentes de alteração das uvas são fungos hospedeiros obrigatórios, denominados invasores, por possuírem capacidade para penetrar através do tecido das folhas e da película das uvas e, assim, aproveitar o elevado teor em nutrientes. Esses fungos dão origem a doenças como o míldio e o oídio, sendo combatidos por produtos fitofarmacêuticos. As uvas são susceptíveis aos invasores desde a formação do fruto até o pintor (fase de mudança de cor da uva), após o qual a uva adquire a chamada "resistência ontogénica" a estes parasitas obrigatórios. Em termos de qualidade dos vinhos, o oídio tem maior influência do que o míldio, devido à produção de compostos precursores de aromas indesejáveis que passam da uva para o vinho. No caso do míldio, as uvas afetadas secam, não causando tanto dano à qualidade do vinho, podendo até existir alguma vantagem na redução parcial da colheita.

Após o pintor, as uvas tornam-se susceptíveis aos micro-organismos saprófitas que, sem capacidade para penetrar os tecidos da película, necessitam de pontos de entrada (*e.g.* feridas, estomas) por onde tenham acesso aos nutrientes presentes na polpa, sendo por isso denominados oportunistas. Dão origem a vários tipos de podridão, em que o fungo *Botrytis cinerea* é responsável pela podridão cinzenta, considerada a mais grave dessas doenças devido a sua disseminação, capacidade de destruição das colheitas e alteração da qualidade dos mostos. É possível que este fungo infecte as flores da videira e permaneça de forma latente até as uvas ficarem susceptíveis à sua proliferação.

Existem outros tipos de podridões causadas por fungos comuns em climas mais quentes e úmidos, como o *bitter rot* e o *green rot*. Os fungos do gênero *Aspergillus*, além de serem responsáveis por podridões, também podem produzir ocratoxinas potencialmente carcinogênicas (ocratoxina A), principalmente em zonas de clima mediterrânico e em uvas sobremaduras. Estes agentes de podridão deterioram a qualidade do vinho de forma indireta pela alteração da composição química dos bagos. Como frequentemente acontece nos vinhos, há exceções a esta regra. É o caso da podridão nobre, resultante da *B. cinerea*, quando as condições climáticas permitem um apodrecimento lento que origina os compostos químicos característicos dos vinhos de colheita tardia, tipo *Tokay* ou *Sauternes*.

BACTÉRIAS

Existe um diversificado grupo de bactérias que inclui as espécies mais comuns disseminadas pela natureza. Podem ser encontradas nos solos, nas raízes, nos tecidos das plantas ou à superfície das uvas pelo simples fato que se encontram por todo o lado, sendo consideradas adventícias. Se forem fitopatogênicas ou estiverem relacionadas com a fertilidade e o equilíbrio nutricional dos solos, podem ter uma influência remota na qualidade dos vinhos, na medida em que afetam a sanidade da videira e o equilíbrio químico das uvas. No entanto, pelo fato de não proliferarem nos vinhos, são consideradas inócuas, não consistindo uma preocupação para a sua estabilidade. Algumas espécies do gênero *Bacillus* têm sido isoladas de vinhos, mas não se revelam como agentes de alteração preocupantes. As bactérias patogênicas para o homem (*e.g. Salmonella* spp., *Escherichia coli*) não constituem um perigo, pois não resistem ao pH ácido (< 4) dos mostos e vinhos.

As bactérias acéticas são agentes de alteração de vinhos pela produção de ácido acético e acetato de etilo, dando origem ao defeito conhecido como azedia que, no limite, origina o vinagre. São, também, agentes oportunistas responsáveis pela podridão ácida, dominada pelo gênero *Gluconobacter*, nas fases iniciais da doença, e pelo gênero *Acetobacter*, nas fases finais, fazendo com que os níveis dos ácidos glicônico e acético sejam elevados logo nos mostos a fermentar.

As bactérias lácticas são muito raras no ambiente das vinhas e, nos vinhos, a espécie *Oenococcus oeni* é o principal agente da fermentação maloláctica. As principais espécies de alteração são *Lactobacillus* e *Pediococcus*, embora o *O. oeni* também seja um agente de alteração se continuar em atividade após o fim da fermentação maloláctica.

LEVEDURAS

As leveduras basidiomicetes e ascomicetas oligotróficas, com metabolismo aeróbio obrigatório, só estão presentes nas fases pré-fermentativas, e não se considera que tenham influência na qualidade dos vinhos. Eventualmente, podem ter um papel no equilíbrio do microbiota residente dos bagos de uva. Em caso de podridão, são suplantadas pelos oportunistas fungos filamentosos ou pelas bactérias acéticas e leveduras ascomicetas com metabolismo aeróbio ou fracamente fermentativo e de crescimento rápido, como as espécies apiculadas e as do gênero *Candida* e *Pichia*. Estas espécies de leveduras, além de presentes nas uvas com podridão ácida e nos mostos em início de fermentação, podem originar películas ou véus na superfície dos vinhos durante a armazenagem.

As leveduras ascomicetas fermentativas são as que têm maior influência na qualidade dos vinhos, quer como agentes de fermentação — *S. cerevisiae* —, quer como agentes de alteração. Devido ao seu metabolismo fortemente fermentativo, conseguem fermentar completamente os açúcares nas concentrações habitualmente encontradas nas uvas. Após a fermentação, a sua resistência ao etanol e aos conservantes usados no processamento confere-lhes a capacidade de proliferarem e alterarem a qualidade dos vinhos. Assim, estão neste grupo as espécies com maior significado tecnológico, razão pela qual são a seguir descritas em pormenor.

5.2.1 Os micro-organismos de alteração dos vinhos

Os avanços na tecnologia dos vinhos e a melhoria das Boas Práticas de Fabrico (BPFs) (*e.g.*, desenho dos equipamentos, eficiente sanificação, níveis de conservantes) têm conduzido à quase extinção das doenças de origem bacteriana (*e.g.* manite, volta, gordura), a maioria das quais nunca foi constatada pelos enólogos atuais, à exceção da azedia provocada por bactérias acéticas. Pelo contrário, as leveduras são hoje os agentes mais temidos de alteração de vinhos. Os efeitos mais comuns são: i) a formação de véus, em vinhos armazenados; ii) turvação, sedimentos e produção de gás, em vinhos engarrafados; e iii) aromas e sabores defeituosos em todas as fases da produção de vinhos. O aumento da exigência dos consumidores também alargou a gama de defeitos ou diminuiu a tolerância em relação a aspectos que não eram anteriormente considerados, a maior parte dos quais devido a leveduras (*e.g.* ligeira turvação em vinhos engarrafados, "suor de cavalo").

O CONCEITO DE LEVEDURAS DE ALTERAÇÃO

Atualmente, são reconhecidas cerca de mil espécies de leveduras, das quais um quarto, aproximadamente, são contaminantes de alimentos ou bebidas. No entanto, a maior parte destes contaminantes não tem capacidade de alterar os produtos. Em bebidas fermentadas e particularmente em vinhos, o conceito de levedura de alteração tem um significado mais complexo do que em bebidas não fermentadas, em que qualquer levedura capaz de alterar as suas características organolépticas é considerada de alteração. Em vinificação, a atividade das leveduras é essencial durante a fermentação, na qual existe um elevado número de espécies, bem como de bactérias lácticas e acéticas, o que não apenas torna muito difícil diferenciar a atividade de fermentação da de alteração, como as espécies de fermentação podem vir a revelar-se como de alteração em fases posteriores ao processo. Em conjunto, a definição de alteração microbiana nem sempre é fácil, pois os metabolitos produzidos contribuem para o aroma e o sabor. Em virtude das razões culturais ou étnicas, a diferença entre o que é percebido como característica benéfica ou de alteração é frequentemente muito tênue. É possível encontrar um exemplo ilustrativo na indústria dos vinhos relacionado com a produção de 4-etilfenol por leveduras da espécie *Brettanomyces bruxellensis* (anamorfo) ou *Dekkera bruxellensis* (teleomorfo). Em tintos, só se considera que existe alteração quando o teor de 4-etilfenol é superior a cerca de 620 μg/L. Para níveis inferiores a 400 μg/L, este composto pode contribuir favoravelmente para a complexidade do vinho através de notas de especiarias, couro ou caça, apreciadas por muitos consumidores. Acima de 620 μg/L, os vinhos são claramente penalizados por alguns consumidores, embora continuem a merecer as preferências de muitos outros.

A distinção entre leveduras de alteração também deve ser feita ao nível do risco que apresentam para a estabilidade dos vinhos, pois algumas espécies são facilmente controláveis quando o processo decorre de acordo com os padrões de BPFs. Em face do exposto, as leveduras de contaminação de vinhos devem ser divididas em quatro grupos de acordo com a sua função e risco para a estabilidade dos vinhos (Tabela 5.2):

TABELA 5.2 Espécies de leveduras de contaminação e alteração de vinhos

Grupo	Espécies	Ocorrência	Tipo de alteração
Adventícias	*Aureobasidium pullulans, Lodderomyces elongisporus, Rhodotorula* spp., *Trichosporon* spp.	Equipamento de adega	Sem capacidade de alteração
Contaminação	*Kloeckera apiculata*	Uvas, insetos, mostos	Produção de acetato de etilo (cheiro a cola ou acetona)
	Candida spp., *Pichia membranifaciens, P. anomala*	Vinhos a granel e engarrafados	Formação de véu, oxidação, sedimentos
Alteração *stricto sensu*	*Dekkera bruxellensis*	Vinhos a granel e engarrafados	Produção de fenóis voláteis (cheiro a suor de cavalo) Turvação em espumantes
	Saccharomycodes ludwigii, Schizosaccharomyces pombe, Torulaspora delbrueckii, Zygosaccharomyces bailii, Z. rouxii	Mostos concentrados Vinhos a granel e engarrafados	Turvação e sedimentos Refermentação
Fermentação	*Saccharomyces cerevisiae, S. bayanus*	Vinhos a granel e engarrafados	Turvação e sedimentos Refermentação

1. Leveduras adventícias, disseminadas pelo ambiente de adega, mas sem capacidade de proliferar em vinhos.
2. Leveduras de contaminação, incluindo as apiculadas e de véu, capazes de crescer em vinhos mas facilmente controláveis pela aplicação de BPFs.
3. Leveduras de alteração *stricto sensu*, capazes de alterar vinhos produzidos de acordo com as BPFs.
4. Leveduras de fermentação de vinhos e espumantes, capazes de produzir aromas indesejáveis durante a fermentação e refermentar vinhos engarrafados de acordo com as BPFs.

Em termos de ocorrência, as mais frequentemente envolvidas em acidentes de alteração de vinhos são *D. bruxellensis* (em tintos), *Z. bailii* e *S. cerevisiae* (em brancos e tintos), pelo que serão as espécies sobre as quais prestaremos mais atenção neste capítulo.

5.2.2 Operações básicas do processo de fabrico de vinhos e espumantes

A compreensão dos fenômenos microbiológicos da produção dos vários tipos de vinhos e espumantes depende do conhecimento básico do seu processo de fabrico, pelo que se fará em seguida uma descrição sumária das opções tecnológicas mais comuns na indústria dos vinhos (Tabela 5.3).

FASE PRÉ-FERMENTATIVA

A primeira operação que deve ser considerada é a colheita. Embora as uvas cheguem à adega intactas, tal não acontece na vindima mecânica, onde as uvas são recebidas com diferentes graus de integridade em função da qualidade da máquina utilizada. A adição de dióxido de enxofre pode, por esta razão, ser feita nos veículos de transporte de uvas antes da chegada à adega. No caso da vindima manual, a primeira operação optativa é a escolha da uva de acordo com o seu estado sanitário, separando-se as uvas podres e verdes de forma manual ou em equipamentos de seleção óptica. No caso de não haver seleção, as uvas são esmagadas para extrair posteriormente o mosto. O esmagamento pode ser precedido de desengaçamento, para remover engaços de forma a reduzir a extração de taninos quando se optar por maceração durante a fermentação. Em regra, procede-se a desengaçamento-esmagamento em tintos, e apenas a esmagamento em brancos, pois nestes a presença dos engaços facilita a prensagem posterior e são fermentados sem maceração. Após o esmagamento das uvas tintas, elas são bombeadas para

TABELA 5.3 Operações básicas do processo de fabricação de vinhos e espumantes

Operação	Opção	Observações
Colheita	Manual	Escolha e separação de material estranho, uvas verdes e uvas podres
	Mecânica	Capacidade limitada de separação
Esmagamento	Com ou sem desengace	Desengace total ou parcial em tintos
		Sem desengace em brancos
Esgotamento	Separação do mosto das películas	Brancos e rosados
	Sem esgotamento	Tintos
Defecação	Decantação, flutuação ou centrifugação	Separação das borras grosseiras em brancos e rosados Ausente em tintos
Maceração	Antes da fermentação	Brancos, tintos e rosados
Fermentação	Bica aberta	Brancos e rosados
	Curtimenta	Tintos
Prensagem	Massas não fermentadas	Brancos
	Massas total ou parcialmente fermentadas	Tintos
Adição de aguardente	Em função da densidade do mosto	Vinhos fortificados
Sangria	Separação das películas do vinho, em função da densidade do mosto	Tintos
Trasfega	Separação das borras de fermentação	Brancos, tintos e rosados
Armazenagem	Cubas de aço inoxidável, cubas de betão, talhas de argila, barricas	Operações de atestos, trasfegas, filtração, colagem e decantação estática ou centrífuga
Engarrafamento	Manual, enchedoras isobarométricas ou não, *Bag in Box* (BIB)	De acordo com as capacidades da adega

as cubas de fermentação, onde ficam em contato com o mosto. No caso das uvas brancas, o mosto é obtido antes (mosto de lágrima) e após a prensagem (mosto de prensa), e defecado, por decantação ou flutuação, para remoção das borras grosseiras. Aplicação de dióxido de enxofre (cerca de 40 mg/kg de uvas sãs e de 80 mg/kg em caso de podridão) pode ser efetuada através da bomba de massas ou depois, já no depósito e antes da fermentação.

Tanto as uvas brancas como as uvas tintas podem ter uma fase de maceração em contato com o mosto, durante um tempo variável, antes da fermentação. Esta operação justifica-se quando se pretende baixar a acidez fixa dos mostos e libertar compostos precursores de aroma presentes na película, devendo ser realizada em temperatura reduzida, para evitar a entrada em fermentação antes do tempo previsto. No caso de vinhos rosados, a maceração pré-fermentativa também tem o objetivo de extrair a quantidade desejada de matéria corante.

As exceções a este procedimento convencional são a armazenagem de uvas para secagem (obtenção de vinho de palha ou "passito") e o não esmagamento de uvas nos vinhos obtidos pela técnica de maceração carbônica. Outra exceção, são os tratamentos térmicos (termovinificação, *flash-détente*) utilizados em uvas tintas para extração de matéria corante e fermentação sem películas. Desta forma, minimiza-se a extração de compostos herbáceos e inativam-se as enzimas oxidásicas (lacase e tirosinase) produzidas por *Botrytis cinerea*. Por estas razões, é uma opção tecnológica aconselhada para uvas provenientes de vinhas com elevada produção ou com elevada percentagem de uvas podres.

FASE FERMENTATIVA

As fermentações em vinhos ocorrem de duas formas clássicas: i) de bica aberta, em brancos, em que o mosto fermenta na ausência das películas; ii) com curtimenta, típica em tintos, em que o contato das películas com o mosto permite a extração da matéria corante. A obtenção dos vinhos rosados é feita de bica aberta ou com algum tempo de curtimenta, em função da cor que se pretenda. A fermentação permite a transformação do mosto em vinho, pela produção de etanol e compostos aromáticos por leveduras. Em regra, pretende-se que a fermentação decorra até o esgotamento dos açúcares. No caso dos vinhos com curtimenta, as massas sólidas podem ser separadas do mosto (sangria) antes ou depois do fim de fermentação, conforme o estilo de vinho que se pretenda. As massas fermentadas são prensadas e podem ser usadas para a produção de aguardente bagaceira. No caso dos vinhos de sobremesa, fortificados, a adição da aguardente para interromper a fermentação é feita nesta fase, de acordo com o grau de doçura pretendido.

Após a fermentação vinária, pode-se optar por proceder à fermentação malo-láctica, devido a bactérias lácticas, principalmente em tintos. Depois do fim das fermentações, o vinho obtido possui partes sólidas (borras) que são separadas por decantação estática, centrifugação ou filtração.

Existe um caso particular de vinhos brancos obtidos por curtimenta, denominados vinhos "laranja" (*orange wines*), que têm origem nos ancestrais vinhos de talha da Geórgia europeia e do Alentejo, em Portugal. Aliás, a sua denominação devia ser "vinhos albinos", pois correspondem a vinhos de uvas sem pigmentos corados de vermelho.

ARMAZENAGEM

Após a fermentação, os vinhos são armazenados em cubas de aço inoxidável, betão, em vasilhas de madeira de capacidade variável ou continuam mantidos nas talhas de argila. As operações e a duração desta fase dependem do tipo de vinho que se pretende obter. Pode ser curta, de poucas semanas, para vinhos jovens, ou de vários anos, para vinhos estagiados em cuba ou em barris de carvalho. A intensidade das operações de estabilização é tanto maior quanto mais cedo se desejar engarrafar os vinhos. A utilização de filtrações, aplicação de colas para clarificação e afinamento de aromas, estabilização dos bitartaratos pelo frio, não são mais do que processos que aceleram a natural estabilização dos vinhos e que devem ser usados criteriosamente. Da mesma forma, a utilização de barricas de madeira e seus alternativos adicionados a grandes volumes deve ser realizada com conta, peso e medida. Com efeito, a atratividade dos aromas e sabores da madeira para o consumidor torna difícil resistir à tentação de os aplicar em excesso.

ENGARRAFAMENTO, ESTÁGIO E EXPEDIÇÃO

A operação de engarrafamento é crítica para a manutenção da qualidade dos vinhos, pois pode comprometer tudo o que de bom se fez anteriormente. O tipo de engarrafamento convencional contempla a utilização de garrafas de vidro (0,75 L) e de rolhas de cortiça, que podem ser substituídas por cápsulas de rosca metálica ou *rip-caps*. Em alternativa, os vinhos podem ser engarrafados em volumes maiores, acondicionados em *Bag-in-Box* (BIBs de 3,5 ou 20 L) ou vendidos a granel.

No momento imediatamente anterior ao engarrafamento podem ser adicionados ingredientes como o açúcar (vinhos adamados), na forma de mosto concentrado ou sulfitado, ou o dióxido de carbono (vinhos espumosos), com o fim de tornar os vinhos comercialmente mais apelativos. A adição de aromas permitida na indústria alimentar não o é nos vinhos, mas a atratividade de vinhos com elevada intensidade aromática e a facilidade da sua obtenção torna-as uma prática comum.

A sua denominação mais correta devia ser a de "mistela", correspondente a misturas de vinhos com sumos de fruta.

Os vinhos com capacidade de envelhecimento são engarrafados com rolha, o que permite as trocas gasosas adequadas durante o período de estágio, que pode atingir vários anos ou décadas, no caso dos grandes vinhos de guarda e, particularmente, dos vinhos licorosos. A temperatura e a humidade das caves de estágio são fundamentais para uma adequada evolução das características dos vinhos durante o estágio.

A expedição dos vinhos engarrafados pressupõe a rotulagem, a capsulagem e a embalagem em caixas de cartão ou de madeira, em que a opção tem mais a ver com aspectos comerciais desenhados de acordo com a qualidade e o preço do produto final.

A PRODUÇÃO DE ESPUMANTES

A espumantização corresponde à adição de dióxido de carbono em elevada quantidade, por meio de fermentação por leveduras em ambiente fechado, que pode ser uma garrafa (método champanhês ou clássico), uma cuba fechada (método Charmat), ou uma série de cubas ligadas entre si (método contínuo). Os espumantes distinguem-se dos vinhos espumosos porque nestes a gaseificação é feita através de gás comprimido. Em regra, pretende-se que o espumante fique com 6 atm de pressão de CO_2, produzidos pela fermentação de 24 g/L de sacarose (4 g/L dão origem a 1 atm de sobrepressão). Este açúcar é adicionado ao vinho-base na forma de licor de expedição, no qual se podem juntar adjuvantes de removimento (*e.g.* bentonite), no caso da fermentação em garrafa. A operação de removimento (*rémuage*) corresponde à remoção das borras de fermentação. Após o removimento, procede-se ao *dègorgement*, retirando-se a cápsula depois da inversão e do congelamento do gargalo. Estas duas operações, obviamente, não existem nos outros dois métodos. Neste processo existe perda de CO_2, sendo admissível que a pressão baixe de 6 atm para cerca de 4 atm. Antes da rolhagem final, procede-se à adição do licor de expedição, que permite acertar o grau de doçura desejado.

5.3 ECOLOGIA MICROBIANA DAS VINHAS E DOS VINHOS

Apesar da diversidade microbiana referida anteriormente, se tivermos em conta o agrupamento em função das suas características metabólicas e fisiológicas, veremos que os micro-organismos isolados das uvas e dos vinhos são bastante constantes, sendo possível prever a sua ocorrência conforme as características do meio onde se desenvolvem. A abordagem seguinte incidirá principalmente sobre os micro-organismos de fermentação e de alteração de uvas e vinhos devido à maior importância tecnológica.

5.3.1 As uvas, os cachos de uva e o ambiente circundante

O principal fator que determina a diversidade microbiana na superfície das uvas é a disponibilidade de nutrientes. Em uvas sãs, esta disponibilidade é muito reduzida, podendo ser comparada à das folhas da videira ou de outras plantas. Por isso, o seu microbiota é dominado por micro-organismos comuns no filoplano, oligotróficos, de natureza oxidativa, sendo muito raro o isolamento de *S. cerevisiae* e de outras leveduras de alteração de vinhos. Este domínio acontece durante toda a fase de amadurecimento das uvas, desde que a película se mantenha íntegra.

Após o pintor, a existência de microfissuras na película, mesmo invisíveis a olho nu, torna o seu interior rico em açúcar, especialmente susceptível à colonização por micro-organismos saprófitas e copiotróficos como *B. cinerea* e outros agentes de podridão. Frequentemente, não é fácil distinguir o tipo de podridão presente, sendo possível a ocorrência simultânea de várias formas de podridão. Em conjunto, é provável que as alterações climáticas e a eficácia dos fitofármacos possam justificar o aumento de prevalência de uma forma em relação a outras, em particular da podridão ácida em virtude de bactérias acéticas, acompanhadas por leveduras ascomicetas fermentativas. Neste grupo de leveduras, assume especial importância tecnológica a presença de *Z. bailii*, também frequente em uvas desidratadas. Ainda que a ocorrência de *S. cerevisae* aumente nesta situação, não deixa de ser uma contaminante menor, superada por outras espécies de crescimento mais rápido.

As leveduras necessitam de um vetor de transporte para se disseminarem na natureza. A proximidade de adegas só influencia a colonização das uvas por *S. cerevisiae* em locais no raio de ação de insetos (*e.g. Drosophila* spp.) ou de outros veículos como resíduos de uvas (engaços e bagaços) e águas de lavagem dos equipamentos e instalações. Por isso, não é provável que as leveduras usadas na fermentação possam dominar o microbiota das uvas nas vinhas. As condições para o domínio de *S. cerevisiae* só são criadas após a entrada em fermentação, ou seja, em ambientes bastante distintos dos da natureza.

Por outo lado, as uvas apenas estão presentes nas videiras durante uma reduzida parte do ano, pelo que o conhecimento do ambiente vizinho das videiras é necessário para perceber os reservatórios destes micro-organismos na natureza ao longo do ano. Estudos recentes demonstraram que a *S. cerevisiae* está presente na casca de árvores e nos solos de vinhas e de pomares circundantes, sendo admissível que seja transportada por insetos para os bagos de uva à medida que vão amadurecendo. Os insetos, em particular as moscas do vinagre (*Drosophila melanogaster*), as traças, as abelhas e as vespas constituem os principais vetores de leveduras fermentativas entre a adega e as vinhas circundantes. As aves migratórias, as poeiras e a água das chuvas podem servir de veículo para a *S. cerevisiae* proveniente de zonas mais longínquas.

O CASO DO CACHO DE UVA "SÃO"

Em termos ecológicos, um cacho de uva é muito diferente de um conjunto de bagos de uvas. Com efeito, a existência de um bago podre escondido no interior de um cacho aparentemente são tem uma maior influência sobre a quantidade e diversidade microbianas do que os restantes bagos sãos. O aumento da carga microbiana de 10^2-10^3 (uvas sãs) para 10^6-10^8 UFC/g (uvas podres) revela que 1 kg de uvas podres pode ter uma carga microbiana equivalente a mais de 1000 kg de uvas sãs. A influência da podridão é de tal forma marcante que o efeito de qualquer outro fator (chuva, temperatura, irradiação, vento, casta, aplicação de fitofármacos, tipo de cultivo) só pode ser devidamente avaliado se o efeito da podridão na diversidade microbiana for devidamente individualizado.

A danificação das uvas pode resultar de diferentes causas, como:

1. Aumento do volume do bago devido a uma rápida absorção de água pela videira, especialmente quando os cachos são apertados e a película fina.
2. Acidentes meteorológicos como granizo e chuva forte.
3. Ataque por *Drosophila* spp., abelhas, vespas, traças e aves.
4. Ataque por fungos fitopatogénicos (*e.g.* míldio, oídio, podridões cinzenta, ácida ou nobre).

Outro exemplo de uvas desequilibradas são as afetadas pela cochonilha (*Pseudococcus* spp.), que excreta melada, e pode não danificar a película, mas possui uma elevada concentração de açúcar. Adicionalmente, as uvas sãs mais desidratadas, usadas na produção de alguns vinhos de mesa (*e.g.* Amarones) ou licorosos (*e.g.* Moscatel) têm concentrações de açúcar mais elevadas, explicando a presença de espécies osmotolerantes do gênero *Zygosaccharomyces.*

Todas estas uvas, danificadas de alguma forma, contêm compostos voláteis (etanol, acetato de etilo, ácido acético, ácido fenilacético) que atraem insetos e disseminam bactérias acéticas e leveduras de alteração, num processo de deterioração que só termina com a entrada em fermentação das uvas. Aliás, é de conhecimento empírico que em anos de elevada percentagem de uvas podres a acidez volátil e os cheiros a animal têm maior incidência nos vinhos. Em face do exposto, percebe-se a importância das uvas danificadas como veículo de leveduras de alteração para o interior da adega.

5.3.2 Adega

A adega é um ambiente completamente artificial em virtude da atividade humana. Essencialmente, os micro-organismos provêm das uvas e de alguns vetores como as moscas do vinagre (*Drosophila* spp.). Do ponto de vista didático, interessa distinguir três sistemas dentro de uma adega correspondentes aos vinhos em fermentação, aos vinhos armazenados e ao processo de engarrafamento, embora possam estar todos localizados numa mesma área.

5.3.2.1 Vinhos em fermentação

O mosto obtido após colheita e esmagamento das uvas tem uma diversidade microbiana determinada pelas uvas e pelos micro-organismos contaminantes dos equipamentos de recepção e esmagamento (paredes dos depósitos, esmagadores, prensas, chão, paredes, mangueiras etc.). Nesta fase é adicionado dióxido de enxofre, que seleciona uma parte deste microbiota. É conhecida a prevalência de leveduras apiculadas e de outras espécies fracamente fermentativas, especialmente quando os níveis de dióxido de enxofre são baixos ou nulos. Os fungos saprófitas, as leveduras oxidativas e as bactérias acéticas deixam de estar presentes ou assumem uma proporção insignificante, sendo fundamental uma higiene adequada na adega para reduzir a sua incidência e disseminação.

No início da vindima, os mostos demoram a arrancar a fermentação, pois ainda não existe uma população microbiana elevada de *S. cerevisiae*. Com a vindima em curso, a situação é invertida, pois estas leveduras passam a estar disseminadas pelos equipamentos e ambientes de fermentação. A diversidade microbiana dos mostos em fermentação é tanto maior quanto maior for a percentagem de uvas podres, devido à sua riqueza em leveduras com capacidade fermentativa relativamente elevada (Figura 5.1).

Na fase pré-fermentativa, em brancos, devido à defecação, existe uma clarificação dos mostos que determina uma carga microbiana muito menor do que nos tintos, onde existe maceração na presença das películas. Nesta fase pré-fermentativa, em mostos sem dióxido de enxofre e com temperaturas ambientes elevadas, é possível que haja produção de acetato de etilo por leveduras apiculadas devido a sua elevada taxa de crescimento e forte atividade esterásica.

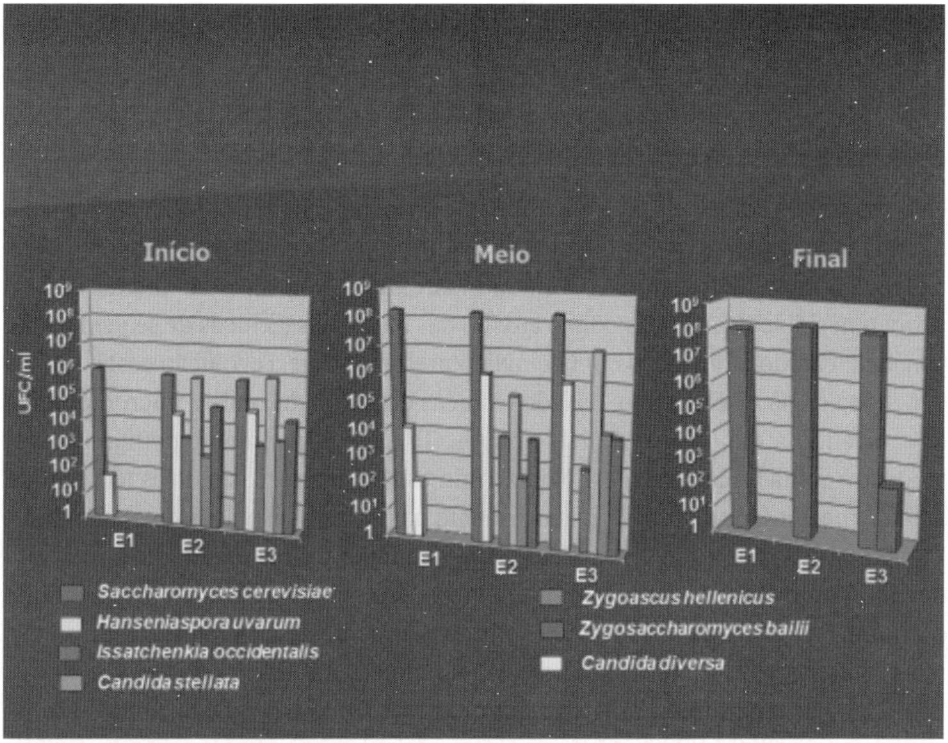

FIGURA 5.1 **Diversidade de leveduras em três momentos da fermentação de mostos inoculados com *S. cerevisiae* e com diferentes níveis de podridão (E1 – uvas sãs; E2 – 30% de podridão; E3 – 50% de podridão).**

Após o arranque da fermentação, a *S. cerevisiae* passa a dominar completamente as fermentações. As leveduras apiculadas e outras com alguma capacidade fermentativa são inibidas e deixam de ter significado como contaminantes dos vinhos. A exceção são leveduras de alteração (*e.g. Z. bailii*, *B. bruxellensis*) e bactérias lácticas que, mantendo-se em reduzido número, podem assumir um papel importante após o declínio de *S. cerevisiae* em vinhos fermentados. Aliás, no caso de se optar por realizar a fermentação maloláctica, é conveniente a existência de bactérias lácticas para que decorra espontaneamente. O agente principal é a espécie *O. Oeni*, cuja presença e disseminação por todo o ambiente natural da vinha e das uvas ainda é mais rara do que da *S. cerevisae*.

Em paralelo com as fermentações e após o seu fim, os restos das películas e dos engaços devem ser removidos das adegas para não constituírem fontes de contaminação de leveduras perigosas e bactérias de contaminação indesejáveis. No caso de os bagaços serem armazenados e destilados para a obtenção de aguardente, constituem mais um foco de disseminação de leveduras com capacidade fermentativa. Quando estes resíduos são espalhados pelas vinhas circundantes, são veículos destas leveduras contribuindo para a sua permanência no solo e contaminação posterior das uvas na vindima seguinte.

A DOMESTICAÇÃO E DIVERSIDADE DE *S. CEREVISIAE*

Não fossem os diferentes meios naturais de fermentação, a *S. cerevisiae* não seria o modelo de levedura mais estudada de sempre, mas apenas mais uma entre tantas isoladas do ambiente natural. Eventualmente, teria sido uma das muitas que só agora têm sido evidenciadas com o auxílio das modernas técnicas de sequenciação genética. Paradoxalmente, o conhecimento presente sobre a evolução desta espécie dependeu do seu isolamento, usando técnicas clássicas de análise microbiológica e recorrendo a meios de cultura seletivos. Tal fato é facilmente compreensível tendo em conta a sua raridade e o baixo número na natureza, sendo as técnicas de análise molecular utilizadas posteriormente nas culturas isoladas e purificadas.

A associação entre esta espécie e a adega é tão íntima que alguns autores a denominaram como o "primeiro micro-organismo domesticado", afirmando que é produto da evolução das espécies de leveduras neste ambiente. Tal hipótese só recentemente foi confirmada cientificamente. Um grupo de investigadores, liderados por um professor português, conseguiu situar o evento da domesticação entre os anos 1000 e 8000 a.C., o que é compatível com o início estimado das primeiras fermentações controladas pelo homem. Na bacia mediterrânica, a linhagem selvagem de *S. cerevisiae* está localizada nas cascas de carvalhos, sendo distinta das linhagens isoladas das uvas e vinhas. A sua particular adaptação à fermentação dependeu de transferência genética com fragmentos de DNA provenientes de *Z. bailii*, e de outras espécies. As diferentes estirpes de *S. cerevisiae* responsáveis pelas fermentações têm, assim, um antepassado comum, faltando esclarecer como este processo se passou fora do mediterrâneo.

As fermentações dos mostos de uva podem ocorrer em consequência de uma ou várias estirpes de *S. cerevisiae*. Mesmo quando os mostos são inoculados, não é garantido que o fermento aplicado seja a estirpe que leva a fermentação até o fim. Embora seja possível que uma estirpe domine as fermentações de uma adega durante anos consecutivos, tal não tem sido demonstrado de forma cabal. O mais provável é que todos os anos, e em cada vindima, as leveduras responsáveis pelas fermentações espontâneas sejam as provenientes da natureza, em conjunto com as residentes da adega, favorecendo as que estiverem melhor adaptadas a fermentar os diferentes tipos de mostos. É, também, possível que haja transferência genética entre diferentes estirpes, originando novas estirpes. Por conseguinte, a associação de uma determinada levedura a uma região ou *terroir* não tem consistência científica. De fato, tanto não é crível que a disseminação na natureza seja restringida pelas fronteiras de uma região, como a diversidade encontrada nas fermentações não é consistente com o caráter essencialmente imutável ao longo do tempo associado ao conceito de *terroir*.

5.3.2.2 Adega de armazenagem

Findas as fermentações vinária e maloláctica, não é desejável que haja mais atividade microbiana, exceto no caso de vinhos especiais como os dependentes de segunda fermentação (espumantes) ou de atividade oxidativa por leveduras de véu (vinhos tipo Xerez), ambas devidas a *S. cerevisiae*.

Em regra, a atividade de micro-organismos de alteração está limitada a espécies com capacidade para crescer abundantemente em vinho, com metabolismo aeróbio obrigatório ou fracamente fermentativo (*e.g. P. membranifaciens, P. anomala* e *Candida* spp.), formando véu à superfície dos vinhos em depósitos mal atestados e com níveis insuficientes de sulfuroso. Devido ao seu metabolismo oxidativo, à elevada taxa de crescimento e à temperatura de adega, colonizam rapidamente as superfícies contaminadas com resíduos de vinhos, sendo consideradas indicadores de falta de higiene e de rigor na prevenção de contato com o ar. Na ausência de BPFs, podem afetar o vinho e favorecer o crescimento de bactérias acéticas nos véus com consequências muito mais perigosas. No entanto, higiene eficiente, reduzidos níveis de oxigênio dissolvido, proteção de contato com o ar com azoto e baixas temperaturas de armazenagem (8-12°C) permitem o seu fácil controle.

As espécies consideradas as mais perigosas para os vinhos (*e.g. D. bruxellensis, Z. bailii, S. cerevisiae*) raramente são detectadas em estudos de ecologia de adega. De fato, em adegas bem higienizadas são raramente isoladas de equipamentos, superfícies e ar ambiente, uma vez que necessitam de resíduos de vinho ou açúcar para sobreviver e proliferar.

O CASO PARTICULAR DE *DEKKERA BRUXELLENSIS*

A levedura da espécie *D. bruxellensis* é, presentemente, o agente responsável pelo maior perigo de alteração de vinhos tintos, particularmente em tintos de topo de gama, envelhecidos em barricas de carvalho, sendo responsável por elevadas perdas econômicas. A sua capacidade para produzir fenóis voláteis, originando o defeito conhecido como "suor de cavalo", colocou-a no centro de acaloradas discussões técnicas e mediáticas.

A levedura *D. bruxellensis* é muito rara na vinha, não se conhecendo os locais de permanência na natureza nem os vetores, embora por ser uma espécie fermentativa deve se comportar como a *S. cerevisiae*. Em regra, está presente em baixo número durante a fermentação, assumindo maior proporção após o declínio de *S. cerevisiae*. A sua atividade de alteração ocorre após a fermentação maloláctica, durante a fase de estágio dos vinhos. São raras nos brancos, sendo facilmente controladas pelo dióxido de enxofre. No caso dos tintos, o crescimento está normalmente associado a quebras no teor deste conservante não corrigidas em tempo útil. A sua incidência é maior no caso do estágio em barricas, mas também é frequente em cubas de aço inoxidável. A sua proliferação pode ocorrer prematuramente, quando no período entre a fermentação alcoólica e a maloláctica o vinho se encontra sem proteção pelo dióxido de enxofre.

A espécie *D. bruxellensis* é a única contaminante de vinhos que produz etilfenóis de forma eficiente. Os precursores destes metabolitos são os ácidos hidroxicinâmicos (ácidos *p*-cumárico, ferúlico e cafeico). Nos mostos, estes ácidos ocorrem esterificados com o ácido tartárico, cuja hidrólise nesta fase se deve à atividade de enzimas fúngicas presentes nas uvas podres ou em enzimas pectolíticas não purificadas. Nos vinhos, a hidrólise dá-se principalmente durante a fermentação maloláctica. Na presença de populações ativas destas leveduras, estes ácidos são descarboxilados e reduzidos sequencialmente, dando origem aos fenóis voláteis (4-etilfenol, 4-etilguaiacol e 4-etilcatecol, respectivamente). A sua concentração no vinho depende da concentração do precursor e da eficiência de conversão, razões pelas quais o 4-etilfenol é o principal responsável pelo defeito "suor de cavalo". No entanto, a intensidade do defeito não é diretamente proporcional à concentração do 4-etilfenol, sendo influenciada pela matriz do vinho e outros metabolitos produzidos por esta levedura (ácidos isobutírico e isovalérico) que integram e minimizam o cheiro devido ao 4-etilfenol.

Em termos fisiológicos, é uma levedura mais sensível ao etanol e aos conservantes do que a *S. cerevisiae* e a *Z. bailii*, mas possui uma invulgar capacidade para sobreviver durante o estágio de vinhos tintos e proliferar tão logo as condições do meio se tornam menos severas. O seu crescimento em vinhos engarrafados explica por que o defeito pode aparecer apenas após o engarrafamento. Em espumantes, ela também pode ser responsável por turvações após a fermentação, em razão da sua particular capacidade para tolerar altas pressões de CO_2.

5.3.2.3 Processo de engarrafamento

O processo de engarrafamento inclui a preparação dos vinhos armazenados através da execução de colagens, filtrações e adições de dióxido de enxofre, com o fim de garantir a estabilidade do vinho após o engarrafamento. O maior risco está associado à utilização de mostos concentrados ou sulfitados para adoçar os vinhos. A situação é semelhante à observada em outras indústrias alimentares que transformam sumos, sumos concentrados, xaropes de glucose, aromatizantes e corantes, onde as leveduras osmofílicas do gênero *Zygosaccharomyces* são bem conhecidas. O fato de que estas leveduras são particularmente resistentes aos conservantes significa que a adição de doses subletais aumenta a sua resistência e capacidade de proliferação. Assim, são boas práticas fabris adicionar os conservantes mesmo antes do engarrafamento e limitar a circulação de concentrados a bombas e mangueiras específicas. A *S. ludwigii* também é uma levedura perigosa, embora seja pouco frequente em adega. É muito tolerante ao sulfuroso pelo qual é isolada em adegas que o utilizam em elevadas doses e em mostos amuados pelo sulfuroso, sendo conhecida como "o pesadelo dos enólogos" pela dificuldade em erradicar infecções de vinhos a granel. A origem e a disseminação destas leveduras são pouco conhecidas, mas o fato de terem características fisiológicas semelhantes às da *S. cerevisiae* torna provável que estejam associadas aos mesmos hábitats. Outra fonte de preocupação são os vinhos comprados no exterior, que podem vir contaminados fortemente e ser um foco de infecção dos vinhos na adega, em particular tintos com *D. bruxellensis*.

Em termos microbiológicos, o engarrafamento é uma operação altamente relevante, pois é a última fonte de contaminação antes de o vinho ser enviado para o mercado, em que a qualidade da higiene é determinante para a prevenção das contaminações. A exceção é o enchimento a quente, que elimina todos os micróbios. O microbiota das linhas de enchimento é, em regra, dominado por micro-organismos ambientais inócuos, sendo a maior incidência de espécies fermentativas e resistentes a conservantes químicos explicável pela dificuldade em assegurar uma adequada higienização das enchedoras. Os pontos críticos mais comuns das linhas de engarrafamento são a saída do filtro esterilizante, a enchedora (bicos, sinos e espaçadores de borracha), a rolhadora (mandíbulas e tremonha), o esterilizador de garrafas, a boca das garrafas e o ar dentro da sala de engarrafamento. Em conjunto, a importância de cada ponto está fortemente dependente do desenho do equipamento. Por exemplo, a geometria e a complexidade dos bicos das enchedoras isobarométricas facilitam a acumulação de vinho de enchimento para enchimento, se não se proceder a uma adequada higienização. A incorporação de oxigênio durante o enchimento estimula o crescimento de *Z. bailii* de uma forma exponencial. Outro exemplo, é a desinfecção por vapor. Se após a vaporização, não é injetado ar estéril durante o arrefecimento, forma-se uma pressão negativa que leva à entrada de ar contaminado potencialmente com leveduras perigosas.

Os materiais de acondicionamento como garrafas, rolhas, cápsulas e *rip caps*, em regra, não são perigosos, porque o microbiota é dominado por fungos, bactérias esporuladas (*Bacillus* spp.) e leveduras inocentes que não crescem nos vinhos. No entanto, podem ser fontes importantes de contaminação quando inadequadamente armazenadas por longos períodos nos ambientes úmidos e contaminados da adega. Por exemplo, em dois casos práticos, a rolha serviu como veículo de leveduras perigosas antes da utilização. Em um caso, houve contaminação por *S. cerevisiae*, devido ao silicone usado no tratamento superficial da rolha. Em outro, com *S. ludwigii*, a explicação esteve na insuficiente adição de sulfuroso antes do acondicionamento das rolhas em sacos de polietileno.

5.4 A TRANSFORMAÇÃO DO MOSTO EM VINHO

O papel das leveduras ou bactérias fermentativas, ao serem realizadas as conversões açúcar-álcool e ácido málico-ácido láctico, é indispensável à produção de vinho. Em conjunto, originam uma série de compostos que contribuem para lhe dar o cheiro e sabor característicos. No entanto, a perspectiva minimalista da produção de vinhos seguida neste capítulo remete os agentes de fermentação para um papel secundário devido à atenção necessária aos problemas de alteração. O fundamental é garantir que as fermentações decorram sem desvios que comprometam a qualidade do produto. Desta forma, é possível que o vinho seja um reflexo do local de origem pelo enaltecimento das características das uvas. Caso contrário, quando o protagonismo é dado aos agentes de fermentação, em conjunto com uma modulação tecnológica excessiva, o vinho torna-se uma *commodity* independente da origem.

5.4.1 Fermentação vinária

A fermentação do mosto de uva é frequentemente denominada fermentação alcoólica, e de fato assim é, mas a sua especificidade faz com seja mais preciso falarmos de fermentação vinária. Realmente, todo o processo é mais complexo do que uma fermentação alcoólica em meio de cultura sintético. Por um lado, a composição química do mosto é bastante complexa, por outro, a variedade de micro-organismos existentes e a presença de compostos estranhos torna-o um processo em que frequentemente não se consegue prever como ocorrerá. A função do enólogo é garantir que tudo se passe dentro do esperado. E o esperado é que todo o açúcar seja convertido em etanol. Sabendo que a *S. cerevisiae* dominará as fermentações, o que é necessário é contribuir para que não haja desvios a esse domínio. Como não se pretende apenas produzir etanol do açúcar das uvas, mas obter um vinho com determinadas características sensoriais, é preciso ter atenção a outros aspectos como a produção e a preservação de aromas desejáveis, a extração da matéria corante, a minimização de oxidações e reduções, e a desvios da fermentação alcoólica que comprometem a qualidade final do vinho. Assim, é necessário assegurar uma boa nutrição e garantir a integridade das membranas, assim como evitar a presença ou acumulação de toxinas celulares, inibir micro-organismos indesejáveis (leveduras de alteração, bactérias lácticas e acéticas) e manter a temperatura controlada.

Atualmente, a produção de vinho é um verdadeiro processo biotecnológico, embora, paradoxalmente, para se fazer um grande vinho mais não seja preciso, essencialmente, do que boas uvas, como há 10 mil anos. A diferença estará mais na capacidade que hoje temos para perceber o processo e evitar acidentes.

5.4.1.1 Bioquímica da fermentação alcoólica

A levedura *S. cerevisiae* é o modelo microbiano mais estudado em relação à fermentação alcoólica, desde os trabalhos pioneiros de Louis Pasteur. A sua especial capacidade para fermentar elevados teores de açúcar com produção de etanol fez com que se tornasse o agente principal das fermentações alcoólicas. Em termos energéticos, a fermentação alcoólica é bem menos eficiente do que a respiração na obtenção de energia, pois uma molécula de glucose apenas dá origem a duas moléculas de ATP, enquanto, pela respiração, podem ser obtidas entre 12 e 36 ATPs. Então, que benefício traz para a célula a fermentação? Para tal, é preciso entender a regulação metabólica de *S. cerevisiae*, através de dois mecanismos conhecidos como os efeitos de Pasteur e de Crabtree. Pelo primeiro, a respiração é estimulada na presença de oxigênio e, pelo segundo, a respiração é inibida na presença de glucose. Esta inibição também é conhecida como repressão catabólica da respiração pela glucose, e corresponde a uma capacidade limitada para a célula respirar a glucose presente no meio. A partir de uma concentração relativamente baixa, a glucose é desviada para a fermentação que fornece a energia suficiente para a multiplicação e manutenção da atividade metabólica. A elevada eficácia deste processo faz com que outras leveduras sem capacidade para fermentar ou com uma eficiência de fermentação inferior sejam preteridas e a *S. cerevisiae* seja a levedura fermentativa por excelência. A *S. cerevisiae* transforma meios com elevado estresse osmótico em meios com elevado estresse alcoólico que, associado a baixo pH, torna estes ambientes bastante restritivos em relação à diversidade de micro-organismos que neles podem crescer. Ultimamente, se a produção de etanol for suficientemente elevada, a *S. cerevisiae* acaba por ser inibida, ocorrendo morte celular. Caso contrário, após a exaustão da glucose e na presença de oxigênio, o etanol é respirado pela levedura, dando origem a mais multiplicação celular, num tipo de crescimento conhecido como diauxico. Em suma, à custa de uma menor eficiência energética, pela fermentação, a *S. cerevisiae* consegue ser mais eficaz do que todas as outras leveduras nos processos fermentativos de açúcares simples.

Outra característica do metabolismo de *S. cerevisiae* consiste no consumo preferencial de glucose em relação à frutose, denominada glucofilia por oposição à frutofilia característica de, por exemplo, *Z. bailii*. Em termos metabólicos, o consumo de frutose é idêntico ao da glucose.

O papel do oxigênio é determinante para o sucesso de fermentações com elevado teor de açúcar, visto ser um elemento essencial à síntese de esteróis e ácidos gordos de cadeia longa essenciais à manutenção da integridade das membranas celulares. Na presença de concentrações elevadas de etanol, as membranas tornam-se mais fluidas e mais permeáveis aos protões do meio exterior, contribuindo para a redução do pH intracelular com a consequente inibição metabólica e morte celular. Esta perda de integridade das membranas torna a célula mais sensível aos outros agentes de morte celular como a temperatura e os conservantes ácidos. A resistência à acidificação intracelular é mais uma vantagem competitiva de *S. cerevisiae* nas fermentações alcoólicas.

5.4.1.2 As particularidades da fermentação vinária

5.4.1.2.1 Estado sanitário das uvas

O primeiro cuidado que temos que ter para que tudo ocorra como desejado é fazer chegar à adega uvas sãs. Em termos de composição química as uvas podres, em especial com podridão cinzenta, comprometem a qualidade dos vinhos pela presença de enzimas oxidativas (lacase e tirosinase), alteração da matéria corante, presença de metabolitos inibidores (ácido acético, ácido glicônico), consumo de nutrientes, degradação de precursores de aroma e maior poder de combinação do dióxido de enxofre. Desta forma, é fácil perceber que quanto maior a percentagem de uvas podres, maior a probabilidade de ocorrerem desvios na fermentação, fermentações amuadas, produção de aromas indesejáveis, menor estabilidade da matéria corante e mais dificuldade de estabilização dos vinhos. A proporção de uvas podres também condiciona a quantidade de dióxido de enxofre a adicionar.

5.4.1.2.2 Aplicação de fermentos

A aplicação de fermentos é uma prática corrente em enologia. Não é uma operação indispensável, pois o mosto obtido a partir de uvas esmagadas e sulfitadas acaba por fermentar após a encuba tanto mais cedo quanto mais avançada está a vindima, pois os mostos em fermentação servem de inóculo natural aos mostos frescos. No entanto, permite assegurar um domínio mais rápido por leveduras de boas características fermentativas, principalmente quando existe uma elevada proporção de uvas podres, garantindo mais rapidez, homogeneidade e previsibilidade das fermentações.

Os fermentos podem ser preparados na chamada forma "pé de cuba", utilizando uvas sãs sulfitadas deixadas a fermentar antes da vindima, e adicionadas aos mostos acabados de vindimar. Desta forma, consegue-se que esses mostos comecem logo a fermentar com leveduras ativas, em plena fermentação, que rapidamente dominam a fermentação dos mostos frescos.

A forma de aplicação de fermentos mais comum, a partir dos anos setenta do século XX, é a chamada "seca ativa" (*active dry wine yeast*), pela sua facilidade de produção, distribuição e aplicação. Essas leveduras industriais foram isoladas de fermentações naturais e selecionadas tendo em conta o seu rendimento fermentativo e a ausência de produção de defeitos, entre outros fatores. O seu sucesso comercial fez com que atualmente exista uma variedade imensa de leveduras à disposição dos enólogos, capazes de "responder" às mais diversas solicitações. Desde as leveduras resistentes ao álcool, para reativar fermentações "amuadas", até as leveduras ditas "aromáticas", para a produção de brancos perfumados, às leveduras ditas "assassinas", para eliminar a concorrência do microbiota espontâneo, ou às leveduras adaptadas a fermentar determinada casta, há de tudo um pouco no mercado. A evolução tem sido tal que já existem fermentos de outras espécies de leveduras cuja aplicação é preconizada em cocultura com os fermentos de *S. cerevisiae*, como *Torulaspora delbrueckii* ou *Candida zemplinina*. Em regra, aplicam-se 20g/hl de fermento que deve ser reidratado de acordo com as instruções do fabricante, antes da inoculação nos mostos.

Em paralelo, a utilização de leveduras com origem numa determinada vinha ou região tem levado à produção de fermentos líquidos produzidos e utilizados localmente com vantagens, principalmente, ao nível da promoção comercial dos vinhos.

A seleção do fermento a utilizar deve ser feita tendo em conta o tipo de vinho que se deseja obter. Em vinhos jovens, é aceitável a escolha de leveduras com capacidades esterásicas particulares pela sua maior produção de aromas. No entanto, devido ao caráter efêmero desses aromas, não são aconselháveis para vinhos de guarda, que devem o seu caráter aromático aos processos de envelhecimento e não aos aromas de fermentação. De fato, se o objetivo é fazer um vinho que revele as qualidades da casta e do local de origem, então, as leveduras distinguem-se pela negativa, isto é, são adequadas todas as que não imprimem defeitos ao vinho. Como veremos a seguir, a obtenção de um vinhos com determinados atributos é mais dependente das condições de fermentação do que do fermento escolhido. Aliás, Louis Pasteur já dizia que "o meio é que faz o micróbio".

5.4.1.2.3 Controle e acompanhamento do processo fermentativo

A maior parte das fermentações de uvas sãs decorre sem problemas após aplicação do dióxido de enxofre e do fermento, desde que a temperatura seja mantida entre os valores que permitem a atividade fermentativa. A opção por temperaturas mais ou menos elevadas está relacionada com o estilo de vinho, obtendo-se vinhos mais aromáticos a temperaturas mais baixas, que demandam mais tempo de fermentação. Assim, temperaturas tão baixas como 14 °C e tempo de fermentação de um mês são possíveis quando se pretende preservar os aromas de vinhos brancos jovens, por oposição a temperaturas de 30 °C, nas quais se pretende potenciar a extração de matéria corante em tintos durante menos de uma semana de fermentação. Valores de temperatura fora desta gama promovem o aparecimento de fermentações amuadas devido ao excesso de frio ou de calor.

Em termos práticos, o seguimento da fermentação é feito com a determinação de apenas dois parâmetros: a densidade e a temperatura. Pelo decréscimo do primeiro se avalia o decurso esperado da fermentação e, pelo segundo, se a temperatura está dentro dos valores desejados. O registo é feito em fichas de fermentação e, por norma, são realizadas determinações duas vezes ao dia, na manhã e no fim do dia. É desta forma que se avalia a existência de fermentações em fase de "amuo" e de desvios à temperatura estabelecida.

Como o processo de fermentação se passa, em regra, em grandes volumes, é necessário ter atenção à representatividade das determinações, especialmente durante as macerações de tintos. No caso de haver muitas uvas em passa, o seu açúcar vai sendo liberado gradualmente, dando origem a teores de álcool mais altos do que o esperado inicialmente. A temperatura também pode não refletir a temperatura de fermentação na zona da manta em casos em que a refrigeração não se processa de forma homogênea. Tanto em uma como em outra hipótese, o resultado pode ser o amuo de fermentação, quer por excesso de álcool, quer por excesso de temperatura, ainda que tudo possa estar aparentemente controlado.

5.4.1.2.4 Adição de nutrientes

Uvas sãs, maduras e produzidas em vinhas com adequada nutrição não necessitam da aplicação de nutrientes, pois os mostos obtidos têm todos os nutrientes indispensáveis à completa fermentação dos açúcares.

O principal nutriente que deve ser adicionado quando necessário é azoto. A sua aplicação na forma de fosfato de diamônio é determinada pelo teor de azoto assimilável do mosto de forma a obter 140 mg/L no início de fermentação. Este valor deve ser considerado um indicativo, pois tanto podem ocorrer fermentações normais com menores níveis de azoto como haver amuos de fermentação para teores mais elevados. Como o azoto se destina à biossíntese, deve ser aplicado até meio da fermentação, pois a partir daí, devido à inibição do crescimento pelo etanol, corre o risco de ficar em excesso no meio e servir de substrato a micro-organismos de alteração. Em complemento ao fosfato de amônio podem ser adicionados aminoácidos e vitaminas, frequentemente mais por prevenção do que por necessidade real.

Outro aspecto da falta de nutrientes azotados é a produção de compostos reduzidos de enxofre, devido ao metabolismo de aminoácidos sulfurados (cisteína e metionina) que libertam a ácido sulfídrico, cujo cheiro é semelhante ao de ovos podres. Por outro lado, o excesso de azoto pode conduzir à acidez volátil excessiva, evidenciando a sua aplicação criteriosa.

5.4.1.2.5 Amuos de fermentação

Os amuos de fermentação correspondem a paragens de fermentação antes de os açúcares estarem esgotados, sendo um problema maior nesta fase do processo de vinificação. A presença desses açúcares torna os vinhos mais instáveis do ponto de vista microbiológico, pois o açúcar presente no meio transforma-se em um substrato para os micro-organismos de alteração. Em termos tecnológicos, a produção de vinhos com açúcar residual (vinhos adamados) por amuo de fermentação exige uma rápida remoção das células de levedura (*e.g.* centrifugação), adição de dióxido de enxofre e manutenção da temperatura de refrigeração de forma a evitar refermentações inesperadas. A alternativa mais segura para este tipo de vinhos consiste na fermentação completa e na adição de açúcar, via mosto concentrado ou mosto sulfitado, no momento do engarrafamento.

As leveduras podem parar de fermentar em consequência de uma série de fatores. O mais comum está relacionado com a conjugação entre temperaturas elevadas de fermentação e alto teor de álcool. A morte térmica celular estimulada pelo etanol é um fenômeno bem conhecido, levando a um menor rendimento em álcool, aumentos da formação de produtos secundários, alguns tóxicos (ácido acético, ácido octanoico e decanoico), e outros como o acetaldeído, que aumentam a cominação do dióxido de enxofre. O controle das temperaturas de fermentações realizado com o objetivo de preservar aromas contribuiu para a diminuição da incidência dos amuos devido à temperatura excessiva. No entanto, o excesso de etanol pode ser um fator de amuo mesmo sob temperatura controlada, pois estimula a morte celular em virtude de qualquer outro fator letal.

O alvo celular primário da morte térmica estimulada pelo etanol é a membrana interna da mitocôndria, pelo que a incorporação de oxigênio ao longo da fermentação, por remontagens sucessivas, estimula a produção de esteróis e ácidos gordos insaturados de cadeia longa que contribuem para a integridade das membranas.

A deficiência de nutrientes, em especial de azoto amoniacal, amínico ou vitaminas, pode ser outro fator, justificando a sua adição, quando necessário. A excessiva clarificação de mostos brancos, antes da fermentação, contribui para esta deficiência de nutrientes e, também, para os amuos, em razão da ausência de suporte físico para as leveduras, implicando adição de celulose para este efeito. A acumulação de produtos tóxicos como fungicidas e pesticidas pode inibir a atividade das leveduras. Este fator tem mais probabilidade de ocorrência no caso de uvas podres sujeitas a tratamentos tardios contra o fungo *Botrytis cinerea*. Aliás, é conhecida a relação entre incidência de amuos e percentagem de podridão na vindima, devido também ao metabolismo dos fungos e outros micro-organismos contaminantes que consomem nutrientes e produzem metabolitos tóxicos, como o ácido acético.

Existe, ainda, uma série de fatores em virtude de erros no processo tecnológico como excesso de dióxido de enxofre, inoculação com fermentos com fraca ou nula atividade, deficiente controle de temperatura, quer por excesso ($>$ 33-35ºC), quer por defeito ($<$ 12-14ºC), aplicação precoce de colas, que diminui a população de células ativas e torna as fermentações demasiado lentas.

DETECÇÃO E RECUPERAÇÃO DE VINHOS AMUADOS

O seguimento diário da densidade dos mostos permite verificar se a fermentação está correndo normalmente. A existência de amuos é evidenciada pela constância de valores de densidade, sendo difícil de perceber quando os decréscimos são reduzidos e próximos do fim de fermentação. Quando a taxa de fermentação diminui em relação ao esperado, é boa prática fazer um arejamento dos mostos que, na maior parte dos casos, permite fermentar rapidamente os últimos gramas de açúcar. Empiricamente, sabe-se que pode ser eficaz adicionar uma pequena dose de dióxido de enxofre (10-20 mg/L). Embora possa parecer um contrassenso, o sulfuroso atua como estimulante e não como inibidor.

Em caso de amuo durante a vindima, a simples adição de mosto fresco resolve o problema, embora com frequência os mostos que amuam são precisamente os últimos a ser fermentados.

Quando a fermentação para, e não é possível pelas formas anteriores voltar a arrancar, é necessário proceder à preparação de novo fermento. Em termos gerais, a preparação do fermento exige a sua adaptação ao mosto-vinho amuado que, por ter elevado teor de etanol e níveis acrescidos de toxinas, se tornou num meio bastante agressivo para as leveduras. A adaptação faz-se, após reidratação do fermento, por adição sucessiva do mosto-vinho amuado em volumes crescentes, em que só se adiciona mais mosto amuado depois de se verificar que a fermentação se mantém ativa após cada adição. No final da adaptação, o pé de cuba pode ser adicionado ao restante do vinho amuado. Em caso de suspeita de contaminação bacteriana, pode-se adicionar 20 mg/L de dióxido de enxofre, o que inibe bactérias acéticas e lácticas. A opção pela adição de lisozima é apenas eficaz contra algumas bactérias lácticas. A adição de nutrientes também é possível, em particular na fase de preparação do fermento, visando aumentar a integridade das membranas celulares.

5.5 A PRODUÇÃO DE ESPUMANTES

O primeiro passo do processo é a adição de sacarose ao vinho-base através do licor de tiragem, sendo acrescentados também nutrientes e adjuvantes de removimento, como a bentonite. O fermento (40 g/hL) é adicionado após a adaptação ao vinho, num processo essencialmente igual ao referido para a recuperação de vinhos amuados. À semelhança deste processo, convém ser escolhido um fermento com elevada resistência ao etanol. O fermento pode ser aplicado na forma de células imobilizadas em esferas de alginato, que facilitam o removimento posterior no caso do método champanhês. Em termos metabólicos, as leveduras comportam-se de maneira semelhante, em qualquer dos métodos de produção, sendo o método contínuo mais agressivo para as leveduras, pois são inoculadas num meio com uma pressão inicial de cerca de 4-5 atm, enquanto nos outros a subida de pressão se faz gradualmente.

O tempo de fermentação pode ser rápido (uma ou duas semanas) ou lento (mais de três meses), em função da temperatura do processo. No caso do método champanhês, é frequente haver amuos de fermentação devido à temperatura muito baixa das caves (< 12°C), pois a morte celular estimulada pelo álcool também é exponenciada em baixa temperatura. O fim da fermentação, ou eventuais amuos, é avaliado pelo aumento de pressão até as esperadas 6 atm.

Após a fermentação, no método champanhês, o removimento pode demorar mais de um mês, ou é imediato, no caso das células imobilizadas. Em outros métodos, os espumantes são clarificados por filtração. Após a remoção das células, o espumante recebe o licor de expedição através do qual se acerta o grau de doçura desejado e podem ser adicionados compostos que melhoram as características da bolha (*e.g.* manoproteínas). No método champanhês, a cápsula-coroa é retirada após inversão das garrafas e congelação do vinho na zona do gargalo, sendo o licor de expedição acrescentado no momento do engarrafamento.

Assim como a qualidade do vinho está dependente da qualidade das uvas, também a qualidade do espumante está principalmente dependente da qualidade do vinho-base. A escolha é determinada pela acidez fixa, que deve ser elevada (> 6 g/L ácido tartárico) e pelo grau alcoólico, cerca de 11,5% (v/v), uma vez que a refermentação contribuirá com mais 1,4% (v/v). Em termos aromáticos, os vinhos devem ser neutros, pois espera-se que os aromas provenham da refermentação e do estágio em cave, tanto mais prolongado quanto maior o valor do produto. É o caso dos champanhes feitos com Chardonnay (*blanc de blanc*) ou com Pinot Noir (*blanc de noir*), nos quais as operações de prensagem são realizadas sob pressão reduzida, para a minimizar a extração de compostos oxidáveis. A utilização de castas aromáticas, como o Moscatel, permite obter espumantes que são rapidamente colocados no mercado para não perderem as características florais desta uva. A finura e a persistência da bolha são atributos de eleição na qualidade dos espumantes, conferindo-lhes caráter de leveza na sensação de boca.

5.6 BIOCONVERSÃO DO ÁCIDO MÁLICO

5.6.1 Interesse tecnológico

Os ácidos tartárico e málico são os principais ácidos orgânicos presentes na uva, responsáveis pela acidez fixa dos vinhos, característica fundamental pela sua frescura e persistência de sabor. Em excesso, tornam os vinhos muito ácidos e agressivos e, na sua ausência, os vinhos ficam sem sabor e curtos de boca. Compreende-se assim o cuidado que deve haver no controle da sua concentração. Em razão de sua incapacidade de ser metabolizado pela videira e pelos micro-organismos do vinho, o ácido tartárico apenas pode ser adicionado ou removido de forma química ou física. Pelo contrário, a metabolização do ácido málico pode ser realizada pela videira ou pelos micro-organismos. A modulação da concentração do ácido málico pela videira sai do âmbito deste capítulo, sendo possível ter mostos sem ácido málico, principalmente em zonas de clima quente.

A metabolização do ácido málico (dicarboxilíco) por micro-organismos dá origem ao ácido láctico (monocarboxílico), o que é uma opção tecnológica de acordo com o vinho que se pretende. Em regra, a metabolização é aconselhada em vinhos de regiões frias para reduzir a acidez fixa em excesso e desnecessária em regiões de clima quente. No entanto, a estabilidade microbiana que proporciona aos vinhos faz com que seja desejável mesmo em tintos de zonas quentes, onde os vinhos têm, por natureza, reduzida acidez fixa.

As bactérias lácticas são as responsáveis pela conhecida "fermentação maloláctica", existindo a possibilidade de utilizar fermentos da levedura *S. pombe* para realizar a fermentação maloetanólica durante ou após a fermentação vinária.

5.6.2 "Fermentação Maloláctica" (FML)

5.6.2.1 Bioquímica e fisiologia da FML

Em termos precisos, a conversão do ácido málico em ácido láctico pelas bactérias lácticas não corresponde a uma verdadeira fermentação, pois não dá origem à formação direta de ATP. Existem diversas vias para esta transformação, mas a mais comum é uma descarboxilação direta do ácido láctico em ácido málico, através da enzima maloláctica. Assim, 1 g/L de ácido málico dá origem a 0,67 g/L de ácido láctico, reduzindo a acidez total do vinho e libertando CO_2.

O processo metabólico possibilita a formação indireta de ATP através da criação da força protomotriz, somatório da diferença de pH (ΔpH) e de potencial eléctrico ($\Delta\psi$) entre o exterior e o interior da membrana citoplásmica. Esta força protomotriz permite a síntese de ATP por meio de uma enzima (ATP sintase) que aproveita a energia liberada pela entrada na célula dos protões a favor do gradiente. Este mecanismo fisiológico é conhecido como descarboxilação oxidativa, e explica também a síntese de aminas biogênicas pelas bactérias lácticas (Figura 5.2). O rendimento em ATP é reduzido, pois neste processo a multiplicação celular é diminuta. A vantagem para as bactérias parece estar na possibilidade de sobrevivência em meios de pH muito baixo e pobres em nutrientes. De fato, nesta fase do processo não existe açúcar disponível no meio e, caso existisse, seria utilizado como substrato na produção de metabolitos indesejáveis como o ácido acético, prejudicando a qualidade do vinho.

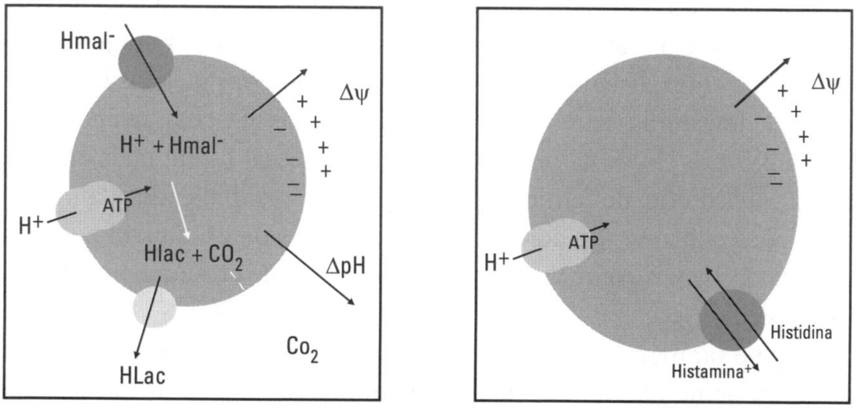

FIGURA 5.2 Esquema do mecanismo de descarboxilação oxidativa do ácido láctico e da histidina presente em bactérias lácticas do vinho.

5.6.2.2 O processo biotecnológico

O agente da FML é a espécie de bactéria láctica *Oenocccus oeni*, bastante rara na natureza e nas uvas, como vimos anteriormente, mas que sobrevive à fermentação e aumenta de número após o declínio de *S. cerevisiae*. A FML decorre, em regra, de forma espontânea, não sendo necessário utilizar fermentos como no caso das leveduras. Para tal, é necessário criar as condições para que ela ocorra, devido às populações lácticas existentes no vinho. No caso da temperatura, deseja-se que esteja acima de 20ºC e abaixo de 32ºC. Em fermentações sob temperatura elevada (> 30ºC), a FML pode ocorrer em simultâneo com a fermentação alcoólica, mas o mais habitual é dar-se após a sua conclusão, tanto mais rapidamente quanto maior o volume da cuba de fermentação. Em climas temperados, a redução da temperatura ambiente depois do fim da vindima pode implicar que a FML só se realize no ano seguinte, após o inverno, quando as temperaturas voltarem a subir. O dióxido de enxofre só deve ser adicionado após o fim da FML, por ser um forte inibidor das bactérias lácticas. As fermentações são mais difíceis em vinhos de álcool elevado (> 13.5% v/v) e de pH baixo (< 3.1).

APLICAÇÃO DE FERMENTOS

A aplicação de fermentos é recomendada quando a FML tem dificuldade em ocorrer ou quando se suspeita da presença de quantidades elevadas de bactérias indesejáveis como no caso da vinificação de uvas podres. Os fermentos disponíveis no mercado são da espécie *O. Oeni*, mas recentemente também foram disponibilizados fermentos de *Lactobacillus plantarum.* A forma comercial mais comum é a liofilizada, que deve ser preparada de acordo com instruções do fabricante, para adicionar antes, durante ou após a fermentação vinária. Este último caso é o mais frequente, podendo a aplicação ser conjugada com a adição de nutrientes, lisozima (para inibição de bactérias lácticas indesejáveis) ou cascas de leveduras (para adsorção de compostos tóxicos), quando o pH for superior a 3,5 e os riscos de produção de ácido acético forem mais elevados. A aplicação antes do fim de fermentação é especialmente indicada quando se quer ter um rápido consumo do ácido málico em zonas de clima frio e quando se pretende estabilizar o vinho rapidamente por receio de crescimento da levedura *D. bruxellensis*.

O preço é também um fator a ser levado em conta ao se optar pela utilização de fermentos lácticos. Na adição em mosto, a dose utilizada pode ser reduzida à metade da utilizada em vinhos, o que permite diminuir os custos desta operação.

CONTROLE DO PROCESSO

Durante o decurso da FML, existe sempre a formação de acidez volátil como metabolito secundário, sendo admissíveis aumentos de ácido acético (0,1-0,3 g/L) tanto mais elevados quanto mais elevado o pH do vinho. Devido à sua versatilidade metabólica, após a exaustão do ácido málico estas bactérias podem utilizar outros substratos com aumentos adicionais de ácido acético e de aromas indesejáveis, razão pela qual a monitorização do ácido málico é crítica. Existem vários métodos de doseamento (*e.g.* cromatografia em papel, reflectometria, colorimetria, FTIR, HPLC), e o ideal é utilizar também a determinação do ácido láctico, indicador do início da FML.

Em termos tecnológicos, considera-se que a FML está terminada imediatamente antes de o resultado ser 0 g/L, de acordo com os limiares de detecção de cada método. Desta forma, evita-se que as bactérias prossigam em atividade, antes de serem completamente inibidas pelo dióxido de enxofre e provocarem aumentos de compostos indesejáveis. Após o seu fim, o vinho é trasfegado, removendo as borras constituídas por resíduos sólidos e populações microbianas, sulfitado e armazenado nas condições determinadas pelas opções tecnológicas. No processo de fabrico de vinhos de mesa, a partir desta operação, considera-se que qualquer atividade microbiana é indesejável e todos os micro-organismos com capacidade de crescimento passam a ser agentes de alteração, controlados por uma série de processos descritos no ponto seguinte.

5.7 ESTABILIZAÇÃO MICROBIOLÓGICA DE VINHOS

Na perspectiva minimalista de produção de vinhos, a estabilização microbiológica deve ser feita recorrendo ao menor número ou à menor intensidade possível dos processos de conservação. Para isto, é necessário conhecer a estabilidade do vinho, durante a armazenagem, através da sua monitorização analítica, que determina a realização de operações corretivas. Após o engarrafamento, os vinhos devem permanecer estáveis microbiologicamente, pois a evolução em garrafa, se necessária, é apenas dependente de processos químicos. Em seguida, descrevem-se os principais métodos de controle analítico dos vinhos, processos de conservação e especificações microbiológicas utilizadas pela indústria dos vinhos.

5.7.1 Monitorização analítica

Todas as fases do processo de fabrico de vinhos devem estar sujeitas a controle analítico com diferente grau de complexidade, em função do objetivo que se pretende e da capacidade tecnológica da empresa. Em regra, as análises mais simples são as organolépticas, e as físico-químicas e microbiológicas também podem ser concretizadas de forma relativamente simples, uma vez que todo o processo de vinificação não exige grande capacidade analítica.

A análise sensorial está sempre presente, desde a colheita até a expedição do vinho após o estágio. Na vindima, a análise é necessária para avaliar a maturação e a sanidade da uva, em conjunto com a determinação do álcool provável, através da densidade ou °Brix dos mostos, acidez total, pH e teor de azoto assimilável. A determinação do ácido acético e do ácido glicônico indica a presença de podridões, existindo equipamentos (FTIR) que fornecem indicadores de podridão e de atividades fermentativas nos mostos. Após a entrada em fermentação, basta seguir a densidade e a temperatura, como já referido, mas é aconselhável ir provando o vinho para verificar a produção dos aromas devidos a compostos reduzidos de enxofre e a extração de matéria corante e taninos. Tão logo o vinho seja produzido, é indispensável conhecer o teor de etanol, a acidez volátil, a acidez fixa, o sulfuroso livre e total e a densidade. É conveniente conhecer o teor de açúcar residual (< 2 g/L para o vinho ser considerado seco), embora densidades abaixo de cerca de 995, em tintos, e de 990, em brancos, devam refletir vinhos secos. No caso de se proceder a fermentação maloláctica, é necessário conhecer o teor de ácido málico e, preferencialmente, o ácido láctico como indicador do início da conversão. A atividade de bactérias lácticas de alteração é avaliada pelo teor do isômero D do ácido láctico, por oposição ao ácido L-láctico produzido pelas bactérias lácticas de fermentação.

A estabilidade dos vinhos durante a armazenagem é seguida pela determinação da acidez volátil e do sulfuroso livre e total. Em função da manutenção dos valores, basta uma análise bimensal, acompanhada de prova dos vinhos. Sempre que há lotes de vinhos deve ser feita nova determinação do etanol, da acidez fixa e do pH, para verificar se os valores são os esperados. A adição de dióxido de enxofre durante a armazenagem é feita para manter o teor livre em cerca de 25 mg/L (pH 3,50) ou superior, quando há risco de desenvolvimento de *D. bruxellensis*. Este risco exige que se proceda a determinações regulares da sua presença e dos teores de 4-etilfenol (por cromatografia gasosa), sendo a única análise microbiológica indispensável para um sensato acompanhamento do estágio dos vinhos tintos. O acréscimo de 4-etilfenol entre duas análises consecutivas revela a sua atividade, tanto maior quanto menor o espaço que medeia entre as determinações. De fato, neste caso, quando se detectam os fenóis voláteis pelo cheiro, já as leveduras proliferaram e produziram teores não desprezáveis destes compostos. Nas outras situações de alteração microbiológica, durante a armazenagem, basta uma prova atenta dos vinhos e vistoria dos espaços vazios para se perceber se houve oxidações ou refermentações. Se existirem reduções, o problema também é detectado por via organoléptica, e os vinhos devem ser tratados de acordo com a severidade do defeito.

No momento do engarrafamento, é essencial verificar os níveis de dióxido de enxofre e se todos os parâmetros analíticos já determinados anteriormente estão de acordo com o esperado. Havendo certificação dos vinhos, a entidade certificadora realiza uma série de determinações adicionais necessária à verificação de todos os parâmetros sujeitos a controle legal, sendo uma forma prática de comparar resultados com os do controle analítico da empresa. As análises microbiológicas só são realizadas de rotina em empresas de maiores dimensões, sendo indispensáveis quando existem especificações entre fornecedor e cliente, como veremos a seguir.

ANÁLISES MICROBIOLÓGICAS

Quando a empresa tem capacidade para realizar análises microbiológicas de rotina, a avaliação da qualidade microbiológica dos vinhos não se deve limitar à análise do produto acabado. Deve incluir, também, a avaliação da carga microbiana das matérias-primas (*e.g.* garrafas, rolhas, cápsulas, *rip caps*), dos ingredientes (*e.g.* mostos concentrados e sulfitados, vinhos comprados), procedimentos de sanificação (*e.g.* superfícies, ar ambiente, purgas, torneiras, mangueiras) e de processos de fabrico (*e.g.* filtrações). Eventualmente, as empresas poderão fazer este controle de forma ocasional, recorrendo a laboratórios externos, com o fim de avaliar os seus procedimentos. Por sua vez, o comércio internacional tem evoluído para a avaliação da qualidade microbiológica de alimentos e bebidas de acordo com métodos padronizados — microbiológicos ou químicos —, aceitos por todas as partes envolvidas. Neste contexto, os indicadores microbiológicos são ferramentas essenciais para o controle de produção ou para a avaliação da qualidade e regulamentação do comércio alimentar.

Os vinhos raramente representam um perigo para a segurança alimentar em termos microbiológicos. Como já referido, devido ao seu reduzido pH (< 4), os micro-organismos patogênicos não crescem nem sobrevivem. A produção de ocratoxina A, por bolores na uva, de aminas biogênicas, por bactérias lácticas, e de carbamato de etilo, durante a fermentação vinária, não justifica o seu controle de rotina. Embora rara, a ocorrência de leveduras deve ser considerada perigosa em termos de segurança alimentar, pela explosão de garrafas em consequência de CO_2 proveniente de refermentações. A presença de leveduras de alteração é, por isso, o principal problema microbiológico dos vinhos. Em regra, a avaliação da sua presença é feita pela contagem em placas usando um meio genérico. Esta avaliação de leveduras viáveis "totais" (comumente conhecida como "leveduras e fungos"), à semelhança do indicador "contagem de viáveis" usado em bacteriologia alimentar, fornece pouca informação, claramente insuficiente do ponto de vista de qualidade do vinho. A contagem de leveduras em meios seletivos e/ou diferenciais é especialmente indicada em face do perigo representado pela espécie *D. bruxellensis*. Existem hoje no mercado uma série de meios de cultura seletivos e diferenciais que são especialmente indicados para vinhos tintos sujeitos a estágio prolongado. A sua utilização é indispensável no caso de envelhecimento em barricas de carvalho. Em vinhos doces adicionados de mostos concentrados e sulfitados também é útil o emprego de meios específicos para *Z. bailii*. A comparação entre as contagens num meio genérico e as num meio no qual a *S. cerevisiae* não cresce (meio de lisina, meio com o antibiótico cicloheximida) pode servir para estimar as populações de *S. cerevisiae*.

A indústria dos vinhos raramente recorre a métodos de análise de biologia molecular. Embora de elevado custo, a detecção rápida de *D. bruxellensis* justifica o recurso a PCR em tempo real, mas apenas quando não se procedeu a uma detecção de rotina usando os métodos convencionais. Adicionalmente, é necessário ter em atenção que resultados positivos pelo PCR podem corresponder a DNA de células mortas e, por conseguinte, não representam perigo para a estabilidade dos vinhos. Os métodos rápidos de análise microbiológica também são raramente aplicados, limitando-se à avaliação dos procedimentos de higiene pela análise de ATP (bioluminescência) ou NADH, como é comum na indústria alimentar e na restauração.

5.7.2 O conceito de susceptibilidade dos vinhos

A atividade microbiana tem que ser evitada para: i) assegurar que os vinhos a granel não sejam alterados; e ii) assegurar que o vinho engarrafado seja estável microbiologicamente. Para isto, o enólogo dispõe de uma série de opções técnicas que devem ser utilizadas apenas quando necessário, visando minimizar o processamento dos vinhos. É de conhecimento empírico que os vinhos se comportam de maneira diferente ao ataque microbiano. Enquanto uns são estáveis mesmo sem grandes cuidados na armazenagem, outros causam muitas dores de cabeça, pois facilmente se alteram com as operações a que são sujeitos. A Figura 5.3 mostra como diferentes vinhos permitem um crescimento distinto após inoculação com as espécies mais comuns de alteração, ou seja, apresentam diferentes susceptibilidades ao crescimento microbiano. Esta característica não é facilmente previsível, pois mesmo para valores iguais de etanol, pH, e na ausência de dióxido de enxofre e açúcar residual (< 2 g/L), vinhos diferentes apresentaram susceptibilidades diferentes. Também do ponto de vista empírico se sabe que os vinhos feitos de uvas podres são mais difíceis de estabilizar e que os resíduos

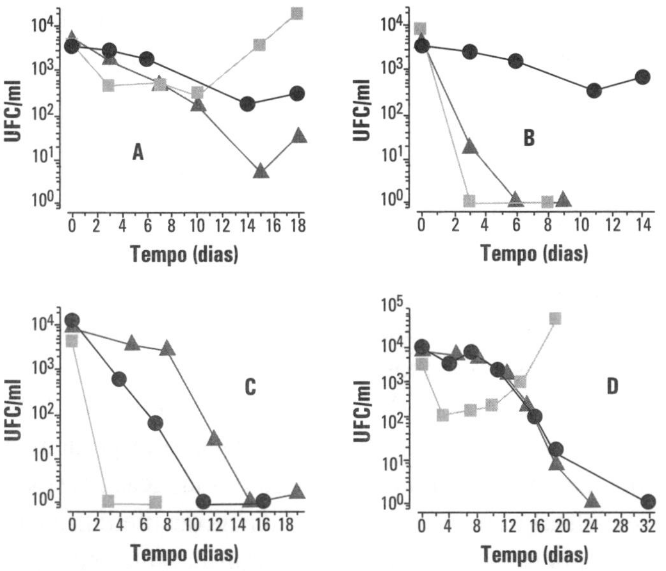

FIGURA 5.3 Viabilidade das espécies *S. cerevisiae* (●), *Z. bailii* (▲) e *D. bruxellensis* (■) em quatro vinhos tintos diferentes com 12% (v/v) de etanol, pH 3,50 e sem dióxido de enxofre livre.

de nutrientes não consumidos durante a fermentação também contribuem para aumentar a susceptibilidade.

A Figura 5.4 pretende mostrar os diferentes fatores que influenciam positiva ou negativamente a susceptibilidade à alteração microbiana. Os agentes inibidores principais são o etanol e o dióxido de enxofre em vinhos de mesa. O pH também influencia, mas na gama de variação habitual, entre cerca de 3 a 4, o seu efeito depende principalmente do aumento do teor da fração molecular do

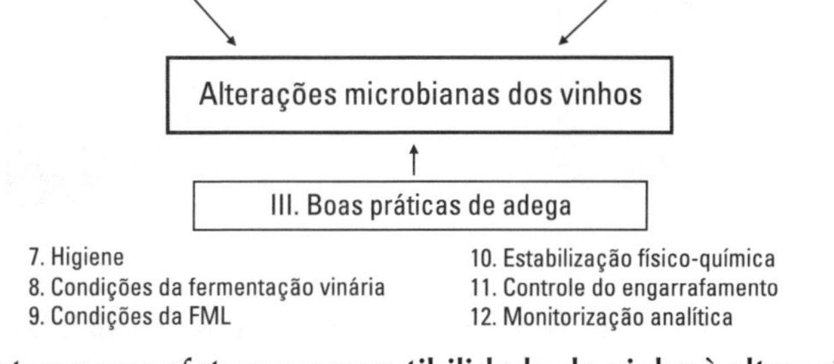

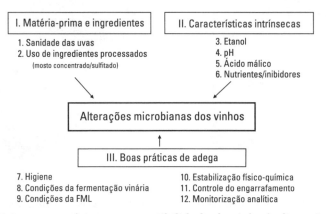

FIGURA 5.4 Fatores que afetam a susceptibilidade do vinho à alteração microbiana.

dióxido de enxofre com a redução do pH. A criação de um "deserto nutritivo", pelo acabamento completo das fermentações e pelo uso criterioso de nutrientes, também contribui para a estabilidade dos vinhos.

Quando os vinhos necessitam de açúcar residual, é sabido que o açúcar aplicado estimula o crescimento celular, mas apenas nas condições em que não há inibição. De fato, quando as células estão estressadas pelo efeito conjunto do etanol e sulfuroso, o açúcar residual não consegue evitar a morte celular, como ilustrado na Figura 5.4. Pelo contrário, "vinhos" sem etanol e com açúcar são extremamente sensíveis à alteração, permitindo o crescimento de leveduras consideradas inofensivas em vinhos de mesa.

Em vinhos fortificados (> 16-17% v/v etanol), o aumento do teor de açúcar contribui para o aumento da sua estabilidade, tornando-os praticamente imunes à alteração microbiana, sendo a atividade de bactérias lácticas uma exceção. A legislação do OIV reconhece implicitamente a existência de diferentes vulnerabilidades dos vinhos ao considerar níveis máximos de conservantes superiores quando o teor de açúcar é mais elevado. Os níveis máximos de sulfuroso são 150 mg/L em tintos com menos de 4 g/L de açúcares redutores, 200 mg/L para brancos e rosados com menos de 4 g/L de açúcares redutores, 300 mg/L para brancos e rosados com mais 4 g/L de açúcares redutores e 400 mg/L para alguns vinhos doces especiais (*e.g.* Sauternes, Trockenbeerenauslese) (Anon, 1998) em que o teor de etanol é semelhante ao dos vinhos de mesa.

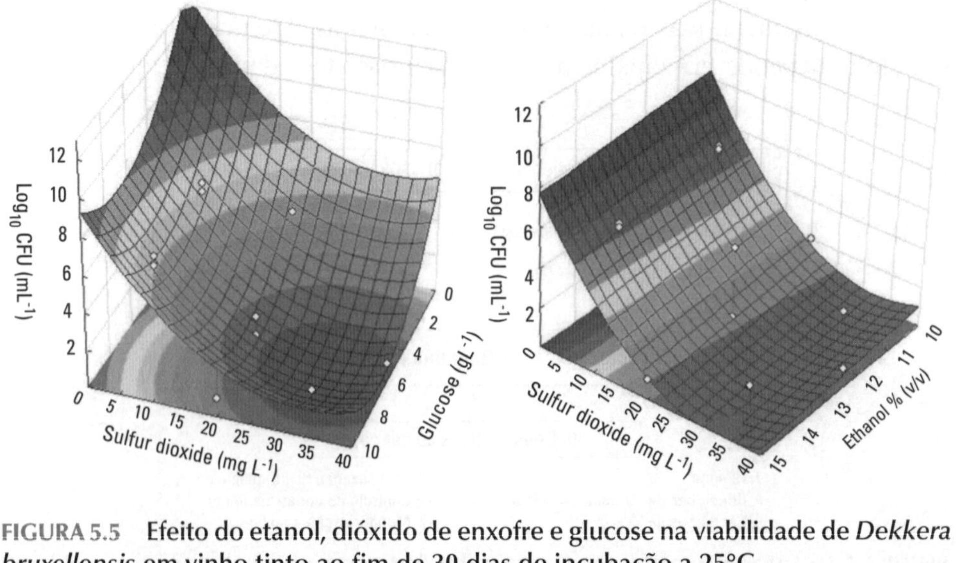

FIGURA 5.5 Efeito do etanol, dióxido de enxofre e glucose na viabilidade de *Dekkera bruxellensis* em vinho tinto ao fim de 30 dias de incubação a 25°C.

5.7.3 Remoção e inibição de micro-organismos

Os processos de conservação e acabamento de vinhos contribuem para a sua estabilidade microbiológica, mesmo quando o objetivo é de natureza química. Assim, as colagens, filtrações e estabilização pelo frio, dirigidas para a estabilização da matéria corante dos bitartaratos ou redução da turvação, acabam por remover a carga microbiana e reduzi-la a níveis que não afetam a estabilidade dos vinhos.

Como em qualquer processo de conservação de alimentos, a eficácia é tanto maior quanto menor a contaminação inicial do produto. Para tal, assume especial relevo a eficácia dos procedimentos de higienização dos equipamentos, tubagens, mangueiras e cubas de forma a não servirem de focos de infecção do vinho com leveduras de alteração altamente resistentes ao dióxido de enxofre. Este conservante é o único usado rotineiramente em vinhos armazenados, e é eficaz, desde que não haja incorporação significativa de oxigênio durante os processos de estabilização. A exceção é quando temos vinho tinto armazenado em vasilhas de madeira contaminado pela levedura *D. bruxellensis*. Em virtude da estrutura porosa da madeira, a higienização (*e.g.* por vapor, água quente ou ozono) nunca é totalmente eficaz, e estas leveduras encontram um alojamento que lhes permite contaminar cada novo lote de vinho introduzido nas barricas. Em conjunto, a incorporação lenta de oxigênio favorece a sobrevivência das leveduras que podem entrar em crescimento exponencial quando o nível de dióxido de enxofre vai baixando ao longo do tempo. Embora menos frequente, a contaminação por leveduras do gênero *Zygosaccharomyces*, quando se utilizam mostos concentrados ou sulfitados, também merece particular atenção, sobretudo quando se engarrafam vinhos com reduzido ou nulo teor de etanol.

A ocorrência destes problemas, se não for controlável pela adição de dióxido de enxofre, pode tornar fundamental a realização de filtrações esterilizantes ou pasteurizações numa fase anterior à do engarrafamento. Em conjunto, existem hoje outros tipos de conservantes químicos que, embora menos eficazes que o sulfuroso, contribuem para aumentar a estabilidade microbiana, como o dimetildicarbonato (DMDC) e o quitosano. Os desenvolvimentos tecnológicos também têm sido verificados em nível dos processos físicos cuja aplicação depende essencialmente de uma análise financeira de custo-benefício, devido ao elevado custo dos equipamentos.

5.7.4 Níveis aceitáveis de leveduras em vinhos

Na indústria alimentar, a definição de critérios microbiológicos que avaliem a qualidade ou a segurança dos alimentos é feita com base em procedimentos uniformes – amostragem, volume de amostra, diluentes, meios de cultura e condições de incubação –, permitindo obter resultados que podem ser confrontados com limites máximos definidos pela legislação de cada país. Na indústria dos vinhos, esta não é prática corrente, provavelmente por causa da ausência de riscos significativos para a saúde humana. O OIV publicou uma série de métodos padronizados para as adegas, mas não define níveis máximos de micro-organismos em vinhos (Anon, 1998). A única condição mencionada é que o vinho deve ser límpido, o que, empiricamente, equivale a possuir no máximo 10^4-10^5 UFC/ml (em brancos) para micro-organismos que produzem sedimentos finos e menos de 10^2-10^3 UFC/ml, para os que produzem sedimentos floculentos, típicos de *Z. bailii*. De acordo com o nosso conhecimento, apenas a Noruega impõe limites de 10 micro-organismos totais por ml em vinhos a granel.

A definição de níveis aceitáveis de leveduras em vinhos é praticamente limitada às especificações impostas pelos contratos comerciais com retalhistas locais ou internacionais. Idealmente, as adegas deviam propor limites para as contagens microbiológicas com base em valores atingíveis no processamento dos seus vinhos. De fato, não é razoável estabelecer contratos comerciais com especificações mais severas do que as usadas nas adegas. Quando existentes, os níveis aceitáveis de leveduras em vinhos engarrafados utilizados na indústria são relativamente baixos, frequentemente abaixo de 1 a 10 células/100 ml, especialmente em vinhos doces e brancos. Em regra, valores acima de 100 células/100 ml são considerados inaceitáveis pelo retalho. No entanto, de modo geral, essas contagens são feitas em meio genérico e, por isso, os resultados não refletem a flora de alteração, o que torna totalmente diferente ter 1 célula de uma espécie banal do que ter 1 de uma espécie perigosa. Embora os tintos sejam igualmente susceptíveis às leveduras como os brancos, nos tintos são admitidos valores superiores, porque a turvação é menos visível. No entanto, esta concepção deixou de ser válida a partir da emergência de *D. bruxellensis* como o agente de alteração mais temido em tintos, conduzindo à utilização de meios de cultura específicos em rotina e de valores máximos admissíveis inferiores a 1 célula viável por garrafa.

Em vinhos engarrafados, uma contaminação superior à aceitável traduz-se na manutenção do vinho em quarentena, o tempo suficiente até se atingirem os limites definidos pelas especificações. Este procedimento fornece uma indicação da flora contaminante presente, porque se as contagens aumentarem, é provável que o vinho esteja contaminado com leveduras com elevado potencial de alteração. Neste caso, é mais prudente processar novamente o vinho. Os critérios de amostragem são baseados na colheita de amostras durante o engarrafamento, numa base horária ou menos frequente. Embora sem base estatística de amostragem, o objetivo desta periocidade é identificar algum problema (*e.g.* ruptura do filtro) durante o engarrafamento e manter em quarentena apenas o produto engarrafado no período em que se verificou o acidente.

QUESTÕES

1. Qual o principal fator que determina a quantidade e a diversidade dos micro-organismos nas uvas?
2. Distinga as diferentes espécies de leveduras de contaminação de vinhos de acordo com o seu perigo para a estabilidade do produto.
3. Descreva um protocolo de preparação de fermentos na produção de espumantes.
4. Imagine que pretende produzir um vinho de guarda, tendo por opção um fermento com elevada atividade esterásica e outro neutro deste ponto de vista. Qual escolheria e por quê?
5. Qual o perigo de não inativar as bactérias lácticas logo após o fim da conversão do ácido málico?
6. Qual o maior perigo microbiológico dos vinhos tintos estagiados em barricas? Proponha um protocolo analítico para monitorizar este problema.

REFERÊNCIAS

Anónimo. 1998. Recueil des méthodes internationales d'analyse des vins et des moûts. OIV (ed.)., Paris, França.

Barata, A., Malfeito-Ferreira, M., Loureiro, V., 2012. The microbial ecology of wine grape berries. International Journal of Food Microbiology, 153 (3): 243-59.

Boulton, R., Singleton, V., Bisson, L., Kunkee, R., 1995. Principles and practices of winemaking. Chapman and Hall. Cota, Nova York, Q021- 209.

Fugelsang, K., 1997. Wine microbiology. Chapman and Hall, Nova York, EUA.

Loureiro, V., Malfeito-Ferreira, M., 2003. Spoilage yeasts in the wine industry. International Journal of Food Microbiology, 86: 23-50.

Loureiro, V.; Malfeito-Ferreira, M. 2006. Spoilage activities of Dekkera/Brettanomyces spp. In : Blackburn, C., (ed.) Food spoilage microorganisms, chapter 13, p. 354-98. Cambridge: Woodhead Publishers.

Loureiro, V.; Malfeito-Ferreira, M.; Monteiro, S.; Ferreira, R.B. 2011. The microbial community of grape berry. In : Gerós, H., Chaves, M., Delrot, S., (eds.). The biochemistry of the grape berry, chapter 12, p. 241-68. Bentham Science Publishers.

Malfeito-Ferreira, M. 2011. Yeasts and wine off-flavours: a technological perspective. Annals of Microbiology, 61, 95-102.

Malfeito-Ferreira, M. 2014. Wine spoilage yeasts and bacteria. In : Batt, C., A., Tortorello, M.L., (eds.). Encyclopedia of Food Microbiology, v. 3. Elsevier Ltd., Academic Press, 805-10.

Malfeito-Ferreira, M.; Barata, A.; Loureiro, V. 2009. Wine spoilage by fungal metabolites. In : Polo, C., Moreno-Arribas, M.V., (eds.). Wine chemistry and biochemistry, chapter 11, p. 615-45. Nova York: Springer.

Ribereau-Gayon, P., Dubordieu, D., Doneche, B., Lonvaud, A., 2006. Handbook of enology, v. 1 e 2. Chichester. John Wiley and Sons, Ltd, Inglaterra.

Capítulo 6

Produção de bebidas fermento-destiladas

Beatriz M. Borelli • Fernanda Badotti • Gabriela G. Montandon • Fátima C.O. Gomes • Carlos A. Rosa

CONCEITOS APRESENTADOS NESTE CAPÍTULO

1. Bebidas fermento-destiladas
2. Culturas iniciadoras
3. Fermentação espontânea
4. Fermentação conduzida
5. Descrição do processo de fabricação de cachaça, rum, tiquira, aguardente de frutas, uísque, tequila, arac, conhaque, pisco, graspa.

6.1 INTRODUÇÃO

As bebidas destiladas apresentam grande diversidade em função das matérias-primas utilizadas para a produção do etanol pós-etapa de fermentação ou em função de etapas específicas no processo de produção. Conforme o Decreto nº 6.871, que regulamenta a Lei 8.918, que dispõe sobre a padronização, a classificação, o registro, a inspeção, a produção e a fiscalização de bebidas, no Brasil as bebidas fermento-destiladas são classificadas conforme a origem da matéria-prima-base – que pode ser de origem animal (mel de abelha) ou vegetal (frutas, grãos etc.) –, e esta classificação pode sofrer alterações em função da origem do produto ou de sua importância regional.

A bebida cuja fonte de carboidratos é o mel de abelha é denominada Hidromel, sendo uma bebida com graduação alcoólica de 4 a 14%ABV, obtida pela fermentação alcoólica de solução de mel de abelha, sais nutrientes e água potável (por ser uma bebida fermentada, não será abordada neste capítulo). Já as bebidas de origem vegetal são mais diversas. Os principais exemplos de bebidas fermento-destiladas de origem vegetal incluem: conhaque (destilado de uvas), pisco (maçã), uísque (maltes e outros cereais), tequila (destilado de agave), rum e cachaça (melaço e caldo de cana-de-açúcar, respectivamente). O destilado alcoólico pode ser simples ou retificado. O simples é ausente de aditivos, com a denominação conforme a matéria-prima da qual é originado, e pode ter ou não maturação e envelhecimento em barris de madeira, para adição de complexidade sensorial. O retificado representa destilados que passam por processos de purificação para remoção de impurezas e elevação do teor alcoólico. O presente capítulo visa fornecer informações básicas sobre os processos de produção de bebidas fermento-destiladas produzidas no Brasil e em outros países.

6.2 CACHAÇA

A história da cachaça iniciou entre os anos 1532 e 1548, quando os colonizadores portugueses trouxeram a cana-de-açúcar para o Brasil, e esta matéria-prima começou a ser empregada como substrato para a produção de uma bebida inicialmente conhecida como garapa azeda, que era produzida em dornas de madeira. O vinho fermentado era destilado em um recipiente de barro para formar um líquido chamado aguardente, do grego *acqua ardens*, que mais tarde passou a ser chamado cachaça (Badott *et al.*, 2012). Com o passar do tempo, as técnicas de produção foram aperfeiçoadas e atualmente a cachaça pode ser considerada um produto competitivo, que vem atendendo às novas exigências do mercado (Veiga, 2013).

De acordo com a legislação brasileira, o termo cachaça somente pode ser aplicado a bebidas produzidas no Brasil com teor alcoólico de 38% a 48% (v/v) a 20 °C (Brasil, 2005). É a bebida destilada tradicional do país, com consumo médio anual de 11 litros por indivíduo. A produção anual estimada é de 1,3 bilhão de litros, sendo o estado de São Paulo o maior produtor de cachaça industrial (também chamada de cachaça de coluna por ser destilada em colunas de aço inoxidável) (Figura 6.1); e Minas Gerais o maior produtor de cachaça de alambique (cachaça destilada em alambiques de cobre, também conhecida como cachaça "artesanal") (Figura 6.1). O Brasil possui cerca de 30.000 produtores de cachaça, e somente no estado de Minas Gerais são encontradas aproximadamente 8.000 destilarias. Em relação ao mercado externo, entre 8 e 9 milhões de litros têm sido exportados anualmente, principalmente para a Europa e a América do Norte.

FIGURA 6.1 A – dornas inoculadas com o fermento iniciador e abastecidas com caldo de cana; B – dornas de fermentação de aço inoxidável; C – alambiques de cobre utilizados na destilação do mosto fermentado para a produção de cachaça de alambique; D – colunas de aço inoxidável utilizadas na destilação de cachaça industrial.

O processo de produção para obtenção da cachaça inclui primeiramente a seleção e a moagem da cana-de-açúcar para obtenção do caldo, que será fermentado por leveduras pertencentes à espécie *Saccharomyces cerevisiae*. O mosto fermentado é em seguida destilado e deixado repousar em tonéis de madeira, no caso de bebidas envelhecidas. A fermentação é considerada o ponto crítico do processo de produção, uma vez que diversos compostos químicos responsáveis pelo sabor da bebida são formados nesta etapa. O processo ocorre na presença de altas concentrações de células de leveduras (10^9 células/mL, aproximadamente 10-12% p/v), temperaturas usualmente entre 30-35 °C e em dornas de aço inoxidável (Figura 6.1), madeira ou alvenaria (pequenos produtores artesanais). A maioria das destilarias produtoras de cachaça utiliza fermentação espontânea, entretanto, alguns produtores utilizam leveduras de panificação, além de leveduras selecionadas obtidas do ambiente de fermentação para a produção de cachaça. No processo de fermentação espontânea, o fermento iniciador é preparado por vários métodos, incluindo o desenvolvimento da microbiota fermentativa somente com caldo de cana ou adicionando farelo de milho, arroz, soja, suco de limão e outros substratos. Este processo ocorre dentro da dorna e pode durar de 5 a 20 dias, até que as populações de leveduras sejam suficientes para iniciar um ciclo fermentativo (Figura 6.1). A microbiota é originária das moendas, dornas (madeira e alvenaria), insetos que visitam dornas e moendas e dos substratos utilizados, como o caldo de cana e os suplementos nutricionais usados. O caldo de cana é então adicionado a este fermento pré-formado e, após 18 a 30 horas, o mosto fermentado é destilado em alambiques de cobre (Figura 6.1). O processo se repete com a adição de caldo de cana fresco ao fermento e, assim, inicia-se um novo ciclo fermentativo, com o reaproveitamento das células de levedura (pé de cuba) (Morais *et al.*, 1997). Normalmente, o pé de cuba representa cerca de 20% do volume da dorna. Este é constituído pelas leveduras que sedimentam no fundo da dorna após todo o açúcar ser consumido no final da fermentação.

A fermentação do caldo de cana para a produção de cachaça é um processo caracterizado pela constante sucessão de comunidades de leveduras, em que novas linhagens presentes no substrato são introduzidas no microambiente da dorna a cada ciclo fermentativo. O caldo de cana é usado sem nenhum tratamento prévio para reduzir a microbiota indígena, assim, diferentes linhagens de *S. cerevisiae* podem ocorrer nas dornas durante o processo de produção, contribuindo para variações de aroma e sabor da cachaça. A microbiota que conduz o processo fermentativo é complexa, e além da levedura *S. cerevisiae*, responsável pela fermentação alcoólica, outras leveduras denominadas não *S. cerevisiae*, tais como *Kluyveromyces marxianus, Pichia heimii, Pichia methanolica, Pichia subpelliculosa, Hanseniaspora uvarum, Debaryomyces hansenii, Torulaspora delbruckii, Wickerhamiella cachassae, Wickerhamiella dulcicola* e *Zygosaccharomyces bailii* estão presentes.

O uso de linhagens selecionadas de *S. cerevisiae* como iniciadoras do processo fermentativo tem sido utilizado para controlar com mais eficiência o processo de fermentação para a produção da cachaça. A utilização de leveduras iniciadoras é uma prática comum na produção de vinho e cerveja, mas ainda não muito difundida na produção de cachaça. No Brasil, a seleção de linhagens para conduzir o processo fermentativo para a produção de álcool combustível tem sido realizada levando em consideração características como produtividade, rendimento em etanol e velocidade específica de crescimento (Gomes *et al.*, 2007). Linhagens de *S. cerevisiae* têm sido selecionadas para uso na produção de cachaça. Esta seleção vem sendo realizada com base em parâmetros fermentativos, tais como produtividade e rendimento em etanol, na capacidade de produzir compostos secundários desejáveis responsáveis pelo aroma e sabor, na capacidade de resistir aos estresses presentes no ambiente fermentativo e no tempo de permanência nas dornas durante os vários ciclos diários de produção da bebida. A adição de leveduras com características adequadas ao processo de produção de cachaça pode acelerar o início do processo e prevenir a formação de compostos indesejáveis produzidos por micro-organismos contaminantes (Gomes *et al.*, 2007; Silva *et al.*, 2009; Campos *et al.*, 2010). Para selecionar linhagens adequadas ao processo, a sua identificação e diferenciação são fundamentais. Diversas metodologias baseadas em características fisiológicas, bioquímicas e genéticas dos micro-organismos têm sido utilizadas com este propósito.

Além das leveduras *S. cerevisiae*, predominantes no processo de fermentação, bactérias e outras espécies de leveduras (denominadas não *S. cerevisiae*) estão presentes nas dornas. A contaminação bacteriana é apontada como uma das principais causas da redução na produção de etanol e formação de ácido durante a fermentação alcoólica (Narendranath *et al.*, 1997). No caso da produção de cachaça de alambique, existem poucos trabalhos a respeito da caracterização das populações bacterianas presentes nas dornas e da relação destes micro-organismos com a produção de compostos secundários. Carvalho-Netto *et al.* (2008) caracterizaram as populações bacterianas durante a produção de cachaça e encontraram as espécies *Lactobacillus hilgardii* e *Lactobacillus plantarum* como prevalentes. Gomes *et al.* (2010) identificaram *Lactobacillus casei* e *L. plantarum* como as espécies mais abundantes durante a fermentação de cachaça. Recentemente, Badotti *et al.* (2014) descreveram uma nova espécie de bactéria láctica, a *Oenococcus alcoholitolerans,* em mostos durante a produção de cachaça nos estados do Rio de Janeiro e Pernambuco. Leveduras não *S. cerevisiae* são comumente isoladas de fermentações para a produção de cachaça, e seus metabólitos têm sido relacionados com algumas características aromáticas na bebida (Oliveira *et al.*, 2004; Vila-Nova *et al.*, 2009; Parente *et al.*, 2015). Entretanto, a contribuição destas leveduras na produção de cachaça ainda não é conhecida em detalhes.

Durante o processo de destilação, várias reações químicas acontecem em função das altas temperaturas. Desta forma, substâncias responsáveis pelo aroma e sabor são formadas ou concentradas durante esta etapa. No processo de destilação, normalmente são separadas frações com substâncias de diferentes volatilidades, e esta separação é denominada *corte*. A primeira fração é a cabeça, e apresenta a maior concentração de metanol; a segunda, o coração, que corresponde à porção mais nobre (cachaça); e a última, denominada calda, apresenta os maiores teores de substâncias não voláteis. O resíduo que fica no destilador é denominado vinhoto ou vinhaça, que pode ser utilizado para alimentação animal e fertilização do solo (Badotti *et al.*, 2012; Evangelista *et al.*, 2013). Após a destilação, a cachaça é muitas vezes envelhecida em barris de madeira, e durante este processo o conteúdo de álcool é reduzido e diversas reações químicas ocorrem. A cor e as características organolépticas da bebida são melhoradas durante este tempo. A natureza e a concentração de compostos formados durante o envelhecimento têm sido relacionadas com o tipo de madeira utilizada, o tamanho e o pré-tratamento realizado nos barris (Dias, 2009). Ainda, o envelhecimento reduz defeitos que podem ter sido introduzidos durante a fermentação ou destilação, melhorando o sabor da bebida (Badotti *et al.*, 2012). O carvalho é a madeira mais utilizada nos processos de envelhecimento. Entretanto, com a crescente escassez deste, madeiras alternativas como amburana (*Amburana cearensis*), bálsamo (*Myroxylon peruiferum*), jequitibá (*Cariniana estrellensis*), jatobá (*Hymenaea* spp.) ou ipê (*Tabebuia* spp.) têm sido empregadas, principalmente para as cachaças destiladas em alambiques (Souza *et al.*, 2007; Mendes *et al.*, 2009). A legislação brasileira determina que para a cachaça ser denominada envelhecida, esta deve permanecer em barris de madeira por período mínimo de um ano. Além disso, é proibida a adição de corantes, extratos, lascas de madeira ou outras substâncias para correção ou modificação da cor original (Brasil, 2005).

Como todas as bebidas alcoólicas, a cachaça apresenta composição complexa, composta principalmente de água e álcool etílico em proporções variáveis. O sabor característico é formado durante a fermentação alcoólica e o envelhecimento (Lehtonen e Jounela-Eriksson, 1983). Os álcoois superiores são resultantes do metabolismo de aminoácidos através de reações de descarboxilação e desaminação. Os aminoácidos presentes no mosto originam-se da hidrólise de proteínas das células de cana-de-açúcar e podem também ser incorporados ao vinho por meio do enriquecimento do mosto com farelo de arroz ou outro material orgânico rico em proteínas. Além disso, as leveduras são capazes de reduzir os aldeídos a álcoois durante a fermentação (Nykanen e Nykanen, 1991). Os principais álcoois formados são n-propílico, n-butílico, isobutílico, amílico, isoamílico e álcoois aromáticos. O metanol é um álcool particularmente indesejável na cachaça, originando-se da degradação da pectina, um polissacarídeo presente na cana-de-açúcar (Cardoso, 2001). Os ésteres são formados em reações entre ácidos e álcoois produzidos durante a fermentação alcoólica e também por atividade metabólica dos micro-organismos. O principal éster da cachaça é o acetato de etila, que corresponde a cerca de 80% do conteúdo total de ésteres da cachaça. Em pequenas proporções, o acetato de etila incorpora um aroma frutal à bebida. As características especiais que as cachaças adquirem com o envelhecimento ocorrem principalmente pela formação dos ésteres, o que acontece de maneira lenta e contínua (Nonato *et al.*, 2001). Os aldeídos são altamente voláteis e possuem odor penetrante, afetando o sabor das bebidas. O principal aldeído associado à fermentação alcoólica é o acetaldeído, e vários outros podem ser formados a partir de aminoácidos presentes no caldo de cana. A degradação parcial de aminoácidos leva à formação de álcoois superiores que, na presença de oxigênio, podem ser convertidos em aldeídos (Oliveira *et al.*, 2005). O furfural, um aldeído que influencia negativamente a qualidade da cachaça, tem sua ocorrência associada às condições de colheita da cana, como queima prévia da folhagem ou presença de resíduos de bagacilho durante a destilação. O Ministério da Agricultura controla apenas a presença do acetaldeído e do furfural em bebidas alcoólicas. Os outros aldeídos como o formaldeído e a acroleína, bastante tóxicos, não são mencionados na legislação brasileira.

Em 2010, a Agência Internacional para Pesquisa em Câncer da Organização Mundial de Saúde (Iarc) classificou o carbamato de etila (CE) como um provável composto carcinogênico para seres humanos. A Instrução Normativa 13 (Brasil, 2005) considera metanol, carbamato de etila, 2-butanol, 1-butanol e acroleína como contaminantes orgânicos; e arsênico, cobre e chumbo como contaminantes inorgânicos. Nesta Instrução Normativa é estabelecido o limite máximo de 150 mg/L para o carbamato de etila. O carbamato de etila pode ser encontrado em diversos tipos de bebidas e alimentos (Ough, 1976). Na fermentação do caldo-de-cana, os compostos de cianeto são considerados os principais precursores para a formação deste composto (Guerain e Leblon, 1992). Ainda, durante o processo de fermentação, o carbamato de etila pode ser produzido a partir da reação entre ureia e etanol, ambos gerados pelo metabolismo de leveduras (Kodama *et al.*, 1994). Borges *et al.* (2014) avaliaram a concentração de carbamato de etila em cachaças produzidas por fermentação espontânea e naquelas utilizando leveduras selecionadas. Os autores encontraram valores superiores nas cachaças produzidas por fermentação espontânea. Os autores sugerem ainda que a adequada separação das frações do destilado é importante para possibilitar a produção de bebidas sem compostos químicos indesejáveis.

A presença do cobre em altas concentrações na cachaça pode ser prejudicial à saúde, portanto a quantificação deste composto na bebida é importante. A utilização de alambiques de cobre para conduzir o processo de destilação é amplamente difundida, principalmente quando a produção ocorre em pequena escala. Quando a cachaça é destilada em recipientes de aço inox, o produto final contém compostos sulfurados, o que atribui à bebida baixa qualidade sensorial (Lima Neto, 1994). O ácido acético tem sido quantitativamente o principal componente da fração ácida das cachaças, sendo expresso em acidez volátil (Nykanen e Nykanen, 1991). Entretanto, Nascimento e colaboradores (1998) identificaram e quantificaram em 20 amostras de cachaças, além do ácido acético, os ácidos propiônico, isobutírico, butírico, isovalérico, valérico, isocapróico, capróico, heptanóico, n-caprílico e láurico. Boza e Horii (1998) verificaram que a acidez excessiva influi negativamente no sabor e aroma das cachaças. Entre os compostos secundários, o glicerol é quantitativamente o principal produto da fermentação, sendo que cerca de 4 a 5% do açúcar metabolizado pelas leveduras é transformado em glicerol (Alves e Basso, 1998). O glicerol dá as características de consistência e viscosidade próprias de cada bebida, além de ser apontado pelos enologistas como um composto de considerável importância sensorial por causa do sabor doce e da oleosidade. Apesar disso, não existe na legislação brasileira nenhuma regulamentação para concentração de glicerol nas cachaças.

6.3 RUM

Rum, rhum ou ron é uma bebida fermento-destilada simples, neutra, tradicionalmente produzida em países caribenhos e da América Central. É principalmente derivado da fermentação e destilação do melaço de cana e, após destilação, pode ou não ser envelhecido em barris de madeira (Persad-Doodnath, 2008). No Brasil, o rum se caracteriza como bebida com graduação alcoólica de 35-54% v/v obtida do destilado alcoólico simples de melaço, ou da mistura dos destilados de caldo de cana-de-açúcar e de melaço, envelhecidos, total ou parcialmente, em recipiente de carvalho ou madeira equivalente, conservando suas características sensoriais peculiares.

O rum é majoritariamente produzido pela fermentação do melaço diluído. O melaço de cana-de-açúcar é o licor resultante da cristalização final do açúcar, apresentando em sua composição água, carboidratos fermentescíveis (glicose, frutose e sacarose), aminoácidos, vitaminas, proteínas, uma fração mineral composta principalmente por cálcio, magnésio, sódio e potássio e material carbonizado. O melaço é um subproduto da indústria açucareira e apresenta em média entre 50-60% de açúcares totais, sendo 16 a 17% de sacarose (Rambla *et al.*, 1999; Gomez 2002).

O mosto utilizado na produção do rum constitui o melaço geralmente diluído com vinhaça até uma concentração de 12-14% de açúcares, algumas vezes acrescidos de nutrientes nitrogenados, tais como fosfato de amônia, sulfato de amônia ou ureia (Gomez, 2002). O mosto também poderá ser produzido a partir do caldo de cana bruto, o que apresenta vantagens e desvantagens. A principal vantagem é que não é necessário nenhum processo adicional. Após moagem da cana, o caldo pode ir direto aos tanques de fermentação. Contrariamente ao melaço, o caldo de cana não apresenta grandes quantidades de sais dissolvidos que favorece o processo de destilação. Em contrapartida, o caldo de cana contém aproximadamente 12-16% de açúcar e, portanto, a concentração de álcool do mosto fermentado é limitada em 6-8% (v/v), comparada com 10-13% (v/v) obtida pela fermentação de melaço. Outra desvantagem é que o caldo de cana não pode ser estocado em virtude dos altos índices de contaminação por bactérias e leveduras deterioradoras. A pasteurização normalmente é inviável devido à grande quantidade de fibras em suspensão que tendem a bloquear a maioria dos permutadores de calor, e os contaminantes podem reduzir significativamente os rendimentos de álcool (Murtagh, 1999).

A preparação do caldo de cana ou melaço pode requerer algumas etapas pré-fermentativas de clarificação, diluição ou concentração do mosto. Após a preparação do mosto, o primeiro estágio na produção do rum é a fermentação alcoólica pela ação de leveduras, principalmente linhagens *S. cerevisiae,* e, algumas vezes, linhagens de *Schizosaccharomyces pombe*. Fermentações utilizando linhagens de *S. pombe* geralmente produzem rum com aromas mais fortes, mas são mais lentas, demorando cerca de 3 a 5 dias. Runs produzidos por linhagens de *S. cerevisiae* são considerados mais suaves em aroma, e a fermentação dura de 36 a 48 horas. Bactérias encontradas nas matérias-primas podem atuar em conjunto com as leveduras na fermentação alcoólica afetando as propriedades organolépticas do produto final. A natureza e abundância da microbiota dependerão das condições sanitárias do estabelecimento, das matérias-primas e dos componentes do mosto (Fahrasmane e Ganou-Parfait, 1998).

O fermentado obtido é então destilado até obtenção de um líquido alcoólico. Similar a outras bebidas destiladas, o rum é organolepticamente caracterizado por vários compostos voláteis, conhecidos como congêneres, como álcoois superiores, ésteres, ácidos carboxílicos, carbonilas, compostos fenólicos e derivados dos furanos (Pino *et al.*, 2012). O rum poderá ser denominado de leve ou pesado, dependendo do coeficiente de congêneres presentes na bebida. Desta forma, o rum pode ser considerado leve (*ligth rum*), quando o coeficiente de congêneres da bebida for inferior a 200mg/100 mL em álcool anidro; e pesado (*heavy rum*), quando esse coeficiente variar entre 200 e 500mg/100 mL em álcool anidro.

Uma série de mudanças sensoriais ocorre quando a bebida é maturada em barris de madeira. O rum é tipicamente envelhecido em barris de carvalho – ou madeira similar –, e as suas alterações se devem à extração dos componentes da madeira e às reações de oxidação e condensação, podendo ou não, nesta etapa, ocorrer a adição de açúcar ou caramelo.

Outra forma de se proceder à destilação de uma bebida é por meio de técnicas de bidestilação. Hoje, a bidestilação é prática comum adotada na produção de bebidas como o uísque, o conhaque e o rum. O processo consiste em realizar duas destilações sucessivas, que podem ser efetuadas em um mesmo alambique ou em alambiques distintos. Esta técnica permite a obtenção de uma bebida mais padronizada, com qualidade diferenciada das provenientes de uma única destilação.

6.4 TIQUIRA

A tiquira é uma bebida fermento-destilada, produzida a partir da fermentação da mandioca, tradicionalmente fabricada no estado do Maranhão. A bebida é produzida artesanalmente, e sua comercialização é realizada no mercado informal. Não existem dados estatísticos oficiais sobre sua produção (Cereda, 2005). Segundo a legislação brasileira, a tiquira é uma bebida com graduação alcoólica de 36 a 54 °GL (Gay-Lussac), obtida do destilado alcoólico simples da mandioca, ou pela destilação de seu mosto fermentado (Brasil, 1997). A tiquira é um produto que apresenta grande aceitação regional, apesar das condições inadequadas de higiene de alguns alambiques e das grandes variações observadas na composição e qualidade do produto final.

As etapas de fabricação de tiquira envolvem a lavagem e descascamento das mandiocas, ralação, prensagem, gelificação do amido, sacarificação, fermentação, destilação e engarrafamento. As mandiocas são lavadas e descascadas e, em seguida, são raladas em raladores próprios e prensadas para a eliminação de parte da umidade. A massa prensada, contendo aproximadamente 50% de umidade, é esfarelada e espalhada sobre a superfície de uma chapa quente, aquecida a lenha, para formar bolos de 30 cm de diâmetro e 3 a 4 cm de espessura. A massa é aquecida uniformemente de ambos os lados, para que ocorra a gelificação do amido próximo às superfícies externas, resultando na formação do beiju, que apresenta uma estrutura coesa. Os beijus são então colocados em local sombreado e úmido, para permitir o crescimento espontâneo dos fungos naturais daquela região. As principais espécies de fungos que crescem nos beijus são: *Aspergillus niger*, *Aspergillus oryzae* e *Neurospora sitophila*. No início, os bolores crescem apenas superficialmente e, depois de alguns dias, o micélio penetra no interior do beiju, hidrolisando o amido através da atividade de enzimas amilolíticas exógenas (Cereda, 2005; Venturini Filho e Mendes, 2003). No decorrer desta etapa, que dura aproximadamente oito dias, as amilases fúngicas promovem a degradação do amido em açúcares fermentescíveis. Com o término da sacarificação, os beijus secos são desintegrados, colocados no interior dos fermentadores, geralmente cochos de madeira, e misturados com água. O mosto final apresenta Brix entre 14 e 15°. A fermentação ocorre espontaneamente, sendo conduzida pelos micro-organismos presentes nos beijus, na água e nas paredes internas dos cochos (dornas de fermentação, geralmente de madeira). Entre as leveduras presentes durante a fermentação, encontra-se a *Saccharomyces cerevisiae*. Terminada a fermentação alcoólica, o mosto fermentado é coado para a separação dos sólidos insolúveis e destilado em alambiques de barro ou de cobre.

Andrade-Sobrinho *et al.* (2002) observaram que as amostras de tiquira apresentaram teor médio de carbamato de etila (2,4 mg/L) superior ao encontrado nas amostras de cachaça. Os autores observaram também que as amostras de tiquira com a concentração de carbamato de etila inferior a 0,65 mg/L apresentaram graduação alcoólica ≤ 28% v/v, bem abaixo do mínimo especificado pelo Ministério da Agricultura e do Abastecimento, que é de 38% v/v.

Uma característica interessante da bebida é a cor que ela apresenta. É uma prática comum entre os produtores a adição de folhas de tangerina (*Citrus reticulata Blanco*) ao mosto fermentado, durante a etapa da destilação. Estas folhas conferem uma tonalidade levemente azulada ao destilado, que desaparece com o passar do tempo. Alguns produtores podem adicionar corantes à bebida para que ela apresente essa coloração azulada. Isto pode ser considerado uma adulteração da bebida. Santos *et al.* (2005) avaliaram a presença do corante cristal violeta em amostras de tiquira adquiridas no comércio local de São Luís, no Maranhão. Os autores observaram que a coloração violeta de alguns destilados era devido à adição de cristal violeta, uma sustância de amplo uso na medicina como antisséptico e também utilizado como corante em processos industriais, mas que não deve ser empregada como corante alimentício.

6.5 AGUARDENTE DE FRUTA

De acordo com a legislação brasileira, aguardente de fruta é a bebida com graduação alcoólica de 36 a 54 °GL, obtida de destilado alcoólico simples de fruta ou pela destilação de mosto fermentado de fruta. A aguardente de fruta terá a denominação da matéria-prima de sua origem (Brasil, 2009).

O Brasil produz mais de 43 milhões de toneladas de frutas ao ano, e é o segundo maior produtor mundial (IBGE, 2009; FAO, 2011), com destaque para as regiões Norte e Nordeste, que produzem grande diversidade de variedades tropicais (Caliari *et al.*, 2012). Entretanto, grande quantidade de frutas danificadas ou fora do padrão comercial é descartada no país, gerando enorme volume de resíduos. A utilização de frutas e resíduos para produzir aguardente representa uma alternativa para evitar o desperdício, contribuir com o meio ambiente e gerar um produto de grande aceitação no mercado (Dias, 2003; Alvarenga *et al.*, 2013). Por meio de destilação dos fermentados de frutas se obtêm as aguardentes de frutas, sendo necessária a adaptação do processo de produção de acordo com a matéria-prima utilizada. Além disso, a qualidade de uma bebida destilada depende dos cuidados durante todas as etapas do processo, desde a seleção da matéria-prima, beneficiamento, fermentação, destilação até o armazenamento. Alguns exemplos de bebidas produzidas no Brasil são aguardentes de manga, banana (Alvarenga *et al.*, 2013), laranja (Corazza *et al.*, 2001), goiaba (Alves *et al.*, 2008), jaca (Assis Neto *et al.*, 2010), jabuticaba (Asquieri *et al.*, 2009), abacaxi (Alvarenga *et al.*, 2015), dentre outras.

Alvarenga *et al.* (2013) verificaram a viabilidade de produzir aguardente usando mostos de banana e manga. Os autores observaram bom rendimento, produtividade e eficiência da fermentação alcoólica, porém os teores de metanol, cobre e álcoois superiores excederam os limites da legislação para algumas aguardentes. Resultados similares foram encontrados por Alves *et al.* (2008), que produzindo aguardente de goiaba também encontraram teores de álcool superiores, e cobre e metanol acima dos preconizados pela legislação brasileira. O metanol é um álcool tóxico produzido pela hidrólise da pectina durante a fermentação e, portanto, a redução deste composto pode ser obtida adicionando enzimas como pectinases antes do início do processo fermentativo (Tomoyuki *et al.*, 2000).

Com o intuito de avaliar a contribuição das leveduras na formação dos compostos químicos em aguardentes de frutas, Alvarenga *et al.* (2011) produziram e avaliaram aguardentes utilizando polpa de banana e diferentes linhagens de leveduras *Saccharomyces cerevisiae.* Os resultados obtidos pelos autores mostram que a presença de compostos químicos no vinho depende do tipo e origem de leveduras utilizadas. Parâmetros fermentativos como rendimento e eficiência, concentração de álcoois superiores e produtos tóxicos como metanol variam significativamente entre as linhagens estudadas. Desta forma, estudos focados na caracterização de linhagens são importantes, pois podem possibilitar selecionar linhagens de leveduras cujos compostos produzidos atendam ao perfil químico da aguardente que se deseja produzir.

Durante a produção de aguardente de goiaba, Alves *et al.* (2008) utilizaram tratamento enzimático com pectinase para facilitar a extração e diminuir a viscosidade da polpa. A fermentação foi realizada em dornas de aço inoxidável usando leveduras selecionadas para produção de cachaça (*S. cerevisiae*) por período de 88 horas em temperatura ambiente. O vinho foi centrifugado e, em seguida, destilado em alambique de cobre; nesta última etapa foram separadas as frações cabeça, coração e cauda, sendo a fração coração armazenada em garrafas. O fluxograma a seguir (Figura 6.2) ilustra as etapas de produção utilizadas neste estudo.

Matérias-primas alternativas como casca, borra de frutas e sementes vêm sendo utilizadas para verificar o impacto na composição e no rendimento de

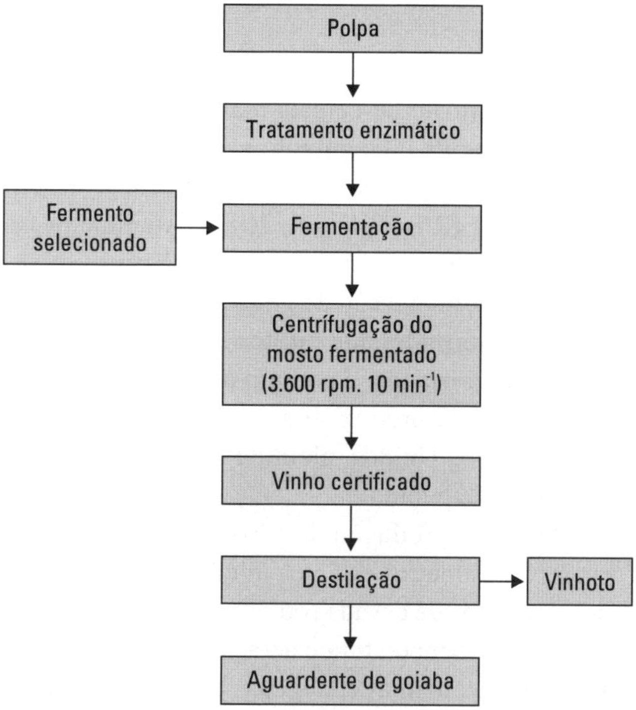

FIGURA 6.2 Fluxograma de produção de aguardente de goiaba proposto por Alves *et al.* (2008).

aguardentes (Cleto e Mutton, 2004; Asquieri *et al.*, 2009; Sampaio *et al.*, 2013). A casca e a borra de jabuticaba foram consideradas matérias-primas potenciais para a fabricação de aguardente de jabuticaba por Asquieri *et al.* (2009), pois o produto apresentou composição físico-química similar ao de outras aguardentes de frutas, com exceção do valor elevado de ésteres. Alvarenga *et al.* (2015) compararam amostras de aguardente de abacaxi produzidas com ou sem a adição de casca e observaram que a adição do resíduo não interfere de forma negativa na composição físico-química do fermentado. Assim, as cascas de abacaxi, que normalmente são descartadas, poderiam ser utilizadas para a obtenção de bebidas.

As aguardentes de frutas podem ser produzidas a partir de matérias-primas com características muito distintas, e, desta forma, cada processo de produção pode requerer técnicas específicas. Diversos trabalhos têm mostrado que aguardentes de frutas exibem uma tendência em apresentar teores elevados de metanol e álcoois superiores, acima dos limites legais. Diante disso, estudos mais abrangentes para estas bebidas devem ser realizados, já que se trata de um produto novo no mercado nacional.

6.6 UÍSQUE

Uísque, *whisky* ou *whiskey* é uma bebida destilada de origem monástica, cuja base é a fermentação do mosto de cereais maltados ou não. A produção e indústria do uísque teve grande crescimento após a Segunda Guerra Mundial, principalmente do uísque escocês, e este mercado vem se desenvolvendo rapidamente nos últimos anos (Russell *et al.*, 2011). Atualmente, o uísque é uma bebida reconhecida e apreciada mundialmente. Todas as classes dessa bebida apresentam em comum a fermentação de grãos, a destilação e o envelhecimento em barris de madeira – normalmente em tonéis de carvalho branco chamuscado, novos ou usados. Na Irlanda, é comum a fabricação de uísque apenas de cevada, enquanto na Escócia produz-se uísques com a utilização de cevada e outros cereais. Nos Estados Unidos, além da cevada, o milho e o centeio são utilizados na elaboração da bebida.

As primeiras etapas da produção do uísque começam de forma similar à produção de cerveja. Os primeiros estágios iniciam-se na maltaria, com a maltagem (germinação) dos grãos de cevada (ou outro cereal), por meio de condições especiais de luz, umidade, temperatura e aeração. A malteação é o processo que proporciona a liberação de enzimas endógenas da semente que serão capazes de transformar o amido em açúcares fermentescíveis. Após este processo, a próxima etapa é a mosturação, na qual é feita a mistura dos grãos moídos em água, com objetivo de liquefazer e sacarificar o amido pela ação enzimática das amilases do malte. Posteriormente, o mosto doce é filtrado, resfriado e então é fermentado por ação de leveduras. Originalmente, padeiros e produtores de uísque usavam o excesso de levedura gerada pela indústria cervejeira. Para a produção da bebida, o uso majoritário é de leveduras *Saccharomyces cerevisiae* e, atualmente, há leveduras híbridas (formadas por processos de cruzamentos entre linhagens de *S. cerevisiae* com características de produção de compostos aromáticos diferentes) com propriedades melhoradas e mais especializadas para esta indústria. Hoje, a maioria das destilarias faz uso das leveduras específicas para destilados. Além do bom perfil de fermentação e produção de aroma, estas leveduras também apresentam certa tolerância osmótica (uma vez que o mosto inicial pode ter densidade entre 16-20%) e também tolerância ao etanol (já que a concentração alcoólica final fica entre 8-10%) (Russell *et al.*, 2011).

Dos açúcares derivados da hidrólise de amido, a levedura fermentará essencialmente glicose, maltose e maltotriose, gerando compostos de aroma e sabor. O uísque apresentará grande variedade de compostos de aroma, de diferentes classes. Os principais compostos correspondem a álcoois superiores, ésteres de acetato e etila, bem como cetonas, terpenos, compostos fenólicos, dentre outros.

Estas substâncias podem ter origem variada (tanto das matérias-primas quanto de suas respectivas transformações nos processos subsequentes ou mesmo da própria madeira utilizada no envelhecimento) e estarão presentes em diferentes concentrações. Ainda que com variações, o uísque basicamente apresentará diferentes graus de caráter maltado defumado e notas doces, similares à baunilha. Contaminações microbianas podem alterar estes perfis, e os principais produtos não desejáveis são provenientes de bactérias do ácido acético e lático, produtos de outras leveduras, além de ácido butírico gerado por bactérias do gênero *Clostridium* (Poisson e Schieberle, 2008; Câmara *et al.*, 2007).

Após a fermentação, que tem duração variada, a bebida então é produzida normalmente em duas etapas de destilação. No Brasil, o uísque é descrito como a bebida destilada de cereais com graduação alcoólica entre 38-50% v/v. É permitido o seu envelhecimento parcial ou total, com adição ou não de álcool etílico potável ou água, para diluição da graduação alcoólica, e caramelo, para correção da cor.

Pela legislação brasileira o uísque ainda poderá ser enquadrado em quatro classes:

1. Uísque malte puro ou *whisky* puro malte ou *pure malt whisky*, quando a bebida é elaborada exclusivamente com destilado alcoólico simples de malte envelhecido ou *malt whisky* – cujo coeficiente de congêneres é no mínimo 350mg/100mL.

2. Uísque cortado ou *blended whisky*, quando a bebida for obtida pela mistura de, no mínimo, 30% do destilado alcoólico simples de malte envelhecido ou *malt whisky*, com destilados alcoólicos simples de cereais, álcool etílico potável de origem agrícola ou ambos, envelhecidos ou não, com o coeficiente de congêneres não inferior a 100mg/100mL, em álcool anidro.

3. Uísque de cereais ou *grain whisky*, quando a bebida for obtida a partir de cereais reconhecidos internacionalmente na produção de uísque, sacarificados, total ou parcialmente, por diástases da cevada maltada, adicionada ou não de outras enzimas naturais e destilada em alambique ou coluna, envelhecido por período mínimo de dois anos, com o coeficiente de congêneres não inferior a 100mg/100mL, em álcool anidro.

4. *Bourbon whisky*, *bourbon whiskey*, *tennessee whisky* ou *tennessee whiskey*, quando o uísque for produzido nos Estados Unidos da América, de acordo com a legislação local. Geralmente é uma bebida obtida com no mínimo 50% de destilado alcoólico simples envelhecido de milho com álcool etílico potável.

Dependendo da região de produção, o uísque possuirá características e peculiaridades, e vários fatores vão influenciar a qualidade final do produto, incluindo a água, o tipo de cevada, as condições de destilação e, principalmente, o método de envelhecimento. A qualidade do uísque não depende essencialmente do tempo de envelhecimento, mas da procedência e do tipo de madeira utilizada. Durante o período em que o destilado passa nesses recipientes, grandes mudanças ocorrem em sua composição, do aroma à cor da bebida.

Mesmo uísques produzidos pela mesma destilaria podem variar significativamente em caráter sensorial, devido às influências de uma ampla gama de fatores, principalmente parâmetros de fermentação, destilação e maturação. Com essas grandes variações, a mistura, blendagem ou *blending* proporciona a produção de bebidas com vários atributos sensoriais e favorecem a sua consistência. Esta técnica, iniciada por Andrew Usher, em Edimburgo, em 1860, aumentou a popularidade do uísque, uma vez que a bebida era considerada demasiadamente forte para seu consumo no estado puro. A utilização da técnica de blendagem possibilitou a fabricação de uísques com diferentes características de aroma e sabor, permitindo que este se tornasse atualmente uma das bebidas alcoólicas mais populares e apreciadas em todo o mundo.

6.7 TEQUILA

A tequila é uma bebida alcoólica destilada produzida no México desde meados do século XVI. A história da fabricação de tequila remonta à época pré-histórica, na qual os antigos habitantes das regiões centrais do México utilizavam diferentes variedades de agave, para produção de bebidas fermentadas (Cedenõ e Alvarez-Jacobs, 2003). As bebidas alcoólicas tradicionais têm tido grande relevância no cotidiano das comunidades indígenas no México. Desde os tempos pré-hispânicos, as civilizações mesoamericanas fermentavam uma variedade de plantas nativas, como o agave, para a produção de bebidas alcoólicas, e seu consumo desempenhou um papel importante na religião e cultura desses povos (Brumam, 2000). Inicialmente, a bebida foi denominada mezcal e, posteriormente, tequila.

A tequila, o pulque e o mezcal são considerados bebidas nacionais e símbolos culturais do México. O pulque é provavelmente a bebida alcoólica mais antiga e tradicional daquele país. É uma bebida branca leitosa, viscosa, levemente ácida e com teor alcoólico < 6,0%, produzida pela fermentação da seiva extraída de várias espécies de *Agave*, principalmente *Agave salmiana, Agave atrovirens* e *Agave mapisaga*. O mezcal é uma bebida destilada produzida pela fermentação do suco de agave cozido. Para sua fabricação podem ser utilizadas várias espécies de Agave de acordo com a região de denominação de origem, que incluem os estados de Durango, Guerrero, Oaxaca, San Luis Potosi, Zacatecas e alguns distritos de Guanajuato e Tamaulipas (Valdez *et al.*, 2011). A tequila é produzida a partir da destilação do suco fermentado da *Agave tequilana* Weber variedade azul (Figura 6.3). A fermentação ocorre espontaneamente ou pode ser realizada pela inoculação de linhagens de *Saccharomyces cerevisiae* (Cedeño e Alvarez-Jacobs, 2003). A produção anual estimada de tequila é de 240 milhões de litros, sendo que mais de 70% desta produção são destinados à exportação.

A tequila apresenta uma denominação de origem desde 1978. As denominações de origem são um meio eficaz para identificar e assegurar a qualidade de um produto elaborado num território com características específicas, homogêneas e bem demarcadas, com o objetivo de garantir a sua procedência e, o mais importante, para firmar a relação de confiança que se estabelece entre o consumidor e o produtor, e o seu local de produção (Cerqueira *et al.*, 2005). Pelas leis mexicanas e pelos tratados internacionais, é considerada tequila a bebida produzida no estado de Jalisco e distritos especificados, e nos estados de Nayarit, Michoacan, Guanajuato e Tamaulipas. Mais de 50 empresas registradas em Jalisco produzem diferentes tipos de tequila. A bebida produzida por essas empresas difere principalmente na proporção de agave utilizada, no processo de

FIGURA 6.3 Amostras de agave coletadas para a fabricação de tequila.
Fotos: Marc-André Lachance.

produção, nos micro-organismos utilizados para a fermentação, nos equipamentos de destilação e no tempo de maturação e envelhecimento da bebida (Cedeño e Alvarez-Jacobs, 2003).

De acordo com a Norma Oficial Mexicana vigente, NOM-006-SCFI-2005 (Secretaria de Economia, 2005), a tequila é definida como:

Bebida alcoólica regional obtida por destilação de mosto, preparado direta e originalmente do material extraído, nas instalações da fábrica de um produtor autorizado a qual deve ser localizada no território especificado na Declaração de Proteção à Denominação de Origem Tequila (também denominada Denominação de Origem Tequila – DOT), derivados das cabeças de Agave tequilana Weber variedade azul, prévia ou posteriormente hidrolisadas ou cozidas, e submetidas à fermentação alcoólica com leveduras, cultivadas ou não, podendo o mosto ser enriquecido e misturado conjuntamente na formulação com outros açúcares numa proporção não superior a 49% de açúcares redutores totais expressados em unidades de massa, nos termos estabelecidos por esta norma e que não estão permitidas as misturas a frio.

A tequila é um líquido que, de acordo com a sua classe, é incolor; colorido, quando é envelhecida, ou quando é *abocada* (adição de caramelo ou de sabores permitidos pela Secretaria de Saúde) sem envelhecer. À tequila podem ser acrescentados edulcorantes, corantes, aromatizantes e/ou sabores permitidos pela Secretaria da Saúde, com o objetivo de proporcionar ou intensificar sua cor, aroma e/ou sabor (México, 2005).

Segundo o documento que estabelece a Indicação Geográfica (IG) da tequila, são descritas duas categorias de acordo com as proporções de agave no mosto fermentado: Tequila 100% Agave e Tequila (aquela em que se utilizou 51% de açúcares de agave no processo de fermentação). Para cada categoria existem cinco classes:

- Tequila Branca ou Prata: produto transparente, não necessariamente incolor, sem "abocante", obtido pela destilação, adicionado unicamente de água de diluição para os ajustes da graduação comercial requerida, podendo ser maturada por um período inferior a dois meses em recipientes de carvalho.

- Tequila Jovem ou Ouro: produto resultante da mistura de Tequila Branca com Tequila Repousada, Tequila Envelhecida ou Extraenvelhecida. Também se denomina Tequila Ouro o produto resultante da mistura de Tequila Branca com caramelo ou outras substâncias permitidas pelas autoridades de saúde, processo conhecido como *abocamiento*.

- Tequila Repousada: produto obtido após a maturação da bebida por pelo menos dois meses em recipientes de carvalho. O teor alcoólico comercial necessário, neste caso, deve ser ajustado com água de diluição.
- Tequila Envelhecida: produto submetido ao processo de maturação por pelo menos 12 meses em recipientes de carvalho de no máximo 600 litros de capacidade.
- Tequila Extraenvelhecida: produto obtido após maturação da bebida, por pelo menos três anos, em recipientes de carvalho de no máximo 600 litros de capacidade.

O processo de fabricação de tequila apresenta cinco etapas principais: a colheita do agave, que envolve o corte manual das folhas e da parte central da planta para a obtenção de uma pinha ou coração, o cozimento, a extração do mosto, a fermentação (espontânea ou induzida) e a destilação e, algumas vezes, a maturação (Cedeño e Alvarez, 2003). A região da pinha é rica em frutanos, que são polímeros ou oligômeros compostos principalmente de unidades de frutose ligadas a uma molécula de sacarose, os quais são facilmente degradados por tratamentos térmicos. Para a produção de tequila, é necessária a hidrólise do frutano em açúcares fermentecíveis. Esta hidrólise pode ser enzimática, através do emprego da enzima inulinase, química (uso de ácido clorídrico, sulfúrico, fosfórico ou acético) ou térmica. Tradicionalmente, durante a elaboração da tequila, a pinha ou coração da *A. tequilana* são cozidas a vapor em fornos de alvenaria por 24-48 horas ou em autoclave por 12-24 horas, com o objetivo de hidrolizarem os frutanos e liberar principalmente a frutose como açúcar fermentecível que será utilizada pelos micro-organismos no processo de fabricação da tequila (Waleckx *et al.*, 2008). Durante a etapa do cozimento, parte do vapor é condensado e acumula-se no interior do forno. O vapor condensado começa a extrair açúcares e outros compostos das pinhas de agave por difusão, gerando um suco doce, conhecido como "mel doce", que é coletado para ser posteriormente usado na formulação do mosto. Ao longo do cozimento da agave, além da hidrólise do frutano, são produzidos vários compostos voláteis, principalmente compostos de Maillard (5-hidroximetil-furfural), que podem interferir no sabor da tequila e no crescimento dos micro-organismos presentes durante a fermentação. Após o resfriamento da agave, é realizada a etapa de trituração e moagem para a extração do suco que será utilizado no processo de fermentação. A concentração inicial de açúcar na fermentação varia entre 40 e 160g/L, dependendo do tipo de tequila que será produzido. As menores concentrações de açúcar são observadas no decorrer da produção de tequila 100% agave. Para a elaboração deste tipo de tequila são empregados na fermentação todos os líquidos do processo de hidrólise, cozimento, moagem ou extração, dependendo do processo utilizado. Já para a elaboração de tequila é utilizada uma mistura de açúcares provenientes do agave, pelo menos 51% em peso, com açúcares de outras matérias-primas como melaço de cana e xarope de milho em uma proporção máxima de 49% (Cedeño, 1995; Cedeño e Alavrez, 2003). A indústria tequileira, em geral, utiliza o processo de fermentação por batelada, sendo esta realizada de maneira espontânea ou controlada pelo uso de linhagens comerciais ou indígenas de leveduras, frequentemente linhagens de *Saccharomyces cerevisiae* (Díaz-Montaño *et al.*, 2008). A maioria das destilarias utiliza tanques de fermentação de aço-inox com capacidade de 2000-120.000 L. Normalmente, a fermentação ocorre em 24-96 horas, em temperatura entre 30-35 °C (Figura 6.4). A concentração final de etanol no mosto fermentado situa-se entre 30 e 90 g/L, dependendo da concentração inicial em açúcar (Cedeño, 1995).

A maioria dos processos de produção das bebidas alcoólico-destiladas mexicanas de agave envolve a presença de uma microbiota complexa, na qual as bactérias (láticas e acéticas) e leveduras (*Saccharomyces* e não *Saccharomyces*) encontram-se presentes em populações mistas estáveis ou em sucessão. Essa microbiota é responsável pela produção de vários compostos químicos e voláteis que conferem características particulares ao produto final (Sanchez-Marroquin,

FIGURA 6.4 Dornas de fermentação e alambiques de cobre para a destilação de tequila.
Fotos: Marc-André Lachance.

1967; Steinkraus, 1997). O primeiro trabalho sobre a origem, identificação e caracterização das leveduras envolvidas no processo de fermentação tradicional de tequila foi realizado por Lachance (1995). Com o uso de técnicas microbiológicas clássicas (métodos dependentes de cultivo) foram identificadas as comunidades de leveduras associadas ao processo de fabricação de tequila. Foram coletadas amostras de agave fresca, espécies de moscas do gênero *Drosophila*, melaço de agave, agave cozida, extrato de agave e mosto fermentado, as quais apresentaram diferentes comunidades de leveduras associadas. Foi observada na agave fresca a presença de *Clavispora lusitaniae* e *Metschnikowia agaves*, como leveduras dominantes, e *Kluyveromyces marxianus* e *Pichia membranifaciens*, como leveduras secundárias. A agave cozida, o mosto fresco e os equipamentos de moagem apresentaram uma considerável diversidade de espécies (*Candida* spp., *Candida intermedia, Hanseniaspora vineae* e *P. membranifaciens*), além de três linhagens de *S. cerevisiae* e *Torulaspora delbrueckii,* como espécies dominantes. Durante a fermentação, uma sucessão de espécies de leveduras foi observada. No ínicio da fermentação, a *Dekkera bruxellensis, Hanseniaspora guilliermondii, Hanseniaspora vinae, K. marxianus, P. membranifaciens* e *T. delbrueckii* estiveram presentes como leveduras secundárias e a *S. cerevisiae* foi a espécie dominante. Ao longo do processo de fermentação, a levedura *S. cerevisiae* tornou-se a espécie predominante, provavelmente devido à sua elevada tolerância ao etanol. Existem poucas informações disponíveis sobre a evolução das populações de leveduras durante a fermentação. No caso da tequila, as populações de *S. cerevisiae* alcançam 1,8-2,0x10^8 células/mL após 7 horas de cultivo em condições ideais (concentração de açúcar entre 50-80g/L, aeração contínua, temperatura 30ºC e adição de fonte de nitrogênio) (Lappe-Oliveras *et al.*, 2008).

Durante a fermentação alcoólica, as leveduras produzem principalmente etanol e CO_2, além de compostos de aroma como produtos secundários da fermentação. Benn e Peppard (1996) determinaram a presença de mais de 175 compostos voláteis em três tipos de tequila; sendo que elevadas concentrações de álcoois superiores foram observadas em conjunto com as baixas concentrações de ésteres, terpenos, furanos, ácidos, aldeídos, cetonas, fenóis e enxofre. A maioria destes compostos é produzida pelas leveduras no decorrer da fermentação. Assim, a composição da comunidade microbiana é um fator-chave na qualidade aromática das bebidas fermentadas. Escalona *et al.* (2004) descrevem a presença de 237 compostos voláteis em amostras de tequila prata. Segundo estes autores, os principais compostos voláteis produzidos durante a fermentação do suco de agave são: álcoois superiores, ésteres, aldeídos e metanol, sendo os álcoois superiores (álcool amílico e isoamílico, isobutanol, *n*-propanol, *n*-butanol e 2-fenil etanol) produzidos mais abundantemente.

Após o término do processo de fermentação, é realizada a destilação do mosto fermentado. A destilação envolve a separação e a concentração do álcool produzido a partir da fermentação. A tequila é obtida depois de duas destilações diferenciais consecutivas em alambiques de cobre ou aço-inox (Figura 6.4). Algumas destilarias usam colunas de retificação para melhorar a eficiência deste passo e para conseguir um melhor controle do produto final (Prado-Ramíırez *et al.*, 2005). Em seguida, a tequila é sumetida ou não ao processo de envelhecimento de acordo com as características da bebida que se deseja produzir, segundo a Norma Oficial mexicana.

Apesar de a tequila ser um produto originário do México, a indústria tequileira enfrenta muitos problemas de fraude com relação à produção da bebida. Para evitar estes problemas e reduzir as perdas econômicas foram desenvolvidos vários métodos para análise da bebida e determinação da autenticidade do produto. A caracterização da tequila tem sido realizada levando-se em conta a razão $^{13}C/^{12}C$ e $^{18}O/^{16}O$ do etanol (Aguilar-Cisneros *et al.*, 2002) e o conteúdo de metanol, 2-metilbutanol e 3-metilbutanol (Bauer *et al.*, 2003). A diferenciação entre tequila e as demais bebidas tradicionais mexicanas, tais como o mezcal, pode ser feita determinando a presença de ácidos graxos relacionados com as espécies de agave utilizadas na fabricação da bebida (Peña *et al.*, 2004).

6.8 ARAC

O nome arac ou *arak* pode ser uma designação genérica de um grupo de bebidas destiladas incolores, de bases variadas. Arak significa literalmente "suor", em árabe, e o tipo típico é proveniente do Líbano, que é um destilado de uvas, de coloração transparente e límpida, com forte aroma de anis, ainda que haja outras variantes de Arak em países ao redor do Mediterrâneo.

A destilação de arak é realizada em duas – algumas vezes três – fases. Ao destilado então é acrescentada uma infusão de anis e, algumas vezes, outras ervas para adição de aroma e sabor. A grande maioria das bebidas aromatizadas com anis é preparada da mesma forma: com a maceração dos ingredientes e pela mistura da bebida com um álcool de base e, posteriormente, a diluição e adoçamento. O que geralmente varia é o tipo de anis utilizado.

No Brasil, o *arak* ou arac é descrito como a bebida com graduação alcoólica de 36-54% v/v, obtida pela adição ao destilado alcoólico simples ou ao álcool etílico potável de origem agrícola de extrato de substância vegetal aromática. Portanto, é uma bebida bastante aromática, servida pura, na forma de coquetéis, com gelo ou diluído em água, adquirindo aspecto leitoso.

6.9 CONHAQUE

O *cognac* é uma bebida mundialmente conhecida, produzida a partir de vinhos da região de Charentes, localizada a sudoeste da França. A região possui cerca de 75.000 hectares vínicos destinados à produção de *cognac*, com certificado de Apelação de Origem Controlada (AOC) (Lurton *et al.*, 2012). O conhaque é a bebida com graduação alcoólica de 38 a 54 °GL obtida de destilados simples de vinho e/ou aguardente de vinho e/ou álcool vínico e/ou álcool vínico retificado, envelhecido ou não. Conhaque fino ou *brandy* é o conhaque envelhecido em barris de carvalho (*Quercus* spp.), ou outra madeira equivalente, por um período mínimo de seis meses e em volume máximo de 600 L (Brasil, 2010). A legislação brasileira estabelece os valores mínimo (0,250 g/100 ml de álcool anidro) e máximo (0,795 g/100 ml de álcool anidro) de congêneres (acidez volátil, ésteres, aldeídos, furfural e álcoois superiores) para o conhaque. Além disso, são estabelecidos limites máximos para a concentração de açúcares, metanol e cobre.

Os vinhos destinados à produção de *cognac* são originados das variedades vínicas *Ugni blanc*, *Colombard* e *Folle Blanche*. A variedade *Ugni blanc* representa mais de 95% das uvas brancas da região produtora e geram vinhos de alta acidez e baixo teor alcoólico. A qualidade do produto final depende da forma como o cultivo da uva e a produção do vinho são conduzidos, das características do mosto, da atividade de levedura e das condições de fermentação. Ainda, a forma como o *blending* e o envelhecimento são realizados também parece exercer forte influência na qualidade final da bebida (Cantagrel *et al.*, 1998; Ferrari *et al.*, 2004).

A primeira etapa para a produção de *cognac* é a fermentação do mosto de uva. Tão logo as uvas são pressionadas, o suco é deixado para fermentar de forma espontânea pelas leveduras presentes no ambiente por período de duas a três semanas, sem a adição de antioxidantes ou compostos de enxofre, já que a presença deste último é indesejável para a bebida. As leveduras estão naturalmente presentes no suco das uvas e multiplicam-se até atingirem uma população de 10^7 a 10^8 células/mL de mosto. Diversas espécies e gêneros de leveduras já foram identificados no substrato, porém a *Saccharomyces cerevisiae* é a espécie dominante (Alcarde, 2010).

Vários compostos voláteis, como álcoois superiores, ésteres, aldeídos e ácidos graxos são formados pelas leveduras durante a fermentação alcoólica. A presença de compostos nitrogenados no mosto, juntamente com as condições de temperatura, oxigenação e linhagens de leveduras presentes, influencia o desenvolvimento da fermentação alcoólica (Lurton *et al.*, 2012). O álcool mais abundante no *cognac* é o fusel, formado durante a fermentação, a partir da descarboxilação e desaminação de aminoácidos. Estes compostos exercem forte influência na percepção do sabor da bebida. Ácidos graxos e seus ésteres correspondentes são formados pelas leveduras durante a fermentação. Os ésteres constituem a mais abundante classe de compostos químicos responsáveis pelo aroma, sendo que os ésteres de ácidos graxos conferem à bebida aromas frutais e florais.

A destilação tem papel essencial na concentração de aromas, seleção de frações químicas e formação de novos compostos. Desta forma, durante esta etapa, diferentes compostos voláteis são formados ou eliminados. A destilação é conduzida em alambiques de cobre, também denominados *Charantais,* cujo design e dimensão são estabelecidos por lei. Duas destilações devem ser realizadas de forma a obter um produto sem coloração e de graduação alcoólica em torno de 70% v/v (Lurton *et al.*, 2012). Em função de o vinho apresentar baixo teor alcoólico, cerca de 10 volumes de vinho são necessários para produzir um volume de *cognac*. O tempo de destilação é importante para a qualidade organoléptica da bebida, pois um longo período de espera aumenta a quantidade de acetato de etila e acetais, podendo gerar aromas indesejados (Cantagrel *et al.*, 2003). Seguindo a destilação, os vinhos usados na elaboração do *cognac* são envelhecidos em barris de madeira por pelo menos três anos (Martynenko, 2003), podendo permanecer nos barris por vários anos, até mesmo por décadas. Durante o envelhecimento, ocorrem várias reações físico-químicas, como evaporação da água e álcool, mudança na concentração de diversas substâncias, extração de compostos produzidos pela madeira e reações de oxidação do tanino e formação de quinonas, produzindo compostos como a vanilina e compostos fenólicos (Puech *et al.*, 1992). Novas moléculas são formadas pelas reações entre os constituintes do vinho e os compostos da madeira, dentre estas, destacam-se os ésteres (como vanilato de etila e siringato de etila) e éteres (éter etil vanilina) produzidos pela reação do etanol com os compostos da madeira. De forma geral, as reações químicas são direcionadas pelas características iniciais da bebida, o tipo de madeira utilizada e a temperatura em que os barris estão armazenados (Lurton *et al.*, 2012). O tipo de madeira e a temperatura influenciam, por exemplo, a formação de lactonas responsáveis pelo aroma amadeirado na bebida (Guichard *et al.*, 1995; Masson *et al.*, 1995).

Finalmente, uma bebida de características organolépticas desejáveis somente pode ser obtida se o *blending* for realizado de forma adequada. Esta etapa consiste em misturar bebidas com tempos de envelhecimento usualmente diferentes, sendo importante para obter complexidade de sabores, o que não pode ser encontrado em uma única bebida. Cada região produtora tem seu provador, uma pessoa treinada para realizar a mistura das bebidas. Assim, cada local terá sua bebida com características específicas (Cantagrel *et al.*, 2003).

6.10 PISCO

Pisco é uma bebida incolor ou amarelo âmbar, produzida em alguns países da América do Sul, principalmente nas regiões vinícolas do Peru e Chile, sendo o destilado mais consumido nestes países. É considerado um produto de alta qualidade e apresenta grande importância econômica para estas regiões. A produção anual de pisco no Chile atingiu 100 milhões de litros em 2013 e 7,2 milhões de litros no Peru (Sepulveda, 2014). O direito de denominar o pisco como bebida típica nacional é requerido pelos dois países. Apesar de ambos vislumbrarem a exportação da bebida como um meio para o desenvolvimento agrícola, a disputa parece estar baseada em questões históricas e culturais, como o uso de indicações geográficas para a denominação de origem (Mitchell e Terry, 2011). A palavra *pisco* tem origem na língua *Quechua*, e significa *ave* ou *pássaro*, e remonta à vila de Pisco, localizada no litoral do Peru. Por existir uma relação próxima com a área geográfica onde a bebida é produzida, de forma similar ao que ocorre na região de *Champagne* na França, o Peru argumenta que o termo deveria ser usado somente para a bebida produzida naquele país.

O pisco é obtido pela destilação de vinho produzido principalmente a partir de uvas Moscatel no Peru e, além desta, de outras variedades no Chile (Tsakiris *et al.*, 2014). A fermentação ocorre normalmente utilizando linhagens selecionadas da levedura *Saccharomyces cerevisiae*, no entanto, pequenos produtores podem elaborar a bebida utilizando processos de fermentação espontânea. O processo de destilação ocorre em uma caldeira, onde os vapores são condensados em frações e retornam parcialmente ao alambique (Leauté, 1990). As frações destiladas são misturadas em diferentes proporções e o produto final pode ser maturado ou envelhecido em tonéis de carvalho ou adicionando lascas de carvalho ou caramelo. O produto final é composto basicamente de etanol (entre 30% e 50% v/v), água e compostos aromáticos. O sabor característico dos vinhos produzidos com variedades de Moscatel se deve, principalmente, à presença de álcoois terpênicos e seus derivados (Herraiz *et al.*, 1990; Agosin *et al.*, 2003). Estes compostos podem ser encontrados livres ou ligados a moléculas de açúcares glicosídeos (Baumes *et al.*, 1994), conhecidos como precursores de aroma, uma vez que sofrem hidrólise durante a destilação, gerando terpenos livres. O linolol é conhecido como o terpeno mais importante em pisco (Otha, 1995; Osório *et al.*, 2004). Além deste composto, o terpeno *cis*-hex-3-en-1-ol e os ésteres octanoato de etila, hexanoato de etila e acetato de isoamila foram apontados como determinantes para o sabor do pisco (Peña Y Lillo *et al.*, 2005).

De acordo com a norma técnica peruana (Comisión de Reglamentos Técnicos Y Comerciales NTP 211.001-2002, 2002), o pisco deve ser mantido em repouso por no mínimo três meses em recipiente de vidro, aço inox ou outro material que não altere suas características físico-químicas e organolépticas. Durante o repouso, ocorre o equilíbrio químico entre os compostos e a melhora da qualidade sensorial da bebida. No pisco, diferentemente do que acontece com outras bebidas, é desejável que se mantenha os aromas primários e secundários, provenientes da uva, da fermentação e da destilação. Em função disso, o repouso ou envelhecimento prolongado não são recomendáveis, pois poderiam ocasionar a perda destes aromas (Hatta, 2010).

Até o momento, não existem normas definidas sobre o processo de elaboração do pisco e, portanto, o conteúdo alcoólico e de voláteis pode variar amplamente (Loyola *et al.*, 1990). A legislação brasileira define o pisco como a bebida de graduação alcoólica de 38° a 54 °GL. obtida da destilação do mosto fermentado de uvas aromáticas. A mesma legislação preconiza valores mínimos (0,250 g/100 ml de álcool anidro) e máximos (0,500g/100 ml de álcool anidro) de congêneres. A concentração máxima de furfural permitida é de 5 mg/100 ml de álcool anidro, enquanto para o cobre o limite estabelecido é de 5 mg/L de álcool anidro e, para o metanol, 0,25 ml/100 ml de álcool anidro (Brasil, 2010).

6.11 GRASPA

A graspa, bagaceira ou *grappa* é a bebida com a graduação alcoólica de 38° a 54 °GL obtida do destilado alcoólico simples de bagaço de uva fermentado e/ou do destilado alcoólico simples de borra de uva, podendo ser adicionada de açúcar, em quantidade não superior a 1 g/100 ml, água e álcool etílico potável. Além disso, é permitida a presença de borras no destilado alcoólico simples utilizado na elaboração da bebida na proporção de um quarto. A legislação brasileira preconiza valores mínimos (0,200 g/100 ml de álcool anidro) e máximos (1,185 g/100 ml de álcool anidro) de congêneres. A concentração máxima de furfural permitida é de 5 mg/100 ml de álcool anidro, enquanto para o cobre o limite estabelecido é de 5 mg/L de álcool anidro e, para o metanol, de 0,5 ml/100 ml de álcool anidro (Brasil, 2010).

O termo *grappa* tem origem germânica e diferentes grafias são utilizadas conforme a região na Itália; o termo grapa é usado em Lombardia, rapa, em Piemonte, e graspa, em Vêneto. O termo graspa é o mais utilizado no Brasil, provavelmente porque grande parte dos imigrantes italianos que colonizaram a Serra Gaúcha veio de Vêneto. A graspa surgiu por volta do ano de 1400, na Itália, e foi inicialmente produzida utilizando cascas, engaços e sementes de uvas para evitar o desperdício. Somente mais tarde, com a utilização de destiladores equipados com retificadores, é que a produção da bebida foi aperfeiçoada. De todo modo, a qualidade final da graspa depende do tipo e da qualidade da uva utilizada, da técnica de destilação e do alambique utilizado. No Brasil, há indícios de elaboração de graspa no final do século passado pelos imigrantes italianos na Serra Gaúcha, porém o volume produzido nesta região vem diminuindo em função de dificuldades em estocar o bagaço, baixo rendimento de produção, baixa qualidade da matéria-prima e de conservação dos alambiques (Rizzon *et al.*, 2010).

A matéria-prima para produzir a graspa é o bagaço de uva, podendo ser utilizado bagaço fermentado, parcialmente fermentado ou bagaço doce. O bagaço fermentado é aquele que completou a fermentação alcoólica junto com o mosto durante o processo de vinificação de vinho tinto (8 a 12 dias), sendo o substrato preferido para a elaboração da graspa. Esse bagaço deve ser destilado o mais rapidamente possível. O bagaço parcialmente fermentado é proveniente da elaboração de vinho tinto com curto período de maceração (4 a 6 dias), e deve passar por um período de ensilagem para completar a fermentação. Este é o tipo de matéria-prima mais utilizado para a elaboração da graspa no Brasil. O bagaço doce é aquele proveniente de uvas brancas que não fermentaram, e, neste caso, o bagaço deve passar por este processo, que geralmente ocorre em um silo. O melhor bagaço de uva é aquele que não foi exaustivamente prensado, e com um grau de umidade de 55 a 70%.

A ensilagem é realizada em virtude da dificuldade de obter bagaço fresco, e ocorre em silos de concreto ou madeira. Entretanto, este processo favorece a ocorrência de reações bioquímicas com a produção de compostos químicos indesejáveis. A ensilagem deve ser realizada logo após a prensagem do bagaço, que deve ser compactado em camadas e hermeticamente fechado para evitar a formação de bolsas de ar. Durante a fermentação alcoólica do bagaço, as leveduras transformam os açúcares em álcool etílico e outros compostos secundários. O desempenho da fermentação depende da linhagem de levedura utilizada, do teor de oxigênio e dióxido de enxofre, da temperatura, do pH e da umidade. Problemas na fermentação podem estar relacionados com altas concentrações de dióxido de enxofre, que podem levar à formação de aldeído acético, ou ainda em função de alterações na temperatura. Por outro lado, ausência de dióxido de enxofre ou pH muito elevado podem ocasionar fermentações muitos rápidas, com baixo rendimento alcoólico e pobre em relação à qualidade de compostos secundários. O controle da temperatura é difícil por tratar-se de matéria-prima sólida, e temperaturas elevadas favorecem o desenvolvimento de bactérias acéticas, com produção de acidez volátil (Rizzon *et al.*, 1999, Rizzon *et al.*, 2010). O aroma característico da graspa consiste em um grande número de compostos voláteis que são originários de várias fontes, sendo a principal delas, a linhagem de *S. cerevisiae* utilizada. A atividade da levedura durante os diversos estágios da fermentação provoca mudanças nas características sensoriais do produto final (Lacumi *et al.*, 2011).

A graspa apresenta alto teor de compostos congêneres quando comparada a outras bebidas destiladas. Além disso, usualmente contém elevados teores de metanol, em função de este álcool ser formado a partir da pectina da uva durante o período de maceração e ensilagem. Desta forma, o período de ensilagem do bagaço deve ser curto, para evitar a contaminação por micro-organismos, como bactérias lácticas e acéticas, a perda de álcool e a formação de compostos indesejáveis, como ácido acético, butírico e 2-metanol. O ponto de ebulição do metanol é inferior ao do etanol e, por isso, as primeiras frações do destilado devem ser separadas. Porém, como o metanol tem alta solubilidade em água e álcool, esta separação pode ser dificultada (Rizzon *et al.*, 2010).

No Brasil, o alambique usado na produção de graspa é feito de cobre e é do tipo *Charantais,* um alambique simples que opera com fogo direto e cujo tipo de coluna permite obter destilados com graduação alcoólica mais elevada. Duas destilações ocorrem durante o processo de produção de graspa. A primeira, inicia-se com a colocação do bagaço na caldeira do alambique juntamente com água na proporção 1:1. O capitel é então colocado sobre a caldeira e o fogo da fornalha é aceso. Quando o destilado começa a sair no condensador, a intensidade da chama deve ser reduzida e a destilação continuada até que o alcoômetro indique graduação alcoólica de 10 °GL. O produto obtido na primeira destilação, denominado *corrente*, deve ser armazenado até que se obtenha volume suficiente para realizar a segunda destilação. Durante a segunda destilação, ocorre a separação das partes do destilado, sendo que a fração *cabeça* corresponde a 2 a 4% do volume e apresenta graduação alcoólica de 75 a 70 ºGL. Os compostos característicos da cabeça são o aldeído acético e o acetato de etila. A fração *corpo* ou *coração* apresenta 70 a 40 ºGL, representa 70 a 80% do volume e constitui a porção mais importante do destilado, com a maior quantidade de álcool etílico. A última porção do destilado é a cauda, com 10 a 20% do volume e rica em furfural e lactato de etila (Rizzon *et al.*, 1999). A última etapa de produção é o envelhecimento, que contribui para melhorar a qualidade da graspa. Ao longo deste processo, transformações importantes ocorrem em função da oxidação de álcoois na presença de fenóis e água, formando aldeídos. Por meio de reações de esterificação, os ácidos reagem com os álcoois formando acetais, que suavizam o odor pungente dos aldeídos, conferindo ao destilado odor agradável (Odello, 2001). Ainda, compostos da madeira são solubilizados e ocorre a diminuição do volume e do grau alcoólico da bebida.

Estudos sobre graspa no Brasil são escassos, entretanto, Barnabé e Venturini-Filho (2008) produziram a bebida utilizando uvas da variedade Niágara e Bordô com o intuito de analisar o rendimento em etanol e a qualidade sensorial. Ambas as bebidas tiveram boa aceitação no teste de escala hedônica, utilizando 26 provadores, e não apresentaram diferença estatística entre elas. Em relação ao rendimento das destilações, os autores encontraram valores semelhantes aos encontrados por Odello (2001), mas, quando se considerou a produção das graspas a partir de uvas Niágara e Bordô, o rendimento foi de 7,84 e 6,68 L de graspa/100 kg de bagaço, respectivamente, valores inferiores aos encontrados por Rizzon *et al.* (1999), que obtiveram 10 L de graspa/100 kg de bagaço.

REVISÃO DOS CONCEITOS APRESENTADOS

Neste capítulo foram descritos os processos de fabricação das principais bebidas fermento-destiladas produzidas no mundo. Foi apresentado um breve histórico sobre a produção de cada uma das bebidas, assim como as etapas envolvidas no seu processo de fabricação. Foram descritos os micro-organismos envolvidos na produção das bebidas e os principais contaminantes de origem química e biológica dos processos.

QUESTÕES

1. Quais seriam as principais diferenças observadas na utilização de fermentações conduzidas em comparação com fermentações espontâneas?
2. Como deveria ser realizado o controle do processo de fabricação em uma indústria de bebidas no intuito de assegurar a qualidade do produto final? Discutir as ações envolvidas em todo o processo de produção.
3. Quais seriam os principais contaminantes químicos/microbiológicos envolvidos no processo de produção de bebidas?
4. Monte um fluxograma representando os principais pontos do processo de produção de uma bebida artesanal. Discutir quais ações poderiam ser adotadas no intuito de melhorar o produto do ponto de vista da biotecnologia.

REFERÊNCIAS

Agosin, E., Belancic, A., Ibacache, A., Baumes, R., Crawford, A., Bayonove, C., 2003. Aromatic potential of certain Muscat grape varieties important for pisco production in Chile. American Journal of Enology and Viticulture, 51: 404-8.

Aguilar-Cisneros, B.O., López, M.G., Richling, E., Heckel, F., Schreier, P., 2002. Tequila authenticity assessment by headspace SPME-HRGC-IRMS analysis of $^{13}C/^{12}C$ and $^{18}O/^{16}O$ ratios of ethanol. Journal of Agricultural Food Chemistry, 50: 7520-3.

Alcarde, A.R. 2010. Cognac. In: Venturini Filho, W.G. (org.). Bebidas alcoólicas: ciência e tecnologia. São Paulo: Edgar Blücher, v. 1, p. 267-83.

Alvarenga, R.M., Carrara, A.G., Silva, C.M., Oliveira, E.S., 2011. Potential application of *Saccharomyces cerevisiae* strains for the fermentation of banana pulp. African Journal of Biotechnology, 10 (18): 3608-15.

Alvarenga, L.M., Alvarenga, R.M., Dutra, M.B.L., Oliveira, E.S., 2013. Avaliação da fermentação e dos compostos secundários em aguardente de banana e manga. Alimentos e Nutrição – Brazilian Journal of Food and Nutrition, 24 (2): 195-201.

Alvarenga, L.M., Dutra, M.B.L., Alvarenga, R.M., Lacerda, I.C.A., Yoshida, M.I., Oliveira, E.S., 2015. Analysis of alcoholic fermentation of pulp and residues from pineapple processing. Journal of Food, 13 (1): 10-6.

Alves, D.; Basso, L. 1998. The effects of some variables on fuel ethanol fermentation by *Saccharomyces cerevisiae*. In: Yeast in the production and spoilage of food and beverage. Nineteenth International Specialized Symposium on Yeast. Portugal, 117p.

Alves, J.G.L., Tavares, L.S., Andrade, C.J., Pereira, G.G., Duarte, F.C., Carneiro, J.D.S., 2008. Desenvolvimento, avaliação qualitativa, rendimento e custo de produção de aguardente de goiaba. Brazilian Journal of Food Technology, 11: 64-8.

Andrade Sobrinho, L.G., Boscolo, M., Lima-Neto, B.S., Franco, D.W., 2002. Determinação de carbamato de etila em bebidas alcoólicas (cachaça, tiquira, uísque e grapa). Química Nova, 25: 1074-7.

Andrietta, S.R., Migliari, P.C., Andrietta, M.G.S., 1999. Classificação das cepas de levedura de processos industriais de fermentação alcoólica utilizando capacidade fermentativa. STAB – Açúcar, álcool e subprodutos, 17: 54-9.

Asquieri, E.R., Silva, A.G.M., Cândido, M.A., 2009. Aguardente de jabuticaba obtida da casca e borra da fabricação de fermentado de jabuticaba. Ciência e Tecnologia de Alimentos, 29 (4): 896-904.

Assis Neto, E.F., Cruz, J.M.P., Braga, A.C.C., Souza, J.H.P., 2010. Elaboração de bebida alcoólica fermentada de jaca (*Artocarpus heterophyllus* Lam.). Revista Brasileira de Tecnologia Agroindustrial, 4: 186-97.

Badotti, F.; Gomes, F.C.O.; Rosa, C. 2012. Brazilian cachaça. In: HUI H, ÖZGÜL EVRANUZ, E. (orgs.) Handbook of Plant-Based Fermented Foods and Beverages. 2nd ed. USA: CRC Press, p. 639-48.

Badotti, F., Moreira, A.B.P., Tonon, L.A.C., Lucena, B.T.L., Gomes, F.C.O., Kruger, R., Thompson, C.C., Morais, Jr., M.A., Rosa, C.A., Thompson, F.L., 2014. *Oenococcus alcoholitolerans* sp. nov., a lactic acid bacteria isolated from cachaça and ethanol fermentation processes. Antonie van Leeuwenhoek, 106: 1259-67.

Barnabé, D., Venturini-Filho, W., 2008. Recuperação de etanol a partir de bagaço fermentado de uva. Revista Energia na Agricultura, 23 (4): 1-12.

Baumes, R., Bayonove, C., Gunata, Z., 1994. Connaissances actuelles sur le potentiel aromatique des Muscats. Progrès Agricole et Viticole, 111 (11): 251-6.

Bauer, C., Christoph, N., Aguilar-Cisneros, B.O., López, M.G., Richling, E., Rossmann, A., 2003. Authentication of tequila by gas chromatography and stable isotope ratio analyses. Europ Food Reseach Technology, 217: 438-43.

Benns, S., Peppard, L.T., 1996. Characterization of tequila flavor by instrumental and sensory analysis. Journal of Agricultural and Food Chemistry, 44: 557-66.

Borges, G.B.V., Gomes, F.C.O., Badotti, F., Silva, A., Machado, A.M.R., 2014. Selected *Saccharomyces cerevisiae* yeast strains and accurate separation of distillate fractions reduce the ethyl carbamate levels in alembic cachaças. Food Control, 37: 380-4.

Boza, Y., Horii, J., 1998. Influência da destilação sobre a composição e a qualidade sensorial da aguardente de cana-de-açúcar. Ciência e Tecnologia de Alimentos, 18: 1-14.

Brasil. 2005. Ministério da Agricultura, Pecuária e Abastecimento. Instrução Normativa nº 13 de 29 de junho de 2005. Aprova o Regulamento Técnico para Fixação dos Padrões de Identidade e Qualidade para Aguardente de Cana e Cachaça. Brasília: Diário Oficial da União, de 29 de junho de 2005.

Brasil. 2009. Ministério da Agricultura, Pecuária e Abastecimento. Decreto nº 6.871 de 4 de junho de 2009. Dispõe sobre a padronização, a classificação, o registro, a inspeção, a produção e a fiscalização de bebidas. Brasília: Diário Oficial da União, de 4 de junho de 2009.

Brasil. 2010. Ministério da Agricultura, Pecuária e Abastecimento. Secretaria de Defesa Agropecuária. Portaria nº 259 de 31 de maio de 2010. Aprova o regulamento técnico sobre padrões de identidade e qualidade do vinho e derivados da uva e do vinho. Brasília: Diário Oficial da União, de 31 de maio de 2010.

Bruman, H.J., 2000. Alcohol in Ancient Mexico. The University of Utah Press, Salt Lake City, Utah, UT.

Caliari, M., Marques, F.P.P., Lacerda, D.B.C.L., Castro, M.V.L., Silva, M.A.P., 2012. Produção de aguardente de manga e bebida alcoólica mista de manga com diferentes fontes alcoólicas. Revolução Verde, 7 (4): 175-80.

Câmara, J.S., Marques, J.C., Perestrelo, R.M., Rodrigues, F., Oliveira, L., Andrade, P., Caldeira, M., 2007. Comparative study of the whisky aroma profile based on headspace solid phase microextraction using different fibre coatings. Journal of Chromatography A, 1150: 198-207.

Campos, C.R., Silva, C.F., Dias, D.R., Basso, L.C., Amorim, H.V., Schwan, R.F., 2010. Features of *Saccharomyces cerevisiae* as a culture starter for the production of the distilled sugar cane beverage, cachaça in Brazil. Journal of Applied Microbiology, 108: 1871-9.

Cantagrel, R., Galy, B., Jouret, C., 1998. Eaux-de-vie d'origine viticole. In: FLANZY, C. (ed.), Oenologie Fondements Scientifiques et Technologiques. Tec&Doc, Lavoisier, Paris, p. 1083-107.

Cantagrel, R., Lurton, L., Vidal, J.P., Galy, B., 2003. From wine to cognac. In: Lea, A.G.H., Piggott, J. (eds.), Fermented beverage production. 2. ed. Springer Science Business Media, Nova York.

Cardoso, M.G., 2001. Produção de aguardente. Editora da Universidade Federal de Lavras, Lavras, 264p.

Carvalho-Netto, O.V., Rosa, D.D., Camargo, L.E.A., 2008. Identification of contaminat bacteria in cachaça yeast by16S rDNA gene sequencing. Scientia Agricola, 65: 508-15.

Carvalho, F.P., Duarte, W.F., Dias, D.R., Piccoli, R.H., Schwan, R., 2015. Interaction of *Saccharomyces cerevisiae* and *Lactococcus lactis* in the fermentation and quality of artisanal cachaça. Acta Scientiarum Agronomy, 37 (1): 51-60.

Cedeño, M., 1995. Tequila production. Crit Rev Biotech, 15: 1-11.

Cedeño, M.C., Alvarez-Jacobs, J., 2003. Production of tequila from agave: historical influences and contemporary processes. In: Jaques, K.A., Lyons, T.P., Kelsall, D.R. (Eds.), The alcohol textbook: A reference for the beverage, fuel and industrial alcohol industries. Nottingham University Press, Nottingham, UK, p. 225-46.

Cereda, M.P., 2005. Tiquira e outras bebidas de mandioca. In: VENTURINI FILHO, W. (Ed.), Tecnologia de bebidas. Edgard Blücher, São Paulo, p. 366-84.

Cleto, F.V.G., Mutton, M.J.R., 2004. Rendimento e composição das aguardentes de cana, laranja e uva com utilização de lecitina no processo fermentativo. Ciência e Agrotecnologia, 28 (3): 577-84.

Comisión de Reglamentos Técnicos y Comerciales. 2002. NTP 211.001-2002: bebidas alcohólicas: piscos: requisitos. Lima, 11p.

Consejo Regulador del Tequila. 2010. Disponível em: http://www.crt.org.mx.

Corazza, M.L., Rodrigues, D.G., Nozaki, J., 2001. Preparação e caracterização do vinho de laranja. Química Nova, 24: 449-52.

Dias, D.R., Schwan, R.F., Lima, L.C.O., 2003. Metodologia para elaboração de fermentado de cajá (*Spondiasmonbin* L.). Ciência e Tecnologia de Alimentos, 23 (3): 342-50.

Dias, S.M.B.C., 2009. Fatores que influenciam no processo de envelhecimento da cachaça. Inf Agrop, 30: 22-40.

Díaz-Montaño, M. Mexican Ministry of Commerce and Industry. 2006. Regulation NOM-006 SCFI 2005. Alcoholic drinks – Tequila specifications. Diario Oficial de la Federación. México.

Escalona, H.; Villanueva, S.; L'Opez, J.; G'Onzalez, C.; Mart'In Del Campo, T.; Estarr'On M. 2004. Calidad del tequila como producto terminado: normatividad, composicíon volátil y la imagen sensorial. In: Ciencia y Tecnología del Tequila. 1st ed. CIATEJ-CONACYT; ISBN 970-9714-00-7, pp.172-256.

Etienne Waleckx, A.B.C., Gschaedler, A., Colonna-Ceccaldi, B., Monsan, P., 2008. Hydrolysis of fructans from Agave tequilana Weber var. azul during the cooking step in a traditional tequila elaboration process. Food Chemistry, 108: 40-8.

Evangelista, A.R., Pereira, R.C., Carvalho, J.F.F.S., Souza, F.F., 2013. Aproveitamento de resíduos na fabricação da aguardente. In: Cardoso, M.G. (ed.), Produção de aguardente de cana. 3. ed. Ed. Ufla, Lavras, p. 237-50.

Fahrasmane, L., Parfait, G., 1998. Microbial flora of rum fermentation media. Journal of Applied Microbiology, 84: 921-8.

Ferrari, G., Lablanquie, O., Cantagrel, R., Ledauphin, J., Payot, T., Fournier, N., Guichard, E., 2004. Determination of key odorant compounds in freshly distilled cognac using GC-O, GC-MS, and sensory evaluation. Journal of Agricultural and Food Chemistry, 52: 5670-6.

Food and Agriculture Organization in the United Nations. Faostat data base. 2011. Disponível em: <http://www.fao.org.> Acesso em: 30 jun. 2015.

Gomes, F.C.O., Silva, C.L.C., Marini, M.M., Oliveira, E.S., Rosa, C.A., 2007. Use of selected indigenous *Saccharomyces cerevisiae* strains for the production of the traditional cachaça in Brazil. Journal of Applied Microbiology, 103: 2438-47.

Gomes, F.C.O., Silva, C.L.C., Vianna, C.R., Lacerda, I.C.A., Borelli, B.M., Nunes, A.C., Franco, G.R., Mourão, M.M., Rosa, C.A., 2010. Identification of lactic acid bacteria associated with traditional cachaça fermentations. Brazilian Journal of Microbiology, 41: 486-92.

Gomez, S.M., 2002. Rum aroma descriptive analysis. Louisiana State University.

Guerain, J., Leblond, N., 1992. Formation du carbamate d'ethyle et elimination de l'acide cyanhydrique des eaux-de-vie de fruits à noyaux. In: CANTAGREL, R. (ed.), Elaboration et Connaissance des Spiriteux. Tec&Doc, Paris, p. 330-8.

Guichard, E., Fournier, N., Masson, G., Puech, J.L., 1995. Stereoisomers of β-methyl-γ-octalactone I. Quantification in brandies as a function of wood origin and treatment of the barrels. American Journal of Enology And Viticulture, 46: 419-23.

Hatta, B. 2010. Pisco. In: Venturini Filho, W.G. (org.) Bebidas alcoólicas: ciência e tecnologia. São Paulo: Editora Blücher, v. 1. p. 307-15.

Herraiz, M., Reglero, J.G., Herraiz, T., Loyolae, E., 1990. Analysis of wine distillates made from Muscat grapes (pisco) by multidimensional gas chromatography and mass spectrometry. Journal of Agricultural and Food Chemistry, 38: 1540-3.

Iacumin, L., Manzano, M., Cecchini, F., Orlic, S., Zirono, R., Comi, G., 2011. Influence of specific fermentation conditions on natural microflora of pomace in "Grappa" production. World Journal Microbiology and Biotechnology, 28: 1747-59.

IARC. Iarc monographs on the evaluation of carcinogenic risks to humans. 2010. Disponível em: <http://monographs.iarc.fr/ENG/Monographs/vol96/index.php>. Acesso em: 10 ago. 2015.

Instituto Brasileiro de Geografia e Estatística. Dados. 2009. Disponível em: <http://www.ibge.gov.br>. Acesso em: 12 jul. 2015.

Kodama, S., Suzuki, T., Fujinawa, S., De La Teja, P., Yotosuzuka, F., 1994. Urea contribution to ethyl carbamate formation in commercial wines during storage. American Journal of Enology and Viticulture, 45: 7-24.

Lachance, M.A., 1995. Yeast communities in a natural tequila fermentation. Antonie van Leeuwenhoek, 68: 151-60.

Lappe-Oliveras, P., Moreno-Terrazas, R., Arrizón-Gavinño, J., Herrera-Suárez, T., García-Mendoza, A., Gschaedler-Mathis, A., 2008. Yeasts associated with the production of Mexican alcoholic nondistilled and distilled Agave beverages. FEMS Yeast Research Journal, 8: 1037-52.

Leaute, R. 1990. Distillation in alambic. UK: Wood Head Publishing Limited, 41: 90-103.

Lehtonen, M., Jounela-Eriksson, P., 1983. Volatile and non-volatile compounds in the flavour of alcoholic beverages. In: Piggott, J.R. (Ed.), Flavour of distilled beverages: origin and development. Verlag Chemie International Inc, Florida, p. 64-78.

Lima Neto, B.S., Franco, D.W., 1994. Aguardente e o controle químico de sua qualidade. O engarrafador moderno, 33: 5-8.

Loyola, E., Martin-Alvarez, P.J., Herraiz, T., Reglero, G., Herraiz, M., 1990. A contribution to the study of the volatile fraction in distillates of wines made from Muscat grapes (pisco). Z Lebensm Unters Forsch, 190 (6): 501-5.

Lurton, L., Ferrari, G., Snakkers, G., 2012. Alcoholic beverages: Sensory evaluation and consumer research. In: Piggott, J. (Ed.), Cognac: production and aromatic characteristics. UK: Wood Head Publishing Limited, Cambridge, p. 242-66.

Martynenko, E., 2003. Tekhnologiya kon'yaka (Technology of Cognac). Tavrida, Simferopol.

Masson, G., Guichard, E., Fournier, N., Puech, J.L., 1995. Stereoisomersof β-methyl-γ-octalactone. II. Contents in the wood of French (Quercus roburand Quercuspetraea) and American (Quercus alba) oaks. American Journal of Enology and Viticulture, 46: 424-8.

Mendes, L.M., Mori, F.A., Trugilho, P.F., 2009. Potencial da madeira de agregar valor à cachaça de alambique. Inf Agrop, 30: 41-8.

Morais, P.B., Rosa, C.A., Linardi, V.R., Pataro, C., Maia, A., 1997. Characterization and succession of yeast populations associated with spontaneous fermentations during the production of Brazilian sugar-cane aguardente. World Journal of Microbiology and Biotechnology, 13: 241-3.

Mitchell, J.T., Terry, W.C., 2011. Contesting pisco: Chile, Peru, and the politics of trade. The Geography Review, 101 (4): 518-35.

Murtagh, J.E. 1999. Feedstocks, fermentation and distillation for production of heavy and light rums. The Alcohol Textbook: A reference for the beverage, fuel and industrial alcohol industries, p. 243-55.

Narendranath, N.V., Hynes, S.H., Thomas, K.C., Ingledew, W.M., 1997. Effects of lactobacilli on yeast-catalysedethanol fermentations. Applied Environmental Microbiology, 63: 4158-63.

Nascimento, R.F., Cerroni, J.L., Cardoso, D.R., Lima Neto, B.S., Franco, D.W., 1998. Comparação dos métodos oficiais de análise cromatográficos para determinação dos teores de aldeídos e ácidos em bebidas alcoólicas. Revista Ciência e Tecnologia de Alimentos, 18: 350-5.

Nonato, E.A., Carazza, F., Silva, F.C., Carvalho, C.R., Cardeal, Z.D., 2001. A headspace solid-phase microextraction method for the determination of some secondary compounds of Brazilian sugar cane spirits by gas chromatography. Journal of Agricultural and Food Chemistry, 49: 3533-9.

Nykanen, L., Nykanen, I., 1991. Distilled beverages. In: MAARSE, H. (Ed.), Volatile Compounds in Foods and Beverages. Dekker, Nova York, p. 547-79.

Odello, L., 2001. Come fare e apprezzare La grappa – manuale tecnico, 2ª ed. Gaia, Verona, 115p.

Oliveira, E.S., Rosa, C.A., Morgano, M.A., Serra, G.E., 2004. Fermentation characteristics as criteria for selection of cachaça yeast. World J Microbiol Biotechnol, 20: 19-24.

Oliveira, E.S., Cardello, H.N.A.B., Jerônimo, E.M., Souza, E.L.R., Serra, G.E., 2005. The influence of different yeast fermentation, composition and sensory quality of cachaça. World Journal of Microbiology and Biotechnology, 21: 707-15.

OSORIO, D., PEREZ-CORREA, R., ANDREA BELANCIC, A., AGOSIN, E., 2004. Rigorous dynamic modeling and simulation of wine distillations. Food Control, 15: 515-21.

Ohta, T., 1992. Transformations of geraniol, neroland their glucosides during Schochu distillation. In: Cantagrel, R. (ed.), Elaboration et Connaissance des Spirituex. Vient de Paraitre sous l'egide du Bureau National Interprofessionel du Cognac. Tec&Doc, Lavoisier, Paris, p. 313-5.

Peña, A., Díaz, L., Medina, A., Labastida, C., Capella, S., Vera, L.E., 2004. Characterization of three *Agave* species by gas chromatography and solid-phase microextraction-gas chromatography–mass spectrometry. Journal of Chromatography, 1027: 131-6.

Ough, C.S., 1976. Ethyl carbamate in fermented beverages and foods. I. Naturally occurring ethyl carbamate. Journal of Agricultural and Food Chemistry, 24 (2): 323-8.

Parente, D.C., Vidal, E.E., Leite, F.C.B., Barros, P.W., Morais, Jr., M.A., 2015. Production of sensory compounds by means of the yeast *Dekkera bruxellensis* in different nitrogen sources with the prospect of producing cachaça. Yeast, 32: 77-87.

Peña y Lillo, M., Latrille, E., Casaubon, G., Agosin, E., Bordeu, E., Martin, N., 2005. Comparison between odour and aroma profiles of Chilean Pisco spirit. Food Quality and Preference, 16: 59-70.

Persad-Doodnath, V., 2008. From sugar to rum – the technology of rum making. In: Bryce, J.H., Stewart, G.G. (Eds.), Distilled Spirits Production, Technology and Innovation. Nottingham University Press, Nottingham, UK, p. 159-67.

Pino, J.A., et al. 2012. Characterisation of odour-active compounds in aged rum. Food Chemistry, 132 (3): 1436-41.

Poisson, L., Schieberle, P., 2008. Characterization of the most odor-active compounds in an American Bourbon whisky by application of the aroma extract dilution analysis. Journal of Agricultural and Food Chemistry, 56 (14): 5813-9.

Puech, J.L., Le Poutre, J.P., Baumes, R., Bayonove, C., Moutounet, M., 1992. Influence de thermo traitement des barriques surl'évolution de quelques composants issus du bois de chênedans leseaux de vie. In: Cantagrel, R. (Ed.), Elaboration et Connaissance des Spiritueux. Tec&Doc, Lavoisier, Paris, p. 583-8.

Rambla, M.A.O.; Prada, A.R.; Coopat, T.S.; Carracedo, G.B. 1999. Manual dos derivados da cana-de-acúcar. Instituto Cubano de Pesquisas dos Derivados da Cana-de-açúcar, p.49-55.

Riachi, L.G., Santos, A., Moreira, R.F.A., Maria, C.A.B., 2014. A review of ethyl carbamate and polycyclic aromatic hydrocarbon contamination risk in cachaça and other Brazilian sugarcane spirits. Food Chemistry, 149: 159-69.

Rizzon, L.A., Manfroi, V., Meneguzzo, J., 1999. Elaboração de graspa na propriedade vitícola. Embrapa Uva e Vinho, Bento Gonçalves, 24p.

Rizzon, L.A.; Meneguzzo, J.; Manfroi, V. 2010. Graspa. In: VENTURINI Filho, W.G. (org.). Bebidas alcoólicas: ciência e tecnologia. São Paulo: Edgar Blücher, v. 1. p. 297-306.

Rosa, C.A.; Soares, A.M.; Faria, J.B. 2009. Cachaça production. In: Ingledew, W.M. (org.) The alcohol textbook. 5. ed. Nottingham: Nottingham University, p. 484-97.

Russell, I., Stewart, G., Bamforth, C., 2011. Whisky: technology, production and marketing. Elsevier.

Sampaio, A., Dragone, G., Vilanova, M., Oliveira, J.M., Teixeira, J.A., Mussatto, S.I., 2013. Production, chemical characterization, and sensory profile of a novel spiritel aborated from spent coffee ground. LWT – Food Sci Technol, 54 (2): 557-63.

Sánchez-Marroquín, A., 1967. Estudio sobre la microbiologia del pulque. XX. Proceso industrial para la elaboracíon técnica de la bebida. Revista Latino-Americana de Microbiologia y Parasitologia, 9: 87-90.

Sánchez-Marroquín, A., Hope, P.H., 1953. Agave juice. Fermentation and chemical composition studies of some species. Journal of Agricultural and Food Chemistry, 1: 246-9.

Santos, G.S., Marques, E.P., Silva, H.A.S., Bezerra, C.W.B., 2005. Identificação e quantificação do cristal violeta em aguardentes de mandioca (tiquira). Química Nova, 28 (4): 583-6.

Secretaría de Economía. 2005. Norma Oficial Mexicana NOM-006-SCFI-2005, Bebidas Alcohólicas-Tequila-Especificaciones. Diario Oficial de la Federación, 6 de Enero de 2006.

Sepulveda, M.M. 2014. Chile: el consumo de pisco a lacazadelron. Disponível em: <http://www.americaeconomia.com/analisis-opinion/chile-el-consumo-de-pisco-la-caza-del-ron> Acesso em: 1 jul. 2015.

Silva, C.L.C., Vianna, C.R., Cadete, R.M., Santos, R.O., Gomes, F.C.O., Oliveira, E.S., Rosa, C.A., 2009. Selection, growth,and chemo-sensory evaluation of flocculent starter culture strains of *Saccharomyces cerevisiae* in thelarge-scale production of traditional Brazilian cachaça. International Journal of Food Microbiology, 131: 203-10.

Souza, P.P., Siebald, H.G.L., Augusti, D.V., Neto, W.B., Amorim, V.M., Catharino, R.R., Eberlin, M.N., Augusti, R.J., 2007. Electrospray Ionization Mass Spectrometry Fingerprinting of Brazilian Artisan Cachaça Aged in Different Wood Casks. Journal of Agricultural and Food Chemistry, 55: 2094-102.

Steinkraus, K. 1997. Mexican pulque. Handbook of indigenous fermented foods, 2nd ed. In : Steinkraus, K., (ed.). Nova York: Marcel Deckker Inc., p. 389-97.

Tsakiris, A., Kallithraka, S., Kourkoutas, Y., 2014. Grape brandy production,composition and sensory evaluation. Journal of the Science of Food and Agriculture, 94: 404-14.

Tomoyuki, N., Tatsuro, M., Hiroya, Y., Yasuyoshi, S., Nobuo, K., Noboru, T.A., 2000. Methylotrophic pathway participates in pectin utilization by *Candida boidinii*. Applied and Environmental Microbiology, 66 (10): 4253-7.

Valero, E., Cambon, B., Schuller, D., Casal, M., Dequin, S., 2007. Biodiversity of *Saccharomyces* yeast strains fromgrape berries of wine-producing areas using starter commercial yeasts. FEMS Yeast Research, 7: 317-29.

Veiga, J.F., 2013. Equipamentos para produção e controle de operação da fábrica de cachaça. In: CARDOSO, M.G. (Ed.), Produção de Aguardente de Cana. 3ª ed. Ed. Ufla, Lavras, p. 59-78.

Venturini Filho, W.G., Mendes, B.P., 2003. Fermentação alcoólica de raízes tropicais. Cereda, M.P., Vilpoux, O. (Eds.), Tecnologia, usos e potencialidades de tuberosas-amiláceas latino-americanas, 3, Fundação Cargill, São Paulo, p. 530-75.

Verdugo Valdez, A., Segura Garcia, L., Kirchmayr, M., Ramírez Rodríguez, P., González Esquinca, A., Coria, R., Gschaedler Mathis, A., 2011. Yeast communities associated with artisanal mezcal fermentations from *Agave salmiana*. Antonie van Leeuwenhoek, 100: 497-506.

Vila Nova, M.X., Schuler, A.R.P., Valente, B.T.R., Morais, M.A., 2009. Yeast species involved in artisanal cachaça fermentation in three stills with different technological levels in Pernambuco, Brazil. Food Microbiology, 26: 460-6.

Capítulo 7

Fermentação

Flávio Luís Schmidt

7.1 INTRODUÇÃO

São inúmeras as formas de preservação dos alimentos e suas combinações. A fermentação não alcoólica dos vegetais, legumes e frutas é uma das tecnologias disponíveis, e é baseada em dois princípios básicos: o controle do pH e da atividade de água (Aa).

Os alimentos podem ser classificados em baixa acidez, quando o pH é maior que 4,5; e ácidos, quando pH é inferior a 4,5. Alimentos de baixa acidez também podem ser acidificados por algum processo adequado. A diferença básica entre os alimentos ácidos e os acidificados está no conceito de que os primeiros possuem uma acidez natural (como a maioria das frutas), enquanto os alimentos acidificados são aqueles de baixa acidez (como a maioria das hortaliças), nos quais ácido ou alimento ácido foi adicionado para alcançar um pH inferior a 4,5. A adição de ácido pode ser artificial ou ocorrer a partir de uma fermentação, natural ou induzida no produto.

Quanto mais próximo da neutralidade, maior a possibilidade do desenvolvimento de bactérias, incluindo a maior parte daquelas nocivas aos seres humanos, importantes para a saúde pública. Valores mais baixos de pH impedem o crescimento da maioria das bactérias, o que acaba favorecendo grande parte dos bolores e leveduras. Assim, alimentos com pH inferior a 4,5 permitem o crescimento de apenas alguns grupos específicos de bactérias, como as bactérias lácticas (importantes na fabricação dos picles) e acéticas (importantes na fabricação do vinagre), algumas espécies de {I}Bacillus{/I} e {I}Clostridium{/I} ácido tolerantes, e boa parte dos bolores e leveduras.

Já o controle do crescimento microbiano pela diminuição da Aa pode ser feito pela remoção da água por secagem, evaporação, concentração e adição de solutos. Para a maioria dos vegetais em seu estado {I}in natura{/I}, no entanto, a Aa fica acima de 0,95, e não é um fator limitante ao crescimento de micro-organismos. Nas hortaliças, por exemplo, o ajuste da Aa como forma de conservação (neste caso, a sua diminuição) altera drasticamente aspectos morfológicos e sensoriais do produto.

Assim, a Aa também apresenta informações importantes. Em Aa inferior, a 0,85, nenhum micro-organismo patogênico pode se desenvolver. A maioria das bactérias prefere um ambiente com Aa superior a 0,95, enquanto muitos bolores e leveduras podem se desenvolver em Aa mais baixa, sendo o valor de 0,65 considerado limite para o crescimento da maioria dos micro-organismos.

Em alguns produtos fermentados, como molhos de soja, a adição de sal e a formação de diversos constituintes de baixo peso molecular durante o processamento colaboram para a diminuição da Aa, e esse fator passa a ser importante na conservação. Todavia, nos picles fermentados, de modo geral, a acidez é um ponto crítico de controle.

Portanto, diminuindo-se tanto o pH como a Aa, facilitamos a conservação dos alimentos. Na maioria das vezes, porém, apenas a fermentação com diminuição do pH ou a redução da Aa não são capazes de estabilizar o produto e, nestes casos, a combinação de diversos fatores, além dos mencionados, passa a ser mais importante.

A maioria dos produtos fermentados garante sua conservação em diversas etapas do processo desde a seleção da matéria-prima, sua lavagem, processos térmicos, controle do pH, adição de sal, processo fermentativo propriamente dito, produção de compostos durante a fermentação, eventual pasteurização, uso de conservantes e um bom sistema de embalagem.

Este capítulo aborda a tecnologia de fermentação não alcoólica de produtos vegetais e está subdividido em três grandes grupos principais: os picles, incluindo as azeitonas; os produtos fermentados de soja; e o vinagre.

7.2 FERMENTAÇÃO LÁCTICA DE HORTALIÇAS EM GERAL

A prática da fermentação natural não é a mais utilizada no Brasil para preservação de vegetais. A acidificação direta do produto com ácido cítrico ou acético, em salmoura condimentada ou não, é mais simples, mais barata e, aliada aos processos de branqueamento, pasteurização e sistema de embalagem, garante a estabilidade do produto. No entanto, a fermentação preliminar dos vegetais, natural ou induzida, assegura a formação de ácido láctico, principal produto da ação das bactérias lácticas sobre os carboidratos naturalmente presentes nas hortaliças. Os picles preparados a partir de vegetais fermentados apresentam qualidade superior aos produtos acidificados diretamente, além de inigualável sabor e textura (Goldoni, 1983; Goldoni e Goldoni, 2001).

A prática da fermentação natural é um dos mais antigos métodos de preservação de alimentos, e sua origem é atribuída à China e ao Japão, tendo depois alcançado outros continentes, onde sofreu diversas adaptações e modificações.

Como a elaboração de vegetais fermentados é uma técnica simples, a diversidade de produtos e a variação da qualidade são muito grandes. A partir de uma matéria-prima inapropriada e de um processo mal controlado, pode-se obter produtos de qualidade duvidosa e até nocivos à saúde, principalmente se ocorrerem falhas no controle da acidez. Todavia, um processo bem conduzido pode resultar em produtos excelentes, nos quais o valor nutritivo é pouco alterado se comparado com outros processos. Neste aspecto, devido ao aumento na massa microbiana, alguns nutrientes podem até ser introduzidos.

7.2.1 Mercado

Informações sobre a produção e o consumo de alimentos fermentados são bastante inexatas. Em geral, boa parte dos países europeus desenvolveu uma cultura sobre a elaboração artesanal e o consumo de vegetais fermentados. No Brasil, a influência das imigrações europeias, sobretudo a alemã e a italiana, também colaborou com esse cenário, principalmente nos estados das regiões Sul e Sudeste. Não existem estatísticas confiáveis capazes de refletir a produção artesanal de vegetais fermentados e seu consumo. O próprio autor deste capítulo elabora e consome com frequência chucrute e picles artesanal, feito em sua residência.

Sabe-se, no entanto, que o consumo de vegetais fermentados tem crescido ano a ano, em especial pelo fato de eles estarem atualmente associados a produtos saudáveis, naturais e, muitas vezes, funcionais.

7.2.2 Pré-processamento

A qualidade é um atributo fundamental na utilização de vegetais. Para um bom aproveitamento e produtividade, é importante entender o processo de maturação, especialmente em relação às hortaliças, que são classificadas de acordo com a taxa de respiração (TR) a 10°C em mg CO_2 (produzido) ou O_2 (consumido) expressos em $kg^{-1}.h^{-1}$. Por exemplo, o alho tem uma TR muito baixa (< 10), enquanto o pepino, o melão, o repolho, a beterraba e o tomate são considerados de baixa respiração (TR = 10-20); a cenoura, o aipo e o pimentão, de média respiração (TR = 20-40); os aspargos, a chicória, a alface, de alta respiração (TR = 40-70); o cogumelo, o espinafre e os feijões, de muito alta respiração (TR = 70-100); e os brócolis, a ervilha, a salsa, o milho doce, de extremamente alta respiração (TR > 100).

Assim, vegetais com elevada TR devem ser processados em estágio ótimo de frescor, evitando a senescência, quando reações de degradação começam a interferir na qualidade.

As etapas iniciais ou de pré-processamento não devem ser negligenciadas e interferem bastante na qualidade do produto final. Algumas destas etapas devem ser realizadas em área separadas da planta de processamento, pois podem envolver a manipulação de matérias-primas contaminadas.

7.2.2.1 Cultivo

Normalmente durante o cultivo existe a contaminação de patógenos entéricos, principalmente aqueles provenientes do solo, adubos orgânicos e água de irrigação. É importante conhecer nesta etapa a procedência da água empregada na irrigação e a possibilidade de sua contaminação antes da captação e no percurso até a área de cultivo. A qualidade da água que entra em contato com o alimento vai indicar o seu grau de contaminação subsequente.

Preocupação semelhante deve ser tomada com relação às pulverizações para controle de pragas, desde o produto utilizado até os intervalos de carência sugeridos. Quando existir a preocupação sobre produtos orgânicos, lembrar que alguns produtos possuem certificado do Instituto Biodinâmico (IBD) para este fim. Alguns produtos para controle de pragas podem interferir no processo fermentativo, inibindo o crescimento microbiano.

7.2.2.2 Colheita

A colheita deve ser feita no momento apropriado, respeitando aspectos como firmeza, tamanho e cor adequados. Deve ser indicado o modo de colheita (manual ou não), o sistema de acondicionamento primário, o horário de colheita e o tempo previsto para tal. Quanto mais rápido for o processo, maiores serão as chances de se preservar os atributos de qualidade da matéria-prima, principalmente para os alimentos minimamente processados.

Deve-se colher o produto nos horários mais frescos, evitando danos como quedas, abrasões, raladuras, cortes etc., o que aumenta em pelo menos duas ou três vezes a TR e consequente senescência.

7.2.2.3 Transporte

O transporte primário das matérias-primas, do campo para o local de processamento, deve ser realizado o mais rápido possível, idealmente em caminhões refrigerados e fechados. Conhecer o percurso pode indicar a necessidade de proteger a matéria-prima contra sujidades ou danos físicos. Outros itens importantes são tempo de transporte, horário de saída, procedimentos de monitorização.

É importante, ainda no campo, definir o contentor ou a embalagem primária, como caixas de madeira ou plásticas, sistemas de acolchoamento para diminuir efeitos de impactos. Definir a quantidade de produto por contentor e os procedimentos de limpeza e sanificação das embalagens, bem como os critérios para monitorização.

A escolha do método de pré-resfriamento mais adequado depende de fatores diversos, entre os quais: tipo de produto, grau de maturação, temperatura do produto na colheita, conveniência do método, adequação entre o método e a embalagem e fatores econômicos.

A aplicação de gelo ou mistura de gelo em água, dentro ou sobre as embalagens impermeáveis, pode ser utilizada no pré-resfriamento de melões e outras frutas, brócolis, espinafre, alcachofra, couve, milho, cenoura e outras raízes. Estes métodos têm a vantagem de manter tanto a temperatura baixa como garantir a manutenção da umidade do produto. Resfriamento com ar, por exemplo, pode diminuir a umidade relativa, sobretudo de vegetais folhosos. Cortez, Honório e Moretti (2002) apresentam um trabalho bastante completo sobre este assunto, o que inclui o dimensionamento de sistemas de frio para o resfriamento de frutas e hortaliças.

7.2.2.4 Recepção

Definir a área de recepção, de preferência refrigerada, com circulação de ar, tempo de armazenamento previsto e procedimento de monitorização da temperatura. Nesta etapa são realizadas as pesagens, a seleção e a classificação da matéria-prima. A seleção por peso e tamanho favorece a uniformidade e a padronização da qualidade no produto final.

O Ministério da Agricultura define para objetivos de classificação: características típicas do cultivar; estado fisiológico; limpeza; coloração; danos mecânicos e fisiológicos; pragas; doenças; e presença de substâncias nocivas.

Estas operações podem ser realizadas mecanicamente ou manualmente. Podem ser utilizados vários equipamentos para facilitar as operações como peneiras, esteiras, flotação ou flutuação do produto em água ou salmoura, separando-os por densidade ou por tamanho.

7.2.2.5 Higienização

Nesta etapa são realizadas a limpeza e a lavagem com intuito de separar, remover e reduzir contaminantes, deixar em condições desejáveis e com a superfície limpa, além de limitar recontaminação.

Na limpeza ocorre a retirada de materiais estranhos, não só da matéria-prima, mas dos equipamentos e estabelecimentos, como galhos, ramos, hastes, talos, solo, insetos, resíduos de fertilizantes, dentre outros. O processo de separação de materiais leves e pesados pode ser por gravidade (flutuação), peneiramento, coletas etc.

Nesta etapa também são retiradas as partes danificadas ou com doenças, de acordo com um padrão de qualidade preestabelecido. Deve ser assegurado o destino correto destas partes, as quais devem ser retiradas do local de processamento o mais breve possível.

A limpeza deve estar localizada fisicamente separada das demais etapas, evitando contaminações microbiológicas cruzadas. Os padrões de qualidade deverão ser estabelecidos para cada caso. Padrões elevados levam a grandes perdas.

Em seguida, pode ser aplicada uma pré-lavagem ou não, para a remoção da sujeira aderida ao vegetal. Deverá ser indicado o sistema de lavagem (aspersão de água, chuveiro, imersão, imersão com borbulhamento de ar etc.).

Normalmente é uma etapa que visa a retirada de sujeira retida nas pequenas estruturas da hortaliça. Pode ser realizada através de sistemas semelhantes ao usado na pré-lavagem. A temperatura da água de lavagem, o tempo de contato e o uso de agentes tensoativos (concentração, monitorização) podem ser aspectos importantes para a eficiência da etapa.

Não esquecer de secar o produto, se não for processar imediatamente. O resfriamento dos vegetais deve ser rápido, para reduzir a TR.

É extremamente importante salientar, porém, que quando a fermentação for natural não devem ser utilizados compostos clorados ou qualquer contato do produto com agentes germicidas, pois estes irão afetar o crescimento microbiológico da flora naturalmente presente, responsável pela fermentação.

7.2.2.6 Branqueamento

A principal função do branqueamento é a inativação de enzimas que causam o escurecimento do produto, como a peroxidase e polifenoloxidase, ou a inativação de enzimas que causam alteração na consistência do produto, como a pectinesterase. Para tal, o vegetal é imerso em água quente (80-100°C) ou em vapor de água por alguns minutos, sendo em seguida imediatamente resfriado, pois, do contrário, ficará cozido excessivamente. Além dessa inativação enzimática o branqueamento também diminui a carga microbiana na superfície do produto, e faz um abrandamento na textura, o que colabora posteriormente na sua acomodação dentro da embalagem. Da mesma forma como comentado na higienização, vegetais submetidos à fermentação natural não devem ser branqueados, pois este processo térmico, apesar de brando, pode inativar completamente a flora microbiana responsável pela fermentação. A maioria dos vegetais fermentados não é branqueada, todavia, se a operação for necessária, após o branqueamento, será preciso um bom controle do resfriamento e a adição de uma cultura de micro-organismos devidamente selecionada para realizar o processo fermentativo. Este tipo de fermentação com adição de uma flora selecionada, no vegetal previamente branqueado, geralmente não leva a produtos de melhor qualidade (Goldoni, 1983).

7.2.3 PROCESSO DE ELABORAÇÃO

Existem diversas formas de se obter um vegetal fermentado. As variações estão baseadas principalmente na concentração da salmoura. Dependendo do tipo de matéria-prima, um processo pode ser mais indicado do que outro. A escala de produção e os controles necessários também podem variar em função da técnica utilizada. Independente da técnica, o sal é o elemento necessário para causar a lixiviação de componentes das células vegetais, os quais serão vitais para o crescimento microbiológico. À medida que o conteúdo celular extravasa, passa a servir como nutriente para as bactérias lácticas. O sal também atua como inibidor do crescimento de bactérias nocivas, sobretudo aquelas pertencentes ao grupo das enterobactérias. A concentração de sal ainda diminui a dissolução do oxigênio na salmoura, o que influi diretamente no crescimento de bactérias estritamente aeróbicas, favorecendo por outro lado o caráter microaeróbio da maioria das bactérias lácticas.

Este procedimento funciona, pois as espécies responsáveis pela fermentação nos picles naturais estão presentes na superfície das hortaliças em números relativamente baixos (Goldoni, 1983), quando comparadas a outros grupos de bactérias como {I}Pseudomonas{/I}, {I}Flavobacterium{/I}, {I}Aerobacter{/I}, {I}Escherichia{/I}, {I}Bacillus{/I}, {I}Serratia{/I}, dentre outros. Assim, é necessário criar este ambiente bastante favorável ao crescimento das bactérias lácticas e desfavorável às demais.

Em geral, as fermentações em salmoura ou por salga seca são iniciadas pelo {I}Leuconostoc mesenteroides{/I}, seguido pelo {I}Lactobacillus brevis{/I}, {I}Pediococcus cereveiseae{/I} e {I}Lactobacillus plantarum{/I}. As condições ambientais, os procedimentos de limpeza, a concentração e distribuição do sal, a temperatura e a presença do líquido de cobertura irão influenciar o número e tipos de micro-organismos e o curso da fermentação.

Em alguns casos é utilizada a fermentação induzida no produto, através de fermentos lácticos selecionados. Nesta hipótese, as hortaliças podem ou não ser branqueadas, e a maior vantagem advém do tempo de fermentação, que é diminuído em até 50% (Goldoni e Goldoni, 2001). A qualidade nem sempre é a mesma dos picles obtidos por fermentação natural.

7.2.3.1 Produtos fermentados em salmouras concentradas

É um processo adequado para a fermentação de vegetais não folhosos, com relativamente pouca superfície de contato. Em geral são produzidos por este método produtos fermentados de cenoura, nabo, pepino e vagem. Este processo apresenta a vantagem de necessitar de pouco controle durante a elaboração. É relativamente simples e os resultados podem ser muito bons. A etapa de dessalga, no entanto, se mal efetuada, pode arrastar componentes importantes para o sabor e o aroma do produto.

A concentração inicial de sal na salmoura é de 10%. Uma relação em massa de 1,8:1 entre a salmoura e as hortaliças geralmente é suficiente para a imersão total dos vegetais. Porém, como existe uma lixiviação rápida dos vegetais no início do processo, uma correção na concentração de sal sempre é necessária. Para evitar este procedimento, Goldoni e Goldoni (2001) descrevem uma relação (Equação 7.1) baseada no Brix dos vegetais e no peso dos ingredientes para produzir uma salmoura inicial com adição suplementar de sal.

$$Bm = \frac{Ph * Bh + Ps * Bs}{Ph + Ps} \tag{7.1}$$

Em que:

- Bm = Brix da salmoura, após equilíbrio osmótico; ou a concentração desejável de sal para a fermentação, lembrando que um valor de 12°Brix corresponde a 10% de sal
- Ph = peso da hortaliça
- Bh = Brix da hortaliça
- Ps = peso da salmoura, obtido da relação 1,8:1 entre salmoura e hortaliça

- Bs = Brix da salmoura que deve ser preparada no início da fermentação, lembrando que o valor em Brix deve ser subtraído de 2 para o cálculo do percentual de sal

Como exemplo, considere os picles com a relação de matérias-primas e respectivas características descritas a seguir:

$$\text{Nabo}\,(\text{Brix } 4 \text{ e } 90\text{ kg})\,\text{Ph} * \text{Bh} = 360$$

$$\text{Cenoura}\,(\text{Brix } 10 \text{ e } 120\text{ kg})\,\text{Ph} * \text{Bh} = 1200$$

$$\text{Cebola}\,(\text{Brix } 6 \text{ e } 128\text{ kg})\,\text{Ph} * \text{Bh} = 768$$

$$\text{Couve flor}\,(\text{Brix } 6{,}25 \text{ e } 90\text{ kg})\,\text{Ph} * \text{Bh} = 563$$

Cálculos:

$$\text{Somatório Ph} * \text{Bh} = 2891$$

$$\text{Ph} = 428$$

$$\text{Ps} = 1{,}8 * \text{Ph} = 1{,}8 * 428 = 770{,}4$$

$$\text{Bm} = 12 (\text{para que dê } 10\% \text{ em peso})$$

$$Bm = \frac{Ph * Bh + Ps * Bs}{Ph + Ps} \Rightarrow 12 = \frac{2891 + 770{,}4 * Bs}{428 + 770{,}4}$$

Portanto, Bs = 14,91 ou 12,91% em peso.

Deverá ser preparado, então, 770,4 kg de salmoura, sendo 114,9 kg de sal e 655,5 kg de água.

7.2.3.2 Produtos fermentados em salmouras pouco concentradas

Picles fermentados em salmoura com baixa concentração de sal são normalmente denominados picles com endro. São especialmente comuns para o pepino, que é fermentado numa salmoura com 5% de sal, com adição de endro ({I}Anetho graveolens{/I}) e outras especiarias. O processo, se conduzido na temperatura ambiente, pode durar até seis semanas, e ao final do período o produto absorve o sabor e o aroma do endro e de outras especiarias, além de a fermentação láctica produzir em torno de 1% de ácido láctico, responsável pelo abaixamento do pH e proteção do produto. A ação enzimática neste produto é mais intensa e é comum a perda da textura durante o seu envelhecimento, o que pode ser controlado por meio de uma pasteurização branda a 74ºC por 14 minutos (Goldoni e Goldoni, 2001).

7.2.3.3 Produtos preparados com salga seca

O principal produto preparado com salga seca é o chucrute, que se originou da necessidade de se conservar e do excesso de produção de repolho durante a safra. As operações preliminares são muito parecidas com a preparação de quaisquer picles. O repolho deve ter suas folhas externas e seu centro removido. Em seguida, é cortado em tiras e segue para o recipiente de fermentação.

No tanque de fermentação é adicionado o sal ao repolho, que é então misturado. A quantidade de sal utilizada é de 2,5%, o que é suficiente para causar o processo de lixiviação nas folhas e criar um ambiente propício ao crescimento das bactérias lácticas naturalmente presentes.

A lixiviação é facilitada se for exercida alguma pressão sobre o produto, forçando o contato do sal com as folhas e diminuindo os espaços vazios no tanque de fermentação. À medida que a lixiviação se completa, o ambiente torna-se cada vez mais microaeróbio, propiciando o desenvolvimento das bactérias lácticas. A temperatura de fermentação deve se situar entre 18 e 20ºC e, ao final do processo, a acidez atinge 1,8%.

É importante garantir a total imersão do repolho na salmoura, do contrário haverá a proliferação de outros micro-organismos, especialmente leveduras, na superfície do produto, o que causará alterações no sabor, no aroma e na cor do produto final.

7.2.4 OPERAÇÕES FINAIS

Os picles fermentados em soluções concentradas de sal devem ser dessalgados antes do consumo. Isso é feito por imersões sucessivas do produto em água morna (45-55ºC) por até 12 horas. Imersão por tempos mais prolongados em água fria também é utilizada. Nesta etapa é possível corrigir algum prejuízo na textura, por amolecimento do produto em água morna. Da mesma forma, descuidos na dessalga podem prejudicar o aspecto de produtos sensíveis como brócolis e couve-flor. A quantidade final de sal deve ficar em torno de 2 a 3%, e pode chegar a 5 ou 7% em alguns produtos, o que é definido pelo mercado e aceitação sensorial

Nesta operação também podem ser utilizados sais de cálcio com a finalidade de se controlar danos à textura do produto, como cloreto de cálcio a 0,3 g/kg de produto.

Os picles dessalgados podem ser consumidos imediatamente, ou armazenados sob refrigeração. Para uma vida de prateleira mais prolongada, porém, após a dessalga, o produto pode ser acondicionado em embalagens herméticas, como latas (verniz específico para alimentos ácidos) ou potes de vidro com tampa metálica, adicionado de solução de vinagre a 1%, acrescentando ou não ervas, como alecrim, orégano etc. O procedimento deve ser o mesmo de conservas ácidas. As embalagens devem ser enchidas a quente e/ou exaustadas, para expulsão do ar. Em seguida, as embalagens são fechadas ou recravadas e pasteurizadas por tempo e temperatura controlados, o que pode variar dependendo do tipo e tamanho das embalagens, do peso drenado e da dimensão do produto. Da mesma forma como na operação de dessalga, um amolecimento do produto pode ocorrer nesta fase, e deve ser avaliado. O resfriamento das embalagens deve ser feito o mais rápido possível, evitando sobrecozimento do produto.

7.3 FERMENTAÇÃO DE AZEITONAS

As azeitonas ou olivas ({I}Olea europaea{/I}) são provenientes das oliveiras e constituem-se numa atividade extremamente importante para a economia do mar Mediterrâneo, tendo Espanha, Portugal, Itália, Grécia e Turquia como os maiores representantes. A grande parte da produção comercial de azeitonas está restrita entre as latitudes 30º e 45º norte e sul. Atualmente, além da região mediterrânea, o estado da Califórnia, nos Estados Unidos, e a Argentina, na América do Sul, representam os maiores produtores na região tropical que compreende o Brasil, onde as oliveiras vegetam, porém não florescem nem frutificam em função da ausência de um inverno mais rigoroso. De forma genérica, a maioria das boas regiões para produção de uva e vinhos finos também são regiões produtoras de azeitonas; assim, existe algum esforço para a produção de azeitonas e azeite na região de Bento Gonçalves – RS, e no sul de Minas Gerais.

7.3.1 Mercado

Apesar das diversas variedades de azeitonas existentes no mercado, algumas são mais adaptadas ao processamento industrial (Tabela 7.1).

Uma descrição breve destes cultivares incluem as seguintes observações (Luh e Martin, 1996):

A variedade Ascolano é originária da Itália e é caracterizada por um fruto grande de textura macia. A fruta é muito sensível e difícil de colher sem causar danos. Seu formato é de redonda a ovalada.

TABELA 7.1 Características dos maiores cultivares de azeitonas na região da Califórnia (EUA)

Cultivar	Peso do fruto fresco (g)	Relação polpa caroço	Conteúdo de óleo na fruta (%)	Uso principal
Ascolano	9,0	8,2:1	18,8	Madura Verde
Barouni	7,4	6,8:1	16,5	Fresca Madura
Manzanillo	4,8	8,2:1	20,3	Madura Verde Óleo Verde espanhola
Mission	4,1	6,5:1	21,8	Madura Verde Óleo
Sevillano	13,5	7,3:1	14,4	Madura Verde Verde espanhola

{I}Fonte:{/I} Sutter (1994).

O cultivar Barouni tem sua origem na Tunísia. Possui boa regularidade no formato e baixo conteúdo de óleo, tornando-a menos apropriada para a extração de óleo. Seu fruto é relativamente grande e sua produção se dá de forma isolada ou em cachos, o que facilita a colheita.

A azeitona de variedade Manzanillo é de origem espanhola e não tolera invernos muito rigorosos. Os frutos são ovais e uniformes em tamanho, comercializados completamente maduros ou verdes.

As oliveiras do cultivar Mission apresentam frutos relativamente pequenos e uma das menores relações polpa/caroço. Os frutos se formam em cachos ou isoladamente e representam um dos cultivares mais resistentes ao frio.

A Sevillano também tem origem na Espanha. Apresenta um dos maiores frutos dentre os cultivares descritos, sendo que as árvores, se devidamente manejadas, podem apresentar um tamanho que facilita a colheita dos frutos. Seu baixo conteúdo de óleo inviabiliza essa opção de processo, e sua principal desvantagem é a susceptibilidade à formação de pintas, principalmente quando bem madura. Assim, sua colheita é normalmente antecipada. Seu processamento típico é na fabricação das azeitonas fermentadas espanholas.

7.3.2 Matérias-primas

A composição média de uma azeitona varia de cultivar a cultivar, e também em função da época de cultivo. A Tabela 7.2 apresenta a composição esperada para azeitonas do cultivar Mission maduras e após fermentação (Luh e Fegurson, 1994).

TABELA 7.2 Composição em % esperada para azeitonas cultivar Mission

	Madura	Após fermentação
Água	55	63,4
Sólidos solúveis	13,1	7,2
Óleo	21,4	26,4
Açúcares totais	4,6	0,10
Proteína	1,65	1,56
Manitol	4,4	0,94
Sólidos precipitados em álcool	0,47	0,43

As azeitonas não fermentadas são muito amargas devido à presença da oleuropeina, um composto glicosídeo, porém ela pode ser facilmente destruída pelo tratamento com uma solução diluída de soda cáustica em temperatura ambiente. Processos tradicionais utilizam soluções de soda a 1 ou 2% e, após o processo, o sabor amargo não retorna. É uma etapa bastante importante no processamento de azeitonas e deve-se assegurar a penetração da soda nas azeitonas para que o efeito seja alcançado.

Quanto à pigmentação, as azeitonas são verdes pela presença da clorofila. Porém, durante seu desenvolvimento, o teor de antocianinas cresce rapidamente, alcançando uma concentração máxima para depois decrescer, quando o fruto entra em senescência. Como nas uvas, a incidência de luz tem uma estreita relação com a formação de pigmentos, sendo que aquelas que se desenvolvem na presença de luz são mais concentradas em antocianinas.

A colheita das azeitonas pode ser manual ou mecânica. Em ambos os casos é importante não danificar o fruto, que é muito sensível. A colheita mecânica ocorre pelo chacoalhar das árvores e é especialmente útil na remoção das azeitonas maduras e escuras. Quando bem regulado, aplicado a árvores saudáveis e bem manejadas, o sistema mecânico é capaz de recolher de 80 a 90% das azeitonas, e sua vantagem econômica é muito grande.

Após a colheita, as azeitonas são separadas em tamanho, a partir de rolos divergentes, e normalmente são classificadas em: pequenas, 1,59 cm (10/16 pol); médias, 1,75 cm (11/16 pol); grandes, 1,91 cm (12/16 pol); extragrandes, 2,06 cm (13/16pol); mamute, 2,14 cm (13,5/16 pol); gigante, 2,22 cm (14/16 pol); jumbo, 2,38 cm (15/16 pol); e colossal, 2,54 cm (1 pol). Azeitonas menores que 1,59 cm são usadas para a extração de óleo ou são picadas.

Como a maior parte dos processadores não tem capacidade operacional para processar todas as azeitonas colhidas na safra, é comum a utilização de tanques de salmoura para seu armazenamento. Geralmente estes tanques são de madeira, cimento, material plástico ou concreto, de capacidade variada, chegando a 10 ou 20 toneladas. Uma camada de salmoura é colocada no fundo do tanque para diminuir danos e injúrias durante o carregamento dos tanques.

O maior problema do armazenamento em salmoura é a própria salmoura, cujo destino nem sempre é ecologicamente correto. Alternativas sugerem o armazenamento em soluções ácidas com conservantes, como o proposto por Vaughn {I}et al{/I}. (1969), uma solução contendo 0,67% de ácido láctico, 1% de ácido acético e 0,3% de benzoato de sódio. O pH é monitorado e mantido abaixo de 4,2, adicionando, se necessário, mais ácido. O contato com o ar também é diminuído, fazendo-se a vedação dos tanques.

O mercado de azeitonas também compreende uma série de produtos não fermentados. São azeitonas verdes ou maduras que sofrem basicamente um tratamento com soda para remoção do amargor, seguido de uma lavagem para remoção da soda, salga e esterilização em embalagens herméticas. Várias destas operações também ocorrem no processamento de azeitonas no estilo espanhol (fermentadas), o qual será detalhado.

7.3.3 Azeitona fermentada (estilo espanhol)

A característica básica deste produto é a etapa de fermentação seguida da salga em salmoura. A remoção do amargor é opcional e ocorre pelo tratamento em solução diluída de soda cáustica (1,25-1,75%) entre 12-21°C. A soda penetra as azeitonas 3/4 do percurso até o caroço em 8 a 12 horas. A permanência de parte do amargor em geral é desejada e o controle do tratamento é efetuado com solução de fenolftaleína, em que uma coloração vermelha indica a penetração da soda no produto. Após o tratamento com soda, as azeitonas são lavadas com água fria por 24 até 36 horas, trocando-se a água a cada 4 ou 6 horas. O controle com indicador fenolftaleína deve dar uma resposta muito fraca, indicando a remoção praticamente total da soda.

A etapa de fermentação ocorre em barris de carvalho, onde uma salmoura a 11% (44° salômetros) é adicionada até completar o volume do barril, em geral de 189 L (59 gal) ou 680 L (180 gal). A temperatura de fermentação é controlada entre 24-27°C, o que vai depender do tamanho do tanque. No início da fermentação ou durante seu curso pode ser adicionada sacarose ou glucose aos tanques para favorecer o processo fermentativo. A fermentação deve ser monitorada de forma a se obter ao final 0,8 a 1,2% de ácido láctico. O micro-organismo mais comum no processo é o {I}Lactobacillus plantarum{/I}, e os processadores podem utilizar um pé de cuba adaptado de 1 ou 2 L para cada 189 L (59 gal).

Ao final do processo fermentativo, as azeitonas são envasadas cuidadosamente, geralmente em potes de vidro, e recebem uma salmoura a 28 °s, acidificada com ácido láctico a 0,2-0,5%, caso não tenha sido atingida a acidez preconizada. As embalagens são fechadas, exaustadas, e a pasteurização acontece a 60°C.

A correspondência entre percentual de sal e salômetros encontra-se na Tabela 7.3. Como a relação é linear, alternativamente a Equação 7.2 pode ser usada.

$$S = 3,7736 * (\%S) \qquad (7.2)$$

Em que:
°S = °Salômetro
%S = % de sal na salmoura

7.4 PRODUTOS FERMENTADOS DERIVADOS DA SOJA – ALIMENTOS ORIENTAIS

A soja ({I}Glycine Max{/I}(L.) Merril) chegou ao Brasil, vinda Estados Unidos, em 1882. No entanto, até meados dos anos 1950 não tinha a importância econômica de outras culturas como a cana-de-açúcar, algodão, milho, café, laranja e feijão (Embrapa Soja, 2004).

O Brasil é hoje o segundo maior produtor de soja, atrás apenas dos Estados Unidos. Aqui a soja é destinada principalmente ao processamento de óleo e farelo, sendo este destinado ao consumo animal. Apenas 5% da produção destinam-se ao consumo humano. Nos países orientais, no entanto, é o oposto, onde aproximadamente 95% da produção são destinados à alimentação humana. Isso ocorre, pois a tradição de seu consumo é milenar (Golbitz e Jordan, 2006).

TABELA 7.3 Correspondência entre % de sal na salmoura e °salômetros

% de sal na salmoura	°salômetros
1,06	4
2,12	8
3,18	12
4,24	16
5,30	20
6,36	24
7,42	28
8,48	32
9,54	36
10,60	40
15,90	60
21,20	80
26,50	100

Em média, o grão de soja contém 35-40% de proteínas, 30% de carboidratos, 10-13% de umidade e 5% de minerais e cinzas (Gomes, 1976; Golbitz e Jordan, 2006). Assim como a maioria das leguminosas, a proteína da soja é limitante em aminoácidos sulfurados como a metionina, cisteína e treonina, mas contém lisina suficiente para suprir a deficiência desses aminoácidos numa alimentação à base de cereais. Isto a torna importante quando combinada com as proteínas do arroz, trigo e cevada, pela complementação de lisina e metionina (Snyder e Kwon, 1987; Liu, 1999), o que é comum na alimentação oriental e na preparação e consumo de alguns produtos fermentados da soja.

Os principais produtos fermentados derivados da soja são a pasta de soja (miso ou misso), o molho de soja (shoyu), o tempeh e o natto. Destes, apenas o molho shoyu é bastante conhecido e apreciado no Brasil. Porém, será apresentada uma visão geral do processo fermentativo destes produtos, o que pode variar bastante, gerando produtos diferentes. Exceto com relação ao natto, cuja fermentação ocorre essencialmente por bactérias, os outros produtos são fermentados basicamente por bolores. Em linhas gerais, o tempeh e o natto são alimentos importantes que constituem parte de dietas em diversos países orientais, enquanto o shoyu e a pasta de soja constituem-se principalmente em temperos e agentes de sabor e aroma.

Atualmente estes produtos vêm ganhando destaque na mídia em função do conteúdo de isoflavonas, composto químico fenólico pertencente à classe dos fitoestrógenos, amplamente distribuídos no reino vegetal. A concentração destes compostos é relativamente maior nas leguminosas, especialmente na soja e seus derivados, incluindo os produtos fermentados. Coward {I}et al.{/I} (1993) e Song {I}et al.{/I} (1998) avaliaram as isoflavonas conjugadas β-glicosídeo e agliconas em diversos alimentos e ingredientes de soja. O conteúdo total (mg/g base seca) no tempeh, miso e shoyu foi, respectivamente, de 1,130 ± 0,096; 1,379 ± 0,149 e 0,090 ± 0,026.

7.4.1 Pasta de soja fermentada (miso ou misso)

A pasta de soja foi desenvolvida na China há pelo menos 2500 anos. O produto sofreu diversas transformações e há características distintas entre as pastas de soja produzidas no Japão, China, Coreia ou Indonésia. Estas variações são contínuas e atualmente ainda é possível encontrar variações nos ingredientes principais, nas suas proporções e no modo de preparo.

O miso pode ser classificado em três tipos principais, baseados em seus ingredientes: miso de arroz (o mais comum no Japão), miso de soja e miso de cevada. Estes tipos de miso ainda podem ser classificados em relação ao conteúdo final de sal em miso doce, com pouco sal e salgado. Finalmente, cada um destes produtos também pode ser subdividido em relação à cor final, em branco, amarelo, vermelho, marrom etc.

Será detalhado o processamento do miso japonês de arroz e soja. A primeira etapa na produção do miso refere-se à preparação do koji. O termo koji é comum em vários produtos fermentados orientais e refere-se à cultura iniciadora do processo fermentativo, rica em enzimas e micro-organismos capazes de hidrolisar diversos compostos e iniciar o processo fermentativo.

O arroz polido é lavado e macerado em água a 15°C durante a noite ou por aproximadamente 40 minutos em água quente. O conteúdo de umidade deve alcançar 35%. Depois o arroz é resfriado até 35°C e inoculado com uma cultura iniciadora de koji (previamente preparado, porém rico em esporos de {I}Aspergilus oryzae{/I}). A cultura iniciadora deve ser em torno de 0,1% da massa de arroz. O arroz inoculado é incubado numa câmara a 30-35°C por 40 horas e 96% de umidade relativa, onde um aparato enzimático e microbiológico será capaz de digerir amido, proteínas e lipídeos, originalmente presentes nas matérias-primas. Após 15 horas de incubação, o arroz é transferido para uma nova área onde é espalhado em bandejas numa espessura de 4 cm. A fermentação durará pelo menos 15 horas, quando o koji deve atingir cerca de 35°C, e deve ser revirado para uma fermentação suplementar. Após 40 horas de fermentação, todo o koji deve estar coberto pelo micélio do bolor e é denominado maduro. A próxima etapa é denominada colheita, e deve ocorrer enquanto o koji ainda está branco, pois se alcança a cor verde é um indicativo de que está em esporulação (característica desejada apenas para o koji iniciador). Durante todo esse processo, pode haver agitação da massa e ventilação suplementar, com o intuito de aerar a massa e manter a temperatura constante. Ao final desta etapa, sal é misturado ao koji.

Ao mesmo tempo em que se prepara o koji, a soja é limpa, lavada e macerada durante a noite. Da mesma forma como no arroz, o tempo de maceração pode ser diminuído com aumento da temperatura da água de maceração. Em seguida, a soja é cozida em vapor (0,7-1,0 kgf/cm^2 por 20 a 30 minutos) até tornar-se bastante macia e tenra. A soja é então drenada e resfriada até a temperatura ambiente.

Após o resfriamento, a soja cozida é misturada com o koji salgado e um novo inóculo, constituído de bactérias lácticas e bolores, até alcançar a textura de um purê. Água previamente descontaminada (por fervura e resfriamento) pode ser adicionada nessa fase. A homogeneidade da massa garante a homogeneidade da fermentação.

Depois da mistura, o material é disposto em recipientes ou tanques abertos de madeira, concreto ou de aço inoxidável, nas instalações mais modernas. Os tanques são previamente desinfetados, prevenindo-se contaminações. Deve ser assegurada uma força suficiente sobre o material para que o líquido contido na massa suba à superfície e garanta uma condição anaeróbia ao sistema. A temperatura de fermentação é mantida entre 30-38°C por um período de até 6 meses.

Após o final da fermentação, o miso é misturado para garantir a homogeneidade do material. Como há bolores viáveis no produto, ele pode ser pasteurizado por vapor indireto, ou adicionado de conservantes (0,1% de ácido sórbico ou 2% de álcool), garantindo uma vida de prateleira maior.

A Figura 7.1 mostra duas apresentações para o miso. O fluxograma da Figura 7.2 descreve o processo-padrão de fabricação do miso japonês de arroz e soja.

7.4.2 Molho de soja – shoyu

O shoyu é um molho de soja bastante tradicional. Apresenta coloração escura, marrom, avermelhada ou preta e é produzido por fermentação de uma mistura de soja e trigo. Como o miso, o produto tem origem na China, há pelo menos 2500 anos, e, desde então, vem sofrendo diversas modificações, de modo que,

(a) (b)

FIGURA 7.1 Apresentações típicas do miso – a) embalado hermeticamente, não pasteurizado; b) miso {I}light{/I} em sal.

Arroz polido (500 kg) koji – *A.oryzae* (0,5 kg) — Soja (100 kg)

Arroz polido (500 kg) ↓ Macerado | Cozido | Resfriado → inoculada (koji – *A.oryzae* ↓ inoculada)

inoculada | incubada | Koji de arroz ↓ Mistura

Soja (100 kg) ↓ lavada | Macerada | Cozida | Desintegrada | Resfriada → Mistura

leveduras e bactérias lácticas → Mistura

sal (430 g) → Mistura

Mistura | Tanque de fermentação | Fermentado | Misturado e desintegrado | Embalado ↓ Miso de arroz (2900 kg)

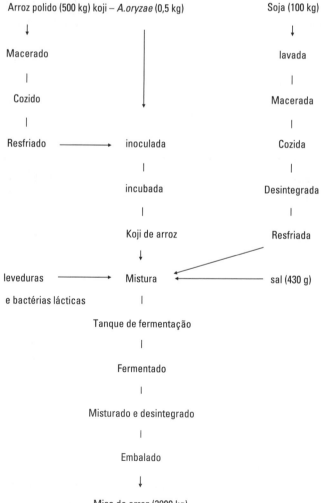

FIGURA 7.2 Fluxograma de preparação do miso japonês de arroz.

dependendo dos ingredientes e da forma de preparo, diversos tipos de shoyu podem ser obtidos.

No Japão, o koykushi é o mais tradicional, e seu processo será detalhado. Outros tipos tradicionais são o usukushi, de cor castanho-avermelhada, com sabor e aroma suaves; o tamari, que possui maior viscosidade, menos aroma, e tem a soja como principal ingrediente (90%); o shiro, com maior quantidade de trigo que soja, amarelo-claro e sabor adocicado; e o saishikomi, preparado com quantidades iguais de soja e trigo.

O primeiro passo é o tratamento da soja e do trigo, simultaneamente. Grãos de soja são inicialmente macerados em água durante a noite, trocando-se a água a cada 2 ou 3 horas, prevenindo-se o desenvolvimento de {I}Bacillus{/I} formadores de esporos. Em seguida, a soja é drenada e cozida no vapor por várias horas, até tornar-se bastante macia. A soja é então resfriada o mais rápido possível, prevenindo-se o crescimento de bactérias, enquanto a fermentação não é controlada.

Ao mesmo tempo, o trigo é torrado e quebrado em pequenos pedaços. A torração disponibiliza o amido para ser aproveitado pelos micro-organismos presentes no koji do shoyu. Além disso, diversas reações, como a de Maillard, serão responsáveis pela formação de compostos aromáticos no produto.

A proporção de soja e trigo é geralmente a mesma no shoyu koykushi, porém, a preparação é variável. Os grãos são misturados à água (na mesma proporção da soja, por exemplo) e recebem o koji ou uma cultura iniciadora contendo {I} A.oryzae{/I}i, numa proporção de 0,1-0,2% da massa, sendo então fermentado por 3 a 4 dias.

Após a fermentação, o koji produzido é misturado com uma quantidade igual ou superior (até 120% do volume) de uma salmoura, formando o que os japoneses denominam de moromi. A concentração de sal fica em torno de 17-19%. O moromi é colocado em recipientes de madeira ou concreto, e a fermentação pode durar meses. A temperatura tem um papel importante, pois quanto mais alta, mais rápido é o processo, porém em temperaturas mais baixas a qualidade do produto é melhor, pois as enzimas permanecem ativas por mais tempo. O processo fermentativo pode durar 6 meses, e o controle da temperatura seguir, por exemplo, um patamar de 15°C no primeiro mês, 28°C nos 4 meses seguintes, e terminar a 15°C no último mês. Como alternativa, o processo pode se iniciar a 0°C, com uma elevação gradual da temperatura até 15°C, e, depois, 30°C.

Durante a fermentação, é necessária uma mistura do material para promover aeração e crescimento de leveduras, impedir o desenvolvimento de bactérias anaeróbias, manter a temperatura uniforme e remover o CO_2 produzido.

As etapas seguintes são a filtração e a prensagem do resíduo. O filtrado é armazenado em tanques de forma a separar possíveis sedimentos no fundo e o óleo na superfície. Eventuais ajustes por mistura de diferentes produções podem ser efetuados padronizando o conteúdo de nitrogênio. O shoyu então é pasteurizado a 70-80 °C, o que acaba por realçar aromas, eliminar micro-organismos, inativar enzimas, produzir coloração característica e floculação de parte do produto. Os flocos resultantes podem ser eliminados por sedimentação ou filtração, num processo denominado clarificação. Alguns tipos de shoyu, como o tamari, são adicionados de conservantes, pois não são pasteurizados.

A Figura 7.3 apresenta diferentes molhos de soja shoyu. A Figura 7.4 apresenta o fluxograma do processo de fabricação do shoyu koykushi.

FIGURA 7.3 Diferentes formas de apresentação do shoyu.

7.4.3 Tempeh

O tempeh é um produto típico da Indonésia. É preparado originalmente a partir da soja, mas possui variações preparadas com arroz ou feijão. Quando preparado a partir da soja, apresenta vantagens em relação ao grão não fermentado, como maior digestibilidade e concentrações de aminoácidos, ácido graxos e vitaminas.

Inicialmente os grãos de soja são lavados e macerados por 24 horas em água. A hidratação também pode ocorrer em soluções contendo ácido láctico (0,85%), com a finalidade de prevenir o crescimento de bactérias indesejadas, sobretudo {I}bacillus{/I} esporulados. Em seguida, os grãos são cozidos no vapor ou em água em ebulição por 30 minutos, tempo suficiente para soltar as cascas da soja, que podem ser removidas manualmente, nos processos artesanais, enquanto nos processos industriais a casca da soja pode ser retirada no produto seco, por equipamentos específicos. Os grãos de soja são então drenados e inoculados por pulverização com o {I}Rhizopus oligosporus{/I} em suas formas vegetativa e esporulada. A soja inoculada é disposta em bandejas, parcialmente cobertas para

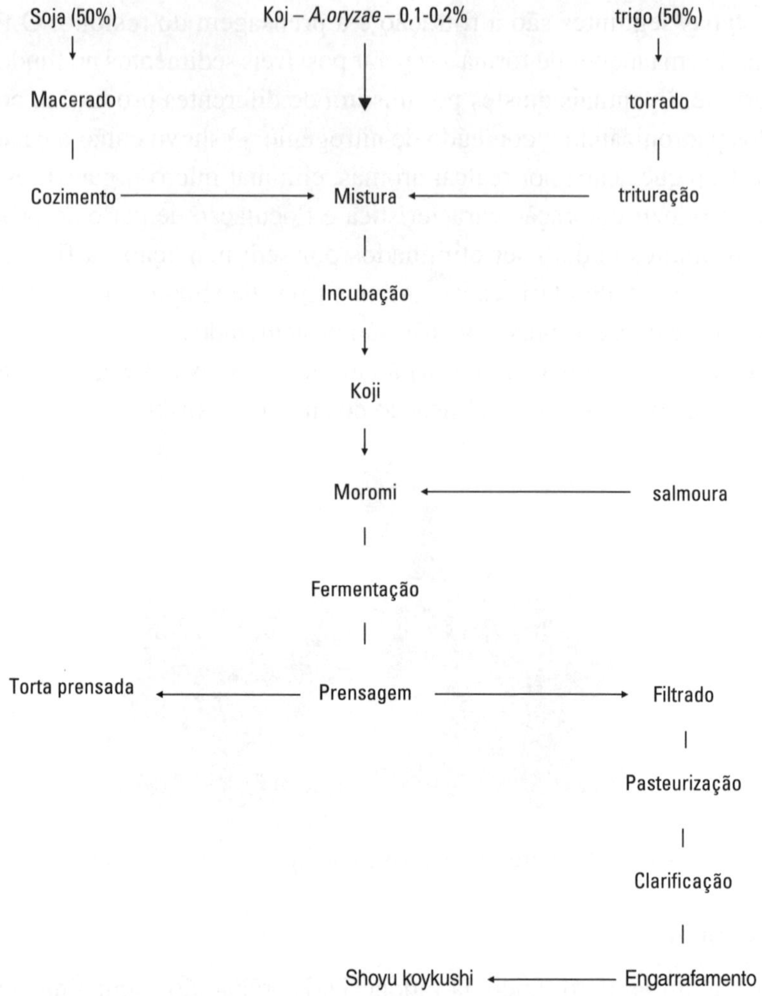

FIGURA 7.4 **Fluxograma representativo da preparação do shoyu koykushi.**

evitar excessiva desidratação e incubadas a 35-37ºC por 14 a 18 horas e 75-77% de umidade relativa.

O produto recém-preparado tem a aparência de uma torta fresca, recoberta e entremeada pelo micélio branco do bolor, com odor característico de leveduras, e pode ser consumido desta forma, denominado de cru, ou então frito, ou adicionado em sopas. Devido ao conteúdo de umidade, sua vida de prateleira não é estendida.

Quando a finalidade é seu armazenamento prolongado, o produto é seco a 90ºC por 2 horas e depois embalado em filmes plásticos nos mais variados formatos, e é consumido como um biscoito ou acompanhando refeições.

A Figura 7.5 apresenta diversas versões do tempeh.

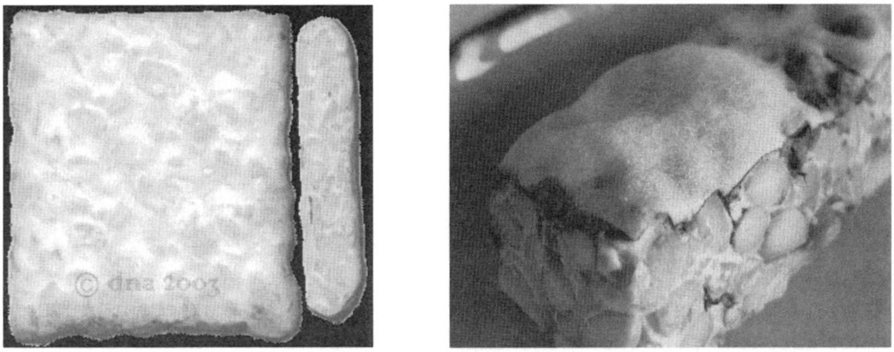

(a) (b)

FIGURA 7.5 Apresentações do tempeh – a) desidratado, na forma de barra; b) fresco, recém-elaborado.

7.4.4 Natto

É um produto desenvolvido no Japão há pelo menos 1000 anos. Há vários tipos de natto, porém sua característica fundamental é a fermentação por bactérias. Quando recém-preparado, apresenta uma aparência pegajosa, sabor adocicado e aroma característico. No Japão é sempre consumido com molho shoyu ou mostarda.

A produção do natto é relativamente simples. As sojas são lavadas e maceradas em água por 8 a 12 horas. Os grãos macerados são então cozidos no vapor em equipamentos preferencialmente rotativos por 20 a 30 minutos a 1-1,5 kgf/cm^2, ou até tornarem-se bem macios e tenros. O cozimento rotativo é importante para uma cocção bastante homogênea. Os grãos são então drenados e resfriados até 40 °C e, então, inoculados pelo micro-organismo responsável pela fermentação, o {I}Bacillus subtilis{/I}, ou {I}B.natto{/I}, como é popularmente denominado. Antes que se inicie a fermentação, propriamente dita, a soja é disposta em embalagens e fermentada a 40-43°C por 14 a 20 horas. No início da fermentação, a umidade relativa deve ser mantida alta, em torno de 80%, e esta etapa é caracterizada pelo desenvolvimento da fase lag do micro-organismo, com duração de aproximadamente 8 horas; em seguida, ocorre a fase de crescimento logarítmico do micro-organismo, quando o oxigênio deve ser suplementado por aeração, e a temperatura sobe para aproximadamente 50°C, cuja característica principal é a formação de um material viscoso; finalmente, nas últimas 4 horas, o crescimento entra em fase estacionária quando passa a ocorrer a lise dos micro-organismos e a formação de esporos, com consequente desenvolvimento de sabor e aroma.

A Figura 7.6 apresenta o natto, as formas de preparo e o consumo.

(a) (b) (c)

FIGURA 7.6 Apresentação e formas de consumo do natto – a) recém-preparado; b) embalado, acompanhado de {I}sachet{/I} de mostarda; c) consumido com arroz.

7.5 VINAGRE

O vinagre é um alimento muito antigo, cuja origem remonta a milhares de anos, e é utilizado principalmente para dar sabor e aroma aos alimentos, ajudar na conservação de hortaliças e carnes e até como agente de limpeza (Aquarone e Zancanaro Júnior, 1983).

De acordo com a legislação brasileira (Brasil, 1999a, b), o

{I}fermentado acético é o produto obtido da fermentação acética do fermentado alcoólico de mosto de frutas, cereais ou de outros vegetais, de mel, ou da mistura de vegetais, ou ainda da mistura hidroalcoólica, devendo apresentar acidez volátil mínima de 4,0 (quatro) gramas por 100 mililitros, expressa em ácido acético, podendo ser adicionado de vegetais, partes de vegetais ou extratos vegetais aromáticos ou de sucos, aromas naturais ou condimentos.

{/I}A legislação brasileira, e da maioria dos países, proíbe a elaboração de vinagre por diluição do ácido acético de origem não fermentativa. O vinagre é classificado de acordo com sua origem, em geral a partir do vinho tinto ou branco. Quando obtido de outros produtos alcoólicos, a legislação nacional permite o uso do nome vinagre, porém seguido da matéria-prima de origem.

Provavelmente a produção comercial de vinagre surgiu com a própria indústria de vinho e cerveja, na qual a fermentação acética deve ser prioritariamente evitada. A contaminação de vinhos e cervejas por bactérias acéticas resultou num conhecimento tanto sobre as formas de evitá-la como de favorecê-la. O século XVII apresentou os primeiros registros da produção industrial de vinagre na Europa, originalmente na França, de onde se espalhou para outros países e regiões do mundo (Thacker, 1996). A tecnologia de fabricação de vinagre foi trazida para o Brasil com a fabricação de vinho, principalmente pelos imigrantes europeus que chegaram ao país no final do século XIX e início do século seguinte.

Ainda na Europa, nos primórdios desta indústria, a constatação de que o vinho exposto ao ar era oxidado foi um dos primeiros passos para entender o processo de fabricação do vinagre. Percebeu-se que a contaminação natural ou naturalmente selecionada era capaz de contaminar barris parcialmente cheios, o que gerou a operação do “atesto” na fabricação do vinho, quando os barris eram cheios completamente evitando-se seu avinagramento. O próximo passo foi o desenvolvimento do conceito de geradores do processo fermentativo, tanto na produção de vinhos como na do vinagre, quando parte do material previamente fermentado supria de micro-organismos um próximo lote a ser fermentado, o que mais tarde foi designado de pé de cuba ou geradores de fermentação.

No caso do vinagre, a necessidade de aeração levou à criação de três sistemas básicos: o primeiro processo foi denominado de processo lento, francês, ou Órleans, e é baseado na formação do ácido acético num sistema em superfície. O segundo processo foi denominado de rápido, vinagreira, ou processo alemão, em que foram elaborados suportes de materiais inertes (normalmente lascas de madeira ou sabugos de milho), nos quais as bactérias se depositavam, e a passagem por gotejamento do vinho sobre esse material produzia a oxidação necessária para a produção do vinagre. Por último, mais recentemente, foi desenvolvido o método de cultura submersa, em reatores controlados, tradicionalmente encontrados em grandes instalações em virtude da alta produtividade e rendimento.

O gerador de vinagre por gotejamento pode ser considerado o primeiro fermentador aeróbico desenvolvido. No final do século XIX e início do século XX, com o desenvolvimento da microbiologia e as descobertas de Pasteur, foi introduzida a prática da pasteurização do mosto, seguida de inoculação de 10% de “vinagre forte”, hoje designado de pé de cuba, não pasteurizado, para acidificar o meio e prevenir contaminação por micro-organismos indesejados (Stanbury {I} et al.{/I}, 1995).

De acordo com Frazier e Westhoff (1985), a composição do vinagre depende da matéria-prima utilizada na sua fabricação. Os vinagres de frutas e licores malteados possuem traços do aroma desses materiais. O processo de fabricação também influi grandemente. Os vinagres produzidos pelos métodos lentos são menos ácidos que os fabricados pelos métodos rápidos, porque sofrem um envelhecimento durante a sua preparação. Os vinagres de fabricação rápida melhoram consideravelmente seu sabor e adquirem mais corpo quando submetidos ao envelhecimento em barris. Segundo a legislação nacional vigente (Brasil, 1999a, b), o fermentado acético deve apresentar as seguintes características sensoriais: cor compatível com a origem dos componentes da matéria-prima e nutrientes, aroma acético, sabor ácido e aspecto ausente de elementos estranhos à sua natureza.

7.5.1 A Fermentação Acética

A oxidação do etanol em ácido acético dá-se em duas etapas, tendo o acetaldeído como produto intermediário.

Durante a fermentação alcoólica, a glucose é transformada em etanol:

$$C_6H_{12}O_6 \Rightarrow 2CO_2 + C_2H_5OH$$

$$\text{Glucose} \Rightarrow \text{dióxido de carbono} + \text{etanol}$$

Na fermentação acética, inicialmente o etanol é transformado em acetaldeído:

$$C_2H_5OH + \tfrac{1}{2}O_2 \Rightarrow CH_3COH + H_2O$$

$$\text{Etanol} + \text{oxigênio} \Rightarrow \text{acetaldeído} + \text{água}$$

Posteriormente, o acetaldeído é transformado em ácido acético:

$$CH_3COH + \tfrac{1}{2}O_2 \Rightarrow CH_3COOH + H_2O$$

$$\text{Acetaldeído} + \text{oxigênio} \Rightarrow \text{ácido acético} + \text{água}$$

A reação simplificada, excluindo-se o acetaldeído como produto intermediário fica:

$$2C_2H_5OH + O_2 \Rightarrow 2CH_3COOH + 2H_2O$$

$$\text{Etanol} + \text{oxigênio} \Rightarrow \text{ácido acético} + \text{água}$$

Porém,

$$2C_2H_5OH + 6O_2 \Rightarrow 4CO_2 + 6H_2O$$

$$\text{Etanol} + \text{oxigênio em excesso} \Rightarrow \text{dióxido de carbono} + \text{água}$$

Em condições de excesso de oxigênio ou deficiência de etanol nenhum ácido acético é formado, gerando praticamente dióxido de carbono e água. Teoricamente, 1 kg de etanol necessita de 0,69 kg de O_2 ou 3,5 kg de ar. As bactérias acéticas necessitam de 7750 cm^3 de ar/g.h por matéria seca, o que deve ser suprido durante todo o processo, levando-se em conta eventual evaporação tanto do etanol como do ácido acético nesse procedimento.

Fica evidente a importância do controle da aeração na fermentação acética, cujo rendimento teórico indica que 1g álcool produz 1,304 g de ácido acético. Na prática, esse rendimento pode variar e, quando diminui, o fato é atribuído à evaporação tanto do etanol como do ácido acético, principalmente no processo rápido, por gotejamento, ou pelo processo de envelhecimento, quando o ácido acético se transforma em acetato de etila.

Outro fator importante é a liberação de calor durante a transformação do etanol em ácido acético. Quando 1 mol de álcool é convertido em 1 mol de ácido acético são liberadas 115 kcal. Isso faz com que nos processos submersos a temperatura seja devidamente controlada em torno de 25-30°C, impedindo a inviabilidade e até a morte dos micro-organismos. Nos processos em superfície, ou com quantidades reduzidas de mosto, a energia se dissipa mais facilmente.

Do ponto de vista nutricional, a maioria dos vinagres produzidos a partir de frutas contém ingredientes necessários para uma boa fermentação. Porém, com matérias-primas mais pobres, aconselha-se uma suplementação, por litro de mosto, de: 0,9g açúcar; 0,5g de $(NH_4)_2HPO_4$; 0,1g de $MgSO_4$; 0,1g de citrato de potássio; e 0,001g de Pantetonato de cálcio.

As culturas de interesse industrial normalmente compreendem {I}Acetobacter aceti{/I}, {I}A.xylinoides{/I}, {I}A.orleanense{/I}, e outros. Teores alcoólicos inferiores a 40g/litro nos processos lento e rápido podem favorecer a contaminação por outras bactérias e leveduras, além de produzir um vinagre fraco, cuja evaporação pode diminuir ainda mais o teor de ácido acético. Já teores acima de 100g/litro no processo submerso são em geral tóxicos para a maioria das bactérias acéticas, mesmo as mais adaptadas.

A fermentação acética requer, como na maioria dos processos fermentativos, bactérias adaptadas à acidez. Nos processos lento e rápido a acidez inicial é em torno de 3%, enquanto no processo submerso esta acidez fica em 1%. Concentração mais baixa para os processos lento ou rápido resulta numa indução muito longa, levando a perdas de etanol e ácido acético, enquanto concentrações altas de ácido no processo submerso podem ser tóxicas no início da fermentação (Aquarone e Zancanaro Junior, 1983).

7.5.2 Processo de fabricação lento, francês ou órleans

Este é o processo de obtenção do vinagre em superfície. É um método tradicionalmente utilizado para pequenas empresas ou de forma artesanal. O vinho é colocado em barris, parcialmente cheios (2/3 do volume total, aproximadamente). O controle da temperatura é importante para evitar tanto a evaporação do ácido acético produzido como propiciar um crescimento adequado para as bactérias acéticas. Assim, a temperatura ideal é em torno de 20 a 25°C. A relação área/volume também é importante para garantir a aeração e deve ser mantida em torno de $0{,}1cm^{-1}$.

Inicialmente, parte do volume do barril deve ser suprida com vinagre não pasteurizado, com células viáveis. O crescimento microbiológico inicia-se e, à medida que o vinagre é produzido, as retiradas e adições de vinho devem ser feitas sempre por baixo, para não perturbar a película de bactérias acéticas formadas na superfície, evitando seu afundamento.

7.5.3 Processo de fabricação rápido ou vinagreira

Este processo consiste em um equipamento construído com material resistente ao ácido, geralmente madeira, alvenaria ou aço inoxidável, em que um suporte inerte contendo as bactérias acéticas recebe, por gotejamento, o vinho a ser fermentado. O vinho entra em contracorrente com o ar, o que promove o crescimento das bactérias acéticas e a oxidação do etanol. Ao atingir a base do equipamento, uma bomba retorna o vinho para o topo do equipamento e o gotejamento se sucede. Seu controle é relativamente complicado, pois envolve uma relação área/aeração/vazão de gotejamento/controle de temperatura mais ou menos complexa, além de problemas mais simples como proliferação de outras bactérias indesejáveis e insetos.

7.5.4 Processo de cultura submersa ou Frings

Este é o processo industrial mais usado, patenteado originalmente por Heinrich Frings-Bonn, na Alemanha, na década de 1950, e encontrado atualmente em diversos países. Consiste em um reator no qual a temperatura é controlada por um sistema de serpentinas e a concentração de oxigênio é mantida constante através de um aerador no fundo do tanque, além de possuir um sistema de quebra de espuma no topo do equipamento, e sistemas automáticos para carga de vinho e descarga de vinagre.

Os acetificadores industriais possuem grande capacidade, chegando a 100 mil litros. Para sua operação, são parcialmente cheios do fermentado alcoólico (2/3 da capacidade do tanque), e inicia-se o processo. O controle do teor alcoólico é realizado no início e no final do processo, porém a acidez pode ser determinada em intervalos constantes.

7.5.5 Comentários finais

Todas as formas de produção de vinagre podem gerar produtos de excelente qualidade, desde que devidamente controlados os parâmetros do processo e a qualidade da matéria-prima. A Tabela 7.4 apresenta uma comparação entre diversos processos de avinagramento.

TABELA 7.4 Comparação entre processos de avinagramento

	Tipo de processo		
	Órleans	Vinagreira	Submerso
Qualidade do vinagre	Ótima	Depende do envelhecimento	Depende de clarificação e envelhecimento
Custo do equipamento	Baixo	Alto	Alto
Rendimento do processo	Variável	Variável	Alto
Produtividade	Baixa	Variável	Alta
Facilidade operacional	Grande	Média	Grande, dependente de automação
Manutenção do equipamento	Simples	Trabalhosa	Simples
Volume de produção	Pequeno	Médio	Grande

O envelhecimento do vinagre sempre melhora as suas características organolépticas, principalmente daqueles elaborados com frutas, cereais e mel, enquanto o vinagre de álcool praticamente não sofre alterações, devido à pobreza de sua composição (Palma {I}et al.{/I}, 2001).

O envelhecimento em madeira como o bálsamo, por tempo prolongado (até 10 anos), pode alterar positivamente o sabor do produto, o que geralmente é bastante apreciado.

REFERÊNCIAS

Aquarone, E.; Zancanaro Junior, O. 1983. Vinagres. Capítulo 5. In: Aquarone, E.; Lima, U.A.; Borzani, W. Alimentos e bebidas produzidos por fermentação. v. 5. São Paulo: Editora Edgard Blucher, 246 p.

Brasil(a). Agência Nacional de Vigilância Sanitária – Ministério da Saúde. 1999. Resolução nº 382 de 5 de agosto de 1999. Regulamento técnico que aprova o uso de aditivos alimentares, estabelecendo suas funções e seus limites máximos para a Categoria de Alimentos 13 – Molhos e Condimentos. Diário Oficial da União. Brasília, DF, 9 de ago. 1999. Seção 1, pt.1.

Brasil(b). Agência Nacional de Vigilância Sanitária – Ministério da Saúde. 1999. Resolução nº 386 de 5 de agosto de 1999. Regulamento técnico que aprova o uso de aditivos alimentares segundo as boas práticas de fabricação e suas funções. Diário Oficial da União, Brasília, DF, 9 ago. 1999, Seção 1, pt.1.

Cortez, L.A.B.; Honório, S.L.; Moretti, C.L. 2002. Resfriamento de frutas e hortaliças. Embrapa Informação Tecnológica. Brasília, DF, 428 p.

Coward, L., Barnes, C., Setchell, K.D.R., Barnes, S., 1993. Genitein, daidzein, and their β-glicoside conjugates: antitumor isoflavones in soybean foods from American and asian diets. Journal of Agricultural and Food Chemistry, 41 (11): 1961-7.

Embrapa Soja. 2004. A soja no Brasil. Disponível em: http://www.cnpso.embrapa.br. Acesso em: mar. 2004.

Golbitz, P.; Jordan, J. 2006. Soyfoods; Market and Products. In: RIAZ, M.N. Soy application in food. Nova York: CRC Press, cap. 1, 2-21.

Goldoni, J.S. 1983. Fermentação láctica de hortaliças e azeitonas. Capítulo 7. In: Aquarone, E.; Lima, U.A.; Borzani, W. Alimentos e bebidas produzidos por fermentação. v.5. São Paulo: Edgard Blücher, 246p.

Gomes, R.P. 1976. A soja. 2. ed. São Paulo:. Nobel, 151p.

Liu, K., 1999. Soubeans: chemistry, technology and utilization. Chapman & Hall, Nova York, 532.

Luh, B.S.; Ferguson, L. 1994. Processing californina olives. In: Ferguson, L.; Sibbett, G.S.; Martin, G.C. 1994. Olive Production Manual. Univ. Calif., Div. Agric. and Natural Resources. Pub. n. 3353, Chapter 20, p. 133-32.

Luh, B.S.; Martin, M.H. 1996. Olives. In : Somogyi, L.P., Barret, D.M., Hui, Y.H., (eds.) Processing fruits: science and technology, v. 2; Major processed products. Lancaster, EUA, Technomic Publishing Co., 560p.

Song, T.; Barua, K.; Buseman, G.; Murphy, P.A. 1998. Soy isoflavone analysis: quality control and new internal standard. The American Journal of Clinical Nutrition, v. 68 (suppl.), p. 1474S-79S.

Snyder, H.E., Kwon, T.W., 1987. Soybean utilization. AVI Book, Nova York, 346.

Sutter, E.G. 1994. Olive cultivars and propagation. In : Somogyi, L.P., Barret, D.M., Hui, Y.H., (eds.) Processing fruits: science and technology, v. 2; Major processed products. Lancaster, EUA, Technomic Publishing Co., 560p.

Capítulo 8

Processos fermentativos e enzimáticos do leite

Thiago Rocha dos Santos Mathias • Eliana Flávia Camporese Sérvulo

CONCEITOS APRESENTADOS NESTE CAPÍTULO

Tendo em vista a grande inserção de derivados lácteos na dieta diária de consumidores de todo o mundo, neste capítulo são apresentados os conceitos e os fundamentos básicos da tecnologia de produção dos principais produtos deste setor – leites fermentados e queijos. Previamente, são abordados os assuntos comuns, como as matérias-primas, suas características e composição, e os principais tratamentos utilizados pela indústria de laticínios, bem como os bioagentes, micro-organismos e enzimas envolvidos nos principais processos, e seus respectivos mecanismos de atuação. Posteriormente, são detalhados os processos de produção dos referidos produtos.

8.1 INTRODUÇÃO

O leite é um alimento muito nobre em sua composição e possui características nutricionais. Sua utilização, *in natura* ou em bebidas e alimentos derivados (conhecidos como laticínios), é bastante significativa, e desde a Antiguidade estão presentes na dieta diária do ser humano, em todo o mundo. Com os avanços tecnológicos e a identificação da ação de micro-organismos na obtenção de produtos fermentados, chegou-se aos atuais produtos obtidos a partir do processamento do leite, dentre os quais se podem destacar os leites fermentados e as bebidas lácteas, e os mais variados tipos de queijos.

Vale, ainda, ressaltar que a busca por uma alimentação mais saudável e de melhor qualidade de vida promove o desenvolvimento e consumo dos chamados alimentos funcionais. Estes, além de suas funções nutricionais básicas, demonstram diversos benefícios fisiológicos e/ou reduzem o risco de doenças crônicas (Wildman, Wildman e Wallace, 2006; Goldberg, 1995). Seu consumo regular pode potencialmente reduzir as chances de ocorrência de certos cânceres, doenças do coração, osteoporose, disfunções intestinais e muitos outros problemas de saúde. Há uma grande variedade de produtos que atendem a esta proposta, tendo a indústria de laticínios papel fundamental, produzindo uma grande parte dos alimentos funcionais existentes no mercado.

O Brasil, com produção de leite entre 32 e 34 milhões de toneladas anuais de 2011 a 2013, desponta mundialmente como um dos principais produtores de leite, na quarta posição, enquanto no primeiro lugar se encontra os Estados Unidos, com cerca de 90 milhões de toneladas produzidas anualmente neste período (FAO, 2014). Estima-se que a demanda por leite em países desenvolvidos aumente em 25% em 2025 (FAO, 2008). Se por um lado a produção de leite e derivados no Brasil é elevada, o consumo *per capita*/ano ainda está bem abaixo do valor recomendado pela Organização Mundial da Saúde (OMS) (IBGE, 2011; Muniz, Madruga e Araújo, 2013). Em média, o consumo de leite e derivados é de 135 litros por habitante, por ano, enquanto, segundo a OMS, o consumo desejável por adulto por ano é de cerca de 200 litros equivalentes (Santini, Pedra e Pigatto, 2009).

No cenário mundial, a busca por uma melhor qualidade de vida tem estimulado a adoção de dietas balanceadas, o que tem intensificado o consumo de leite e derivados lácteos (Rodrigues *et al.*, 2013).

8.2 MATÉRIAS-PRIMAS

8.2.1 Leite

O leite *in natura* é o produto proveniente da ordenha completa e ininterrupta das fêmeas de animais mamíferos, que tem por finalidade natural a amamentação para nutrição de suas crias (Brasil, 2008). Entretanto, desde a Antiguidade o homem vem utilizando este produto de maneira complementar à sua própria alimentação. Deste modo, pode ser utilizado como produto ou ser a matéria-prima para diferentes processamentos para obtenção de diversos produtos de tecnologias da fermentação e enzimática. Geralmente, a maior utilização é do leite de origem bovina, embora leites de outras espécies possam ser utilizados, como os de cabra, de ovelha e de búfala.

8.2.1.1 Composição

O leite apresenta elevada riqueza nutricional, sendo constituído de uma mistura complexa de substâncias orgânicas e inorgânicas, com composição centesimal variável em função da espécie do animal que o origina. Contudo, a composição do leite pode ser diferenciada entre animais da mesma espécie, dependendo de diferentes fatores, tais como o estágio de lactação, a persistência na lactação, a ordem de lactação, a prática de ordenha, a região geográfica e a época do ano (Bezerra *et al.*, 2010; Muehlhoff, Bennette Mcmahon, 2013; Rodrigues *et al.*, 2013).

O principal constituinte do leite é a água, cuja composição centesimal em massa é de 80 a 90%. Outros componentes presentes no leite em significativas quantidades podem ser listados (Almeida *et al.*, 2013; Muehlhoff, Bennett e Mcmahon, 2013; Rodrigues *et al.*, 2013; Hernández-Ledesma, Ramos e Gómez-Ruiz, 2011; Law e Tamime, 2010; Costa, Jiménez-Flores e Gigante, 2009; Abranches *et al.*, 2008; Mansson, 2008; Chandan *et al.*, 2006; Walstra, Wouters e Geurts, 2006; Sgarbieri, 2005):

- Carboidratos: O principal carboidrato presente no leite é a lactose, em concentrações na faixa de 3,8 a 5,3% (m/m). A lactose é um dissacarídeo composto de glicose e galactose unidas por ligação glicosídica do tipo β 1,4. Além de fonte de energia, contribui para amolecer e facilitar a eliminação das fezes, e ainda favorece a absorção de água, sódio e cálcio. A lactose apresenta importante papel na tecnologia de obtenção de produtos derivados do leite, visto que os micro-organismos empregados a metabolizam, produzindo ácido láctico, o qual confere aos leites fermentados um sabor ligeiramente ácido, e ainda favorece a coagulação das proteínas.
- Gordura: Em geral, a concentração de gordura no leite de origem bovina varia de 2,5 a 5,5% (m/m). A composição dos lipídios é complexa, principalmente composta de triacilgliceróis (também designados triacilgliceróis, gorduras ou gorduras neutras), que representam aproximadamente 98% da fração lipídica. Os demais constituintes da gordura do leite são: diacilglicerol, fosfolipídios, colesterol, e ácidos graxos livres. Os triacilgliceróis são formados por ácidos graxos de variado número de átomos de carbono (4-24) e de níveis de saturação. Mais de 400 ácidos graxos já foram identificados na gordura do leite; sendo os saturados os mais abundantes, equivalendo a aproximadamente 70% m/m da fração lipídica, estando o ácido palmítico em maior proporção. Dentre os insaturados, há preponderância do ácido oleico (C18:1), o qual representa 30-40% do conteúdo total lipídico. A gordura

apresenta importante papel na textura do leite e dos derivados lácteos, além de influenciar na sua cor e no seu sabor. Por isso, na maioria das vezes, se faz necessária a padronização do teor de gordura no leite para obtenção de produtos lácteos homogêneos e, portanto, mais atraentes ao consumidor.

- Proteínas: O conteúdo total de proteínas, de alto valor biológico, varia de 2,3 a 4,4% (m/m), podendo, então, ser o leite considerado um alimento proteico. As proteínas do leite podem ser classificadas, de acordo com suas propriedades físico-químicas e estruturais, em: caseínas; proteínas do soro; proteínas das membranas dos glóbulos de gordura; enzimas e fatores de crescimento. Dentre as proteínas do leite, a caseína é a mais abundante, correspondendo a cerca de 80% da fração proteica no leite de vaca.

A caseína, proteína lipossolúvel, contém todos os aminoácidos essenciais para o funcionamento do organismo. É constituída por uma mistura de fosfoproteínas, predominantemente αs1-, αs2-, β-, and κ-caseínas, e proteínas de menor massa molar, resultantes da hidrólise destas frações pela plasmina, uma protease alcalina presente no leite cru; por exemplo, a γ-caseína que deriva da hidrólise da β-caseína. A caseína contém um número relativamente elevado do aminoácido prolina, o que lhe confere baixa solubilidade em água, e não apresenta ligação dissulfeto. Em consequência, a caseína não possui estruturas secundária ou terciaria bem definidas, e não forma estrutura globular, o que não lhe permite sofrer desnaturação pelo calor. A maior parte das frações de caseína, 80-95%, encontra-se no leite na forma de dispersões coloidais, compondo partículas denominadas micelas, altamente hidratadas (cerca de 4 g de água/g de caseína), e de tamanho variável, com diâmetro de 50 a mais de 300 μm; o restante se encontra disperso no leite. A formação de micelas se deve à presença de grupos polares (hidrofóbicos) e apolares (hidrofílicos), e a diferentes mecanismos de interação, como ligações iônicas e de hidrogênio, forças de van der Waals e interações eletrostáticas.

A estrutura micelar da caseína ainda não foi bem elucidada, porém sugere-se que as frações da caseína no leite se distribuam, conforme ilustrado na Figura 8.2, assim: (i) as frações α e β-caseínas se localizam internamente à micela, e, por serem altamente fosforiladas, se ligam entre si pela interação das cargas negativas dos grupamentos fosfato a íons cálcio; é sugerido que o fosfato de cálcio se liga aos grupos NH_2 da lisina enquanto o cálcio interage com o grupo carboxílico desprotonado (COO^-); e (ii) a fração κ-caseína pode ser dividida em duas partes, os resíduos 1-105 (região hidrofóbica) e os resíduos 106-169 (região hidrofílica), e garante a estabilidade das micelas, devido a estar disposta na região mais externa, podendo fazer ligações dissulfeto com as proteínas lactoalbumina e lactoglobulina, e à baixa reatividade a íons, impedindo a precipitação das outras frações de caseína por ação de cálcio. A precipitação da caseína é possível por ação de enzimas proteolíticas, e também por ácidos (ponto isoelétrico em pH 4,6), mas não ocorre coagulação pelo calor. A caseína tem importante aspecto tecnológico para obtenção de produtos lácteos, devido à sua resistência térmica e aos seus diferentes mecanismos de coagulação, que serão abordados adiante.

Proteínas do soro é o termo empregado para denominar o grupo de proteínas que permanecem solúveis no soro do leite após a precipitação da caseína (pH 4,6 a 20°C). Estas proteínas correspondem a menos de 1% m/m da fração proteica do leite, e são constituídas em maior proporção (cerca de 80%) pelas proteínas globulares α lactoalbumina e β lactoglobulina; os demais constituintes são: albumina do soro bovino, imunoglobulinas, e lactoferrina, que podem variar em tamanho e massa molar. Apresentam várias propriedades funcionais, tais como formação e estabilidade de espuma, emulsibilidade, capacidade de gelificação, elevada solubilidade, formação de filmes e cápsulas protetoras. A β lactoglobulina é a mais abundante, e possui duas ligações dissulfeto e um grupo tiol livre, na região interna da estrutura proteica, e, portanto, não reativos. Quando ocorre a desnaturação da β lactoglobulina pelo calor (acima de 70°C), a exposição do grupo –SH, possibilita sua reação com a caseína, o que tem efeito importante nas propriedades físico-químicas do leite para processamento. A α lactoalbumina apresenta alto teor de triptofano (6%), além de ligações dissulfeto. Diferentemente da caseína, uma proteína lipossolúvel, as proteínas do soro são solúveis em água, coagulam pelo calor, não são sensíveis à ação enzimática, e não precipitam na presença de cálcio.

- Minerais (cinzas): Têm grande importância nas propriedades funcionais do leite, como na coagulação da caseína. O conteúdo total de sais minerais varia de 0,5 a 0,7% (m/m) no leite de vaca, abrangendo vários elementos. Em ordem decrescente de quantidade, têm-se em valores médios de mg: K (145); Ca (112); P (91); Na (42); Mg (11); Zn (0,4); e Fe (0,1). Outros minerais também encontrados, embora em quantidades de µg, são: Mn; Se; e Cu. Os minerais podem estar na fase solúvel, como sais orgânicos e inorgânicos, principalmente, cloretos, fosfatos e citratos de sódio, cálcio e magnésio, ou na fase coloidal, associados às proteínas do leite, por exemplo, a caseína, contribuindo para a estabilidade da micela. A proporção dos minerais nas duas fases pode ser afetada por variações de temperatura ou de pH; donde a importância dos sais minerais na tecnologia de produtos lácteos.

- Vitaminas: O leite contém diferentes vitaminas, tanto lipossolúveis (A, D, E,e K, C), em associação à fração lipídica, quanto hidrossolúveis (C e do complexo B, incluindo tiamina (B_1), riboflavina (B_2), piridoxina (B_6), cianocobalamina (B_{12}), ácido pantotênico (B_5), niacina (B_3), biotina (B_8 ou H) e ácido fólico (B_9 ou M)), na fase aquosa. Todas as vitaminas são afetadas pelo calor, embora as vitaminas lipossolúveis sejam mais estáveis do que as hidrossolúveis. A vitamina C é particularmente propensa à degradação térmica e à oxidação, e, assim como as vitaminas A e B_2, é fotossensível. Outros fatores que influenciam a degradação de vitaminas são: concentrações de sal e de açúcar, pH e enzimas. Portanto, o processamento do leite, bem como sua estocagem, pode resultar na perda de vitaminas, sendo fundamental adotar tecnologias que garantam a sua qualidade nutricional.
- Outros constituintes: Também são encontradas no leite enzimas, principalmente oxidorredutases e hidrolases, bem como hormônios.

8.2.1.2 Qualidade do leite

As exigências de qualidade para o leite cru quer para o consumo direto quer para a produção de derivados lácteos são definidas com base na composição química, características físico-químicas e de higiene, visando garantir as propriedades nutritivas e sensoriais, e as qualidades tecnológicas desses alimentos, bem como evitar comprometimento à saúde humana (Butler *et al.*, 2011; Monardes, 2004; Brito e Brito, 2001). Garantir a qualidade do leite é fundamental por ser base da alimentação e sua natureza perecível, devendo-se atender a legislação brasileira, definida pela Instrução Normativa 51, de 18 de setembro de 2002, aprovada pelo Ministério da Agricultura, Pecuária e Abastecimento (Brasil, 2002).

No que concerne à qualidade higiênica ou inocuidade, o leite deve apresentar baixa carga microbiana, representada pelas contagens de bactérias totais e de células somáticas (CS). As CS são as células de defesa do organismo (macrófagos, linfócitos, neutrófilos, e principalmente leucócitos), que passam para o leite em resposta a um processo inflamatório nas glândulas mamárias (úbere) da vaca. Por isto é que o número de CS é usado como medida-padrão de qualidade relacionada com a composição, o rendimento industrial e a segurança alimentar do leite (Brasil *et al.*, 2012).

A atividade microbiana resulta na decomposição dos constituintes do leite, como gorduras, proteínas e/ou carboidratos, o que, além de alterar o valor nutricional do leite, pode torná-lo impróprio para o consumo e a industrialização. A lactose é metabolizada diretamente por algumas espécies microbianas com capacidade de síntese da enzima β-galactosidase, que catalisa a hidrólise da lactose em galactose e glicose no citoplasma, e de uma permease, responsável pelo transporte da lactose pela membrana celular, tornando-a disponível para metabolização intracelular. O consumo de gorduras e proteínas é dependente da capacidade de os micro-organismos produzirem, respectivamente, as enzimas lípases e proteases. Por sua vez, a ação destas enzimas pode levar à alteração de sabor e odor do leite, perda de consistência e gelificação do leite.

Deve-se garantir o resfriamento do leite logo após a ordenha de modo a reduzir o metabolismo da microbiota natural (Santos e Fonseca, 2007). Atenção especial deve ser dada à temperatura e ao período de armazenamento do leite, posto que estes fatores interferem na multiplicação dos micro-organismos no leite, alterando o número de bactérias totais (Guerreiro *et al.*, 2005). Destaca-se que longos períodos de armazenamento podem favorecer a proliferação de micro-organismos psicrotróficos, que são aqueles com capacidade de se desenvolver entre 0°C e 7°C, independentemente de qual seja a temperatura ótima de crescimento (Santos e Fonseca, 2003). Em geral, a maioria das bactérias psicrotróficas são mesofílicas, sendo encontradas no leite, espécies dos gêneros *Pseudomonas, Micrococcus, Bacillus, Clostridium, Achromobacter, Lactobacillus* e *Flavobacterium* (Brito e Brito, 2001). No leite e em derivados lácteos, as bactérias psicrotróficas normalmente presentes apresentam a capacidade de produzir enzimas lipolíticas e proteolíticas termoestáveis, ou seja, não são eliminadas pela ação do calor.

O leite ainda deve ser isento de substâncias como antibióticos, normalmente administrados no tratamento de animais doentes, e de desinfetantes, pesticidas e conservantes, tais como antioxidantes (Butler *et al.*, 2011; Sheehan, 2013). A presença destas substâncias, em especial de antibióticos, pode causar resistência em espécies nativas, e riscos de ocorrência de doenças em seres humanos, como reações alérgicas. Do ponto de vista tecnológico, as culturas lácteas empregadas na fabricação de derivados como iogurte e queijo podem ser sensíveis aos resíduos de antibióticos e outros agentes antimicrobianos (Katla *et al.*, 2001). Na produção destes derivados lácteos, a composição do leite pode interferir na consistência do coágulo e sinérese.

Em suma, é importante que o leite seja obtido de animais saudáveis, e manipulado de forma higiênica, seguindo as boas práticas de fabricação. Caso algum destes requisitos não seja cumprido, diferentes problemas tecnológicos poderão ocorrer, tais como inibição da atividade microbiana ou da atuação enzimática, aumento do tempo de processamento e redução do rendimento do produto obtido, bem como perda da qualidade sensorial e segurança alimentar do consumidor. Ademais, um tratamento térmico (aquecimento ou resfriamento) inadequado poderá resultar em modificação da estrutura das moléculas, em particular da estrutura terciária da caseína, e das propriedades físico-químicas do leite, acarretando a inviabilização do seu processamento biotecnológico, ou obtenção de produtos com defeitos sensoriais, principalmente no aspecto da textura (Mcsweeney, 2007).

Na indústria de laticínios, o leite, imediatamente após seu recebimento, geralmente é filtrado para evitar a passagem de material suspenso proveniente de etapas como ordenha e transporte, e pesado. Para que seja aceito como próprio e destinado à produção de laticínios, o leite deve ser submetido a testes de controle de qualidade, como o teste de estabilidade ao alizarol, determinação da acidez Dornic e crioscopia.

8.2.1.3 Tratamento térmico

O leite, em geral, sofre tratamento térmico para inativação de sua microbiota natural, de modo a se obter um produto sadio para consumo humano. Porém o tratamento térmico ainda tem outras vantagens, como: permitir um melhor desenvolvimento de culturas lácticas selecionadas; favorecer a expulsão de oxigênio do leite; causar a desnaturação das proteínas do soro que interagem com a caseína, deixando-a livre para a coagulação; prolongar a sua vida útil, garantindo um maior tempo de prateleira.

Na indústria, o tratamento térmico pode ser conduzido de diferentes formas, incluindo o uso de biorreatores encamisados ou trocadores de calor de tubo ou de placa, sendo os dois últimos os mais utilizados. Os métodos de tratamento térmico compreendem: Pasteurização, Alta Pasteurização (*High Pasteurization*) e processo UHT (*Ultra High Temperature*) (Britz e Robinson, 2008; Varnan e Sutherland, 1994).

A pasteurização é feita elevando-se a temperatura do leite a 65°C por 30 minutos, o que promove a destruição dos micro-organismos patogênicos, mas não de todas as células vegetativas ocorrentes. Neste binômio tempo/temperatura, não há alteração do sabor do leite nem desnaturação das proteínas do soro.

Na alta pasteurização, o leite é aquecido a 85°C por 30 minutos ou a 95°C por 5 minutos. Este tratamento promove a destruição de todas as células vegetativas normalmente presentes no leite, mas não de esporos bacterianos. Também ocorre a desnaturação das proteínas do soro e de algumas enzimas.

No processo UHT, a temperatura do leite é elevada para 130-150°C, por 2 a 4 segundos, em fluxo contínuo, seguindo-se um rápido resfriamento em trocadores de calor para a temperatura ambiente. Este processo tem o potencial de destruir todos os micro-organismos, formas vegetativas e esporuladas (Tamime e Robinson, 2000).

Praticamente nenhuma alteração ocorre durante o processamento UHT com relação aos lipídios e às vitaminas lipossolúveis do leite. Porém, pequenas mudanças podem ocorrer na concentração de lactose, além de haver a desnaturação parcial das proteínas do soro, precipitação de alguns sais minerais e perdas de vitaminas hidrossolúveis. Outras alterações atribuídas ao tratamento UHT são, segundo Ordóñez *et al.* (2005):

- Aumento na refletância do leite, gerando um produto mais branco, ocasionado pela desnaturação das proteínas do soro e sua agregação com as caseínas, bem como pela melhor homogeneização da gordura.
- Sabor sulfuroso em função da liberação de grupo funcional –SH, devido à desnaturação da β-lactoglobulina.
- Perdas nutricionais entre 0,6 e 4,3% (m/m), em virtude da desnaturação de proteínas e da termolabilidade de vitaminas.

8.2.1.4 Soro de leite

O soro de leite é um importante coproduto gerado pela indústria de laticínios durante a produção de queijos e de concentrados proteicos de caseína. É a fração aquosa que é separada ao final destes processos de fabricação, de composição variável, e que consiste das substâncias hidrossolúveis do leite representadas por lactose, proteínas, sais minerais, vitaminas hidrossolúveis (Paula, Carvalho e Furtado, 2009; Haraguchi, Abreu e Paula, 2006). Portanto, apresenta alto valor nutricional, sobretudo em face do conteúdo de proteínas com elevado teor de aminoácidos essenciais (proteínas do soro), com destaque para os sulfidrilados (Capitani *et al.*, 2005). Conforme apontado por Pacheco *et al.* (2005), as proteínas do soro apresentam a propriedade de aumentar a resposta imune pela indução da síntese de glutationa, um tripeptídeo formado por glutamato, glicina e cisteína, que no organismo humano atua como antioxidante celular. Além da glutationa, o soro do leite parece apresentar outros peptídeos bioativos, com funções antimicrobianas, anti-hipertensivas e fatores de crescimento.

No processo de fabricação do queijo ou na recuperação de caseínas, a ação de micro-organismos ou enzimas proteolíticas, ou mesmo a adição de ácido láctico, promove a coagulação da caseína pela modificação da sua estrutura micelar (Paula, Carvalho e Furtado, 2009). No caso de atividade enzimática, a hidrólise da k-caseína resulta na formação de micelas de para-k-caseína, que se agregam por complexação com íons cálcio. Logo, neste caso, a disponibilidade de cálcio solúvel é indispensável para que a coagulação ocorra, a fim de melhorar as propriedades da coalhada e aumentar a sua firmeza. A ação ácida, resultante principalmente do emprego de culturas lácteas que transformam a lactose do leite em ácido láctico, propicia a coagulação pela neutralização das cargas negativas da micela de caseína. Nas duas condições, a formação do coágulo de caseína carreia gordura e frações lipossolúveis do leite. Finda a etapa de coagulação da caseína, é promovido o dessoramento do gel de coalhada, que consiste na remoção de grande parte da fração aquosa – soro de leite – que fica aprisionada no interior da matriz do coágulo (Wit, 2001). O controle da sinérese define o conteúdo de umidade da massa do queijo, a estabilidade do queijo e também o grau e a extensão da maturação. Quanto maior a umidade do queijo, mais rápida a sua maturação, embora a estabilidade do queijo seja comprometida.

A composição do soro varia em função de diversos fatores, tais como localidade, época do ano, espécie geradora do leite, tratamento térmico ao qual o leite foi submetido, metodologia utilizada para coagulação proteica (ácida, microbiana ou enzimática), tipo de tratamento da massa etc. De forma geral, contém: água, açúcares, proteínas, vitaminas, minerais e lipídeos. O teor de umidade está em torno de 90%, o que o torna seu principal constituinte. O carboidrato presente é a lactose, cuja concentração varia entre 3,9 e 6,0% m/m. A fração proteica é constituída pelas proteínas hidrossolúveis, que correspondem a cerca de 20% m/m do valor proteico total do leite; seu teor no soro varia de 0,7 a 0,9% m/m. No soro do leite encontram-se lactoglobulina, em maior concentração (aproximadamente 50%), lactoalbumina (25%), e os demais 25% correspondendo às frações soroalbumina e imunoglobulina. São vários os aminoácidos essenciais, destacando-se a lisina, valina, leucina, isoleucina, cisteína. O teor de lipídeos varia de 0,3 a 0,5% m/m, principalmente constituídos por triglicerídeos. O teor de vitaminas é de aproximadamente 7 mg/L, sendo rico em vitaminas do complexo B. Em geral, apresenta coloração ligeiramente esverdeada, em virtude da presença de riboflavina (vitamina B_2). Também apresenta minerais como cálcio, magnésio, fósforo, dentre outros, em pequenas concentrações (Wit, 2001; Siso, 1996).

Na produção de queijos, cerca de 90% do volume de leite utilizado resulta em soro, que retém aproximadamente 50% dos seus sólidos totais (Oliveira, Bravo e Tonial, 2012). O soro de leite, assim como qualquer efluente derivado da indústria de laticínios, se caracteriza por elevada carga orgânica, representada principalmente pela lactose. A demanda bioquímica de oxigênio (DB0) do soro se situa na faixa de 30.000 a 60.000 mg.L-1 (Ghaly e Kamal, 2004; Florentino, 2004), embora valores superiores a 140.000 mg.L-1 tenham sido reportados por Leifeld (2013). Assim, considerando sua natureza química altamente poluente, e o grande volume gerado, o soro não pode ser descartado diretamente em corpos d'água, requerendo um tratamento prévio. De qualquer modo, o descarte do soro é impróprio, em face do seu alto valor nutricional. Diversas aplicações têm sido reportadas, englobando a sua inclusão em diferentes produtos na forma líquida, em pó ou em suas frações.

Como exemplos: produção de ração animal; bebidas lácteas; preparação de concentrados proteicos, conhecidos como *whey protein*; elaboração de fertilizantes; matérias-primas para bioprocessos industriais, incluindo-se a produção de enzimas, bioetanol, biogás, ácido láctico e diversos outros ácidos orgânicos (Oliveira, Bravo e Tonial, 2012; Paula *et al.*, 2011; Wit, 2001; Siso, 1996).

8.3 MICRO-ORGANISMOS DE IMPORTÂNCIA

8.3.1 Bactérias lácticas

As bactérias ácido-lácticas são de grande interesse industrial, particularmente na indústria de laticínios, devido à capacidade de transformar açúcares em ácido láctico. A atividade metabólica deste grupo microbiano é fundamental para obtenção de leites fermentados e bebidas lácteas, queijos diversos, manteigas etc. As principais espécies envolvidas pertencem aos gêneros *Lactobacillus*, *Lactococcus*, *Streptococcus* e *Bifidobacterium*, que diferem quanto às características morfológicas e fisiológicas. As espécies destes gêneros podem se apresentar na forma de cocos ou bastonetes. Quanto à fisiologia, se distinguem em homofermentativos, quando geram ácido láctico como produto principal (mais de 85%), e heterofermentativos, ditos aqueles cujo metabolismo leva à formação de produtos variados, geralmente em quantidades equimolares. Diferem ainda quanto à capacidade de metabolizar os açúcares, já que umas espécies utilizam apenas lactose e seus respectivos monossacarídeos, enquanto outras são capazes de consumir sacarose como única fonte de carbono. Podem ser mesofílicos (atividade metabólica ótima entre 20 e 30°C) ou termofílicos (atividade metabólica ótima entre 37 e 45°C); e são anaeróbios facultativos ou microaerófilos, os quais requerem baixa concentração de O_2 e presença de CO_2 para seu crescimento (Tamime, 2006; Walstra, Wouters e Geurts, 2006). Em geral, estes micro-organismos toleram ambientes ligeiramente ácidos com valores de pH entre 4,0 e 4,5.

No metabolismo das bactérias lácticas homofermentativas, também denominadas homolácticas, o açúcar redutor (lactose ou glicose) disponível no meio é fosfatado e segue a via glicolítica, com formação de piruvato. Este, por sua vez, atua como aceptor final de elétrons, e é reduzido a ácido láctico pela enzima lactato desidrogenase (EC 1.1.1.27), com concomitante reoxidação do $NADH + H^+$, gerado na etapa glicolítica, a NAD^+. As bactérias lácticas são de grande importância para a produção de ácido láctico e, consequentemente, para a obtenção de produtos fermentados de elevada acidez. Já as bactérias heterofermentativas, ou heterolácticas, direcionam seu metabolismo pela via das pentoses-fosfato, com liberação principalmente de CO_2, ácido láctico e etanol no meio reacional. O segundo grupo microbiano apresenta importância para a obtenção de derivados lácteos

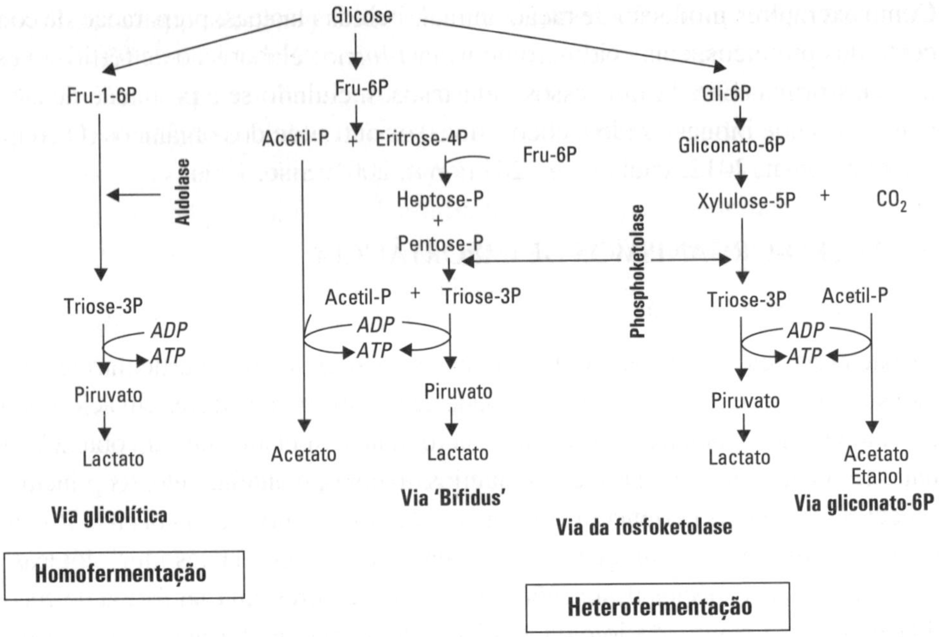

FIGURA 8.1 Vias metabólicas simplificadas das bactérias homolácticas e heterolácticas.
Fonte: Adaptado de Wood e Holzapfel (1995).

com diferentes características sensoriais de aroma e sabor (Chandan *et al.*, 2006). A Figura 8.1 mostra os possíveis caminhos metabólicos conhecidos para as bactérias homolácticas e heterolácticas.

As espécies bacterianas ácido-lácticas são exigentes quanto à disponibilidade de nutrientes, uma vez que não são capazes de sintetizar todos os aminoácidos essenciais e vitaminas requeridos nas atividades metabólicas. Portanto, para o desenvolvimento das bactérias lácticas há necessidade de meios ricos em fontes de nitrogênio e vitaminas (Panesar, *et al.*, 2007; Salminem, Wright e Ouwehand, 2004). Por outro lado, as bactérias lácticas apresentam um complexo sistema proteolítico, englobando proteases e peptidases, o que lhes permite crescer rapidamente em alimentos proteicos, como o leite (Gobbetti *et al.*, 2005).

As culturas lácticas utilizadas para obtenção de produtos fermentados podem ser divididas em: (i) culturas *starters*; e (ii) culturas não *starters* ou probióticas. A cultura *starter* é de fundamental importância para a fabricação de produtos lácteos, devendo apresentar características tais como: pureza; crescimento vigoroso; produção de coágulo consistente; facilidade de conservação; ser resistente a bacteriófagos, à penicilina e a outros antibióticos; e gerar produtos com aroma e sabor agradáveis. Seu desempenho pode ser afetado por diversos fatores, intrínsecos ou extrínsecos.

Dentre os fatores intrínsecos estão as características genéticas, que se relacionam com reações enzimáticas essenciais ao metabolismo celular e à produção de exopolissacarídeos (EPS). Como fatores extrínsecos, podem ser citadas as condições ambientais que influenciam o estado fisiológico da cultura (Chandan *et al.*, 2006).

Duas culturas lácticas *starters*, denominadas tradicionais, são comumente utilizadas para fermentação láctica na indústria de laticínios, a saber, *Streptococcus salivarius* ssp. *thermophilus* e *Lactobacillus delbrueckii* ssp. *bulgaricus* que, por conveniência, em geral, são referendados por *Streptococcus thermophilus* e *Lactobacillus bulgaricus*, respectivamente (Tamime e Robinson, 2000).

Adicionalmente, ainda pode-se falar nas espécies de bactérias lácticas conhecidas como probióticas, que colonizam o trato gastrointestinal do consumidor trazendo diversos benefícios para sua saúde. Estas espécies diferem das espécies não probióticas por apresentarem maior resistência à acidez do trato gástrico, sendo capazes de colonizar o trato intestinal com maior quantidade de micro-organismos viáveis. Os principais gêneros de bactérias lácticas reconhecidas como probióticas são *Lactobacillus* e *Bifidobacterium*, dos quais podem ser citadas diferentes espécies, como *L. acidophilus*, *L. casei*, *L. fermentum*, *L. rhamnosus*, *L. paracasei*, *B. lactis*, *B. longum* e *B. breve* (Quinto *et al.*, 2014).

8.3.2 Outros micro-organismos

Além das bactérias lácticas, que terão papel fundamental na acidificação e proteólise do leite, existem outros tipos de micro-organismos que apresentarão efeitos secundários, geralmente com forte impacto sensorial no produto final. Por exemplo, bactérias do gênero *Propionibacterium*, que liberam gases de fermentação promovendo a formação das famosas olhaduras (furos) na massa dos queijos suíços, ou a espécie *Brevibacterium linens*, comumente utilizada na maturação superficial dos chamados queijos de casca lavada. Podem, ainda, ser utilizados fungos filamentosos, muito comuns na produção de alguns tipos de queijos franceses, Camembert, Brie, Roquefort, produzidos com os fungos *Penicillium camenberti* e *Penicillium roquefortii*, e o queijo italiano Gorgonzola, também produzido com *Penicillium roquefortii* (Fernandes, 2008).

8.4 ENZIMAS DE IMPORTÂNCIA

Diversos tipos de enzimas hidrolíticas apresentam efeito sobre a produção de derivados do leite, como a lactase, as lipases e as proteases, por exemplo. As lipases constituem um grupo de diferentes hidrolases que atuam sobre as moléculas de lipídeos e têm importante efeito sensorial na etapa de maturação de queijos.

A enzima lactase (β galactosidase) é responsável pela hidrólise do dissacarídeo lactose (principal açúcar do leite) em seus monossacarídeos (glicose e galactose). Tem grande importância na tecnologia de laticínios fermentados, quando está associada ao metabolismo dos micro-organismos agentes da fermentação, ou na obtenção de produtos sem lactose para o consumo de pessoas intolerantes, quando então deve ser adicionada ao processo. Também pode ser comercializada na forma seca, para que o indivíduo ingira com o alimento rico em lactose. A lactase está presente no trato intestinal de mamíferos, no metabolismo de bactérias lácticas, e pode, ainda, ser produzida por fungos, filamentosos ou não, como das espécies *Aspergillus oryzae* e *Saccharomyces lactis*.

Grande destaque pode ser dado para as proteases, que terão importante papel na coagulação enzimática do leite, cujo mecanismo será abordado adiante. As proteases podem ser de origem animal, vegetal ou microbianas, sendo o primeiro e o último tipo de maior aplicação na produção de derivados do leite.

A renina é um *pool* enzimático, comumente chamado de coalho, obtido a partir do abomaso, quarto estômago de animais ruminantes, preferencialmente quando ainda na fase de amamentação. Os principais componentes são as enzimas proteolíticas quimosina e pepsina. A primeira, de grande especificidade, atua na fração k da caseína rompendo a ligação peptídica entre os aminoácidos 105 e 106, promovendo a coagulação da caseína. Esta tem sua produção significativamente reduzida após o desmame do animal. A segunda, menos específica, atua em diferentes ligações peptídicas, podendo promover liberação de peptídeos e aminoácidos, e está mais relacionada com a digestão da caseína, e pode ser produzida, ainda, por maiores períodos, mesmo após o desmame. Por algum tempo também foram utilizadas enzimas de origem vegetal, mas, atualmente, é comum a substituição deste *pool* enzimático por enzimas obtidas por fermentação microbiana, como as provenientes de *Aspergillus awamori* (Jaros, Seitler e Rohm, 2008).

8.5 MECANISMOS DE COAGULAÇÃO DO LEITE

Diversos tipos de proteínas são capazes de formar géis devido a sua coagulação, dependendo de fatores como temperatura, pH e concentração de sais e de íon cálcio. Como já definido, o leite trata-se de uma emulsão na qual as micelas de caseína (principal proteína) estão solúveis no meio em virtude da sua carga negativa no pH do leite (entre 6,6 e 6,8), causando repulsão eletrostática, e em razão das características hidrofílicas da fração de k caseína. Entretanto, esta emulsão pode ser desestabilizada, promovendo a coagulação do leite e dando origem aos mais variados tipos de derivados lácteos, como queijos e leites fermentados (Britz

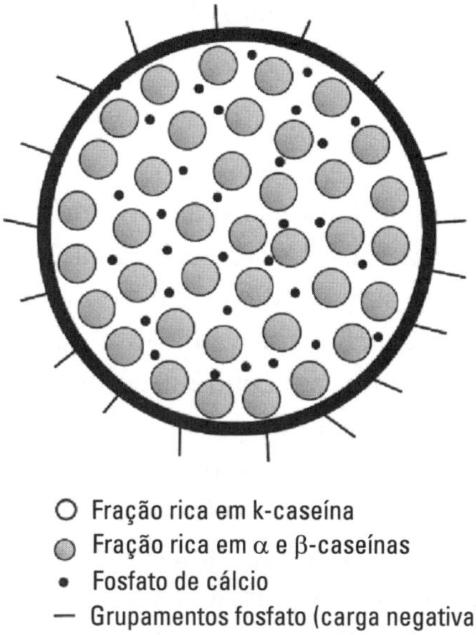

FIGURA 8.2 **Representação esquemática da micela da caseína.**

e Robinson, 2008). A coagulação da caseína do leite pode se dar por acidificação, pela atuação de enzimas proteolíticas ou pela chamada coagulação mista, em que os dois processos ocorrem simultaneamente.

A Figura 8.2 apresenta uma esquematização da micela de caseína.

8.5.1 Coagulação ácida/microbiana

Acredita-se que a coagulação ácida do leite para formação de gel é um dos processos mais antigos para a obtenção de alimentos. Este processo pode se dar pela adição direta de ácidos, pela adição de gluconolactona, que é hidrolisada a ácido glicônico, ou pela liberação de ácido láctico como produto de fermentação da atividade de bactérias lácticas. Durante a acidificação do leite, ocorre a redução do pH e significativas alterações físico-químicas nas micelas de caseína, com neutralização de suas cargas negativas, diminuindo a repulsão eletrostática, e dispersão do fosfato de cálcio, o que desestabiliza a micela e promove a liberação das frações internas de α e β caseínas, que são mais sensíveis à presença do íon cálcio. Ao ser atingido o valor de 4,6 de pH, é atingido o ponto isoelétrico da caseína, no qual ocorre a neutralização total das cargas e sua coagulação irreversível (Phadungath, 2005).

Quando a coagulação ácida é decorrente da atividade microbiana, chama-se cultura *starter*, a cultura de bactérias lácticas inoculadas ao leite para geração de ácido láctico por fermentação. Este tipo de coagulação tem grande efeito sobre as características sensoriais do alimento obtido, como sabor, aroma e textura, principalmente por causa dos demais produtos do metabolismo celular.

8.5.2 Coagulação enzimática

A coagulação enzimática do leite não é decorrente da alteração do seu pH; neste caso, as micelas de caseína são expostas à atuação de enzimas hidrolíticas (proteases), que resulta em sua modificação e, consequentemente, coagulação proteica. Inicialmente, a caseína sofre hidrólise parcial, na qual sua fração mais externa, a k-caseína, é rompida entre os aminoácidos 105 (fenilalanina) e 106 (metionina), com formação de para-caseína e macropeptídeos. Como resultado, há redução da carga negativa total e diminuição da repulsão eletrostática, havendo desestabilização das micelas de caseína como um todo. Ocorre, então, a migração das frações internas para o soro, cujos constituintes, α e β caseínas, são altamente sensíveis à presença de cálcio, sofrendo coagulação (Jaros, Seitler e Rohm, 2008; Phadungath, 2005). Quando 85%, aproximadamente, da k caseína são hidrolisados ocorre a coagulação total da massa de leite. Em geral, os géis assim obtidos são mais firmes do que os obtidos via processo de acidificação.

Além de fatores como pH, temperatura, composição do leite (principalmente teor de gordura e proteínas) e concentração de íons cálcio, o tipo, a atividade proteolítica e a especificidade da enzima utilizada têm grandes efeitos sobre o rendimento do coágulo formado e sua textura, bem como sobre produtos de hidrólise de sabor e aroma desagradáveis.

Quando submetido ao processo de coagulação enzimática, o leite deve passar por tratamento térmico limitado, uma vez que elevadas temperaturas promovem desnaturação das proteínas do soro (α e β lactoglobulinas), cujos grupamentos SH se ligam à estrutura da k-caseína. Esta, por sua vez, perde especificidade como substrato para atuação enzimática, não havendo sua hidrólise e exposição das frações internas da caseína. Portanto, leites tratados por processos de alta pasteurização e UHT não podem ser utilizados, ou quaisquer tratamentos com temperaturas acima de 90°C (Phadungath, 2005; Fox e Mcsweeney, 1998).

8.6 PRODUTOS LÁCTEOS E SUAS TECNOLOGIAS DE OBTENÇÃO

8.6.1 Leites fermentados e iogurte

Acredita-se que os diversos tipos de leites fermentados sejam o mais antigo produto obtido a partir da fermentação espontânea do leite, já que existem registros desde 10.000 a.C. Com origem em regiões de clima quente do continente asiático, o leite fermentado foi descoberto acidentalmente como consequência da atividade de micro-organismos, principalmente bactérias lácticas, naturalmente presentes no leite. Na Antiguidade, o povo atravessava o deserto em animais, como cavalos ou camelos, carregando alimentos como o leite, em recipientes ou bolsas de pele, sem as devidas condições de higiene. As temperaturas elevadas favoreciam a atividade deste grupo microbiano, cujo metabolismo promove a acidificação e coagulação do leite (Tamime, 2006; Walstra, Wouters e Geurts, 2006).

Por definição, leite fermentado é o produto obtido a partir da atividade fermentativa de bactérias lácticas sobre, principalmente, a lactose e as proteínas do leite *in natura*, que pode ser adicionado ou não de frutas, açúcar ou outros ingredientes. Em geral, os leites fermentados podem ser classificados em diferentes tipos, dependendo da faixa de temperatura de fermentação, mesofilia (20 a 30°C) ou termofilia (37 a 45°C), sendo esta última a faixa na qual ocorre a produção de iogurte (Walstra, Wouters e Geurts, 2006). Entretanto, variações das matérias-primas utilizadas (como leite ou soro de leite) e dos gêneros e espécies de bactérias lácticas envolvidas irão acarretar diferentes padrões de identidade do produto, diferenciando-se, por exemplo, entre iogurtes, leites fermentados e bebidas lácteas.

8.6.1.1 Definição

Em termos legais, conforme os Padrões de Identidade e Qualidade, definidos pela Resolução nº 5 do Ministério da Agricultura, Pecuária e Abastecimento, entende-se por iogurte o produto resultante da fermentação do leite pasteurizado ou esterilizado, cuja fermentação se realiza com cultivos protosimbióticos de *Streptococcus salivarius* subsp. *thermophilus e Lactobacillus delbrueckii* subsp. *bulgaricus* (Brasil, 2000).

8.6.1.2 Tipos de iogurte

Atualmente, existem iogurtes dos mais variados tipos no mercado, que se diferenciam quanto ao sabor, aroma, consistência, ingredientes, valor calórico, teor de gordura, processo de fabricação e de pós-incubação (Rasic e Kurmann, 1978).

As propriedades físicas, como consistência e viscosidade do coágulo, são de grande importância na aceitação e qualidade do produto final. Quanto maior o conteúdo em sólidos na mistura de leite e ingredientes, maior será a consistência do iogurte. Com base na textura, os iogurtes podem ser classificados como:

- Iogurte sólido tradicional: quando o processo de fermentação ocorre dentro da própria embalagem de venda (potes), sem sofrer homogeneização. Este tipo de iogurte consiste de uma massa contínua semissólida, firme e de razoável consistência.
- Iogurte batido: quando o processo de fermentação ocorre em biorreatores e, antes do envase, o produto é agitado para promover a quebra do coágulo.

Tamime (2006) propõe uma classificação mais moderna, de forma que os iogurtes sólido e batido são chamados de viscosos e líquidos, respectivamente; e propõe o termo sólido para iogurte tipo *frozen* (iogurte gelado) e o termo *powder* para iogurte em pó (desidratado). Ainda no quesito textura, o iogurte pode ser classificado com base na sua viscosidade, como de Baixa viscosidade, Alta viscosidade e Gelificado.

Quanto ao aroma e sabor, o iogurte pode ser classificado como:

- Natural: de sabor ácido acentuado, é elaborado apenas com leite, leite em pó e micro-organismos.
- Aromatizado: adicionado de essências, corantes, açúcar e/ou agentes adoçantes.
- De frutas: adicionado de polpa ou frutas em pedaços, ou geleias de frutas.

O iogurte pode ser ainda classificado quanto ao teor de gordura, segundo a legislação vigente no Brasil (Brasil, 2000), da seguinte maneira:

- Integral: > 3,0% gordura
- Médio teor: 2,0% < gordura < 3,5%
- Baixo teor: 0,5% < gordura < 2,0%
- Desnatado: < 0,5% gordura

Apesar dos inúmeros tipos de iogurte e leites fermentados existentes, Tamime e Robinson (2000) afirmam que a essência do processo é a mesma, com maiores variações quanto ao tipo de leite utilizado e à espécie microbiana predominante na fermentação.

8.6.1.3 Processo de produção

A seguir, serão detalhadas as principais etapas envolvidas no processo de produção de iogurtes. A Figura 8.3 apresenta o diagrama de blocos do processo tradicional de produção de iogurte.

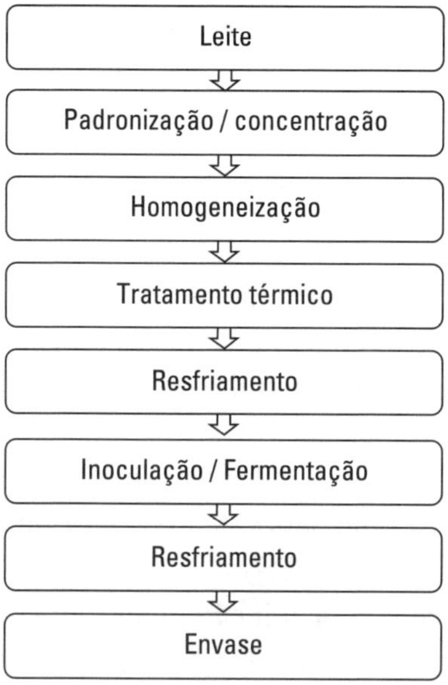

FIGURA 8.3 **Diagrama de blocos genérico para a produção de iogurte tradicional.**

8.6.1.3.1 Homogeneização

O processo de homogeneização tem o objetivo de misturar o leite e os demais ingredientes adicionados (extratos sólidos e aditivos), e de reduzir o tamanho dos glóbulos de gordura presentes. O leite é uma típica emulsão do tipo óleo em água que tende a separar-se em fases distintas, seja durante a fermentação, seja durante o armazenamento do produto fermentado. Uma homogeneização eficiente resulta em um aumento da consistência e estabilidade do iogurte, evitando a sinérese (dessora) durante o período de estocagem. Além destes efeitos, o menor tamanho dos glóbulos de gordura favorece a digestibilidade do iogurte (Chandan *et al.*, 2006).

Para facilitar a homogeneização, o leite pode ser previamente aquecido a temperaturas entre 60 e 70°C. O processo, que pode ocorrer em um ou dois estágios, geralmente, consiste na aplicação de pressão sobre o meio reacional, forçando-o contra uma espécie de placa com orifícios. Para iogurtes com elevados teores de gordura, recomenda-se o processo em duas etapas, porém, geralmente se emprega a homogeneização em uma única etapa, pela aplicação de pressões entre 10 e 20 MPa (Tamime, 2006).

Dependendo do tipo de iogurte a ser produzido, a fermentação ocorre em diferentes locais. No caso do iogurte batido, o processo se dá em um tanque apropriado, provido de agitadores, que promovem a quebra do coágulo após a fermentação e, em seguida, o produto é bombeado a um trocador de calor de placas, no qual é resfriado. Já para a produção de iogurtes sólidos a fermentação ocorre diretamente nos recipientes de comercialização.

8.6.1.3.2 Preparo do inóculo e fermentação

Por definição e conforme estabelecido pela legislação vigente, o iogurte é obtido a partir do emprego de cultura mista de *Streptococcus thermophilus* e *Lactobacillus bulgaricus*. O emprego de culturas mistas tem como justificativa a relação protossimbiótica existente, o que permite o crescimento celular e a produção de ácido láctico em maiores velocidades (Walstra, Wouters e Geurts, 2006). Segundo Tamime e Robinson (2000), com a cultura mista são alcançadas as características desejadas para o iogurte, como sabor, acidez, teor de compostos aromáticos e produção de exopolissacarídeos (EPS).

A cultura láctica deve conter relação quantitativa inicial de 1:1 até 2:3 (*S. thermophilus* e *L. bulgaricus*, respectivamente), aproximadamente, do contrário não se obterá a consistência e as características organolépticas desejáveis do produto industrializado. Entretanto, esta razão quantitativa se altera a cada instante da fermentação. A espécie *S. thermophilus* é a primeira a se desenvolver devido à ação proteolítica dos *L. bulgaricus*, que libera fatores de crescimento (aminoácidos e pequenos peptídeos) no meio. Com seu crescimento, os lactococos contribuem para que sejam estabelecidas as condições propícias ao desenvolvimento dos lactobacilos, através da produção de ácido fórmico e ácido pirúvico, aumento da acidez e liberação de CO_2 no meio. Neste ponto, a espécie *L. bulgaricus* dá prosseguimento à fermentação láctica, levando à hidrólise de proteínas e disponibilizando para a cultura iniciadora os peptídeos e os aminoácidos essenciais para a continuação do seu desenvolvimento, que agora é mais lento, devido à acidez mais elevada. Ao final, a razão dos diferentes micro-organismos basicamente retorna ao valor inicial (Walstra, Wouters e Geurts, 2006; Tamime e Robinson, 2000).

A predominância de algumas das espécies ao final da fermentação pode acarretar defeitos para o iogurte. Os principais fatores que afetam a relação quantitativa entre os dois micro-organismos são o tempo e a temperatura de incubação, e a porcentagem de cada um presente no inóculo.

A cultura-mãe, previamente preparada em outro tanque, a fim de estar ativa no momento da inoculação, é bombeada para o fermentador, que contém o leite padronizado e tratado termicamente, na concentração entre 2 e 3% (m/v). Após a adição, a mistura deve ser levemente uniformizada, promovendo a distribuição equivalente de micro-organismos em todo o meio reacional, e dá-se início à etapa de fermentação (Tamime e Robinson, 2000).

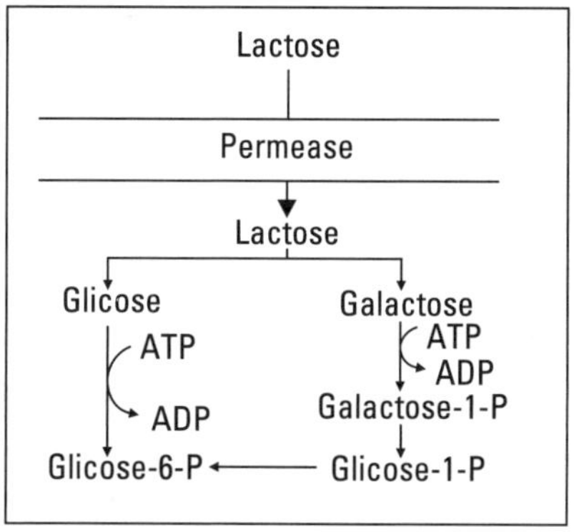

FIGURA 8.4 Via de Leloir.
Fonte: Adaptado de Walstra, Wouters e Geurts (2006).

Os micro-organismos, agentes da fermentação, atuam sobre o substrato, lactose, que, inicialmente, sofre uma hidrólise por ação de enzimas microbianas, β-galactosidases (ou simplesmente lactases), havendo liberação de seus respectivos sacarídeos, glicose e galactose. A fermentação homoláctica por *S. thermophilus* e *L. bulgaricus* se dá principalmente pela utilização da glicose, entretanto, o consumo de galactose também é possível, pela sua transformação em glicose-6-fosfato, através da via de Leloir (Figura 8.4). A glicose participa da via glicolítica, transformando-se em glicose-6-fosfato e, em seguida, toda a glicose-6-fosfato presente é convertida em um composto intermediário, o piruvato. Devido ao metabolismo fermentativo, o piruvato é utilizado como aceptor final de elétrons no processo de respiração microbiana, transformando-se, principalmente, em ácido láctico, presente na forma de um complexo de lactato de cálcio. Este processo promove a geração de energia para manutenção e crescimento celular. O ácido láctico, por sua vez, promove a acidificação do meio e a consequente coagulação da caseína (Chandan *et al.*, 2006)

A atividade microbiana promove alterações químicas, físicas, sensoriais e nutricionais no produto. O ácido láctico, principal produto da fermentação, se dissocia, liberando prótons H^+. A caseína, que é uma fosfoproteína presente em grande quantidade no leite, forma complexos com o cálcio, formando estruturas chamadas micelas, com cargas negativas em virtude do grupo fosfato presente. Dessa forma, a acidificação do meio promove a neutralização das cargas e a precipitação da caseína ao ser atingido seu ponto isoelétrico, correspondente ao pH de 4,6 (Smit, 2003). Outros vários metabólitos são liberados no meio, em menor quantidade, mas também essenciais às características do iogurte, como: ácido fórmico, CO_2, acetaldeído, diacetil e polissacarídeos (Walstra, Wouters e Geurts, 2006; Chandan *et al.*, 2006).

Neste ponto, o processo fermentativo é interrompido pelo resfriamento do meio reacional. O tempo de fermentação depende da quantidade e atividade do inóculo utilizado.

8.6.1.3.3 Resfriamento

O resfriamento é o processo mais utilizado para diminuição da atividade metabólica da cultura *starter* e de suas enzimas. É uma etapa crítica do processo e deve ser realizada tão logo sejam atingidas as características desejadas de textura, de pH (4,6) e de acidez (cerca de 0,9% de ácido láctico). O resfriamento resulta no aumento da firmeza do gel, promovendo maior contato entre partículas e formação de pontes de hidrogênio ou de sulfeto entre as proteínas do soro desnaturadas e a caseína (Tamime, 2006).

O resfriamento pode ser feito em uma ou duas etapas. Quando realizado em uma única etapa, o resfriamento rápido pode promover uma contração na matriz proteica e, consequentemente, a sinérese. Por este motivo, o processo em duas etapas é usualmente empregado nas indústrias, e consiste, primeiramente, no resfriamento do iogurte em temperaturas inferiores a 20°C, e, em seguida, a 4°C (Smit, 2003).

8.6.1.3.4 Adição de frutas, aromatizantes ou outros ingredientes

Nesta etapa, podem ser adicionados ingredientes ao iogurte, como polpas de frutas, aromatizantes, agentes adoçantes e espessantes, desde que atendidas as normas estabelecidas pela legislação vigente. A adição pode ser feita por processo em batelada ou contínuo, sempre promovendo agitação suficiente para homogeneização de todo o volume fermentado.

8.6.1.3.5 Embalagem, armazenamento, transporte e pós-acidificação

O iogurte é embalado em recipientes para comercialização, que podem ser de diferentes materiais, como, por exemplo, de polipropileno. Depois de embalado, o iogurte deve ser armazenado em temperaturas inferiores a 10°C, a fim de diminuir as reações bioquímicas responsáveis pela degradação mais acelerada do produto. O transporte também deve ser refrigerado, de forma que o iogurte chegue ao consumidor final com qualidade satisfatória (Tamime e Robinson, 2006).

A refrigeração do iogurte durante o armazenamento diminui a taxa de crescimento das bactérias lácticas, que mantêm, no entanto, certa atividade metabólica, principalmente dos lactobacilos acido-tolerantes. Dessa forma, a acidez do produto tem tendência a aumentar durante o período de estocagem, mesmo sob refrigeração, enquanto a sua viscosidade diminui (Tamime, 2006).

A este fenômeno dá-se o nome de pós-acidificação, e ocorre mais intensamente nos primeiros 7 dias de fabricação, devido à alta taxa metabólica ainda presente (Beal *et al.*, 1999). Se forem atingidos valores de pH menores que 4, haverá perda da firmeza do gel, em consequência da excessiva repulsão de cargas.

O iogurte fabricado em boas condições de higiene e mantido no frio pode permanecer apropriado para o consumo por até no mínimo 30 dias.

8.6.2 Queijos

De modo geral, o queijo é o produto obtido da coagulação (ácida, enzimática ou mista) do leite, com a formação de um agregado lipossolúvel, constituído especialmente de proteínas (caseínas), lipídeos e minerais (principalmente cálcio), com posterior remoção da fração líquida hidrossolúvel (dessora), que contém sobretudo água, lactose, proteínas do soro, minerais e vitaminas.

Segundo o Regulamento Técnico de Identidade e Qualidade, no Brasil, o queijo é o produto fresco ou maturado que se obtém por separação parcial do soro do leite ou leite reconstituído (integral, parcial ou totalmente desnatado), ou de soros lácteos coagulados pela ação física do coalho, de enzimas específicas, de bactéria específica, de ácidos orgânicos, isolados ou combinados, com ou sem agregação de substâncias alimentícias e/ou especiarias, e/ou condimentos, de aditivos especificamente indicados, de substâncias aromatizantes e de matérias corantes (Brasil, 1996).

Acredita-se, principalmente, que este alimento foi descoberto na Antiguidade, com relatos entre 9000 e 12000 anos atrás, em diferentes regiões, como Egito, Mesopotâmia e outros pontos do Oriente Médio. A data e o local de origem não são definidos, mas acredita-se que em regiões onde há milhares de anos já se domesticavam animais mamíferos e se utilizava o leite na alimentação. A principal história aponta para sua descoberta acidental, como resultado do armazenamento e transporte do leite em bolsas de couro proveniente do tecido de estômago (ou outros órgãos digestórios afins) de animais ruminantes. Quando em contato com o couro do estômago responsável pela digestão do leite, a presença de bactérias ácido-lácticas e, principalmente, de enzimas proteolíticas ainda ativas, nas elevadas temperaturas da região, promoviam a coagulação do leite. Posteriormente, com a remoção da fração aquosa e salga, observaram a obtenção de um alimento nutricionalmente rico e de durabilidade muito maior que do leite *in natura* (Fox *et al.*, 2000).

8.6.2.1 Classificação de queijos

Os queijos podem ser classificados em diferentes categorias em função de diferenças em suas tecnologias de produção ou em sua composição, bem como em função das espécies microbianas envolvidas. Podem ser divididos, inicialmente, em dois grupos: os queijos de coagulação ácida; e os queijos de coagulação enzimática, por ação do coalho. Em seguida, podem ser divididos em dois novos grandes grupos: os queijos frescos; e os queijos maturados. Além desta divisão, os queijos podem ser classificados em outros grupos em relação ao tipo de massa, como queijos de massa crua, semicozida, cozida, filada ou fundida (Almena-Aliste e Mietton, 2014).

Quanto à maturação, os queijos frescos estão prontos para comercialização e consumo imediatamente após a sua produção. Já no segundo grupo, há um tempo de maturação (ou cura) para obtenção de características, principalmente de sabor e aroma, diferenciadas. Neste caso, a maturação pode se dar apenas por alterações químicas de acordo com o tempo e a temperatura, ou pode ocorrer a atuação de micro-organismos em suas partes internas ou externas, como bactérias ou fungos filamentosos, com liberação de produtos e subprodutos de interesse sensorial, além de efeitos sobre componentes como lipídeos e proteínas, e também sobre a textura (Almena-Aliste e Mietton, 2014).

O teor de umidade presente na massa do queijo está intrinsecamente relacionado com a textura do produto. Quanto à textura e ao teor de umidade, os queijos podem ser classificados em quatro categorias, a saber: baixa umidade ou queijos de massa dura (menos que 36% de umidade); média umidade ou queijos de massa semidura (teor umidade entre 36 e 45%); alta umidade ou de massa macia (teor de umidade entre 46 e 54%); e muito alta umidade ou queijos de massa mole (teor de umidade maior que 55%) (Brasil, 1996).

O teor de gordura no queijo, proveniente do arraste da fração lipídica (gordurosa) para a matriz proteica durante a coagulação do leite, é fortemente influenciado pelo teor de gordura do leite e pela força do coágulo. Neste aspecto, os queijos podem ser classificados quanto ao teor de gordura no extrato seco como extragordo (ou duplo creme – no mínimo 60%), gordo (entre 45 e 59%), semigordo (entre 25 e 44%), magro (entre 10 e 24%) e desnatado (menos de 10%). Vale, ainda, notar que a ricota é obtida pela coagulação das proteínas hidrossolúveis do leite, não apresentando teor de gordura em sua composição (Brasil, 1996).

Com o passar do tempo, a tecnologia do queijo se desenvolveu e é bem estabelecida em todo o mundo. Entretanto, quaisquer alterações na tecnologia de produção, na formulação e, até mesmo, na utilização de leites de diferentes espécies de mamíferos acarretam a obtenção de uma grande variedade de tipos de queijos, com diferentes formas, texturas, sabores e aromas.

A Figura 8.5 apresenta exemplos de queijos e algumas características do processo de produção.

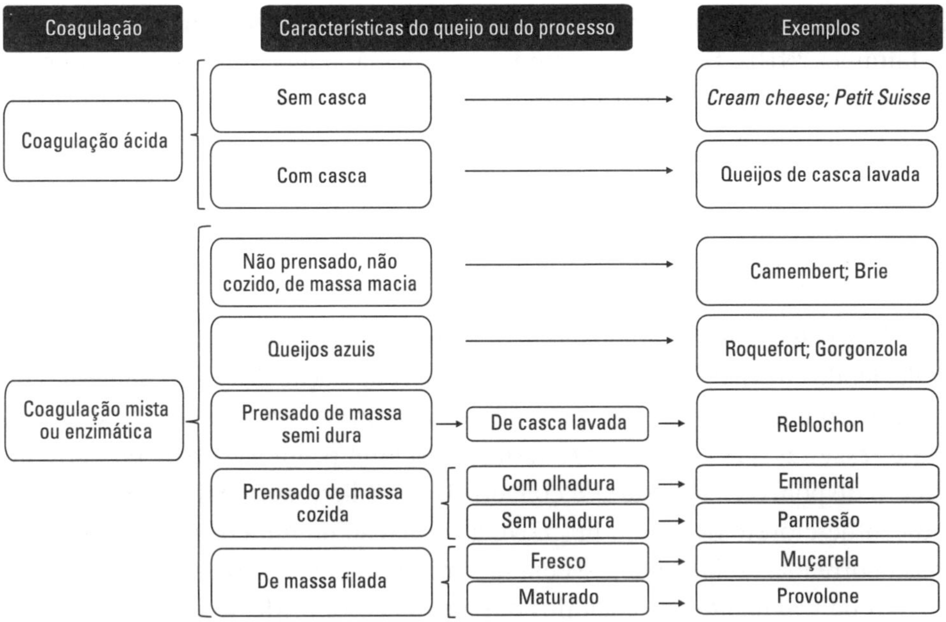

FIGURA 8.5 **Exemplos de tipos de queijos e características.**
Fonte: Adaptada de Almena-Aliste e Mietton (2014).

8.6.2.2 Leite para produção de queijos

O leite utilizado para a produção de queijos deve atender aos requisitos de qualidade já apresentados anteriormente na seção 8.2.1. Vale ressaltar que, para queijos com longos tempos de maturação, excepcionalmente, o leite pode não passar por tratamento térmico previamente. Outros fatores que irão influenciar a qualidade microbiológica e o tempo de prateleira de queijos são o teor de umidade da massa e a concentração de sal, por exemplo.

Adicionalmente, pode-se dizer que a composição centesimal do leite tem efeito sobre diversas características do queijo produzido, como a firmeza do gel, a dessora, a textura e a padronização do produto final (Fox *et al.*, 2000). Ademais, vale ressaltar que para obtenção de queijos por coagulação enzimática, o leite não pode passar por processo de desinfecção por calor com temperaturas acima de 90°C, devido às alterações decorrentes na estrutura da caseína, acarretando a perda de especificidade enzimática, conforme já detalhado na seção 8.5.2.

O teor de gordura do leite apresenta significativo efeito sobre a qualidade textural do queijo formado e sobre o rendimento da produção, além de acarretar diferentes classificações de queijos. Entretanto, o excesso de gordura pode prejudicar a ação do coalho, responsável pela coagulação enzimática do leite (Law e Tamime, 2010). Desta forma, pode ser necessária a padronização do teor de gordura do leite, geralmente através da mistura de leite integral e leite desnatado, ou por centrifugação.

8.6.2.3 Ingredientes e agentes biológicos

8.6.2.3.1 Cloreto de cálcio

O cloreto de cálcio é adicionado para aumento do teor de íons cálcio livre no leite, tendo em vista seu importante papel na coagulação das frações internas da caseína (α e β caseínas), que precipitam na forma de paracaseinato de cálcio. Vale ressaltar que o tratamento térmico do leite promove perda de parte do cálcio disponível, pois parte é convertida em cálcio coloidal ou precipita. A adição de cloreto de cálcio promove a formação de um coágulo mais firme, que ocorre mais rapidamente e com maior rendimento de coagulação, evitando perdas de fragmentos de coágulos durante a dessora (Mcsweeney, 2007). Entretanto, o excesso deste íon promove a produção de queijos de massa dura e ressecada. Em geral, são adicionados entre 200 e 300 ppm de cloreto de cálcio na forma de solução aquosa. A dosagem de cloreto de cálcio também pode variar em função do teor proteico do leite, que, caso seja baixo, também apresentará coágulo fraco e coagulação mais lenta, podendo ser compensado pela adição de íons cálcio.

8.6.2.3.2 Cloreto de sódio

O cloreto de sódio é utilizado diretamente ou apresentado como solução de salmoura e é utilizado na etapa de salga do queijo, que pode se dar por diferentes métodos, que serão detalhados adiante. Além de promover melhoria do sabor, o cloreto de sódio apresenta importante papel na conservação do queijo devido a seu efeito inibidor da atividade microbiana.

8.6.2.3.3 Fermento lácteo

O fermento lácteo contém a cultura (pura) ou culturas (mistas) microbianas, predominantemente de bactérias lácticas, comumente utilizadas para a produção de queijos, e é utilizado para produção de queijos de coagulação ácida por fermentação ou mista, ou, ainda, para queijos maturados em que a ação destes micro-organismos ou suas enzimas durante o período de maturação promove melhorias sensoriais no produto (Kongo, 2013). Queijos de coagulação exclusivamente enzimática e queijos frescais, em geral, não são adicionados de culturas microbianas.

A cultura láctica deve ser ativada e propagada para, então, ser inoculada ao leite aquecido numa proporção, em geral, entre 0,5 e 1%, podendo chegar até a 2% v/v. As espécies de bactérias lácticas comumente utilizadas para produção de queijos podem ser divididas em três grupos principais, segundo Robinson (2002): os mesofílicos homofermentativos, que promovem pouca geração de aroma, como *Lactococcus lactis* ssp. *cremoris, L. lactis* ssp. *lactis*; os mesofílicos heterofermentativos, que promovem formação de compostos aromáticos e de CO_2, como *Lactococcus lactis* subsp. *lactis* variedade *Diacetylactis* e *Leuconostoc mesenteroides* subsp. *Cremori*; e os termofílicos, como *Streptococcus salivarius* subsp. *thermophilus*, *Lactobacillus helveticus* e *Lactobacillus delbrueckii* subsp. *bulgaricus.*

8.6.2.3.4 Ácido láctico

Alternativa à adição de fermento láctico para formação de ácido láctico no meio é a adição do próprio ácido ao leite, promovendo a queda do pH e a consequente coagulação ácida da caseína, conforme já detalhado anteriormente. Ainda que o queijo seja obtido pela coagulação enzimática, a adição deste ingrediente se faz interessante em razão da maior eficiência de atuação do coalho em pH entre 5,5 e 6. Além disto, valores menores que 5,4 promovem maior agregação proteica, levando a um gel fraco, enquanto valores maiores que 5,8 podem acarretar pouca agregação proteica, resultando em uma matriz aberta e um gel fraco (Kapoor e Metzger, 2008). Em geral, o pH na faixa dos 5,5 a 6 promove, além do aumento da firmeza do gel, aumento do rendimento em produto, conferência de sabor diferenciado devido à acidificação, e aumento da longevidade do produto.

8.6.3 Agente coagulante/coalho

O coalho pode ser uma enzima ou um *pool* de enzimas proteolíticas que irá promover a coagulação enzimática da caseína, cujo mecanismo já foi descrito anteriormente. O coalho pode estar na forma líquida, de pastilhas ou pó, sendo, até hoje, o extrato líquido mais utilizado devido aos mais baixos custos de produção. A quantidade de coalho a ser adicionada depende da chamada força do coalho, que se refere à capacidade de coagulação de um determinado volume de leite a 35°C em 40 minutos (Souza, 1951).

A Figura 8.6 apresenta o diagrama de blocos com as principais etapas do processo de produção de queijos.

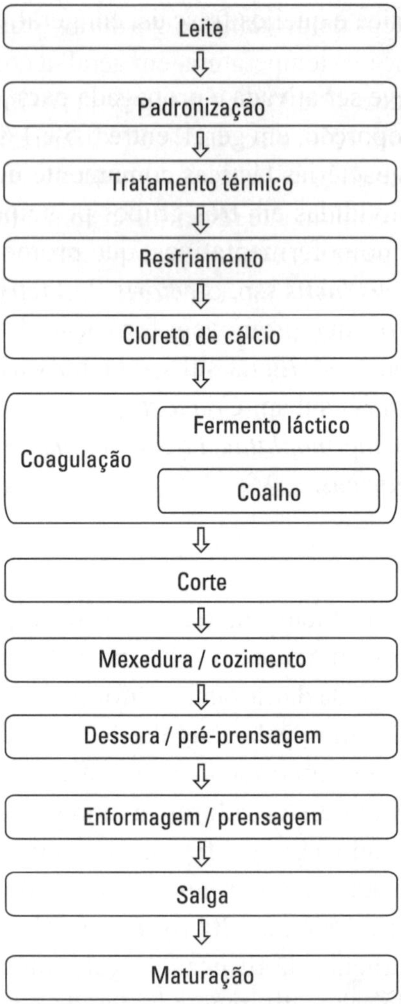

FIGURA 8.6 **Diagrama de blocos genérico para a produção de queijos.**

8.6.3.1 Coagulação

Os mecanismos de coagulação ácida e enzimática já foram detalhados anteriormente; nesta seção, então, serão abordados apenas os aspectos da tecnologia e do processo de coagulação.

8.6.3.2 Coagulação enzimática (coalho)

Por ser uma enzima ou grupo de enzimas, a ação do coalho, e consequentemente o processo de produção de queijo, sofre influência de diversos parâmetros do processo, como atividade de água, temperatura, pH e acidez, força do coalho, além da concentração de sais (principalmente de cálcio) e da composição do leite, no que diz respeito ao teor de proteínas e gorduras, principalmente (Kapoor e Metzger, 2008). Em relação à temperatura, em geral, a coagulação se dá em temperaturas mesofílicas, entre 32 e 35°C, em tempos próximos de 40 minutos. Para temperaturas menores que 20°C e acima de 50°C basicamente não há atividade enzimática, e o ponto ótimo está em torno dos 40°C, embora esta temperatura não seja utilizada por ser comumente relacionada com a formação de um coágulo duro e compactado (Fox *et al.*, 2000).

Em relação ao pH, uma pequena acidificação do leite, até o pH em torno de 5,5, favorece a atuação do coalho e a formação do gel. Por isso, mesmo que o queijo seja de coagulação exclusivamente enzimática, geralmente o pH é ajustado pela adição de ácido láctico. Quanto à dosagem de coalho a ser adicionada, embora sua concentração seja inversamente proporcional ao tempo de coagulação, a superdosagem não é conveniente, pois pode levar à formação de um coágulo duro e supercompactado (Souza, 1951).

O leite, previamente tratado e enriquecido com cloreto de cálcio, é disposto em tanques, geralmente de aço inox, e aquecido até a temperatura adequada. O coalho é, então, adicionado ao leite e imediatamente homogeneizado no meio. Em seguida, a massa de leite é deixada em repouso, de forma que haja atuação enzimática e coagulação da caseína. Nesta etapa não pode haver homogeneização, pois o coágulo, ainda fraco, não pode ser quebrado, o que promoveria perdas de material para a fração aquosa.

8.6.3.3 Coagulação ácida

A acidificação do leite para coagulação por ação microbiana se dá em um processo semelhante ao de produção de leites fermentados. A atividade microbiana pode ser afetada por diversos fatores, como temperatura, pH e acidez, composição do leite utilizado, espécie e cepa microbiana, estágio de desenvolvimento da cultura etc. (Beresford *et al.*, 2001). Nesta etapa ocorre, principalmente, a metabolização da lactose, com formação de ácido láctico. Entretanto, já nesta etapa, a formação de subprodutos de fermentação tem importância sobre as características de aroma e sabor dos queijos de coagulação ácida.

O processo é mais lento que o de coagulação enzimática, e pode durar entre 5 e 15 horas, por isso, em geral, procede-se a coagulação mista. Neste caso, preferencialmente utiliza-se fermento láctico mesofílico, para que a faixa de temperatura entre 32 e 35°C seja utilizada. O baixamento do pH, devido à liberação de ácido láctico, promove perda de atividade enzimática e da própria atividade microbiana, e, quando em extremo, promove a quebra espontânea do coágulo em pequenos grânulos, o que aumenta as perdas de produto no soro do leite, diminuindo o rendimento do processo. Exemplos de queijos de coagulação exclusivamente ácida são o *cream cheese* e o *petit suisse*.

8.6.3.4 Corte

Após o tempo necessário para a coagulação, a massa de leite deve passar pelo corte, com a formação de grãos, o que promove mais facilidade de dessora devido ao aumento da área superficial, e mantém a temperatura mais uniforme durante o aquecimento, que se dará na próxima etapa. O corte deve ser realizado no ponto ideal de coagulação da caseína, quando há um gel firme e estável, que tende a contrair para liberar o soro de sua matriz (Law e Tamime, 2010). Experimentalmente, o ponto de corte pode ser determinado devido à quebra homogênea da massa em partes inteiriças e bem definidas em seu formato. O corte da massa antes do ponto ideal acarreta a formação de um coágulo fraco e perda de rendimento devido ao arraste de material proteico e gorduroso para a fração do soro. Já o corte após o ponto ideal leva a um coágulo duro e dificulta a dessora.

O corte se dá por utensílios que consistem em uma armação com fios de aço nas posições horizontal ou vertical, denominados liras, que devem ser passados na massa em ambas as posições, além de nas direções longitudinal e transversal. O distanciamento entre os fios determina o tamanho do corte e dos grãos e, consequentemente, da capacidade de dessora da massa. Quanto maiores os grãos, mais úmido e macio é o queijo, enquanto os cortes menores promovem muita dessora, com a formação de um queijo mais seco e duro.

8.6.3.5 Mexedura, cozimento e salga no soro

Feito o corte na massa, é realizada a mexedura (ou agitação) dos coágulos, o que aumenta a sinérese, que é a expulsão do soro do coágulo, além de evitar que a massa coagulada precipite. A agitação pode ser contínua de maneira branda ou progressiva, de forma que sua intensidade só aumente quando os coágulos já em processo de dessora estiverem mais firmes (Souza, 1951). Para os queijos de massa crua, esta operação é feita em apenas uma etapa, e o tempo suficiente para se alcançar o grau de sinérese desejado é geralmente de 15 a 25 minutos, o que irá influenciar na maciez ou dureza da massa. Ainda que o queijo seja de massa crua, um ligeiro aquecimento acima da temperatura de coagulação é desejável (em torno de 40°C), pois facilita a dessora e aumenta a firmeza do coágulo.

Já para os queijos de massa cozida, após a primeira mexedura sem aquecimento, é realizada a segunda mexedura, juntamente com o cozimento da massa. Dependendo do tipo de queijo a ser produzido, esta etapa pode levar cerca de 30 minutos, com temperaturas variando entre 40 e 50°C, para os queijos de massa semicozida, e entre 50 e 55°C para os queijos de massa cozida (Almena-Aliste e Mietton, 2014). A temperatura deve ser aumentada de maneira branda, com taxa de aquecimento em torno de 1°C a cada 2 minutos. O aquecimento pode se dar de forma direta sobre toda a massa coágulo/soro, ou uma fração de soro pode ser removida, aquecida e retornada para o tanque, ou, ainda, após a remoção de uma fração de soro, pode ser feita adição de água aquecida aos coágulos. Durante o cozimento, também ocorre alteração da cor do coágulo, dando mais intensidade à coloração dos queijos assim produzidos.

A mexedura, com ou sem cozimento, deve ser realizada até que a massa atinja o ponto ideal, o ponto da coalhada, que varia para cada tipo de queijo, podendo ser mais ou menos quebradiço, mais ou menos firme e mais ou menos elástico, por exemplo. A eficiência desta etapa depende de fatores como tempo, intensidade de agitação e controle de temperatura. Uma forma de determinar o término desta etapa é o acompanhamento da acidez do soro, que geralmente deve estar próximo dos 14° Dornic, para a grande maioria dos queijos (Souza, 1951).

Para alguns tipos de queijos a salga poderá ter início neste momento, a chamada salga no soro, pela simples adição de cloreto de sódio que, embora seja perdida em grande parte para a fração aquosa, há de ser considerada no momento da salga na massa, que ocorrerá posteriormente. A salga no soro permite uma distribuição mais homogênea do sal na massa, além de provocar uma diminuição dos riscos de atuação de micro-organismos indesejáveis durante as próximas etapas do processamento. Adicionam-se, em geral, entre 200 e 500 g de sal para cada 100 kg de leite utilizado para coagulação (Souza, 1951).

8.6.3.6 Dessora, pré-prensagem e salga na massa

Após o tempo ideal de mexedura e/ou cozimento ser atingido, a massa de coágulo (coalhada) deve ser, então, separada da fração aquosa – o soro de leite –, nesta etapa denominada dessora. Para tanto, a massa é deixada em repouso por alguns minutos para a deposição do material sólido coagulado. Para queijos úmidos e macios essa separação é feita por uma simples drenagem, enquanto para queijos mais secos e de massa dura, pode ser realizada uma pré-prensagem, branda, de forma a aumentar a separação da fração coagulada da fração aquosa. Além disto, ocorre a junção dos grãos, formando uma peça única de coágulo, que poderá ser repartida em partes iguais para a moldagem.

Neste momento, após a drenagem, pode ser realizado outro tipo de salga, a salga na massa, pela adição de cloreto de sódio e homogeneização. Esta deve se dar com a massa ainda aquecida e úmida (embora sem soro livre), para que o sal possa se distribuir homogeneamente através dos coágulos e não haver formação de caroços de sal. Vale notar que se a pré-prensagem for realizada, este tipo de salga pode ser dificultado, devido à pouca homogeneização na massa. Neste tipo de salga, como há menor perda de sal para a fração do soro, utiliza-se em torno de 300 g de sal para cada 100 kg de leite destinado à coagulação (Souza, 1951).

Após a drenagem do soro, os queijos de massa filada, como Muçarela e Provolone, são obtidos pelo ligeiro aquecimento desta massa, o que possibilita seu estiramento até o tamanho e formato desejados.

8.6.3.7 Enformagem e prensagem

A massa de coágulo dessorada deve ser, então, disposta em formas (moldes) para que o queijo tenha seu formato final desejado. Esta operação deve se dar rapidamente e com a massa ainda aquecida, para que se atinja a moldagem adequada e a junção da coalhada em uma peça única e homogênea. Caso contrário, poderá haver quebras e irregularidades no meio da massa do queijo produzido. O formato e o tamanho das formas dependem do tipo de queijo e, consequentemente, de etapas posteriores como maturação e desenvolvimento de culturas microbianas.

As formas, que podem ser de diferentes materiais (polímero, aço, alumínio), devem ser vazadas para escorrimento do soro, e podem ser revestidas com uma espécie de pano ou papel, para facilitar a dessora. Em geral, elas podem ser empilhadas, o que irá facilitar o processo de prensagem.

As formas contendo as massas de coágulo são, então, submetidas à prensagem, para remover parte do soro ainda retido na massa e promover a junção dos coágulos, formando uma peça única, inteiriça e homogênea, contribuindo, ainda, para que o queijo mantenha seu formato posteriormente e para a formação de cascas em sua superfície. Queijos de massa crua, úmida e frescais, em geral, não são submetidos à prensagem intensa ou por longos períodos, apenas o suficiente para que a moldagem se estabeleça. Já para queijos secos e de massa dura são realizadas prensagens de longos períodos, que variam entre 3 e 40 horas, e pressões intensas, entre 5 e 30 vezes o peso do próprio queijo. A intensidade da prensa deve ser progressiva e a massa do queijo deve ser virada, evitando acúmulo de soro em regiões específicas.

8.6.3.8 Salga

A grande maioria dos queijos tem sua massa salgada, pois isso traz diversos benefícios como melhoria do sabor, diminuição da percepção de defeitos sensoriais, aumento da capacidade de formação de casca, estabilização da forma, redução da atividade microbiana, com consequente aumento do tempo de prateleira do produto, e aumento da dessora como resultado da diferença de pressão osmótica.

Além disso, o sal terá um importante papel regulador das reações físico-químicas e bioquímicas que irão ocorrer durante a etapa de maturação (Fox *et al.*, 2000).

A salga pode se dar por diferentes métodos e em diferentes momentos do processo de produção do queijo. A salga no soro e a salga na massa são realizadas nas etapas de dessora/cozimento e imediatamente após a drenagem do soro (antes da enformagem), respectivamente, e seus procedimentos já foram detalhados anteriormente, em cada uma dessas subseções. Os outros métodos são a salga seca e a salga por salmoura.

A salga seca se dá pela aplicação de sal (cloreto de sódio) uniformemente distribuído sob a superfície do queijo. Em virtude da diferença de pressão osmótica, ocorre uma dessora, e o soro que sai dissolve o sal da superfície, que penetra na massa do queijo. Este tipo de salga é lento e o tempo de difusão do sal depende de fatores como o tamanho do queijo, o seu teor de umidade (úmido ou seco) e o tipo de massa (macia ou dura), além de fatores extrínsecos como temperatura e concentração de sal adicionada. Em geral, há uma perda de massa do queijo em consequência da dessora (Law e Tamime, 2010). Os queijos tipo minas, Brie e Camembert são exemplos de salga a seco.

A salga em salmoura se dá pela imersão do queijo em uma solução de sal (salmoura), com cerca de 15 a 23% de concentração, por tempo suficiente para que o sal se difunda por toda a massa. Novamente, o tempo de difusão irá depender de fatores como tamanho, teor de umidade e tipo de massa do queijo produzido, embora os tempos sejam bem reduzidos em relação à salga seca, devido à maior diferença de pressão osmótica. Também ocorre ligeira redução da massa do queijo por causa da desidratação da massa. A temperatura de exposição à salmoura, em geral, está entre 40 e 50°C (Law e Tamime, 2010). Exemplos de queijos salgados por salmoura são os queijos prato e Emmenthal.

Todos os quatro tipos de salga podem se dar isoladamente ou por meio de combinação de métodos, de forma a atingir os resultados em menor tempo e reduzir os efeitos paralelos, como desidratação excessiva e formação de cascas muito duras e espessas. A concentração final de sal, em geral, está entre 1,5 e 2% (m/m) (Fernandes, 2008).

8.6.3.9 Cura/maturação

Após a etapa de salga por tempo suficiente para cada tipo de queijo, os chamados queijos frescos estão prontos para consumo. Queijo típico deste processo é o queijo minas frescal. Os demais queijos são direcionados para a próxima etapa, denominada maturação ou cura. Durante a maturação, ocorrem diversas alterações físicas, químicas/bioquímicas e microbiológicas na massa do queijo, geralmente como resultado da ação de micro-organismos ou enzimas na parte interna ou na parte externa do pedaço de queijo. São alterados o sabor, o aroma, a estrutura, a consistência e a cor do queijo, por exemplo (Souza, 1951). Ademais, nesta etapa, o desenvolvimento de micro-organismos específicos leva à produção de diferentes tipos de queijos, como os já detalhados na seção 8.3.2.

Os principais eventos bioquímicos que ocorrem e suas principais consequências são: proteólise, com formação de peptídeos e aminoácidos, além de CO_2, alfa-cetoácidos, sulfeto de hidrogênio, ésteres, aminas, amônia etc., como produtos do metabolismo secundário; lipólise, com liberação de ácidos graxos que serão utilizados no metabolismo secundário de bactérias lácticas, com formação de ésteres, aldeídos, álcoois; metabolismo de lactose residual, que rapidamente é convertida em ácido láctico e subprodutos; metabolização do lactato, com formação de produtos como acetato, formato, etanol e CO_2 por bactérias lácticas, e de propionato, acetato e CO_2 por *Propionibacterium* (Mcsweeney, 2004).

A maturação deve se dar em ambientes com temperatura, luminosidade e umidade relativa controladas, que irão influenciar de maneira significativa no tempo de maturação e nos resultados obtidos. Além destes fatores extrínsecos, há os fatores intrínsecos como tipo da massa do queijo, umidade, tipo de salga e teor de sal, quantidade de micro-organismos ativos presentes e espécie microbiana, atividade enzimática de enzimas remanescentes do processo ou produzidas pelos micro-organismos. Em geral, a maturação tem início em temperaturas mais baixas (em torno dos 10°C), com aumento progressivo (até valores entre 15 e 18°C). Durante todo o período, os queijos devem ser frequentemente virados para que haja distribuição uniforme de umidade e não ocorra maturação diferenciada em diferentes pontos.

8.7 COMPOSIÇÃO E BENEFÍCIOS PARA A SAÚDE

O leite e seus derivados são os maiores constituintes de uma dieta regular, fornecendo cerca de 30% de proteínas e lipídios e 80% do cálcio necessários para o consumo humano (Smit, 2003). Assim como o leite, os derivados lácteos são alimentos de elevado valor nutritivo, e seu consumo regular apresenta inúmeras vantagens para a saúde do homem. A Tabela 8.1 apresenta a composição média do leite e de dois derivados, o iogurte e o queijo branco.

O consumo de iogurte é comumente relacionado com a imagem positiva de um alimento saudável e nutritivo. Embora sua composição seja bastante semelhante à de sua matéria-prima (Tabela 8.1), diversas alterações bioquímicas ocorrem durante a fermentação, tornando-o mais nutritivo e com diferentes efeitos benéficos para seus consumidores (Walstra, Wouters e Geurts, 2006). Já o queijo

TABELA 8.1 Valores nutricionais do leite integral, do iogurte natural e do queijo branco

Constituintes	Leite Integral	Iogurte natural	Queijo Branco
Carboidratos (g/100g)	4,6	7,8	0,1
Gordura (g/100g)	3,9	3,0	31,8
Proteínas (g/100g)	3,3	5,7	23,7
Riboflavina (mg/100g)	0,23	0,27	0,46
Cálcio (mg/100g)	118	200	544
Fósforo (mg/100g)	93	170	408
Potássio (mg/100g)	155	280	82
Energia (kcal/100g)	66	79	381

Fonte: The Dairy Council (2002).

sofre um significativo processo de concentração (devido à dessora), mantendo em sua composição elevados teores dos compostos lipossolúveis, como as proteínas (caseínas), lipídeos e cálcio, por exemplo.

O iogurte é uma excelente fonte de sais minerais, como potássio, zinco, fósforo e, principalmente, cálcio. O cálcio é essencial para o desenvolvimento dos ossos e dentes, sendo muito importante o seu consumo por crianças (beneficiando o crescimento) e por adultos (reduzindo riscos de osteoporose). Este elemento, presente no iogurte em maiores proporções que no leite *in natura* devido à etapa de fortificação do processo de produção, se completa com o ácido láctico, resultando na formação de lactato de cálcio, que é mais facilmente absorvido no organismo humano (Chandan *et al.*, 2006). Semelhantemente, o queijo é uma rica fonte de cálcio, biodisponível e em elevada concentração, presente, principalmente, na forma de paracaseinato de cálcio, resultado da coagulação proteica.

O queijo e o iogurte são alimentos ricos em proteínas; no queijo, principalmente as caseínas em elevada concentração, e no iogurte, as caseínas e as proteínas do soro (lactoglobulina e lactoalbumina), indispensáveis para o desenvolvimento humano. No iogurte sua concentração também é, em geral, mais elevada que no leite *in natura* em razão da etapa de fortificação. Adicionalmente, devido ao baixo valor de pH e à ação proteolítica das bactérias lácticas e do coalho, as proteínas são hidrolisadas, aumentando a liberação de peptídeos bioativos no trato gastrointestinal (Smit, 2003). Outros nutrientes presentes nestes alimentos e de relevância para o bom funcionamento do organismo humano são: ácido fólico, vitamina A e vitaminas do complexo B (Tamime, 2006).

Tem-se ainda que a fermentação promove uma redução no teor de lactose presente no leite, entre 20 e 30%. Dessa forma, o uso de alimentos lácteos fermentados tem sido empregado como uma estratégia para superar a intolerância à lactose em seres humanos (Farnworth, 2008). No caso dos queijos, esta redução é ainda mais significativa, pois a dessora promove a retirada da lactose (hidrossolúvel) e a quantidade remanescente pode ser metabolizada pela presença de culturas lácticas e outros grupos microbianos. Provocada pela deficiência de enzima lactase (ou β-galactosidase) no organismo, a intolerância à lactose pode causar alguns sintomas ao ser humano, como: dor ou distensão abdominal, flatulências, náuseas ou diarreia. Mesmo que presente em pequenas quantidades, a lactose do iogurte tem mais digestibilidade, por causa da presença da enzima β-galactosidase, produzida pela cultura *starter* durante a fermentação (Hertzler e Clancy, 2003; Smit, 2003; Tamime e Robinson, 2000).

Em suma, o consumo regular de iogurte traz diversos outros benefícios para o ser humano, dentre os quais: melhor digestibilidade de proteínas e açúcares em relação ao leite; estímulo dos movimentos peristálticos em consequência da presença de ácido láctico, facilitando a digestão; combate a problemas bucais; colonização do trato gastrointestinal por micro-organismos benéficos; desenvolvimento e manutenção do sistema de sustentação; combate a inflamações e estímulo do sistema imunológico; estímulo da produção de hormônios e enzimas; facilidade na absorção de sais minerais etc. (Farnworth, 2008; Chandan, 2006; Walstra, Wouters e Geurts, 2006; Tamime, 2006; Salminen, Wright e Ouwehand, 2004; Tamime e Robinson, 2000). O consumo regular de queijos pode levar a diversos benefícios de saúde, como saúde dos dentes, efeitos contra hipertensão, carcinogênese, osteoporose, obesidade (Jeronimo e Malcata, 2016; Walther *et al.*, 2008).

QUESTÕES

1. Quais são as principais diferenças nos mecanismos de coagulação proteica no leite e quais os principais parâmetros intrínsecos e extrínsecos que influenciam este fenômeno?
2. Quais são os principais componentes do leite e seus respectivos papéis nos dois diferentes processos de coagulação?
3. Descreva a estrutura da caseína indicando a relação com sua coagulação ácida e enzimática.
4. Descreva a relação de protossimbiose entre as culturas lácticas *starters* envolvidas na produção de iogurte.

5. Quais dos dois grupos de bactérias lácticas (homofermentativas e heterofermentativas) seriam indicados como cultura *starter* e como cultura não *starter* para produção de queijos maturados? Por quê?

6. Quais são os principais parâmetros que influenciam a qualidade microbiológica e o tempo de prateleira de queijos? Por quê?

REFERÊNCIAS

Almena-Aliste, M., Mietton, B., 2014. Cheese classification, characterization and categorization: a global perspective. Microbiology Spectrum, 2 (1): 1-29.

Beal, C., Skokanova, J., Latrille, E., Martin, N., Corrieu, G., 1999. Combined effetcs of culture conditions and storage time on acidification and viscosity of stirred yogurt. Journal of Dairy Science, 82 (4): 673-81.

Beresford, T.P., Fitzsimons, N.A., Brennan, N.L., Cogan, T.M., 2011. Recent advances in cheese microbiology. International Dairy Journal, 11: 259-74.

Brasil. 2000. Padrões de Identidade e Qualidade de Leites Fermentados. Resolução n° 5 de 13 de novembro de 2000, Ministério da Agricultura, Pecuária e Abastecimento, MAPA, 2000.

Brasil. 2008. Regulamento da Inspeção Industrial e Sanitária de Produtos de Origem Animal – RIISPOA. Ministério da Agricultura, Pecuária e Abastecimento, MAPA 2008.

Brasil. 1996. Regulamento Técnico de Identidade e Qualidade de Queijos. Ministério da Agricultura, Pecuária e Abastecimento, MAPA, 1996.

Britz, T.J., Robinson, R.K., 2008. Advanced dairy science and technology. Blackwell Publishing Ltd, UK.

Chandan, R.C.; White, C.H.; Kilara, A.; Hui, Y.H. 2006. Manufacturing yogurt and fermented milks. UK: Blackwell Publishing Ltd.

Farnworth, E.R., 2008. Handbook of fermented functional foods, 2nd ed. CRC Press, USA.

Fernandes, R., 2008. Microbiology handbook dairy products. Leatherhead Publishing: 174p.

Fox, P.F., Cogan, T.M., Guinee, T.P., Mcsweeney, P.L.H., 2000. Fundamentals of cheese science. Aspen Publishers: 544.

Fox, P.F., Mcsweeney, P.L.H., 1998. Dairy chemistry and biochemistry Springer. Verlag.

Gobbetti, M., De Angelis, M., Corsetti, A., Cagno, R., 2005. Biochemistry and physiology of sourdough lactic acid bacteria. Trends in Food Science and Technology, 16: 57-69.

Goldberg, I., 1995. Functional foods: designer foods pharmafoods and nutraceuticals. Springer: 571p.

Graml, R., Pirchner, F., 2003. Effects of milk protein loci on content of their proteins. Archiv für Tierzucht, v., 46 (4): 331-40.

Hertzler, S.R., Clancy, S.M., 2003. Kefir improves lactose digestion and tolerance in adults with lactose maldigestion. Journal of the American Dietetic Association, 103 (5): 582-7.

Jaros, D., Seitler, K., Rohm, H., 2008. Enzymatic coagulation of milk: animal rennets and microbial coagulants differ in their gelation behaviour as affected by pH and temperature. International Journal of Food Science and Technology, 43: 1721-7.

Jeronimo, E., Malcata, F.X., 2016. Cheese: Composition and health effects. Encyclopedia of Food and Health: 741-7.

Kapoor, R., Metzger, L.E., 2008. Process Cheese: Scientific and technological aspects – a review. Comprehensive Reviews in Food Science and Food Safety, 7: 194-214.

Kongo, J.M. 2013. Lactic acid bacteria – R&D for food, health and livestock purposes. In Tech, 670p.

Law, B.A., Tamime, A.Y., 2010. Technology of cheesemaking. 2ª edição. Wiley-Blackwell: 515p.

McSweeney, P.L.H., 2004. Biochemistry of cheese ripening. International Journal of Dairy Technology, 57: 127-44.

McSweeney, P.L.H., 2007. Cheese problems solved. CRC Press: 425p.

Oliveira, D.F., Bravo, C.E., Tonial, I.B., 2012. Soro de leite: um subproduto valioso. Revista do Instituto Cândido Tostes, 67: 64-71.

Ordóñez, J.A. 2005. Tecnologia de alimentos, v. 2. São Paulo: Artmed.

Panesar, P.S., Kennedy, J.F., Gandhi, D.N., Bunko, K., 2007. Bioutilization of whey for lactic acid production. Food Chemistry, 105: 1-14.

Phadungath, C., 2005. Casein micelle structure: a concise review. Journal of Science and Technology, 27 (1): 201-12.

Phadungath, C., 2005. The mechanism and properties of acid-coagulated milk gels. Journal of Science and Technology, 27 (2): 433-48.

Quinto, E.J., Jimenez, P., Caro, I., Tejero, J., Mateo, J., Girbes, T., 2014. Probiotic lactic acid bacteria: A review. Food and Nutrition Sciences, 5: 1765-75.

Rasic, J.L., Kurmann, J.A., 1978. Yoghurt: Scientific grounds technology, manufacture & preparation. Copenhagen: Technical Dairy Publishing House: 427p.

Robinson, R.K. 2002. Dairy microbiology handbook. 3ª edição. Wiley-Interscience, Inc., 765p.

Salminem, S., Wright, A., Ouwehand, A., 2004. Lactic acid bacteria: microbiological and functional aspects, 3rd edition. Macel Dekker, Inc, Nova York, 656p.

Sheehan, J.J.D., 2013. Milk quality and cheese diversification. Irish Journal of Agricultural and Food Research, 52: 243-53.

Siso, M.I.G., 1996. The biotechnological utilization of cheese whey: a review. Bioresource Technology, 57: 1-11.

Smit, G. 2003. Dairy processing: improving quality. Inglaterra: Woodhead Publishing Limited.

Souza, E.A. 1951. Tecnologia de fabricação de queijos. Felctiano, seleção de artigos sobre leite, derivados e assuntos correlatos, n. 38, set./out.

Tamime, A.Y. 2006. Fermented milks. Blackwell Science Ltd.

Tamime, A.Y.; Robinson, R.K. 2000. Yoghurt science and technology. Woodhead Publishing Ltd.

The Dairy Council. 2002. The nutritional composition of dairy products.

Varnam, A.H.; Sutherland, J.P. 1994. Leche y productos lácteos. Tecnología, química y microbiología, Zaragoza.

Walstra, P., Wouters, J.T.M., Geurts, T.J., 2006. Dairy Science and Technology, 2nd ed. CRC Press, USA.

Walther, B., Schmid, A., Sieber, R., Wehmuller, K., 2008. Cheese in nutrition and health. Dairy Science & Technology, 88: 389-405.

Wildman, R.E.C.; Wildman, R.; Wallace, T.C. 2006. Handbook of nutraceuticals and functional foods. 2ª ed., CRC Press, 560 p.

Wit, J.N. 2001. Lecturer's handbook on whey and whey products. European Whey Products Association.

Wood, B.J.B.; Holzapfel, W.H. 1995. The genera of lactic acid bacteria. v. 2. Londres: Chapman & Hall, 398p.

Capítulo 9

Produtos de pescado fermentado

Ana Lúcia do Amaral Vendramini • Flavia Gabel Guimarães

CONCEITOS APRESENTADOS NESTE CAPÍTULO

Este capítulo apresenta os processos e componentes da fermentação de pescado, a ação dos micro-organismos e sua relação com as características sensoriais, os produtos produzidos no Brasil, Europa, África e Ásia, a legislação e os métodos analíticos microbiológicos utilizados no controle de qualidade.

9.1 INTRODUÇÃO

A denominação genérica "pescado" compreende os peixes, crustáceos, moluscos, anfíbios, quelônios, mamíferos de água doce ou salgada, sendo o termo extensivo também às algas marinhas e outras plantas e animais aquáticos, desde que destinados à alimentação humana (Brasil, 1952). O pescado desempenha um importante papel nutricional e é essencial para uma alimentação saudável. Destaca-se por conter majoritariamente vitaminas A, D e E, os micronutrientes Na, K, Ca, Mg, P, Cl e S, ácidos graxos poli-insaturados do tipo ômega-3 (EPA e DHA) e proteínas de alto valor biológico cuja composição de aminoácidos essenciais é bastante completa e balanceada (Gonçalves, 2011). A composição química média do pescado apresenta 60 a 80% de umidade, aproximadamente 20% de proteína, 1 a 2% de cinzas, 0,3 a 1,0% de carboidratos e grande variação no teor lipídico que pode ser de 0,3 a 36%, dependendo da espécie, idade, estado fisiológico, época do ano e região de captura (Ordóñez *et al.*, 2005).

As proteínas de pescado são de alta qualidade por conter menos tecido conjuntivo e alta digestibilidade. O músculo do peixe contém proteínas sarcoplasmáticas, miofibrilares e estromáticas ou conjuntivas, tal como os mamíferos, mas a maciez da sua textura é devida ao fato das ligações cruzadas entre as fibras de colágeno (estromáticas) serem mais frouxas e as fibras musculares longitudinais serem mais curtas e separadas perpendicularmente por menor quantidade de tecido conjuntivo (Gonçalves, 2011).

A fermentação constitui uma das mais antigas formas de preparação e conservação de alimentos que também contribui para a melhora das características físico química e da qualidade nutricional e sensorial. De acordo com preferências locais, uma grande variedade de alimentos à base de pescado fermentado pode ser obtida a baixo custo para diferentes consumidores. A técnica proporciona ainda benefícios como maior estabilidade do produto final em comparação com o pescado original, redução do volume, produtos de fácil conservação e com maior vida de prateleira, além de geralmente ocorrer o aumento do valor nutricional e da digestibilidade do alimento.

Genericamente, o pescado fermentado pode ser compreendido como qualquer pescado que sofreu alterações de natureza bioquímica por meio da atividade enzimática ou microbiológica, na presença ou ausência de sal. O processo de obtenção desse tipo de produto é semelhante em todo o mundo e consiste da utilização do pescado fresco, salgado ou seco, seja ele inteiro, eviscerado ou desossado, passando por etapa de fermentação espontânea ou com o uso de inóculo microbiano. Nessa fase, as várias enzimas bacterianas e endógenas do pescado promovem gradualmente a hidrólise a solubilização das proteínas, cujo produto final, obtido pode ser mantido à temperatura ambiente com prazo de validade que varia de um a vários meses, dependendo do tipo de produto (Oshima e Giri, 2014).

Os procedimentos de fabricação artesanal são baseados em tradições familiares e incluem o uso do pescado em sua totalidade ou em partes, adicionados ou não de sal e especiarias, colocado em barris de cerâmica ou baldes plásticos hermeticamente fechados que são enterrados no solo ou expostos ao sol, dependendo se o clima é chuvoso ou ensolarado. Fontes de carboidratos fermentescíveis como arroz cozido, melaço, açúcar, tubérculos e grãos também podem ser adicionados para auxiliar as bactérias lácticas na produção de ácidos, que têm um papel substancial na seleção da flora microbiana e na inibição do crescimento dos micro-organismos indesejáveis (Oshima e Giri, 2014).

A fermentação espontânea ocorre naturalmente por microrganismos presentes no local, culturas iniciadoras autóctones, que são específicos da região geográfica de origem e são responsáveis por agregar um sabor especial e singular ao produto. Na fermentação baseada no uso de inóculo, temos uma preparação microbiana com grande número de células sendo adicionado à matéria-prima para produzir um alimento fermentado e acelerando o processo fermentativo. O inóculo pode ser uma cultura mista, com vários micro-organismos, ou uma única cultura iniciadora (*starter*), e ambos geralmente apresentam características conhecidas e desejáveis que resultam na elaboração de produtos mais padronizados (Saithong *et al.*, 2010).

Processos enzimáticos microbianos e tissulares (endógenos) com ação proteolítica e lipolítica provocam diminuição da firmeza, aumento da digestibilidade e a formação de compostos voláteis de baixo peso molecular, em virtude da descarboxilação ou da desaminação de peptídeos e aminoácidos livres, como aldeídos, álcoois, ácidos orgânicos e aminas responsáveis pelo aroma (Zeng *et al.*, 2013).

No entanto, o isolamento e o estudo de caracterização de culturas iniciadoras autóctones nos produtos fermentados de pescado são de extrema importância para selecionar linhagens com as melhores propriedades tecnológicas, incluindo atividade de acidificação, proteólise, lipólise, ação antimicrobiana contra patógenos alimentares e de descarboxilação dos aminoácidos com a formação de compostos responsáveis pelo sabor, aroma, resultando em produtos de elevada aceitação sensorial.

A microflora do pescado fermentado se modifica ao longo de todo processo. Inicialmente, é composta por micro-organismos que têm como origem o pescado, o sal, condimentos e aditivos utilizados no processo, o ambiente de processamento e o inóculo, caso seja utilizado. A composição da microflora durante o processamento começa a ser modificada pelas condições seletivas do meio favorecendo principalmente o crescimento de bactérias ácido-láticas (BAL) cuja diversidade de espécies varia nos diferentes produtos fermentados, principalmente em função da quantidade de sal e do tipo de carboidrato utilizado.

9.2 FERMENTAÇÃO DE PESCADO

Em geral, o pescado fermentado é produzido de acordo com a tradição familiar e o sabor típico desses produtos dependente de preferências geográficas locais sendo preferencialmente utilizados peixes gordos, uma vez que o uso de peixes magros resulta em sabor e textura menos aceitáveis (Bernbom *et al.*, 2009; Oshima e Giri, 2014).

A segurança microbiológica dos produtos fermentados de pescado depende principalmente da fermentação rápida e adequada realizada por BAL. Estas fornecem uma combinação de pH reduzido com a produção de ácido láctico, além de outros ácidos orgânicos fracos e bacteriocinas, que inibem o desenvolvimento de micro-organismos patogênicos enquanto favorece o crescimento da microflora principal nos alimentos fermentados (Bernbom, *et al.*, 2009; Kuley *et al.*, 2011).

O sabor, o aroma e a textura característicos dos alimentos fermentados advêm de importantes mudanças bioquímicas que ocorrem durante os processos proteolíticos e lipolíticos de natureza enzimática, que podem ser de origem microbiana ou tissular (endógena), responsáveis pela formação de um grande número de compostos voláteis de baixo peso molecular, em virtude da descarboxilação ou da desaminação, gerando principalmente peptídeos e aminoácidos livres, alterando a textura e aumentando a digestibilidade, além de aldeídos, álcoois, ácidos orgânicos e aminas responsáveis pelo aroma (Zeng *et al.*, 2013).

As espécies pelágicas como o atum, sardinha e arenque são mais susceptíveis à proteólise causada pelas enzimas intestinais e, em caso de fermentação relativamente longa, há evidências que o processo de desaminação leva à conversão do esqueleto de carbono de aminoácidos em ácidos graxos voláteis equivalentes, tais como a degradação de isoleucina em ácido acético (Kuley *et al.*, 2011).

A lipólise ocorre por ação de lipases sobre as ligações éster dos triglicerídeos com o aparecimento de componentes voláteis de ácidos graxos como as metilcetonas, aldeídos, ésteres e ácidos graxos livres, que são característicos dos fermentados e identificam e qualificam o produto. Há relatos que esses compostos aumentam de concentração até o final da fermentação devido à presença das lipases bacterianas que permanecem no meio e atuam por mais tempo sobre os triglicerídeos oriundos dos peixes gordos, em geral, ricos em ácidos graxos polinsaturados (AGPI) que são gorduras líquidas a baixa temperatura que promovem a formação de sabor e odor característicos e de boa aceitação.

No entanto destaca-se que a fase inicial do processo de fermentação pode ocorrer na presença de oxigênio que favorece ao processo de oxidação lipídica, com o aparecimento de substâncias voláteis de sabor desagradável, reconhecido como ranço quando em alta concentração, mas que em baixas concentrações contribui beneficamente para o desenvolvimento do flavour, especialmente pela presença de carbonilas.

A fermentação se caracteriza por ser um processo dinâmico no qual modificações na comunidade microbiana são acompanhadas por alterações nos metabólitos presentes no meio (Lee, *et al.*, 2015). Na fase mais inicial temos principalmente a atuação das enzimas endógenas contribuindo para a proteólise e aumentando a fração nitrogenada no meio, que inclusive pode provocar um leve aumento do pH logo no início de alguns processos. Apesar da proteólise ser atribuída à ação de enzimas endógenas e microbianas, o principal papel dos micro-organismos está em participar da hidrólise secundária de proteínas e de pequenos peptídeos desenvolvendo sabor e aroma enquanto as enzimas endógenas (tissulares e viscerais) tem maior importância para as alterações de textura (Nie, Lin & Zhang, 2014; Kose, 2011).

Diversos gêneros bacterianos podem ser isolados nos vários produtos de pescado fermentado, bem como, mas também leveduras e fungos filamentosos, especialmente quando há elevados teores de sal. Geralmente as BAL e as leveduras são os micro-organismos mais ativamente envolvidos nos processos de fermentação espontânea, sendo que as BAL colaboram prioritariamente para a acidificação enquanto as leveduras contribuem com o desenvolvimento do aroma, *flavor* e cor dos produtos fermentados, uma vez que suportam bem as condições de pH, salinidade e de atividade de água (A^w) do meio.

As alterações das condições do meio ocorre já nos primeiros dias e a microflora passa a ser composta por micro-organismos (halotolerante/halofílicos) desejáveis ao processo, principalmente com a participação das BAL. À medida que consomem o carboidrato fermentescível, as BAL reduzem progressivamente o pH pela produção de ácido lático. No entanto, o pescado tem pouco conteúdo de carboidratos e que é em grande parte consumido nos momentos iniciais pelas próprias enzimas tissulares. Para contornar esse problema diferentes fontes de carboidratos podem ser adicionadas para favorecer a fermentação lática, particularmente quando se deseja uma fermentação prolongada ou em processos que utilizam uma concentração de sal inferior a 8% (valores superiores inibem os patógenos mais comumente encontrados em pescado). Neste caso, recomenda-se que os produtos de pescado fermentado tenham aproximadamente pH 4 para sua segurança microbiológica, inclusive, para a inibição do Clostridium botulinum que é principal patógeno associado a este tipo de alimento. de um pH inferior a 4,5 para maior segurança microbiológica inibição de Clostridium botulinum, o principal patógenos associados ao consumo de pescado fermentado. (Viegas e Guimarães, 2011; Kose, 2011).

É importante destacar que o caráter homofermentativo de algumas linhagens pode ser modificado por alterações nas condições de crescimento como a limitação de nutrientes e pelo pH. A fermentação heterolática é a mais importantes na produção de componentes de sabor e aroma com a formação de acetaldeído, diacetil e etanol, mas também do dióxido de carbono que substitui o oxigênio fornecendo condições anaeróbicas favoráveis ao processos. Além da acidificação do meio, a produção de peróxido de hidrogênio, bacteriocinas e de metabolitos de baixo peso molecular inibe o crescimento de micro-organismos indesejáveis e patogênicos e permitem uma dinâmica sucessória entre as BAL em virtude das modificações ocorridas no ambiente (Lee *et al.*, 2015).

9.3 COMPONENTES DA FERMENTAÇÃO

Diferentes concentrações de sal podem ser aplicadas na elaboração dos vários produtos de pescado fermentado que resultam na diminuição da atividade de água (Aw) e na seleção da microcroflora halofílica. O sal (cloreto de sódio) é um agente bacteriostático para a maioria das bactérias, incluindo as patogênicas e deterioradoras, especialmente quando aplicado em altas concentrações influenciando o crescimento microbiano, a fermentação, a qualidade sensorial e a segurança do produto final (Paludan-Müller *et al.*, 2002), este classificado em duas principais categorias, conforme descrito por Cooke et al., (1993), em produtos com teor muito alto de sal, entre 20% a 30% (p/p), e com teores mais baixos de sal, com 1% a 20% (p/p).

Vários tipos de sal são usados para a salga e fermentação do pescado, incluindo o sal refinado, os cristais de sal e a impregnação a vácuo, sendo que cada um possui sua própria microflora. O sal refinado é o mais amplamente utilizado no processamento do pescado e contém a maior quantidade de micro-organismos contaminantes halofílicos e halotolerantes cuja flora é composta principalmente por *Bacillos* spp., mas também contém *Micrococcus* spp. e os tipos sarcina (Oshima e Giri, 2014).

A salga forte seca para formar salmoura é bastante empregada em peixes pelágicos gordos como as anchovas, que, dependendo do tipo de beneficiamento, tem as vísceras conservadas para a atuação em conjunto das enzimas intestinais e microbianas conferindo uma fermentação desejada e com alteração de sabor, odor e textura, mas mantendo a integridade do pescado. Caso a fermentação seja longa, por hidrólise completa o pescado adquire aspecto de pasta, que é amplamente comercializada, assim como o molho (líquido) obtido deste processo.

Diferente de outros conservantes químicos os efeitos inibitórios do sal independem do pH e concentrações em torno de 20% são suficientes para inibir a maioria das bactérias não-marinhas, salvo fungos filamentosos que, em geral, toleram níveis bastante elevados de sal. A habilidade de crescer em diferentes concentrações salinas distingue os micro-organismos em halotolerantes, suportam ambientes salinos mas apresentam melhor crescimento na ausência do soluto, e halófilos (halofílicos), requerem sal para sua sobrevivência e crescimento e, com base na concentração ótima de sal para crescimento, são denominados de halófilos discretos (1% a 6%), halófilos moderados (7% a 15%) e halófilos extremos (15% a 30%), que conseguem sobrevier em até 32% de sal (limite da saturação do NaCl). A maioria das bactérias marinhas são halófilas discretas, inclusive bactérias da flora do pescado envolvidas em processos de deterioração como *Moraxella* spp., *Acinetobacter* spp. e *Flavobacterium* spp. e com a formação de histamina como *Shewanella putrefaciens* spp., *Pseudomonas* spp. e *Vibrio* spp. Entretanto, a halofilia é uma característica que pode variar a nível de espécie sendo que determinadas espécies dos gêneros citados podem apresentar halofilia moderada e, mais raramente, halofilia extrema como a espécie Vibrio costicala que é capaz de tolerar até 23% de sal. Além disso, archeas halófilas extremas como *Halobacterium* spp.

e *Halococcus* spp. quando crescem no pescado salgado e desidratado provocam alterações como limosidade superficial, odor desagradável e de colocação devido a produção do pigmento bactorubeína) (Jay, 2005; Madigan *et al.*, 2010; Franco e Landgrag, 1996).

Na fermentação do pescado a carga microbiana inicial proveniente dos insumos e da contaminação ambiental não deve ultrapassar a 10^6 UFC/g pois é progressivamente aumentada ao longo do processo, principalmente por bactérias ácido láticas (BAL). Estas crescem de forma exponencial já nos primeiros dias, provocando o rápido decréscimo do pH, e podem chegar a constituir quase a totalidade da carga microbiana permanecendo em níveis elevados de até 10^{12} UFC/g BAL é um grupo composto por cocos e bacilos Gram-positivo, catalase positivo, não esporulado, sem motilidade e com crescimento em em condição de microaerófila ou estritamente anaeróbia produzindo ácido láctico como principal produto da fermentação de carboidratos. Os principais gêneros são *Lactobacillus, Leuconostoc, Enterococcus, Streptococcus, Pedicoccus, Leuconostoc, Weissela, Carnobacterium, Tetragenococcus e Bifidobacterium* e podem tanto ser utilizados individualmente ou em cultura mista para a elaboração de produtos fermentados. Diferentes pesquisas são baseadas no isolamento de BAL e outros micro-organismos nos produtos fermentados como, por exemplo, no *Suan yu*, tradicional produto tailandês no qual foram achadas as espécies *Lactobacillus plantarum, Pediococcus pentosaceus, Staphylococcus xylosus* e *Saccharomyces cerevisiae* como culturas iniciadoras autóctones (Bernbom, *et al*, 2009; Kuley *et al.*, 2011).

As BAL contribuem prioritariamente com a acidificação microbiológica pela fermentação dos carboidratos, aumentando a segurança do produto final, enquanto estafilococos e leveduras favorecem ao desenvolvimento do aroma, flavor e cor dos produtos fermentados, um vez que suportam bem as condições de pH e a atividade de água (A_w) que se formam.

Destaca-se que as BAL são amplamente reconhecidas como seguras e possuem tradição culinária. Muitas possuem efeitos probióticos bem documentados na literatura e alguns estudos demonstram que as BAL possuem efeito inibitório sobre importantes patógenos. Aryanta *et al.* (1991) desenvolveu salsicha de pescado fermentado com *Pediococcus acidilactici* sp. que apresentou significativa redução no crescimento de *Clostridium perfringens* sp. e *Vibrio parahaemolyticus* sp. Adams e Nicolaides (1997) realizaram um estudo de meta-análise sobre a inibição de vários patógenos por BAL em diferentes produtos e citam as inibições de *Clostridium perfringens* sp. por *Enterococcus* spp. isolados em filés de bacalhau, de *L. monocytogenes* Scott A por *Leuconostoc* sp. e *L. plantarum* sp. em camarão em salmoura, de *V. cholerae* sp. por *L. acidophilus* DK77 em salsicha de peixe e de S. aureus ATCC 9144 por cultura starter de BAL em produto tradicional de peixe com mandiocae. Kuley *et al.* (2011) comprovou ação inibitória sobre os patógenos *Listeria monocytogenes* sp., *Salmonella* spp., *Staphylococcus aureus* sp. e E. coli O157:H7 em filés de truta.

Portanto, o processo fermentativo e a qualidade do produto final estão absolutamente relacionados com a composição da microflora, que contribui para a definição das características de sabor, aroma, textura e cor além de permitir que micro-organismo adequados excluem os inadequados. Em caso de fermentação espontânea, perdas significativas de tipicidade e na segurança do alimento podem ocorrer devido à presença de linhagens selvagens na microflora enquanto o uso de culturas starters na produção garante, além dos aspectos de higiene, a qualidade organoléptica, processos mais controlados e reproduzíveis e menor tempo de maturação (Zeng *et al.*, 2014).

9.4 PRODUTOS DE PESCADO FERMENTADO

Existem centenas de alimentos de pescado fermentado que são elaborados de acordo com a região de origem a partir de diferentes espécies, processos, condições higiênicas, finalidade de uso, textura, sabor e odor. Esses produtos também se diferenciam quanto à aparência, podendo ter a forma do pescado preservada, macerada para obtenção de pasta ou líquido (molho) pela hidrólise completa do pescado. Nos países desenvolvidos, o objetivo principal da técnica é agregar características *sui generis* em produtos de alto valor comercial consumidos principalmente como aperitivo, ao contrário de países na Ásia e na África, no qual a técnica consiste de uma forma simples de preservação do pescado e representa uma significativa fonte de proteínas na alimentação.

9.4.1 Produtos Fermentados na Europa

A fermentação do pescado tem um papel importante na produção de produtos tradicionais sendo um alimento muito antigo que está presente na cozinha europeia desde a época dos antigos gregos e romanos com o garum, famoso molho de peixe malcheiroso utilizado como condimento na Antiguidade (Skåra, *et al.*, 2015). Este consistia em um molho de anchovas fermentadas e salgadas de cor escura e rico em proteínas, semelhante aos molhos tailandeses e vietnamitas, produzido em massa nas antigas fábricas romanas. No entanto, a arte do molho de peixe não foi perdida na Itália e sua versão moderna, *colira di alici* , é produzida por empresas da Costa de Amalfitana com base em antigas tradições. Hoje este líquido é uma iguaria extremamente sofisticadae é vendido em pequenas e elegantes garrafas de vidro como um verdadeiro ingrediente secreto tirado diretamente do mundo antigo para a era moderna (Kennedy, 2016).

O *colira di alici* é o líquido obtido da preparação do *alici*, anchova fermentada em italiano, uma iguaria produzida e bastante popular nos países mediterrâneos que é muito consumida pelo seu sabor marcante e peculiar. No Brasil ainda é pouco conhecido por grande parte da população, a não ser principalmente por descendentes de italianos que ainda mantém o hábito de consumo, sendo vendido em delicatesse e muito utilizado na elaboração de pizzas e produtos correlatos. Na Alemanha as anchovas fermentadas são chamadas de *anchovis* e em Portugal o produto é denominado como semiconserva de anchova, sendo que em países de língua portuguesa e latina o termo *anchovagem* muitas vezes é utilizado como sinônimo de peixe fermentado. Na França são também consumidas na forma de pasta, denominadas *paté ďanchois, beurre ďanchois* ou *crème ďanchois*, dependendo da porcentagem de anchova e outros ingredientes, e ao sul, a *pissala*, um molho preparado com peixes pequenos de *Engraulis* sp., mas também elaborada com *Aphya* sp. e *Gobius* sp. (Pombo, 2012; Triqui e Zouine, 1998; Viegas e Guimarães, 2011; Ohshima e Giri, 2014).

A *anchovagem* consiste de um processo de cura prolongada no qual enzimas endógenas (tissulares e do trato gastrointestinal) e microbianas atuam na matriz tissular provocando significativas alterações texturiais, mas ainda sendo preservada a forma do peixe. Os anchovados autênticos são elaborados somente com peixe inteiro não eviscerado da família *Engraulidae* que inclui as espécies *Engraulis encrasicholus*, denominada anchova europeia pela FAO*; E. ringens*; *E. mordax*, capturada no Peru e no Chile; *E. anchoita*, encontrada na Argentina, Uruguai e Brasil; e *E. japonicus*, nas costas do Japão e China. No entanto, somente poucas espécies podem ser utilizadas para a elaboração de um produto "tipo anchova" cuja denominação deve conter o nome da espécie seguida pelo termo anchovado(a). Essas espécies são sardinhas (*Sardinella brasiliensis, Sardinella aurita*), manjubas (*Anchoviella* sp.), lambaris (*Astyanax fasciatus*), cavalas (*Scombrer japonicus*) e peixes-agulha (*Belone belone*) que são de pequeno porte e com alto conteúdo lipídico, e que podem ser utilizadas após as devidas adaptações na tecnologia para o uso da espécie (Pombo, 2012). Evidencia-se que embora conhecida vulgarmente como anchova marisqueira, anchova do olho amarelo e anchova costeira esses nomes se referem as espécies *Pomatomus saltatix* e *Pomatomus salfafor*, respectivamente encontrados no litoral do Rio Grande do Sul e no litoral do sudeste brasileiro, que não são utilizados para a produção de anchovados uma vez que apresentam características e dimensões muito distintas. *Pomatomus* sp. é um peixe magro com dieta carnívora cujas dimensões na captura é entre 35 a 130 cm podendo atingir peso máximo de 14,4 kg enquanto *Engraulis* sp. é um peixe gordo que se alimenta de zooplancton herbívoro tendo variação tamanho é de 14 a 25 cm e peso entre 25 a 65g. (Ibama 2009, FAO/Fishbase).

No Brasil, a sardinha (Sardinella *brasiliensis*) é a mais utilizada para a produção de pescado fermentado, pois possui características e composição que permitem o desenvolvimento de aroma, sabor, cor e textura próprios de anchovados. Entretanto, a falta de padrões oficiais que regulamentem o processamento tecnológico gera uma dificuldade para a classificação ou normatização do produto nacional e/ou importado. Apesar disto, pesquisas apontam que as sardinhas anchovadas produzidas no Brasil têm potencial para alcançar o mercado internacional pois são produzidas com qualidade e submetidas ao Sistema de Inspeção Federal implantado no país (Pombo, 2012).

A produção ocorre em pequena escala industrial e os produtos são comercializados com as seguintes denominações: "sardinha anchovada", "files de sardinha anchovada" ou, ainda, "filé de peixe anchovado" (Gonçalves, 2011).

O processo de elaboração baseia-se na salga seca, seguida da salga úmida, iniciando com sal grosso durante 1 a 2 dias; posteriormente, faz-se a lavagem superficial, a retirada da cabeça e do rabo, mantendo-se as vísceras com a carga microbiana e as enzimas endógenas. O pescado é colocado em barris, formando camadas ordenadas de sal e sardinha (ou anchova), com pressão de 10 kg na parte superior da pilha, composta por 5 a 6 kg de peixe na proporção de aproximadamente 1:4 de sal:pescado, retendo a salmoura com líquidos tissulares e gordura do 2º ao 4º dia diminuindo a altura da pilha. Neste ponto, enchem o barril com peixes de outros barris, eliminando os restos de gordura e sangue que flutuam na superfície. Acrescenta-se sobre o pescado no barril uma solução de salmoura a 25%, cobrindo-o completamente e criando uma condição de ausência de ar para a maturação ou fermentação durante 6 a 7 meses, em temperaturas entre 12 e 17° C. Após este período, corta-se em filés, retirando as espinhas e os restos de pele, e colocando-os em potes de vidro ou latas, cobertos com óleo ou azeite (Ordóñez, 2005).

Os filés de sardinha anchovados, encobertos com óleo vegetal e embalados a vácuo, são considerados uma semiconserva, pelo fato de não serem submetidos à esterilização comercial ao longo do processamento tecnológico. Apresenta composição nutricional de aproximadamente 14,2% de resíduo mineral fixo (sal), 16% de lipídios, 23% de proteínas, 2,8% de carboidratos, valor calórico de 247 Kcal, cerca de 4400 mg de sódio e 125 mg de cálcio. O pH final varia entre 5,2 a 5,8, o que favorece o desenvolvimento de *Pediococcus* spp no ambiente de elevada concentração de sal.

Na Europa ainda resistem ao tempo alguns alimentos tradicionais elaborados com antigas receitas nos países nórdicos, produzidos localmente por fazerem parte da cultura e da história dessas nações. Os principais produtos são *hákarl* (fermentado, curado e seco de origem islandesa elaborado com tubarão da Groelândia), *rakfisk* (produto norueguês obtido a partir de trutas evisceradas), *surströmming* (alimento sueco de arenque com odor pungente) e arenque maturado no barril (produto com sabor e aroma suaves), obtidos geralmente por fermentação espontânea com participação dos gêneros bacterianos *Lactobacillus, Leuconostoc* e *Pedicoccus*.

Torstein Skåra *et al.*, (2015) prepararam uma revisão sobre o assunto e descreveram os processos de obtenção destes produtos, numa região onde o sal era escasso e a conservação ocorre pela fermentação aliada a baixa temperatura do ambiente.

Hákarl é o tubarão fermentado (*Somniosus microcephalus* sp.) produzido na Islândia. O processo iniciava com o corte do musculo em pedaços, lavagem com água do mar e colocado sobre o cascalho frequentemente próximo à praia, sendo enterrado e coberto com pedras e cascalhos e deixados ali por várias semanas ou meses. Hoje em dia, os pedaços de tubarão são fermentados em câmaras fechadas com drenagem da agua durante 3 a 6 semanas, dependendo da temperatura e da estação do ano em que o peixe foi pescado. Depois da fermentação, os pedaços de carne de tubarão são cortados em tamanhos menores, lavados e direcionados para galpões de secagem chamados *hjallar*, sendo armazenados ali por várias semanas ou até mesmo meses. Durante o período de fermentação (35 dias), *Moraxella* spp. e *Acinetobacter* spp. predominam junto dos *Lactobacillus* spp., cujo número total de bactérias no final da fermentação chega à 108/g e o pH sobe de 6 (tubarão fresco) para 9 no produto final seco e fermentado, podendo ser armazenado por longos períodos sem deterioração. Terminado o período de secagem (70 dias) a umidade é de 35,5%, a contagem de bactérias diminui e a quantidade de amônia e óxido de trimetilamina (OTMA) reduz um pouco, mas, continuam em concentrações toxicas devendo ser consumido apenas pequenas quantidades. Além disto, têm sido encontrados altos níveis de mercúrio (1,6 – 2,7 ppm) nos pedaços de tubarões fermentados. As condições do processo e a parte do músculo (com maior ou menor teor de umidade, amônia e/ou gordura) usada na elaboração do produto fermentado geram diferentes composições químicas no produto final, que apresenta um pungente odor de amônia, textura macia, cor esbranquiçada semelhante a queijo e um forte sabor de peixe, tendo baixa aceitação sensorial.

Também produzido na Islândia, o *skate* preparado com raia (*Raja batis* sp.), um peixe marinho com esqueleto cartilaginoso, tem um processo semelhante ao *hákarl*, mas ele é empilhado e fermentado num período de poucos dias ou poucas semanas, cujas principais espécies de bactérias são *Oceanisphaera*, *Pseudoalteromonas*, *Photobacterium*, *Aliivibrio* e *Pseudomonas*, que alteram o pH de 6,6 (inicial) para 9,3 (final) e promovem a formação de altos teores de TMA (75,6 mg N/100g) durante os 9 dias empilhados.

O *rakfisk* é produzido de forma artesanal nas ilhas da Noruega com espécies de salmonídeo de água doce, truta de lago e do mar ártico. O processo inicia com a imersão em salmoura (4 – 6% p/p) do peixe eviscerado, em seguida são colocados em camadas, preferencialmente sob pressão e mantidos em pequenas câmaras nas temperaturas de 3 – 70° C, durante 3 a 12 meses. Neste período de fermentação/maturação ocorrem os processos de autólise pelas enzimas lipolíticas e proteolíticas, além de atividade bacteriana de produção de ácidos, cujo pH cai de 6,5 para 4,5 no final do processo. A fermentação láctica é desenvolvida especialmente pela *Lactobacillus sakei* sp., que suporta a baixa temperatura e o teor de 5% de sal, finalizada em aproximadamente 4 semanas com a concentração entre 10^8 e 10^9 bactérias/mL com um sabor, odor e textura característicos.

O *surströmming* é um alimento típico da Suécia com produção anual de 600 toneladas. Sua denominação origina da combinação de *sur* (azedo ou ácido) e *strömming* nome local para o arenque báltico (espécie *Clupea harengus var. membras*), que são capturados antes da reprodução (maio a julho), momento no qual o conteúdo de gordura é baixo. O processamento inicia com uma primeira etapa de salga em solução saturada para cura do arenque inteiro por 1 a 2 dias com agitação contínua nas primeiras 4 horas. É seguidamente é descabeçado e eviscerado mantendo-se as gônadas e o ceco pilórico e colocado em barril com salmoura fraca (17% de sal), ocasionalmente girados nos primeiros 3 dias. Posteriormente estes são armazenados entre 15 a 18 °C por 3 a 4 semanas num processo fermentativo caracterizado pela formação de gases que escapam entre as ripas do barril e após maturação, é feito o enlatamento utilizando-se a própria salmoura como líquido de cobertura. Mas neste caso em específico, as latas não são pasteurizadas ou esterilizadas e a fermentação continua ainda no interior da lata, especificamente por bactérias halófilas anaeróbias estritas do gênero *Halanaerobium*, deixando-as tipicamente estufadas.

Neste processo, além da participação ativa das enzimas tissulares (calpainas, catepsinas, caspase, entre outras), o ceco pilórico é rico em enzimas autolíticas que intensificam os processos proteolíticos e lipolíticos, e com a ação das enzimas do metabolismo microbiano há a formação de dióxido de carbono e compostos odoríferos com odor pungente (ácidos propiônico), de ovo podre (sulfeto de hidrogênio), rançoso (ácido butírico) e avinagrado (ácido acético). No entanto, apesar do forte e desagradável odor de compostos indicativos de processo deteriorativo como indol, escatol (cheiro de fezes), putrescina e cadaverina, estes não são detectados e a alta concentração de sal também ajuda a inibir o crescimento de patógenos e deterioradores. Este produto contém geralmente 11,8% de proteína, 8,8% de sal e 3,8% de gordura, níveis seguros de histamina (25 a 80 ppm), ausência de bactéria patogênica, TMA em 35 mg/100 g, pH 7.1 - 7.4 e A^w 0,90.

O arenque maturado é descabeçado, adicionado de sal, açúcar e às vezes pimenta nas respectivas proporções de 100:15:7:2 com fermentação em barril de madeira a baixa temperatura (refrigeração) por 3 a 6 meses, sendo na primeira semana misturado para permitir melhor redistribuição da salmoura formada pela liberação do líquido tissular do pescado, de modo a evitar zonas secas que favorecem a oxidação. O sal além de contribuir para a palatabilidade promove redução de volume do pescado e altera a flora psicrófila do peixe, por bactérias halófilas, micrococos, bacilos gram-positivos e leveduras que irão promover a fermentação. Terminado o processo, o arenque pode ser filetado e embalado a vácuo ou comercializado na forma de conservas , seja em frascos de vidro com salmoura doce ou cortado em fatias finas (*tidbits*) para enlatamento em salmoura levemente ácida adicionando conservantes para prolongar o *shelf life* em vários meses sob refrigeração de modo que processo de maturação continue na embalagem aprimorando sabores e alterando a textura.

9.4.2 Pescado Fermentado na África

Os métodos de processamento do pescado fermentado, geralmente realizados de forma artesanal nas regiões tropicais onde as condições ambientais são de alta temperatura e umidade, combinado com secagem e salga, produzidos em cestas, barris, potes de barro, redes fabricadas localmente, sacos de juta ou mesmo latas, são bastante populares em todo o continente e representam uma das principais fontes de proteína animal na dieta das diferentes populações atribuídos de nomes locais.

O artigo de *El Sheikha et al* (2014) foca os riscos biológicos do processo e cita Essuman (1992) com as três principais técnicas de processos sob temperatura ambiente, que variam conforme a disponibilidade de sal e o hábito populacional local:

Em processos de fermentação, salga e secagem, são descritos 3 métodos:

I.a) o peixe fresco é colocado em um recipiente ou enterrado no chão durante uma noite, retirado as escamas, seguido de lavagem, salga e fermentação por 1 dia, depois secagem, embalagem e distribuição;

I.b) do peixe fresco são retiradas as escamas, guelras e eviscerado, seguido de lavagem, salgado e fermentado por 0,5 a 3 dias. Após estes processos ora são secos por 2 a 7 dias, ora são embalados intercalados de sal, parcialmente seco por 1 dia. Depois são estocados e distribuídos;

I.c) o peixe fresco é salgado e fermentado por 12 à 24h, retirado as escamas, lavado, seco, embalado, estocado e distribuído.

Práticas inadequadas como retirada das escamas com os pés observada em Gana e Senegal (El Sheikha, 2014), a lavagem geralmente usando água do rio, lago, mar ou mesmo água não potável ou poluída, o sal como principal fonte de bactérias halofílicas produtoras de contaminação conhecida como "vermelhão", a secagem ocorre no chão e por vezes utiliza-se gotas de combustível na breve lavagem antes da secagem ao sol para espantar as moscas são alguns dos exemplos de práticas inadequadas utilizadas nos processamentos citados. (*Anihouvi et al*, 2012). Apesar de muitas vezes realizados sob circunstâncias precárias de higiene, há demanda no mercado interno para peixes fermentados, especialmente para os produtos com qualidade superior, tanto no mercado nacional local e sub-regionais como também um promissor potencial de exportação, se os parâmetros de qualidade dos processos forem controlados e os produtos se apresentarem seguros para o consumo.

A utilização dos peixes *Galeoides decadactylus, Pseudotolithus senegalensis, Caranx hippos* e *Scomberomorus tritor* entre outras 25 espécies, são comuns na elaboração do produto denominado *lanhouin* de fermentação espontânea e largamente usado como condimento em Benim, Togo e Gana (Anihouvi *et al.*, 2006). Segundo descrito por Anihouvi *et al.* (2005) apud Anihouvi *et al.* (2012), o processo inicia com a retirada das brânquias e vísceras do peixe fresco lavado, colocado em recipiente com água por 10 a 15 horas (*overnight*) e após nova lavagem é salgado em duas etapas: a primeira no peixe fresco e com concentração de 20% a 35% (p/p) e, a outra num segundo momento, com o peixe já previamente salgado ao qual se adiciona 10% a 15% (p/p) de sal. Este é embalado em cesta, juta, algodão e outros para ser e enterrado em buraco com profundidade de 2 metros durante 3 a 8 dias, dependendo do produto desejado para o desenvolvimento da fermentação, sendo posteriormente lavado para retirada do excesso de sal e seco ao sol por 2 a 4 dias.

O *Momone* é um popular alimento usado no preparo de molhos em agua fervente com pimenta, tomate, cebola e um pouco de óleo de palma. Sanni *et al.* (2002) apresenta a produção do *Momone* utilizando como matéria-prima diferentes peixes de água doce mantidos com brânquias e vísceras, que é lavado, fortemente salgado (294 - 310 g/kg), fermentado por 1 a 5 dias, lavado em salmoura, cortado em pedaços e colocado em bandejas de madeira e seco ao sol por poucas horas. Por outro lado, Anihouvi *et al.*, (2012) cita que também são utilizados peixes marinhos no preparo, sendo estes inteiros ou cortados em pedaços, lavados e deixados *overnight* em sal ou simplesmente salgados (razão de 15% – 40% de sal: peixe fresco) logo após a pesca, secos sobre o chão, grama, rede ou pedra durante 1 a 3 dias e fermentado durante 3 a 8 dias, sendo que a adição de ¾ de sal, num segundo momento ocorre quando a fermentação é maior que 3 dias.

Anihouvi *et al.*, (2012) também descreve as técnicas de obtenção dos peixes fermentados denominados *Koobi*, o que utiliza tilápia, e *Ewurefua*, que utiliza peixe de cativeiro em salmoura, e ambos diferem do *Momone* pelo tempo de fermentação. *Koobi* dura 2 a 3 dias enquanto *Ewurefua* fermenta no período de 12 à 24 horas. Já *Guedj* produzido no Senegal e Gambia é um produto apreciado por seu sabor e odor e, tal como os outros processos, o peixe fresco é salgado e fermentado por 2 a 3 dias seguido de secagem numa plataforma de rede durante 3 a 5 dias.

Pequenas variações no tempo de fermentação, nas condições de secagem e adição de sal além das espécies de peixe utilizadas, geram uma grande variedade de produtos com diferentes denominações, tal como *Gyagawere*, *Adjonfa* ou *Adjuevan*, que são pescados fermentado seco com forte odor produzidos na Costa do Marfim e utilizado como condimento na alimentação local, também a obtenção de pasta e molho de peixe fermentado salgado como *Terkeen* produzido no Sudão ou mesmo o preparado de peixe fermentado não salgado seco denominado *Salanga* produzido em Chade, além de muitos outros produtos artesanais encontrados nos diferentes países da África.

9.4.3 Pescado Fermentado na Ásia

Na Ásia a salga e fermentação são as formas mais importantes de conservação do pescado e uma grande diversidade de alimentos são produzidos e consumidos em grandes quantidades. São amplamente elaborados com pequenas anchovas, sardinhas, ostras, lulas, ovas de peixe ou intestino, mas também utilizam peixes marinhos e dulcícolas, camarão, *krill*, caranguejo, mexilhões, arraias, ouriços, pepinos do mar, entre outros (Endo *et al.*, 2014).

Ásia é um continente que contempla muitas culturas e etnias o que reflete em grande diversidade de produtos. A alimentação, além do seu aspecto nutricional, contribui para a construção da identidade e cultura de uma região e de seu povo, de modo que há diferenças entre os alimentos produzidos nas diferentes partes do continente. No entanto, é comum países de uma mesma região terem alimentos muito semelhantes, mas com denominações distintas devido às diferenças nos idiomas.

Diversos alimentos de pescado fermentado são produzidos por toda Ásia, sendo principalmente encontrados nos países do Sul, Leste e Sudeste do continente, e menos relacionados aos hábitos de consumo dos países da Ásia Central, Oriente Médio e Norte da Ásia. Sem pretensão de esgotar o tema, os principais produtos do Sul e do Leste Asiático serão brevemente discutidos e com maior detalhamento os fermentados de pescado do Sudeste Asiático.

O Leste da Ásia, também conhecido como Extremo Oriente ou Ásia Oriental abrange os territórios da China, Japão, Coreias, Coreias do Sul e do Norte, Taiwan e Mongólia, cujos produtos dessa região lembram os fermentados do sudeste asiático, em geral com menor teor de sódio, sendo também bastante popular o uso de molhos fermentados.

Os fermentados de pescado estão presentes na culinária japonesa desde as antigas civilizações por meio do *ikanago*, pasta de peixe fermentada, do *manyoshu*, molho de caranguejo fermentado, e do *yu-jiang*, peixe fermentado chinês cuja cultura foi transferida para o Japão sendo até hoje consumido nos dois países além das Coreias. O *funazushi*, consiste de um *sushi* de carpa fermentada por 3 a 4 anos, sendo um alimento de origem antiga que atualmente é considerada uma iguaria de luxo. O *narezushi* é um alimento fermentado a base de peixe e arroz cozido de origem chinesa, mas também é bastante popular no Japão. Sua elaboração consiste na salga do peixe, às vezes adicionado de vinagre, posteriormente coberto com arroz cozido e especiarias para uma fermentação espontânea com duração de alguns meses. A técnica tradicionalmente utiliza peixes de água doce como carpa cruciana (*Carassius* sp.) e *ayu* (*Plecoglossus altivelis altivelis),* mas também várias espécies marinhas como a cavala (*Scomber* sp.) e carapau-do-japão (*Trachurus japonicus*) têm sido utilizadas. Outro peixe fermentado é *kusaya* no Japão ou *Chòu yu* na China, mas também consumido na Coreia e Sudeste Asiático, que é elaborado com salmoura fermentada de cavalinha-de-reis (*Decaptereu macrellus*) ou peixe voador (da família *Exocoetidae*) com posterior secagem ao sol. O produto se caracteriza pelo cheiro pujante de queijo similar ao escandinavo *surströmming.*

Também são populares os molhos de pescado fermentado como o *shottsuru*, similar ao famoso *nam plaa* tailandês. Essa versão japonesa pode ser produzida a partir de sardinhas, anchovas, arenques e choco (molusco marinho semelhante a lula) e melaço; *ishiri* ou *yoshiru* elaborado com fígado de lula e sardinha; *shiokara* feito de lulas fermentadas, intestino de lulas, intestino de bonito, ouriço-do-mar e entranhas de pepino do mar; *konago* molho fermentado de anchova; e Ika-shoyu elaborado com vísceras de lula misturado com sal ou *koji*. Já na China destacam-se o *chouguiyu*, peixe mandarim com baixa concentração de sal obtido por fermentação espontânea, *suan yu*, tradicional alimento chinês de carpas fermentadas com baixo conteúdo de sal, *hom ha* pasta de camarão e *yu lu* molho de anchova fermentado (Sarkar e Nout, 2014; Montet e Ray, 2011; Yi, 1993; Dai *et al.*, 2013; Tamang *et al.*, 2016; Ohshima e Giri, 2014).

Hongeohoe é um típico alimento coreano famoso pelo cheiro de "banheiro público" que consiste em um alimento fermentado de arraia. As arraias, assim como os tubarões, são peixes elasmobrânquios que se caracterizam pela condição de uremia fisiológica com acúmulo de ureia que durante o processo de fermentação é convertida em amônia dando esse cheiro tão característico semelhante ao do *hákarl* islandês (Sarkar e Nout, 2014; Ohshima e Giri, 2014).

Jeatgal é o termo coreano para produtos fermentados que comumente está associado a pescado, sendo produtos salgados elaborados com diferentes tipos de peixes, crustáceos e moluscos fermentados inteiros ou em partes, incluindo intestino, ovas e brânquias. Mais de 150 tipos diferentes desses produtos coreanos já foram identificados e classificados em função do ingrediente principal e método de processamento sendo *jeotgal* (*jeot*) pescado salgado fermentado, *seasoned jeatgal* pescado salgado fermentado temperado, *aekjeot* molho salgado fermentado, *sikhae* pescado salgado fermentado temperado e adicionado de grãos cozidos), que são produtos também consumidos no Sudeste Asiático. Além de fornecer aminoácidos essenciais, recentes pesquisas relatam que *jeatgal* e outros peptídios de espécies marinhas tem potencial bioativo como atividade antitumoral, antioxidante, antimicrobianas, antiviral, anti-hipertensivo, protetores do sistema cardiovascular e neurológico, supressor do apetite e que reduzem a gordura corporal e a diabete e melhora da atividade imunológica. A obtenção desses benefícios depende do tempo de fermentação que quando prolongada aumenta a conversão de compostos funcionais. A ação antioxidante foi verificada em peptídeos bioativos de m*yeolchi-aekjeot* (molho de anchova) e whangseokeojeot (corvina amarela) e também pela presença de ácido linoleico conjugado (CLA) nos produtos *changranjeot* (ovas de polaca), *kuljeot* (lula) e *jokaejeot* (vieira) que possui diferentes propriedades funcionais. Ação antitumoral foi encontrada em *myeolchijeot* (anchova), *chuneobamjeot* (*Dorosoma cepedianum* membro da família de arenque), *ojingeojeot* (lula), *koltugijeot* (pequenas lulas) e *kajami-sikhae* (peixes chatos), sendo que o último apresentou maior atividade por conter mais fitoquímicos provenientes dos grãos e dos temperos (pimenta vermelha coreana, alho, cebola, gengibre, etc.) adicionados ao processamento (Ohshima e Giri, 2014; Koo, 20016, Rajauria *et al.*, 2016; Cheung, Ng e Wong, 2015).

Em função da saudabilidade, a elaboração deste e de outros produtos de pescado fermentado apresentam como tendência o uso de BAL probióticas ou geneticamente modificadas, redução de sal e adição de ervas e plantas com propriedades antimicrobianas e ricas em fitoquímicos, além da atenção com a segurança e a qualidade desses produtos. Destaca-se que esses benefícios já foram relatados em molhos salgados fermentados de ostra e mexilhão e também na pasta de camarão fermentada de *Ka-pi Ta Dam* e *Ka-pi Ta-Deang* (Rajauria *et al.*, 2016; Koo, 2016).

A Cordilheira do Himalaia subdivide o continente e o Sul da Ásia abrange Índia, Nepal, Butão, Bangladesh e Paquistão e os países insulares Sri Lanka e Maldivas. Especialmente mais ao norte do subcontinente numa região conhecida como leste do Himalaia a adoção de um sistema de agricultura pastoril faz com que o consumo de pescado fermentado seja menos significativo em comparação aos fermentados de origem láctea e vegetal. No Tibete não há consumo de pescado por questões religiosas (Hui e Evranuz, 2012; Majumdar *et al,* 2016; Thapa, 2016; Satish Kumar *et al*,. 2013).

Frutos do mar são incomuns no Nordeste da Índia, Nepal e Butão e os peixes disponíveis são provenientes de rios e lagos, consumidos frescos ou preservados pela fermentação. Acredita-se que nesses territórios o domínio da fermentação é anterior ao uso do sal para conservação de modo que não se utiliza sal na elaboração dos peixes fermentados tradicionais da região, salvo raras exceções. Além disso, somente peixes fermentados inteiros ou na forma de pasta são produzidos e nenhum tipo de molho de peixe é utilizado como condimento na dieta dos diferentes povos da região (Majumdar *et al*, 2016; Thapa, 2016; Satish Kumar *et al*,. 2013).

Baseado em tradições locais e no conhecimento transmitido ao longo das gerações, diferentes alimentos tribais de pescado fermentado são produzidos em quantidades limitadas, restritos aos locais de origem e dificilmente são vistos no comércio, entretanto, alguns se destacam pela sua popularidade. *Ngari* é um alimento não salgado elaborado a partir do peixe *Phoubu nga* (*Puntis sophore*) seco ao sol, fermentado, misturado com arroz cozido, formatado em bloco, consumido pela etnia Meitei e vendido nos mercados locais de Manipur. Nesta mesma localidade há o *hentak,* uma pasta consumida como o *curry,* utilizada como condimento e de usos medicinais, elaborada a partir de pedaços de peixe (*Esomus danricus* Hamilton) secos ao sol e triturados até obter um pó que, com pecíolos da planta orelha-de-elefante (*Alocacia macrorhiza*) forma uma pasta grossa e fermentada. *Shidal* é um produto de peixe não salgado seco ao sol e semi-fermentado preparado com carpa, consumido nos Estados de Assam, Tripura, Arunachal Pradesh e Nagaland com nomes locais *seedal, seepa, hidal e shidol* sendo considerada uma iguaria para a maioria das tribos, bangaleses e na região de Tripura devido seu sabor e odor característico. *Tungtap* é um alimento típico de Khasi em Meghalaya que consiste em uma pasta do peixe (*Danio* sp.) previamente seco ao sol, fermentado com adição de sal e consumido como o *curry*. *Sidra*, comumente consumido em *gorkha* no Nepal, a partir do peixe (*Puntius sarana* Hamilton) não salgado, que após secagem ao sol é fermentado. Estes produtos de processos simples com base nas práticas tradicionais ainda produzidos sem significativa intervenção científica para padronizar os métodos e torná-los mais seguros, uma vez que são produtos não salgados com pH próximo a 6,5 e que são produzidos artesanalmentes e muitas vezes em condições precárias de higiene (Satish Kumar *et al.*, 2013; Sanjit *et al.*, 2012; Thapa, 2016; Majumdar *et al.*, 2016; Tamang *et al.*, 2012; Tamang *et al.*, 2016; Sarkar e Nout, 2014; Jiang *et al.*, 2014; Joshi, 2016).

Já nas regiões costeiras do subcontinente se destacam produtos de peixe e camarão salgados, que inclusive são consumidos Sudeste Asiático, com destaque para *jaadi* (Sri Lanka), popular conserva salgada fermentada elaborada por *Colombo cure* a partir de peixes marinhos da família *Scombridae,* barracuda, bonito e peixe fita. Os peixes descabeçados, eviscerados e sem brânquias e lavados com água do mar são dispostos em camadas alternadas de peixe e sal na proporção 3:1 com adição de *Garcinia cambogia* (fruta bastante ácida que pode ser complementada com 2% de vinagre). Após 2 a 4 meses o tanque é aberto e o pescado é transferido para um barril aonde permanece por no mínimo 1 ano para adquirir as características desejadas (Clucas, 1982; Prakashi *et al.*, 2015; Sarkar e Nout, 2014; Joshi, 2016; Jayasingue *et al.*, 2000).

É no Sudeste Asiático que o pescado fermentado se destaca pelo amplo consumo e pelas centenas de produtos produzidos inclusive em escala industrial. Estes variam em função da origem, nomenclatura, características organolépticas, matérias-primas utilizadas e finalidade de uso e cujas descrições podem ser encontradas na *Japan International Research Center for Agricultural Sciences*, uma agência do Ministério da Agricultura, Florestas e Pesca que, dentre suas diversas funções, promove a divulgação da culinária asiática por intermédio da *Asian Food Resource Network.*

CAMARÃO FERMENTADO

Balao-balao é um produto típico das Filipinas, produzido a partir de camarão salgado, sal (aproximadamente 20%, p/p), deixado em repouso por 2 h e depois drenado. O arroz cozido e resfriado é misturado com camarões salgados (sal 3%, p/p), engarrafados em frascos de vidro de boca larga e fermentados por 7 a 10 dias. Conhecido como *kung chao* ou *kung sam*, é um alimento de origem tailandesa fermentado por *Lactobacillus mesenteroides* sp., *Pediococcus* spp., e *L. plantarum* sp. que podem ser consumidos tanto como prato principal ou sob a forma de molho fermentado (Olympia, 1992; Ohshima e Giri, 2014; Hall, 2011; Endo *et al.*, 2014).

MEXILHÃO FERMENTADO

Denominado genericamente em inglês *hoi dorng* (nome local *hoi-ma-laeng-poo-dorng*), é produzido a partir de mexilhão (*Perna viridis* sp. - *hoi-malaeng-poo*) retirado da casca, lavado em salmoura (12% NaCl) e água. Depois da drenagem, é misturado o sal na proporção de 7:1 p/p. O mexilhão é fermentado com *Pediococcus halophilus* sp., *Trichosporon* spp. sendo que *Tetragenococcus halophilus* sp. e *Lactobacillus farciminis* sp. foram predominantemente encontrados no produto fermentado durante 4-5 dias e selado em potes de vidro, com tempo de estocagem de 3-6 meses. Na Tailândia, o produto é consumido como prato principal ou servido como condimento com arroz (Endo *et al.*, 2014).

FERMENTADOS DE PEIXE DE ÁGUA DOCE E/OU CAMARÃO

Denominados de *plaa som* ou *plaa-khao-suk* ou *plaa-prieo*, *koong-som* ou *koong-dorng*, é produzido com peixe de água doce *probarbus jullieni (yee-sok)*, *Puntius gonionotus (ta-pian)*, *Pangasius hypophthalmus (sa-waai)*, *Labiobarbus leptocheilus (soi)*, *Macrobrachium lanchesteri (koong)* e/ou camarão. O peixe é cortado, eviscerado, lavado e drenado. Se a matéria-prima é o camarão, o corpo é lavado e escorrido. Ao peixe ou camarão é adicionado sal na proporção de 8:1 p/p com descanso durante a noite, seguido da adição de arroz cozido e alho picado, sendo a proporção de 20 peixe/sal : 4 arroz :1 alho, misturados, embalados em frasco e fermentado com *Lactobacillus plantarum* sp., *Pediococcus halophilus* sp., *Bacillus* spp., *Micrococcus* spp., *Staphylococcus epidermidis* sp., *Streptococcus faecalis* sp., *Saccharomyces* spp., *Candida* spp. e/ou *Pichia* spp. em temperatura ambiente por 5-7 dias. Gera um produto sólido, com gosto amargo e salgado e coloração branca acinzentada, quando usado o *Plaa-som*, ou rosa, quando utilizado o *Koong-som*, com vida de prateleira de três semanas (Endo *et al*., 2014; Ray e Didier, 2014).

O teor de proteínas do *plaa-som* (peixe) varia de 16-19,8%, lipídeos de 1,9-8,8%; sal 4,0-10,7; acidez em ácido láctico 0,8-2,7% e pH 4,0-5,8, enquanto para o *koong-som* (camarão), 8,3-11,4%; 0,0-2,1%; 2,6-5,9%; 2,7-4,4%, respectivamente, e pH 3,7-5,6.

Nomeado localmente como *som-fak* (nordeste), *plaa-fak* (norte), *plaa-mak* (leste) *fak-som* (em algumas partes do nordeste asiático), tal como o *plaa som*, são utilizados peixes de água doce, arroz cozido e alho (Ohshima e Giri, 2014, Endo *et al*., 2014). O alho serve como fonte de carboidrato para a fermentação além de possuir entre seus componentes a alicina, uma substância com ação antimicrobiana (Paludan-Müller *et al*., 2002; Ankri e Mirelman, 1999).

Bernbom *et al*. (2009) determinaram o potencial de crescimento e sobrevivência de *Salmonella enterica* sorovar Weltevreden, *S. enterica* sorovar *Enteritidis*, *Vibrio cholerae* e *V. parahaemolyticus* no *som-fak*, um pescado fermentado de origem tailandesa, avaliando a influência do alho, do ácido láctico e do cloreto de sódio como parâmetros de conservação. Seus resultados indicaram que S. Welte-vreden cresceu independe das substâncias inibidoras normalmente presentes neste tipo de produto. As espécies bacterianas *S. Enteritidis*, *V. cholerae* e *V. parahaemolyticus* não crescem na presença de alho (0,5-1%), independentemente do nível de cloreto de sódio (0,5-4%), quando o ácido láctico (0,5-2%) estiver presente. Além disso, a combinação de pelo menos 6% de alho e *L. plantarum* 509 foi suficiente para impedir o crescimento da salmonela, mas a adição isolada desse lactobacilo ou combinada com glucose foi insuficiente para impedir seu crescimento e, portanto, reflete a contribuição do alho para a preservação.

As espécies de peixe de água doce denominadas *Channa micropeltes (cha-do), Cyclocheilichthys lapogon (soi), Kryptoterus bleekeri (neua-orn), Notopterus borneensis (sa-tue), Notopterus chitala (kraai), Notopterus notopterus (sa-laad), Pangasius hypophthalmus (sa-waai), Pangasius larnaudi (tay-poh), Probarbus jullieni (yee-sok), Wallagonia attu (kao), Wallagonia miostoma (kao-dam)* são eviscerados, filetados, retirados da pele, lavados e pressionados para a retirada da água. No peixe picado é misturado arroz cozido, alho e sal na proporção de 120:20:7:7, misturados até formar um gel pegajoso. A mistura é dividida em pequenas porções, enroladas firmemente em folha de bananeira ou folha de plástico e fermentada durante 3-5 dias por diferentes micro-organismos como *Candida* spp., *Lactobacillus brevis* sp., *Lactobacillus plantarum* sp., *Lactobacillus fermentum* sp., *Pediococcus pentosaceus* sp., *Streptococcus faecalis* sp. Durante a fermentação, o produto encolhe e perde líquido, mas se for colocado pouco sal, a acidez desenvolve rápido e o produto não fermenta adequadamente, causando um odor de peixe inaceitável, flácido e encharcado. O produto deve ser comido em poucos dias, tendo sua vida de prateleira de até duas semanas. O teor de proteínas varia de 16-18,5%, lipídeos de traços a 4,8%; sal de 3,6-3,9; acidez em ácido láctico de 2,2-1,5% e pH 4,1-5,2 (Steinkraus, 2014; Kristbergsson e Oliveira, 2016; Ray e Didider, 2014).

PASTA DE PESCADO

As pastas de pescado fermentado produzidas na região tem a finalidade de complementar uma dieta baseada em arroz e cereais de sabor suave possuindo grande aceitação e sendo principalmente consumidas na Coréia, Filipinas e Tailândia. Diferentes tipos de pastas podem ser elaboradas com o uso peixes inteiros ou triturados ou de crustáceos ou ovas ou conter esses insumos na composição e ainda podem ser acrescidas de arroz nas várias formulações. As enzimas do trato gastrointestinal são as que mais contribuem para as alterações texturiais, bem como a flora halofílica, para se atingir a textura de pasta desejada após uma fermentação prolongada e de vários meses sendo que uma grande variedade de BAL já foram identificadas participando desse processo (Ohsima e Giri, 2014).

Ka-pi é uma pasta de peixe fermentado (*ka-pi pla*) ou camarão (*ka-pi koong*) produzida na Tailândia, Laos e Camboja que geralmente é utilizada como um condimento para várias sopas picantes ou para aromatizar pratos. O produto contém 14-40% (p/v) de sal e é fermentado por combinação de várias bactérias halofílicas por 4-6 meses e produtos similares são produzidos tanto nessa região, *koong-Chao* pasta adocicada de camarão e *poo-Khem* de caranguejo, como em vários países asiáticos sendo comercializados como terasi (Indonésia), *bagoong*

(Filipinas), *ngapi yay* (Myanmar), *mam ruoc, mam tep* ou *mam tom* (Vietnã), *belacano* (Malásia), *prahoc* (Camboja), entre outros (Ohsima e Giri, 2014, Endo *et al.*, 2014; Ray e Didier, 2014).

MOLHO DE PESCADO

Os molhos são utilizados como condimento em vários países, mas é no Sudeste Asiático que o consumo é diário e desempenham a função de complementar a dieta com vitaminas e proteínas de alta qualidade. É produzido a partir de uma pasta espessa formada durante o processo fermentativo do pescado, macerada, triturada e misturada com outros aditivos, de acordo com a aceitação sensorial do país de interesse resultando em um produto mais fino referido como molho. São amplamente consumidos na culinária asiática sendo os principais molhos comercializados *nam-pla* (Tailândia, Loas), *ketjap-ikan* ou *bakasang* (Indonésia), *patis* (Filipinas), *ngan bya yay* (Myanmar), *nuoc mam* (Vietnã), *teuk trei* (Camboja), *shottsuru* (Japão) e *budu* (Malásia) (Oshima e Giri 2014; Kristbergsson e Oliveira, 2016; Huda, 2012; McElhatton e El Idrissi, 2016, Ray e Didier, 2014).

Podem ser elaborados com diferentes espécies de peixes de água doce ou salgada, crustáceos, lulas e ostras. No entanto, molhos de peixe de água doce resultam em sabor menos intenso e pescado magro contribui para o *off-flavour* sendo utilizados preferencialmente peixes marinhos gordos de pequenas dimensões especialmente dos gêneros *Stolephorus* spp., *Clupea* spp., *Sardinalla* spp. e *Decaptereus Dorosoma* sp., com destaque para *Engraulis* spp. cujo molho fermentado de anchova salgada possui características únicas com forte sabor *umami*, utilizado como condimento realçador de sabor (Ohshima e Giri 2014; Huda, 2012; McElhatton e El Idrissi, 2016)

O desenvolvimento tecnológico da produção de molhos de pescado converge para maior utilização de culturas *staters* para a melhoria da qualidade e segurança do produto, com o uso de espécies com ação contra patógenos, produtoras de bacteriocinas e supressoras de histamina, de maneira que as culturas iniciadoras envolvem principalmente as BAL *Lactococcus* spp., *Lactobacillus* spp. e *Pedicoccus* spp. Outras espécies bacterianas como *Bacillus* spp., *Micrococcus* spp., *Pseudomonas* spp. são contaminantes do peixe cru e têm sido frequentemente encontradas nas primeiras fases. No entanto, tendem a diminuir em número ao longo do tempo à medida que as bactérias ácido-lácticas dominam o processo de fermentação (Oshima e Giri, 2014; Ray e Didier, 2014).

No preparo de molho líquido de peixe de fermentação longa, há pequenas variações quanto aos teores avaliados, sendo em média pH 6, o teor de sal (NaCl),

26g/100 mL; os aminoácidos totais 5,8g/100mL – destes 0,9% são ácido glutâmico, diretamente relacionado com o sabor *umami*. O total de ácidos orgânicos é de 1,24g/100mL, destes, 0,87% são ácido acético, 0,27% ácido láctico e 0,1% ácido succinico. No molho líquido de camarão marinho, os valores são, respectivamente, pH, 7,5; NaCl, 17,5%; aminoácidos totais, 12,5% – destes 1,7% ácidos glutâmicos – e ácidos orgânicos, 1,47% – destes 0,58%, 0,24% e 0,18%, respectivamente, ácidos acético, láctico e succínico. Ambos apresentam apenas traços de açúcares redutores e álcool.

As frações voláteis que em geral contribuem para o sabor *thai* no molho de peixe, além dos ácidos acético, láctico e acético succínico, são os ácidos propiônico, isobutírico e isovalérico. Amoníaco e aminas, tais como trimetilamina, conferem também um sabor característico em peixes, mas frequentemente apresentam níveis elevados de aminas biogênicas (Kuley *et al.*, 2011).

A acessibilidade aos diferentes tipos de pescado é um fator decisivo preponderante na elaboração dos produtos de pescado fermentado que são produzidos em cada região, sendo predominante nas áreas costeiras a presença de indústrias de processamento de pastas e molhos de pescado marinho, enquanto no interior temos principalmente alimentos fermentados de pescado de água doce. Os nomes são atribuídos a um produto específico no seu respectivo idioma local e, portanto, estão relacionados ao processamento e ao local de origem, de modo que muitos dos produtos previamente citados podem ser elaborados tanto com espécies dulcícola ou marinha mantendo-se a mesma denominação. Os principais peixes marinhos utilizados na elaboração de produtos de pescado fermentado são: *Engraulis japonicus, Scomberomorius commersar, S. pelami, Sardinella longicepss, S. hualiensis, Priacanthus tayenus, Nemipterus japonicus, Sphyraena langsar, Sphyraena obtusata obtusata, Saurida tumbil, Trichiurus lepturus, Decaptereus Dorosoma.*

9.5 ENSILAGEM DE PESCADO

A silagem de pescado é um produto obtido a partir de descartes do beneficiamento de pescado em condições inadequadas para consumo humano mas ainda não deteriorado. É uma metodologia de aproveitamento de origem finlandesa que começou a ser produzida em escala comercial na Polônia e na Dinamarca na década de 1960 cujo produto é de baixo valor comercial, apesar do alto valor biológico e, por isso, é incorporado à ração animal, contribuindo de forma efetiva para um acréscimo na qualidade nutricional do produto final.

Não implica na utilização de maquinários específicos – necessita apenas de um triturador de resíduos, agitador e recipiente plástico –, não exige mão de obra especializada, se destaca por não exalar odores desagradáveis e não atrair insetos, e a produção artesanal é especialmente realizada nos países asiáticos, pobres ou em desenvolvimento.

A técnica consiste na adição de ácidos orgânicos e inorgânicos (silagem química ou ácida) ou na incorporação de micro- organismos produtores de ácidos junto com uma fonte de carboidrato (silagem fermentada ou biológica), ou na combinação dos dois métodos. Essa acidificação da massa de pescado triturada permite uma melhor atuação das enzimas tissulares (autolíticas) resultando em um produto liquefeito de baixo valor comercial e de alto valor biológico (Sen, 2015; Vidotti, 2011).

O processo de fermentação da silagem de pescado ocorre por meio da adição das bactérias ácido-lácticas que podem ser advindas de rejeitos láticos como soro de queijo e iogurte fora dos padrões, mas que permanecem com a flora microbiana ativa. Para acelerar o processo, fontes de carboidratos como melaço da cana-de-açúcar e outros resíduos agroindustriais podem ser adicionados. Todos os ingredientes, nas diferentes proporções, são adicionados ao tacho de pescado no primeiro dia de processo, que em média encerra após cinco dias de ação das enzimas endógenas ou advindas das bactérias, aliados aos ácidos orgânicos formados, atingindo um pH final entre 4 e 5,5, numa massa de consistência pastosa, cor escura e odor ligeiramente adocicado, quando utilizado o melaço (Vidotti, 2011). Na produção da silagem ácida, a adição de ácidos orgânicos (propiônico, acético e fórmico) e inorgânicos (sulfúrico, clorídrico e fosfórico) sobre o pescado triturado ou partes isoladas é mantida até que liquefaçam as matérias-primas. O pH final varia entre 2,5 e 4,5, com odor ácido, cor escura e aparência de massa líquida (Sen, 2105).

No entanto, a prática de silagem é comum também na Noruega, através do recolhimento do resíduo de diversas pequenas fábricas de abate de salmão de viveiro, direcionado para uma planta de processamento centralizado. Da silagem recolhida é separada a fase oleosa da fase aquosa, que se evapora para obter o hidrolisado de proteína de peixe concentrado com um teor de pelo menos 42-44% de sólidos. Da fase oleosa, o óleo de peixe é adicionado na alimentação de porcos, aves e outros. Em alguns casos, são utilizadas enzimas comerciais para obter hidrolisados e óleo de qualidade elevada (SOFIA-FAO, 2014).

9.6 INIBIÇÃO DE AMINAS BIOGÊNICAS

As aminas biogênicas são formadas pela descarboxilação de aminoácidos livres principalmente por descarboxilases exógenas liberadas por diferentes populações microbianas. Bactérias presentes na flora do pescado como *Pseu-*

domonas spp., *Morganella* spp., *Proteus* spp., *Vibrio* spp., *Clostridium* spp. e contaminantes da família *Enterobacteriaceae* possuem capacidade de formar esses compostos azotos, sendo que as espécies Morganella morgani sp., *Klebsiela pneumoniae* sp. e *Hafnia alvei* sp. são os produtores mais proeminentes em produtos de pescado. No entanto, algumas espécies de BAL dos gêneros *Lactobacillus, Enterococcus, Oenococcus, Tetragenococcus e Carnobacterium* são descarboxilase positivas de modo que as aminas biogênicas sejam compostos são frequentemente encontradas em níveis elevados em pescado fermentado (Suzzi e Gardini, 2003; Gouveia, 2009)

As principais aminas biogênicas são histamina, cadaveriva e putrescina proveniente respectivamente dos aminoácidos histidina, lisina e ornitina. No entanto, somente a histamina está envolvida na resposta primária de reações alérgicas, sendo tóxica em concentrações elevadas e sua ação potencializada pela presença de cadaverina e putrescina. Peixes da família *Scombridae*, como a cavala, cavalinha e os atuns, e os da família *Clupeidae*, como a sardinha, são frequentemente envolvidos em surtos de intoxicação histamínica (escombrotoxicose) que inclusive pode levar a óbito. A produção de histamina ocorre em temperaturas superiores a 4,4° C e a sua formação, assim como das outras aminas biogênicas, ocorre pela quebra da cadeia de frio tornando-se um ponto crítico de controle importante da indústria de pescado.

Os fatores que interferem na formação das aminas biogênicas são a disponibilidade de substrato, pH, atividade de água, concentração de sal e temperatura. Temperaturas elevadas favorecem a proteólise e a reação de descarboxilação, resultando no aumento da concentração de aminas. A descarboxilação dos aminoácidos ocorre prioritariamente quando o pH está entre 4,0 e 5,5, condição na qual pode haver o estímulo para que algumas bactérias produzam a enzima descarboxilase como forma de defesa ao meio ácido. Por outro lado, a baixa atividade de água e a alta concentração de sal alteram o equilíbrio osmótico e causam uma inibição do crescimento celular e a liberação bacteriana da descarboxilase.

A aplicação de bactérias com atividade amino-oxidase, que possuam a capacidade de degradar a histamina, se tornou uma tecnologia emergente para reduzir a concentração de aminas biogênicas em produtos de carne e molho de pescado fermentados (Mah e Hwang, 2009; Naila *et al.*, 2010; Zaman *et al.*, 2014).

No entanto, há vários relatos de cepas de BAL com capacidade de não formação de aminas biogênicas, algumas inclusive com atividade supressora, em produtos fermentados de pescado identificando atividade de enzimas histamina oxidase ou histamina desidrogenase em bactérias e archaea (Kuda *et al.*, 2012).

Petaja *et al.* (2000) avaliou a possibilidade de formação de histaminas em inóculos comerciais de BAL adicionados previamente à salga por injeção em filés de truta arco-íris fermentados e defumados a frio e observou uma maior produção de histamina e cadaverina no grupo controle sem BAL. Kuda e Miyawaki (2010) mostraram a degradação de histamina em molhos de pescado e Zaman *et al.* (2014) estudaram as características de crescimento e a atividade de degradação de histamina por *Staphylococcus carnosus* FS19 isolado de molho de peixe com salinidade de 18%. Kuda (2012) selecionou 200 isolados de peixe nukazuke, principal pescado fermentado do Japão, sendo 22 isolados com atividade histamina supressora, 13 isolados produtores de histamina e para o restante não teve produção. O interessante do estudo é que tanto os isolados produtores como supressores são Tetragenococcus spp.

Contudo, há poucos dados disponíveis de micro-organismos que exibem atividade de degradação de aminas biogênicas em ambientes extremos, sendo conhecida apenas a bactéria *Arthrobacter crystallopoietes* KAIT-B-007, cuja amostra foi isolada de foi reconhecida como tendo histamina oxidase termofílica, e a archaea halofílica extrema *Natrinema gari*, isolada em tradicional peixe fermentado, exibindo atividade de degradação de histamina em ambiente de alto teor salino (Zaman *et al.*, 2014).

9.7 LEGISLAÇÃO E PARÂMETROS MICROBIOLÓGICOS

A grande variedade de produtos de pescado fermentado torna particularmente complexa a padronização desses alimentos, inclusive pela natureza artesanal de vários processos, com implicações no controle da qualidade e na inocuidade. No entanto, a segurança dos alimentos é uma importância crescente e constantemente novas legislações são criadas ou aperfeiçoadas com o objetivo de garantir a saúde pública e as ações de controle higiênico-sanitário.

Para pescado fermentado, em geral, os padrões de qualidade não são bem definidos e com certificados oficiais de qualidade inclusive baseados em características visuais. Entretanto, nos países que produzem e exportam grandes quantidades desses alimentos alguns parâmetros estão sendo adotados como quantidade de sal, teor de umidade, qualidade microbiológica, infestação por insetos, características organolépticas (cor, odor e textura) e aspectos da embalagem. Em termos de legislação, esta é restrita a produtos com intenção de exportação, como molho de pescado, único produto de pescado fermentado presente no *Codex alimentarium* (CODEX STAN 302-2011).

Um dos principais perigos associados a pescado fermentado é a presença de histamina. No Brasil, a legislação define que a quantidade máxima permitida de Nitrogênio das Bases Voláteis Totais (N-BVT) em pescado é de 30 mg N /100 g, exceto para Elasmobrânquios, e o limite máximo de histamina é 100 ppm para as espécies pertencentes à família *Scombridae, Scombresocidade, Clupeidae, Coryphaenidae* e Pomotomidae, conforme definido pela Portaria Nº 185 de 13 de maio de 1997 do Ministério da Agricultura, Pecuária e Abastecimento (MAPA) e mantido nas novas instruções normativas. Estas análises são realizadas em caráter eventual, sendo os procedimentos descritos na Instrução Normativa Nº 25 de 02 de junho de 2011 do MAPA, que contempla toda a metodologia analítica oficial para as análises físico-químicas em pescado e seus derivados (Brasil, 2011).

Destaca-se que a União Europeia (UE), por meio Regulamento da Comissão nº 1019/2013 acrescentou à sua legislação o valor máximo de histamina para molhos de pescados em 400 mg/kg, limite adotado pelo Codex, mas manteve para produtos de pescado de famílias suscetíveis o limite de 200 mg/kg definido pelo Regulamento nº 2073/2005. Já a legislação norte- americana adota o limite de 5 mg/100g para pescado e derivados, exceto as conservas de pescado com limite de 10 mg/100g, apesar do FDA considerar potencialmente inseguro concentrações superiores a 5 mg/100g e adota os seguintes critérios: 5-20/100g possibilidade de toxicidade, 20-100 mg provavelmente tóxico e acima de 100mg/100g o produto é tóxico e impróprio para o consumo humano (Brasil, 1997; Brasil, 2011; FDA, 2011; EC, 2005; EU, 2013; Codex, 2011; Hall, 2011; De Souza *et al.*, 2015).

Apesar da histamina ser o principal agente toxicológico associado a pescado fermentado, existe também o risco de contaminação por metais pesados (limites definidos na RDC N° 42 de 29 de agosto de 2013), biotoxinas (monitoramento e detecção previstos na Portaria N° 204 de 28 de junho de 2012) e por compostos químicos como nitrosaminas, conservantes (benzoato, sorbato, etc.), pesticidas como organoclorados, resíduos de antibióticos e antifúngicos e de aflotoxina produzida por bolores, principalmente em pescado seco e semi-seco (Brasil, 2013; Brasil, 2012; Martin, 1979, Essuman, 1992).

Mais de 50 espécies de helmintos parasitas em pescado são conhecidas por causar doenças em humanos que, em geral, são patogenias de baixa a média severidade. *Diphillobotrium* e *Gnasthostoma* são parasitas emergentes do pescado cru sendo *Opisthorchis viverrini* e *Clonorchis sinesis* endêmicos na Ásia, respectivamente no Sudeste Asiático e Extremo Oriente, e já identificados em pescado fermentado. Já os parasitas da família *Anisakidae* são parasitas encontrados em pescado marinho cru e não congelado, sendo que o *Anisakis simplex* provoca infecção infecção aguda e severa que frequentemente leva à internação e pode evoluir a óbito. O arenque fermentado, *gravlax* (famosa especialidade escandinava de salmão fermentado) e anchovas fermentadas são os principais alimentos na Europa já associados a casos de infecção por *Anisakis spp.* que segundo pesquisa de Casti *et al.*, (2017) na região da Sardenha está presente em 100% das cavalas, 91% e 71%, respectivamente, da pescada ou merluza do Atlântico e do Mediterrâneo e 25% das anchovas, tanto que desde o Regulamento 853/2004 os países membros da UE estão implementando uma serie de dispositivos legais assim como nos EUA para controle do parasita (Hall, 2011; Köse, 2010; Eduardo *et al.*, 2005; Bao *et al.*, 2017; Casti *et al.*, 2017).

O ambiente do pescado e práticas inadequadas de manipulação e fabricação, especialmente no âmbito artesanal, contribuem para a contaminação do pescado. Diferentes vírus podem infectar o pescado mas poucas espécies são patogênicas para os humanos e associados ao consumo de pescado como, por exemplo, o vírus da hepatite A, calicivírus, astrovírus, norovírus (Norwalk) sendo este vírus entéricos e, portanto, associados a qualidade da água. Se destacam como os principais patógenos bacterianos em pescado cru *Vibrio cholera* sp., *V. parahaemolyticus* sp., *Clostridium botulinum, C. perfringes, Listeria monocytogenes Aeromonas hydrophila* sp., *Plesiomonas* spp., *Campylobacter jejuni* sp., *Salmonella* spp., *Shigella* spp. *Enterococcus* spp., *Escherichia coli* cepas enteropatogênicas (EPEC), enterotoxigenicas (EIEC) e enterohemorrágicas (EHEC), Clostridum botulinum, C. perfringes, Bacillus cereus e *Staphylococcus aureus* sp. No entanto, mesmo em temperaturas elevadas em torno de 30o C a rápida e adequada acidificação do meio para a faixa de pH 4,5 em 1 a 2 dias inibe o crescimento desses patógenos e reduz significativamente os risco desses alimentos (Köse, 2010).

A Agência Nacional de Vigilância Sanitária (Anvisa), por meio da Resolução da Diretoria Colegiada (RDC) n° 12, de 2 de janeiro de 2001, promove a regulamentação dos padrões microbiológicos para os alimentos no país e seu descumprimento constitui infração sanitária e sujeita os infratores às penalidades previstas em lei. A Resolução apresenta, por meio do Anexo I, os parâmetros microbiológicos que devem ser interpretados com base no Anexo II da mesma e cuja metodologia analítica oficial para proceder as análises microbiológicas para controle de produtos de origem animal e água é descrita na Instrução Normativa (IN) nº 62 da Secretaria de Defesa Agropecuária do Ministério da Agricultura de 26 de agosto de 2003. Destaca-se que as metodologias para amostragem, coleta, acondicionamento, transporte e análise microbiológica de produtos alimentícios devem sempre obedecer ao disposto pelo *Codex Alimentarius* e outras metodologias internacionalmente reconhecidas.

Em relação aos limites legais brasileiros permitidos para essas bactérias, considerando um plano de cinco amostras, devem-se atingir as seguintes condições: (i) Coliformes a 45° C – Limite de tolerância de 102 UFC (unidades formadoras de colônias) por mililitro ou grama de amostra. Considera-se um lote com qualidade intermediária aceitável possuir três amostras com contagens entre 10 a 100 UFC e inaceitável valores superiores; (ii) Estafilococus coagulase positiva – Limite de tolerância de 5 a 102 UFC por mililitro ou grama de amostra. Considera-se um lote com qualidade intermediária aceitável possuir duas amostras com contagens entre 100 a 500 UFC, sendo inaceitável valores superiores aos limites de tolerância; (iii) Salmonela – Ausência. Não existe limite de tolerância e todas as amostras devem ser negativas para esse patógeno (BRASIL, 2001). Destaca-se que a enumeração de *Vibrio* spp., um gênero bacteriano relacionado com o ambiente do pescado, não está prevista na legislação brasileira supracitada, salvo em caso de surtos que envolvam o pescado sendo realizada a pesquisa de *Vibrio parahemolyticus* sp. Apesar da flora bacteriana do pescado não estar diretamente relacionada às bactérias citadas na RDC nº 12/2001, essas podem ser veiculadas devido a fatores externos, incluindo a transmissão pelo manipulador. Portanto, falhas de higiene no ambiente, manuseio e transporte associados à temperatura inadequada nos processos de resfriamento, descongelamento e estocagem, promovem a contaminação e reprodução dessas bactérias e outros micro-organismos no alimento, inclusive com a produção de toxinas termoestáveis (Germano, 2008).

A família *Enterobacteriaceae* é extremamente abundante e amplamente distribuída na natureza, habitando principalmente o intestino de animais e do homem como membro da microbiota normal ou como agente infeccioso. Tem como característica serem bastonetes gram-negativos não esporulados com metabolismo anaeróbio facultativo, catalase positiva, oxidase negativa e fermentam a glicose com produção de ácidos. Contempla uma grande quantidade de gêneros bacterianos, inclusive os gêneros *Escherichia* spp., *Salmonella* spp. e *Shigella* spp. que são frequentemente associados a casos de surtos alimentares (Hajdenwurcel, 1998; Garrity, 2006).

Os coliformes são bacilos gram-negativos, não esporulados, oxidase negativos e caracterizados pela atividade da enzima galactosidase, que lhes permite fermentar a lactose a 36° C com produção de ácido, gás e aldeído. Incluem gêneros de origem fecal como *Escherichia* spp., mas também não fecal proveniente de água, solos e vegetais como *Klebsiella* spp., *Citrobacter* spp. e *Enterobacter* spp. Os coliformes termotolerantes apresentam essa característica fermentativa quando incubados a 45° C e sua presença no alimento indica potencial de deterioração por possível contaminação de origem fecal e eventual ocorrência de enteropatógenos (Brasil, 2006; Germano, 2008). Esses micro-organismos também indicam o nível de contaminação ambiental que o alimento agregou. Por serem sensíveis ao calor, sua presença em produtos tratados termicamente apontam para uma contaminação pós processo, o que evidencia práticas de higiene e sanitização abaixo dos padrões requeridos para o processamento de alimentos (Franco *et al.*, 1996).

As bactérias do gênero *Salmonella* são bacilos gram-negativos, não esporuladas e em sua maioria móveis (flagelos peritríquios). Possuem metabolismo anaeróbio facultativo e não fermentam a lactose. É um gênero extremamente heterogêneo que inclui várias espécies patogênicas para o homem e outros animais como destaque para as espécies *S. typhimurium*, *S. enteritidis* e *S.enteritidis* sorotipo Newport que são as mais associadas às infecções alimentares e tornam a salmonelose um importante problema de saúde pública mundial (Zhao, *et al.*, 2003, Murray *et al.*, 2015; Silva *et al.*, 2011).

As bactérias do gênero *Staphylococcus* são cocos gram-positivos, imóveis, agrupados em massas irregulares cujo formato remete a cachos de uva. São anaeróbios facultativos, catalase positivos e fermentam a glicose com produção de ácido. O principal representante é o *Staphylococcus aureus* sp., que possui distribuição ubiquitária sendo um dos patógenos mais comuns do ser humano e dotado de vários fatores de virulência, entre eles a produção de toxinas e enterotoxinas (Murray *et al.*, 2015; Silva *et al.*, 2011).

A análise de coliformes termotolerante conforme a resolução supracitada tem início com inoculação de diluições seriadas das amostras em ágar VRBA (*Violet Red Bile Dextrose*) em camada dupla para contagem das colônias suspeitas. O ágar VRBA tem em sua composição sais biliares, um agente tensoativo que inibe bactérias gram-positivas, e o vermelho neutro que é um indicador de pH. Os coliformes fermentam a lactose reduzindo o pH do meio modificando a cor do meio para rosa intenso. A prova confirmativa para coliformes totais ocorre pela inoculação das colônias suspeitas da etapa anterior em Caldo Verde Brilhante bile 2% lactose sendo a presença de gás nos coletores invertidos (tubo de Durhan) indicativo da fermentação da lactose. A prova confirmativa para coliformes termotolerantes é similar à etapa anterior só que realizada em caldo EC (*Escherichia coli*), que também contém lactose e sais biliares, mas a principal diferença é a temperatura seletiva com incubação a 45° C que confirma a presença de coliformes termotoletantes na amostra analisada.

A análise de estafilococos coagulase positiva tem por objetivo a determinação do patógeno *Staphylococcus aureus*, uma vez que o teste da coagulase é diferencial para a espécie. Diluições decimais são semeadas na superfície de placas em duplicata contendo meio Baird Parker específico para isolamento de *S. aureus* sp. para posterior contagem e identificação de colônias. Na formulação do meio temos o cloreto de lítio para inibir a flora acompanhante, telurito de potássio que ao ser reduzido por *S. aureus* produz colônias negras e solução de gema de ovo para verificar as atividades proteolítica e lipolítica com formação, respectivamente, de halo de transparência e de precipitação ao redor da colônia. As colônias suspeitas e atípicas são inoculadas e cultivadas em caldo BHI (*Brain and Heart Infusion*) do qual se retira alíquota para realização da prova da coagulase livre (em tubo) com plasma de coelho reconstituído cujo objetivo é verificar a formação inteira ou parcial de coágulo pela ação da coagulase produzida pela bactéria. O resultado positivo é complementado com a análise das características morfotintoriais (cocos gram-positivo com agrupamento em "cachos de uva"), prova da catalase e mais raramente o teste da termonuclease que é usado somente na obtenção de dados para fins estatísticos.

A metodologia analítica para a detecção de *Salmonella* sp. é extremamente laboriosa e envolve as seguintes etapas sequenciais: pré-enriquecimento, enriquecimento seletivo, plaqueamento seletivo e testes bioquímicos e sorológicos. No pré-enriquecimento o diluente mais utilizado é solução salina peptonada tamponada cuja finalidade é retirar a célula do estado de injuria por calor, alta pressão osmótica, mudança de pH ou ação de inibidores, além de evitar que a flora acompanhante acidifique o meio e prejudique a recuperação. O enriquecimento seletivo é baseado na utilização de meios que contêm substâncias inibidoras para restringir o crescimento para a maioria dos microrganismos interferentes e temperatura seletiva de 41° C de modo a permitir o aumento do número de células de Salmonella spp. A IN 62/2003 obrigatoriamente exige o uso do caldo Rappaport-Vassiliadis (RV) e do Caldo Selenito Cistina e adicionalmente o caldo tetrationato (TT), que diferem entre si quanto a seletividade e aplicação específica.

O plaqueamento seletivo tem por princípio o uso de meios seletivos que visa diferenciar a Salmonella spp. de outras bactérias em função de diferenças macroscópica das colônias, características metabólicas e nas propriedades inibitórias, já que frequentemente se utiliza antibióticos, corantes, sais biliares e outros agentes químicos para a elaboração desse tipo de meio. A presente legislação determina que o isolamento e a seleção das colônias sejam feitos obrigatoriamente em meio BPLS (*Brilliant-green Phenol-red Lactose Sucrose Agar*) e em pelo menos mais um meio seletivo de escolha que pode ser MLCB, Bismuto Sulfito, Hektoen, SS (*Salmonella-Shigella*), XLD (*Xilose Lisina Desoxicolato*) e Rambach.

As colônias isoladas são repicadas para meio não seletivo para posterior identificação dos isolados por meio de provas bioquímica que são baseadas nas diferenças das propriedades fisiológicas e metabólicas existentes entre os micro-organismos. As provas bioquímicas presuntivas para identificação de salmonela são: Urease, TSI (*Triple Sugar Iron*), LIA (*Lysine Iron Agar*), SIM e oxidase sendo a bactéria negativa nos testes da uréase e oxidase, TSI amarelo (ácido) na base revelando a fermentação da lactose e inalterado ou enegrecido na superfície mostrando produção de H2S; LIA na cor púrpura pela ação alcalinizante da cadaverina formada pela descarboxilação da lisina, característica de enterobactérias, com base geralmente enegrecida indicando produção de H2S e; no SIM a motilidade é confirmada pelo crescimento difuso, indol negativo pela não oxidação do triptofano e oxidase também negativa. Para fins de caracterização e identificação, outros testes bioquímicos complementares podem ser realizados nas culturas suspeitas com a detecção da enzima pirrolidonil peptidase (PYRase), desaminação da fenilalanina, reação de Voges-Proskauer e o teste imunoquímico do anti-soro polivalente "O". Adicionalmente, sistemas miniaturizados de testes bioquímicos padronizados para identificação de enterobactérias e aprovados para uso pela CLA/MAPA como API (BioMérieux), Enterotube (Roceh) e Cristal (BBL) também podem ser utilizados (Brasil, 2003).

REVISÃO DOS CONCEITOS APRESENTADOS

Os produtos fermentados são elaborados com base em preferências locais e podem conter de 1 a 30% de sal e ainda ser adicionados carboidratos fermentescíveis. As bactérias lácticas (BAL) são as principais envolvidas na elaboração dos produtos fermentados cuja principal propriedade tecnológica é a produção de ácidos orgânicos, principalmente ácido láctico, com a consequente diminuição do pH. O acumulo de ácido láctico, ácido acético e a degradação das proteínas e dos peptídeos em condições ácidas contribuem para a formação de sabores e aromas típicos nesses produtos, bem como suprime o crescimento de deterioradores e da flora patogênica contribuindo para a segurança microbiológica, estabilidade do produto e *shelf life* (vida de prateleira). Apesar de não haver padrões específicos para esses alimentos, na legislação brasileira, a RDC nº 12, prevê a pesquisa de coliformes termotolerantes, estafilococos coagulase positiva e salmonela cuja metodologia analítica oficial é estabelecida pela Instrução Normativa nº 62.

QUESTÕES

1. Genericamente, como pode ser descrito um pescado fermentado?
2. Justifique o efeito da ação das enzimas lipases e proteases sobre sabor, aroma e textura característicos dos alimentos fermentados.
3. Qual a importância das bactérias ácido lácticas (BAL) na obtenção dos produtos fermentados de pescado?
4. Por que devemos estudar e isolar as culturas iniciadoras?

REFERÊNCIAS

Adams, M.R., Nicolaides, L., 1997. Review of the sensitivity of different foodborne pathogens to fermentation. Food Control, 8 (5–6): 227-39, out.-dez.

Ankri, S., Mirelman, D., 1999. Antimicrobial properties of allicin from garlic. Microbes and Infection, 1 (2): 125-9, fev.

Aryanta, R.W., Fleet, G.H., Buckle, K.A., 1991. The occurrence and growth of microorganisms during the fermentation of fish sausage. International Journal of Food Microbiology, 13 (2): 143-55.

Bernbom, N., Yoke Yin, N.G., Paludan-Müller, C., Lone, G., 2009. Survival and growth of Salmonella and Vibrio in som-fak a Thai low-salt garlic containing fermented fish product. International Journal of Food Microbiology, 134: 223-9.

Brasil, 1952. Regulamento da Inspeção Industrial e Sanitária de Produtos de Origem Animal – RIISPOA, Cap. VII – Pescados e Derivados, artigo 438, Decreto nº 30.691, de 29 de março de 1952. Brasília/DF: Ministério da Agricultura, Pecuária e Abastecimento.

Brasil, 2001. Resolução RDC nº 12, Anvisa, de 2 de janeiro de 2001. Aprova o Regulamento técnico sobre padrões microbiológicos para alimentos. Brasília/DF: Ministério da Saúde.

Brasil, 2003. Instrução Normativa nº 62 da Secretaria de Defesa Agropecuária do Ministério da Agricultura, de 26 de agosto de 2003. Métodos analíticos oficiais para análises microbiológicas para controle de produtos de origem animal e água. Brasília/DF: Ministério da Agricultura, Pecuária e Abastecimento.

Cheng-I, W., Deng-Fwu, H., 2006. Histamine contents of fermented fish products in Taiwan and isolation of histamine-forming bacteria. Food Chemistry, 98: 64-70.

Cooke, R.D., Twiddy, D.R., Reilly, P.J.A., 1993. Lactic fermentation of fish as a low-cost means of food preservation. In: Lee, C.-H., Steinkraus, K.H., Reilly, P.J.A. (eds.), Fish Fermentation Technology. 291-300. United Nations University Press, Tokyo.

FAO – FOOD AND AGRICULTURE ORGANIZATION OF THE UNITED NATIONS. 2014. The state of world fisheries and aquaculture – opportunities and challenges. Roma, 243p. E-ISBN 978-92-5-108276-8.(PDF).

Germano, P.M.L., Germano, M.I.S., 2003. Higiene e vigilância sanitária de alimentos. São Paulo: Varela: 629p.

Honglei, Z., Xianqing, Y., Laihao, L., Guobin, X., Jianwei, C., Hui, H., Shuxian, H., 2012. Biogenic amines in commercial fish and fish products sold in southern China. Food Control, 25: 303-8.

Hua, Y.J., Wenshui, X., Changrong, G., 2008. Characterization of fermented silver carp sausages inoculated with mixed starter culture. LWT, 41: 730-8.

IBAMA. 2009. Relatório sobre a reunião técnica para o ordenamento da pesca de anchova (Pomatomus saltatrix) nas regiões Sudeste e Sul do Brasil. Disponível em: http://www.icmbio.gov.br/cepsul/images/stories/biblioteca/download/relatorio_de_ordenamento/enchova/rel_2009_prel_anchova.pdf; Acesso em: 1 dez. 2015.

Japan International Research Center. Asian food resource network for effective use of local food resources. Disponivel em: http://www.jircas.affrc.go.jp. Acesso em: 7 set. 2015.

Jay, J.M. 2005. Microbiologia de alimentos. 6ª ed. Porto Alegre: Artmed, 712p.

Kuda, T., Miyawaki, M., 2010. Reduction of histamine in fish sauces by rice bran nuka. Food Control, 21 (10): 1322-6.

Kuda, T., Izawa, Y., Ishii, S., Takahashi, H., Torido, Y., Kimura, B., 2012. Suppressive effect of Tetragenococcus halophilus, isolated from fish-nukazuke, on histamine accumulation in salted and fermented fish. Food Chemistry, 130: 569-74.

Kuda, T., Izawa, Y., Yoshida, S., Koyanagi, T., Takahashi, H., Kimura, B., 2014. Rapid identification of Tetragenococcus halophilus and Tetragenococcus muriaticus, important species in the production of salted and fermented foods, by matrix-assisted laser desorption ionization-time of flight mass spectrometry (MALDI-TOF MS). Food Control, 35: 419-25.

Kuley, E., Fatih Özogul, A., Yesim Özogul, A., Ismail, A., 2011. The function of lactic acid bacteria and brine solutions on biogenic amine formation by foodborne pathogens in trout fillets. Food Chemistry, 129: 1211-6.

Mah, J.-H., Hwang, H.-J., 2009. Inhibition of biogenic amine formation in a salted and fermented anchovy by Staphylococcus xylosus as a protective culture. Food Control, 20 (9): 796-801.

Mizutani, T., KIMIZUICA, J.A., Kenneth, R., Naomichi, I., 1992. Chemical Components of Fermented Fish Products. Journal of Food Composition and Analysis, 5: 152-9.

Naila, A., Flint, S., Fletcher, G., Bremer, P., Meerdink, G., 2010. Control of biogenic amines in food e existing and emerging approaches. Journal of Food Science, 75: 139-50.

Nout, M.J.R., 1994. Fermented Foods and Food Safety. Food Research International, 21: 291-8.

Oetterer, M. 2001. Pescado fermentado. In : Aquarone, E., Borzani, W., Schmidell, W., Lima, U.A., (eds.). Biotecnologia industrial – Biotecnologia na produção de alimentos, v. 4. São Paulo: Edgard Blücher Ltda., 305-46.

Oetterer, M. 2011. O processo de fermentação do pescado – anchovamento. Disponível em: http://www.esalq.usp.br/departamentos/lan/pdf/fermentacaodopescado. Acesso em 1 dez. 2015.

Ordóñez et al. 2005. Tecnologia de alimentos – Alimentos de origem animal, v. 2, Porto Alegre: Artimed Editora, p. 219-64.

Ohshima, T.; Giri, A. 2014. Fermented foods traditional fish fermentation technology and recent developments. Reference module in food science, from Encyclopedia of Food Microbiology, 2. ed., p. 852-69.

Østergaard, A., Embarek, P.K.B., Wedell-Neergaard, C., Huss, H.H., Gram, L., 1998. Characterization of anti-listerial lactic acid bacteria isolated from Thai Fermented fish products. Food Microbiology, 15: 223-33.

Oyedapo, F., Kim, J., 1993. Chemical and nutritional quality of stored fermented fish (tilapia) silage. Bioresource Technology, 46: 207-11.

Paludan-Muller, C., Madsen, M., Sophanofora, P., 2002. Fermentation and microflora of plaa-som, a Thai fermented fish product prepared with diferente salt concentrations. International Journal of Food Microbiology, 73 (1): 61-70.

Paludan-Muller, C., Valyaseyi, R., Huss, H.H., Gram, L., 2002. Genotypic and phenotypic characterization of garlic-fermenting lactic acid bactéria isolated from som-fak, a Thai low-salt fermented fish product. Journal of Applied Microbiology, 92 (2): 307-14.

Petaja, E., Eerola, S., Petaja, P., 2000. Biogenic amines in cold-smoked fish fermented with lactic acid bacteria. European Food Research Technology, 210: 280-5.

Pombo, C.R. 2012. Avaliação do processamento tecnológico e qualidade de sardinha (Sardinella brasiliensis) anchovada nacional. Tese (Doutorado em Higiene Veterinária e Processamento Tecnológico de Produtos de Origem Animal), Universidade Federal Fluminense. Disponível em: http://www.uff.br/higiene_veterinaria/teses/ceciliapombo.pdf. Acesso em: 1 dez. 2015.

Saithong, P., Panthavee, W., Boonyaratanakornkit, M., Sikkhamondhol, C., 2010. Use of a starter culture of lactic acid bacteria in plaa-som, a Thai fermented fish. Journal of Bioscience and Bioengineering, 110 (5): 553-7.

Stollewerk, K., Jofré, A., Comaposada, J., Arnau, J., Garriga, M., 2014. Food safety and microbiological quality aspects of QDS process and high-pressure treatment of fermented fish sausages. Food Control, 38: 130-5.

Toshiaki, I., Jianen H.U., D.Q.A., Susumu, M., 2003. Angiotensin I-Converting Enzyme inhibitory activity and insulin secretion stimulative activity of fermented fish sauce. Journal of Bioscience and Bioengineering, 96 (5): 496-9.

Vidotti, R.M. 2011. Aproveitamento de resíduos na forma de silagem. In: GONÇALVES, A. A. Tecnologia do pescado: ciência, tecnologia, inovação e legislação. São Paulo: Atheneu, 608p.

Zaman, M.Z., Abu Bakar, F., Jinap, S., Jamilah, B., 2011. Novel starter cultures to inhibit biogenic amines accumulation during fish sauce fermentation. International Journal of Food Microbiology, 145: 84-91.

Zaman, M.Z., Abu, Bakar, F., Selamat, J., Bakar, J., See Ang, S., Yew Chong, C., 2014. Degradation of histamine by the halotolerant Staphylococcus carnosus FS19 isolate obtained from fish sauce. Food Control, 40: 58-63.

Zeng, X., Xia, W., Jiang, Q., Yang, F., 2013. Effect of autochthonous starter cultures on microbiological and physico-chemical characteristics of Suan yu, a traditional chinese low salt fermented fish. Food Control, 33: 344-51.

Zeng, X., Xia, W., Jiang, Q., Yang, F., 2013. Chemical and microbial properties of chinese traditional low-salt fermented whole fish product Suan yu. Food Control, 30 (2): 590-5.

Capítulo 10

Produção de biomassa microbiana

Tatiana Felix Ferreira • Priscilla Filomena Fonseca Amaral

CONCEITOS APRESENTADOS NESTE CAPÍTULO

O presente capítulo trata da obtenção do produto mais direto do metabolismo microbiano, a própria biomassa celular. O cultivo de micro-organismos para uso direto na alimentação humana ou para ração animal foi iniciado no começo do século XX, para aproveitamento do seu valor nutricional. Para obtenção da biomassa microbiana, é necessário que o micro-organismo cresça de forma intensiva durante o processo produtivo. Define-se crescimento celular como o aumento ordenado de seus constituintes celulares. No entanto, quando um micro-organismo cresce, isso implica o aumento tanto do número de células como o aumento da massa celular total, apesar de cada célula ser capaz de aumentar de tamanho individualmente. Os métodos de determinação do crescimento celular são diversos e podem ser classificados em métodos diretos e indiretos. É importante que a escolha do método leve em consideração o tipo de micro-organismo, o meio de cultivo empregado e a aplicação do processo, visto que um único procedimento não é aplicável em todas as situações. A formulação do meio de cultivo deve atender as necessidades nutricionais do micro-organismo e os limites de concentração que não o tornam inibitório para o crescimento. Os principais grupos microbianos utilizados na produção de biomassa microbiana são bactérias, leveduras, fungos filamentosos e algas. Estes apresentam uma diversidade de composições em termos de lipídeos, carboidratos e proteínas, inclusive variando de espécie para espécie. Quando utilizados como fonte proteica, são chamados proteínas unicelulares (SCP – Single Cell Protein). Os principais substratos utilizados na produção de biomassa microbiana

são: carboidratos, como glicose, maltose, amido e lactose, que podem ser obtidos a partir de diversas matérias-primas; n-alcanos e CO_2. Para produzir energia a partir de glicose, os micro-organismos utilizam dois processos gerais: a respiração celular e a fermentação. Tanto a respiração celular quanto a fermentação geralmente iniciam com a etapa da glicólise, mas seguem posteriormente vias diferentes. No caso das leveduras anaeróbias facultativas, quando são expostas a altas concentrações de glicose, ocorre o fenômeno de repressão catabólica, no qual a fermentação prevalece sobre a respiração, mesmo na presença de oxigênio, podendo conduzir a vários problemas, como a fermentação incompleta. Existem diversas aplicações para produção de biomassa microbiana, tais como: o fermento de panificação; o kefir; o SPC de fungos filamentosos; e a biomassa algal.

10.1 INTRODUÇÃO

A biotecnologia não possui um marco que determine seu início, pois os micro-organismos têm sido utilizados desde os tempos da Pré-História. A primeira utilização ocorreu acidentalmente e, então, após muitas tentativas e erros, micro-organismos foram usados empiricamente na produção de bebidas, comidas, têxteis e antibióticos (Boze *et al.*, 1995).

Inicialmente, o desconhecido crescimento microbiano podia resultar em mudanças benéficas no sabor e na textura do alimento. Assim, a fabricação de pão levedurado e a fermentação de bebidas alcoólicas datam de remotas épocas da História (3000 a.C.). A fabricação de cerveja é descrita pelos mesopotâmios, babilônios e egípcios, sendo inclusive reconhecida a profissão de cervejeiro já no século III a.C. (Rehm e Prave, 1987).

O etanol foi a primeira substância química a ser produzida com auxílio da biotecnologia, tendo o primeiro registro de sua destilação datado de 1150. Pouco mais tarde, outro metabólito primário foi produzido utilizando micro-organismos, o ácido acético. Com os conhecimentos da formação de vinagre, a partir de sucos de frutas fermentados, foi possível criar uma indústria de produção de vinagre em Órleans, no século XIV (Rehm e Prave, 1987).

As primeiras células microbianas (leveduras) foram visualizadas por Leeuwenhoek em 1680. Em 1803, o cientista francês Thenard anunciou que leveduras utilizadas na fabricação de vinhos eram responsáveis pela formação de álcool. Porém, restou a Pasteur provar que a fermentação alcoólica era conduzida pelas leveduras e que estas eram células vivas. Adicionalmente, Pasteur demonstrou que determinadas doenças eram causadas pela ação de micro-organismos. Esta descoberta, em 1857, foi de extrema importância para a medicina e representou o surgimento da microbiologia (Buchholz e Collins, 2013).

Apesar de a humanidade ser consumidora de biomassa microbiana desde tempos remotos, o cultivo proposital de micro-organismos para uso direto na alimentação humana e como ração animal é um desenvolvimento razoavelmente recente. O cultivo de micro-organismos pelo seu valor nutricional foi iniciado no final da Primeira Guerra Mundial, principalmente pelos alemães que desenvolveram o cultivo de leveduras para esse fim; e o termo "leveduras forrageiras" foi utilizado para denominá-las. Após a Segunda Guerra Mundial, começaram a aparecer os processos utilizando as pentoses em licor de sulfítico (resíduo da indústria de papel e celulose) para obtenção de *Candida utilis* e *C. tropicalis* (Boze *et al.*, 1995). Nos anos 1960, hidrocarbonetos residuais da indústria do petróleo foram utilizados para o cultivo de bactérias como fonte proteica na França, no Japão, na Tailândia e na Índia. Muitos outros resíduos, tais como melaço, polpa do café e semente da polpa de palma palmyra, também foram testados posteriormente. Além disso, as células de levedura colhidas nos tonéis de produção de bebidas alcoólicas têm sido empregadas como suplemento alimentar durante gerações.

Segundo a Organização das Nações Unidas para Alimentação e Agricultura (FAO – Food and Agriculture Organization of the United Nations), a taxa de crescimento populacional alarmante tem aumentado a demanda pela produção de alimentos, levando a uma enorme lacuna na oferta e procura. Assim, a escassez de alimentos ricos em proteínas e a existência mundial de milhões de pessoas empobrecidas estimulam a procura por fontes alternativas de proteínas que possam substituir as convencionais, mais caras, como farelo de soja ou farinha de peixe. A produção de proteína microbiana, ou proteína unicelular (SCP) é um passo importante nessa direção. A SCP é a proteína obtida a partir de biomassa microbiana cultivada. Ela pode ser usada para suplementação proteica de uma dieta básica ou substituindo fontes convencionais (Anupama e Ravindra, 2000).

A biotecnologia é diretamente orientada para a obtenção de produtos ou conversão de materiais. O presente capítulo tem como objetivo revisar a obtenção do produto mais direto do metabolismo microbiano, o próprio micro-organismo, estabelecendo as matérias-primas mais utilizadas, as características dessa biomassa produzida e suas aplicações.

10.2 CRESCIMENTO MICROBIANO

O crescimento microbiano é o resultado da interação do micro-organismo com o meio. Podemos definir o crescimento de um micro-organismo como o aumento ordenado de todos os seus constituintes celulares. Essa quantificação é essencial por ser proporcional à quantidade de catalisador (enzimas) das reações bioquímicas.

O crescimento de uma população geralmente implica um aumento do número de células, assim como da massa celular. Qualquer desses dois parâmetros pode ser usado para quantificar o crescimento celular, já que os micro-organismos em crescimento estão, na verdade, aumentando seu número de células. Em geral, não nos preocupamos com o crescimento de uma única célula, apesar de cada célula ser capaz de dobrar de tamanho. Essa alteração pode ser considerada insignificante quando comparamos com as alterações de tamanho de animais e plantas. Assim, existe uma diferença entre medir o aumento de massa celular e o do número de células. Geralmente, o que se observa é que o crescimento do número de células acompanha o crescimento da massa celular, porém não em todas as etapas. Por isso, devemos nos conscientizar que muitas vezes o aumento da biomassa pode ser observado sem que haja aumento do número de células (Bailey e Ollis, 1986).

Uma grande variedade de métodos é conhecida para quantificação do crescimento celular, já que um único procedimento não é aplicável em todas as situações. A escolha do método depende do objetivo da medida e das técnicas disponíveis para sua execução. Em muitos casos, especialmente naqueles envolvendo fermentações comerciais, o meio utilizado para o crescimento celular e a formação de produto é tão complexo que os métodos diretos de estimativa de massa celular ou número de células não são adequados, sendo portanto necessário recorrer a medidas indiretas da massa celular.

Os métodos diretos são aqueles nos quais a quantificação é feita diretamente sobre o cultivo como a determinação de células por meio da contagem ao microscópio ou a contagem de células viáveis; a determinação de massa celular através do peso seco, absorvância ou o volume de centrifugado. Já nos métodos indiretos a quantificação é feita por um componente celular ou por algum agente do metabolismo que mantenha relação direta com o aumento de massa celular. Dentre os métodos para quantificação indireta da massa celular encontram-se o método da radioatividade incorporada e os métodos de quantificação de DNA, CO_2, proteína, ATP.

Para o crescimento microbiano e a manutenção celular a formulação do meio de cultivo é essencial, visto que o crescimento dos micro-organismos está relacionado com a presença de nutrientes necessários para a síntese de material celular e a produção de energia. Os nutrientes escolhidos são um fator importante que pode afetar o crescimento e a viabilidade celular e, ainda, a síntese de produtos. Deste modo, para cada fermentação é importante estabelecer o meio mais simples possível visando minimizar os custos, porém certificando-se de que o meio formulado contém todos os nutrientes essenciais ao crescimento microbiano. Os nutrientes requeridos dependem dos micro-organismos e das condições de cultivo.

Ao se formular um meio de cultivo é necessário inserir fonte de carbono, fonte de nitrogênio, minerais, alguns nutrientes específicos que dependem do processo e oxigênio, no caso de fermentações aeróbias, como mostra a estequiometria de crescimento e formação de produto a seguir (Mukhopadhyay, 2006):

$$\text{Fonte-C} + \text{Fonte-N} + \text{minerais} + \text{nutrientes específicos} + O_2 \rightarrow$$
$$\rightarrow$$
$$\text{biomassa celular} + \text{produto(s)} + CO_2 + H_2O$$

A formulação do meio de cultivo é um ponto muito importante no processo de produção de biomassa celular. Dois aspectos da composição do meio de cultivo são analisados: o aspecto qualitativo, visando identificar as substâncias requeridas para o crescimento celular; e o aspecto quantitativo, visando estabelecer as concentrações suficientes, porém não inibitórias para o crescimento (Boze *et al.*, 1995).

As substâncias requeridas podem ser divididas em quatro categorias: substrato, macroelementos, elementos-traço e fatores de crescimento.

O substrato é fonte de carbono, que representa cerca de 50% em peso seco do micro-organismo. O carbono geralmente é o substrato limitante, porém em alguns casos o substrato limitante pode ser o nitrogênio ou o fósforo.

Os macroelementos são utilizados em grandes quantidades ($g.L^{-1}$ ou $mg.L^{-1}$) e representados por N, O, H, C, S, P, Ca e Mg. O nitrogênio, por exemplo, corresponde a 10-12% em peso seco da célula, podendo ser disponibilizado na forma orgânica (ureia, peptídeos, aminoácidos, purina, pirimidina) ou na forma inorgânica (amônia, sais de amônio, nitrato). O fósforo corresponde a aproximadamente 1,5% em peso seco da célula, sendo normalmente fornecido na forma de ácido fosfórico ou sais de fosfato. O fósforo incorporado é utilizado para síntese de ácidos nucleicos, fosfolipídios e polímeros formadores de parede celular. Além disso, o fósforo pode ser acumulado no micro-organismo na forma de fosfato. O potássio apresenta papel fundamental na regulação do transporte de cátions divalentes, sendo indispensável para o transporte de $H_2PO_4^-$. Os íons potássio também funcionam como coenzimas. O magnésio é um ativador de inúmeras enzimas da glicólise e de ATPases membranares. O magnésio ainda melhora a síntese de ácidos graxos e regula o nível de íon intracelular. Em algas, o magnésio é fundamental, pois é parte integrante da clorofila. O enxofre é componente dos aminoácidos e coenzimas (Boze *et al.*, 1995).

Os principais elementos-traço são Fe, Mn, Mo, Zn, Co, Ni, V, B, Cu e Se. Esses elementos são suplementados na forma de sais e em pequenas quantidades ($\mu g.L^{-1}$ ou $ng.L^{-1}$) já que podem ser inibidores do crescimento em quantidades mais elevadas. Apresentam um papel específico em enzimas e coenzimas.

Os fatores de crescimento englobam principalmente vitaminas e compostos orgânicos que não podem ser sintetizados pelas células. No caso das vitaminas, a suplementação é realizada em pequenas quantidades ($\mu g.L^{-1}$), sendo estas constituintes ou precursoras de enzimas ou coenzimas. As vitaminas mais importantes são tiamina, riboflavina, ácido pantotênico, piridoxina, ácido nicotínico, biotina, ácido p-aminobenzóico e ácido fólico (Boze *et al.*, 1995).

10.3 MICRO-ORGANISMOS

A diversidade microbiana pode ser vista de diferentes formas, incluindo o tamanho e a morfologia (forma) celulares, fisiologia, motilidade, mecanismo de divisão celular, patogenicidade, entre outros. Essa diversidade é resultado de aproximadamente 4 bilhões de anos de alterações evolutivas (Madigan *et al.*, 2010).

Dentre os tipos de micro-organismos utilizados na produção de biomassa celular encontram-se as bactérias, as leveduras, os fungos e as algas. O micro-organismo ideal para tal finalidade deve apresentar elevada taxa específica de crescimento celular e rendimento em biomassa; alta afinidade pelo substrato; baixa necessidade nutricional; habilidade de utilizar substratos complexos; habilidade de atingir alta densidade celular; estabilidade durante a multiplicação; capacidade de modificações genéticas; e boa tolerância a temperatura e pH (Boze *et al.*, 1995).

Os micro-organismos anteriormente citados são amplamente utilizados na produção de biomassa celular devido seus valores nutricionais (Tabela 10.1).

TABELA 10.1 Composição dos grupos de micro-organismos utilizados na produção de biomassa

	Composição (% peso seco)			
Micro-organismos	Proteína	Lipídeos	Cinzas	Ácido Nucleico
Bactéria	50-65	1-3	3-7	8-12
Levedura	45-55	2-6	5-10	6-12
Fungos	30-45	2-8	9-14	7-10
Algas	40-60	7-20	8-10	3-8

Fontes: Nasseri *et al.* (2011).

A taxa específica de crescimento e o rendimento em biomassa das bactérias são maiores do que das outras categorias de micro-organismo. Seu conteúdo proteico pode atingir valores bem elevados, como mostra a Tabela 10.1, sendo o perfil de aminoácidos bem balanceado. A concentração de aminoácidos sulfurados e de lisina é elevada (Boze *et al.*, 1995). Por outro lado, a composição de ácidos nucleicos em bactérias é maior do que dos demais grupos de micro-organismos citados. Este é um fator que dificulta sua utilização em alimentos, visto que a ingestão excessiva de ácidos nucleicos leva à precipitação de ácido úrico, causando distúrbios de saúde como a gota e a formação de pedra nos rins (Nasseri *et al.*, 2011).

Outro fator que dificulta a utilização de bactérias como fonte nutricional é a patogenicidade de um grande número de espécies. Além disso, seu pequeno tamanho dificulta o processo de separação das células.

Para obtenção de biomassa bacteriana pode-se utilizar variados substratos, como apresentado na Tabela 10.2.

As leveduras foram os primeiros micro-organismos conhecidos e os mais estudados. Raramente são patogênicas, podendo ser usadas na dieta humana. Contudo, seu conteúdo proteico raramente excede 60%, apresentando quantidades satisfatórias de aminoácidos essenciais como lisina, triptofano e treonina. Já as quantidades de aminoácidos sulfurados como a metionina e a cisteína nas leveduras são pequenas. Além disso, as leveduras são ricas em vitaminas (Boze *et al.*, 1995).

TABELA 10.2 Diferentes substratos e micro-organismos utilizados para produção de biomassa bacteriana

Substrato	Micro-organismos
Glicose	*Rhodopseudomonas capsula Lactobacillus* spp.
Lactose	*Aeromonas hydrophylla*
n-Alcanos	*Achromobacter delvacvate*
Etanol	*Acinetobactor calcoaceticus*
Celulose, Hemicelulose	*Bacillus subtilis Cellulomonas* spp. *Flavobacterium* spp. *Thermomonospora fusca*
Maltose, Amido	*Lactobacillus* spp.
Metanol	*Methylomonas methylotrophus M. clara* *Streptomyces* spp.
Ácido úrico e outros componentes nitrogenados não proteicos	*Pseudomonas fluorescens Bacillus megaterium*
Metano	*Methanomonas methanica*

Fontes: Anupama e Ravindra (2000) e Bhalla *et al.* (2006).

Uma grande vantagem apresentada pelas leveduras é o seu tamanho. Por serem maiores do que as bactérias, a sua separação se torna mais fácil. No entanto, sua taxa específica de crescimento é inferior à das bactérias.

A Tabela 10.3 detalha alguns substratos utilizados para produção de biomassa de algumas espécies de leveduras.

O uso de fungos para produção de biomassa celular é relativamente novo. Os fungos são convencionalmente utilizados na produção de enzimas, ácidos orgânicos e antibióticos. Seu tempo de geração é muito maior do que o tempo de geração das bactérias e leveduras.

Como pode ser visto na Tabela 10.1, o conteúdo proteico dos fungos é inferior ao dos demais micro-organismos citados, apresentando deficiência de aminoácidos sulfurados. Contudo, o percentual de ácido nucleico é baixo.

A principal vantagem dos fungos é a habilidade em utilizar um grande número de substratos complexos para o crescimento celular como celulose e amido. Além disso, é facilmente recuperado por filtração (Boze *et al*., 1995). Essas vantagens reduzem significativamente os custos de produção. A Tabela 10.4 mostra os substratos utilizados por diferentes fungos para produção de biomassa celular.

O potencial das algas está relacionado com a sua grande capacidade de se multiplicar utilizando o CO_2 como única fonte de carbono. Alguns gêneros são capazes de utilizar também o nitrogênio atmosférico.

TABELA 10.3 Diferentes substratos e micro-organismos utilizados para produção de biomassa de levedura

Substrato	Micro-organismos
Glicose	*Candida utilis Candida tropicalis*
Maltose	*Candida tropicalis Saccharomyces cerevisiae*
Etanol	*Amoco torula*
Lactose	*Candida intermedia Saccharomyces cerevisiae*
Pentose	*Saccharomyces cerevisiae*
n-Alcanos	*Candida novellas*
Glicose (Melaço, Vinhaça)	*Saccharomyces cerevisiae*
Amido	*Schwanniomyces occidentalis*
Metanol	*Pichia pastoris*

Fontes: Anupama e Ravindra (2000) e Bhalla *et al*. (2006).

TABELA 10.4 Diferentes substratos e micro-organismos utilizados para produção de biomassa de fungos

Substrato	Micro-organismos
Glicose	*Aspergillus fumigatus Penicillium cyclopium Rhizopus chinensis*
Maltose	*Aspergillus fumigatus Rhizopus chinensis*
Lactose, Galactose	*Penicillium cyclopium*
Celulose	*Aspergillus niger A. oryzae Cephalosporium eichhorniae Chaetomium cellulolyticum Scytalidium acidophlium Trichodrema viridae T. Alba*
Amido	*Fusarium graminearum*
Lignina	*Chrysonilia sitophilia*
Amido	*Aspergillus niger*

Fontes: Anupama e Ravindra (2000) e Bhalla *et al.* (2006).

Apesar de serem utilizadas como complemento alimentar em algumas populações, as algas têm baixo teor de aminoácidos sulfurados. Seu conteúdo de ácidos nucleicos é em torno de 3 a 8% (Tabela 10.1). São fáceis de recuperar, mas a multiplicação celular é muito lenta. Além disso, o elevado investimento em lagoas artificiais resulta em baixa lucratividade do processo.

Um grande problema envolvendo a utilização de biomassa de alga reside na estrutura da sua parede celular, que representa 10% do peso seco e apresenta dificuldade de digestão, visto que não é digestível para humanos e outros seres não ruminantes. Assim, são necessários tratamentos efetivos para a ruptura da parede celular a fim de que as enzimas digestivas possam ter acesso a proteínas e outros constituintes celulares (Nasseri *et al.*, 2011).

A Tabela 10.5 apresenta algumas espécies utilizadas para produção de biomassa de algas e as matérias-primas utilizadas.

TABELA 10.5 Diferentes matérias-primas e micro-organismos utilizados para produção de biomassa de algas

Matéria-prima	Micro-organismos
CO_2	*Cholrella pyrenoidosa C. sorokiana Chondrous crispus Scenedesmus* spp. *Spirulina* spp *Porphyrium* spp. *Dunaliella* spp *Porphyra* spp *Sargassum* spp
Carbonato	*Chorella* spp
Efluente de esgoto salino	*Chrolella salina*

Fontes: Anupama e Ravindra (2000) e Bhalla *et al.* (2007).

A seguir, uma breve discussão sobre o metabolismo desses diversos substratos utilizados para a produção de biomassa celular.

10.4 METABOLISMO

Como apresentado no item 10.3, uma série de substratos pode ser utilizada pelos micro-organismos para a produção de biomassa celular, dentre eles, carboidratos, hidrocarbonetos, CO_2, etanol, metanol, glicerol e até mesmo lipídeos. Portanto, é importante se conhecer o metabolismo desses substratos para se controlar o processo produtivo.

10.4.1 Carboidratos

Os carboidratos incluem os monossacarídeos (glicose, frutose, galactose, manose), os dissacarídeos (sacarose, lactose, maltose), as pentoses (xilose, arabinose) e os polissacarídeos (amido, celulose, hemicelulose).

Uma série de mono e dissacarídeos é encontrada no xarope de milho, no melaço, no soro de leite e nos resíduos de vegetais e frutas. Os polissacarídeos, como o amido, são abundantes no milho, no trigo, na batata, na mandioca e no arroz, enquanto a lignocelulose (celulose, hemicelulose e lignina) é encontrada principalmente em restos de madeira, resíduos florestais e moinho e resíduos de vegetais e frutas.

A maioria dos micro-organismos oxida carboidratos como sua fonte primária de energia celular. A quebra das moléculas de carboidrato para produzir energia é, portanto, de grande importância para o metabolismo celular. A glicose é o carboidrato fornecedor de energia mais comum utilizado pelas células.

Para produzir energia a partir de glicose, os micro-organismos utilizam dois processos gerais: a respiração celular e a fermentação. Tanto a respiração celular quanto a fermentação geralmente iniciam com a etapa da glicólise, mas seguem posteriormente vias diferentes.

A glicólise também é chamada de via de *Embden-Meyerhoff*. A palavra glicólise significa quebra do açúcar, e isto é exatamente o que acontece. Os açúcares são oxidados, liberando energia, e seus átomos sofrem um rearranjo para formar duas moléculas de ácido pirúvico. Durante a glicólise, a NAD^+ é reduzida a NADH, e há uma produção conjunta de dois ATPs por fosforilação em nível de substrato. A glicólise não requer oxigênio; ela pode ocorrer com oxigênio presente ou não. Essa via é uma série de dez reações químicas, cada uma catalisada por uma enzima diferente (Tortora *et al.*, 2012), como mostra a Figura 10.1 (linha contínua). Assim, a glicólise serve para dois propósitos: degrada glicose para gerar ATP e proporciona esqueletos carbonados para biossíntese (Stryer, 1992), como mostra sua equação global a seguir.

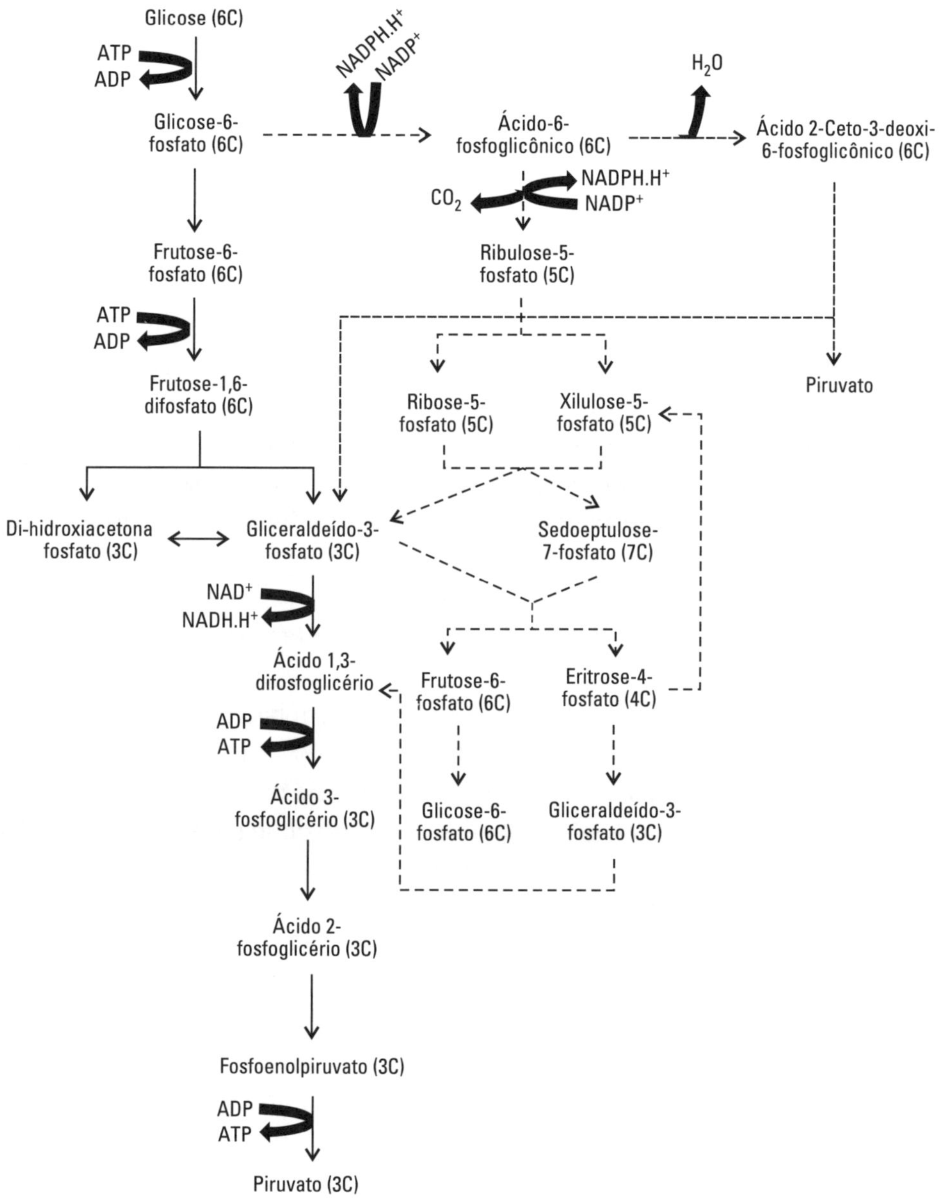

FIGURA 10.1 Glicólise (linha contínua), via da pentose-fosfato (linha tracejada) e *Entner-Doudoroff* (linha pontilhada).

$$\text{Glicose} + 2\ \text{ATP} + 2\ \text{NAD}^+ \rightarrow 2\ \text{Piruvatos} + 4\ \text{ATP} + 2(\text{NADH} + \text{H}^+)$$

Muitas bactérias possuem outra via para oxidação da glicose, além da glicólise. A alternativa mais comum é a via da pentose-fosfato. Outra alternativa é a via de *Entner-Doudoroff*.

A via da pentose-fosfato ou ciclo da hexose-monofosfato é uma via estritamente aeróbia, presente em grande parte das leveduras e bactérias. Essa via funciona simultaneamente com a glicólise e fornece uma via para a quebra de açúcares de cinco carbonos (pentoses), assim como a glicose. A oxidação de três moléculas de glicose gera duas moléculas de frutose-6-fosfato e uma molécula de gliceraldeído. Uma característica importante dessa via é que ela produz pentoses intermediárias essenciais utilizadas na síntese de nucleotídeos e ácidos nucleicos. A via é uma importante produtora da coenzima reduzida NADPH + H^+ a partir de $NADP^+$, essencial para as reações de biossíntese. A via da pentose-fosfato produz um ganho de somente uma molécula de ATP para cada molécula de glicose oxidada, como mostra a equação de seu balanço global a seguir. As bactérias que utilizam a via da pentose-fosfato incluem *Bacillus subtilis*, *E. coli*, *Leuconostoc mesenteroides* e *Enterococcus faecalis* (Tortora *et al*., 2012; Boze *et al*., 1995). A via das pentoses também está descrita na Figura 10.1 (linha tracejada).

$$\begin{aligned} &3\,\text{Glicoses} + 6\,\text{NADP}^+ + 3\,\text{ATP} \rightarrow 2\,\text{frutose} - 6 - \text{P} \\ &+\text{gliceraldeído} - 3 - \text{P} + 3\,\text{CO}_2 + 3\,\text{ADP} + 6(\text{NADP} + \text{H}^+) \end{aligned}$$

A via *Entner-Doudoroff* está somente presente em bactérias. Nessa via cada molécula de glicose produz duas moléculas de NADPH + H^+ e uma molécula de ATP, para utilizar nas reações de biossíntese celular. As bactérias que têm as enzimas para a via de *Entner-Doudoroff* podem metabolizar a glicose sem a glicólise ou a via da pentose-fosfato. A via de *Entner-Doudoroff* é encontrada em algumas bactérias Gram-negativas, incluindo *Rhizobium*, *Pseudomonas* e *Agrobacterium*; mas ela geralmente não é encontrada nas bactérias Gram-positivas (Tortora *et al*., 2012; Boze *et al*., 1995). Como pode ser observado na Figura 10.1, esta via (linha pontilhada) possui estágios comuns com a glicólise.

Além das vias *Embden-Meyerhoff*, *Entner-Doudoroff* e do ciclo da hexose-monofosfato, a via fosfoquetolase também pode ser utilizada para metabolizar a glicose. Essa via é utilizada somente por bactérias lácticas heterofermentativas, resultando na formação de etanol, lactato, CO_2 e, em alguns casos, acetato.

As bactérias láticas empregam algumas vias glicolíticas para metabolizar carboidratos. Em geral, bactérias lácticas homofermentativas convertem carboidratos em lactato utilizando a via de *Embden-Meyerhof*, ao passo que bactérias lácticas heterofermentativas produzem lactato, etanol e CO_2 através da via fosfoquetolase. A via fosfoquetolase normalmente é usada por bactérias lácticas para fermentar pentoses, e tem um baixo rendimento de energia quando comparada com a via *Embden-Meyerhof*. Esta desvantagem pode ser compensada pela adição de um aceptor externo de elétrons, que cria vias alternativas para a reoxidação do NADPH + H^+, estimulando o crescimento. Uma parte de acetil-fosfato pode, então, ser convertida em acetato ao invés de etanol, obtendo-se assim um ATP adicional, fazendo com que a via fosfoquetolase seja tão eficiente quanto a via *Embden-Meyerhof* (Arskold *et al.*, 2008).

Após a glicose ter sido quebrada em piruvato, através das vias citadas anteriormente, o piruvato pode seguir para o próximo passo da fermentação ou da respiração celular. A respiração celular é definida como um processo gerador de ATP no qual moléculas são oxidadas e o aceptor final de elétrons é (quase sempre) uma molécula inorgânica. Dessa forma, na presença de oxigênio, micro-organismos aeróbios estritos ou facultativos oxidam a acetil-Coenzima A através do ciclo de Krebs, também chamado de ciclo dos ácidos tricarboxílicos. Esse ciclo é uma série de reações bioquímicas na qual uma grande quantidade da energia química potencial armazenada na acetil-Coenzima A é liberada por etapas e os intermediários formados são utilizados como percursores de numerosas reações de biossíntese. Já na fermentação o piruvato é convertido em um produto orgânico como o ácido láctico ou o etanol, por exemplo.

No caso das leveduras, as mais importantes para produção de biomassa, como a *S. cerevisiae*, são anaeróbios facultativos, e podem crescer com ou sem oxigênio. Na presença de oxigênio, elas convertem açúcares em CO_2, energia e biomassa. Em condições anaeróbicas, como na fermentação alcoólica, leveduras não crescem de forma eficiente, e açúcares são convertidos em subprodutos, tais como etanol, glicerol e CO_2. Portanto, na propagação de levedura, o fornecimento de ar é necessário para a produção máxima de biomassa. No entanto, não é só o oxigênio que regula essas vias. Quando essas leveduras são expostas a altas concentrações de glicose, ocorre o fenômeno de repressão catabólica, no qual a expressão dos genes e a síntese de enzimas respiratórias são reprimidas, e a fermentação prevalece sobre a respiração, mesmo na presença de oxigênio. Na prática industrial, a repressão catabólica pela glicose e sacarose, também conhecida como efeito de *Crabtree*, pode conduzir a vários problemas, tais como fermentação incompleta, desenvolvimento de sabores estranhos e subprodutos indesejáveis, bem como a perda de produção de biomassa e de levedura de vitalidade. Uma forma de contornar isso é através da adição do substrato aos poucos (batelada alimentada).

10.4.2 n-alcanos

O metabolismo de n-alcanos consiste na incorporação dos alcanos pelas células, seguida da oxidação desses alcanos, gerando os ácidos graxos correspondentes e, por fim, a degradação dos ácidos graxos.

O contato das células com substratos hidrofóbicos é um passo crucial, visto que a degradação de hidrocarbonetos é muitas vezes mediada pelas reações de oxidação catalisadas por oxigenases associada à superfície celular. No caso de n-alcanos de cadeia longa, dois mecanismos para o acesso dos micro-organismos a esses substratos são geralmente considerados: adesão interfacial por contato direto das células com o hidrocarboneto e adesão das células com hidrocarbonetos emulsionados mediada por biossurfactante. No primeiro caso, os micro-organismos aderem às gotículas de n-alcanos por possuírem superfícies celulares hidrofóbicas. No que se refere à adesão mediada por um tensoativo, a maioria dos micro-organismos degradantes de n-alcano produz e secreta biossurfactantes de diversas naturezas químicas que permitem emulsificação de compostos hidrofóbicos (Wentzel *et al.*, 2007).

A oxidação de n-alcanos em ácidos graxos é realizada em vários estágios, principalmente por meio de duas vias: oxidação subterminal e oxidação terminal (monoterminal e diterminal). No primeiro estágio da via de oxidação subterminal, o alcano é convertido em um álcool secundário que, em seguida, é convertido em cetona. Na oxidação terminal, o grupo metil é atacado e o primeiro intermediário gerado é o álcool correspondente, que depois é oxidado a aldeído e, em seguida, a ácido graxo (Boze *et al.*, 1995).

A oxidação monoterminal é dominante em leveduras. Na oxidação diterminal, o ácido graxo obtido após a oxidação monoterminal é hidroxilado de novo (ω--oxidação) para formar ácido dicarboxílico.

A oxidação dos álcoois formados em ácidos graxos é catalisada por álcool desidrogenases e aldeído desidrogenases dependentes de NAD e específica para cadeias longas. Esse metabolismo pode ser induzido por alcanos, álcoois e aldeídos de cadeia longa. Os ácidos graxos formados são transformados em acil-Coenzima A (acil-CoA) através da acil-CoA sintetase, que em seguida é transformada em acetil-Coenzima A (acetil-CoA) pela β-oxidação. A acetil-CoA é então utilizada para a síntese de material celular, como mostra a Figura 10.2.

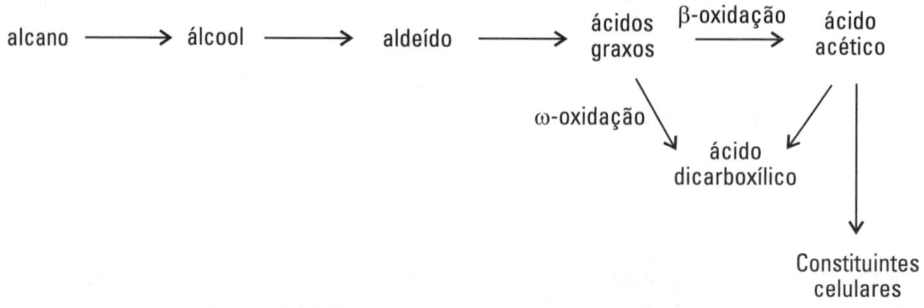

FIGURA 10.2 Via de oxidação terminal de n-alcanos.
Fonte: Traduzida de Boze *et al.* (1995).

10.4.3 CO_2

Em todas as vias metabólicas já discutidas, os organismos obtêm energia para o trabalho celular pela oxidação de compostos orgânicos. Alguns, incluindo os animais e muitos micro-organismos, alimentam-se da matéria produzida por outros organismos. Outros organismos sintetizam compostos orgânicos complexos a partir de substâncias inorgânicas simples. O principal mecanismo para esta síntese é um processo chamado fotossíntese, utilizado pelas plantas e por muitos micro-organismos. A fotossíntese é a conversão da energia luminosa do sol em energia química. A energia química é então utilizada para converter o CO_2 da atmosfera em compostos de carbono mais reduzidos, principalmente açúcares (Tortora *et al.*, 2012).

O CO_2 é a fonte de carbono mais simples para a produção de biomassa. Está presente na atmosfera na concentração de aproximadamente 300 ppm. Não pode ser utilizado como fonte de energia, visto que o carbono se encontra na sua forma mais oxidada. Assim, a energia é proveniente da luz e é convertida em energia química pela fotossíntese (Boze *et al.*, 1995). Cianobactérias, algas e algumas espécies de bactérias são capazes de realizar a fotossíntese.

As algas e as cianobactérias utilizam a água como doador de elétrons, produzindo O_2, segundo a equação a seguir:

$$6\,CO_2 + 12\,H_2O + \text{Energia luminosa} \rightarrow C_6H_{12}O_6 + 6\,H_2O + 6\,O_2$$

Já as bactérias púrpuras e verde utilizam o H_2S como doador de elétrons, produzindo grânulos de enxofre, conforme a equação a seguir:

$$6\,CO_2 + 12\,H_2S + \text{Energia luminosa} \rightarrow C_6H_{12}O_6 + 6\,H_2O + 12\,S$$

A fotossíntese ocorre em duas etapas. Na primeira, chamada de reações dependentes de luz, a energia luminosa é utilizada para converter ADP e P em ATP. Além disso, o carreador de elétrons $NADP^+$ é reduzido a NADPH. A coenzima NADPH, como a NADH, é um carreador de elétrons rico em energia. Na segunda etapa – as reações independentes de luz –, esses elétrons são utilizados juntamente com a energia do ATP para reduzir o CO_2 a carboidratos através do ciclo de Calvin-Benson (Tortora *et al.*, 2012; Boze *et al.*, 1995).

10.5 APLICAÇÕES

Ao longo dos anos, muitos processos foram desenvolvidos para produzir micro-organismos capazes de usar material orgânico como fonte de carbono e energia, e converter nitrogênio inorgânico em proteínas com elevado valor alimentício. Estes podem ser usados em gêneros alimentícios, rações para animais ou humanos para substituir fontes animais ou vegetais tradicionais (Boze *et al.*, 1995).

Proteína unicelular (SCP) é o termo aceito para definir o material celular microbiano destinado à utilização como alimento ou ração. Quando a biomassa é produzida como fonte proteica, essas são raramente extraídas e purificadas, sendo o produto seco constituído de, aproximadamente, 50% de proteínas que são habitualmente utilizadas no estado em que se encontram. Vários micro-organismos foram considerados para esse tipo de aplicação: bactérias (*Lactobacillus*, *Cellulomonas*, *Alcaligenes* etc.), algas (*Spirulina*, *Chlorella* etc.), leveduras (*Candida*, *Saccharomyces* etc.) e bolores (*Trichederma*, *Fusarium*, *Rhizopus* etc). As células secas desses micro-organismos são coletivamente chamadas SCP (Moraes, 2005; Nassari *et al.*, 2011).

10.5.1 Produção de levedura de panificação

A levedura para aplicação alimentícia mais comum é *Saccharomyces cereviciae*, também conhecida como fermento de panificação, utilizada mundialmente na fabricação de pão. A *S. cerevisiae* é a espécie de levedura mais amplamente utilizada, cujas cepas selecionadas são usadas em cervejarias, adegas e destilarias para a produção de cerveja, vinho, destilados e etanol. A *S. cerevisiae* comercial é utilizada nas indústrias de panificação e fermentação alcoólica ou para uso como suplementos nutricionais para os seres humanos e/ou animais.

O fermento de panificação fresco consiste em cerca de 30-33% de materiais secos, 6,5-9,3% de nitrogênio, 40,6-58,0% de proteínas, 35,0-45,0% de carboidratos, 4,0-6,0% de lipídios, 5,0-7,5% de minerais e várias vitaminas, dependendo do seu tipo e condições de crescimento. O produto comercial é vendido nas formas líquida, cremosa ou compactada e como levedura seca ativa ou instantânea. A forma compacta é a mais usada, e consiste em apenas uma espécie, *S. cerevisiae*. Estirpes especiais de *S. cerevisiae* podem ser utilizadas para a obtenção da levedura seca ativa, que consiste em grãos ou grânulos de células de levedura secas vivas com poder de fermentação. A levedura seca instantânea não precisa de hidratação antes de usá-la (Bekatorou *et al.*, 2006).

A tecnologia para produção de levedura se desenvolveu a partir do século passado, tendo como principais vantagens: (i) taxa de crescimento, geralmente, elevada; (ii) o pH é mantido entre 3,5 e 5,0, fato que reduz os riscos de contaminação; (iii) células de levedura são facilmente recuperadas por centrifugação contínua; (iv) apresentam conteúdo proteico de 55 a 60% em peso seco; e (v) alto conteúdo vitamínico do complexo B.

TABELA 10.6 Valores médios para alguns constituintes do melaço de cana e melaço de beterraba em 75% peso seco

Constituinte	Melaço de Beterraba	Melaço de Cana
Açúcares totais (%)	48-52	48-56
Matéria orgânica não açúcar (%)	12-17	9-12
Proteína (N*6,25) (%)	6-10	2-4
Potássio (%)	2,0-7,0	1,5-5,0
Cálcio (%)	0,1-0,5	0,4-0,8
Magnésio (%)	ca. 0,09	0,06
Fósforo (%)	0,02-0,07	0,6-2,0
Biotina ($mg.kg^{-1}$)	0,02-0,15	1,0-3,0
Ácido pantoténico ($mg.kg^{-1}$)	50-100	15-55
Inositol ($mg.kg^{-1}$)	5000-8000	2500-6000
Tiamina ($mg.kg^{-1}$)	ca. 1,3	1,8

Fonte: Boze *et al.* (1995).

Por volta de 1847, iniciou-se o aproveitamento das leveduras de cervejaria para produção de levedura de panificação, mas o lúpulo prejudicava essa produção. As leveduras recuperadas eram distribuídas na forma compactada e seu uso se tornou popular. A produção moderna de biomassa para levedura de panificação iniciou-se em 1916-1925 com a operação do processo descontínuo-alimentado (*Fed-Batch* ou batelada alimentada), também chamado de método dinamarquês (Moraes, 2005).

O melaço, subproduto da produção de açúcar de cana e beterraba, é a principal matéria-prima utilizada na produção de fermento de panificação. A composição média dessa matéria-prima é apresentada na Tabela 10.6, na qual é possível observar a presença de minerais, vitaminas e aminoácidos. O preparo do meio consiste em uma clarificação e ajuste da concentração de sacarose, do valor de pH e da adição de nutrientes (nitrogênio e fósforo).

No processo industrial, como mostra a Figura 10.3, inicialmente as células de uma cultura de levedura pura são cultivadas em laboratório e a biomassa produzida é transferida assepticamente para um ou mais biorreatores, que opera em batelada. A primeira fase do processo de produção em si começa com um cultivo em batelada alimentada (10 kg de fermento), com uma pequena quantidade de oxigênio, produzindo em 12 horas 500 kg de fermento fresco. As leveduras são então transferidas para outro biorreator, no qual a alimentação com melaço

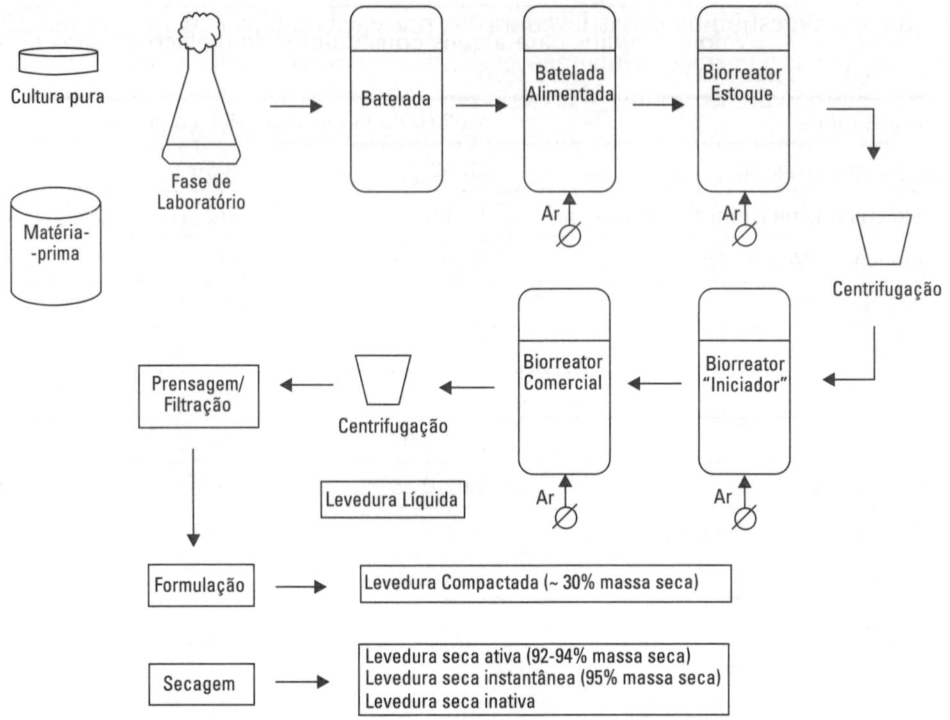

FIGURA 10.3 Fluxograma de produção de fermento de panificação.
Fonte: Adaptada de Bekatorou *et al.* (2006).

e nutrientes é contínua e a aeração é aumentada gradualmente para 1 vvm. Isto resulta em 8 toneladas de levedura em 16 horas. Esta fase é chamada "estoque", porque, depois de a fermentação estar completa, a levedura é separada da maior parte do líquido por centrifugação, produzindo um estoque de levedura para a próxima fase. Na etapa seguinte, o chamado *pitch fermentor*, ou biorreator "iniciador", também produz um estoque de leveduras para iniciar o processo comercial. A aeração é vigorosa, e melaço e outros nutrientes são alimentados. A suspensão de leveduras deste biorreator é normalmente dividida em várias partes, para iniciar as fermentações comerciais finais. Alternativamente, as leveduras podem ser separadas por centrifugação e armazenadas durante vários dias antes da sua utilização nas fermentações comerciais finais. Nesta fase (biorreator comercial), o desenvolvimento da população é controlado pela regulação do fluxo de fornecimento de nutrientes e aeração. A produção de levedura compactada é de 48 toneladas em 16 horas (Boze *et al.*, 1995; Bekatorou *et al.*, 2006).

A produção de levedura para alimentação humana e para ração animal é similar à produção de levedura de panificação. No entanto, ao final da produção, processos de ruptura mecânica, autólise e tratamento enzimático podem ser realizados para melhorar a digestibilidade das leveduras. A presença de uma camada externa de manoproteínas na parede celular das leveduras é, provavelmente, a maior barreira para a digestão desse produto (Nasseri *et al.*, 2011).

Outra grande preocupação sobre o consumo de levedura para a alimentação humana é o elevado conteúdo de ácidos nucleicos presente nessa fonte proteica. A ingestão de uma dieta rica em teor de ácido nucleico leva à produção de ácido úrico a partir da degradação do ácido. O ácido úrico se acumula no organismo devido a uma falta da enzima uricase em seres humanos, o que provoca a formação de pedra nos rins e gota. Assim, os ácidos nucleicos em diferentes SCP devem ser reduzidos a um limite aceitável, se forem usados como alimento (Nasseri *et al.*, 2011).

Em um cultivo de células microbianas, com elevada taxa de crescimento, o RNA (ácido desoxirribonucleico) constitui a maior parte dos ácidos nucleicos (Singh, 1998). O teor de RNA das células fúngicas é conhecido por ser dependente das condições de cultura e da razão carbono/nitrogênio. O nível de ácido nucleico pode ser reduzido de várias formas. Estes incluem a ativação de RNAase endógena por breve tratamento térmico, até 60-70 °C, durante 20 minutos, a hidrólise alcalina de ácidos nucleicos, as modificações de condições de cultivo com relação ao nitrogênio, carbono, conteúdo de fósforo e zinco ou a utilização do processo contínuo com dois ou mais reatores em série. Nesta última estratégia, a taxa de crescimento celular é reduzida no segundo biorreator (e do segundo para o terceiro, se houver), diminuindo assim a síntese proteica e, consequentemente, o conteúdo de RNA (Anupama e Ravindra, 2000).

10.5.2 Obtenção da microflora do kefir a partir do soro de leite

O kefir é uma cultura mista, contendo vários micro-organismos que fermentam a lactose e é utilizado para a produção de uma bebida fermentada refrescante, de mesmo nome, popular em países do Leste da Europa, através da inoculação de leite com grãos de kefir. O grão de kefir (Figura 10.4) é uma associação simbiótica de micro-organismos pertencentes a um espectro diverso de espécies e gêneros, incluindo bactérias lácticas (*Lactobacilli, Lactococci, Leuconostoc*), leveduras (*Kluyveromyces, Candida, Saccharomyces* e *Pichia*) e, às vezes, bactérias acéticas (*Acetobacter*). Esta microflora é incorporada a uma matriz de polissacárido, referida como kefiran, composta por quantidades iguais de glicose e galactose (Paraskevopoulou *et al.*, 2003).

Tradicionalmente, o kefir é produzido por meio da adição dos grãos de kefir no leite de vaca (integral ou desnatado), mas também pode ser usado leite de ovelha, de cabra, de soja, de coco etc. Essa bebida pode ser considerada um probiótico complexo, ou seja, possui em sua composição micro-organismos vivos capazes de melhorar o

FIGURA 10.4 **Grãos de kefir.**
Fonte: http://www.huffingtonpost.ca.

equilíbrio microbiano intestinal, produzindo efeitos benéficos à saúde do indivíduo que o consome. Outro benefício atribuído ao kefir é a atividade antimicrobiana contra bactérias Gram-positivas e Gram-negativas (Weschenfelder *et al.*, 2009).

Além de a bebida ser interessante comercialmente, os micro-organismos do kefir também podem ser produzidos industrialmente, para diversos fins. As leveduras do kefir têm sido utilizadas para fermentar o soro do leite em escala semi-industrial, e para a obtenção de uma variedade de produtos, tais como o etanol, a biomassa, o ácido láctico e as bebidas alcoólicas. O kefir produzido com soro de leite também foi avaliado como cultura iniciadora em panificação e maturação de queijos, com bons resultados, e também tem sido utilizado para obtenção de proteína unicelular (SCP) (Bekatorou *et al.*, 2006; Koutinas *et al.*, 2005; Koutinas *et al.*, 2007, 2009; Paraskevopoulou *et al.*, 2003).

O soro do leite é o principal resíduo da indústria de laticínios. É produzido em todo o mundo em grandes quantidades, e sua disposição provoca graves problemas ambientais em virtude da sua elevada carga orgânica (DQO 35 000-68 000), o que torna seu tratamento completo impossível. Por outro lado, o soro tem um valor nutricional significativo, uma vez que contém quantidades apreciáveis de proteínas, lactose, ácidos orgânicos, gorduras, vitaminas e minerais. Portanto, a sua conversão em produtos de valor agregado vem sendo realizada (Bekatorou *et al.*, 2006; Koutinas *et al.*, 2009).

O grupo de pesquisa de Koutinas (Koutinas *et al.*, 2005; Koutinas *et al.*, 2007) vem desenvolvendo uma tecnologia para a utilização de soro de leite através da produção de vários produtos alimentares, a partir do kefir, como bebidas alcoólicas, kefir; SCP como ração animal ou aditivo alimentar; fermento de panificação etc. Os resultados de crescimento celular de kefir em escala semi-industrial foram compatíveis com os resultados obtidos em escala de laboratório. De acordo com a experiência industrial, o tempo de produção de biomassa do kefir usando o biorreator de 3000-L foi semelhante ao de *S. cerevisiae* em plantas de produção de fermento de panificação. As operações da planta-piloto envolveram construções mecânicas simples e sem obstáculos técnicos (Figura 10.5). Portanto, a tecnologia de produção de biomassa do kefir usando soro de leite mostrou ser

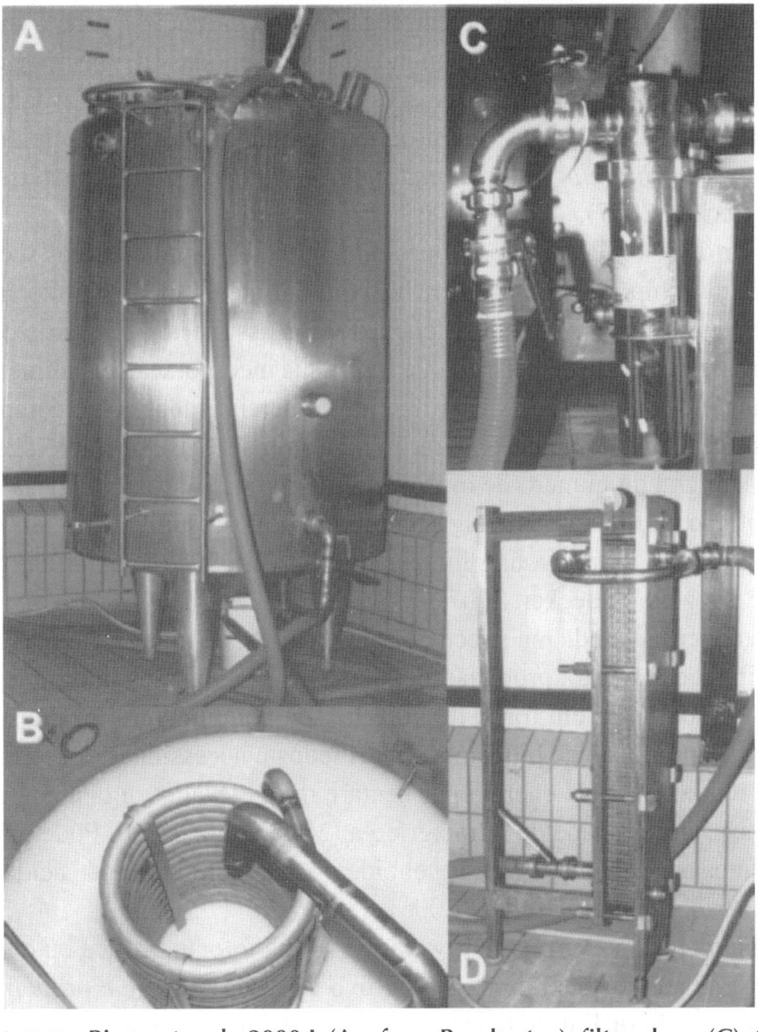

FIGURA 10.5 **Biorreator de 3000 L (A – fora; B – dentro); filtro de ar (C); trocador de calor de placas (D) usado para a produção de SCP de kefir utilizando soro.**
Fontes: Koutinas *et al.* (2007).

uma tecnologia promissora. A investigação sobre a utilização de kefir e SCP como aditivo alimentar revelou que a biomassa com 53,9% de proteína exibiu propriedades emulsionantes semelhantes às da soja desengordurada, enquanto as propriedades de formação de espuma e gel foram melhores.

10.5.3 Produção de biomassa algal

O interesse pelas algas está relacionado com a utilização desses micro-organismos como promotores de troca gasosa (consumo de CO_2) e como alimento em viagens espaciais (Anupama e Ravindra, 2000). Atualmente várias tecnologias sofisticadas em todo o mundo são empregadas para produção e processamento de microalgas, sendo que a produção mundial anual de todas as espécies é estimada em cerca de 10.000 t/ano. De todas as espécies de microalgas cultivadas, apenas algumas foram selecionadas para produção em larga escala, principalmente as *Chlorophyceae chlorella* sp. e *Scenedesmus obliquus*, e a cianobactéria *Athrospira* sp (Becker, 2007).

Apesar do seu elevado teor de proteína nutritiva, as microalgas secas ainda não ganharam importância significativa como alimento ou substituto alimentar. Os principais obstáculos são consistência da biomassa seca, a cor verde-escura e o seu cheiro ligeiramente de peixe, o que limita sua incorporação em alimentos convencionais. No entanto, são extensivamente comercializadas como comprimidos, cápsulas e na forma líquida. Como ração para animais o uso de microalgas é mais recente. Um grande número de avaliações nutricionais e toxicológicas demonstrou a aptidão da biomassa de algas como um valioso suplemento alimentar ou substituto para as convencionais fontes proteicas (farelo de soja, farinha de peixe, farelo de arroz etc.) (Becker, 2007).

Uma aplicação ainda mais recente para o cultivo de microalgas é a utilização do óleo intracelular para produção de biodiesel. Como esses micro-organismos conseguem acumular em torno de 70% de seu conteúdo em lipídeos, sua extração para a produção de biocombustíveis reduz a necessidade por terra, devido aos seus rendimentos de energia por hectare mais elevados, e também pelo fato de não haver necessidade de terra agrícola (Mata *et al.*, 2010). Podem ainda ser interessantes para obtenção de carotenoides, assim como fonte de ácidos graxos poli-insaturados (Spolaore *et al.*, 2006).

As microalgas podem ser cultivadas de forma fotoautotrófica ou quimio-heterotrófica. O melhor método para o cultivo de massa algal é o primeiro, sendo a iluminação o fator limitante em escala industrial. O modo mais prático para produção de biomassa algal é em pequenos lagos abertos sob a luz solar, ou seja, tanques abertos ao ar livre sob iluminação natural (sem necessidade de

FIGURA 10.6 (a) Lagos abertos para produção de *Athrospira* (*Earthrise*, CA, EUA); e (b) Fotobiorreatores para produção de *Chlorella* (*Chlorella Echlorial*, Alemanha).
Fonte: Adaptada de Spolaore *et al.* (2006).

esterilização ou controle de temperatura) (Figura 10.6a). Como a profundidade dos tanques influencia a quantidade de iluminação solar recebida pelas algas em suspensão no meio de cultura, recomenda-se a utilização de tanques de 15 cm de profundidade (Mata *et al.*, 2010; Spolaore *et al.*, 2006).

Devido ao intensivo gasto energético necessário para homogeneizar os cultivos abertos para microalgas, desenvolveu-se o sistema de cultivo em fotobiorreatores (Figura 10.6b). Dependendo da sua forma ou design, os fotobiorreatores apresentam várias vantagens sobre tanques abertos: oferecem um melhor controle sobre as condições de cultura e parâmetros de crescimento (pH, temperatura, mistura, CO_2 e O_2), evitam a evaporação, reduzem as perdas de CO_2, permitem alcançar maiores densidade celulares, produtividades volumétricas mais elevadas, oferecem um ambiente mais seguro e protegido, evitando a contaminação (Mata *et al.*, 2010). No entanto, as desvantagens incluem os custos mais elevados e a dificuldade de aumento de escala.

A recuperação é a etapa mais problemática no cultivo de algas devido à baixa densidade celular (1-2 g peso seco/l) e por sedimentarem lentamente. A biomassa é separada por sedimentação, flotação, filtração ou centrifugação. A separação por centrifugação é o método mais atrativo tecnicamente para suspensões mais densas obtidas para leveduras e bactérias. Mas o método se torna mais caro para suspensões diluídas. A filtração geralmente requer uma etapa preparatória de redução de água. No entanto, para a *Athrospira*, que flutua na superfície em aglomerados, pode-se colher a biomassa com escumadeiras e, em seguida, filtrá-la (Enebo, 1970).

A *Arthrospira platensis* e a *Arthrospira maxima* já foram classificadas no gênero *Spirulina*, e esse termo ainda é utilizado por muitos, por razões históricas.

A *Arthrospira* é utilizada para alimentação humana em razão do seu elevado teor de proteína e de seu excelente valor nutritivo. Além disso, esta microalga tem vários efeitos benéficos para a saúde, como o controle da hipertensão, a proteção contra a insuficiência renal e o controle do nível de glicose sérica elevado. Uma significativa quantidade de produção de *Arthrospira* é realizada na China e Índia. O maior produtor mundial, a empresa *Hainan Simai*, está localizada na província de Hainan, na China. Esta empresa tem uma produção anual de 200 t de algas em pó, que responde por 25% da produção total nacional e quase 10% da produção mundial. A maior usina do mundo é de propriedade da *Earthrise Farms*, com uma área de 440.000 m^2 (localizada na Calipatria, CA, Estados Unidos). Produtos à base de *Arthrospira* (comprimidos e pó) são distribuídos em mais de 20 países ao redor do mundo (Spolaore *et al.*, 2006).

10.5.4 Produção de SCP de fungos filamentosos

Fungos filamentosos muito utilizados para a produção de biomassa são os *Aspergillus niger* e *Fusarium* sp. A grande vantagem de se utilizar esses micro-organismos para produção de proteína unicelular é que eles são capazes de crescer em matérias-primas lignocelulósicas presentes em diferentes subprodutos e resíduos agrícolas.

A quantidade considerável de resíduos agroindustriais contribui significativamente para o aumento da poluição. Assim, a utilização de tais materiais em processos de produção de SCP tem duas funções: a redução da poluição e a obtenção de proteínas comestíveis. A celulose presente nesses resíduos constitui o recurso renovável mais abundante do planeta e potencial substrato para produção de proteína microbiana. Entretanto, a celulose encontra-se geralmente ligada à lignina, à hemicelulose e ao amido, de forma complexa. Portanto, pré-tratamentos químicos (hidrólise ácida) ou enzimáticos (celulases) são necessários para obter a celulose como açúcar fermentável. Muitos métodos de pré-tratamento do material lignocelulósico têm sido relatados, como o tratamento alcalino ou ácido, a explosão a vapor ou, ainda, a radiação de raios X.

Atualmente, a única maneira de aproveitar resíduos lignocelulósicos de forma economicamente viável está na produção de cogumelos. Além do conhecido *Agaricus bisporus*, há muitos outros cogumelos importantes que contêm enzimas lignocelulolíticas e são cultivados para a alimentação, principalmente na Ásia e na África, como *Volvariella* sp., *Lentinus edodes* e *Pleurotus* sp. (Nasseri *et al.*, 2011).

O conteúdo proteico dos fungos filamentosos varia muito, mas pode ser superior a 50-55%. Além disso, possuem reduzido conteúdo de ácidos nucleicos e um bom perfil de aminoácidos com baixo teor de aminoácidos sulfidrilados.

Contudo, a presença de micotoxinas em determinadas espécies de fungos, como *Aspergillus parasiticus* e *A. flavus*, é um grande obstáculo para a sua utilização como ração animal ou fonte proteica para humanos. Estas toxinas são conhecidas por produzir muitas reações alérgicas, doenças e câncer de fígado em humanos, bem como em animais. As toxinas são realmente metabolitos secundários, produzidos por certos fungos durante o crescimento. Toxinas fúngicas proeminentes incluem aflatoxinas do tipo B_1, B_2, G_1 e G_2 de *Aspergillus flavus*, citrinina de *Penicillium citrinum*, tricotecenos e zearalanone de espécies de *Fusarium* e ergotamina de espécies *Claviceps*. Assim, é importante verificar a presença de toxinas por essas espécies, eliminando-as antes e durante o processo de produção de SCP (Anupama e Ravindra, 2000).

Eliminar ou minimizar a contaminação com micotoxinas é um desafio biotecnológico contínuo. Investigação na remoção das micotoxinas de SCP tem sido focada principalmente em aflatoxinas. Entre os muitos métodos testados, a amonização é a mais bem-sucedida. Pode reduzir os níveis de aflatoxina em 99%. Mais recentemente, técnicas de biologia molecular têm sido exploradas para esse fim (Anupama e Ravindra, 2000).

O *A. niger* já foi utilizado para produzir proteína unicelular a partir de espigas de milho após tratamento alcalino. A biomassa microbiana obtida após seis dias de fermentação apresentou 30,4% de proteína bruta e um perfil de aminoácidos essenciais, com um elevado teor de lisina e quantidades apreciáveis de metionina e triptofano. Além disso, o produto continha 12,9% de gordura, composta por todos os ácidos graxos essenciais, e 77% de digestibilidade da matéria seca *in vitro*. Portanto, os autores demonstraram que o produto pode ser usado para complementar os componentes de alimentação de ruminantes e outros animais monogástricos (Singh *et al.*, 1991).

Uma série de fungos produtores eficientes de celulase tem sido relatada, mas o *Trichoderma viride* é o mais conhecido. O *Chaetomium cellulolyticum* é outro fungo celulolítico que cresce rápido e forma 80% mais proteína que o *Trichoderma*. Isso significa que o *C. cellulolyticum* é bom para a produção de SCP, enquanto o *T. viride* é indicado para produzir celulases extracelulares (Nasseri *et al.*, 2011).

REVISÃO DOS CONCEITOS APRESENTADOS

A produção de biomassa microbiana envolve uma série de conceitos importantes. Um deles é que a célula microbiana pode ser utilizada como fonte nutricional tanto para humanos como para ração animal, principalmente pelo seu conteúdo proteico, sendo chamada SCP ou proteína unicelular. A proteína pode ser extraída da biomassa por diferentes métodos químicos, físicos ou enzimáticos, ou, como na maioria dos casos, ser utilizada na forma bruta (associada à biomassa celular). Para sua obtenção, é necessário que as células cresçam em profusão, sendo importante determinar o crescimento microbiano. Assim, o conhecimento dos métodos de determinação de crescimento celular torna-se essencial para a sua escolha. Na formulação dos meios de cultivo, não se pode esquecer os principais componentes e o motivo para eles estarem presentes. Além disso, a quantidade de substrato deve ser elevada para se obter mais biomassa, mas sempre respeitando os seus limites de toxicidade e inibição. Como o micro-organismo não é uma "caixinha preta", as vias metabólicas devem ser estudadas, pois muitas enzimas podem controlar o processo de crescimento celular, sendo pertinente conhecê-las para se aumentar os rendimentos e reduzir a formação dos subprodutos. Devemos lembrar que diferentes tipos de micro-organismos podem ser utilizados na obtenção de biomassa celular, mas que os fungos filamentosos podem produzir micotoxinas que promovem reações alérgicas ou doenças em seres humanos. As bactérias também apresentam um obstáculo na utilização como fonte proteica: muitas têm patogenicidade e devem ser evitadas para esse fim. No caso das leveduras, a aplicação mais conhecida é como fermento de panificação, que tem sido utilizado há muitos anos. O processo de produção empregado é geralmente batelada alimentada, o que permite que as leveduras da espécie *Saccharomyces cerevisiae*, que são anaeróbias facultativas, não sofram o efeito de repressão catabólica, pois o fornecimento do substrato ocorre de forma a manter sua concentração baixa.

QUESTÕES

Neste ponto, o leitor deve estar apto a responder algumas questões levando-se em consideração os conceitos apresentados neste capítulo. Portanto, baseando-se no que foi abordado, responda às seguintes questões:

QUESTÕES DISCURSIVAS

1. Quais métodos de determinação de quantificação celular você adotaria para o monitoramento de crescimento microbiano nos processos a seguir. Justifique.

   a. Produção de SCP por *Trichoderma viride* em resíduo de milho.

   b. Produção de fermento de panificação por *Saccharomyces cerevisiae* a partir de melaço.

   c. Produção de bactérias em soro de leite.

2. Em um dado processo de produção de biomassa microbiana, a presença de um nutriente do meio, considerado essencial, pode provocar problemas de inibição, quando utilizado em alta concentração. Que alternativa(s), em relação à condução do processo, você escolheria para contornar este problema?

3. Qual a importância dos seguintes componentes na composição dos meios de produção de biomassa: N, C, S, P, Ca e Mg, e quais as fontes para cada um deles.

4. No caso da utilização de leveduras como SCP, qual a preocupação do uso desse micro-organismo para alimentação humana? Quais as formas de contornar esse problema?

5. No caso de fungos filamentosos, que cuidados devem ser tomados na produção de biomassa como fonte proteica?

6. A taxa de aeração afeta a taxa de crescimento de células de *S. cerevisiae* cultivadas em alta concentração de glicose? Por quê?

SUGESTÕES DE PESQUISA

1. Pesquise outras aplicações para a produção de biomassa microbiana.

2. Busque na literatura os resíduos agroindustriais que podem ser utilizados na produção de biomassa microbiana, verificando qual o substrato, quais as enzimas envolvidas e os micro-organismos capazes de serem cultivados nelas.

3. As microalgas são muito utilizadas como fonte nutritiva. Pesquise as diferentes formas de se utilizar a biomassa algal na alimentação humana.

REFERÊNCIAS

Anupama, C., Ravindra, P., 2000. Value-added food: Single cell protein. Biotechnology Advances, 18 (6): 459-79.

Arskold, E., Lohmeier-Vogel, E., Cao, R., Roos, S., Radstrom, P., Van Niel, E.W.J., 2008. Phosphoketolase Pathway Dominates in Lactobacillus reuteri ATCC 55730 Containing Dual Pathways for Glycolysis. Journal of Bacteriology, 190 (1): 206-12.

Bailey, J.E., Ollis, D.F., 1986. Biochemical engineering fundamentals. McGraw-Hill, Nova York.

Bhalla, T.C., Sharma, N.N., Sharma, M., 2006. Production of Metabolites, Industrial enzymes, Amino acid, Organic acids, Antibiotics, Vitamins and Single Cell Proteins. Food and Industrial Microbiology: 1-47.

Becker, E.W., 2007. Micro-algae as a source of protein. Biotechnology Advances, 25 (2): 207-10.

Bekatorou, A., Psarianos, C., Koutinas, A.A., 2006. Production of Food Grade Yeasts. Food Technology and Biotechnology, 44 (3): 407-15.

Boze, H.; Moulin, G.; Galzy, P. 1995. Production of microbial biomass. In: Rehm, H.-J.; Reed, G. Biotechnology. 2nd ed., v. 9. Enzymes, biomass, VCH Verlagsgesellschaft mbH, Weinheim, v. 5, p. 168-220.

Buchholz, K., Collins, J., 2013. The roots – a short history of industrial microbiolog y and biotechnology. Appl Microbiol Biotechnol, 97: 3747-62.

Koutinas, A.A., et al. 2005. Kefir yeast technology: scale-up in SCP production using milk whey. Biotechnology and bioengineering, 89 (7): 788-96.

Koutinas, A.A. 2007. Kefir-yeast technology: Industrial scale-up of alcoholic fermentation of whey, promoted by raisin extracts, using kefir-yeast granular biomass, v. 41, p. 576-82.

Koutinas, A.A., et al. 2009. Bioresource technology whey valorisation: A complete and novel technology development for dairy industry starter culture production. Bioresource Technology, 100 (15): 3734-9.

Madigan, M.T., Martinko, J.M., Dunlap, P.V., Clark, D.P., 2010. Microbiologia de Brock, 12ª ed Artmed, Porto Alegre, p. 25-49.

Mata, T.M., Martins, A.A., Caetano, N.S., 2010. Microalgae for biodiesel production and other applications: A review. Renewable and Sustainable Energy Reviews, 14 (1): 217-32.

Moraes, I.O. 2001. Produção de Microrganismos. In: Lima, U.A.; Aquarone, E.; Borzani, W.; Schimidell, W. (orgs.). Biotecnologia industrial. São Paulo: Edgard Blücher, v. 3, p. 199-218.

Mukhopadhyay, S.N., 2006. Fermentation media design principles. In: Mukhopadhyay, S.N. (ed.), Advanced process biotechnology. Viva Books Private Limited, India, p. 43-53.

Nasseri, A.T., et al. 2011. Single Cell Protein: Production and Process. American Journal of Food Technology, 6 (2): 103-16.

Paraskevopoulou, A., et al. 2003. Functional properties of single cell protein produced by kefir microflora. Food Research International, 36 (5): 431-8.

Rehm, H.-J.; Prave, P. 1987. Biotechnology – History, Processes and Products. In: Parve, P.; Faust, U.; Sittig, W.; Sukatsch, D.A. Basic biotechnology: A Student's Guide., p. 4-14.

Singh, B.D., 1998. Biotechnology. Kalyani Publishers, Nova Déli, p. 498-510.

Spolaore, P., et al. 2006. Commercial applications of microalgae. Journal of bioscience and bioengineering, 101 (2): 87-96.

Stryer, L., 1992. Bioquímica, 3ª ed. Guanabara Koogan, Rio de Janeiro, 881p.

Tortora, G.J., Funke, B.R., Case, C.L., 2012. Microbiologia, 10ª ed. Artmed, Porto Alegre.

Wentzel, A., Ellingsen, T.E., Kotlar, H.K., Zotchev, S.B., Throne-Holst, M., 2007. Bacterial metabolism of long-chain n-alkanes. Applied Microbiology and Biotechnology, 76 (6): 1209-21.

Weschenfelder, S., Wlest, J.M., Carvalho, H.H.C., 2009. Atividade Anti- Escherichia coli em kefir e soro de kefir tradicionais. Revista do Instituto de Laticínios Cândido Tostes, 64: 48-55.

Capítulo 11

Produção de edulcorantes

Felipe Valle do Nascimento • Luana Vieira da Silva • Priscilla Filomena Fonseca Amaral • Maria Alice Zarur Coelho

CONCEITOS APRESENTADOS NESTE CAPÍTULO

Provavelmente o primeiro edulcorante empregado como tal foi o mel de abelha. Os açúcares representam a forma mais comum e conhecida dos edulcorantes, largamente distribuídos na natureza, são encontrados em frutas, vegetais, mel e leite. No entanto, há muitos outros edulcorantes que não são açúcares como proteínas e álcoois.

A qualidade do sabor doce difere consideravelmente de um edulcorante para outro. A maior parte dos edulcorantes de alto poder adoçante possui sabores residuais que se sobrepõem ao sabor doce. A sacarose serve de referência porque não apresenta sabor residual, sendo considerada o sabor doce padrão.

Os chamados adoçantes hipocalóricos, adoçantes de volume ou "polióis" contêm menos calorias por grama, se comparados ao açúcar (sacarose), apresentando o mesmo volume. Pertencem a este grupo o sorbitol, manitol, isomalte, maltitol, xilitol e eritritol. Os polióis também possuem usos de natureza técnica, pois podem ser utilizados para manter a umidade em produtos como bolos e pães, além de fornecer o sabor doce.

Pretende-se aqui expor a produção desses compostos por via biotecnológica, considerando suas características físico-químicas e aplicações mercadológicas, vias metabólicas de produção, incluindo regulações bioquímicas que levam ao acúmulo dos produtos de interesse, características dos processos produtivos envolvendo os principais micro-organismos produtores e a purificação desses compostos.

11.1 INTRODUÇÃO

O açúcar (sacarose) consiste na combinação de duas substâncias (glicose e frutose), e fornece 4 $kcal.g^{-1}$. O sabor doce é percebido em soluções contendo no mínimo 1 a 2% de sacarose.

A sacarose pode ser substituída por adoçantes não calóricos, principalmente por aqueles que não podem fazer uso do açúcar tradicional, por questões de saúde ou de estética. Várias substâncias surgiram para suprir esta necessidade, mas poucas foram comprovadamente estabelecidas como seguras para o consumo humano, com bom poder edulcorante e estabilidade satisfatória (Cardoso, Battochio e Cardello, 2004).

Os adoçantes são substitutos naturais ou artificiais do açúcar que conferem sabor doce com menor número de calorias por grama. Os adoçantes são compostos por substâncias edulcorantes (que adoçam) e por um agente de corpo, que confere durabilidade, boa aparência e textura ao produto final. Os edulcorantes são considerados substâncias altamente eficazes, devido à sua capacidade de adoçar muito em pequenas concentrações. Vários adoçantes atualmente comercializados contêm dois ou mais edulcorantes em suas fórmulas. Segundo os fabricantes, essa mistura visa potencializar as vantagens de cada edulcorante e neutralizar as desvantagens, principalmente o sabor residual (Torloni *et al.*, 2007).

A Anvisa define edulcorantes como sendo substâncias naturais ou artificiais, diferentes dos açúcares, que conferem sabor doce aos alimentos. Dentre os aditivos edulcorantes permitidos pela Anvisa estão o aspartame, a sacarina e o ciclamato, comumente utilizados em adoçantes artificiais ou em refrigerantes light ou diet (Tabela 11.1). Dentre os edulcorantes naturais aprovados para uso em alimentos, encontram-se o xilitol, o manitol e o eritritol, que podem ser obtidos por conversões microbianas.

Existe uma grande preocupação no que diz respeito aos efeitos carcinogênicos dessas substâncias e, portanto, todos os adoçantes recebem uma recomendação de Ingestão Diária Aceitável (IDA), definida como aquela (mg kg/dia) considerada inócua mesmo se o uso for continuado indefinidamente (Tabela 11.1). Os cálculos para se chegar à IDA são baseados em estudos animais, e o valor corresponde a uma dose cem vezes menor que a dose máxima isenta de efeitos detectáveis nos animais, o que garante ampla margem de segurança. Portanto, a ingestão de quantidades superiores à IDA não será necessariamente nociva (Torloni *et al.*, 2007).

Os polióis, como sorbitol, manitol, xilitol e eritritol, por serem substâncias naturais, podem ser usados em maior quantidade ou na quantidade necessária para o adoçamento desejado. Para alguns, a Organização Mundial de Saúde não estabeleceu um limite, sendo sua dose diária limitada pelos efeitos laxativos

TABELA 11.1 Aditivos edulcorantes permitidos pela legislação brasileira (Anvisa, RDC 18) e suas características

Nome do edulcorante	Poder adoçante	Calorias (kcal/g)	IDA* (mg/ kg peso.dia)	Tipo
Acesulfame de potássio	200 vezes maior que a sacarose	Zero	9-15	Artificial. Derivado do ácido acético
Aspartame	200 vezes maior que a sacarose	4	40	Artificial. Combina os aminoácidos fenilala-mina e ácido aspártico
Ácido ciclâmico e seus sais de cálcio, potássio e sódio	40 vezes maior que a sacarose	Zero	11	Artificial. Derivado do petróleo
Isomalt (isomaltitol)		2		Artificial. Obtido a partir da sacarose.
Sacarina e seus sais de cálcio, potássio e sódio	300 vezes maior que a sacarose	Zero	5	Artificial. Derivado do Petróleo
Sucralose	600 a 800 vezes maior que a sacarose	Zero	15	Artificial. Feito a partir da sacarose de cana modificada
Taumatina	3000 vezes maior que a sacarose		NE	Natural. Proteína vegetal
Neotame	10000 vezes maior que a sacarose	1,2		Artificial. Obtido a partir do aspartame
Maltitol, xarope de maltitol	0,25-0,1 vezes menor que a sacarose	2,1		Artificial. Obtido a partir da maltose
Lactitol	0,6 vezes menor que a sacarose	2		Artificial. Derivado da lactose
Glicosídeos de esteviol	300 vezes maior que a sacarose	Zero	5,5	Natural. Extraído de plantas
Sorbitol, xarope de sorbitol, Dsorbita	0,5 vezes menor que o açúcar (sacarose)	4	NE	Natural. Extraído das frutas
Manitol	0,45 vezes menor que a sacarose	2,4	50-150	Natural. Encontrado em frutas e algas marinhas

(Continua)

TABELA 11.1 Aditivos edulcorantes permitidos pela legislação brasileira (Anvisa, RDC 18) e suas características *(Cont.)*

Nome do edulcorante	Poder adoçante	Calorias (kcal/g)	IDA* (mg/kg peso.dia)	Tipo
Xilitol	Igual ao da sacarose	4	NE	Natural. Obtido a partir da conversão microbiológica
Eritritol	0,3 vezes menor que a sacarose	Zero	1000	Natural. Obtido a partir da conversão microbiológica

*IDA: Ingestão Diária Aceitável; NE: Não estabelecido.
Fonte: United States Recommended Daily Allowance (USRDA); Brasil, Anvisa RDC 18.

provocados por eles. Esses polióis têm poder adoçante similar ou ligeiramente inferior ao da sacarose e valor calórico semelhante, exceto o eritritol, que é o único que não apresenta calorias (Tabela 11.1).

Manitol, xilitol e eritritol, além de serem substâncias naturalmente encontradas na natureza, podem ser produzidos por via microbiológica. No presente capítulo, os aspectos mercadológicos, as aplicações e a produção e purificação dos edulcorantes produzidos por via microbiana serão abordados.

11.1.1 Características e aplicações

A estrutura química dos polióis permite que eles sejam absorvidos mais lentamente pelo corpo do que os açúcares tradicionais. Portanto, eles têm um impacto menor nos níveis de insulina do sangue. Assim, indivíduos que não devem consumir açúcar em virtude de diabetes, podem consumir produtos contendo esses polióis, que conferem o sabor doce aos alimentos.

Os polióis são apenas parcialmente absorvidos na parte superior do intestino. Assim, uma grande parte dos polióis ingeridos atinge o intestino grosso, no qual bactérias o degradam. Por outro lado, uma absorção incompleta pode resultar em efeitos colaterais gastrointestinais, como o gás, flatulência e diarreia. O manitol tem o limiar mais baixo observado para o poder laxativo entre os polióis, e por isso uma ingestão diária máxima não deverá exceder 20 g (Von Weymarn, 2002).

O manitol apresenta propriedades bastante similares às do seu estereoisomero, o sorbitol. No entanto, a solubilidade do manitol em água é significativamente menor que a do sorbitol e da maioria dos outros polióis. A 25 °C, a solubilidade de manitol em água é de, aproximadamente, 18% (p/v). O manitol é pouco solúvel em solventes orgânicos, tais como etanol e glicerol, e praticamente insolúvel em éter, cetonas e hidrocarbonetos. Atualmente, a principal aplicação para o manitol na indústria alimentar é como um edulcorante em gomas de mascar sem açúcar. Além disso, o manitol é usado como um espessante e agente texturizante, agente antiaglomerante, e humectante. Pode também ser usado para aumentar a vida de prateleira de vários gêneros alimentícios (Von Weymarn, 2002).

O xilitol apresenta propriedades similares às da sacarose, dissolvendo-se rapidamente em água. A característica mais importante do xilitol é que ele não é utilizado pelas bactérias cariogênicas produtoras de ácido da cavidade oral humana e, portanto, inibe a desmineralização do esmalte do dente. Adicionalmente, o xilitol fornece uma agradável sensação de frescor devido ao seu elevado calor de solução negativo.

O xilitol tem uma aplicação ampla, quer como edulcorante ou em conjunto com outros adoçantes na preparação de uma grande variedade de produtos de confeitaria com baixo valor energético, sem açúcar, adequados para lactentes e diabéticos (Winkelhausen e Kuzmanova, 1998).

O eritritol é uma substância branca, anidra, não higroscópica e cristalina. Esse poliól tem uma tolerância digestiva mais elevada em comparação com todos os outros polióis, porque cerca de 90% do eritritol ingerido é prontamente absorvido e excretado de forma inalterada na urina. Assim como o xilitol, esse edulcorante também não é fermentado pelas bactérias que causam cáries.

O eritritol ocorre naturalmente em alguns cogumelos, algumas frutas (por exemplo, melancia, uvas e peras) e em alimentos fermentados, incluindo vinho, queijo, saquê e molho de soja. Ele é utilizado em uma ampla gama de aplicações para adoçamento e outras funcionalidades, por exemplo, em bebidas, pastilhas, goma e doces (Boesten *et al.*, 2015).

11.1.2 Mercado mundial

O mercado global de polióis em 2000 foi de 1,3 bilhão de dólares. O sorbitol é o poliól que apresenta o maior volume de vendas. O sorbitol, que foi desenvolvido em 1950, é principalmente vendido como solução aquosa 70% (w/v). Os preços do sorbitol líquido e cristalino variam de US$ 0,55-0,65 por kg a US$ 1,61-2,26 por kg, respectivamente.

Todos os outros polióis, introduzidos no mercado na década de 1990, são relativamente pequenos em volume de produção. O mercado anual do manitol foi estimado em cerca de 30.000 toneladas com um preço médio de US$ 7,30 por kg (Saha e Racine, 2011).

A produção de xilitol está se expandindo em nível global e, atualmente, é estimada uma forte demanda por este produto no mercado global, de mais de

125.000 toneladas por ano. Seu valor, relativamente alto, é de US$ 4,50-5,50 por kg para granéis para empresas de alimentos e farmacêuticas e US$ 20,00 por kg nos supermercados. Portanto, tem se incentivado a busca de processos de produção com custos mais baixos (Albuquerque *et al.*, 2014).

Embora o eritritol tenha sido isolado pela primeira vez em 1852, somente em 1990 é que passou a ser comercializado como um novo adoçante natural no Japão. Esse poliól está crescendo em popularidade, com um mercado de 23.000 toneladas em 2011 e expectativa crescente. O preço real do eritritol é atualmente de US$ 4,5/kg, aproximadamente. Em virtude da crescente procura na indústria alimentícia, a produção de eritritol utilizando processos biológicos está se tornando cada vez mais importante (Moon *et al.*, 2010).

O eritritol é comercialmente produzido por *Bolak Corporation* (Whasung, Kyungkido, Korea), *Cargill Food & Pharm Specialties* (Blair, Nebraska, USA) e *Mitsubishi Chemical Corporation* (Tokyo, Japan) pela fermentação de sacarose, glicose pura, glicose obtida de trigo ou amido de milho hidrolisado de forma química ou enzimática, usando *Aureobasidium* sp., *Torula* sp. e *Moniliella pollinis* (Moon *et al.*, 2010).

11.2 MICRO-ORGANISMOS PRODUTORES

11.1.2 Micro-organismos produtores de manitol

A produção de manitol por extração de matéria-prima vegetal (por exemplo, algas ou maná) já não é economicamente relevante. Hoje, o manitol é produzido em escala industrial pela hidrogenação catalítica da frutose, sacarose ou xarope de glicose e frutose, que conduz à formação de manitol e sorbitol, que são então separados por cristalização seletiva (Von Weymarn, 2002). O baixo rendimento, a dificuldade relacionada com a separação de manitol do sorbitol produzido por rota química e o custo associado à produção química de manitol tem gerado interesse na produção deste edulcorante por rota fermentativa a partir de glicose ou frutose como fonte de carbono.

Uma grande variedade de micro-organismos pode produzir manitol por fermentação, e várias pesquisas têm sido direcionadas nesse sentido. Leveduras, fungos filamentosos, bactérias lácticas, especialmente, têm sido utilizados na produção de manitol de forma efetiva, sem a coformação de sorbitol.

Dentre os fungos filamentosos, o *Aspergillus candidus* foi utilizado para produzir manitol a partir da glicose, com um rendimento de 31% em moles. Além disso, utilizando-se acetato de sódio como única fonte de carbono, o *Aspergillus niger* também produz manitol. A mesma via metabólica (glicose ao manitol) parece ser ativa nas espécies de *Penicillium*. A produtividade volumétrica em manitol (0,14 $g.L^{-1}.h^{-1}$) foi semelhante à relatada para o *A. candidus*, mas com um rendimento de manitol (56,7% molar) melhor (Saha e Racine, 2011; Von Weymarn, 2002).

A produção de polióis também é comum entre as leveduras. Cientistas japoneses têm pesquisado espécies do gênero *Torulopsis* isoladas de molho de soja. Usando várias fontes de carbono simples (glicose, frutose, manose, galactose, maltose, glicerol, e xilitol), *Torulopsis versatilis*, *T. anomala* e *T. mannitofaciens* foram bons produtores de manitol (Saha e Racine, 2011; Von Weymarn, 2002).

Alguns autores já demonstraram que *Candida lipolytica* produz manitol como principal poliól, com produtividade volumétrica de 0,16 manitol $g.L^{-1}.h^{-1}$. Além disso, outras espécies de *Candida* (*C. petrovorus*, *C. aliphatica* e *C. zeylanoides*) foram descritas como potenciais produtoras de manitol. O resultado mais promissor relatado para leveduras foi com *Zygosaccharomyces rouxii*, cuja produtividade volumétrica é de 0,68 $g.L^{-1}.h^{-1}$ (Saha e Racine, 2011; Von Weymarn, 2002).

Embora possuindo a capacidade para produzir manitol a partir de glicose, as produtividades volumétricas obtidas com as leveduras e os fungos filamentosos são muito baixas para uma produção industrial.

Entre as bactérias, as que se destacam são as bactérias ácido-láticas, tanto homo como heterofermentativas. Algumas bactérias homofermentativas, tais como *Streptococcus mutants* e *Lactobacillus leichmanii*, produzem pequenas quantidades de manitol a partir de glicose.

Várias bactérias láticas heterofermentativas dos gêneros *Lactobacillus*, *Leuconostoc* e *Oenococcus* têm a capacidade de produzir manitol a partir de frutose diretamente. A cepa *L. intermedius* NRRL B- 3693 produziu 198 g de manitol a partir de 300 $g.L^{-1}$ de frutose em condições controladas de pH (pH 5,0). O tempo de produção variou de 15 h com 150 $g.L^{-1}$ de frutose a 136 h com 300 $g.L^{-1}$ de frutose (Saha e Racine, 2011). Von Weymarn *et al.* (2003) aumentaram a escala da produção de manitol por *Leuc. mesenteroides* obtendo altos rendimentos de manitol a partir de frutose (93-97%) e produtividade volumétrica (> 20 $g.L^{-1}.h^{-1}$).

Comparando os processos fúngicos e bacterianos, observa-se que os tempos de produção mudam de dias com fungos para horas com bactérias. Assim, fica claro que os processos utilizando bactérias são mais atraentes.

11.2.2 Micro-organismos produtores de eritritol

Processos químicos e fermentativos foram introduzidos para a produção de eritritol em larga escala. Eritritol pode ser sintetizado a partir de dialdeído de amido por reação química submetida a alta temperatura na presença de níquel como catalisador. Este processo não foi industrializado devido à sua baixa eficiência.

Eritritol pode ser produzido por leveduras osmofílicas e algumas bactérias. Entre as bactérias, reporta-se o uso de bactérias ácido-láticas, com destaque para a *Leuconostoc oenos*, mas que não são utilizadas em escala industrial (Moon *et al.*, 2010).

A produção de eritritol em larga escala utiliza processos fermentativos com glicose pura, sacarose e glicose obtida de amido de milho e de trigo de forma química e enzimática hidrolisados. Várias espécies de leveduras, como *Torula corallina*, *Candida magnoliae* e Ustilaginomycetes são conhecidas por produzir eritritol, e as cepas selvagens ou cepas que sofreram mutação genética podem chegar a mais de 40% de rendimento de eritritol a partir de glicose.

Outros micro-organismos que têm sido relatados para produção de eritritol incluem *Pichia*, *Zygopichia*, *Candida*, *Torulopsis*, *Trigonopsis*, e *Moniliella tomentosa* var. *pollis*. Em virtude da formação de subprodutos, tais como o glicerol e o ribitol, estas leveduras não são aplicadas em escala industrial (Moon *et al.*, 2010).

Cepas de *Yarrowia lipolytica* também produzem eritritol. Como exemplo, Tomaszewska *et al.* (2014a) verificaram a produção de ácido cítrico e eritritol a partir de glicerol por três cepas mutantes acetato-negativas de *Y. lipolytica* (Wratislavia 1.31, Wratislavia AWG7 e Wratislavia K1), em batelada simples, utilizando uma faixa ampla de pH (3,0-6,5). Tomaszewska *et al.* (2014b) estudaram o efeito de diferentes vitaminas e fontes de nitrogênio no rendimento, na produtividade e na seletividade da produção de eritritol por *Y. lipolytica* Wratislavia K1. Miro czuk *et al.* (2014) estudaram a conversão de glicerol, oriundo da indústria produtora de biodiesel, obtido por transesterificação, em eritritol, por via fermentativa, usando o método batelada repetida pela cepa mutante *Y. lipolytica* Wratislavia K1. Esta cepa foi capaz de produzir $220 g.L^{-1}$ de eritritol, correspondendo a $0,43 g.g^{-1}$ de rendimento em açúcar e produtividade de $0,54 g.L^{-1}.h^{-1}$.

11.2.3 Micro-organismos produtores de xilitol

O xilitol pode ser produzido por hidrogenação química de xilose ou por processos biotecnológicos. O processo químico é difícil, caro e intensivo em energia. Uma das alternativas é a bioconversão de fontes de biomassa renovável, que exige hidrólise seguida por bioconversão de xilose a xilitol a partir de hidrolisado bruto, empregando espécies microbianas específicas para a fermentação.

Diferentes espécies microbianas, bem como diversas matérias-primas alternativas, foram avaliadas para a produção de xilitol por via biotecnológica, mas a maioria dos estudos é restrita a certas espécies de *Candida*. Entre as bactérias, os gêneros *Serratia*, *Cellulomonas* e *Corynebacterium* já foram estudados para a produção de xilitol e *Corynebacterium sp.* A B-4247 foi a cepa com maior produção (10,05 $g.L^{-1}$). Estudos com fungos filamentosos para produção de xilitol são escassos, mas alguns pesquisadores relataram resultados positivos com *Hypocrea jecorina* e *Trichoderma reesei*.

As leveduras são ainda o principal foco de estudos que visam a produção de xilitol a partir de hidrolisados de hemicelulose. A *Debaryomyces hansenii*, *Hansenula polymorpha*, *Kluyveromyces marxianus* e *Pichia stipitis* apresentaram bons resultados, com destaque para a *Debaryomyces hansenii* que produziu 71,2 $g.L^{-1}$ de xilitol com elevado rendimento (0,82 $g.g^{-1}$). Entre as espécies de *Candida* (*C. athensensis*, *C. guilliermondii*, *C. magnoliae* e *C. tropicalis*), a *C. tropicalis* apresentou maior produtividade (1,01 $g.L^{-1}.h^{-1}$) e a *C. athensensis* a maior produção (100,1 $g.L^{-1}$) (Albuquerque *et al.*, 2014).

11.3 METABOLISMO

11.3.1 A via das pentoses-fosfato

Uma das vias importantes para o metabolismo de produção dos polióis abordados anteriormente é a via das pentoses-fosfato. Esta via é uma das possíveis rotas de desvios do metabolismo da glicose, tendo como objetivos principais a reposição de poder redutor na forma de NADPH para as biossínteses redutoras e a produção de moléculas de cinco carbonos a partir de esqueletos de seis carbonos.

Esta via pode ser dividida em uma parte oxidativa e uma não oxidativa. Na primeira, ocorre a conversão de glicose-6-P em ribose-5-P, segundo a equação global,

$$\text{Glicose-6-P} + 2\ \text{NADP}^+ + \text{H}_2\text{O} \rightarrow \text{ribose-5-P} + 2\text{NAPH} + \text{CO}_2 + 2\text{H}^+,$$

tendo como produto final a produção de NAPH e ribose, que constituem uma molécula de cinco átomos de carbono, importante na produção de ácidos nucleicos. Na segunda parte, acontece a interconversão de oses, ou seja, enzimas transcetolases e transaldolases catalisam a transferência reversível de esqueletos de dois e três átomos de carbono, respectivamente, para outras moléculas, tendo como produto final a reconversão das pentoses em hexoses (Figura 11.1). Portanto, dependendo das necessidades da célula, esta via pode atuar tanto fornecendo poder redutor como pentoses ou hexoses como produtos principais, além de outros intermediários que podem ser importantes, que serão abordados futuramente.

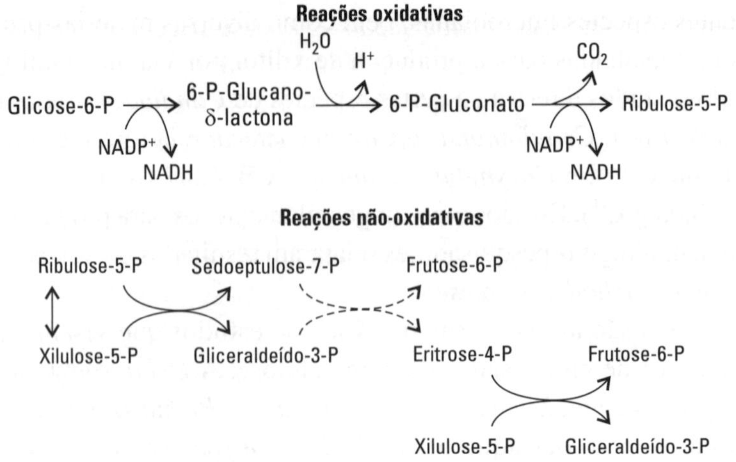

FIGURA 11.1 Via das pentoses fosfato. As setas cheias das reações não oxidativas indicam a atividade da enzima transcetolase, enquanto as setas pontilhadas representam a atividade da enzima transaldolase.
Fonte: Adaptado de Berg, Tymoczko e Stryer (2008).

11.3. 2 Produção de eritritol e manitol por bactérias lácticas

As bactérias lácticas podem ser homofermentativas ou heterofermentativas, sendo a diferença entre elas as vias metabólicas utilizadas no consumo da fonte de carbono. As bactérias homofermentativas metabolizam os açúcares seguindo a via glicolítica e produzem manitol em quantidades reduzidas. Já as heterofermentativas não possuem uma enzima da fase preparatória da via glicolítica, a frutose 1,6-bisfosfato aldolase, que catalisa a formação de uma molécula de di-hidroxiacetona fosfato (DHAP) e uma de gliceraldeído-3-fosfato (GAP). Por isso, elas fermentam hexoses a partir da via do 6-fosfogluconato/fosfocetolase (Figura 11.2). A produção desses polióis nas heterofermentativas é resultado da utilização dos precursores como aceptor de elétrons, havendo a secreção de quantidades substanciais de manitol, a partir do consumo da frutose (Wisselink *et al.*, 2002), e de eritritol, a partir do metabolismo da glicose (Veiga-Da-Cunha, Santos e Van Schaftingen, 1993).

Uma consideração importante a ser feita é que a produção de ambos está condicionada ao desbalanceamento do potencial redox da célula, isto é, a necessidade de transferir os elétrons do NADPH para um aceptor. Na presença de oxigênio, isso pode ser feito pela ação da enzima NADPH oxidase. Como essas bactérias são microaerofílicas, a disponibilidade de oxigênio é baixa nos cultivos. No caso específico da produção de eritritol, o mecanismo de regulação já foi elucidado por Veiga-Da-Cunha, Santos e Van Schaftingen (1993) para *Oenococcus oeni* (anteriormente *Leuconostoc oenos*). Os autores mostraram que, na ausência de O_2, a baixa atividade da enzima acetaldeído desidrogenase, responsável pela produção de etanol, leva ao acúmulo de NADPH, inibindo o metabolismo da glicose-6-P. Com isso, ocorre o acúmulo de glicose-6-P e frutose-6-P, que competem diretamente com a fosfocetolase. Isso leva à produção de eritrose-4-P, o precursor inicial do eritritol. Se houver a presença de frutose, esta pode ser diretamente reduzida ao manitol, o que resulta na ausência de acúmulo de hexose-6-P, necessária à produção do eritritol. Os autores ainda afirmam que a produção de eritritol por pentoses não é possível, pois pentoses não precisam sofrer as mesmas etapas reacionais de oxidação-descarboxilação que geram NADH em excesso para serem metabolizadas pela fosfocetolase, não havendo, portanto, o desbalanceamento do potencial redox.

O pantotenato é uma vitamina muito importante no metabolismo para a produção do eritritol. Ela está envolvida na síntese de HSCoA, que é um substrato da enzima fosfotransacetilase, uma das enzimas envolvidas na produção de etanol. Assim, a deficiência de pantotenato no cultivo leva ao desvio do metabolismo da produção de etanol para eritritol, com diminuição da atividade dessa enzima pela ausência do substrato (Richter, Vlad e Unden, 2001).

A produção de manitol e eritritol tem como subprodutos principais o acetato, etanol, lactato e CO_2, que são normalmente produzidos durante o cultivo das células. Todas essas substâncias estão associadas ao equilíbrio redox da célula e à produção de ATP, como é possível verificar na Figura 11.2. A produção de ATP ocorre em nível de substrato, sendo que a produção de manitol em bactérias homoláticas gera 2 ATP por mol de açúcar consumido, enquanto nas heterofermentativas gera 1 ATP por mol de açúcar consumido. Esse rendimento pode variar, devido à diminuição da concentração de frutose usada no cultivo, o que torna mais vantajoso energeticamente fermentar a glicose (Wisselink *et al.*, 2002).

O rendimento teórico máximo de manitol a partir da mistura de glicose e frutose pode ser calculado pela equação

$$\text{glicose} + 2\ \text{frutose} \rightarrow 2\ \text{manitol} + CO_2 + \text{acetato} + \text{lactato},$$

sendo este valor igual a 66,7% (mol Manitol/mol de açúcar) (Von Weymarn, 2002b). Assim, a frutose é teoricamente toda utilizada para a produção do manitol e não para o metabolismo energético. Caso os substratos sejam usados isoladamente, parte deles será desviada para a produção de energia.

No caso da produção de manitol, há ainda diferenças quanto ao sistema de transporte dele e dos substratos. As bactérias homofermentativas apresentam sistemas transportadores para os substratos que fazem a fosforilação destes (PTS, *phosphotransferase systems* — sistema fosfotransferase), de modo que não é formado um gradiente dessas substâncias dentro e fora da célula. Além destes,

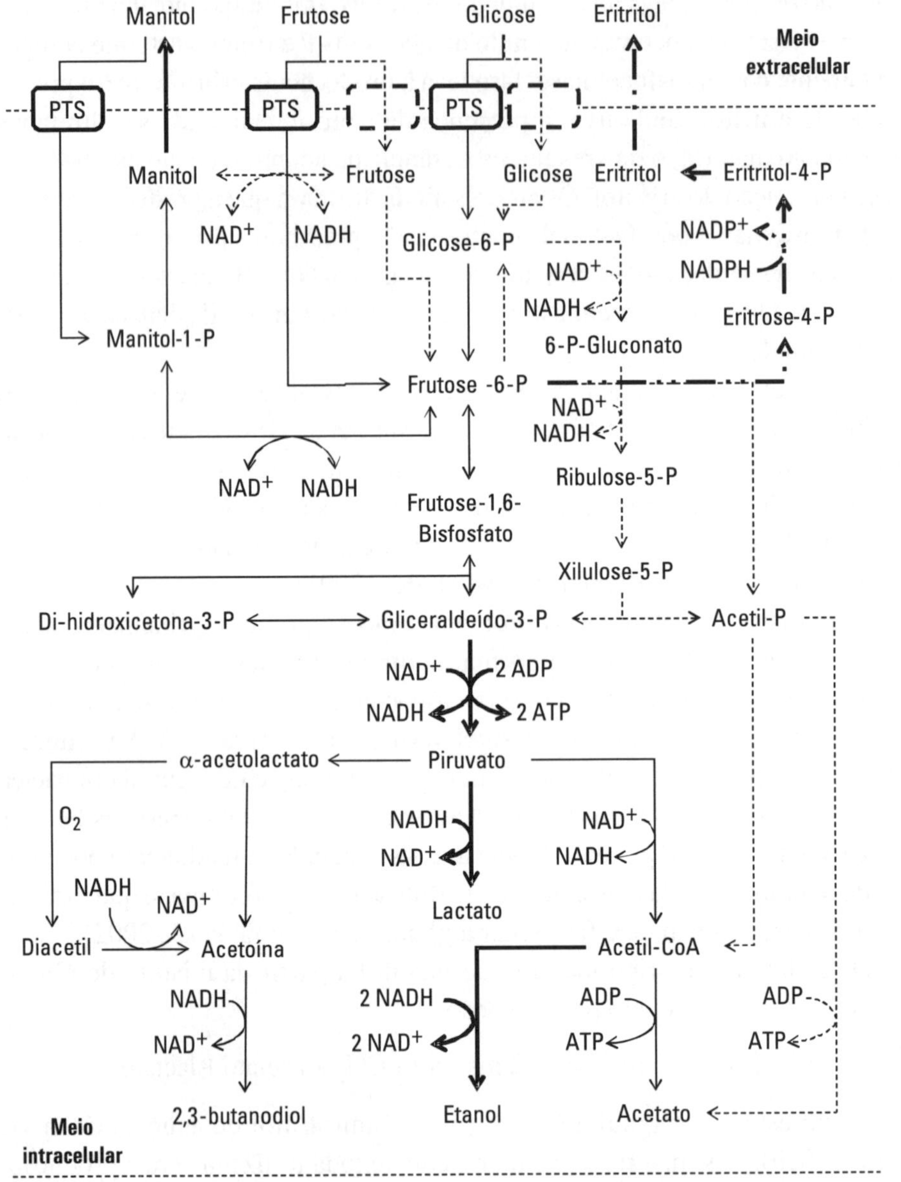

FIGURA 11.2 Via metabólica proposta para o metabolismo de bactérias homo e heterofermentativas, utilizando glicose e frutose como substratos. As setas cheias representam o metabolismo das bactérias homofermentativas, enquanto as linhas tracejadas representam o metabolismo das heterofermentativas. As linhas cheias em negrito representam reações comuns a ambas. As linhas tracejadas em negrito representam a produção de eritritol por bactérias heterolácticas.
Fonte: Adaptado de Wisselink *et al.* (2002) e Veiga-Da-Cunha, Santos e Van Schaftingen (1993).

possui também um PTS para consumo do manitol. Já para as heterofermentativas, o sistema de transporte é composto por permeases, que necessitam de um gradiente de alguma outra substância para realizar o transporte ativo secundário, sem a concomitante fosforilação do substrato. Ainda, como as heterofermentativas não degradam manitol-1-P, devido à especificidade da enzima manitol desidrogenase pelo manitol, deve haver outro sistema de transporte, diferente do encontrado nas bactérias lácticas homofermentativas (Wisselink *et al.*, 2002; Von Weymarn, 2002).

Embora a produção de eritritol por bactérias lácticas seja possível e tenha seu metabolismo desvendado, não são encontradas muitas referências sobre a produção desse poliol por via bacteriana, mas sim por leveduras, como será abordado a seguir.

11.3.3 Produção de eritritol e manitol por leveduras

A produção de eritritol por leveduras é resultado da exposição ao estresse osmótico, em virtude do crescimento em ambientes com baixa atividade de água. Para evitar que esse estresse causado por altas concentrações de açúcares ou sais danifique quaisquer estruturas celulares, a célula produz solutos compatíveis (polióis), que são moléculas capazes de regular o estresse osmótico e proteger e estabilizar enzimas mantendo sua atividade, permitindo o funcionamento normal das funções celulares.

A obtenção de eritritol está intimamente ligada à via das pentoses-fosfato, uma vez que a molécula necessária para sua produção provém desta via: a eritrose-4-P (Figura 11.3). Altas atividades da enzima transcetolase suportam a produção de eritritol em grandes quantidades (Sawada *et al.*, 2009), garantindo que esta via forneça substrato para a produção. A eritrose-4-P deve ser desfosforilada e reduzida, em duas etapas enzimáticas reversíveis, gerando então o eritritol (Moon *et al.*, 2010). Um fato importante a ressaltar é que a reação de redução necessita de NAD(P)H. Logo, pode-se pensar que a manutenção dos potenciais de oxido-redução da célula possa ser alvo de estratégias para aumento da produção.

A primeira das enzimas que atuam na produção de eritritol é a eritrose-4-P cinase, responsável pela desfosforilação reversível da molécula da eritrose-4-P, enquanto a segunda etapa é a conversão, também reversível, da eritrose em eritritol pela eritrose redutase (Moon *et al.*, 2010). Este mecanismo tem sido reportado como provável para diferentes espécies de levedura, como *Candida magnoliae* (Park *et al.*, 2005) e *Yarrowia lipolytica* (Tomaszewska *et al.*, 2014) e *Moniliella megachiliensis* (Sawada *et al.*, 2009), sendo a enzima eritrose redutase a mais estudada. O processo de produção por *Y. lipolytica* é associado ao crescimento, quando são observados os maiores valores de atividade das enzimas responsáveis pela produção desse metabólito (Tomaszewska *et al.*, 2014).

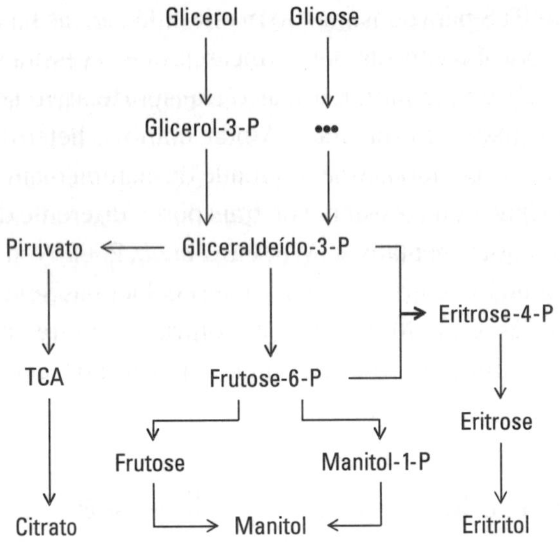

FIGURA 11.3 **Metabolismo simplificado para produção de eritritol e manitol por leveduras.**
Fonte: Adaptado de Tomaszewska *et al.* (2014).

Um dos compostos que foi reportado como subproduto inibidor não competitivo desta enzima em *Torula corallina* é o fumarato, um dos intermediários do TCA. Além disso, a suplementação com Cu^{2+} parece ser antagônica a esse efeito inibidor, possibilitando a manutenção da atividade normal da enzima (Lee, Koo e Kim, 2002). Já em *Yarrowia lipolytica*, a suplementação de cátions divalentes de Cu, Mn e Zn aumenta a produção de eritritol, sendo o efeito mais pronunciado o do metal manganês, levando a um aumento de 35% na atividade da enzima (Tomaszewska, Rymowicz e Rywi ska, 2014). Nesse momento, cabe ressaltar que se tem atribuído diferentes explicações para o efeito do íon manganês na produção de eritritol. Lee *et al.* (2000) propuseram que o aumento da produção de eritritol em *Torula* sp. ocorre devido ao aumento da atividade da eritrose redutase em consequência da adição de Cu^{+2}, enquanto o Mn^{+2} seria responsável por alterar a permeabilidade da célula, permitindo que mais produto fosse excretado. Para a *C. magnoliae* R23, uma cepa mutante, o efeito observado por Savergave *et al.* (2011) é diferente, sendo que o cobre e o manganês levam à menor produção de eritritol em ambos os casos, além do aumento de subprodutos quando o manganês é adicionado. Logo, é importante fixar a ideia de que o mesmo comportamento não pode ser sempre generalizado para os diferentes tipos de micro-organismo.

Um composto que é comumente associado à produção industrial de eritritol por *Torula corallina* é a 1,8-di-hidroxinaftaleno (DHN)-melanina. Lee, Jung e Kim (2003) mostraram que esse composto é um forte inibidor não competitivo da enzima eritrose redutase e responsável pela melanização da parede celular. Além disso, mostraram que a molécula de triciclazol é um inibidor desse composto, levando a altas produções de eritritol por essa cepa em virtude do menor efeito inibitório sobre a enzima. A produção desse composto se dá pela via dos pentacetídeos, e as enzimas desidrogenase e redutase envolvidas são únicas nessa via. A concentração mínima para inibir a atividade da redutase envolvida na via varia de 0,1 a 10 μg/mL para espécies diferentes (Bell e Wheeler, 1986).

Além destas enzimas, outras enzimas têm sido apontadas como fatores importantes na produção de eritritol, sendo as ferramentas proteômicas e a biologia molecular empregadas para compreensão da produção de eritritol. Algumas destas são mostradas na Tabela 11.2. Pode-se verificar que, por vezes, não somente as enzimas diretamente relacionadas com os passos reacionais associados ao produto têm papel fundamental no metabolismo do micro-organismo, principalmente quando se leva em consideração o estresse aplicado às células. A manutenção da viabilidade celular requer que os mecanismos de manutenção das estruturas celulares e de prevenção de compostos tóxicos estejam funcionando ativamente durante períodos de estresse. Além disso, a garantia de fornecimento de alto fluxo de carbono é desejável, de forma que haja a produção de concentrações celulares, necessárias para a obtenção de altos níveis de produto.

Nesse sentido, uma das importantes proteínas relativas ao metabolismo de carbono (metabolismo energético) é a enolase, que atua no desvio do metabolismo para a produção de glicerol, quando este é um soluto compatível (assim como o eritritol), ou no fornecimento de substrato à via glicolítica. Como a sua atividade resulta na produção de ATP, a alta atividade pode estar relacionada com o aumento do metabolismo primário para garantir o ATP necessário à tolerância osmótica ou a outros estresses (Kim *et al*., 2013).

Já a produção de manitol por leveduras e fungos, a partir de glicose ou frutose, é feita pela redução da frutose-6-P a manitol-1-P, seguida da hidrólise do grupo fosfato da molécula. Essas reações fazem parte do que se chama "ciclo do manitol", o qual não possui uma função claramente definida para os micro-organismos, segundo Solomon, Waters e Oliver (2007). Os autores ainda discutem que, em fungos patogênicos, o manitol não tem um papel exato nem de reserva de carboidrato, regeneração de NADPH ou mesmo de proteção contra estresse osmótico, embora não seja possível descartar tais hipóteses. Aparentemente, o manitol tem alguns papéis em espécies específicas, como proteção contra estresse térmico e oxidativo em conídias de *A. niger*, ou a esporulação assexuada em *S. nodorum*. Ainda assim, esse ciclo é aceito em alguns ascomicetos e fungos imperfeitos (Hult, Veide e Gatenbeck, 1980). No entanto, em *Yarrowia lipolytica*, acredita-se que possa haver mecanismos diferenciados de produção de manitol, uma vez que os

TABELA 11.2 Resumo com algumas das proteínas que têm padrão de expressão gênica ou atividade alterada durante a produção de eritritol por manipulação genética ou pelas condições ambientais

Micro-organismo	Estudo	Proteína	Função/ Resposta Obtida	Fonte
Candida Magnoliae	Proteoma	Enolase	Conversão de 2-fosfoglicerato a fosfoenolpiruvato.	Kim *et al.* (2013)
		Bro1	Resposta a limitações nutricionais.	
Moniliella megachiliensis (Trichosporonoides megachiliensis)	Influência K_La e adição de tiamina	Transcetolase e eritrose redutase (ER)	Aumento e redução da atividade da transcetolase e ER, respectivamente, em condições aeróbicas com redução da produção de subprodutos.	Sawada *et al.* (2009)
	Perfil de expressão de osmólitos	Eritrose redutase (isoenzimas ER1, ER2, ER3) e gpd1 (glicerol-3-P desidrogenase)	Modulação da produção do osmólito: Glicerol, no início do cultivo (24 h); eritritol, após produção de glicerol, pela ER3.	Kobayashi *et al.* (2013)
	Correlação entre polióis e polímeros de reserva em estresse osmótico e oxidativo	Trealase, trealose-6-P sintase e trealose-6-P fosforilase	Conversão dos polímeros (trealose e glicogênio) em glicerol e eritritol, sob estresse osmótico e oxidativo, respectivamente.	Kobayashi *et al.* (2015)

TABELA 11.2 Resumo com algumas das proteínas que têm padrão de expressão gênica ou atividade alterada durante a produção de eritritol por manipulação genética ou pelas condições ambientais *(Cont.)*

Micro-organismo	Estudo	Proteína	Função/ Resposta Obtida	Fonte
Yarrowia lipolytica	Proteoma	HSP (proteínas de choque térmico)	Enovelamento e prevenção de agregação proteica	Yang *et al.* (2015)
		Peroxirreduxina, superoxido dismutase, catalase T	Proteção celular contra danos oxidativos causados pelo H_2O_2.	
		Aldo-ceto redutases / Enolase / Transcetolase	Conversão de carbonila em alcoóis (NADPH dependente), 2-fosfoglicerato a fosfoenolpiruvato e produção de intermediários da via das pentoses-fosfato	
	Superexpressão de gene	Eritrose redutase	Aumento da produção (47,6-63,5%)	Ghezelbash, Nahvi e Emamzadeh (2014)

estudos de Dulermo *et al.* (2015) com a deleção do gene codificante para manitol desidrogenase mostraram não haver alteração na produção do poliol em cultivos com glicerol ou glicose. Os autores ainda propõem que células de *Y. lipolytica* com metabolismo de produção de lipídeos defeituoso acumulem manitol e que não haja conexão entre as vias metabólicas ao nível de NAD(P)H.

11.3.4 Produção de xilitol

A produção industrial de xilitol é feita por hidrogenação com catalisador metálico. A produção microbiológica correspondente é amplamente pesquisada em leveduras do gênero *Candida*, uma vez que estas são naturalmente capazes de consumir D -xilose, embora a aplicação na indústria alimentícia seja limitada devido à natureza patogênica oportunista das cepas (Granström, Izumori e Leisola, 2007a).

A produção de xilitol por leveduras, quando em cultivo com pentoses (D--xilose), envolve quatro etapas majoritárias: transporte de xilose para o meio intracelular e xilitol para o meio extracelular, conversão da xilose em xilitol,

xilitol em xilulose e fosforilação da xilulose para entrada na via das pentoses-fosfato (Figura 11.4). Assim, primariamente, três enzimas são essenciais para a compreensão da produção microbiológica: a xilose redutase (XR), a xilitol desidrogenase (XD) e a xilulocinase (XK). As duas primeiras etapas reacionais são de oxirredução e, portanto, a presença de cofatores é essencial. A primeira enzima tem como cofatores tanto o NADPH quanto o NADH (requer poder redutor), enquanto a segunda tem como cofator o NAD^+, que é ligado à enzima. A terceira etapa reacional faz uso de ATP, representando um gasto energético. Levando em consideração os cofatores enzimáticos e os substratos das reações, observa-se que dois aspectos globais estão relacionados com o acúmulo de xilitol: a manutenção dos potenciais de oxirredução e a produção de ATP.

O transporte de metabólitos foi um dos tópicos abordados durante o estudo de Tochampa *et al.* (2005), que modelaram a produção de xilitol por *Candida mogii* utilizando glicose como cossubstrato (10% da concentração de xilose). Eles obtiveram maiores taxas de crescimento celular e rendimento em xilitol, havendo um limite a partir do qual a concentração de glicose suprimia a formação de xilitol. O modelo assumia que o transporte de xilose era realizado por difusão facilitada,

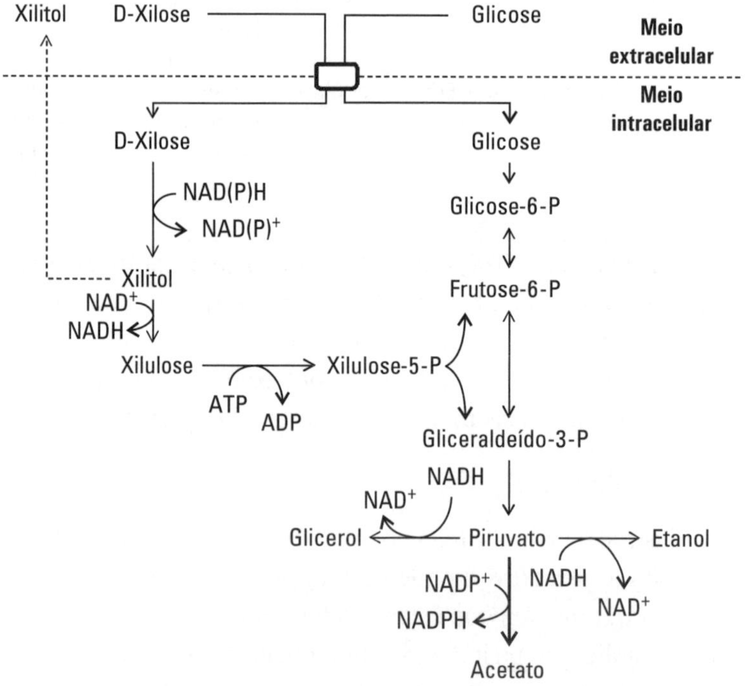

FIGURA 11.4 **Metabolismo proposto para a produção de xilitol. A seta em negrito representa o subproduto que é obtido adicionalmente no cultivo de *C. guilliermondii*.**
Fonte: Adaptado de Granström, Izumori e Leisola (2007).

por meio de um transportador (Sirisansaneeyakul, Staniszewski e Rizzi, 1995), o qual sofreria inibição competitiva pela glicose, e que o xilitol sofre difusão simples para o meio extracelular, de forma que somente o acúmulo de xilitol já favorece a sua excreção. Em *Pichia stipitis*, existem dois complexos para transporte de glicose e xilose, de baixa e alta afinidade, sendo que o de baixa afinidade é dividido por ambos os substratos e o de alta afinidade sofre inibição não competitiva pela glicose (Kilian e Van Uden, 1988).

Uma das estratégias mais empregadas para a biotransformação da xilose em xilitol é a utilização de ambientes limitados em oxigênio. A disponibilidade de oxigênio é o fator mais importante na produção de xilitol por leveduras do gênero *Candida*. Nesses ambientes, a baixa concentração de oxigênio dissolvido diminui a capacidade de regeneração de NAD^+ pela etapa de fosforilação oxidativa (Granström, Izumori e Leisola, 2007b). Estudos de medida de K_La (coeficiente volumétrico de transferência de oxigênio) em cultivos de *C. guilliermondii* em batelada mostraram que a produtividade volumétrica de xilitol aumenta com o aumento dos valores de K_La (Gimenes *et al.*, 2002; Branco *et al.*, 2009), passando por um máximo a partir do qual a produtividade cai (Branco *et al.*, 2009). A hipótese da limitação de oxigênio também foi observada em cultivos contínuos com limitação transiente de oxigênio tanto em cultivos de *C. guilliermondii* (Granström, Ojamo e Leisola, 2001) quanto de *C. tropicalis* (Granström e Leisola, 2002). De toda forma, uma queda na taxa específica de consumo de oxigênio é uma resposta celular que indica que os níveis de produção de ATP não estão adequados (Gimenes *et al.*, 2002).

Uma abordagem completamente oposta de aeração também pode ser utilizada. Essa estratégia tem como princípio usar o benzoato de sódio, que é um inibidor antifúngico, em ambiente com altas concentrações de oxigênio. Nesse caso, a fosforilação oxidativa se torna importante, pois é necessária a produção de ATP suficiente para bombear o benzoato de sódio para fora da célula, causando maior consumo do produto e aumento da produção de ATP (Sirisansaneeyakul *et al.*, 2014). Em concentrações baixas, a fermentação é favorecida, enquanto em concentrações altas as células colapsam. O efeito na produção já foi observado em células de *C. mogii* usando 150 $mg.L^{-1}$ de benzoato de sódio, com aumento de mais de duas vezes nas concentrações de xilitol (Wannawilai, Sirisansaneeyakul e Chisti, 2014). Com ou sem benzoato, a produção de xilitol se limita a células proliferativas, o que indica que o prolongamento da fase exponencial de crescimento favorece a produção por *C. tropicalis* (Tamburini *et al.*, 2010).

Outra enzima que tem sido pouco reportada, mas que pode exercer papel fundamental na produção de xilitol é a glicose-6-P desidrogenase (G6PD), enzima que realiza a primeira etapa da fase oxidativa da via das pentoses-fosfato e tem como cofator o NADP, gerando NADPH após a redução. Gurpilhares *et al.* (2009) estudaram o comportamento das enzimas do metabolismo de xilose na produção de xilitol e observaram que a razão entre as atividades XR/XD não estão correlacionadas com o acúmulo do produto, mas sim a razão entre G6PD/XR (2,5 no estudo), de forma que maiores concentrações de NADPH estejam disponíveis, levando ao acúmulo de xilitol.

A produção de xilitol normalmente tem como subprodutos majoritários os compostos formados para a produção do NAD(P) ou NADH(P), como é observado na rota metabólica da Figura 11.4. Diferenças em relação aos subprodutos são observadas entre diferentes cepas de *Candida*, sendo constatada a produção de glicerol e etanol por cepas de *C. tropicalis*, enquanto no cultivo de *C. guilliermondii* ocorre a produção de acetato também. A produção de acetato está associada à redução do NADP a NADPH, o que leva a crer que nessa espécie a via das pentoses-fosfato não é capaz de fornecer todo o NADPH necessário à célula, uma vez que o fluxo por essa via deve corresponder a no mínimo 54% do fluxo pelo TCA (Granström e Leisola, 2002; Granström, Izumori e Leisola, 2007b).

11.4 MEIOS DE CULTIVO

11.4.1 Produção de eritritol por leveduras

A fonte de carbono mais utilizada para a produção industrial é a glicose, obtida por meio da hidrólise química ou enzimática de amidos de trigo ou milho por leveduras como *Torula* sp., *Moniliella pollinis* e *Trichosporonoides megachiliensis* (Park *et al.*, 2005). Uma alta concentração inicial de glicose favorece a taxa de produção e o rendimento em processos em batelada se os micro-organismos empregados suportarem alta pressão osmótica (Oh *et al.*, 2001). Em pesquisas feitas com *Candida magnoliae*, usando altas concentrações iniciais de glicose, observou-se o favorecimento da produção de eritritol, indicando que, em resposta ao estresse osmótico, o micro-organismo produz eritritol para compensar diferenças entre a atividade de água intra e extracelulares (Park *et al.*, 2005).

Outra fonte de carbono bastante disponível e que tem sido alvo de muitas pesquisas é o glicerol residual da produção de biodiesel. Esse substrato vem sendo utilizado principalmente em pesquisas com cepas de *Y. lipolytica*, na sua forma purificada ou bruta, apresentando resultados mais satisfatórios com glicerol bruto do que quando em cultivo com glicose (Rymowicz, Rywi ska e Marcinkiewicz, 2009). O cultivo com glicerina bruta é vantajoso, pois já contém os sais residuais necessários ao aumento da pressão osmótica, além do fato de os sais causarem a produção seletiva de eritritol sob manitol, isto é, na presença de sal, o poliol produzido em maior quantidade é o eritritol (Tomaszewska, Rywi ska e Gładkowski, 2012).

O estresse osmótico causado para a produção do eritritol pode ser produzido de diversas formas. Em *Trigonopsis variabilis*, o efeito do estresse ocasionado por glicose, NaCl ou KCl foi o mesmo, sendo então a glicose considerada a mais adequada por ser o substrato do cultivo (Kim *et al.*, 1997). O mesmo tipo de abordagem do substrato como agente osmorregulador também já foi reportado no cultivo de *Y. lipolytica* com glicerol (Yang *et al.*, 2014). As concentrações de glicerol e glicose como substratos são superiores a 150 e 200 g/L, respectivamente. Uma possibilidade é o uso de altas concentrações de substrato aliado a altas concentrações de sal. Maiores atividades de transcetolase e eritrose redutase são observadas quando ocorre a adição de NaCl na produção de eritritol por *Y. lipolytica*. (Tomaszewska *et al.*, 2014), podendo então haver aumento na produção. No entanto, a capacidade da célula de resistir ao estresse aplicado deve ser avaliada, de forma a evitar que ocorram perdas no processo devido ao mau conhecimento das limitações da estirpe utilizada.

Em um estudo publicado por Tomaszewska, Rymowicz e Rywi ska (2014) para *Y. lipolytica*, foi avaliado o efeito de diferentes vitaminas e fontes de nitrogênio na conversão, produtividade e seletividade de glicerol em eritritol. As fontes de vitamina estudadas foram: extrato de lêvedo (YE), milhocina (CSL), tiamina (T), tiamina com biotina (B). Os resultados da avaliação em *shaker* mostraram que as fontes mais significativas positivamente no estudo foram extrato de lêvedo e milhocina. Para as fontes de nitrogênio (extrato de lêvedo, peptona, $(NH4)_2SO_4$ e milhocina), os melhores resultados obtidos em estudos em reatores em batelada foram para o extrato de levedura (maior produtividade volumétrica) e peptona (maior taxa de produção específica). Outras espécies têm necessidades de vitaminas diferentes, como a levedura *Torula sp.*, que produz mais eritritol com adição de inositol, piridoxina e ácido fítico (mioinositol hexafosfato), sendo os melhores resultados para a adição de inositol (Lee *et al.*, 2001).

A concentração de eritritol produzido em cultivos de *C. magnoliae* não variou conforme a variação da concentração de oxigênio dissolvido, embora o excesso de aeração tenha levado à produção de ácido glicônico (Ryu *et al.*, 2000). No entanto, ao utilizar a cepa *Candida magnoliae* R23, Savergave *et al.* (2011) observaram que a concentração de oxigênio deveria ser mantida abaixo da sensibilidade da sonda utilizada, na faixa específica de 0 a 2% da saturação de ar. Já em estudos com levedura *Pseudozyma tsukubaensis*, nos quais o oxigênio dissolvido foi variado nos intervalos de 0-10%, 10-20%, 20-30% e 30-40%, a maior produção foi obtida entre 20 e 30% (Jeya *et al.*, 2009), assim como no cultivo de *Torula* sp. as concentrações são mantidas acima de 20% (Oh *et al.*, 2001). Sawada *et al.* (2009) avaliaram a influência de diferentes valores de K_La no cultivo de *T. megachiliensis*, mostrando que em condições anaeróbicas a produção de eritritol é desviada para de etanol, com o objetivo de produção de energia, o que demonstra a importância da utilização de ambientes aeróbicos com pelo menos 0,1 ppm de oxigênio dissolvido. A manutenção da condição aeróbia de cultivo normalmente é feita com o aumento da velocidade de agitação do cultivo.

O pH do cultivo está diretamente atrelado à espécie de levedura utilizada. Para *Y. lipoytica* já foi demonstrado que o pH 3,0 deve ser mantido, pois altos valores de atividade para a transcetolase e a eritrose redutase são observados. Caso contrário, a produção pode ter seu rendimento diminuído devido à produção de ácido cítrico, principalmente em ambientes menos ácidos (3,5 a 6,5) (Tomaszewska *et al.*, 2014). O cultivo de *T. megachiliensis* também é feito na faixa ácida, controlado em 3,7 (Sawada *et al.*, 2009). Nos cultivos de *Torula* sp., o pH normalmente é ajustado para 5,5 e, quando possível, é controlado em biorreatores (Lee *et al.*, 2001; Oh *et al.*, 2001). Esses casos mostram como diferentes cepas com alta capacidade produtora são diferentes em relação às condições ótimas para o processo. O mesmo tipo de raciocínio pode ser estendido à temperatura de fermentação. A faixa de temperatura aplicada varia de 27 a 35 °C, sendo 30 °C o valor mais comumente utilizado.

11.4.2 Produção de manitol por bactérias heterolácticas e leveduras

Muitos estudos de cultivo utilizando bactérias lácticas fazem uso de meio MRS (De Man, Rogosa e Sharpe). Esse meio de cultivo utiliza peptona bacteriológica e extrato de levedura, que são os componentes mais caros do meio (Saha, 2006a), ricos em nitrogênio orgânico na forma de aminoácidos, co-fatores etc. Para produzir manitol de forma mais viável economicamente, outras fontes de nitrogênio de nutrientes devem ser encontradas. Para tal, uma das alternativas é a utilização da milhocina. Saha e Racine (2010) mostraram que variações na composição da milhocina podem prejudicar o desempenho na produção, e que cada lote deve ser analisado antes da utilização. Ao analisarem diferentes fontes, verificaram que algumas eram pobres em alguns aminoácidos e que a suplementação com triptofano (ausente nas fontes de milhocina com pior desempenho) e tirosina aumenta consideravelmente a produção.

Os meios de cultivos tipicamente utilizados contêm normalmente glicose ou frutose como fontes de carbono. Uma alternativa a isso tem sido a pesquisa de processos utilizando matérias-primas residuais, como melaço e glicerol. Ortiz *et al.* (2012) avaliaram concentrações de melaço de 3 a 10% durante o cultivo de *L. reuteri* CRL 1101 e observaram que valores de 7,5% (m/v) eram adequados, enquanto Saha (2006) mostrou que usar melaço suplementado com xarope de frutose em razões iguais pode ser uma alternativa no cultivo de *L. intermedius*

NRRL B-3693. Recentemente, Ortiz, Raya e Mozzi (2015) pesquisaram a substituição dos componentes de meio de cultivo para bactérias lácticas, mais especificamente para a *Lactobacillus reuteri* CRL 1101, para a produção de manitol. Os autores conseguiram desenvolver um meio simplificado à base de extrato de carne, extrato de levedura e melaço, com reduzida produção de etanol, 50% de aumento na concentração de ácido láctico em relação ao acético. Ainda os melhores resultados indicaram que a condição mais favorável de produção é aquela que mantém o pH da cultura em 5,0 durante a fermentação, sem mudança estatisticamente significativa na atividade da enzima manitol desidrogenase.

Os autores ressaltaram que estudos preliminares da literatura (Saha, 2006b) indicavam que a introdução de sulfato de manganês era necessária e que, durante a fermentação, não houve suplementação, sem prejudicar a produção, pois provavelmente o melaço utilizado já supria tal necessidade. O manganês funciona como cofator de enzimas que atuam na conversão de gliceraldeído-3-P em piruvato (fim da glicólise) e da lactato desidrogenase, tendo papel importante na produção de ATP e no balanço redox, sendo que a manitol desidrogenase não requer íons metálicos (Von Weymarn, Hujanen e Leisola, 2002).

Outro resíduo pesquisado é o xarope de alfarroba. Carvalheiro *et al.* (2011) utilizaram o xarope que sofreu tratamento de centrifugação para remoção de precipitados, hidrólise ácida em pH 3 com HCl 5M e posterior reajuste do pH para 6,5. Além disso, foram adicionados ao xarope os componentes do meio MRS, exceto o citrato de amônia, que foi substituído por tampão citrato de sódio. No estudo, oito cepas diferentes foram avaliadas (duas de *Lactobacillus* e seis de *Leuconostoc*), sendo todas estas capazes de produzir o manitol.

O pH mais utilizado no cultivo de bactérias lácticas é 6,5, mas a produção é maior em pH 5,0 para *Lactobacillus intermedius* NRRL B-3693 (Saha e Racine, 2010), embora a acidificação do meio já seja considerada um estresse para essas células. As bactérias lácticas têm a capacidade de regular o pH interno utilizando transportadores de prótons, além de direcionar o metabolismo de outros compostos, como aminoácidos, em resposta ao estresse ácido. Wu *et al.* (2013) mostraram que cepas mutantes de *L. casei* resistentes ao estresse ácido possuem 32,5% a mais de aspartato, e que a adição desse aminoácido na cepa parental melhorou a tolerância ao estresse e o crescimento celular. Quando esse aminoácido é adicionado, maior conteúdo de alguns aminoácidos como aspartato, arginina, leucina, isoleucina e valina também é encontrado, o qual pode contribuir para a regulação do pH interno. Outro aspecto importante observado foi que as células apresentaram maior atividade para a H^+-ATPase, com aumento no *pool* de ATP interno necessário à célula para expulsar os íons H^+ para o meio extracelular, conferindo mais resistência. Quando cultivadas em pH 5,0, atingindo as melhores condições de produção, a *L. reuteri CRl 1101* mantém o pH interno na faixa ideal para a atividade enzimática do manitol desidrogenase (5,5 a 5,8), assim como da H^+-ATPase (5,0 a 5,5), o que pode explicar o efeito alcançado (Ortiz, Raya e Mozzi, 2015).

A produção de manitol em leveduras como *Y. lipolytica* e *Candida magnoliae* pode ser feita a partir da utilização de glicerol (bruto ou purificado) ou outras fontes mais convencionais de carbono como glicose, frutose e sacarose (para *Candida*). Para a primeira levedura, a produção de manitol ocorre concomitantemente à produção de eritritol e ácido cítrico, sendo dois fatores de elevada importância o pH e a concentração de sal. Em pH 3, ocorre o desvio da produção de ácido cítrico para polióis, sendo que ao utilizar altas concentrações de sais (estresse osmótico), há a diminuição da produção de manitol (Tomaszewska, Rywi ska e Gładkowski, 2012). A produção por *C. magnoliae* já foi reportada até mesmo por células não proliferantes, sendo possível obter manitol puro sem outros subprodutos detectáveis por detectores de índice de refração ou absorbância na região do UV-visível (Khan, Bhide e Gadre, 2009).

11.4.3 Produção de xilitol

Normalmente o cultivo é feito utilizando mais de um substrato, isto é, aquele que será priorizado para o crescimento celular e aquele que dá origem ao produto. Tamburini *et al.* (2010) estudaram o efeito da adição de xilose, glicose, frutose, sacarose, galactose e maltose sobre a produção de xilitol. Os resultados indicaram que a combinação com galactose causava o consumo do produto formado, a combinação com lactose foi ineficaz, pois provavelmente a xilose causava repressão catabólica, a combinação com sacarose resultou em xilose não consumida no meio fermentativo e a combinação com maltose (em menores proporções, cerca de 10%) gerou os melhores rendimentos. Tanto em meio com sacarose quanto com maltose não houve ordem preferencial de consumo de substrato, que pode indicar que não ocorreu inibição do transportador. Os efeitos observados são particularmente importantes quando se desenha um processo no qual a matéria-prima contenha vários substratos concomitantemente, como é o caso dos materiais lignocelulósicos. Como a maltose é consumida mais lentamente, os maiores rendimentos em célula permitem maior produção de xilitol.

No entanto, o grande entrave para a utilização destes é a presença de compostos inibitórios que são prontamente obtidos no decorrer do pré-tratamento da biomassa, como aldeídos, ácidos orgânicos, fenólicos, furfural, 5-hidroximetilfurfural (HMF) e metais pesados (Tabela 11.3). Como a maioria desses compostos prejudica o desenvolvimento do processo, alternativas devem ser avaliadas, como

TABELA 11.3 Algumas tecnologias de pré-tratamento de materiais lignocelulósicos

Tecnologia de Pré-tratamento	Mecanismo	Formação de Compostos Inibitórios para a Célula
Mecânica		
Moagem	Corte da biomassa lignocelulósica, causando aumento da área superficial.	—
Extrusão	Envolve muitas operações unitárias como mistura, peneiramento, pressurização, formulação, expansão, secagem, esterilização e refriamento, entre outros.	—
Térmico		
Aquecimento	Aquecimento da biomassa a 150-180 °C, solubilização das hemiceluloses seguido da lignina.	Acima de 180 °C, a solubilização de ligninas forma compostos fenólicos e heterocíclicos como vanilina, álcool vanilínico, furfural e HMF.
Água quente	Usado para solubilizar principalmente as hemiceluloses.	Menor risco de formação de Inibidores.
Vapor / Explosão com Vapor	Biomassa é tratada em grandes tanques com alta temperatura (até 240 °C) e pressão por alguns minutos. Após, o vapor é liberado e a biomassa resfriada rapidamente.	Risco de formação de compostos inibitórios como furfurais, HMF e compostos fenólicos solúveis.
Químico		
Álcali	Tratamento com diferentes concentrações de álcalis como NaOH, KOH, NH4, cal etc.	Furfurais.
Ácido	Hidrólise dos amidos e lignocelulósicos em diferentes concentrações de ácidos.	Furfurais, HMF e outros produtos voláteis em concentrações maiores.
Oxidativo	Tratamento da biomassa com agente oxidante como água oxigenada ou ácido peracético em água.	Alto risco de formação de compostos inibitórios em caso de oxidante não seletivo.
Amônia	Biomassa tratada com amônia (em proporções iguais) a 90-120 °C por vários minutos.	Sem formação de inibidores.
Explosão com CO_2	Pré-tratamento com explosão com vapor com alta pressão de CO_2.	Sem formação de inibidores.
Biológico	Biomassa tratada com celulases, hemicelulases, ligninases, peroxidases para lignina, polifenoloxidases, lacase e enzimas redutoras de quinina.	—

Fonte: Adaptada de Dhillon *et al.* (2011)

a descontaminação dos hidrolisados, hidrolisar em condições em que os produtos gerados sejam menos tóxicos ou ainda promover o isolamento de cepas com resistência aumentada (Ping *et al.*, 2013).

As fontes de nitrogênio são suplementadas no meio pela adição de nitrogênio orgânico ou inorgânico, sob a forma de extrato de levedura, peptona, casamino ácido (hidrolisado ácido de caseína), sulfato e fosfato de amônio, nitrato de sódio e ureia, sendo que os efeitos variam de acordo com a levedura utilizada. Já no que se refere à temperatura e ao pH da cultura, a faixa de utilização varia de 30 a 37 °C e pH de 4,0 a 6,5. As faixas de temperatura também podem ser mais elevadas, no caso do uso de espécies termotolerantes (*K. marxianus*, por exemplo) (Albuquerque *et al.*, 2014). As fontes de vitaminas e minerais são dependentes da exigência de cada micro-organismo. Normalmente, o uso de extrato de lêvedo e milhocina são avaliados, assim como a utilização de soluções de metais-traço e vitaminas. No cultivo de *Debaryomyces hansenii* em hidrolisados de resíduos de cervejaria (*brewery spent grain*), a suplementação conjunta de milhocina e extrato de lêvedo apresentou resultados similares a concentrações mais elevadas de extrato na produção de xilitol, provando ser uma alternativa menos dispendiosa para o processo (Carvalheiro *et al.*, 2007).

O tamanho do inóculo também já foi avaliado, embora resultados conflitantes sejam observados. Em geral, a relação entre a concentração de células e produção de xilitol é dependente da cepa avaliada, do crescimento fisiológico e das propriedades metabólicas (Prakasham, Rao e Hobbs, 2009).

11.5 PROCESSO DE PRODUÇÃO

11.5.1 Processos de produção de manitol por via biotecnológica

No caso das bactérias ácido-lácticas heterofermentativas, o processo é baseado na habilidade da bactéria ácido-láctica usar frutose como aceptor final de elétrons e reduzi-lo a manitol, utilizando a enzima manitol 2-desidrogenase (MDH). Saha e Nakamura (2003) verificaram, através de batelada simples, a produção de 198 $g.L^{-1}$ de manitol a partir de 300 $g.L^{-1}$ de frutose pela cepa heterofermentativa *Lactobacillus intermedius* B-3693, em meio de cultivo com pH controlado a 37 °C. A bactéria converteu frutose em manitol desde a fase de crescimento inicial. Aplicando a operação batelada alimentada e alimentando o sistema com quantidades iguais de substrato por quatro vezes, o tempo de máxima produção de manitol decresceu de 136 h para 92 h. A produção de manitol, ácido láctico e ácido acético foi de 201, 53 e 39 $g.L^{-1}$, respectivamente.

Racine e Saha (2007) melhoraram o processo de fermentação para a produção de manitol por *L. intermedius* NRRL B3693 usando a operação batelada alimentada, que superou limitações causadas por altas concentrações de substrato. Neste estudo, houve o acúmulo de 176 $g.L^{-1}$ de manitol no meio fermentado em 30 h, a partir de 184 $g.L^{-1}$ de frutose, e 92 $g.L^{-1}$ de glicose, com produtividade volumétrica de 5,9 $g.(L.h)^{-1}$. Além disso, foi testado também o processo de fermentação contínuo com reciclo de células, que atingiu mais de 40 $g.(L.h)^{-1}$ de manitol.

Como alternativa ao uso de frutose pura, Saha (2006c) investigou a produção de manitol por *L. intermedius* NRRL B3693, usando um preparado comercial de inulina como substrato por sacarificação e fermentação simultânea em meio de cultivo a pH 5,0 e 37 °C, adicionando inulinase de forma exógena. Esta cepa produziu 207 $g.L^{-1}$ de manitol, a partir de 300 $g.L^{-1}$ de inulina, em 72 h, e o tempo de fermentação decresceu de 72 para 62 h, usando uma mistura de frutose e inulina (1:1, 300 $g.L^{-1}$). Quando a mistura de frutose e inulina (3:5, total 400 $g.L^{-1}$) foi usada como substrato, a cepa produziu 228 $g.L^{-1}$ de manitol, com rendimento de 0,57 $g.g^{-1}$ de substrato, após 110 h de sacarificação e fermentação simultânea.

Utilizando *Leuconostoc mesenteroides* ATCC-9135 em escala-piloto (100 L), os níveis de produção de manitol foram similares aos valores obtidos em laboratório (Von Weymarn, 2002).

Soetaert *et al.* (1994) estudaram a bioconversão de frutose em manitol com *Leuconostoc pseudomesenteroides*, através de cultivo em batelada alimentada, e encontraram uma produtividade volumétrica máxima e rendimento de 11 $g.(L.h)^{-1}$ e 94 mol% de manitol, a partir de frutose, respectivamente. Utilizando este mesmo micro-organismo e aplicando imobilização de células, Ojamo *et al.* (2000) relataram uma produtividade volumétrica média de 30 $g.(L.h)^{-1}$ e rendimento em torno de 85 mol%.

A cianobactéria *Synechococcus sp.* PCC 7002 foi geneticamente modificada para produzir fotossinteticamente manitol, a partir de dióxido de carbono, como a única fonte de carbono. A mais alta produtividade foi obtida usando uma cepa glicogênio-sintase-deficiente que, depois de 12 dias, mostrou uma taxa de produção de 0,15 $g.L^{-1}$ de manitol por dia (Jacobsen e Frigaard, 2014).

11.5.2 Processos de produção de eritritol por via biotecnológica

De modo geral, os métodos de produção microbiológica de eritritol podem ser: batelada, batelada alimentada e contínuo. Muitas pesquisas sobre a biossíntese de eritritol têm sido focadas na seleção de estirpes microbianas capazes de produzir eritritol com alto rendimento e na otimização de estratégias de operação como processos em batelada simples e batelada alimentada (Jeya *et al.*, 2009). A Patente nº US 2007/0037266 A1, publicada em 15 de fevereiro de 2007, descreve um processo de produção de eritritol usando carboidratos como fonte de carbono.

Neste processo, o fermentador esterilizado é preenchido com o meio de cultivo também estéril, inoculado com o micro-organismo *Moniliella pollinis* e ar são introduzidos ao fermentador. O pH do caldo é mantido acima de 3,5, pela adição de soda cáustica. A fermentação contínua ocorre tipicamente durante 120 h, sob agitação de 175 rpm, e a 35 °C, promovendo assim a conversão do carboidrato, como sacarose e glicose, em eritritol.

Pesquisadores avaliaram a influência do modo de operação da fermentação na produção de eritritol. Como exemplo, Park *et al.* (1998) relataram que uma cultura em batelada alimentada repetida com uma alimentação de glicose em fermentador de 5 L aumentou a taxa de formação de eritritol para 1,86 g.(L.h)$^{-1}$, sendo 23% maior que com a fermentação em batelada simples, usando *Trichosporon* sp.

Sawada *et al.* (2002) estudaram cultivo contínuo com reciclo de células em fermentador de 1000 L para produção de eritritol. Neste trabalho, o rendimento foi de 55% e a taxa de formação foi de 3,0 g.(L.h)$^{-1}$, em 55 dias.

Jeya *et al.* (2009) estudaram a produção de eritritol a partir de *Pseudozyma tsukubaensis* KN75. Quando a cepa foi cultivada aerobicamente em batelada alimentada em biorreator de 7 L com glicose como fonte de carbono, 245 g.L^{-1} de eritritol foram formados, correspondendo a 2,86 g.(L.h)$^{-1}$ de produtividade e 61% de rendimento. Na extrapolação de escala para escala-piloto (300 L) e de planta semi-industrial (50.000 L), usando a concentração de oxigênio dissolvido como parâmetro de extrapolação de escala, a produção de eritritol foi similar à escala de laboratório, indicando que a produção de eritritol por *P. tsukubaensis* KN75 tem um potencial comercial. O tamanho do tanque de fermentação para a produção de eritritol foi escalonado para 200.000 L, para produção comercial (Kasumi *et al.*, 1998).

Algumas propriedades indesejáveis da cepa selvagem, especialmente insuficiente osmotolerância e vigorosa formação de espuma sob condições de cultura aeróbia, podem ser melhoradas por irradiação UV e tratamento mutagênico. A cepa *Penicillium* sp. KJUV29, um mutante derivado de *Penicillium* sp. KJ81, exibiu um significante aumento na produção de eritritol (15 g.L^{-1}), com menor produção de glicerol e espuma, comparando com a estirpe selvagem (Lee e Lim, 2003). Com a cepa mutante *Torula* sp. produziu-se 196 g.L^{-1} de eritritol, com rendimento de 48,9% e sem formação de subprodutos como glicerol e ribitol, resultando na aplicação em escala industrial (Kim *et al.*, 2000). A produção de eritritol por uma cepa mutante e osmofílica de *C. magnoliae* foi utilizada na fermentação em biorreator de 50 L, para o desenvolvimento de um processo comercial otimizado. Por meio de simultânea alimentação de glicose e extrato de lêvedo no modo batelada alimentada, a produtividade de eritritol foi de 1,2 g.(L.h)$^{-1}$, com 200 g.L^{-1} e rendimento de 0,43 g.g^{-1} (Koh *et al.*, 2003). A levedura *Moniliella* sp. 440 foi mutada sucessivamente com tratamento de ciclos iterativos de N - metil - N' - nitro - N -nitrosoguanidina (NTG). A cepa mutante mais eficiente (N61188-12) produziu 151,4 $g.L^{-1}$ e 152,4 $g.L^{-1}$ de eritritol em fermentadores com capacidade de 250 L e 2000 L em escala-piloto, respectivamente. Em cultura de batelada alimentada no fermentador de 2000 L, a produção de eritritol aumentou para 189,4 $g.L^{-1}$ em 10 dias de fermentação (Lin *et al.*, 2010).

11.5.3 Processos de produção de xilitol por via biotecnológica

O precursor xilose é obtido por hidrólise química ou enzimática de materiais lignocelulósicos, sendo a hidrólise química mais comumente usada e influenciada por vários parâmetros de processo. Diversos inibidores do crescimento microbiano (como os furanos, hidroximetilfurfural derivados de monossacarídeos e compostos aromáticos, poliaromáticos, fenólicos e aldeídos resultantes da degradação de lignina) são produzidos durante a hidrólise química, reduzindo, portanto, a produção de xilitol a partir de xilose. Logo, uma etapa de desintoxicação é necessária. A hidrólise enzimática tem a vantagem sobre a conversão química, embora mais pesquisas sejam necessárias para reduzir a inibição em virtude da variação estrutural de diferentes substratos e de espécies de vegetais (Prakasham *et al.*, 2009).

Evaporação a vácuo é um método de desintoxicação física que reduz os compostos tóxicos voláteis que incluem ácido acético, furfural, hidroximetilfurfural (HMF) e vanilina. Mussantto e Roberto (2004) relataram que mais de 90% destes compostos são removidos a partir de hidrolizados hemicelulósicos de madeira, palha de arroz e bagaço de cana, empregando um método de evaporação a vácuo. No entanto, este processo aumenta a concentração de compostos tóxicos não voláteis e reduz os volumes de hidrolisado (Larsson *et al.*, 1999).

O ajuste de pH é eficaz e é o método de desintoxicação química mais rentável entre os tratamentos disponíveis. O hidróxido de cálcio e o ácido sulfúrico são habitualmente usados para o tratamento de hidrolisados de hemicelulose para a remoção de compostos fenólicos, cetonas, furfurais e hidroximetilfurfurais. Outro processo que tem atraído a atenção é a utlização de carvão ativado, em razão do seu baixo custo e da alta capacidade de absorção de pigmentos, ácidos graxos livres, n-hexano e outros produtos de oxidação. Estudo comparativo de diferentes metodologias de desintoxicação química indicou que as resinas de permuta aniônica removeram elevadas porcentagens de compostos tóxicos, tais como ácido acético (96%), compostos fenólicos (91%), furfural (73%) e HMF (70%), em adição à remoção substancial de aldeídos e ácidos alifáticos presentes em materiais hidrolisados, em comparação com resinas de permuta catiônica (Sreenivas *et al.*, 2006).

A desintoxicação biológica pode ser feita por meio de enzimas específicas ou micro-organismos (Mussatto e Roberto, 2004). Lacases e peroxidases são geralmente empregadas para a desintoxicação. Schneider (1996) relatou remoção de mais de 90% de ácido acético presente no material hidrolisado de madeira por *S. cerevisiae* mutante.

Em relação à bioconversão de xilose em xilitol, a maior parte dos processos com cepas microbianas é realizada através de métodos de cultura em batelada, seja em frascos agitados ou em reatores tanques agitados, usando sistemas com células livres ou imobilizadas e xilose ou hidrolisado contendo xilose com rendimento médio de 0,55 a 0,78 $g_{prod}.g_{subs}^{-1}$. A aplicação do processo batelada em escala industrial demanda tempo, pois este processo está associado a atividades de preparação, tais como desenvolvimento de inóculo, esterilização do reator etc., que envolvem entrada considerável de mão de obra, tempo e energia, o que conduz à diminuição da produtividade. Esforços estão sendo feitos para melhorar os valores de produtividade volumétrica, utilizando diferentes configurações de reatores e variando os parâmetros de processo. Neste contexto, sistemas contínuos frequentemente proporcionam melhores produtividades e rendimentos (Prakasham *et al.*, 2009).

Santos *et al.* (2008) atingiram 70% de bioconversão de xilose para xilitol por células de *C. guilliermondii* imobilizadas, operando a fermentação no modo contínuo e utilizando hidrolisado hemicelulósico como fonte de carbono. Faria *et al.* (2002) avaliaram o papel do biorreator de membrana com o objetivo de conseguir separação simultânea de xilitol durante o processo de bioconversão no modo contínuo, e foi encontrado o melhor desempenho (86% de conversão) usando membrana com 0,2 μm de diâmetro de poro a uma taxa de diluição de 0,03 h^{-1}. Tavares *et al.* (2000) encontraram melhoria de 30% na conversão de xilitol por *D. Hansenii*, quando o meio de produção, operando no modo contínuo, foi suplementado de pequenas quantidades de glicose e em baixa aeração. Na maioria das configurações de reatores contínuos, uma melhoria substancial nos valores de produtividade pode ser alcançada apenas usando taxas de diluição baixas de xilose, com elevado tempo de residência, o que é muito difícil de conseguir, na prática, para a produção em massa (Prakasham *et al.*, 2009).

Portanto, pesquisas estão sendo realizadas na produção de xilitol pelo modo batelada alimentada, mantendo-se a concentração de substrato em um nível apropriado durante a fermentação, ou seja, em quantidade suficiente para induzir a formação de xilitol, mas sem inibir o crescimento microbiano. Além disso, estes processos operam geralmente com a densidade celular inicial elevada, que normalmente leva a um aumento na produtividade volumétrica. Com o propósito de melhorar a produtividade volumétrica de xilitol e contornar a perda de biocatalisadores em reatores operando na forma batelada alimentada repetida, Bae *et al.* (2004) realizaram reciclo de células com membrana de fibra oca e foi observado um aumento de 3,8 vezes na produtividade volumétrica, em comparação com os valores obtidos na produção de xilitol pelo modo batelada.

A produção de xilitol através de outros tipos de configurações de reator também está reportada na literatura. Como exemplo, tem-se o estudo realizado por Branco *et al.* (2007) que utilizaram um biorreator coluna de bolhas com células de *C. guilliermondii* imobilizadas em alginato de cálcio e bagaço de cana hidrolizado como matéria-prima. Carvalho *et al.* (2008) estudaram a bioconversão de xilose em xilitol por *Candida guilliermondii* FTI 20037 imobilizadas em alginato de cálcio durante cinco bateladas sucessivas em um reator tanque agitado. O meio de produção utilizado foi suplementado com hidrolisado hemicelulósico de bagaço de cana. As taxas de bioconversão e rendimentos foram quase estáveis ao longo das bateladas repetidas. Em valores médios, uma produção de 51,6 g/L, uma produtividade de 0,43 $g.(L.h)^{-1}$ e um rendimento de 0,71 $g.g^{-1}$ foram obtidos em cada batelada.

11.6 PURIFICAÇÃO

11.6.1 Recuperação de manitol

A recuperação de manitol a partir de soluções aquosas é geralmente baseada em sua baixa solubilidade. A máxima solubilidade de manitol em água é apenas de 18 $g.L^{-1}$ a 25 °C. Como comparação, a máxima solubilidade de sorbitol a 25 °C é de 700 $g.L^{-1}$. O manitol pode ser recuperado a partir do caldo de fermentação por meio de cristalização de arrefecimento (Saha e Racine, 2011).

O meio fermentado gerado no processo de bioconversão de manitol contém, além do manitol, células do micro-organismo, ácidos orgânicos e alguns resíduos da matéria-prima. Portanto, a primeira etapa do processo *downstream* é a separação das células da solução contendo o produto através de centrifugação ou filtração. Independentemente do método, a separação das células resultará em perdas de volume e de manitol. O manitol obtido por fermentação de *L. mesenteroides* foi purificado em meio contendo sacarose. Devido à formação de dextrana (polímero de alta viscosidade), a primeira etapa de purificação foi a precipitação da dextrana com álcool, que foi separada por centrifugação posteriormente. Adicionalmente, um protocolo de cristalização foi utilizado. Neste protocolo, a solução contendo manitol é acidificada ($pH < 3,5$) com ácido sulfúrico. Em seguida, a solução é arrefecida sob agitação constante e os cristais formados. Finalmente, os cristais são separados do licor-mãe e secos (Von Weymarn, 2002). Os cristais podem ser separados por centrifugação. O licor-mãe também pode ser fracionado por cromatografia em duas frações: fração de acetato e fração de lactato/manitol. O manitol é separado do lactato por cristalização, e o lactato isolado por precipitação com $Ca(OH)_2$.

Um protocolo alternativo para recuperação do manitol produzido em fermentação de larga escala por *Leu. mesenteroides* já foi descrito. Baseado neste protocolo, a solução livre de células passou através de um equipamento de eletrodiálise separando o manitol dos ácidos orgânicos. O manitol foi isolado por duas cristalizações subsequentes, originando um rendimento de 86% a partir do manitol dissolvido no caldo de cultura. Nas etapas de cristalização, uma solução supersaturada, contendo cerca de 250 $g.L^{-1}$ de manitol a 60 °C, foi arrefecida a 20 °C. Cristais de semente foram usados para iniciar a formação de cristais (Von Weymarn, 2002).

11.6.2 Recuperação de eritritol

A Patente nº US 2007/0037266 A1, publicada em 15 de fevereiro de 2007, descreve um método de recuperação e purificação de eritritol. Neste método, após a fermentação, o meio é aquecido indiretamente a uma temperatura de 70 °C, por um período de 1 h, para ocasionar a morte do micro-organismo *Moniliella pollinis* usado na fermentação. O meio aquecido alimenta um sistema de filtração contendo filtro de cerâmica para separar a biomassa (células mortas de levedura), e o permeado contendo eritritol é mantido na temperatura de 71 °C. Posteriormente, passa por uma resina de troca iônica fracamente ácida. Algumas resinas de troca iônica fracamente ácidas podem ser usadas para remover dureza, por exemplo, cálcio e magnésio. Prefere-se o uso de resinas como Purolites C-104 ou Mitsubishis WK-20. Depois disso, o fluxo é concentrado por evaporação e, então, submetido à separação cromatográfica, para remover a maior parte das impurezas. Típicas resinas de separação incluem Purolites PRC-821 ou Mitsubishis UBK 550 F. Em seguida, o fluxo purificado é desmineralizado aniônica e cationicamente para remover salinidade. O tempo de contato com as resinas é de 6 h e a temperatura para a desmineralização é de 50 °C. Exemplos de resinas catiônicas adequadas são Purolites C-155S e Mitsubishis PK 212 F, e de resinas aniônicas são Purolites A103S e Mitsubishis WA30, mas não se limitam apenas a estas. Após este tratamento, o fluxo desmineralizado é aquecido e concentrado antes da etapa de cristalização. Na etapa de cristalização, a corrente de processo é submetida à temperatura de 71 °C, seguida pela redução de temperatura para 15 °C. O método descrito resulta na produção de eritritol com alto nível de pureza. Esse método de purificação do eritritol está em conformidade com os requisitos da CFR Part 205, do US Department of Agriculture's National Organic Program.

11.6.3 Recuperação de xilitol

A recuperação de xilitol a partir do meio fermentado é o passo mais difícil para o estabelecimento do processo biotecnológico devido à baixa concentração do produto e à composição complexa do caldo fermentado. A literatura mostra apenas alguns estudos sobre a recuperação de xilitol a partir de caldos de fermentação. O estabelecimento de uma metodologia que permita uma eficiente recuperação de xilitol e que possa fazer a sua produção biotecnológica economicamente viável é desejado (Mussatto *et al.*, 2006).

A cristalização é um dos métodos antigos conhecidos para recuperação de sólidos puros a partir de solução. Para produzir sólidos cristalinos puros de forma eficaz, uma solução supersaturada deve ser produzida e o surgimento de núcleos de cristal, bem como o crescimento do cristal, tem de ser controlado. No que se refere aos produtos obtidos pela via fermentativa, a cristalização do produto de interesse apenas pode ser realizada após a purificação do caldo fermentado. No caso da produção de xilitol por fermentação, várias substâncias provenientes da degradação térmica dos açúcares são reconhecidas como prejudiciais para a formação de cristais de xilitol. Além disso, devido à complexidade do caldo de fermentação, o grau de pureza do xilitol não é aceitável para a cristalização direta. Por estas razões, a purificação do caldo fermentado antes da cristalização é necessária para produzir cristais de xilitol puros (Mussatto *et al.*, 2006).

Dentro deste contexto, o trabalho realizado por Mussatto *et al.* (2006) teve por objetivo avaliar a capacidade de adsorção de sílica gel e cristalização como procedimentos de recuperação de xilitol a partir do caldo fermentado. A sílica gel foi escolhida para ser usada como fase estacionária da coluna empregada para a purificação de xilitol, uma vez que é um dos principais adsorventes usados no isolamento e na purificação de compostos naturais. Na etapa de purificação do caldo fermentado, diferentes misturas de solventes como acetato de etila, etanol e acetona foram usadas como eluente e diferentes proporções do volume do caldo fermentado incorporado por grama de sílica gel (volume do caldo fermentado/massa de sílica gel, variando de 1,0 a 2,0 $cm^3.g^{-1}$) foram usadas para empacotar a coluna aplicada como fase estacionária. A eficiência de purificação do caldo fermentado variou de acordo com a mistura de solvente e a razão de volume do caldo fermentado/massa de sílica gel usada. O caldo purificado foi submetido a diferentes procedimentos de cristalização como arrefecimento, concentração e suplementação com xilitol comercial, para recuperar os cristais de xilitol. O melhor resultado (rendimento de cristalização de 60% e 33% de recuperação total de xilitol a partir do caldo fermentado) foi obtido quando a coluna foi empacotada com uma razão de volume do caldo fermentado/massa de sílica gel de 2 $cm^3.g^{-1}$, e o caldo foi purificado com uma mistura de acetato de etila e etanol, concentrado 6,5 vezes e suplementado com xilitol comercial para forçar a precipitação.

REVISÃO DOS CONCEITOS APRESENTADOS

Os polióis têm sido usados por suas características edulcorantes e propriedades funcionais, ganhando um nicho de mercado e atuação diferente dos edulcorantes sintéticos. Por serem considerados naturais, atendem a uma exigência de saúde do mercado consumidor em expansão. Estes compostos são produzidos por micro-organismos a partir de diversas fontes de carbono, e usualmente sua produção está associada a um fenômeno de estresse osmótico, tendo como resposta celular a produção de solutos compatíveis visando a manutenção da integridade.

Os mecanismos de regulação metabólica envolvem a ativação ou a repressão da atividade de enzimas-chave, e podem ser induzidos por alterações no meio de produção ou por modificações genéticas que levem a diferenças na expressão dessas enzimas. As formas de condução do processo, portanto, estão diretamente relacionadas com os processos de regulação, adotando estratégias de batelada alimentada, reciclo de células e condução contínua para ultrapassar aspectos de inibição ou manter a célula no nível metabólico desejado. No caso específico do xilitol, o uso de materiais lignocelulósicos leva à incorporação no processo de tratamento da matéria-prima para uso da fração hemicelulósica, que pode ter efeitos diretos no rendimento do processo por inibição microbiana. Em todos os casos, o tempo de produção ainda pode ser considerado elevado, apesar de já existirem relatos de extrapolação de escala para fins comerciais.

Uma vez que tais produtos são utilizados, principalmente, na indústria alimentícia e como aditivos em fármacos, etapas intensivas de purificação são requeridas, tendo a cristalização como o primordial método adotado.

QUESTÕES

1. Elabore um quadro comparativo da produção de manitol, xilitol e eritritol, considerando os seguintes parâmetros: micro-organismo produtor, forma de condução do processo, vias metabólicas empregadas e recuperação do produto.

2. Considerando um mesmo micro-organismo produtor, descreva uma estratégia para a produção de eritritol em detrimento da produção de manitol.

3. Dada a importância do poder redutor da célula para a produção de eritritol e de manitol, comente como pode-se usar esse parâmetro celular no aumento de produtividade do processo?

4. A produção de xilitol é usualmente conduzida tendo como substrato a xilose proveniente de materiais lignocelulósicos. Como essa matéria-prima pode afetar o processo de produção?

5. Considerando os três polióis estudados, qual você considera o mais viável para ter ampliada a escala de produção biotecnológica para fins comerciais? Leve em conta aspectos técnicos da produção

6. Qual forma de condução do processo é mais adequada à produção de eritritol? Explicite a influência das condições na fisiologia celular.

7. Relate quais os problemas associados aos métodos de purificação adotados na separação dos polióis abordados neste capítulo.

REFERÊNCIAS

ANVISA. Ministério da Saúde. Anvisa autoriza novos edulcorantes em alimentos. Informe 19 de março de 2008. Disponível em: http://portal. anvisa.gov.br/alimentos/edulcorantes. Acesso em: 3 nov. 2015.

Brasil. 2008. Ministério da Saúde. Secretaria de Vigilância Sanitária. Resolução RDC nº 18 de 24 de março de 2008. Dispõe sobre o Regulamento Técnico que autoriza o uso de aditivos edulcorantes em alimentos, com seus respectivos limites máximos; Diário Oficial da República Federativa do Brasil, Brasília, seção 1, n. 57, p. 30, 25 mar. 2008.

Albuquerque, T.L. de, et al. 2014. Biotechnological production of xylitol from lignocellulosic wastes: A review. Process Biochemistry, 49 (11): 1779-89.

Bae, S.-M., Park, Y.-C., Lee, T.-H., Kweon, D.-H., Choi, J.-H., Kim, S.-K., Ryu, Y.-W., Seo, J.-H., 2004. Production of xylitol by recombinant Saccharomyces cerevisiae containing xylose reductase gene in repeated fed-batch and cell-recycle fermentations Enz. Microb. Technol., 35: 545-9.

Bell, A.A., Wheeler, M.H., 1986. Biosynthesis and Functions of Fungal Melanins. Ann. Rev. Phytopathol., 24: 411-51.

Berg, J.M., Tymoczko, J.L., Stryer, L., 2008. Bioquímica, 6ª ed. Guanabara Koogan Ltda. Rio de Janeiro.

Boesten, D.M.P.H.J., et al. 2015. Health effects of erythritol. Nutrafoods, 14 (1): 3-9.

Branco, R.F., Santos, J.C., Murakami, L.Y., Mussatto, S.I., Dragone, G., Silva, S.S., 2007. Xylitol production in a bubble column bioreactor: Influence of the aeration rate and immobilized system concentration. Process. Biochem., 42: 258-62.

Branco, R.F., et al. 2009. Profiles of xylose reductase, xylitol dehydrogenase and xylitol production under different oxygen transfer volumetric coefficient values. Journal of Chemical Technology and Biotechnology, 84 (3): 326-30.

Cardoso, J.M.P., Battochio, J.R., Cardello, H.M.A.B., 2004. Equivalência de dulçor e poder edulcorante de edulcorantes em função da temperatura de consumo em bebidas preparadas. Ciência e Tecnologia de Alimentos, 24 (3): 448-52.

Carvalheiro, F., et al. 2007. Xylitol production by Debaryomyces hansenii in brewery spent grain dilute-acid hydrolysate: effect of supplementation. Biotechnology Letters, 29 (12): 1887-91, out.

Carvalheiro, F., et al. 2011. Mannitol production by lactic acid bacteria grown in supplemented carob syrup. Journal of Industrial Microbiology & Biotechnology, 38 (1): 221-7.

Carvalho, W., Canilha, L., Silva, S.S., 2008. Semi-continuous xylose-to-xylitol bioconversion by Ca-alginate entrapped yeast cells in a stirred tank reactor. Bioprocess Biosystems Engineering, 31: 493-8.

Dhillon, G.S., et al. 2011. Recent Advances in Citric Acid Bio-production and Recovery. Food and Bioprocess Technology, 4 (4): 505-29.

Dulermo, T., et al. 2015. Analysis of ATP-citrate lyase and malic enzyme mutants of Yarrowia lipolytica points out the importance of mannitol metabolism in fatty acid synthesis. Biochimica et Biophysica Acta, 1851 (9): 1107-17.

Faria, L.F.F.; Pereira, Jr. N.; Nobrega, R. 2002. Xylitol production from D-xylose in a membrane bioreactor Desalination, 149, 231-36.

Ghezelbash, G.R., Nahvi, I., Emamzadeh, R., 2014. Improvement of erythrose reductase activity, deletion of by-products and statistical media optimization for enhanced erythritol production from Yarrowia lipolytica mutant 49. Current Microbiology, 69 (2): 149-57.

Gimenes, M.A.P., et al. 2002. Oxygen uptake rate in production of xylitol by Candida guilliermondii with different aeration rates and initial xylose concentrations. Applied Biochemistry and Biotechnology, 98-100: 1049-59.

Granström, T.B., Izumori, K., Leisola, M., 2007a. A rare sugar xylitol. Part II: biotechnological production and future applications of xylitol. Applied Microbiology and Biotechnology, 74 (2): 273-6, fev.

Granström, T.B., Izumori, K., Leisola, M., 2007b. A rare sugar xylitol. Part I: the biochemistry and biosynthesis of xylitol. Applied Microbiology and Biotechnology, 74 (2): 277-81, fev.

Granström, T., Leisola, M., 2002. Controlled transient changes reveal differences in metabolite production in two Candida yeasts. Applied Microbiology and Biotechnology, 58 (4): 511-6.

Granström, T., Ojamo, H., Leisola, M., 2001. Chemostat study of xylitol production by Candida guilliermondii. Applied Microbiology and Biotechnology, 55: 36-42.

Gurpilhares, D.B., et al. 2009. The behavior of key enzymes of xylose metabolism on the xylitol production by Candida guilliermondii grown in hemicellulosic hydrolysate. Journal of Industrial Microbiology & Biotechnology, 36 (1): 87-93.

Hult, K., Veide, A., Gatenbeck, S., 1980. The Distribution of the NADPH Regenerating Mannitol Cycle Among Fungal Species. Archives of Microbiology, 128: 253-5.

Jacobsen, J.H., Frigaard, N.U., 2014. Engineering of photosynthetic mannitol biosynthesis from CO_2 in a *Cyanobacterium*. Metabolic Engineering, 21: 60-70.

Jeya, M., et al. 2009. Isolation of a novel high erythritol-producing Pseudozyma tsukubaensis and scale-up of erythritol fermentation to industrial level. Applied Microbiology and Biotechnology, 83 (2): 225-31.

Kasumi, T., Sasaki, T., Taki, A., Nakayama, K., Oda, T., Wako, K., 1998. Development of erythritol fermentation and its applications. J Appl Glycosci, 45: 131-6.

Khan, A., Bhide, A., Gadre, R., 2009. Mannitol production from glycerol by resting cells of Candida magnoliae. Bioresource Technology, 100 (20): 4911-3.

Kilian, S.G., Van Uden, N., 1988. Transport of xylose and glucose in the xylose-fermenting yeast Pichia stipitis. Applied Microbiology and Biotechnology, 27 (5–6): 545-8.

Kim, H.J., et al. 2013. Investigation of protein expression profiles of erythritol-producing Candida magnoliae in response to glucose perturbation. Enzyme and Microbial Technology, 53 (3): 174-80.

Kim, S.-Y., et al. 1997. Erythritol production by controlling osmotic pressure in Trigonopsis variabilis. Biotechnology Letters, 19 (8): 727-9.

Kim, K.A., Noh, B.S., LEE, J.K., Kim, M.S.Y., Park, Y.C., Oh, D.K., 2000. Optimization of culture conditions for erythritol production by *Torula* sp. J Microbiol Biotechnol, 10: 69-74.

Kobayashi, Y., et al. 2013. Gene expression and function involved in polyol biosynthesis of Trichosporonoides megachiliensis under hyper-osmotic stress. Journal of Bioscience and Bioengineering, 115 (6): 645-50.

Kobayashi, Y., et al. 2015. Metabolic correlation between polyol and energy-storing carbohydrate under osmotic and oxidative stress condition in Moniliella megachiliensis. Journal of Bioscience and Bioengineering, 120 (4): 405-10.

Koh, E.S., Lee, T.H., Lee, D.Y., Kim, H.J., Ryu, Y.W., Seo, J.H., 2003. Scale-up of erythritol production by an osmophilic mutant of *Candida magnoliae*. Biotechnol Lett, 25: 2103-5.

Larsson, S., Reimann, A., Nilvebrant, N., Jönsson, L.J., 1999. Comparison of different methods for the detoxification of lignocellulose hydrolysates of spruce. Appl. Biochem. Biotechnol, 77-79: 91-103.

Lee, J., et al. 2000. Increased erythritol production in Torula sp. by Mn2+ and Cu2+. Biotechnology Letters, 22: 983-6.

Lee, J., et al. 2001. Increased erythritol production in Torula sp. with inositol and phytic acid. Biotechnology Letters, 23: 497-500.

Lee, J.K., Jung, H.M., Kim, S.Y., 2003. 1,8-Dihydroxynaphthalene (DHN)-melanin biosynthesis inhibitors increase erythritol production in Torula corallina, and DHN-melanin inhibits erythrose reductase. Applied and Environmental Microbiology, 69 (6): 3427-34.

Lee, K.J., Lim, J.Y., 2003. Optimized conditions for high erythritol production by PENICILLIUM sp. KJ-UV29, mutant of PENICILLIUM sp. KJ81. Biotechnology Bioprocess Engineering, 8: 173-8.

Lee, J.K., Koo, B.S., Kim, S.Y., 2002. Fumarate-mediated inhibition of erythrose reductase, a key enzyme for erythritol production by Torula corallina. Applied and Environmental Microbiology, 68 (9): 4534-8.

Lin, S.-J., Wen, C.-Y., Wang, P.-M., Huang, J.-C., Wei, C.-L., Chang, J.-W., Chu, W.-S., 2010. High-level production of erythritol by mutants of osmophilic *Moniliella* sp. Process Biochemistry, 45 (6): 973-9.

Moon, H.-J., et al. 2010. Biotechnological production of erythritol and its applications. Applied Microbiology and Biotechnology, 86 (4): 1017-25.

Mussatto, S.I., Roberto, I.C., 2004. Alternatives for detoxification of diluted acid lignocellulosic hydrolysates for use in fermentative processes: a review. Bioresource Technology, 93: 1-10.

Mussatto, S.I., Santos, J.C., Filho, W.C.R., Silva, S.S., 2006. A study on the recovery of xylitol by batch adsorption and crystallization from fermented sugarcane bagasse hydrolysate. Journal and Chemical Technology and Biotechnology, 81: 1840-5.

Ojamo, H.; Koivikko, H.; Heikkilä, H. 2000. Process for the production of mannitol by immobilized micro-organisms. Patent Application, WO 0004181, 27.1.2000.

Oh, D.K., et al. 2001. Increased erythritol production in fed-batch cultures of Torula sp. by controlling glucose concentration. Journal of Industrial Microbiology & Biotechnology, 26 (4): 248-52.

Ortiz, M.E., et al. 2012. Lactobacillus reuteri CRL 1101 highly produces mannitol from sugarcane molasses as carbon source. Applied Microbiology and Biotechnology, 95 (4): 991-9.

Ortiz, M.E., Raya, R.R., Mozzi, F., 2015. Efficient mannitol production by wild-type Lactobacillus reuteri CRL 1101 is attained at constant pH using a simplified culture medium. Applied Microbiology and Biotechnology, 99 (20): 8717-29.

Park, Y.-C., et al. 2005. Proteomics and physiology of erythritol-producing strains. Journal of Chromatography B, 815 (1–2): 251-60.

Park, J.B., Seo, B.C., Kim, J.R., Park, Y.K., 1998. Production of erythritol in fed-batch cultures of *Trichosporon* sp. Journal of Ferment and Bioengineering, 86: 577-80.

Ping, Y., et al. 2013. Xylitol production from non-detoxified corncob hemicellulose acid hydrolysate by Candida tropicalis. Biochemical Engineering Journal, 75: 86-91.

Prakasham, R.S., Rao, R.S., Hobbs, P.J., 2009. Current trends in biotechnological production of xylitol and future prospects. Current Trends in Biotechnology and Pharmacy, 3 (1): 8-36.

Richter, H., Vlad, D., Unden, G., 2001. Significance of pantothenate for glucose fermentation by Oenococcus oeni and for suppression of the erythritol and acetate production. Archives of Microbiology, 175 (1): 26-31, jan.

Rymowicz, W., Rywi ska, A., Marcinkiewicz, M., 2009. High-yield production of erythritol from raw glycerol in fed-batch cultures of Yarrowia lipolytica. Biotechnology Letters, 31: 377-80.

Ryu, Y.-W., et al. 2000. Optimization of erythritol production by Candida magnoliae in fed-batch culture. Journal of Industrial Microbiology and Biotechnology, 25 (2): 100-3.

Saha, B.C., 2006a. A low-cost medium for mannitol production by Lactobacillus intermedius NRRL B-3693. Applied Microbiology and Biotechnology, 72 (4): 676-80, set.

Saha, B.C., 2006b. Effect of salt nutrients on mannitol production by lactobacillus intermedius NRRL B-3693. Journal of Industrial Microbiology & Biotechnology, 33 (10): 887-90, out.

Saha, B.C., Racine, F.M., 2010. Effects of pH and corn steep liquor variability on mannitol production by lactobacillus intermedius NRRL B-3693. Applied Microbiology and Biotechnology, 87: 553-60.

Saha, B.C., Racine, F.M., 2011. Biotechnological production of mannitol and its applications. Applied Microbiology and Biotechnology, 89: 879-91.

Santos, D.T., Sarrouh, B.F., Rivaldi, J.D., Converti, A., Silva, S.S., 2008. Use of sugarcane bagasse as biomaterial for cell immobilization for xylitol production. Journal of Food Engineering, 86: 542-8.

Savergave, L.S., et al. 2011. Strain improvement and statistical media optimization for enhanced erythritol production with minimal by-products from Candida magnoliae mutant R23. Biochemical Engineering Journal, 55 (2): 92-100.

Sawada, K., Taki, A., Nakano, S., Asaba, E., Maehara, T., 2002. Scale-up of erythritol continuous culture. Program and Abstract fo the annual meeting of the Japan Society for Bioscience. Biochemistry and Agrochemistry, 3-2 Da-05.

Sawada, K., et al. 2009. Key role for transketolase activity in erythritol production by Trichosporonoides megachiliensis SN-G42. Journal of Bioscience and Bioengineering, 108 (5): 385-90.

Sirisansaneeyakul, S., et al. 2014. Sodium benzoate stimulates xylitol production by Candida mogii. Journal of the Taiwan Institute of Chemical Engineers, 45 (3): 734-43, maio.

Sirisansaneeyakul, S., Staniszewski, M., Rizzi, M., 1995. Screening of Yeasts for Production of Xylitol from D-Xylose. Journal of Fermentation and Bioengineering, 80 (6): 565-70.

Soetaert, W., Buchholz, K., Vandamme, E.J., 1994. Production of D-mannitol and Dlactic acid from starch hydrolysates by fermentation with *Leuconostoc mesenteroides*. C. R. Académie d'Agriculture de France, 80: 119-26.

Solomon, P.S., Waters, O.D.C., Oliver, R.P., 2007. Decoding the mannitol enigma in filamentous fungi. Trends in Microbiology, 15 (6): 257-62.

Sreenivas Rao, R.S., Jyothi, C.P., Prakasham, R.S., Rao, C.S., Sarma, P.N., Rao, L.V., 2006. Xylitol production from corn fiber and sugarcane bagasse hydrolysates by *Candida tropicalis*. Bioresource Technol, 97: 1974-8.

Tamburini, E., et al. 2010. Cosubstrate effect on xylose reductase and xylitol dehydrogenase activity levels, and its consequence on xylitol production by Candida tropicalis. Enzyme and Microbial Technology, 46 (5): 352-9.

Tavares, J.M., Duarte, L.C., Amaral Collaço, M.T., Girio, F.M., 2000. The influence of hexoses addition on the fermentation of d-xylose in *Debaryomyces hansenii* under continuous cultivation. Enzyme aind Microbial Technology, 26: 743-7.

Tochampa, W., et al. 2005. A model of xylitol production by the yeast Candida mogii. Bioprocess and Biosystems Engineering, 28: 175-83.

Tomaszewska, L., et al. 2014. A comparative study on glycerol metabolism to erythritol and citric acid in *Yarrowia lipolytica* yeast cells. FEMS Yeast Research, 14 (6): 966-76.

Tomaszewska, L., Rymowicz, W., Rywi ska, A., 2014. Mineral Supplementation Increases Erythrose Reductase Activity in Erythritol Biosynthesis from Glycerol by Yarrowia lipolytica. Applied Biochemistry and Biotechnology, 172 (6): 3069-78.

Tomaszewska, L., Rywi ska, A., Gładkowski, W., 2012. Production of erythritol and mannitol by Yarrowia lipolytica yeast in media containing glycerol. Journal of Industrial Microbiology & Biotechnology, 39 (9): 1333-43.

Torloni, M.R., et al. 2007. O uso de adoçantes na gravidez: uma análise dos produtos disponíveis no Brasil. Revista Brasileira de Ginecologia e Obstetrícia, 29.

Veiga-da-Cunha, M., Santos, H., Van Schaftingen, E., 1993. Pathway and regulation of erythritol formation in Leuconostoc oenos. Journal of Bacteriology, 175 (13): 3941-8.

Von Weymarn, N. 2002a. Process development for mannitol production by lactic acid bacteria. [s.l: s.n.]. v. Ph.D.

Von Weymarn, N. 2002b. Process development for mannitol production by lactic acid bacteria. [s.l.] Helsinki University of Technology.

Von Weymarn, N., Hujanen, M., Leisola, M., 2002. Production of d-mannitol by heterofermentative lactic acid bacteria. Process Biochemistry, 37 (11): 1207-13.

Wannawilai, S., Sirisansaneeyakul, S., Chisti, Y., 2014. Benzoate-induced stress enhances xylitol yield in aerobic fed-batch culture of Candida mogii TISTR 5892. Journal of Biotechnology, 194C: 58-66.

Winkelhausen, E., Kuzmanova, S., 1998. Microbial conversion of D-xylose to xylitol. Journal of Fermentation and Bioengineering, 86 (1): 1-14.

Wisselink, H.W., et al. 2002. Mannitol production by lactic acid bacteria: A review. International Dairy Journal, 12 (2–3): 151-61.

Wu, C., et al. 2013. Aspartate protects Lactobacillus casei against acid stress. Applied Microbiology and Biotechnology, 97 (9): 4083-93.

Yang, L.-B., et al. 2014. A novel osmotic pressure control fed-batch fermentation strategy for improvement of erythritol production by Yarrowia lipolytica from glycerol. Bioresource Technology, 151: 120-7.

Yang, L.-B., et al. 2015. Proteomic Analysis of Erythritol-Producing Yarrowia lipolytica from Glycerol in Response to Osmotic Pressure. Journal of Microbiology and Biotechnology, 25 (7): 1056-69, jul.

Solomon, P.S., Waters, O.D.C., Oliver, R.P., 2007. Decoding the mannitol enigma in filamentous fungi. Trends in Microbiology 15(6), 257–262.

Sreenivas Rao, R., Jyothi, C.P., Prakasham, R.S., Rao, C.S., Sarma, P.N., Rao, L.V., 2006. Xylitol production from corn fiber and sugarcane bagasse hydrolysates by Candida tropicalis. Bioresource Technol. 97, 1974–[illegible].

Tamburini, E., et al., 2010. [illegible] xylitol [illegible] production by Candida tropicalis. [illegible] Technology [illegible].

[illegible] Candida [illegible] 2010. [illegible] Microbiol. [illegible].

[illegible], 2005. A model of xylitol [illegible] Candida mogii. Bioprocess and Biosystems [illegible].

[illegible] Appl. Biochem. [illegible] Food Research [illegible].

[illegible] 2014. [illegible] Bioresource Technology [illegible].

[illegible] 2012. [illegible] Biotechnology [illegible].

[illegible] Research [illegible].

[illegible] Biotechnology [illegible].

[illegible] 2009. [illegible].

[illegible] University of Technology.

[illegible], M., [illegible] Biochemistry [illegible].

[illegible] 2014. [illegible] Candida [illegible] Journal of Biotechnology [illegible].

[illegible] 1998. [illegible].

[illegible] 2008. Mannitol production by lactic acid bacteria [illegible].

[illegible] 2014. [illegible].

[illegible] 2013. [illegible].

[illegible] 2015. [illegible] Journal of Microbiology and Biotechnology [illegible].

Capítulo 12

Produção de ácido cítrico

Luana Vieira da Silva • Felipe Valle do Nascimento • Priscilla Filomena Fonseca Amaral • Maria Alice Zarur Coelho

CONCEITOS APRESENTADOS NESTE CAPÍTULO

O ácido cítrico é um ácido orgânico tricarboxílico presente na maioria das frutas, sobretudo em cítricos como o limão e a laranja. Hoje, quase todo o ácido cítrico comercializado no mundo é produzido por fermentação (embora uma pequena parte ainda seja extraída de frutas cítricas, no México e na América do Sul). A importância à produção de ácido cítrico na indústria biotecnológica, farmacêutica e de alimentos advém por este ser um insumo cujas propriedades permitem garantir inocuidade ao produto final. Dentro deste contexto, a escolha do micro-organismo produtor tem papel relevante na produtividade do sistema e na forma de condução do processo fermentativo. O binômio micro-organismo-meio de cultivo deve levar em consideração os aspectos bioquímicos do processo, visto que o ácido cítrico é um composto intermediário de um ciclo metabólico e, para que ele se acumule, as atividades e expressões das diferentes enzimas envolvidas irão regular de forma significativa a produção do ácido, bem como a de outros compostos contaminantes. Em face dessa peculiaridade, o meio de fermentação e a forma de condução do processo precisam ser escolhidos em função do arcabouço metabólico do micro-organismo produtor, o que faz com que os tratamentos da matéria-prima sejam passos importantes no fluxograma da produção. Da mesma forma, os fatores externos influenciam a qualidade do produto formado. A recuperação do ácido cítrico requer novas metodologias que sejam ambientalmente mais amigáveis visando a redução de gasto energético, de água e de formação de subprodutos.

12.1 INTRODUÇÃO

A descoberta do ácido cítrico é atribuída ao alquimista islâmico Jabir Ibn Hayyan, no oitavo século depois de Cristo, mas esse composto só foi isolado e cristalizado pela primeira vez a partir de suco de limão pelo químico sueco Karl Wilhelm Scheele, em 1784. Sua produção comercial começou na Inglaterra, em 1860, na forma de citrato de cálcio extraído de limões importados da Itália (Grewal e Kalra, 1995; Papagianni, 2007).

A fermentação fúngica do ácido cítrico foi observada pela primeira vez por Wehmer, em 1893, em um cultivo de *Penicillium glaucum* em meio contendo açúcar. Depois de alguns anos, ele isolou duas novas cepas fúngicas com capacidade de acumular ácido cítrico, que foram designadas *Citromyces* (*Penicillium*). No entanto, as tentativas de produzir em escala comercial não tiveram sucesso devido a problemas de contaminação e aos longos períodos de fermentação. Em 1916, o químico americano James Currie descobriu inúmeras linhagens de *Aspergillus niger* que produziam quantidades significativas de ácido cítrico. O achado mais importante foi que *A. niger* podia ser cultivada em valores de pH baixos (cerca de 2,5-3,5) e altas concentrações de açúcares, favorecendo a produção de ácido cítrico e suprimindo a formação dos ácidos oxálico e glucônico (Grewal e Kalra, 1995; Soccol, Vandenberghe e Rodrigues, 2006).

O primeiro processo industrial usando *A. niger* começou em 1919, na Bélgica, e em 1923, a indústria Pfizer, nos Estados Unidos, iniciou a produção em escala industrial usando a tecnologia desenvolvida por Currie. Na década de 1950, nos Estados Unidos foi desenvolvida uma técnica mais eficiente que o processo anterior, a fermentação submersa, que é atualmente o modo de condução mais utilizado no processo de obtenção de ácido cítrico em larga escala (Grewal e Kalra, 1995; Papagianni, 2007).

12.1.1 Características e aplicações

O ácido cítrico ou citrato de hidrogênio ($C_6H_8O_7$), nome oficial do ácido 2-hidroxi-1,2,3-propanotricarboxilíco, é um ácido orgânico tricarboxílico fraco, com massa molecular de 210,14 g/mol. É um metabólito intermediário pertencente ao ciclo de Krebs, e é encontrado como um constituinte natural de uma variedade de frutas cítricas como limão, laranja, abacaxi, pera, pêssego e figo (Angumeenal e Venkappayya, 2013; Papagianni, 2007).

Devido à presença de três grupamentos carboxílicos, o ácido cítrico possui três valores de pKa: pH 3,1, 4,7 e 6,4, e uma acidez característica. Os íons citratos formam sais com cátions. O citrato de cálcio, por exemplo, é um importante sal, geralmente utilizado na preservação e condimentação dos alimentos. Além disso, os citratos podem quelar íons metálicos e, portanto, ser utilizados como conservantes.

À temperatura ambiente, o ácido cítrico é um pó cristalino branco. Pode existir na forma anidra e mono-hidratado. A forma anidra se cristaliza em água quente, enquanto na forma mono-hidratada se cristaliza em água fria. O ácido cítrico mono-hidratado pode ser convertido na forma anidra aquecendo-se acima de 74 °C. Quimicamente, o ácido cítrico compartilha as características de outros ácidos carboxílicos. Quando aquecido acima de 175 °C, se decompõe, produzindo dióxido de carbono e água (Nelson e Cox, 2002).

O ácido cítrico é amplamente utilizado em produtos alimentícios (70%), farmacêuticos (12%), cosméticos e em outros produtos industriais (18%) devido às suas propriedades como acidulante, conservante, ajustador de pH, aromatizante e antioxidante. É utilizado também como aditivo funcional em detergentes e cosméticos. Seu emprego em alimentos representa 55 a 65% do mercado total de acidulantes, contra 20 a 25% pelo ácido fosfórico e 5% correspondendo ao ácido málico (Soccol, Vandenberghe e Rodrigues, 2006).

É comumente utilizado como conservante natural (antioxidante), conhecido também como acidulante INS 330, dando um sabor ácido e refrescante em alimentos e bebidas. O ácido cítrico é um aditivo alimentar versátil e inócuo. É aceito como GRAS (Generally Recognized As Safe/Amplamente Reconhecido como Seguro) pelo órgão governamental do Estados Unidos responsável pelo controle de alimentos, a FDA (Food and Drug Administration), e considerado um aditivo alimentício seguro pelo comitê da FAO (Food and Agriculture Organization of the United Nations/ Organização das Nações Unidas para Alimentação e Agricultura) e da WHO (World Health Organization/Organização Mundial da Saúde), sem restrições à quantidade (Rymowicz, Rywińska e Gładkowski, 2008; Soccol, Vandenberghe e Rodrigues, 2006).

Na indústria de alimentos, o ácido cítrico é usado em larga escala na fabricação de refrigerantes, sobremesas, conservas de frutas, geleias, doces, vinhos, na composição de sabores artificiais de refrescos em pó e na preparação de alimentos gelatinosos (Grewal e Kalra, 1995).

Devido à sua capacidade de complexação com metais pesados como o ferro e o cobre, é utilizado em instalações industriais. Essa propriedade tem conduzido à crescente utilização como estabilizante de óleos e gorduras para reduzir a oxidação catalisada por esses metais, e esta propriedade, aliada ao baixo grau de corrosividade a certos metais, tem permitido seu uso na limpeza de caldeiras e instalações especiais (Grewal e Kalra, 1995).

Na indústria farmacêutica, é usado como estabilizante do ácido ascórbico em virtude da sua ação quelante. Nos antiácidos e analgésicos efervescentes, o ácido cítrico é utilizado juntamente com carbonatos e bicarbonatos para gerar CO_2, e atua como coagulante em transfusão sanguínea (Lima *et al.*, 2001).

Na indústria de cosméticos é usado para ajustar o pH de loções adstringentes, como sequestrante em cremes de lavagem ("rinse") e fixadores de cabelo. No setor de embalagens, ésteres de ácido cítrico, como trietil, tributil e acetildibutil, são usados como plastificantes não tóxicos nas películas plásticas de embalagens de alimentos. Em galvanoplastia, ele é usado em curtumes e na reativação de poços de petróleo, sendo empregado como agente sequestrante (Lima *et al.*, 2001).

Há um interesse crescente em aumentar a produção de ácido cítrico em razão de muitas aplicações avançadas. Os estudos revelam o seu potencial uso em biopolímeros, em *drug delivery*, em engenharia de tecidos para o cultivo de uma variedade de células e em muitas outras aplicações biomédicas. Além de ambientalmente sustentável, o ácido cítrico pode ser utilizado na remoção eficiente de resíduos de fluxo pós-solda por militares (Guilhermo *et al.*, 2010).

12.1.2 Mercado mundial

O ácido cítrico é uma *commodity*, produzida e consumida em todo o mundo. Em virtude das suas inúmeras aplicações e do aumento da demanda e consumo, o volume de produção de ácido cítrico tem uma taxa anual de crescimento prevista em 5,5%, entre 2015 e 2020. O mercado global para o ácido cítrico envolveu US$ 2,6 bilhões em 2014, com previsão de chegar a US$ 3,6 bilhões em 2020 (http://www.marketsandmarkets.com/PressReleases/citric-acid.asp, 2016).

Um dos parâmetros mais importantes que explicam o sucesso comercial do ácido cítrico é o enorme tamanho do mercado. Embora seja uma das fermentações industriais mais antigas, a produção mundial continua em crescimento. A produção mundial de ácido cítrico foi de cerca de 879.000 toneladas em 1997, mais de 1,4 milhão de toneladas em 2004, e 1,7 milhão de toneladas em 2013. Este valor excede a produção de qualquer outro ácido orgânico obtido por micro-organismos. e o consumo deste ácido cresce principalmente por causa do seu emprego em alimentos e bebidas e devido ao aumento do uso de sais de ácido cítrico (principalmente o sal de cálcio) em produtos de consumo relacionados com a saúde (Magnuson e Lasure, 2004).

Os principais produtores de ácido cítrico na América do Norte e na Europa Ocidental incluem *Archer-Daniels-Midland Company* (U.S.), *Cargill, Incorporated* (U.S.), *Tate & Lyle PLC* (U.K.), e *Jungbunzlauer Suisse AG* (Switzerland). *Gadot Biochemical Industries* de Israel e *Anhui* BBCA *Biochemical* da China também são grandes fornecedores. A BBCA é a maior estatal chinesa na produção de ácido cítrico, e detém 20% do mercado mundial. A intensa competição e preços relativamente baixos fizeram com que muitos fabricantes pequenos de ácido cítrico da América do Norte e da Europa fechassem seus negócios na última década. Consequentemente, grandes produtores se beneficiaram com a economia de escala (Soccol *et al.*, 2006).

Com o propósito de atender a demanda do mercado consumidor latino-americano, a Cargill inaugurou no Brasil, em 2000, no complexo industrial de Uberlândia (MG), uma unidade para a produção de ácido cítrico, com capacidade de 48 mil toneladas/ano (Revista Cargill, 2011). A previsão é que a fábrica em Minas Gerais receba investimentos de mais de 75 milhões de reais para elevar a produção de ácido cítrico, amidos modificados e ração animal.

A Ásia é o maior consumidor de ácido cítrico, e a China é o maior participante no mercado do ácido cítrico, sendo responsável por 59% da produção mundial em 2012. A América do Norte é o segundo maior mercado de ácido cítrico, sendo responsável por 24% do consumo mundial, e a Europa Ocidental é o terceiro maior mercado, respondendo por quase 23% do consumo mundial deste ácido.

12.2 MICRO-ORGANISMOS PRODUTORES

Um grande número de micro-organismos como bactérias, fungos filamentosos e leveduras tem sido utilizado com uma variedade de substratos para a produção biológica de ácido cítrico, como indicado na Tabela 12.1 (Papagianni, 2007).

TABELA 12.1 Micro-organismos produtores de ácido cítrico

Fungos filamentosos	*Aspergillus niger, A. awamori, A. clavatus, A. nidulans, A. fonsecaeus, A. luchensis, A. phoenicus, A. wentii, A. saitoi, A. flavus, Absidia sp., Acremonium sp., Botrytis sp., Eupenicillium sp., Mucor piriformis, Penicillium citrinum, P. janthinellu, P. luteum, P. restrictum Talaromyces sp., Trichoderma viride, Ustulina vulgaris.*
Leveduras	*Candida tropicalis, C. catenula, C. guilliermondii, C. intermédia, Pichia, Debaromyces, Kloekera, Saccharomyces, Zygosaccharomyces, Yarrowia lipolytica, Hansenula, Torula, Torulopsis.*
Bactérias	*Arthrobacter paraffinens, Bacillus licheniformis, Corynebacterium ssp.*

Fonte: Dhillon *et al.* (2011a).

Entretanto, a maior parte destes micro-organismos não é capaz de produzir rendimentos comercialmente aceitáveis porque o ácido cítrico é um metabólito do metabolismo de energia, e o seu acúmulo em quantidades apreciáveis é o resultado de severas irregularidades no metabolismo causado por deficiências genéticas ou desequilíbrios metabólicos (Sanchez-Riera, 2010).

Entre as estirpes referidas, o fungo *A. niger* permanece como principal micro-organismo para a produção comercial porque produz mais ácido cítrico por unidade de tempo. As principais vantagens da utilização de *A. niger* são a facilidade de manuseio desse micro-organismo, a sua capacidade de fermentar uma variedade de matérias-primas baratas e os altos rendimentos. Linhagens industriais que produzem ácido cítrico comercial não estão disponíveis livremente, e apenas algumas podem ser obtidas a partir de coleções de culturas internacionais (Soccol *et al.*, 2006).

Algumas cepas específicas de *A. niger* em diferentes tipos de processos fermentativos capazes de produzir ácido cítrico em excesso já foram desenvolvidas. Pelo rendimento teórico, 112 g de ácido cítrico anidro são produzidos com 100 g de sacarose. No entanto, na prática, devido a perdas durante a fase exponencial do crescimento, o rendimento de ácido cítrico a partir dessas cepas muitas vezes não excede 70% do rendimento teórico em fonte de carbono (Max *et al.*, 2010).

Cepas mutantes de *A. niger* também são usadas na produção comercial de ácido cítrico. A mutação é um processo pelo qual as características de uma estirpe são melhoradas fisiológica e morfologicamente, o que resulta em melhorar a cinética do processo. A permeabilidade da membrana é alterada em tais condições, promovendo a mutação do micro-organismo. Entre as técnicas utilizadas para esta modificação tem-se radiação γ, a radiação UV e químicos mutagênicos (Soccol *et al.*, 2006).

Embora em escala industrial o procedimento convencional de produção de ácido cítrico utilize *A. niger* e melaço como matéria-prima, durante os últimos 30 anos, o interesse de pesquisadores em usar processos alternativos de cultivo envolvendo espécies de levedura cresceu, uma vez que a demanda por ácido cítrico tem aumentado. Os gêneros de leveduras que são conhecidos por produzir ácido cítrico a partir de várias fontes de carbono incluem *Candida*, *Hansenula*, *Pichia*, *Debaromyces*, *Torula*, *Torulopsis*, *Kloekera*, *Saccharomyces*, *Zygosaccharomyces* e *Yarrowia* (Soccol *et al.*, 2006; Papagianni, 2007),

A produção de ácido cítrico por levedura é realizada em cultura submersa, utilizando principalmente processos batelada, mas também em cultura contínua e com células imobilizadas. Existem vários estudos demonstrando a capacidade de espécies de leveduras em produzir grande quantidade de ácido cítrico a partir de n-alcanos e carboidratos. Durante as décadas de 1960 e 1970, os hidrocarbonetos eram relativamente baratos e, por isso, foram usados na produção comercial de ácido cítrico por leveduras *Candida sp.*, como *C. tropicalis*, *C. catenula*, *C. guilliermondii* e *C. intermediate*. Porém esta produção não é mais econômica, mas as leveduras estão sendo estudadas para produzir ácido cítrico a partir de outras fontes de carbono (Papagianni, 2007).

Especificamente a *Yarrowia lipolytica, Candida guillermondii* e *Candida oleophila* têm sido aplicadas para a produção de ácido cítrico usando várias fontes renováveis ou resíduos como matéria-prima (Finogenova *et al.*, 2005; Rymowicz *et al.*, 2006). Contudo, as únicas espécies conhecidas que são capazes de maximizar a produção de ácido cítrico a partir de resíduos são as cepas selvagens e mutantes de *Y. lipolytica*. Essa levedura, bem como o fungo filamentoso *A. niger*, é considerada o produtor potencial de ácido cítrico (Rymowicz *et al.*, 2008).

O uso de leveduras do gênero *Candida* ou *Yarrowia* apresenta algumas vantagens em relação ao fungo filamentoso, tais como: mais resistência a elevadas concentrações de substratos; maior taxa de conversão; maior produtividade; melhor controle do processo devido à natureza unicelular da levedura; e mais tolerância a íons metálicos, permitindo o uso de matéria-prima menos refinada. A produção de ácido cítrico pela levedura poderá ser no futuro uma alternativa à *A. niger*, especialmente se a biomassa de levedura produzida for utilizada como um aditivo à alimentação dos animais e não como um subproduto do processo (Fickers *et al.*, 2005; Kamzolova *et al.*, 2006).

A produção convencional de ácido cítrico é um processo complexo e ecologicamente inseguro, em virtude das características do melaço utilizado como matéria-prima, que exige pré-tratatamento para remoção dos metais Fe^{+2} ou Mn^{+2} com ferrocianeto, por exemplo, concentrados de ácidos e álcalis que são usados durante todo o processo (Finogenova *et al.*, 2005).

Uma desvantagem do uso da levedura *Yarrowia lipolytica* é a produção simultânea de ácido isocítrico durante a fermentação, que pode variar entre 1:1 e 20:1 de acordo com a cepa de levedura, a fonte de carbono e a concentração de micronutrientes. O ácido isocítrico possui habilidade tamponante e quelante inferior em comparação ao ácido cítrico, e a cristalização do ácido cítrico durante o processo de purificação é prejudicada por contaminações com ácido isocítrico em níveis acima de 5% (Rywinska *et al.*, 2011). Portanto, a seleção de uma cepa de levedura faz com que produza uma alta razão de ácido cítrico: o ácido isocítrico tem sido relatado como a principal característica de um processo de produção de ácido cítrico por *Yarrowia lipolytica*. A seleção de cepas mutantes com baixa atividade de aconitase tem sido usada na tentativa de reduzir a produção de ácido isocítrico (Yalcin *et al.*, 2010; Papagianni, 2007).

12.3 METABOLISMO

Apesar das principais vias do metabolismo serem muito comuns a diversos micro-organismos, a sua regulação durante uma fermentação pode variar largamente de acordo com as condições de cultivo, de forma que uma abordagem unificada se torna muitas vezes bastante complicada. Tendo em vista a simplificação, serão abordadas as condições dos processos de acúmulo do ácido cítrico sugeridos até o momento na literatura, embora os mecanismos completos de acúmulo ainda não estejam completamente esclarecidos. Portanto, serão tratados alguns aspectos da utilização de determinadas condições do processo de produção para os micro-organismos *A. niger* e *Y. lipolytica*, os quais têm sido mais intensamente estudados.

Em *A. niger*, a produção de ácido cítrico é resultado do acúmulo deste intermediário do ciclo do ácido tricarboxílico (TCA – Tricarboxilic Citric Acid Cycle), em razão da alteração do padrão de atividade de algumas enzimas do ciclo, provocada por fatores externos, principalmente a deficiência de fosfato, nitrogênio e íon manganês (Mn^{+2}), além de altas concentrações da fonte de carbono. Para este fungo, a sacarose é o substrato ideal, porém o uso de concentrações muito elevadas pode inibir o crescimento. Além de níveis elevados de fonte de carbono, baixas concentrações da fonte de nitrogênio limitam o crescimento do micro-organismo, de forma que após a parada do crescimento possa haver o acúmulo do ácido (Papagianni, 2007).

Portanto, o controle da produção do ácido cítrico está intimamente ligado aos componentes do meio de fermentação, às enzimas que atuam no fornecimento de intermediários ao TCA, assim como às enzimas atuantes nele, para cada espécie de micro-organismo utilizado, e à manutenção dos níveis adequados de potencial de oxidorredução da célula. Dessa forma, não somente o estudo dessa importante etapa metabólica se faz necessário, mas também das vias que a alimentam. A Figura 12.1 mostra um esquema resumido da via metabólica glicolítica e do TCA.

O acúmulo de ácido cítrico se dá, conforme citado anteriormente, como um conjunto de desbalanceamentos do metabolismo. Nesse sentido, o primeiro conjunto de enzimas a ser considerado é aquele que produz (citrato sintase) e consome os ácidos cítrico (aconitase) e isocítrico (isocitrato desidrogenase). As enzimas relacionadas com a produção de ácido isocítrico desempenham papel fundamental, pois, como já mencionado, ele é produzido concomitantemente, em maiores proporções, em leveduras como a espécie *Y. lipolytica*, e tem propriedades químicas inferiores, representando uma diminuição no rendimento e lucratividade do processo (Rywinska *et al.*, 2011).

A enzima citrato sintase catalisa a reação de condensação entre o oxaloacetato e o acetil-CoA, formando como produtos o citrato, a CoA—SH e H^+.

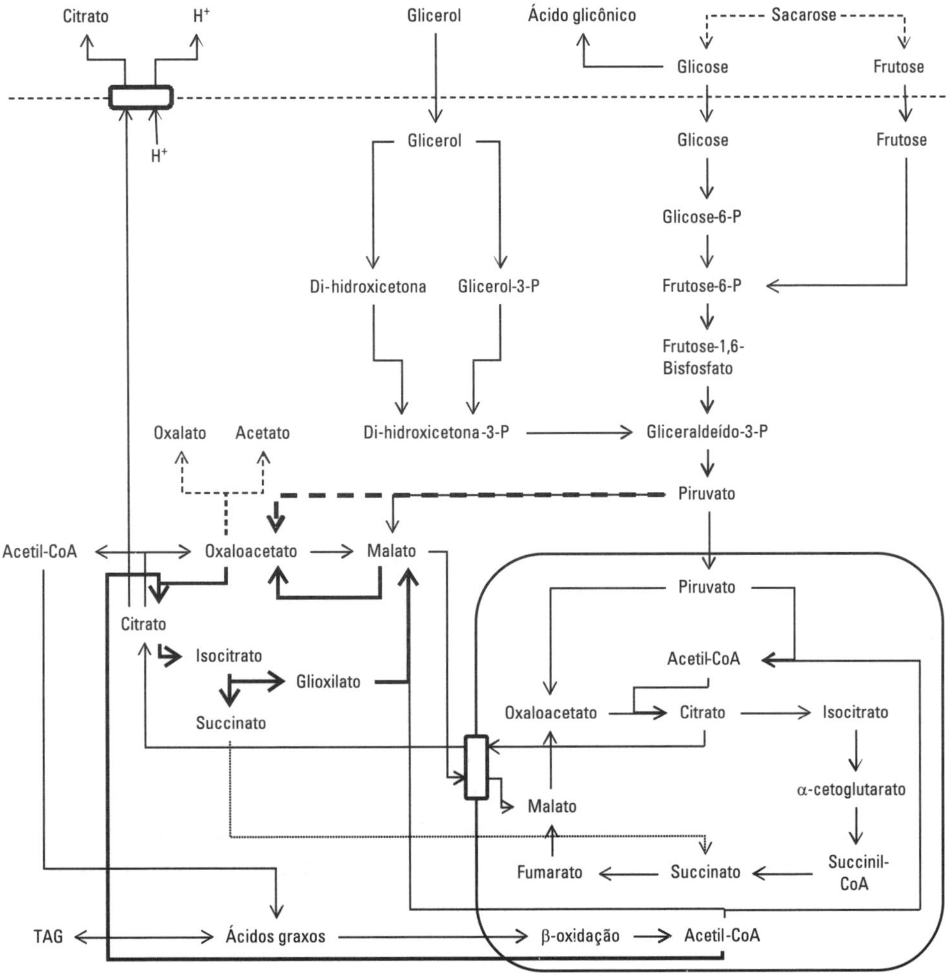

FIGURA 12.1 Resumo das vias metabólicas implicadas na produção de ácido cítrico pelo fungo filamentoso *Aspergillus niger* e pela levedura *Yarrowia lipolytica* (linhas cheias). As linhas tracejadas representam reações que ocorrem principalmente ou exclusivamente em *A. niger*, sendo a reação em linha grossa a via obrigatória de produção de oxaloacetato oriundo da carboxilação do piruvato. *Fonte:* Adaptado de Papagianni (2007).

Devido ao mecanismo de ação da enzima, ela é mais sensível à concentração de oxaloacetato. Logo, o acúmulo ou o aumento no fornecimento de oxaloacetato pode levar a um aumento na atividade da enzima e consequente acúmulo de citrato (em combinação com outros fatores). O oxaloacetato é produzido pela ação da enzima piruvato carboxilase, que catalisa a reação entre o piruvato e o CO_2 dissolvido na forma de bicarbonato. Essa enzima pode ser encontrada tanto no interior da mitocôndria quanto no citosol, e essa característica varia de acordo com o micro-organismo utilizado. No entanto, a maioria dos micro-organismos possui essa enzima localizada na mitocôndria, exceto alguns fungos filamentosos como o *A. niger* (Bercovitz *et al.*, 1990). Quando a enzima está localizada no citosol, o oxaloacetato deve ser transformado, portanto, em malato, para que este seja transportado para o interior da mitocôndria por um mecanismo de transporte antiporte com o citrato mitocondrial e ser utilizado no TCA, sendo este o mecanismo para o transporte de citrato trivalente para o citoplasma. No citoplasma, o citrato trivalente é protonado e transportado para o meio externo em um transporte simporte com prótons, sendo uma possível explicação para o mecanismo de regulação interna do pH (García e Torres, 2011).

A enzima aconitase é aquela que catalisa a isomerização do isocitrato a partir do citrato. Essa enzima também é encontrada no citosol, para produção de isocitrato para outros fins biossintéticos. O sítio ativo da enzima possui um *cluster* de enxofre e ferro (*cluster* [FE-S]), e a presença ou não desse *cluster* está associada à quantidade de ferro disponível, o qual regula a atuação da enzima no citosol como proteína de regulação de ferro (IRP – Iron Regulatory Protein) ou aconitase. Assim, quando a célula está em deficiência de ferro, a enzima perde o cluster, liberando o ferro para o meio, perdendo atividade aconitase e atuando como IRP (Narahari *et al.*, 2000). Este fato pode contribuir para o acúmulo de citrato no citosol, necessário à sua secreção.

A enzima isocitrato desidrogenase é a enzima que catalisa a transformação reversível do isocitrato em α-cetoglutarato. A reação envolve a redução de NAD^+ (somente no interior da mitocôndria) ou $NADP^+$ (na mitocôndria ou citosol) seguida da descarboxilação da molécula intermediária, oxalossuccinato, que é estabilizada pela presença dos cátions Mn^{2+} ou Mg^{2+}. É uma enzima que é inibida por citrato ou α-cetoglutarato no seu formato $NADP^+$ dependente (Papagianni, 2007).

Em *Y. lipolytica*, que é uma levedura oleaginosa, a baixa concentração de amônio (NH_4^+), em virtude da exaustão de nitrogênio do meio de cultivo, leva à clivagem de AMP (adenosina monofosfato), que é um efetor alostérico positivo da isocitrato desidrogenase. Logo, a enzima perde atividade e ocorre o bloqueio do ciclo, havendo o acúmulo de isocitrato e citrato no citosol (Ratledge e Wynn, 2002). Quando cultivada em glicerol, observa-se uma fase biogênica (crescimento), seguida de uma fase lipogênica (muito rápida), responsável pelo acúmulo de carbono no formato de lipídeos, os quais são posteriormente degradados para a produção de ácido cítrico no momento em que se observa uma queda na atividade da enzima glicerol quinase (responsável pela fosforilação do glicerol a glicerol-3-P). Sugere-se que a produção seja então regulada pela atividade da isocitrato desidrogenase, com diminuição brusca na atividade da enzima NAD^+ dependente e com atividade somente da fração citoplasmática da forma $NADP^+$ dependente (Makri, Fakas e Aggelis, 2010). É possível a produção de lipídeos ou excreção do ácido cítrico a partir de glicose, sendo reportado que valores diferentes da relação carbono/nitrogênio (C/N) em cultivo contínuo levam ao acúmulo de triacilglicerídeos (0,085 mol N mol^{-1}C) ou ácido cítrico (0,021 mol N mol^{-1} C) (Ochoa-Estopier e Guillouet, 2013). No caso da produção de lipídeos, a enzima citrato liase catalisa a conversão do citrato em oxaloacetato e acetil-CoA, utilizando ATP. O acetil-CoA pode então prosseguir para o restante das etapas de biossíntese de lipídeos e TAG, sendo que a deleção dos genes responsáveis pela expressão dessa enzima reduz a produção de lipídeos na faixa de 60 a 80%, confirmando o papel dessa enzima nesta via metabólica (Dulermo *et al.*, 2015).

A regulação das vias metabólicas também é realizada por outros efetores como o ATP (adenosina trifosfato) e seus derivados (ADP, adenosina difosfato e AMP), $NADH/NAD^+$, NH_4^+, citrato etc. e os mecanismos de acúmulo parecem ser distintos entre as espécies produtoras. O ácido cítrico é um inibidor da enzima PFK (*phosphofructokinase*), uma das enzimas alostéricas que regulam a glicólise catalisando a reação de fosforilação da frutose-6-fosfato a frutose-1,6-bisfosfato. Embora o efeito do citrato seja antagonizado pela presença de íons amônio no interior da célula, estudos mostraram que não há um acúmulo de íons amônio no interior da célula de *A. niger* que justifique o acúmulo de ácido cítrico sem que haja inibição da PFK. De fato, estudos mais recentes mostram que há fixação do nitrogênio inorgânico em nitrogênio orgânico, na forma de glucosamina (Papagianni, Wayman e Mattey, 2005). Todavia, não há certeza sobre a enzima que catalisa a reação, sendo sugerida a ação da glucosamina-6-P desaminase (sem descartar a ação da glutamina-frutose-6-P transaminase) (Šolar, Turšicˇ e Legiša, 2008). No entanto, outra enzima similar à PFK foi isolada desta espécie, a qual não apresentou inibição pelo citrato, sendo então a modificação pós-traducional uma possível explicação para o acúmulo de citrato. A produção dessa enzima *in vitro* através de clivagem e fosforilação da PFK isolada gerou exatamente a enzima isolada nas células, o que corrobora a hipótese do processamento pós-traducional responsável pela não regulação da ação da PFK pelo citrato. Além disso, altas concentrações de ADP/AMP e Mg^{+2} ativam a PFK, assim como baixos níveis de NAD^+, garantindo um sobrefluxo de carbono na via glicolítica (Mlakar e Legiša, 2006).

Para que o sobrefluxo seja atingido, é necessário que haja o desacoplamento da produção de ATP do processo de oxidação de NADH durante a fosforilação oxidativa, caso contrário, ocorreria a inibição de várias etapas da glicólise e do TCA tanto pelo ATP quanto pelo NADH, durante a produção de ácido cítrico por *A. niger*. O que possibilita esse desacoplamento é a presença de uma segunda via de oxidação de NADH, a respiração não sensível ao cianeto e sensível ao SHAM (ácido salicilhidroxâmico), que não é associada à produção de ATP.

Uma vez que a célula, na fase de produção, não possui mais uma alta demanda energética, provavelmente a produção de ATP é suprida em nível de substrato, havendo baixa necessidade de realizar a fosforilação oxidativa (Papagianni, 2007). Para que a via alternativa esteja ativa, é necessário que o gene da oxidase alternativa (AOX) seja expresso constitutivamente, o que é atingido quando ocorre o estresse osmótico (altas concentrações de açúcar e sais) e oxidativo (altas vazões de ar) (Honda, Hattori e Kirimura, 2012). Esse complexo reduz o oxigênio a água diretamente, sem produção de energia em forma de ATP, de modo que há perda de energia sob a forma de calor para o sistema e restabelecimento do NAD^+. Estudos utilizando um inibidor da fosforilação oxidativa (antimicina A) mostraram que a sua inibição aumenta a produção de ácido cítrico, pois leva a maiores taxas de consumo de substrato e à redução da concentração intracelular de ATP e ao fortalecimento da oxidação de NADH (Wang *et al.*, 2015). Já foi identificada também a relação de proporcionalidade entre a atividade do complexo I da fosforilação oxidativa e a concentração de íons Mn^{+2} (Wallrath *et al.*, 1992), de maneira que a ausência desse íon dá suporte à presença do mecanismo alternativo de oxidação do NADH. Essa via respiratória alternativa também está presente em *Y. lipolytica*, sendo observada durante a fase estacionária do cultivo, propiciando menores quantidades de espécies reativas de oxigênio, e sugerindo um papel fisiológico para o desacoplamento (Guerrero-Castillo *et al.*, 2012).

Por outro lado, algumas hipóteses para o acúmulo de ácido cítrico se baseiam na capacidade transportadora de íons citrato. García e Torres (2011) estudaram a modelagem da regulação interna do pH microbiano durante a produção de ácido cítrico por *A. niger*, considerando o transporte mitocondrial antiporte com malato (largamente aceito na literatura) e a secreção do citrato monovalente (após o citrato trivalente ser protonado) para o meio externo em um transporte ativo simporte com prótons, com posterior formação do ácido cítrico não dissociado, que é favorecido pelo pH externo, o qual é inferior ao pKa da primeira dissociação. Consideraram, ainda, que o citrato não é internalizado, uma vez que não há Mn^{2+} disponível para tal. Os resultados indicam que a secreção do ácido cítrico, após o acúmulo interno, é necessária para a manutenção do pH citoplasmático em face do pH externo muito inferior, sendo que o aumento do transporte citoplasmático acarreta o acúmulo de citrato no citoplasma, enquanto o aumento de transporte mitocondrial aumenta o transporte de ácido α-cetoglutárico para o citoplasma. A hipótese de transporte contra o gradiente de concentração de citrato deve estar associada ao transporte a favor do gradiente de prótons para que haja energia suficiente para que aconteça, caracterizando-o como um transporte ativo. Segundo Burgstaller,

Zanella e Sehinner (1994), a excreção de prótons ocorreria em virtude de uma característica inerente aos fungos, aliada à capacidade tamponante dos íons citrato do meio externo de capturar estes prótons e manter o gradiente.

Em relação às leveduras, Anastassiadis e Rehm (2005) revelaram que para a levedura *Candida oleophila* o transporte citoplasmático é ativo e dependente do pH da fermentação. Estudos recentes mostram que a habilidade da levedura *Y. lipolytica* de secretar ácidos orgânicos está relacionada com a expressão de proteínas transportadoras transmembranares para carboxilatos não específicos (isocitrato não foi analisado). A expressão desses genes em *Saccharomyces cerevisiae*, após deleção dos sistemas de transporte para carboxilatos e inserção dos genes de *Y. lipolytica*, em meio de cultivo contendo os carboxilatos, mostrou a presença desses carboxilatos no interior da célula, indicando a função dessas proteínas (Guo *et al.*, 2015).

A enzima isocitrato liase é uma das enzimas participantes do ciclo do glioxilato, catalisando a produção de glioxilato e succinato. O ciclo é uma das vias responsáveis por repor os níveis dos intermediários do ciclo do TCA. Essas vias de reposição são chamadas vias anapleróticas. No caso do ciclo do glioxilato, que ocorre no citoplasma (pode ocorrer também em peroxissomos em plantas), há a reposição dos intermediários através da utilização de compostos de dois carbonos, sob o formato de acetil-CoA, para formar os intermediários do TCA de quatro carbonos, de modo que não há perda líquida de CO_2 durante o ciclo, permitindo o crescimento microbiano a partir de compostos como acetato e etanol. Já no TCA ocorre a perda de carbono nas duas etapas de descarboxilação oxidativa responsáveis pela produção de α-cetoglutarato e succinato. Além disso, esta via pode estar associada à produção de lipídeos, uma vez que o acetil-CoA pode ser fornecido como produto da β-oxidação de lipídeos. No contexto da produção de ácido cítrico, a enzima isocitrato liase exerce um papel importante, uma vez que evita o acúmulo de isocitrato. Para que essa via aconteça, é importante ressaltar que é necessário que todas as enzimas estejam presentes no citoplasma. Além da isocitrato liase, a segunda enzima essencial é a malato sintase, que faz a condensação do glioxilato com o acetil-CoA, para formação do malato. Estudos já mostraram que este ciclo não é ativo durante a produção de ácido cítrico por *A. niger* (Kubicek *et al.*, 1988). No entanto, a via é ativa em *Y. lipolytica* VKM Y-2373, e ocorre aumento da atividade da malato sintase e isocitrato liase quando o glicerol residual da produção do biodiesel, ou seja, que contém lipídeos residuais, é utilizado como fonte de carbono em vez de glicerol puro, indicando a sua relação com as vias metabólicas relativas aos lipídeos no suprimento de intermediários do TCA (Kamzolova *et al.*, 2015).

O ácido oxálico e o ácido glicônico são dois subprodutos que podem ser produzidos por *A. niger* no caso em que as condições de cultivo não sejam favoráveis à produção de ácido cítrico (pH 2 a 3). O ácido glicônico é produzido quando há excesso de oxigenação do meio de cultivo, levando à oxidação direta da glicose ao ácido quando a enzima glicose oxidase é excretada no meio, nos estágios iniciais do cultivo, caso o pH esteja acima de 3,5 (Dronawat, Svihla e Hanley, 1995; Roukas e Harvey, 1988). O ácido oxálico é produzido quando o pH da fermentação é mantido na faixa de 4,5 a 6, através da ação da enzima oxaloacetato hidrolase, localizada no citosol, que catalisa a hidrólise do oxaloacetato a acetato e ácido oxálico (Kubicek *et al.*, 1988). Esses dois subprodutos podem então ser evitados simplesmente modificando as condições operacionais do processo, principalmente o pH. No entanto, para a levedura *Y. lipolytica*, o pH ideal está situado na faixa de 4,5 a 5,5 (Morgunov, Kamzolova e Lunina, 2013; Tomaszewska *et al.*, 2014), sendo que valores de pH mais baixos levam à formação de outros produtos, como o ácido α-cetoglutárico (Kamzolova *et al.*, 2012) ou polióis como eritritol e manitol (Rymowicz, Rywińska e Marcinkiewicz, 2009; Tomaszewska *et al.*, 2014; Yang *et al.*, 2014).

12.4 MEIOS E CONDIÇÕES DE CULTIVO

Pensando sob a ótica da produção industrial, o substrato ideal é aquele que possui menor custo de adequação para a fermentação. Nesse sentido, o uso de açúcares diretamente fermentáveis, como frutose, glicose e sacarose, ou de materiais com alto conteúdo desses açúcares é favorável. No entanto, com a crescente preocupação em relação à destinação correta de resíduos agroindustriais, a valorização destes seria uma opção mais barata e largamente disponível para utilização em processos fermentativos.

Não somente as características físico-químicas da matéria-prima devem ser analisadas, mas também os aspectos econômicos que podem ser o fator limitante durante a sua escolha, de forma que as seguintes considerações podem e devem ser feitas:

- Qual o impacto do custo de transporte da matéria-prima, considerando a distância percorrida, as condições nas quais o transporte será realizado e a estocagem após o transporte, na viabilidade econômica do processo?
- Qual o custo de pré-tratamento da matéria-prima disponível? Durante este beneficiamento, ocorre a liberação de produtos tóxicos ao micro-organismo que inviabilizem a fermentação?

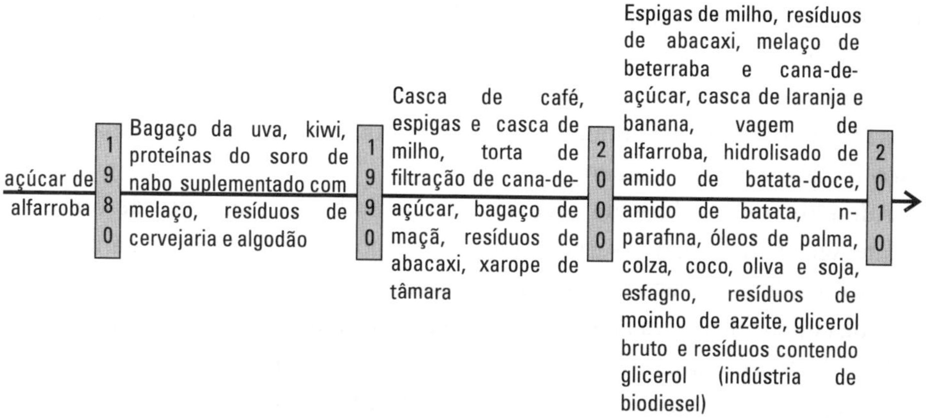

FIGURA 12.2 **Resíduos agroindustriais utilizados no desenvolvimento e pesquisa de processos de produção de ácido cítrico ao longo do tempo.**
Fonte: Adaptado de Dhillon *et al.* (2011a).

- O resíduo pode ser obtido no decorrer de todo o período de operação anual da fábrica ou este está sujeito a sazonalidades da produção agrícola?
- Qual é a concentração do substrato disponível na matéria-prima que será prontamente utilizado pelo micro-organismo para a produção do ácido cítrico? Tal concentração permite a utilização direta, ou exige uma suplementação?

Após a resposta de todas estas perguntas, o produtor deve ter uma noção quantitativa do custo associado à matéria-prima, de forma que a combinação de maior concentração de substrato disponível com menor custo associado à obtenção e à adequação da matéria-prima leve a processos de produção mais lucrativos.

Ao redor do mundo, as mais variadas matérias-primas são apontadas como promissoras fontes de substrato para a produção do ácido cítrico, estritamente ligadas à atividade econômica local. Logo, a composição delas varia conforme cada produção sazonal, além das diferenças inerentes às diversas matérias-primas. A Figura 12.2 mostra algumas das fontes alternativas utilizadas no desenvolvimento de bioprocessos para a produção de ácido cítrico ao longo da História. Embora a questão da valorização de resíduos tenha ganhado força com a crescente pressão sob a manutenção da qualidade ambiental do planeta, o tema já é alvo de estudos há pelo menos 40 anos.

Nota-se que na Figura 12.2 há um aumento na variedade de resíduos sendo utilizados ao longo das décadas. Ainda, no período de 2000 a 2010, observa-se como tendência o desenvolvimento de processos utilizando matérias-primas oleaginosas, que têm implicações importantes na condução do processo, além de apresentarem menos contaminantes metálicos. Além disso, a utilização de substratos oleaginosos cria a oportunidade de desenvolvimento de processos usando micro-organismos como a levedura *Y. lipolytica*, que tem alta afinidade por substratos hidrofóbicos, o que também implica o estudo das vias que estão relacionadas com o metabolismo de lipídeos.

Ademais, os resíduos de diversas etapas de beneficiamento de um único produto agroindustrial, que seriam descartados, podem ser utilizados para fermentação, tornando o processo mais ambientalmente correto ao englobar uma fração maior da cadeia produtiva da matéria-prima. Um exemplo disso é a utilização dos resíduos do processamento de maçãs; nesse caso, o bagaço da maçã, proveniente da prensagem para extração do suco, e a torta formada após clarificação do suco proveniente da prensagem, em fermentação em estado sólido e submersa, respectivamente (Dhillon *et al.*, 2011b).

A fração das matérias-primas que apresentam a porção lignocelulósica pode ainda ser outra fonte de substrato para a fermentação submersa, uma vez que as tecnologias de processamento dessa fração do material vegetal tenham sido desenvolvidas a ponto de tornar seu uso economicamente vantajoso. Isso significa utilizar processos com capacidade para hidrolisar a matéria-prima de forma que libere compostos capazes de serem assimilados pelos micro-organismos e separar os possíveis compostos inibitórios, que são empecilhos para o uso de resíduos lignocelulósicos em fermentações submersas.

O beneficiamento das matérias-primas inclui, na maioria dos casos, a cominuição e o ajuste do tamanho de partícula (0,6 a 2 mm), o aumento da disponibilidade da fonte de carbono (utilizando tratamentos químicos, físicos ou biológicos), o ajuste de pH, a remoção de íons que prejudiquem a atividade metabólica desejada, o ajuste das concentrações de outros componentes essenciais, entre outros. Partículas menores fornecem maior área superficial para a atividade microbiana e maior transferência de massa e calor, mas tamanhos reduzidos podem causar a aglomeração da matéria-prima (Dhillon *et al.*, 2011a). A cada etapa incluída no processo aumenta-se o custo de produção, de forma que é necessário verificar a viabilidade do processo de tratamento da matéria-prima.

12.4.1 Fontes de carbono, nitrogênio, fosfóro, enxofre e metais traço

Como citado anteriormente, o uso de diferentes relações C/N pode levar a diferentes produtos obtidos durante a fermentação. Embora haja pesquisa com os mais variados tipos de subprodutos ou resíduos agroindustriais, os processos de produção industrial do ácido cítrico utilizam, majoritariamente, o fungo *Aspergillus niger*, e, normalmente, como principal fonte de carbono para o crescimento microbiano, melaços de cana e beterraba, glicose ou sacarose (hidrólise da sacarose gera glicose e frutose), xarope de glicose da hidrólise de amido, bagaço de mandioca, casca de café, hidrolisado de milho, caldo de cana e açúcar (Lazar, Walczak e Robak, 2011; Leangon, Maddox e Brooks, 2000; Max *et al.*, 2010), dentre outras apresentadas na Figura 12.2. A qualidade dos melaços utilizados é bastante variável por ser um coproduto da produção do refino de açúcar, mas o melaço de beterraba é preferível, pois contém menores quantidades de metais traço, contrariamente ao melaço de cana, que possui alguns metais (ferro, cálcio, magnésio, manganês, zinco) (Soccol *et al.*, 2006).

Comparativamente, a sacarose e os resíduos que a contêm não podem ser utilizados como fonte de carbono para a levedura *Y. lipolytica*, uma vez que esta levedura não produz a enzima invertase, responsável pela hidrólise do dissacarídeo, e representa uma grande desvantagem para a levedura devido à limitação do uso de melaços e outros resíduos sacaríneos (Lazar, Walczak e Robak, 2011). A busca pela produção de combustíveis menos poluentes tem gerado um aumento na produção de biocombustíveis por transesterificação, com consequente acúmulo de glicerol. Dez por cento em massa das matérias-primas usadas na produção de biodiesel são convertidos em glicerol, sendo que, no Brasil, em 2012, a produção de glicerol já excedia a capacidade de absorção dos mercados (Umpierre e Machado, 2013). A Tabela 12.2 mostra a composição da glicerina bruta obtida em uma produtora de biocombustíveis na Bahia. A presença de impurezas pode limitar a utilização do glicerol como substrato em fermentações devido a características inibitórias ou alterações em parâmetros do processo. No entanto, cepas como as da levedura *Y. lipolytica* conseguem fermentar mesmo na presença destas (Tomaszewska, Rywińska e Gladkowski, 2012). Neste caso, foi utilizado metóxido de sódio, mas também é comum a utilização de etóxido de sódio como reagente, que geraria como impureza o etanol.

TABELA 12.2 Composição da glicerina produzida na Comanche Biocombustíveis (Bahia, Brasil) utilizando metóxido de sódio e óleos vegetais refinados ou óleos residuais

Material	Porcentagem Mássica (%)
Glicerol	82
Na^+	6,5
Metanol	0,09
Monoacilgliceróis	< 1,0

Fonte: Campos *et al.* (2014).

Normalmente, as matérias-primas utilizadas já contêm quantidades suficientes de nitrogênio e não necessitam de suplementação. Quando há essa necessidade, como no caso da utilização de glicerol residual ou meios quimicamente definidos, normalmente sais de amônio ou ureia podem ser adicionados na forma de nitrato, sulfato, fosfato e cloreto, além de extratos de levedo, malte e milhocina (Dhillon *et al.*, 2011a; Yalcin, Bozdemir e Ozbas, 2010). A utilização de sulfatos já cumpre a função de suplementação de enxofre, enquanto os extratos contribuem também para o fornecimento de vitaminas.

Alguns componentes específicos podem exercer papel fundamental sobre a produção, especialmente a concentração de metais traço no meio de fermentação. Para a produção utilizando *A. niger*, concentrações reduzidas de Fe, Mn, Zn, Mg e Cu, na forma de cátions divalentes (entre outros metais alcalinos e pesados), são essenciais para a obtenção de rendimentos elevados em fermentação submersa (Soccol *et al.*, 2006), de forma que essas concentrações limítrofes ditam o nível de processamento da matéria-prima. O mais crítico dos metais traço é o íon Mn^{+2}, o qual em níveis maiores que 3 μg/L já exerce efeito inibitório sobre o acúmulo do ácido cítrico (Papagianni, 2007). Normalmente, a remoção de cátions do substrato líquido é feita utilizando compostos químicos que atacam esses íons, devido a sua capacidade de quelar os cátions e precipitar. Um exemplo típico é a utilização de $[Fe(CN)_6]^{-4}$ (hexacianoferrato) (Max *et al.*, 2010). A adição de íons de Cu^{+2}, sob a forma de sulfato de cobre II, reduz a concentração de Fe^{2+} em solução, uma vez que ocorre a precipitação de $FeSO_4$ ou FeS (HAQ *et al.*, 2002). Ainda, podem-se utilizar resinas trocadoras de íons para remoção destes contaminantes e adequá-los às condições de fermentação.

12.4.2 Fatores externos

Os fatores externos são aqueles que em conjunto com a composição do meio de cultivo/matéria-prima servem como base para a definição do modo de condução do processo, como o pH, temperatura, agitação, umidade, as concentrações de ativadores, inibidores e oxigênio dissolvido, além de produtos do metabolismo como o CO_2 e o ácido cítrico e das propriedades do resíduo utilizado. Exceto pelo ácido cítrico, esses fatores podem ser manipulados antes ou durante o cultivo, podendo ser variáveis controladas do processo. O controle adequado do processo leva a ganhos de eficiência e garante que as condições ambientais estejam mais próximas do ideal para cada sistema micro-organismo — fermentação — produto.

Sabe-se que para cada micro-organismo existe uma combinação ótima destes fatores que propicia as melhores produções de ácido cítrico. Além disso, muitas dessas variáveis são alteradas naturalmente no decorrer do processo, tendo em vista a atividade microbiana. Por exemplo, a excreção do ácido cítrico e outros ácidos orgânicos produzidos como subprodutos acidificam o meio de cultivo naturalmente, e isso pode ser vantajoso ou não, dependendo do ponto de vista considerado. Baixos valores de pH impedem que micro-organismos contaminantes (principalmente bactérias) cresçam, obstruindo o bom andamento do processo, além de ser reconhecidamente benéfico para o processo utilizando *A. niger,* evitando desvios metabólicos, ao passo que baixos valores de pH podem levar à produção de outros produtos durante a produção com *Y. lipolytica* (ver a seção Metabolismo). Além disso, essas faixas de pH condizem com as condições gerais de crescimento de fungos filamentosos (pH de 2 a 9, sendo os valores ótimos de 3,8 a 6) e leveduras (pH de 2,5 a 8,5, sendo os valores ótimos de 4 a 5) (Dhillon *et al.*, 2011a).

Diferentemente do cultivo em submerso, no qual a agitação e aeração do meio líquido ajudam na homogeneização, controle de morfologia, fornecimento de O_2, remoção de produtos voláteis e dissipação de calor, em fermentações em estado sólido, a vazão de aeração, além de promover quantidades suficientemente altas de O_2, deve ser capaz também de remover parte do calor oriundo do metabolismo microbiano e regular a umidade do meio pela distribuição de vapor d'água. Isso porque a transferência de calor em meios sólidos é precária (Dhillon *et al.*, 2011a), podendo levar a microambientes heterogêneos no sistema, com temperaturas não ideais que prejudiquem o andamento do processo.

Algumas substâncias têm sido reportadas na literatura como benéficas para o aumento da produção de ácido cítrico, dentre as quais podem ser citadas o etanol, o metanol, a antimicina A e outros inibidores da fosforilação oxidativa (ver a seção Metabolismo), fitato etc.

A utilização desses aditivos não proporciona efeitos comuns a todos os micro-organismos. Pazouki *et al.* (2000) estudaram a adição de metanol em meios contendo melaço ou glicose como fonte de carbono e observaram que, para *A. niger* NCIM 548, a produção de ácido cítrico foi maior, enquanto houve perda de produtividade no cultivo de *Candida lipolytica* NCIM 3472. Em *A. niger*, o metanol, que não é consumido (Jianlong e Ping, 1998), parece direcionar o fluxo de carbono para o acúmulo de ácido cítrico, diminuindo a utilização de glicose para o crescimento celular, embora estudos metabólicos ainda não tenham sido realizados (Navaratnam, Arasaratnam e Balasubramaniam, 1998). Já o etanol pode causar o aumento da produtividade por um mecanismo associado ao fato de que este pode ser utilizado como fonte de carbono (Dhillon *et al.*, 2011b) ou devido à degradação lenta do ácido cítrico decorrente da menor atividade da aconitase (Jianlong e Ping, 1998). Observe que a Tabela 12.2 ilustra a presença de metanol no glicerol residual, indicando que a escolha da cepa usada deve ser compatível com o resíduo utilizado.

O fitato também provoca o aumento da produção de ácido cítrico por *A. niger*, sendo reportado o aumento da atividade da enzima piruvato carboxilase, inibição da NADPH – isocitrato desidrogenase e inibição do crescimento micelial (Jianlong e Ping, 1998), sendo a concentração utilizada variável para cada cepa. O uso conjunto com metanol e óleo de oliva também é possível, existindo uma concentração ótima de cada componente (Barrington e Kim, 2008). Devido a sua estrutura – do óleo –, este pode atuar quelando metais, o que influenciaria no restante do metabolismo.

A Tabela 12.3, a seguir, mostra alguns dos fatores que afetam a produção de ácido cítrico. Alguns destes fatores são comuns para *A.niger* e *Y. lipolytica*, mas deve-se atentar para as diferenças em relação à fonte de carbono, principalmente no que se refere à produção de enzimas hidrolíticas responsáveis pela quebra dos sacarídeos.

12.5 PROCESSO DE PRODUÇÃO

A síntese de ácido cítrico através da fermentação é o processo mais econômico e amplamente utilizado para obtenção deste produto. Estima-se que 99% do ácido cítrico produzido mundialmente são obtidos por fermentação (Kuforiji *et al.*, 2010).

O processo de obtenção de ácido cítrico por fermentação apresenta vantagens como operação simples e estável, requerimento de sistemas de controle menos sofisticados, menor consumo de energia e pouca influência de falhas de energia no funcionamento da planta. O fungo filamentoso *A. niger* é preferencialmente utilizado, pois possui alto potencial de produção de ácido cítrico (Soccol *et al.*, 2006; Dhillon *et al.*, 2011).

A produção industrial de ácido cítrico por fermentação pode ser conduzida por três formas: fermentação em superfície, fermentação submersa e fermentação em estado sólido (Soccol e Vandenberghe, 2003), que serão descritas a seguir.

12.5.1 Fermentação em superfície

O processo de fermentação em superfície foi o primeiro método empregado para obtenção biotecnológica de ácido cítrico em grande escala. Este método geralmente é realizado por lotes, utilizando caldos de fermentação preparados a partir de farelo de trigo, amido de batata, melaços ou xarope de glicose, em concentrações em torno de 160 g/L. Com esta tecnologia, estirpes de *A. niger* são menos sensíveis à oligoelementos. Esta técnica fornece 20% da produção mundial, mesmo por alguns dos principais produtores de ácido cítrico (Max *et al.*, 2010).

TABELA 12.3 Fatores que afetam a produção de ácido cítrico

Fator	Efeito positivo	Nível	Efeito negativo
Fonte de carbono	Sacarose	14-22 %	Amido
	Glicose, frutose, galactose		Xilose, arabinose, sorbitol,ácido pirúvico
Fonte de Fósforo	Fosfato monobásico de potássio	Baixo (0,5 a 5 g)	
Fonte de Nitrogênio	Nitrato de amônio	Menos que 25 %	Altas concentrações (formação de biomassa)
	Sulfato de amônio	0,1 a 0,4 g N/L	
	Peptona, extrato de malte, ureia		
Elementos traço	Zinco	Baixo	Manganês (1 ppm)
	Cobre		
	Sulfato de magnésio	0,02 a 0,025 %	
Alcoóis de cadeia curta	Metanol	1-4 % (volume por massa)	
	Etanol, n-propanol, iso-propanol, metilacetato		
Óleos e gorduras		0,05 a 0,3 %	
Outros compostos	Fluoreto de cálcio, fluoreto de sódio, potássio, ácido 3-hidroxi-2-naftóico, 4-metil-umbelliferona, Ácido benzoico, Ácido 2-naftóico, Cianeto de ferro, EDTA, Vermiculite, H_2O_2		Ferrocianeto de potássio, compostos de amônio quaternário, óxidos aminados

Fonte: Soccol *et al.* (2006).

Após esterilização a vapor, o meio nutriente contido em tabuleiros de alumínio até uma profundidade de 3-200 cm, dependendo do seu tamanho, é inoculado por injeção de 2-5 * 10^7 esporos secos/m^2 ou por pulverização de uma suspensão de esporos, e então incubado a 28-30 °C; 24 horas após a inoculação, os esporos germinados formam um micélio sobre a superfície e o pH cai de 6,0-6,5 para 1,5-2,0. As bandejas são feitas de alumínio de elevada pureza, aço especial ou polietileno. Estas bandejas são colocadas em câmaras ventiladas, onde há circulação de ar esterilizado por filtro bacteriológico, o qual é responsável pelo fornecimento de oxigênio, assim como pela retirada do calor produzido durante o processo fermentativo, e a temperatura é mantida entre 28-30 °C. Tal ventilação também é importante para remover o CO_2, o que de outra forma iria inibir a produção de ácido cítrico em concentrações superiores a 10%. As câmaras devem estar sempre em condições assépticas e conservadas principalmente durante os primeiros dois dias, quando os esporos germinam. As contaminações mais frequentes são causadas principalmente por *Penicillia*, outros *Aspergillus*, leveduras, e bactérias produtoras de ácido lático (Max *et al.*, 2010; Dhillon *et al.*, 2011).

O crescimento do fungo filamentoso gera uma camada semissubmersa de micélio, que fornece oxigênio e nutrientes do meio de cultivo para a massa celular. O período de fermentação ocorre de 8 a 12 dias, de acordo com a concentração de açúcar, e a produção diária é de 1,2-1,5 kg de ácido cítrico mono-hidratado/m^2, o que corresponde a um rendimento final de 70-80%. Neste modo de condução, pode ocorrer retenção do produto pelo micélio, que pode chegar a 15% do total produzido. Após a fermentação, o conteúdo da bandeja é separado em caldo fermentado e tapetes de micélio que são lavados para remover o ácido cítrico impregnado. Se o íon ferro estiver presente em excesso no meio de cultivo, a recuperação pode ser prejudicada devido à formação de ácido oxálico e pigmentos amarelos (Kubicek e Rohr, 1986; Max *et al.*, 2010; Dhillon *et al.*, 2011).

Embora essas plantas sejam menos sensíveis às interferências por íons metálicos traços, às variações na tensão de oxigênio dissolvido, requerer baixo investimento de capital, baixo consumo de energia para o resfriamento e tecnologia relativamente simples, o seu custo de manutenção é maior, comparado com os processos submersos, em virtude do trabalho pesado necessário para a limpeza de tubos, bandejas e paredes do reator. Apesar do alto rendimento de ácido cítrico produzido por fermentação em superfície, este processo não é muito popular em grande escala devido a algumas desvantagens, tais como grande necessidade de espaço, risco de contaminação, geração de grandes quantidades de calor durante o processo e resíduos líquidos e elevados custos de operação. Uma solução seria a construção de biorreatores de bandeja similares aos que são usados na fermentação submersa para amenizar os problemas mencionados (Max *et al.*, 2010; Dhillon *et al.*, 2011).

12.5.2 Fermentação submersa

A fermentação submersa é a técnica mais utilizada para a produção de ácido cítrico, em que o fungo se desenvolve inteiramente submerso no meio de cultura líquida sob agitação, que serve para assegurar a homogeneidade tanto da distribuição do micro-organismo quanto dos nutrientes. Estima-se que cerca de 80% da produção mundial é obtida através deste modo de condução utilizando *A. niger* em tanques convencionais de 120-250 m^3 ou fermentadores *airlift* de 900 m^3 de capacidade (Max *et al.*, 2010; Dhillon *et al.*, 2011).

Os pricipais substratos são soluções de sacarose, melaço ou glicose a partir de amido de milho com 160 g/L de açúcares totais, dos quais 25% são consumidos durante a tropofase (fase de crescimento logarítmico do micro-organismo) e 75% durante a idiofase (fase de produção de metabólitos). Outros resíduos agroindustriais e seus derivados têm sido utilizados como fontes de carbono para a fermentação submersa de ácido cítrico (Rivas *et al.*, 2008; Max *et al.*, 2010).

Neste tipo de fermentação, os esporos germinam a 32 °C em pré-fermentador, utilizando uma solução de melaço contendo 150 g/L de açúcar na presença de íons cianeto para induzir a formação de micélio em forma granular. Adição de cianeto em quantidade insuficiente favorece o crescimento da biomassa, mas afeta a subsequente produção de ácido cítrico. Grânulos com 0,2-0,5 mm de diâmetro são formados dentro de 24 horas e, em seguida, utilizados como inóculo (10% v/v). Após este período, o pH é reduzido para 4,3 (Max *et al.*, 2010).

O modo de produção de esporos e a morfologia do micélio durante a tropofase influenciam fortemente a taxa de conversão, a eficiência e, consequentemente, o sucesso do processo. Se o micélio é fino e magro, com alguns ramos, e não há clamidosporos, dificilmente o ácido cítrico será produzido durante a idiofase. Peletes de consistência suficiente (1 mm de diâmetro) devem ser formados para aumentar a produção de ácido cítrico, e isto pode ser obtido considerando a relação Fe/Cu no meio de cultura (Max *et al.*, 2010).

Este processo de fermentação empregado em larga escala requer custo elevado de energia e instalações mais sofisticadas que por sua vez requer pessoal especializado. Por outro lado, apresenta diversas vantagens, como maior produtividade e rendimento, custos operacionais mais baixos e menor risco de contaminação devido ao baixo pH do meio de cultivo na idiofase. A fermentação submersa pode ser realizada em batelada simples, batelada alimentada ou sistemas contínuos, embora seja mais frequente o uso da batelada simples. Normalmente, a fermentação submersa para obtenção de ácido cítrico ocorre entre 5 e 12 dias, dependendo das condições de processo (Soccol *et al.*, 2006; Max *et al.*, 2010; Dhillon *et al.*, 2011).

O tipo de material empregado na construção do fermentador merece atenção para obter-se um rendimento de processo elevado pela fermentação submersa. O fermentador deve ser resistente à elevada acidez e feito de aço inoxidável, devido ao pH que pode chegar a valores de 1-2 (Max *et al.*, 2010).

Comparando com a fermentação em superfície, a cultura submersa é um pouco menos sensível a mudanças na composição do meio de cultivo, sendo vantajoso quando se utiliza o melaço, que possui uma composição amplamente variável. Um típico problema da fermentação submersa é a formação de espuma, que pode ser evitado usando antiespumantes e câmara com um volume de até um terço do volume total de fermentador. O rendimento final após 7 a 10 dias é de 70-90%, correspondendo a 110-140 g/L de ácido cítrico e 10-15 g/L de biomassa seca (Max *et al.*, 2010).

12.5.3 Fermentação em estado sólido

Nos últimos anos, a fermentação em estado sólido tem sido um assunto de grande interesse, pois oferece inúmeras vantagens para a produção de produtos químicos e enzimas, tais como consumo energético mais baixo e produção muito menor de quantidade de águas residuais e, portanto, menos preocupações ambientais (Dhillon *et al.*, 2011).

De acordo com Chundakkadu (2005), a fermentação em estado sólido é definida como um processo de fermentação em que os micro-organismos crescem em materiais sólidos sem a presença de água livre, e a umidade necessária para o crescimento microbiano existe num estado absorvido ou complexado no interior da matriz sólida. Este material sólido é geralmente um composto natural, que consiste em subprodutos ou resíduos agrícolas ou agroindustriais, resíduos urbanos ou um material sintético. O pH inicial do material é normalmente ajustado para 4,5-6,0 e a temperatura de incubação é mantida em torno de 28-30 °C, dependendo do micro-organismo utilizado. A fermentação se completa em cerca de 4 dias em condições ideais. A fermentação em estado sólido pode explorar ampla gama de resíduos agroindustriais, que podem não ser viáveis para a fermentação submersa (Soccol *et al.*, 2006; Dhillon *et al.*, 2011).

Na fermentação em estado sólido, vários tipos de fermentadores foram utilizados para a produção de ácido cítrico: frascos de Erlenmeyer cônicos, incubadoras de vidro, bandejas, biorreatores de tambor horizontal, coluna empacotada (*packed bed column bioreactor*), leito empacotado monocamada (*single-layer packed bed*) e leito empacotado multicamada (*multilayer packed bed*), entre outros (Dhillon *et al.*, 2011).

Apesar de nas últimas décadas o interesse em produzir ácido cítrico e outros produtos indutriais por fermentação em estado sólido tenha aumentado, ainda há muito espaço para melhoria desses processos, a fim de obter o maior rendimento de ácido cítrico. Para aumentar a exploração industrial da fermentação em estado sólido para a produção de ácido cítrico é necessário aumentar a automatização do processo, que pode ser alcançada com a melhoria em modelos de reatores. Além disso, a utilização sustentável de biomassa renovável disponível abundantemente e a otimização de diferentes parâmetros de fermentação poderiam levar à produção economicamente viável de ácido cítrico (Dhillon *et al.*, 2011).

O método de fermentação utilizado influencia no rendimento de produção de ácido cítrico com a mesma estirpe do fungo *Aspergillus niger*. Assim, uma estirpe que produz bons rendimentos na fermentação em estado sólido ou em superfície líquida não é necessariamente um bom produtor na fermentação submersa. Desse modo, cada um dos métodos e cada matéria-prima de interesse industrial devem ser testados com a estirpe de estudo, e uma ampla gama de substratos pode ser empregada para a produção eficiente e viável de ácido cítrico, de acordo com o tipo de fermentação (Dhillon *et al.*, 2011).

12.6 PURIFICAÇÃO

No final da fermentação de produção de ácido cítrico, além do composto desejado, há o micélio e várias impurezas, como sais minerais, outros ácidos orgânicos, proteínas etc. O método de recuperação do ácido cítrico do caldo fermentado pode variar, dependendo da tecnologia e da matéria-prima aplicadas à produção (Grewal e Kalra, 1995).

12.6.1 Pré-tratamento do caldo fermentado

Na fermentação em superfície, o caldo fermentado é drenado e a água quente é introduzida para lavar a quantidade residual de ácido cítrico presente no micélio. A lavagem neste estágio é necessária, uma vez que o micélio retém em torno de 15% de ácido cítrico produzido na fermentação. Após 1-1,5 h, a água de lavagem é drenada e adicionada ao caldo fermentado, e o micélio, removido da bandeja, desintegrado e liberado para o vaso de lavagem usando quantidades limitadas de água. Neste vaso, o micélio é aquecido a 100 °C por meio de vapor. A polpa quente é subsequentemente desidratada por filtração sob pressão. A solução contendo ainda 2-4% de ácido cítrico é adicionada ao caldo fermentado, enquanto o micélio filtrado, que contém não mais que 0,2% de ácido cítrico, é seco para se obter um material de alimentação rica em proteínas (Kristiansen *et al.*, 2002).

Na fermentação submersa, o micélio é muito mais difícil de ser separado do caldo fermentado. Após o processo de fermentação estar concluído, o micélio contendo o caldo é aquecido a 70 °C, durante 15 minutos, para se obter a coagulação parcial de proteínas e, em seguida, filtrado, geralmente por meio de filtros contínuos – por exemplo, um filtro de tambor rotativo a vácuo (*rotating vacuum drum filter*) ou filtro de descarga de cinto (*belt discharge filter*). Devido à consistência viscosa do micélio formado no processo submerso, auxiliares de filtração podem ser necessários. Se o micélio for utilizado como um ingrediente alimentar, os auxiliares também devem ser digeríveis, por exemplo, feitos a partir de materiais celulósicos (Kristiansen *et al.*, 2002).

Quando o ácido oxálico é formado como um produto secundário devido ao controle subótimo do processo fermentativo, ele precisa ser removido do caldo. Geralmente, isto é possível por meio do aumento do pH do caldo fermentado para pH 2,7-2,9, com hidróxido de cálcio a uma temperatura de 70-75 °C. O oxalato de cálcio, portanto, precipitado pode ser removido da solução por filtração ou centrifugação, e o ácido cítrico em solução permanece como citrato monocálcio. A remoção do oxalato melhora a taxa de filtração do citrato de cálcio e gesso nos passos subsequentes de processamento a jusante e reduz a cor amarela da solução de ácido cítrico (Kristiansen *et al.*, 2002).

A recuperação do ácido cítrico do caldo fermentado pré-tratado pode ser realizada por vários procedimentos: método clássico de precipitação, extração por solvente, adsorção em resinas de permuta iônica, e recentemente foram desenvolvidos métodos mais sofisticados, tais como a eletrodiálise e a ultra e nanofiltração (Kristiansen *et al.*, 2002)

12.6.2 Precipitação

O método-padrão de recuperação de ácido cítrico envolve a precipitação do citrato de tri-cálcio formado, que é insolúvel, pela adição de uma quantidade equivalente de cal ao caldo fermentado contendo ácido cítrico. O sucesso da operação de precipitação depende da concentração de ácido cítrico presente no caldo fermentado, da temperatura, do pH e da concentração do leite de cal adicionado. Para obter cristais de alta pureza, leite de cal contendo óxido de cálcio (180-250 kg/m^3) é adicionado gradualmente na temperatura de 90 °C ou acima e pH próximo de 7. A concentração de ácido cítrico na solução deve estar acima de 15%. O processo de neutralização dura em torno de 120-150 minutos. A perda mínima de ácido cítrico, devido à solubilidade do citrato de cálcio, é de 4-5% (Kristiansen *et al.*, 2002).

O precipitado citrato de tri-cálcio é recuperado por filtração e lavado, para remover possíveis impurezas. A lavagem do precipitado é feita usando a menor quantidade de água quente possível (aproximadamente 10m^3 por tonelada de ácido cítrico na temperatura de 90 °C), até que nenhum sacarídeo, cloreto e substâncias coloridas possa ser detectado no efluente. Então, o citrato de cálcio é separado por filtração e tratado com ácido sulfúrico concentrado (60-70%), para obter ácido cítrico e o precipitado sulfato de cálcio (gesso). Após a separação do gesso por filtração, uma solução contendo 25-30% de ácido cítrico é obtida. O filtrado é tratado com carvão ativado e resinas de troca iônica, para eliminação das impurezas. A solução purificada é concentrada em evaporadores a vácuo, em temperatura abaixo de 40 °C (para evitar caramelização), cristalizada, centrifugada e seca, para obter cristais de ácido cítrico. Quando a cristalização é realizada em temperaturas abaixo de 36,5 °C, obtém-se o ácido cítrico mono-hidratado. Acima desta temperatura, obtém-se o ácido cítrico anidro (Soccol *et al.*, 2006).

A desvantagem desta tecnologia é a grande quantidade de cal e de ácido sulfúrico requerida, aumentando o custo do processo. Além disso, gera quantidades consideráveis de resíduos prejudiciais ao meio ambiente: para 1×10^3 kg de ácido cítrico produzido, aproximadamente 30 m^3 de CO_2, 40×10^3 kg de águas residuais e 2×10^3 kg de gesso são gerados (Jinglan *et al.*, 2009).

12.6.3 Extração por solvente

Um método alternativo de recuperação de ácido cítrico do caldo fermentado é através do uso de um solvente seletivo insolúvel ou fracamente solúvel no meio aquoso. O solvente deve ser escolhido de forma a extrair a máxima quantidade possível de ácido cítrico e a mínima quantidade de impurezas. O ácido cítrico pode ser recuperado do extrato removendo o solvente por destilação ou lavando o extrato com água. Posteriormente, a solução de ácido cítrico purificada é cristalizada por concentração (Kristiansen *et al.*, 2002).

Em geral, o método de extração pode ser dividido em três grupos básicos (Kristiansen *et al.*, 2002):

- Extração com solventes orgânicos, que são parcialmente ou totalmente imiscíveis em água, tais como álcoois alifáticos, cetonas, éteres ou ésteres.
- Extração com compostos organofosforados, como tri-*n*-butil-fosfato, e com alquilsulfóxidos, como óxido de trioctilfosfina.
- Extração com aminas insolúveis em água ou com uma mistura de duas ou mais aminas dissolvidas em solvente orgânico imiscível em água.

A vantagem do método de extração por solvente é a não utilização de ácido sulfúrico, eliminando o problema de contaminação da disposição do gesso gerado no método convencional (Soccol *et al.*, 2006).

Quando os compostos organofosforados e aminas alifáticas são usados para a recuperação de ácido cítrico que será utilizado na indústria de alimentos, a questão relativa à sua toxicidade deve ser eliminada. Alguns destes compostos apresentam efeitos teratogênicos. Por outro lado, a amina patenteada por Baniel *et al.* (1981)

e Baniel (1982) recebeu aprovação pela US Food and Drug Administration para ser usada em tecnologia de alimentos e medicamentos. Entre grandes quantidades de patentes sobre recuperação de ácido cítrico do caldo fermentado por extração, apenas esta tecnologia foi aplicada em produção em larga escala (Kristiansen *et al.*, 2002).

12.6.4 Adsorção

A utilização de resinas de troca iônica para recuperação de ácidos orgânicos tem sido estudada por diversos autores. Gluszcz *et al.* (2004) mediram as propriedades de adsorção de 18 tipos de diferentes resinas de permuta iônica para recuperação de ácido cítrico e lático presentes em soluções aquosas e descobriram que as resinas fracamente básicas possuíam capacidade de adsorção mais alta para os solutos estudados. De acordo com Dhillon *et al.* (2011), a fermentação e adsorção simultânea de ácido cítrico no caldo em fermentação com resinas fracamente básicas também pode ajudar a evitar a inibição do produto e, assim, aumentar a taxa de produção e sustentar a viabilidade celular.

Uma resina de PVP foi desenvolvida e utilizada como adsorvente (Peng, 2002). Esta resina específica tem uma elevada seletividade para o ácido cítrico, enquanto os outros componentes (impurezas) presentes no caldo de fermentação são dificilmente retidos. Além disso, a energia de ligação entre o ácido cítrico e a resina não é tão forte como a encontrada nas resinas comerciais existentes. Portanto, água pura pode ser usada como um eluente (Dhillon *et al.*, 2011).

Apesar do sucesso moderado desta tecnologia de adsorção, existem alguns desafios a serem vencidos, tais como o prazo de validade da resina, sua disposição e a capacidade de regeneração (Dhillon *et al.*, 2011).

12.6.5 Eletrodiálise

A eletrodiálise pode ser considerada uma alternativa ecológica aos métodos convencionais para a recuperação de ácido cítrico. É um processo de separação eletroquímica em que as membranas carregadas eletricamente e a diferença de potencial eléctrico são utilizadas para separar as espécies iônicas das soluções aquosas. Este método permite a separação de sais e a sua conversão simultânea ao ácido ou base correspondente usando potencial elétrico com membrana mono ou bipolar (Kristiansen *et al.*, 2002; Soccol *et al.*, 2006).

Antes de o caldo fermentado passar pela eletrodiálise, alguns pré-tratamentos são necessários, como filtração do caldo, remoção de substâncias iônicas (especialmente íons Ca^{2+} e Mg^{2+}) e neutralização com hidróxido de sódio. Na etapa seguinte, é realizada a eletrodiálise, em que a solução de citrato de sódio é convertida em base e ácido cítrico, que é simultaneamente concentrado e purificado. O NaOH produzido pode ser reutilizado na etapa de neutralização (Kristiansen *et al.*, 2002).

A desvantagem desta tecnologia é que sais orgânicos como citrato de sódio possuem relativamente alto peso molecular e a sua solução mostra baixa condutividade. Estas propriedades tornam a separação mais difícil e há um consumo energético elevado. O consumo de energia (excluindo bombeamento) para a separação de 1 kg de ácido cítrico usando membrana bipolar é em média $6{,}1 \times 10^3$ a $7{,}2 \times 0^3$ kW. Em valores de pH baixos, há uma baixa transferência de massa, tornando vantajoso ajustar o pH da corrente de alimentação contendo o ácido para 7,5 (Kristiansen *et al.*, 2002).

Embora existam várias patentes publicadas relacionadas com a recuperação e purificação de ácidos orgânicos por eletrodiálise, este método é apenas aplicado em escala de laboratório e necessita de otimização. O alto consumo energético, o custo das membranas e o tempo de vida da membrana precisam ser avaliados para gerar um processo viável. (Kristiansen *et al.*, 2002).

12.6.6 Ultrafiltração e nanofiltração

As tecnologias de ultra e/ou nanofiltração podem ser usadas para separação e concentração de ácido cítrico. Visacky (1996) verificou em escala de laboratório um processo com membrana de dois estágios para recuperação de ácido cítrico do caldo fermentado por *Aspergillus niger* cultivado em sacarose. No primeiro estágio, foi utilizada uma membrana de polissulfona com corte de 10.000, que permitiu que o produto passasse para a corrente de permeado, enquanto na corrente de retentado ficou retida a maior parte de peptídeos e proteínas do caldo fermentado. O coeficiente de rejeição do produto nesta etapa foi de 3%, para açúcares redutores foi de 14% e para as proteínas, de 100%. No segundo estágio, foi utilizada uma membrana com corte de 200 (nanofiltração), que rejeitou aproximadamente 90% de ácido cítrico e 60% de açúcares redutores (monossacarídeos). A concentração do produto no retentado aumentou três vezes em comparação com a alimentação (Kristiansen *et al.*, 2002).

Processos envolvendo membranas podem trazer importantes benefícios nas tecnologias industriais de recuperação de ácido cítrico, tais como baixo consumo de energia, nenhuma formação de resíduo em comparação aos métodos químicos convencionais e possibilidade de uso em processos contínuos. No entanto, eles precisam ser verificados e otimizados em escala-piloto e industrial. (Kristiansen *et al.*, 2002).

REVISÃO DOS CONCEITOS APRESENTADOS

A produção de ácido cítrico por fermentação apresenta um mercado mundial significativo com aplicações em diferentes áreas industriais. A escolha e o tratamento do meio de produção estão intimamente relacionados com o metabolismo celular do agente escolhido. A bioquímica do processo com bases regulatórias, envolvendo as vias catabólicas da glicólise e do ciclo de Krebs, é a base do desenvolvimento do processo, através da atividade e síntese de suas enzimas. Deste modo, os fatores externos devem ser monitorados cuidadosamente, a fim de evitar a formação de subprodutos. Aspectos de engenharia metabólica encontram-se intimamente relacionados na fermentação cítrica, assim como os possíveis desenvolvimentos em engenharia genética podem fornecer novos agentes microbianos mais produtivos.

Os métodos de produção envolvem desde sistemas em superfície até os processos conduzidos em submerso. Diferentes tipos de morfologia celular estão intrinsecamente envolvidos nesses sistemas de cultivo, como também vários tipos de biorreatores encontram-se disponíveis. Assim como os aspectos de morfologia microbiana são relevantes no processo de produção, o mesmo ocorre nas etapas de separação e recuperação do produto, em virtude das alterações nas propriedades físico-químicas do caldo fermentado. Novos métodos de recuperação do produto vêm sendo procurados visando o menor consumo energético e de água, mas principalmente evitando o uso excessivo de agentes químicos e a formação de subprodutos indesejáveis, que precisam ser descartados no meio ambiente.

QUESTÕES

1. Qual a relação entre as matérias-primas do processo e a bioquímica da produção de ácido cítrico?
2. Dentre os agentes produtores mais relevantes, encontram-se o fungo filamentoso *Aspergillus niger* e a levedura *Yarrowia lipolytica*. Considerando os aspectos bioquímicos e morfológicos desses micro-organismos, qual deles você empregaria para a produção de ácido cítrico em meio submerso?
3. Elabore um fluxograma do processo de produção de ácido cítrico, desde a propagação do micro-organismo e formulação do meio até a recuperação e purificação do produto.
4. A produção de ácido cítrico pode ser conduzida através de processos distintos. Qual deles você escolheria para obter um produto com elevada produtividade. Justifique sua resposta.

5. Pesquise sobre métodos ambientalmente amigáveis de recuperação e de purificação de ácido cítrico, explicitando as vantagens e desvantagens de cada um.
6. Considere possíveis estratégias de modificação genética para aumento da produção de ácido cítrico. Quais seriam as possíveis enzimas-alvo e por quê?
7. Para a produção de ácido cítrico, indique as sentenças verdadeiras e falsas, corrigindo as sentenças falsas e justificando suas alterações.

( ) o micro-organismo produtor, *Aspergillus sp.*, é termofílico e, portanto, a fermentação é conduzida a 45°C, inibindo possíveis contaminações.

( ) a matéria-prima empregada pode ser melaço, desde que passe por tratamento prévio para decationização.

( ) a utilização lenta dos nutrientes no processo em superfície é mais adequada para diminuir a inibição pelo substrato, o que leva a uma alta relação volume/área da bandeja de fermentação.

( ) há necessidade de controle de pH com $CaCO_3$, pois o agente microbiano é sensível a baixos valores de pH.

( ) uma capa micelial fina e o desenvolvimento de poucos esporos favorece a produção de ácido cítrico.

REFERÊNCIAS

Anastassiadis, S., Rehm, H.J., 2005. Continuous citric acid secretion by a high specific pH dependent active transport system in yeast Candida oleophila ATCC 20177. Electronic Journal of Biotechnology, 8 (2): 146-61.

Angumeenal, A.R., Venkappayya, D., 2013. An overview of citric acid production. LWT – Food Science and Technology, 50 (2): 367-70.

Baniel, A.M.; Blumberg, R.; Hajdu, K. 1981. US Patent 4275234.

Baniel, A.M. 1982. US Patent 4334095.

Barrington, S., Kim, J.W., 2008. Response surface optimization of medium components for citric acid production by Aspergillus niger NRRL 567 grown in peat moss. Bioresource Technology, 99: 368-77.

Bercovitz, A., et al. 1990. Localization of pyruvate carboxylase in organic acid-producing Aspergillus strains. Applied and Environmental Microbiology, 56 (6): 1594-7.

Burgstaller, W., Zanella, A., Sehinner, F., 1994. Buffer-stimulated citrate efflux in Peniciilium simplicissimum: an alternative charge balancing ion flow in case of reduced proton backflow? Arch Microbiology, 161: 75-81.

Campos, M.I., et al. 2014. The influence of crude glycerin and nitrogen concentrations on the production of PHA by Cupriavidus necator using a response surface methodology and its characterizations. Industrial Crops and Products, 52: 338-46.

Chundakkadu, K., 2005. Solid-state fermentation systems – An overview. Critical Reviews in Biotechnology, 25: 1-30.

Gluszcz, P., Jamroz, T., Sencio, B., Ledakowicz, S., 2004. Equilibrium and dynamic investigations of organic acids adsorption onto ion-exchange resins. Bioprocess and Biosystems Engineering, 26: 185-90.

Dhillon, G.S., et al. 2011a. Recent Advances in citric acid bio-production and recovery. Food and Bioprocess Technology, 4 (4): 505-29.

Dhillon, G.S., et al. 2011b. Utilization of different agro-industrial wastes for sustainable bioproduction of citric acid by Aspergillus niger. Biochemical Engineering Journal, 54 (2): 83-92.

Dronawat, S.N., Svihla, C.K., Hanley, T.R., 1995. The effects of agitation and aeration on the production of gluconic acid by Aspergillus niger. Applied Biochemistry and Biotechnology, 51-52 (1): 347-54.

Dulermo, T., et al. 2015. Analysis of ATP-citrate lyase and malic enzyme mutants of Yarrowia lipolytica points out the importance of mannitol metabolism in fatty acid synthesis. Biochimica et Biophysica Acta, 1851 (9): 1107-17.

Fickers, P., Benetti, P.-H., Wache, Y., Marty, A., Mauersberger, S., Smit, M.S., Nicaud, J.-M., 2005. Hydrophobic substrate utilisation by the yeast Yarrowia lipolytica, and its potential applications. FEMS Yeast Research, 5: 527-43.

Finogenova, T., et al. 2005. Organic acid production by the yeast Yarrowia lipolytica: A Review of Prospects. Applied Biochemistry and Microbiology, 41 (5): 418-25.

García, J., Torres, N., 2011. Mathematical modelling and assessment of the pH homeostasis mechanisms in Aspergillus niger while in citric acid producing conditions. Journal of Theoretical Biology, 282 (1): 23-35.

Grewal, H.S., Kalra, K.L., 1995. Fungal production of citric acid. Biotechnology Advances, 13 (2): 209-34.

Guerrero-Castillo, S., et al. 2012. During the stationary growth phase, Yarrowia lipolytica prevents the overproduction of reactive oxygen species by activating an uncoupled mitochondrial respiratory pathway. Biochimica et Biophysica Acta (BBA) – Bioenergetics, 1817 (2): 353-62.

Guillermo, A.; Jian, Y.; Ryan, H. 2010. New biodegradable biocompatible citric acid nano polymers for cell culture growth & implantation engineered by Northwestern University Scientists. Nano patents and innovations, US Patent Application 20090325859.

Guo, H., et al. 2015. Identification and application of keto acids transporters in Yarrowia lipolytica. Scientific Reports, 5: 8138.

Haq, I.U., et al. 2002. Effect of copper ions on mould morphology and citric acid productivity by Aspergillus niger using molasses based media. Process Biochemistry, 37 (10,): 1085-90.

Honda, Y., Hattori, T., Kirimura, K., 2012. Visual expression analysis of the responses of the alternative oxidase gene (aox1) to heat shock, oxidative, and osmotic stresses in conidia of citric acid-producing Aspergillus niger. Journal of Bioscience and Bioengineering, 113 (3,): 338-42.

Jianlong, W., Ping, L., 1998. Phytate as a stimulator of citric acid production by Aspergillus niger. Process Biochemistry, 33 (3): 313-6.

Jinglan, W.U., Qijun, P., Wolfgang, A., Mirjana, M., 2009. Model- based design of a pilot-scale simulated moving bed for purification of citric acid from fermentation broth. Journal of Chromatography A, 1216: 8793-805.

Kamzolova, S.V.; Finogenova, T.V.; Morgunov, I. 2006. Biosynthesis of citric and isocitric acids by Yarrowia lipolytica grown on vegetable oils, 2nd FEMS Congress of European Microbiologists, 4-8 July 2006, Madri, Espanha, p. 98.

Kamzolova, S.V., et al. 2015. Production of technical-grade sodium citrate from glycerol-containing biodiesel waste by Yarrowia lipolytica. Bioresource Technology, 193: 250-5.

Kamzolova, S.V., et al. 2012. α-Ketoglutaric acid production by Yarrowia lipolytica and its regulation. Applied Microbiology and Biotechnology, 96 (3): 783-91.

Kristiansen, B., Mattey, M., Linden, J., 2002. Citric Acid Biotechnology. Taylor & Francis e-Library.

Kubicek, C.P., Röhr, M., 1986. Citric acid fermentation. Critical Reviews Biotechnology, 3: 331-73.

Kubicek, C.P., et al. 1988. Evidence for a cytoplasmic pathway of oxalate biosynthesis in Aspergillus niger. Applied and Environmental Microbiology, 54 (3): 633-7.

Kuforiji, O.O., Kuboye, A.O., Odunfa, S.A., 2010. Orange and pineapple wastes as potential substrates for citric acid production. International Journal of Plant Biology, 1: 19-21.

Lazar, Z., Walczak, E., Robak, M., 2011. Simultaneous production of citric acid and invertase by Yarrowia lipolytica SUC+ transformants. Bioresource Technology, 102 (13,): 6982-9.

Leangon, S., Maddox, I.S., Brooks, J.D., 2000. A proposed biochemical mechanism for citric acid accumulation by Aspergillus niger Yang n. 2 growing in solid state fermentation. World Journal of Microbiology & Biotechnology, 16 (3,): 271-5.

Lima, U.A.; Aquarone, E.; Borzani, W.; Schimidell, W. 2001. Biotecnologia industrial. Processos fermentativos e enzimáticos, v. 3. Edgard Blücher Ltda.

Magnuson, J.K., Lasure, L.L., 2004. Advances in fungal biotechnology for industry, agriculture, and medicine. Kluwer Academic/Plenum Publishers.

Makri, A., Fakas, S., Aggelis, G., 2010. Metabolic activities of biotechnological interest in Yarrowia lipolytica grown on glycerol in repeated batch cultures. Bioresource Technology, 101 (7): 2351-8.

Max, B., et al. 2010. Biotechnological production of citric acid. Brazilian Journal of Microbiology, 41 (4): 862-75.

Mlakar, T., Legisa, M., 2006. Citrate Inhibition-resistant form of 6-phosphofructo-1-kinase from Aspergillus niger. Applied and Environmental Microbiology, 72 (7): 4515-21.

Morgunov, I.G., Kamzolova, S.V., Lunina, J.N., 2013. The citric acid production from raw glycerol by Yarrowia lipolytica yeast and its regulation. Applied Microbiology and Biotechnology, 97 (16): 7387-97.

Narahari, J., et al. 2000. The Aconitase function of iron regulatory protein 1. Genetic studies in yeast implicate its role in iron-mediated redox regulation. Journal of Biological Chemistry, 275 (21): 16227-34.

Navaratnam, P., Arasaratnam, V., Balasubramaniam, K., 1998. Channelling of glucose by methanol for citric acid production from Aspergillus niger. World Journal of Microbiology & Biotechnology, 14 (4): 559-63.

Nelson, D.L., Cox, M.M., 2002. Lenhninger: princípios da bioquímica. Sarvier, São Paulo, p. 441-64.

Ochoa-Estopier, A., Guillouet, S.E., 2013. D-stat culture for studying the metabolic shifts from oxidative metabolism to lipid accumulation and citric acid production in Yarrowia lipolytica. Journal of biotechnology, 170: 35-41.

Papagianni, M., 2007. Advances in citric acid fermentation by Aspergillus niger: Biochemical aspects, membrane transport and modeling. Biotechnology Advances, 25 (3): 244-63.

Papagianni, M., Wayman, F., Mattey, M., 2005. Fate and role of ammonium ions during fermentation of citric acid by aspergillus niger fate and role of ammonium ions during fermentation of citric acid by aspergillus niger. Applied and environmental microbiology, 71 (11): 7178-86.

Pazouki, M., Panda, T., 1998. Recovery of citric acid – A review. Bioprocess Engineering, 19: 435-9.

Pazouki, M., et al. 2000. Comparative studies on citric acid production by Aspergillus niger and Candida lipolytica using molasses and glucose. Bioprocess Engineering, 22 (4): 0353-361.

Peng, Q.J. 2002. A novel tailor-made tertiary PVP resin. Chinese Patent. CN 1358707.

Ratledge, C., Wynn, J.P., 2002. The biochemistry and molecular biology of lipid accumulation in oleaginous microorganisms. Advances in Applied Microbiology, 51: 1-51.

Revista Cargill. 2011. Ano 21, out.-nov. Disponível em: www.cargill.com.br/wcm/groups/public/@csf/@brazil/documents/document/na3053291 pdf - 2014-01-12. Acesso em: 15 jul. 2014.

Rivas, B., Torrado, A., Torre, P., Converti, A., Dominguez, J.M., 2008. Submerged citric acid fermentation on orange peel autohydrolysate. Journal of Agricultural and Food Chemistry, 56: 2380-7.

Roukas, T., Harvey, L., 1988. The effect of pH on production of citric and gluconic acid from beet molasses using continuous culture. Biotechnology Letters, 10 (4): 289-94.

Rymowicz, W., Rywinska, A., Arowska, B., Juszczyk, P., 2006. Citric Acid production from raw glycerol by acetate mutants of Yarrowia lipolytica. Chemical Papers, 60 (5): 391-4.

Rymowicz, W., Rywińska, A., Gładkowski, W., 2008. Simultaneous production of citric acid and erythritol from crude glycerol by Yarrowia lipolytica Wratislavia K1. Chemical Papers, 62 (3): 239-46.

Rymowicz, W., Rywińska, A., Marcinkiewicz, M., 2009. High-yield production of erythritol from raw glycerol in fed-batch cultures of Yarrowia lipolytica. Biotechnology Letters, 31: 377-80.

Rywinska, A., Juszczyk, P., Marcinkiewicz, M., Rymowicz, W., 2011. Chemostat study of citric acid production from glycerol by Yarrowia lipolytica. Journal of Biotechnology, 152: 54-7.

Sanchez-Riera, F., 2010. Production of organic acids. Biotechnol, 5: 1-9.

Soccol, C.R., Vandenberghe, L.P.S., 2003. Overview of applied solid-state fermentation in Brazil. Biochemical Engineering Journal., 13: 205-18.

Soccol, C.R., et al. 2006. New perspectives for citric acid production and application. Food Technology and Biotechnology, 44 (2): 141-9.

Soccol, C., Vandenberghe, L., Rodrigues, C., 2006. New perspectives for citric acid production and application. Food Technology and Biotechnology, 44 (2): 141-9.

Šolar, T., Turšič, J., Legiša, M., 2008. The role of glucosamine-6-phosphate deaminase at the early stages of Aspergillus niger growth in a high-citric-acid-yielding medium. Applied Microbiology and Biotechnology, 78 (4): 613-9.

Tomaszewska, L., et al. 2014. A comparative study on glycerol metabolism to erythritol and citric acid in Yarrowia lipolytica yeast cells. FEMS Yeast Research, 14 (6): 966-76.

Tomaszewska, L., Rywińska, A., Gładkowski, W., 2012. Production of erythritol and mannitol by Yarrowia lipolytica yeast in media containing glycerol. Journal of Industrial Microbiology & Biotechnology, 39 (9): 1333-43.

Umpierre, A.P., Machado, F., 2013. Glycerochemistry and glycerol valorization. Revista Virtual de Química, 5 (1): 106-16.

Visacky, V. 1996. Membrane nanofiltration for citric acid isolation. Proceedings of the International Conference Advances in Citric Acid Technology, Bratislava. p. 31.

Wallrath, J., et al. 1992. Correlation between manganese-deficiency, loss of respiratory chain complex I activity and citric acid production in Aspergillus niger. Arch Microbiology, 158: 435-8.

Wang, L., et al. 2015. Inhibition of oxidative phosphorylation for enhancing citric acid production by Aspergillus niger. Microbial Cell Factories, 14 (1): 7.

Yalcin, S.K., Bozdemir, M.T., Ozbas, Z.Y., 2010. Citric acid production by yeasts: fermentation conditions, process optimization and strain improvement. Technology and Education Topics in Applied Microbiology and Microbial Biotechnology: 1374-82.
Yang, L.-B., et al. 2014. A novel osmotic pressure control fed-batch fermentation strategy for improvement of erythritol production by Yarrowia lipolytica from glycerol. Bioresource Technology, 151: 120-7.

Índice